超净排放技术的 1000MW 超超临界火电机组锅炉设备及优化运行

梁绍华　黄贤明　宁新宇　周卫庆　编著

北　京
冶 金 工 业 出 版 社
2021

内 容 提 要

本书分4篇共23章，第1篇为1000MW超超临界机组锅炉原理及设备，主要介绍锅炉燃料特性与燃烧过程、制粉系统、燃烧系统、水冷壁、锅炉启动系统，以及过热器、再热器与省煤器、空气预热器、风机等；第2篇为锅炉典型超净排放技术与设备，详述了低氮高效燃烧系统、烟气脱硝、高效低污染在线燃烧优化技术、烟气除尘及灰渣系统；第3篇为锅炉调试和运行，分别介绍锅炉调试、锅炉启动、锅炉正常运行及调整、锅炉的停运及保养、锅炉事故处理；第4篇为锅炉燃烧优化与性能试验，详细介绍锅炉性能试验准备、制粉系统调整试验、锅炉热效率和空气预热器漏风试验及锅炉燃烧调整试验。

本书可供电力行业的技术人员、科研人员和管理人员参考，也可供高等学校电力工程及相关专业师生阅读。

图书在版编目(CIP)数据

超净排放技术的1000MW超超临界火电机组锅炉设备及优化运行/梁绍华等编著．—北京：冶金工业出版社，2021.7
ISBN 978-7-5024-8903-8

Ⅰ.①超… Ⅱ.①梁… Ⅲ.①超临界—超临界机组—火力发电—发电机组—锅炉运行 Ⅳ.①TM621.2

中国版本图书馆CIP数据核字（2021）第171034号

出 版 人 苏长永
地　　址 北京市东城区嵩祝院北巷39号 邮编 100009 电话 (010)64027926
网　　址 www.cnmip.com.cn 电子信箱 yjcbs@cnmip.com.cn
责任编辑 王梦梦 美术编辑 吕欣童 版式设计 禹 蕊
责任校对 郑 娟 责任印制 李玉山
ISBN 978-7-5024-8903-8
冶金工业出版社出版发行；各地新华书店经销；三河市双峰印刷装订有限公司印刷
2021年7月第1版，2021年7月第1次印刷
787mm×1092mm 1/16；28.75印张；695千字；442页
149.00元

冶金工业出版社 投稿电话 (010)64027932 投稿信箱 tougao@cnmip.com.cn
冶金工业出版社营销中心 电话 (010)64044283 传真 (010)64027893
冶金工业出版社天猫旗舰店 yjgycbs.tmall.com
（本书如有印装质量问题，本社营销中心负责退换）

前　言

自21世纪初首台1000MW超超临界火电机组投产以来，经历近20年的发展，1000MW等级超超临界燃煤锅炉趋向成熟，已经成为我国燃煤发电主力机组之一，这些机组的安全、经济运行为国民经济发展提供了有力保障。

随着生态文明建设不断深入，电力行业环保要求日益严格，超净排放成为火电机组的必然选择。近几年来，国内从设备改造、运行优化等方面开发了很多新技术，以达成煤质变化、深负荷调峰背景下节能减排综合目标，极大提高了超超临界火电机组锅炉的设备性能和运行效益。

为全面掌握超超临界火电机组锅炉的技术特点和性能，提高设备调试和优化运行的水平，立足工程实际，从主辅设备结构、特性、原理、调试、运行、优化等方面出发，我们编撰了本书，旨在为相关行业工程技术人员、高等学校师生掌握超超临界机组设备及技术提供参考。

本书共分4篇23章，其中第1~5章、第9、10、13、15章、第20~23章由梁绍华编撰，第6~8章、第16~18章由黄贤明编撰，第11、12、14章由宁新宇编撰，第19章由周卫庆编撰，全书由梁绍华统稿。

本书在编写过程中，参阅了书中所列参考文献以及有关发电企业、设备制造企业、电力设计院、高等院校与科研机构、电力安装单位、电力调试单位等的技术资料、说明书及设计图纸等，并得到了这些单位的支持与帮助，在此一并表示衷心感谢。

由于作者水平所限，欠妥之处敬请读者批评指正。

作　者

2021年4月

目　　录

第1篇　1000MW超超临界机组锅炉原理及设备

第2篇　锅炉典型超净排放技术与设备

第3篇 锅炉调试和运行

第4篇 锅炉燃烧优化与性能试验

第1篇

1000MW 超超临界机组锅炉原理及设备

1 绪　论

1.1 锅炉的作用及分类

1.1.1 锅炉的作用

锅炉是利用燃料或其他能源燃烧所产生的热能，将水加热或生成蒸汽的设备。锅炉包括锅和炉两大部分，锅的原义是指在火上加热的盛水容器，炉是指燃烧燃料的场所。锅炉产生的热水或蒸汽可直接为生产和生活提供所需的热能，也可通过蒸汽动力装置转换为机械能，或再通过发电机将机械能转换为电能。提供热水的锅炉称为热水锅炉，主要用于生活，在工业生产中也有少量应用。产生蒸汽的锅炉称为蒸汽锅炉，又称蒸汽发生器，常简称为锅炉，是蒸汽动力装置的重要组成部分，广泛用于火电站、船舶、机车和工矿企业。

在电站锅炉中，将煤、石油、天然气等化学燃料燃烧释放出来的热能，通过金属壁受热面传给其中的工质——水，把水加热成具有一定压力和温度的蒸汽驱动汽轮机做功，把热能转变为机械能，再由汽轮机带动发电机，将机械能转变为电能供给各用户。

电站锅炉中的“锅”指的是工质流经的各个受热面，一般包括省煤器、水冷壁、过热器、再热器以及通流分离器件，如联箱、汽水分离器等；“炉”一般指的是燃料的燃烧场所以及烟气通道，如炉膛、水平烟道及尾部烟道等。

1.1.2 锅炉的分类

电站锅炉可以按循环方式、燃烧方式、排渣方式、运行方式以及燃料、蒸汽参数、炉型、通风方式等进行分类，其中按循环方式和蒸汽参数的分类最为普遍。

（1）按照循环方式可分为自然循环锅炉、控制循环锅炉和直流锅炉。

（2）按照蒸汽参数（出口蒸汽压力）可分为低压锅炉（≤2.45MPa）、中压锅炉（2.94~4.90MPa）、高压锅炉（7.8~10.8MPa）、超高压锅炉（11.8~14.7MPa）、亚临界压力锅炉（15.7~19.6MPa）、超临界压力锅炉（>22.1MPa）和超超临界压力锅炉（>27MPa）。

（3）按燃烧方式可分为层式燃烧锅炉、悬浮燃烧锅炉、旋风燃烧锅炉和循环流化床锅炉，其中悬浮燃烧锅炉常见的火焰型式有切圆燃烧、墙式及对冲、U 型、W 型等很多种燃烧方式。

（4）按使用燃料可分为燃煤锅炉、燃油锅炉、燃气锅炉及燃用其他燃料（如垃圾、沼气等）锅炉。

（5）按照排渣方式可分为固态排渣和液态排渣两种。固态排渣是指炉膛下部排出的灰渣呈灼热的固态，落入排渣装置经冷却水粒化后排出。液态排渣指炉膛内的灰渣以熔融状态从炉膛底部排出。20世纪50~60年代为了强化燃烧和解决燃用低挥发分低灰熔点燃煤的困难，液态排渣炉发展较快，但因燃烧温度高、排出NO_x较多对环境保护不利且对煤种变化敏感、运行可靠性易受影响等因素限制，现在基本停用，大部分锅炉采用固态排渣方式。

（6）按通风方式可分为平衡通风锅炉、微正压锅炉（2~4kPa）和增压锅炉。所谓平衡通风锅炉指的是进入锅炉的供风由风机提供，燃烧后的烟气经风机抽吸出去，炉膛燃烧室呈负压状态（-50~-200Pa），现在大型电站锅炉基本都采用平衡通风方式。微正压锅炉炉壳密封要求高，多用于燃油、燃气锅炉。增压锅炉炉内烟气压力高达1~1.5MPa，多用于燃气-蒸汽联合循环锅炉。

（7）按锅炉型式分类，有Π型锅炉、箱型锅炉、塔式锅炉以及D型锅炉等。Π型锅炉是电站锅炉最常见的一种炉型，几乎适用于各种容量和不同燃料；箱型锅炉和D型锅炉主要燃烧重油和天然气；塔式锅炉更适用于燃烧多灰分烟煤和褐煤。

（8）各主要锅炉制造厂的产品已形成相应的风格和特色，出现了各锅炉技术派系。在20世纪，美国、日本和一些欧洲国家已经形成了各具特色的三个技术派系，即承袭美国Babcock and Wilcox（B&W）公司特色、承袭原美国Combustion Engineering（CE）公司特色和承袭美国Foster Wheeler（FW）公司特色的派系，其主要特点如下：

1）B&W派系：①亚临界压力下的锅炉都采用自然循环锅炉，即锅炉汽包内采用旋风分离器；②采用前墙、后墙或者对冲布置的旋流式燃烧器；③过热汽温和再热汽温多采用烟道挡板或烟气再循环调温；④对于超临界压力的锅炉采用欧洲本生式直流锅炉和通用压力锅炉。

2）CE派系：①蒸汽压力在13.7MPa表压以下的采用自然循环，亚临界压力采用控制循环汽包锅炉，汽包内采用轴流式汽水分离器；②采用角置切向燃烧摆动直流燃烧器；③过热汽温采用喷水调节，再热汽温采用摆动式燃烧器加微量喷水调节；④超临界压力采用苏尔寿直流锅炉和复合循环锅炉。

3）FW派系：①亚临界压力下采用自然循环，汽包内部常用水平式分离器；②采用前、后墙或对冲布置旋流式燃烧器；③广泛采用辐射过热器，甚至炉膛内设置全高的墙式过热器或双面曝光的过热器隔墙，用烟气挡板调温；④超临界压力采用FW-本生式直流锅炉。

另外，德国因为自身的煤炭资源较丰富，煤种以褐煤居多，所以德国的锅炉技术发展相对独立，对于1000MW以上机组均采用本生式直流锅炉，而且都考虑变压运行。

1.2 超超临界锅炉的发展概况

在我国，煤炭在一次能源结构中占主导地位，决定了长期以来电力生产中以煤炭为主的格局。2018年火电机组装机容量占比60.2%左右，其中燃煤电站装机容量占比53.6%。

1.2.1 国外超超临界机组的发展概况

世界上超临界发电技术的发展过程大致上可分为两个阶段：

第一阶段：从20世纪50~80年代，主要以美国、德国、日本等国为技术代表。初期技术发展的起步参数就是超超临界参数。美国于20世纪50年代末投运了两台具有代表性的超超临界机组，菲罗电厂6号机组，容量为125MW、参数为31MPa/621℃；费城电力公司的艾迪斯顿电站容量为325MW、参数为34.3MPa/649℃。但由于采用的过高蒸汽参数超越了当时材料的实际发展水平，导致了诸如机组运行可靠性差等问题的发生。艾迪斯顿1号机组从1960年开始按设计参数运行了8年，就因出现故障而停运。在经历了初期过高的参数后，从20世纪60年代后期开始美国超临界机组大规模发展时期所采用的参数均降低到常规超临界参数。直至20世纪80年代，美国超临界机组的参数降至24.1MPa/(538~566)℃，这种蒸汽参数保持了20多年。

第二阶段：从20世纪90年代开始，国际上高效超临界机组进入了快速发展的阶段，随着环保要求日益严格、新材料开发和常规超临界技术的成功，为高效超临界机组的发展提供了必要的条件。在这个阶段，主要技术以日本为代表，日本引进了美国的技术并结合欧洲的适合变压运行的本生式直流锅炉，成功开发出自己的超超临界机组。在1989年和1991年，川越电厂投运两台容量为700MW的机组，运行状况良好，可用率很高。川越电厂1号和2号机组是世界上第一台采用超超临界压力、二次中间再热系统的超超临界机组，参数为31MPa，566℃/566℃/566℃，热效率在发电机端达到41.9%。1998年，日本投运的主蒸汽和再热蒸汽温度均为600℃的1000MW机组实测发电机端效率达44.7%。

欧盟从1998年还启动了计划长达17年的700℃等级超超临界参数的开发项目"AD700计划"（THERMIE PROGRKAM），目标是开发先进蒸汽参数的超超临界火电机组，将供电效率提高到55%（深海水冷却电厂）或52%（内陆电厂），使厂房结构更加紧凑，降低了燃煤电厂的投资。"AD700计划"的核心技术是通过镍基超级合金材料的开发和应用，使汽轮机的主蒸汽温度由目前的600℃提高到700℃。为了在将来的超超临界机组中减少使用价格昂贵的镍基超级合金，还确立相同温度等级奥氏体钢和铁素体钢的发展计划。

1.2.2 我国超超临界机组的发展概况

国外在发展先进的大型超超临界火电机组方面已经取得了很大的进展，技术日益成熟，并被广泛应用，取得了显著的节能和环保效益。近年来我国的三大动力集团在电站直流锅炉方面的技术、经验、能力和装备水平等都有了很大的进步和发展。从我国国情出发，依靠三大动力集团，通过引进成熟技术，消化吸收再发展的模式，发展超超临界机组，有利于降低我国平均供电煤耗，有利于电网调峰的稳定性和经济性，有利于保持生态环境、提高环保水平，有利于实现技术跨越、创建国际一流的燃煤电厂。

近年来哈尔滨锅炉厂承担了国家863计划，针对"超超临界燃煤发电技术""超超临界发电机组技术选型研究"开展了超超临界燃煤锅炉选型的研究工作，在超超临界锅炉的制造方面走在了国内该行业的前列。

上海锅炉厂有限公司在发展直流锅炉技术方面分为三个阶段：第一阶段是20世纪60~80年代自行研究开发直流锅炉；第二阶段是20世纪80~90年代的引进国外先进技术；第三阶段是2000年以后自行开发设计并对外转让技术。20世纪80年代末，上海锅炉厂与ABB-CE公司合作制造石洞口二厂2×600MW超临界压力直流锅炉项目，这也是国内第一台超临界机组；1998年，开始承接与美国ALSTOM合作制造的外高桥二期2×900MW超临界锅炉项目。2003年后，上海锅炉厂正式引进了美国ALSOTM公司600~1000MW超临界和超超临界锅炉成套设计和制造技术，引进技术的关键内容包括变压运行的螺旋管圈技术以及垂直管圈技术，蒸汽参数为压力25~36.5MPa，温度为（538~654℃）/（538~600℃）。

东方电气集团制造的三大主机已经在华电国际邹县电厂四期工程得到了验证，邹县电厂是国内首批百万千瓦等级火电机组。

目前国内建设了几十台百万千瓦机组，在数量和质量上均达到了世界先进水平，标志着我国电力工业跨入了一个新的时期。

1.2.3 超超临界机组的发展趋势

为进一步降低能耗和减少CO_2的排放，改善环境，在材料技术发展的支持下，超超临界机组正朝着更高参数发展，目标为单机容量1000MW，汽轮机进汽参数为31MPa、600℃/600℃/600℃，并正在向更高的水平发展。一些国家和制造厂商已经公布了发展下一代超超临界机组的计划，蒸汽初温将提高到700℃，再热汽温达720℃，相应压力也提高到35~40MPa，机组效率有望达到50%~55%。

从原理上讲，蒸汽循环发电技术都可以采用超临界或超超临界技术，因此目前的整体煤气化联合循环发电（即IGCC）技术、流化床燃烧（即FBC）技术、燃气轮机联合循环发电技术以及任何与余热锅炉有关的技术均可采用超超临界技术。据国外研究报告介绍，随着FBC和联合循环燃气轮机技术的进步，机组容量增加，余热锅炉的温度也相应提高，在今后5~15年内，其超超临界形式可能会实现商业化。

1.3 超超临界锅炉的技术特点

1.3.1 超超临界机组的参数、容量及效率

超超临界机组的工质是水，水的临界状态参数为：临界压力p_c=22.129MPa，临界温度t_c=374.15℃。对于工作压力低于临界压力的锅炉，当工质水加热到给定压力下的饱和温度时，水开始从液态变成气态，出现汽水两相共存区域，且汽水两相的温度不再上升，直至液态水全部蒸发完成后的干饱和蒸汽才继续升温，成为过热蒸汽。对于工作压力高于临界压力的锅炉，当温度达到临界温度t_c值时，汽化会在一瞬间完成，即在临界点时，饱和水与饱和蒸汽之间不再有汽、水共存的两相区存在，两者参数不再有分别。当机组参数高于这一临界状态参数时，通常称其为超临界参数机组。而在我国通常把主蒸汽压力大于27MPa、蒸汽温度大于580℃的机组称为超超临界参数机组。在临界点及超临界状态时，将看不见蒸发现象，水在保持单相的情况下从液态直接变成气态，因此超临界或超超临界机组所配备的锅炉必须是直流锅炉。从物理意义上讲，水的物性只有超临界和亚临界之分，超超临界和超临界只是人为的一种区分，水在亚临界锅炉和超临界锅炉加热的相变过程如图1-1所示。

与较低压力下水的特性不同，在压力很高的情况下，特别在临界点附近，水的质量定压热容C_P值会有显著的变化。蒸汽动力装置循环理论表明，提高循环蒸汽的初参数或降低循环的终参数都可以提高循环的热效率。除此之外，采用再热循环和回热循环也可以提高循环的热效率。

实际上，蒸汽动力装置的发展和进步是以提高蒸汽参数为目的的。在蒸汽参数相同

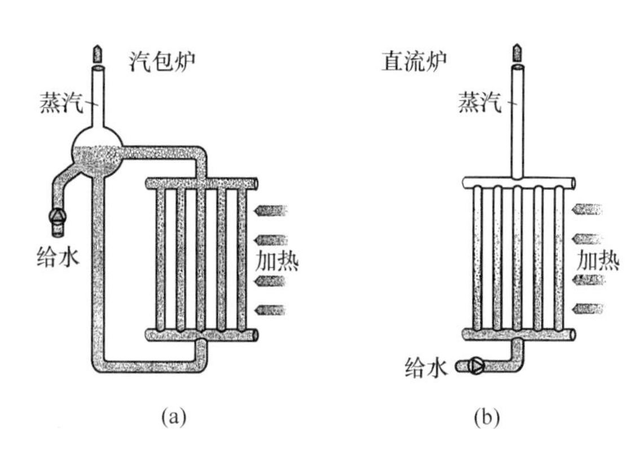

图 1-1 亚临界、超临界相变示意图
（a）亚临界相变；（b）超临界相变

的条件下，机组容量的增大，其热耗率会降低。在机组容量相同的情况下，蒸汽参数的升高虽然会提高整个循环的热效率，但由于这时蒸汽压力的升高、质量热容的减小，会对汽轮机高压缸的内效率带来不利影响。因此，在实际中会涉及一个“最小经济容量”的问题，即在机组容量小于“最小经济容量”的情况下，采用超超临界参数有可能是不经济的。

事实表明，提高机组的容量和提高蒸汽参数相结合是提高火电厂热效率及降低单位容量造价的最有效途径。超超临界参数的机组同比亚临界机组提高热效率 4%~5%，同比超临界机组提高热效率 1%~2%。

1.3.2 超超临界直流锅炉的工作原理

直流锅炉依靠给水泵的压头将锅炉给水一次通过预热，蒸发，过热各受热面而变成过热蒸汽。在直流锅炉蒸发受热面中，由于工质的流动不是依靠汽水密度差来推动，而是通过给水泵压头来实现，工质一次通过受热面，蒸发量 D 等于给水量 G，故可认为直流锅炉的循环倍率 $K=G/D=1$。

直流锅炉没有汽包，在水的加热受热面和蒸发受热面间以及蒸汽受热面和过热受热面间无固定的分界点，在工况变化时，各受热面长度会发生变化。水在蒸发受热面中全部转变为蒸汽，沿工质整个行程的流动阻力均由给水泵来克服。如果在直流锅炉的启动回路中加入循环泵，则可以形成复合循环锅炉。即在低负荷或者本生负荷以下运行时，由于经过蒸发面的工质不能全部转变为蒸汽，所以在锅炉的汽水分离器中会有饱和水分离出来，分离出来的水经过循环泵再输送至省煤器的入口，这时流经蒸发部分的工质流量超过流出的蒸汽量，即循环倍率大于 1。当锅炉负荷超过本生点以上或在高负荷运行时，蒸发受热面出来的是微过热蒸汽，这时循环泵停运，锅炉按照纯直流方式工作。

1.3.3 直流锅炉的技术特点

直流锅炉的技术特点如下：

（1）取消汽包，能快速启停。与自然循环锅炉相比，直流锅炉从冷态启动到满负荷运行，变负荷速度可提高 1 倍左右。

（2）适用范围广，直流锅炉适用于亚临界和超临界以及超超临界压力锅炉。

（3）锅炉本体金属消耗量减少，锅炉质量变轻。1台300MW自然循环锅炉的金属质量为5500~7200t，相同等级的直流锅炉的金属质量仅有4500~5680t，1台直流锅炉大约可节省金属2000t。加上省去了汽包的制造工艺，使锅炉制造成本降低。

（4）直流锅炉水冷壁的流动阻力全部要靠给水泵来克服，这部分阻力占全部阻力的25%~30%。所需的给水泵压头高，既提高了制造成本，又增加了运行的耗电量。

（5）直流锅炉启动时约有30%额定流量的工质经过水冷壁并被加热，为了回收启动过程的工质和热量并保证低负荷运行时水冷壁管内有足够的质量流速，直流锅炉需要设置专门的启动系统。加上直流锅炉的参数比较高，需要的金属材料档次相应提高，其总成本不低于自然循环汽包锅炉。

（6）系统中的汽水分离器在低负荷时起汽水分离作用并维持一定的水位，在高负荷时切换为纯直流运行，汽水分离器起到一个蒸汽联箱的作用。

（7）为了达到较高的质量流速，直流锅炉必须采用小管径水冷壁。这样，不但提高了传热能力而且节省了金属，减轻了炉墙质量，同时减小了锅炉的热惯性。

（8）直流锅炉热惯性减小，使快速启停的能力进一步提高，适用机组调峰的要求。但热惯性小也会带来问题，它使水冷壁对热偏差的敏感性增强。当煤质变化或炉内火焰偏斜时，各管屏的热偏差增大，由此引起各管屏出口工质参数产生较大偏差，进而导致工质流动不稳定或管子超温。

（9）为保证足够的冷却能力和防止低负荷下发生水动力多值性以及脉动，水冷壁管内工质的质量流速在MCR负荷时提高到2000kg/(m^2·s)以上。加上管径减小的影响，使直流锅炉的流动阻力显著提高。600MW以上直流锅炉的流动阻力一般为5.4~6.0MPa。

（10）汽温调节的主要方式是调节燃水比，辅助手段是喷水减温或烟气侧调节。由于没有固定的汽水分界面，随着给水流量和燃料量的变化，受热面的省煤段、蒸发段和过热段长度发生变化，汽温也随着发生变化，使汽温调节比较困难。

（11）低负荷运行时，给水流量和压力降低，受热面入口的工质欠焓增大，容易发生水动力不稳定。由于给水流量降低，使水冷壁流量分配不均匀性增大；压力降低，汽水比容变化增大；工质欠焓增大，会使蒸发段和省煤段的阻力比值发生变化。

（12）水冷壁可灵活布置，可采用螺旋管圈或垂直管屏水冷壁。采用螺旋管圈水冷壁有利于实现变压运行。

（13）超临界压力直流锅炉水冷壁管内工质温度随吸热量而变，即管壁温度随吸热量而变。因此，热偏差对水冷壁管壁温度的影响作用显著增大。

（14）变压运行的超临界参数直流锅炉，在亚临界压力范围和超临界压力范围内工作时，都存在工质的热膨胀现象。在亚临界压力范围内可能出现膜态沸腾；在超临界压力范围内可能出现类膜态沸腾。

（15）启停速度和变负荷速度受过热器出口集箱的热应力限制，但主要限制因素是汽轮机的热应力和胀差。

（16）直流锅炉要求的给水品质高，并要求凝结水进行100%的除盐处理。

（17）控制系统复杂，调节装置费用较高。

1.4 Π 型锅炉和塔式锅炉的对比分析

目前，大容量机组的锅炉型式主要有 Π 型锅炉和塔式锅炉两种炉型，还有少量 T 型锅炉。在日本、美国和苏联 700MW 以上的超临界和超超临界机组基本上是采用 Π 型锅炉，而在欧洲塔式炉有很多应用。在我国，哈尔滨锅炉厂、东方锅炉厂超临界及超超临界机组均采用 Π 型锅炉，而上海锅炉厂主要采用塔式锅炉，但仍有 Π 型锅炉。三种锅炉的整体布置如图 1-2 所示。

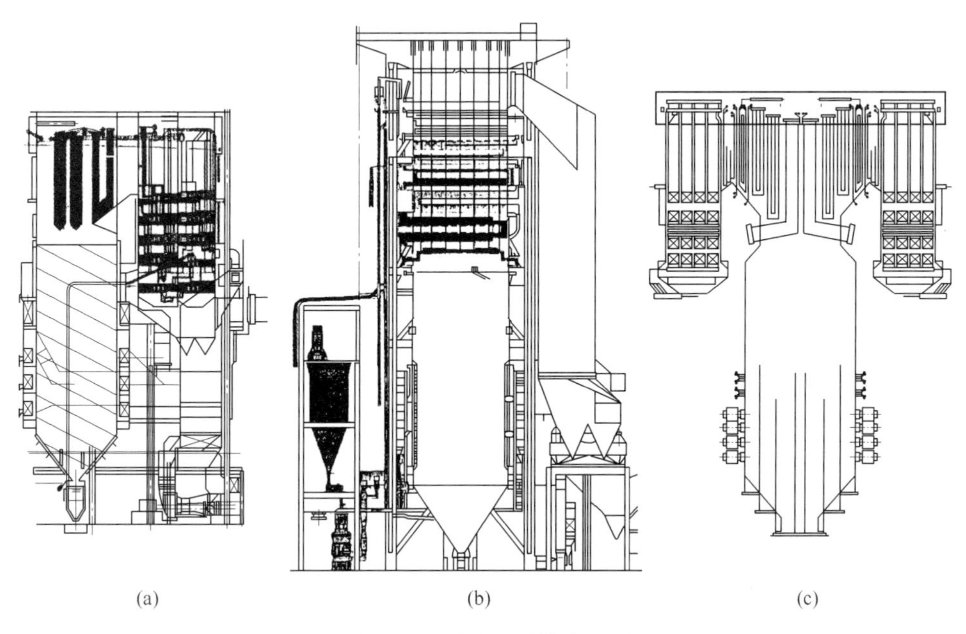

图 1-2 三种炉型总体布置图

（a）Π型布置；（b）塔式布置；（c）T 型布置

我国的大型电站锅炉，特别是 1000MW 超超临界机组上，塔式锅炉和 Π 型锅炉都有所应用。外高桥二厂两台 900MW 超临界机组和外高桥三厂两台 1000MW 超超临界机组均配备上海锅炉厂引进阿尔斯通技术设计制造的塔式锅炉，玉环 4 台 1000MW 超超临界机组和泰州电厂两台 1000MW 超超临界机组均配备哈尔滨锅炉厂引进三菱技术设计制造的 Π 型锅炉，华电邹县发电厂四期两台 1000MW 超超临界机组均配备东方锅炉厂引进东芝技术设计制造的 Π 型锅炉，宁海二期 2×1000MW 机组采用塔式锅炉、北疆电厂和北仑电厂三期 2×1000MW 机组采用 Π 型锅炉。本节从几个方面对于塔式锅炉和 Π 型锅炉作简单比较。

1.4.1 炉膛尺寸的比较

塔式锅炉制造厂商选择的燃烧器布置均为四角单切圆燃烧方式，炉膛通常为正方形。受热面都布置在炉膛上部的第一烟道，空气预热器的位置与 Π 型炉一样，布置在炉膛的后部，第二烟道仅作为连接第一烟道和空气预热器烟气侧进口的烟气通道。采用 Π 型布置的 1000MW 机组的炉膛通常为长方形，如果采用切圆燃烧方式，为减少炉膛出口烟气温度和流速的不均匀性，采取双火球对切的燃烧方式，即可以看作两个正方形炉膛的结合；如采用前后墙对冲燃烧方式，1000MW机组锅炉的燃烧器较多，全部布置在前后墙，在炉膛高度受到限制的条件下，必然使前后墙的长度大于两侧墙的长度。Π型锅炉的炉膛上部布置屏式受热面，部分过热器和再热器布置在锅炉水平和尾部烟道、空气预热器和省煤器布置在尾部烟道。因此塔式炉的炉膛在宽度方向上小于同容量的Π型炉，在深度方向上大于Π型炉。

两种炉型在炉膛外形、成本、防结渣功能上各有优劣。

(1) 塔式炉炉膛占地面积较少而炉膛高度较高，属“瘦长”型；Π型炉炉膛占地面积大但炉膛高度较低，属“矮胖”型，炉膛较高的塔式炉的炉架和燃烧室成本上要高于Π型炉。

(2) 由于炉膛高度较高，塔式锅炉屏底的烟气温度一般要低于相同容量的Π型炉烟温，这对于燃烧易结渣的煤种来说可减少屏底及以上受热面的结渣风险。从国内外塔式炉的运行经验来看，炉膛上部受热面发生严重结渣的情况较少，而国内Π型炉大屏严重挂渣或者在折烟角部位发生严重结渣的情况却不少见。

(3) 塔式锅炉的炉膛截面积一般较Π型炉小，因此炉膛截面热负荷较高，这增加了炉膛结焦的倾向。但由于塔式炉炉膛高度高，最上层燃烧器到屏底的距离以及燃烧器组件的高度也较大，这样燃烧器区域结焦的倾向要小于Π型炉。综合而言，两种炉型炉膛结焦的可能性大致相当。

下面以A电厂和B电厂的两台1000MW锅炉为例，对塔式锅炉和Π型锅炉的炉膛尺寸作简单比较。两台锅炉的设计煤种均为神府东胜煤，A电厂的校核煤种为晋北烟煤，B电厂的校核煤种为大同混煤。从煤质分析的数据中可以看出，两个电厂的煤质很接近；从用于锅炉热力计算的低位发热量指标和元素分析指标看，两个电厂的煤也很接近；从用于判定结渣特性的灰熔点温度指标来看，A电厂的灰熔点温度略低。而另一判定指标，灰分中二氧化硅（SiO_2）与三氧化二铝（Al_2O_3）的含量之比，A电厂的$m(SiO_2)/m(Al_2O_3)$略高于B电厂，说明A电厂的煤种结渣性稍高。总体上两个电厂的煤质条件差不多，两台锅炉是具有可比性的。两个电厂的锅炉炉膛尺寸和特征参数见表1-1、图1-3和图1-4。

表1-1 炉膛尺寸和炉膛特征参数

参　　数	A电厂（Π型锅炉）	B电厂（塔式锅炉）
炉膛高度/mm	65604	69480
炉膛宽度×深度/mm×mm	32084×15670	21480×21480
炉膛有效容积/m^3	28000	27830
炉膛容积热负荷/$kW\cdot m^{-3}$	82.7	81.6
炉膛面积热负荷/$kW\cdot m^{-2}$	4.59	4.88
炉膛出口烟气温度/℃	1000	—
屏底温度/℃	1300	1231

注：塔式炉的炉膛出口定义为燃烧室出口，即屏底；Π型锅炉的炉膛出口定义为折焰角垂直向上直至顶棚管形成的假想平面。

1.4.2 炉内烟气流场的比较

Π型锅炉由于有折焰角，炉膛内旋转的烟气在炉顶从炉膛转向水平烟道必然有90°的

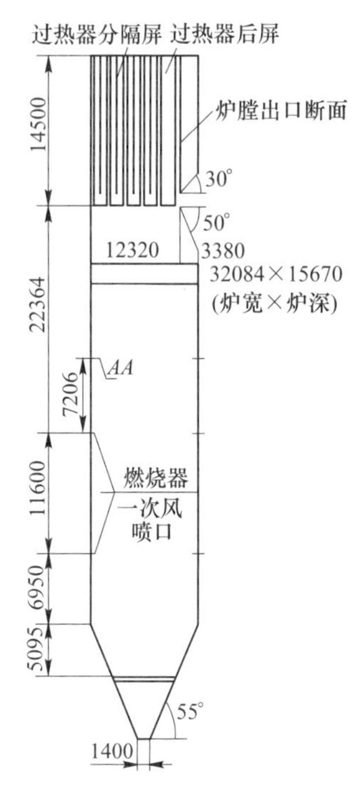

图 1-3　A 电厂炉膛几何尺寸图

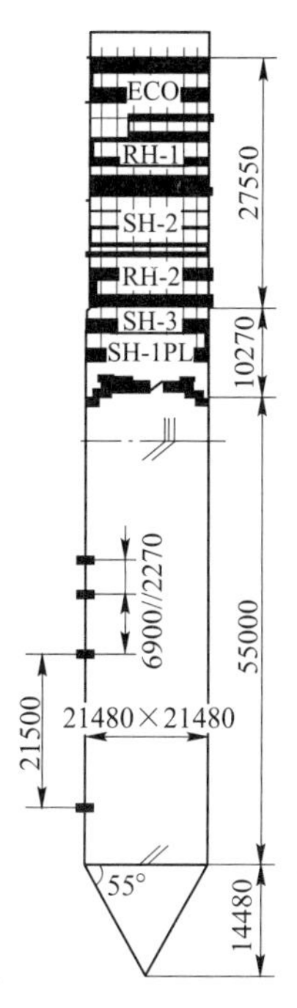

图 1-4　B 电厂炉膛几何尺寸图

旋转，使烟气流场复杂。以切圆燃烧的锅炉为例，在炉膛中切向旋转的烟气在流体力学中称为线涡，其特征是流体旋转的线速度随半径的增大而减小；静压的变化则相反，线涡的环向动量基本守恒，即使转弯也不会消除。线涡在转弯时会产生二次涡，这是由于流体转弯需要向心力，因此外圈流体的静压必然高于内圈。在两侧靠壁处流体的速率减慢，所需的向心力比中心流体小，于是在静压梯度的作用下烟气沿壁回流形成二次涡。在 Π 型锅炉炉膛出口处，既有切向燃烧产生的线涡，又有 90°转弯引起的二次涡；两者叠加，对于逆时针旋转的火球（从炉膛上部朝下看），炉膛出口断面上右侧旋转加强，左侧的旋转削弱，造成右侧烟气的烟温和流速高于左侧。从炉膛出口上、下部的烟温偏差来看，上部烟温低，下部烟温高，因此炉膛出口水平烟道断面上右侧管屏下部的热负荷最高。国内的运行实践证明爆管也往往发生在此处，这种热偏差的严重程度随着锅炉容量的增大而增大。对于 50MW 的锅炉几乎没有热偏差，从容量为 125MW 的锅炉开始出现热偏差，200MW、300MW 和 600MW 的锅炉问题更为严重。这是采用四角切圆燃烧的 Π 型锅炉在结构上的缺陷。虽然各锅炉制造厂也采取了一些措施，比如采用反向切圆的燃尽风，但是收效并不明显。对于 1000MW 的锅炉，很多制造厂采用双火球对切的燃烧方式，两个火球旋转方向相反以降低热偏差。这相当于把一个 1000MW 的燃烧空间分割为两个 500MW 的燃烧空间，但不能完全消除热偏差。

塔式锅炉的所有受热面都布置在第一烟道，如果采用四角切圆燃烧的方式，当呈线涡状态的烟气通过受热面时没有经过转弯，不会产生二次涡；而且，线涡在运动中能量耗散少，环向动量基本守恒。因此，旋转的烟气在塔式锅炉炉膛上部运动中对受热面的影响少，能保证受热面均匀受热。当烟气转向第二烟道时，虽然也产生二次涡，但是第二烟道不布置任何受热面，不会造成受热面的热负荷不均。另外，烟气中的能量大部分在第一烟道中被受热面吸收（第二烟道中的烟气温度低于 400℃），第二烟道中二次涡造成的热不均匀性小，且烟气通过很长的第二烟道，对空气预热器的影响可以忽略不计。

相比 Π 型锅炉，塔式炉炉膛出口及各受热面的左、右两侧烟温偏差要小。图 1-5 是某电厂 1000MW 等级塔式炉的过热器、再热器出口联箱及螺旋水冷壁出口温度分布实测数据曲线，水冷壁的出口温度偏差在满负荷时小，在部分负荷时大，在 60% B-MCR 负荷时水冷壁出口的温度偏差不超过 25℃，且分布较为均匀。

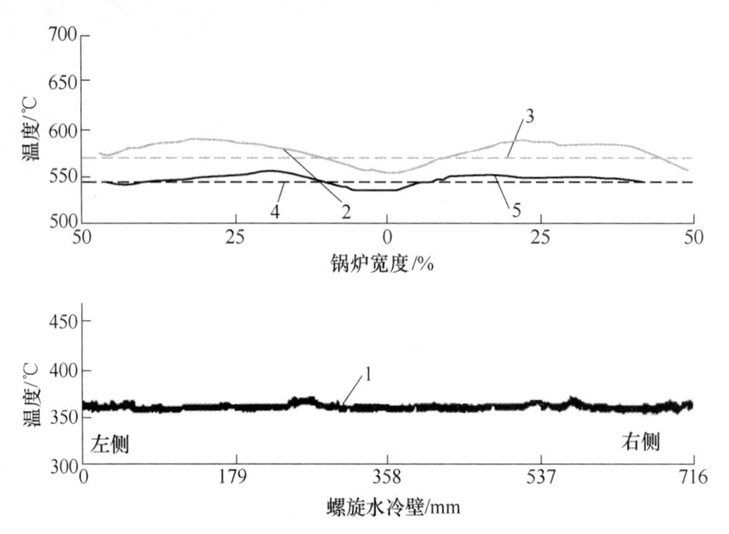

图 1-5　某电厂锅炉受热面温度分布实测数据曲线

1—螺旋水冷壁出口温度（60%负荷）；2—末级再热器出口汽温（100%负荷）；3—末级再热器出口设计汽温（100%负荷）；4—末级过热器出口设计汽温（100%负荷）；5—末级过热器出口汽温（100%负荷）

由于塔式锅炉烟气场分布比较均匀，受热面全部布置在第一烟道，塔式炉的特性与 Π 型炉有所不同，主要表现在以下几个方面。

（1）对受热面磨损的影响。由于切圆燃烧的 Π 型炉内烟气存在线涡，烟气经过炉膛转向水平烟道以及经过水平烟道转向尾部烟道都会产生二次涡，因此在水平烟道内烟气流速同时存在着左右不平衡和上下不平衡的现象，在尾部垂直烟道内烟气流速也同时存在左右不均匀和前后不均匀；并且，在某些区域，这种左右和上下的不均匀（以及左右和前后的不均匀）存在叠加而不是相互抵消的现象，比如，水平烟道的右下部有可能是两种涡分别造成的高烟速区的叠加。另外，烟气在转弯过程中，灰颗粒在离心力的作用下会产生分离，造成烟道沿截面上烟灰浓度分布的不均匀。对于前后墙对冲燃烧的锅炉，烟气流速的不均匀性要好于切圆燃烧的锅炉，但是其烟气流程同样存在两次 90°的转弯，也存在烟速和灰颗粒浓度的不均匀。因此，虽然总体而言烟气在受热面各截面中的平均速度不是很高，但是存在着局部的高烟速区，并且局部区域烟气中灰颗粒浓度会增加。对流受热面的磨损，与烟气中灰粒运动速度的三次方成正比，与灰颗粒的浓度成正比，所以 Π 型炉在局部区域的对流受热面的磨损速率大大高于其他部位。在国内不少 Π 型炉的运行实践中已经证明了这一论断。

塔式炉烟气速度场较均匀，高烟速区受热面的磨损速率与其他区域的磨损速率相差并不大。在塔式锅炉中，由于烟气速度向上，与灰粒的重力方向相反，灰粒运动速度低于烟速。根据国外的实测数据可知，塔式炉的烟灰速度比烟气速度平均降低 1m/s，这也是塔式炉的受热面磨损速率远低于其他炉型的重要原因。

（2）对煤粉燃尽率的影响。塔式炉所有受热面布置在同一烟气流道中，煤粉在流场中的运动方向与重力方向相反。未燃尽的煤粉外部包裹的灰与其他灰颗粒碰撞结合后，质量较大的颗粒就不会被携带到第二烟道，而重新回落或悬浮在炉膛中间或上部，继续参与燃烧。另外，煤粉颗粒的运动速度低于烟气流速，煤粉颗粒在炉膛中的停留时间较长，导致塔式炉煤粉的燃尽率比 Π 型炉高。

（3）对大颗粒灰生成的影响。大颗粒灰一般是指直径在任何方向上都大于 4mm 的中空、体积大但质量轻的灰分。SCR 脱硝反应器灰分很容易造成反应器内催化剂的堵塞，轻则引起催化剂中毒，重则造成锅炉停炉。大颗粒灰造成催化剂堵塞的情况，在美国的 Π 型炉上发生过很多次，许多机组设置了拦截大颗粒灰的拦截屏。而欧洲的塔式炉很少发生这种情况。1986 年德国第一批 700MW 塔式锅炉安装 SCR 装置时由于担心大颗粒灰对催化剂的堵塞，设置了 SCR 旁路，但没有发生大颗粒灰堵塞催化剂的情况，因此德国目前新建的塔式炉一般都不设置 SCR 旁路也不设置拦截屏。日本新玑子电厂的 700MW 锅炉，为了预防大颗粒灰堵塞，采取了 Π 型炉设置脱硝装置的做法，将脱硝装置和空气预热器向炉后拉出，在 SCR 上游的水平烟道上装设灰斗来收集大颗粒灰，两种炉型大颗粒灰形成并对催化剂造成堵塞风险分析如下：

对于 Π 型炉，烟气中的灰颗粒一部分在折焰角开始转向，一部分在折焰角的上方开始转向，烟气在转向过程中由于流场紊乱，灰颗粒相互碰撞的机会增加。这个位置烟气的温度都会在 1000℃以上，灰粒很软，碰撞后很容易相互黏结，体积增大。尤其是在折焰角的向火面处，流场最紊乱而烟气温度最高，最容易生成大颗粒灰。灰颗粒进入尾部烟道后，随着烟气温度的降低而变硬，形成大颗粒灰落下进入脱硝反应器。

对于塔式炉而言，流场比较均匀，灰颗粒相互碰撞的机会较低。另外，炉膛上方灰运动的行程长，灰的运动方向与重力方向相反，灰颗粒大到一定程度后就不能被烟气携带而返回炉膛或悬浮在炉膛中。当较少灰颗粒随烟气到达第一烟道的顶端转弯处，烟气温度已经在 350℃左右，灰颗粒硬得多，致使相互碰撞黏结的可能性小很多，一部分灰反而会因相互碰撞而分裂。因此，塔式炉产生大颗粒灰进入脱硝反应器的可能性要小很多。

当然，造成催化剂被堵塞的原因有很多，大颗粒灰只是其中之一，其他的如反应器入口烟气流场设计不合理等也会造成催化剂堵塞。因此，即使采用了塔式炉，脱硝系统及其烟道的设计，包括整流器、导流板的设计仍然是至关重要的。

1.4.3 受热面布置的比较

塔式炉与 Π 型炉在过热器、再热器和省煤器布置上的最大区别是塔式炉过热器、再热器和省煤器的所有受热面均为水平卧式布置，而 Π 型炉的大部分过热器、再热器和省煤器的受热面为垂直 U 型布置。水平卧式布置受热面的最大优点是可将受热面中的水完全排放，有利于停炉保养。另外，在安装调试阶段，锅炉的过热器和再热器可参与酸洗。对于垂直 U 型布置的受热面，由于无法完全排出酸洗液则会导致受热面 U 型管底部的腐蚀，因此 Π 型炉的过热器和再热器无法参与酸洗。经过酸洗的再热器和过热器，管内清洁度大大提高，可减少锅炉吹管的次数和时间，降低了吹管成本，缩短了调试时间。根据欧洲塔式炉的运行经验，过热器和再热器酸洗后，只要在首次启动阶段通过大容量旁路进行大流量的冷态清洗，就可达到汽轮机进汽的蒸汽品质要求而无须进行吹管。

另外，水平布置的受热面有利于减少汽轮机固体颗粒侵蚀（SPE）的危害。造成汽轮机固体颗粒侵蚀（SPE）的主要原因是，锅炉受热面中氧化颗粒剥落后被蒸汽带入汽轮机，使汽轮机叶片受到这些氧化物颗粒的冲击而受到损害。SPE现象在超超临界机组上发生比较多，因为随着蒸汽温度的上升，受热面管内的高温蒸汽氧化现象加剧，当锅炉发生较大的负荷变化时，尤其是启停炉过程中，因受冷热温度应力的作用，氧化颗粒很容易脱落，因此SPE现象较多发生在锅炉启停阶段。锅炉受热面受热冲击引起管子汽侧氧化铁剥离并形成固体颗粒，使汽轮机高、中压缸第1级叶片产生侵蚀。造成SPE的原因有多种，锅炉受热面布置的形式也是其中之一。因为停炉后脱落的氧化颗粒沉积受热面中，锅炉重新启动后这些颗粒就会被蒸汽带出锅炉。对于有垂直布置的过热器和再热器的Π型炉，氧化颗粒一般沉积在U管的底部，在启动及低负荷阶段，低流量的蒸汽动量不足以将大的氧化剥离物带出垂直管段，直到高负荷阶段，蒸汽动量的增加，这些物体才可能被冲出，此时的蒸汽携带的硬质颗粒对汽轮机叶片所产生的侵蚀性最大。塔式炉的受热面水平布置，启动阶段虽然蒸汽的动量低，但也很容易将氧化颗粒带走，并被旁路系统直接送入凝汽器。因此，除非是较大的氧化剥落物，在机组启动阶段固体颗粒不会进入汽轮机。而较大颗粒的剥落物由于离心力大，受到汽机进汽流道结构的限制，不容易直接冲击汽机的叶片。

1.4.4　炉架的比较

对A电厂和B电厂的两台1000MW机组的两种不同型式锅炉各主要部件质量做简单比较，见表1-2。

表1-2　锅炉主要部件质量对比　(t)

项　　目	A电厂（Π型锅炉）	B电厂（塔式锅炉）
钢构架	8995	13800
受热面	8862	7725
空气预热器	1660	1640
锅炉金属总质量	25401	27535

从表1-2中可以看出，塔式锅炉的钢结构质量明显比Π型炉的钢结构重。这是因为塔式炉的所有受热面都布置在炉膛上面的第一烟道中，第一烟道的钢结构荷载担负着80%以上的锅炉总荷载，且塔式炉的高度比同容量的Π型炉高50%左右，所以塔式炉钢结构质量要大于Π型炉。以B电厂的塔式炉钢架为例，锅炉钢架包括主钢架（含炉顶钢架）、辅钢架（炉前平台、炉左右两侧平台）、楼梯间和空气预热器钢架。主钢架的构件均为大规格箱型截面，主要包括：4根主柱，5层主梁共20根和40个立面斜撑。主梁需要承受锅炉悬吊荷载向下传递的内力和弯矩，同时承受辅钢架平面的垂直和水平荷载、风荷载和地震荷载。主梁和主斜撑的规格均为宽900mm的箱形截面。4根主立柱高度均为121.2m。其中在0~106.5m均为2500m×2500m的截面。而A电厂锅炉的主立柱高度为80m，截面为1000m×1200m到820m×850m的H型钢，主梁为1700m×400m的H型钢，主斜撑为

300m×(460~400)m×700m 的 H 型钢，以 300m×460m 规格居多。两者相比，塔式锅炉的钢结构比 Π 型炉重许多。

通过百万级别的塔式锅炉与 Π 型炉在国内的实际应用，认为两种型式的锅炉各有优劣，尤其在炉膛烟气流场的分布上，塔式炉由于不存在折焰角，因而能够实现较为均匀的烟气流场和温度场。Π 型炉除了具备传统的安装方便等优势外，也存在不少问题，如爆管、受热面磨损、结焦等，在相当程度上是因为烟气流场不均匀造成的，这些问题在塔式炉上在不同程度上可得到改善，这在理论分析上和实践运行上都得到了印证。塔式炉在受热面布置和布置方式上与 Π 型炉不同，也带来了好处。比如：减少了大颗粒灰的产生，过热器和再热器可进行酸洗，减少汽轮机固体颗粒侵蚀（SPE）等都为电厂直接或间接带来了效益。但是，由于塔式炉的炉架设计更为复杂，对锅炉基础的设计也提出了更高的要求，在锅炉基础施工上存在超大体积混凝土灌注的难点，而炉架高度也比 Π 型炉更高，对安装提出了挑战。从投资上看，目前 1000MW 机组塔式炉本体的价格要高于 Π 型炉，塔式锅炉地基处理、基础费用和四大管道的投资也较 Π 型炉大。

2 锅炉概况

2.1 概述

近十年超临界火电机组在国内成功运行和快速发展，三大锅炉厂（上海锅炉厂、东方锅炉厂、哈尔滨锅炉厂）在超临界和超超临界锅炉设备设计和制造技术、工艺、能力和装备水平等都有了很大的提高，具体表现在以下几个方面：

（1）上海锅炉厂（简称“上锅”）引进 ALSTOM（CE）公司技术，设计制造 600MW、1000MW 超超临界塔式炉和 Π 型炉，采用四角切圆直流燃烧方式；

（2）东方锅炉厂（简称“东锅”）引进日立公司技术，并在嘉兴建立了合资工厂，设计、制造 600MW、1000MW 超超临界 Π 型炉，采用前后墙对冲旋流燃烧方式；

（3）哈尔滨锅炉厂（简称“哈锅”）引进三菱重工 600MW、1000MW 超超临界锅炉设计制造技术，采用前后墙对冲旋流燃烧方式或单炉膛八角切圆燃烧方式。

国内制造的 1000MW 超超临界锅炉的总体型式有 4 种，见表 2-1。

表 2-1 国内制造的 1000MW 超超临界锅炉炉型

项目	哈锅	上锅		东锅
锅炉炉型	Π 型炉	Π 型炉	塔式炉	Π 型炉
技术依托	日本三菱重工（MHI）	美国阿尔斯通（ALSTOM（CE））	美国阿尔斯通（ALSTOM（EVT））	日本巴布科克-日立（BHK）
燃烧方式	单炉膛八角切圆燃烧	单炉膛八角切圆燃烧	单炉膛四角切圆燃烧	单炉膛前后墙对冲燃烧
燃烧器型式	直流摆动燃烧器	直流摆动燃烧器	直流摆动燃烧器	旋流燃烧器
启动系统	分离器/储水箱+启动循环泵	分离器/储水箱/疏水泵+启动循环泵	分离器/储水箱/疏水泵+启动循环泵	分离器/储水箱+启动循环泵
水冷壁型式	上、下部水冷壁均采用内螺纹垂直管圈水冷壁，上下部水冷壁间设有两级混合集箱，水冷壁入口装设节流孔板	下部水冷壁采用内螺纹螺旋管圈布置，上部水冷壁为垂直管圈，上、下部水冷壁间采用混合联箱过渡	下部水冷壁采用内螺纹管螺旋管圈布置，上部水冷壁为垂直管圈，上、下部水冷壁间采用中间混合联箱过渡	下部水冷壁采用内螺纹螺旋管圈布置，上部水冷壁为垂直管圈，上、下部水冷壁间采用混合联箱过渡
过热器系统	低过、分隔屏、屏过、高过热器系统	顶棚+包墙、分隔屏、屏过、高过热器系统	一过、二过、三过热器系统	顶棚+包墙、低过、屏过、高过热器系统

续表 2-1

项目	哈　锅	上　锅		东　锅
锅炉炉型	Π 型炉	Π 型炉	塔式炉	Π 型炉
再热器系统	低温再热器、高温再热器	低温再热器、高温再热器	低温再热器、高温再热器	低温再热器、高温再热器
过热器调温	燃水比、三级减温水、燃烧器倾角	燃水比、二级减温水、燃烧器倾角	燃水比、二级减温水、燃烧器倾角	燃水比、二级减温水
再热器调温	尾部调温挡板、燃烧器倾角、事故喷水	燃烧器倾角、事故喷水	燃烧器倾角、事故喷水	尾部烟气挡板、事故喷水
最小直流负荷/%	30	30	30	25~30

2.2 上锅 1000MW 超超临界机组锅炉技术规范

某电厂 2×1000MW 超超临界压力直流锅炉型号为 SG-3098/27.46-M539，系 3098t/h 超超临界参数变压运行、螺旋管圈直流锅炉，单炉膛塔式布置、四角切向燃烧、摆动喷嘴调温、平衡通风、全钢架悬吊结构、露天布置、采用机械刮板捞渣机固态排渣。锅炉燃用烟煤，炉后尾部烟道出口有两台 SCR 脱硝反应装置，下部布置两台转子为 ϕ16370mm 的三分仓容克式空气预热器。

锅炉制粉系统采用中速磨冷一次风机直吹式制粉系统，每台锅炉配置 6 台中速磨煤机，B-MCR 工况时，5 台投运，1 台备用。

锅炉最低直流负荷为 30%B-MCR，本体系统配 30%B-MCR 容量的启动循环泵。锅炉不投油最低稳燃负荷为 30%B-MCR。

2.2.1 锅炉主要设计参数

锅炉的主蒸汽和再热蒸汽的压力、温度、流量等要求与汽轮机的参数相匹配。锅炉主蒸汽、高温再热蒸汽出口温度按 605℃/603℃，对应汽机的入口参数为 600℃/600℃；锅炉出口主蒸汽压力（表压）为 27.46MPa；对应汽机 VWO 工况的锅炉最大连续蒸发量（B-MCR）3098t/h；最终，锅炉的参数应和汽机参数匹配。锅炉 B-MCR 工况及额定工况主要参数见表 2-2。

表 2-2　锅炉 B-MCR 工况及额定工况主要参数

名　称	单　位	B-MCR	BRL
过热蒸汽流量	t/h	3098	2951
过热器出口蒸汽压力（g）	MPa	27.46	27.34
过热器出口蒸汽温度	℃	605	605
再热蒸汽流量	t/h	2585	2470
再热器进口蒸汽压力（g）	MPa	6.08	5.80
再热器出口蒸汽压力（g）	MPa	5.88	5.61
再热器进口蒸汽温度	℃	376	369

续表 2-2

名　称	单　位	B-MCR	BRL
再热器出口蒸汽温度	℃	603	603
省煤器进口给水温度	℃	298	295

注：1. 压力单位中“g”表示表压，“a”表示绝对压（以后均同）。

2. 锅炉额定蒸发量（BRL）即是汽机在 TRL 工况下的进汽量。

3. 锅炉最大连续蒸发量（B-MCR）对应于汽机 VWO 工况下的进汽量。

2.2.2 燃料特性

本工程所用煤种、点火及助燃用油、锅炉给水及蒸汽品质要求如下所示。

（1）煤种。本工程设计煤种为大同煤，校核煤种 1 为神华煤，校核煤种 2 为开滦煤。锅炉点火及助燃采用 0 号轻柴油。表 2-3 为设计、校核煤质资料及灰成分分析。

表 2-3　设计、校核煤质资料及灰成分分析表

名称及符号		单　位	设计煤种	校核煤种 1	校核煤种 2
工业分析	收到基全水分 M_{ar}	%	9.81	16.6	9.6
	收到基灰分 A_{ar}	%	22.01	7.81	29.01
	干燥无灰基挥发分 V_{daf}	%	32.43	35.51	34.79
收到基低位发热量 $Q_{net,ar}$		kJ/kg	21374	22940	19410
		kcal/kg	5105	5479	4636
元素分析	收到基碳 C_{ar}	%	56.23	60.34	50.39
	收到基氢 H_{ar}	%	3.35	3.69	3.24
	收到基氧 O_{ar}	%	7.04	10.53	5.96
	收到基氮 N_{ar}	%	0.78	0.83	1.02
	收到基全硫 $S_{t,ar}$	%	0.78	0.20	0.78
灰熔融性	变形温度 *DT*	℃	1170	1160	1500
	软化温度 *ST*	℃	1260	1200	1500
	流动温度 *FT*	℃	1350	1220	1500
可磨系数 *HGI*			56	64	97
冲刷磨损指数 *Ke*			2.22	—	3.11
灰分分析	二氧化硅(SiO_2)	%	49.44	50.33	48.51
	氧化钙(CaO)	%	8.85	13.79	4.09
	氧化镁(MgO)	%	1.53	1.56	2.75
	三氧化二铁(Fe_2O_3)	%	7.87	7.86	5.83
	三氧化二铝(Al_2O_3)	%	27.06	18.66	31.37
	氧化钾(K_2O)	%	1.14	1.01	1.28
	氧化钠(Na_2O)	%	0.34	0.62	0.50
	氧化钛(TiO_2)	%	1.17	1.59	1.64
	三氧化硫(SO_3)	%	2.6	4.05	3.14

（2）点火及助燃用油。燃油分析见表2-4。

表2-4 燃油分析表

项　　目	单　　位	技 术 数 据
油种		0号轻柴油
恩氏黏度（20℃时）	°E	1.2~1.67
凝固点	℃	≤0
闭口闪点	℃	≥55
机械杂质		无
含硫量	%	≤0.2
水分		痕迹
灰分	%	≤0.01
比重	kg/m^3	817
低位发热值 $Q_{net,ar}$	kJ/kg	41800

（3）锅炉给水及蒸汽品质要求。锅炉补给水量及锅炉给水质量标准见表2-5~表2-7。

表2-5 补给水量

项　　目	单　　位	技 术 数 据
正常时	t/h	31
启动或事故时	t/h	248
补给水制备方式		活性炭过滤+离子交换除盐系统

表2-6 锅炉给水质量标准

项　　目	单　　位	技 术 数 据
总硬度	μmol/L	0
溶解氧（化水处理后）	μg/L	30~150
铁	μg/L	≤5
铜	μg/L	≤2
二氧化硅	μg/L	≤10
pH值		8~9
电导率（25℃）	μS/cm	<0.15
钠	μg/L	≤5

注：按CWT工况设计，即联合水处理工况设计。

表2-7 蒸汽品质要求

项　　目	单　　位	技 术 数 据
钠	μg/kg	<5
二氧化硅	μg/kg	<10
电导率（25℃）	μS/cm	<0.15
铁	μg/kg	<5
铜	μg/kg	<2

2.2.3 锅炉运行条件及性能保证

2.2.3.1 锅炉运行条件

锅炉运行条件如下所示。

（1）锅炉带基本负荷并参与调峰。锅炉在投入商业运行后，年利用小时数不小于 6500h，年可用小时数不小于 7800h。锅炉强迫停用率不大于 2%。

锅炉强迫停运率不大于 2%，计算公式为：

$$锅炉强迫停运率 = \frac{锅炉强迫停运小时数}{锅炉强迫停运小时数 + 运行小时数} \times 100\%$$

（2）制粉系统：中速磨正压直吹式制粉系统，每炉配 6 台磨煤机，五运一备，设计煤粉细度 $R_{90} = 18\% \sim 20\%$，煤粉均匀系数 $n = 1.0 \sim 1.1$。

（3）锅炉变压运行，采用定-滑-定运行的方式。

（4）锅炉在燃用设计煤种或校核煤种时，不投油最低稳燃负荷为锅炉的 30%B-MCR，并在最低稳燃负荷及以上范围内满足自动化投入率 100%的要求，启动时分离器贮水箱水位可全程控制。

（5）锅炉负荷变化率能达到下述要求：

1）在 50%～100%B-MCR 时，不低于±5%B-MCR/min。

2）在 30%～50%B-MCR 时，不低于±3%B-MCR/min。

3）在 30%B-MCR 以下时，不低于±2%B-MCR/min。

4）负荷阶跃：大于 10%汽机额定功率/min。

（6）锅炉的启动时间（从点火到机组带满负荷），与汽轮机相匹配，一般可满足以下要求：

1）冷态启动：5～6h。

2）温态启动：2～3h。

3）热态启动：1～1.5h。

4）极热态启动：<1h。

5）锅炉从点火至汽机冲转满足以下要求：

① 冷态起动：1.33h。

② 温态起动：1.17h。

③ 热态起动：1.08h。

④ 极热态起动：0.62h。

（7）该工程采用微油点火-煤粉点火方式的技术，并以高能电火花-轻油-煤粉点火方式为备用。

（8）在燃用设计煤种、BRL 工况下，锅炉 NO_x 的排放浓度不超过 $350mg/m^3$（标态 O_2 含量为 6%）（脱硝装置前）。

（9）过热器和再热器温度控制范围，过热汽温在 30%～100%B-MCR、再热汽温在 50%～100%B-MCR 负荷范围时，能保持稳定在额定值，偏差不超过±5℃。

(10) 燃烧室的设计承压能力不小于±5800Pa；当燃烧室突然灭火内爆，瞬时不变形承载能力不低于±9686Pa；锅炉在设计负荷范围内运行时，都能保证锅炉有足够的安全性和可靠性。

(11) 锅炉各主要承压部件的使用寿命大于30年，受烟气磨损的低温对流受热面的使用寿命达到150000h，脱硝装置运行工况下空气预热器的冷段蓄热组件的使用寿命不低于100000h。

(12) 锅炉机组在30年的寿命期间，允许的启停次数不少于以下数值：

1) 冷态起动（停机超过72h）：大于200次。

2) 温态起动（停机72h内）：大于1200次。

3) 热态起动（停机10h内）：大于5000次。

4) 极热态起动（停机1h内）：大于300次。

5) 负荷阶跃：大于12000次。

(13) 当一台空气预热器故障停运时，另一台空气预热器能单侧运行，并可带不低于锅炉60%B-MCR负荷。

(14) 汽轮机旁路：采用100%带安全功能的高压旁路和不小于65%低压旁路。

(15) 除渣方式：采用刮板捞渣机机械捞渣。

2.2.3.2 性能保证

性能保证：

(1) 锅炉最大连续出力（B-MCR）3098t/h。

(2) 在燃用设计煤种BRL工况下，锅炉保证热效率不小于93.6%（按低位发热量）。

(3) 燃用设计和校核煤种，锅炉BRL工况下，空气预热器的漏风率（单台）在投产第一年内小于6%，运行1年后小于8%。一次风漏风率不高于30%。

(4) 锅炉燃用设计煤种，煤粉细度在规定范围内时，不投油最低稳燃负荷为30% B-MCR。

(5) 锅炉在燃用设计煤BRL工况下，脱硝装置入口NO_x的排放浓度不超过350mg/m^3（标态下，O_2含量为6%）。

(6) 锅炉给水品质合格，B-MCR工况条件下，过热器、再热器、省煤器的实际汽、水侧压降数值不超过设计值。

(7) 燃用设计和校核煤种时，滑压运行机组负荷在30%~100%B-MCR范围时，过热蒸汽能维持其额定汽温；在50%~100% B-MCR时再热蒸汽能维持额定汽温。汽温允许偏差±5℃。

2.2.4 锅炉设备简介

该锅炉为超超临界压力参数变压运行螺旋管圈直流锅炉，单炉膛塔式布置形式、一次中间再热、四角切圆燃烧、平衡通风、固态排渣、全钢悬吊构造、露天布置。锅炉燃用煤种为烟煤，采用中速磨正压直吹式制粉系统，5台磨煤机运行带锅炉B-MCR工况，1台备用。炉后尾部布置两台转子为ϕ16370mm的三分仓容克式空气预热器。表2-8为锅炉的主要尺寸界限。

表2-8 锅炉的主要尺寸界限

项　　目	数　　值
炉膛宽度×深度	21480×21480
从上排燃烧器喷口至一过屏底距离	28331
下排燃烧器中心喷口标高	23591
上排燃烧器中心喷口标高	45149
冷灰斗转角与最下排燃烧器喷口距离	5111
相邻层煤粉喷嘴中心距	1600/1700
水冷壁下集箱标高	4000
炉顶管中心标高	119950
大板梁顶标高	128200
水冷壁中间集箱标高	68620

锅炉炉膛宽度为21480mm、深度为21480mm，水冷壁下集箱标高为4000mm，炉顶管中心标高为119950mm，大板梁顶标高128200mm。

锅炉炉前，沿着炉宽在垂直方向上布置6只外径610mm、壁厚为80mm的汽水分离器，其筒身内径为240mm，每个分离器进出口分别与水冷壁出口、一级过热器进口，下部与贮水箱相连接。当机组启动、锅炉负荷低于最低直流负荷30%B-MCR时，蒸发受热面出口的介质流经水冷壁出口汇合集箱后由4根管道送入汽水分离器进行汽水分离，蒸汽通过分离器上部管接头进入两个分配器后引出一级过热器，而饱和水则通过每个分离器筒身下方1根内径为240mm的连接管道，共6根连接管道进入1只ϕ610mm×80mm贮水箱中，贮水箱上设有水位控制。贮水箱下方分两路引出，一路疏水由锅炉循环泵回到省煤器系统中，另一路接至大气扩容器，通过扩疏箱的扩疏泵将水通入到凝汽器或机组循环水排水管系统中。

炉膛由膜式水冷壁组成，水冷壁采用螺旋管加垂直管的布置方式。从炉膛冷灰斗进口标高4000～69225mm处沿炉膛四周采用螺旋管圈，在此上方为垂直管圈，垂直管圈分为两部分，下部垂直管圈选用管子为ϕ38. 1mm，节距为60mm；Y形式的两根垂直管合并成为一根管的上部垂直管圈，管子为ϕ44. 5mm，节距为120mm。

锅炉上部沿着烟气流动方向依次分别布置有一级过热器、三级过热器、二级再热器、二级过热器、一级再热器、省煤器。

锅炉上部的炉内受热面全部为水平布置，穿墙结构为金属全密封形式。所有受热面能够完全疏水干净。

锅炉出口的前部、左右两侧和炉顶部分也是由管子膜式壁构成，但是这些地方的管子内部是空的，没有流体介质。

除了水冷壁集箱之外，所有集箱都布置在锅炉上部的前后墙部位上。

炉前集箱包括一级过热器进口集箱和二级过热器、三级过热器、省煤器进/出口集箱。炉后集箱包括一级再热器、二级再热器的进/出口集箱。一级过热器出口集箱有2只，各布置在炉前后墙。这些炉前、后的集箱一端由悬吊管支承，另一端支在炉前/后墙水冷壁之上。

锅炉燃烧系统按配中速磨正压直吹式制粉系统设计，配置6台磨煤机，每台磨煤机引出4根煤粉管道到炉膛四角，炉外安装煤粉分配装置，每根管道分成两根管道分别与两个相邻的一次风喷嘴相连，共计48只直流式燃烧器分12层布置于炉膛下部四角（每两个煤粉喷嘴为一层），在炉膛中呈四角切圆方式燃烧。

过热器汽温通过煤水比调节和两级喷水来控制。再热器汽温采用燃烧器摆动调节，一级再热器进口连接管道上设置事故喷水，一级再热器出口连接管道设置微量喷水作为辅助调节。

炉膛底部出渣采用一台机械刮板捞渣机固态出渣，锅炉本体炉底水封靠固定式水封插板建立。

锅炉设有膨胀中心及零位保证系统，垂直高度的零点在大板梁顶部，水平零点位置在锅炉中心线。在锅炉高度方向设有四层导向装置，以控制锅炉受热面水平方向的膨胀和传递锅炉水平载荷。

锅炉上部出口后连接有脱硝装置进口烟道，这个烟道从上向下流动，该单烟道的垂直载荷直接支吊在炉顶钢架平面上。在脱硝反应器上部分成两路烟道经过各自的关闭挡板，进入两侧脱硝反应器，烟气经过脱硝装置后，再进入两台直径为16370mm三分仓容克式空气预热器。

本锅炉采用正压直吹式制粉系统，配置6台中速磨煤机，燃烧器四角布置，切圆燃烧方式。整台锅炉沿着高度方向燃烧器分成4组，最上一组燃烧器是SOFA燃尽风，有6层风室；接下来三组是煤粉燃烧器，每组有4层煤粉喷嘴，共有48只燃烧器喷嘴。最上排燃烧器喷口中心线标高45149mm，一级过热器屏底距最上排燃烧器喷口28331mm，最下排燃烧器喷口中心标高23591mm，至冷灰斗转角距最下排燃烧器喷口5111mm，三组煤粉燃烧器上，每组燃烧器风箱设有两层进退式简单机械雾化油枪，6层燃油喷嘴共24支轻油枪。B磨燃烧器共两层，喷嘴装有8支压缩空气雾化的微油枪。

锅炉钢架为全钢构架，通过高强度螺栓连接，整个钢架高度分成5层刚性平面。主钢架由4根面积为2500mm×2500mm的大立柱构成，柱间距离深度为31.5m，宽度为30.5m。

第一层刚性平面在22500mm标高，第二层在50000mm标高，第三层在70500mm标高，第四层在100400mm标高，第五层在炉顶。主钢架的外层是辅助钢架，前部与主钢架之间距离为7875mm，两侧与主钢架之间距离为10250mm。大板梁顶标高为128.2m，屋顶为轻型金属屋盖；空气预热器钢架为独立的钢结架，其上部为SCR装置，空气预热器支承平面标高22.47m。

锅炉设置了膨胀中心，锅炉垂直方向上的膨胀零点设在大板梁顶部，锅炉深度和宽度方向上的膨胀零点设在炉膛中心。

锅炉四周设有绕带式刚性梁，以承受炉膛内部正、负两个方向的压力，整个锅炉高度布置了4层钢性梁导向装置，第一层在18960mm标高，第二层在48000mm标高，第三层在70440mm标高，第四层在99640mm和98800mm标高。

锅炉吹灰器有蒸汽吹灰器和水力吹灰器两种形式。蒸汽吹灰器：炉膛部分布置64台墙式吹灰器，锅炉上部区域内布置96台长行程伸缩式吹灰器，每台预热器烟气进、出口端各布置一只伸缩式吹灰器；水力吹灰器：炉膛燃烧器区域布置两层共8台水力吹灰器，运行时所有吹灰器均实现程序控制。每台脱硝反应器设置14台声波吹灰器，每台锅炉共

28 台声波吹灰器，备用层预留吹灰器位置并设置平台。

过热器出口配置了 100%高压旁路系统。再热器出口设置了 65%低压旁路系统，第二级再热蒸汽出口管道上布置了 4 台安全阀。

锅炉启动旁路系统设置了循环泵，该泵布置在炉前 33000mm 标高上。

锅炉在尾部烟道中同步设置 SCR 脱硝设备。

此外，锅炉还配有炉膛火焰电视摄像装置、炉管泄漏自动报警装置及炉膛出口烟温探针等设备。

锅炉水容积见表 2-9，锅炉本体布置如图 2-1 所示。

表 2-9　锅炉水容积　　(m^3)

序　号	名　称	数　量
1	省煤器系统	约 215
2	水冷壁	约 114
3	过热器系统	约 260
4	再热器系统	约 568
5	锅炉启动系统	约 50
6	容积	约 1207

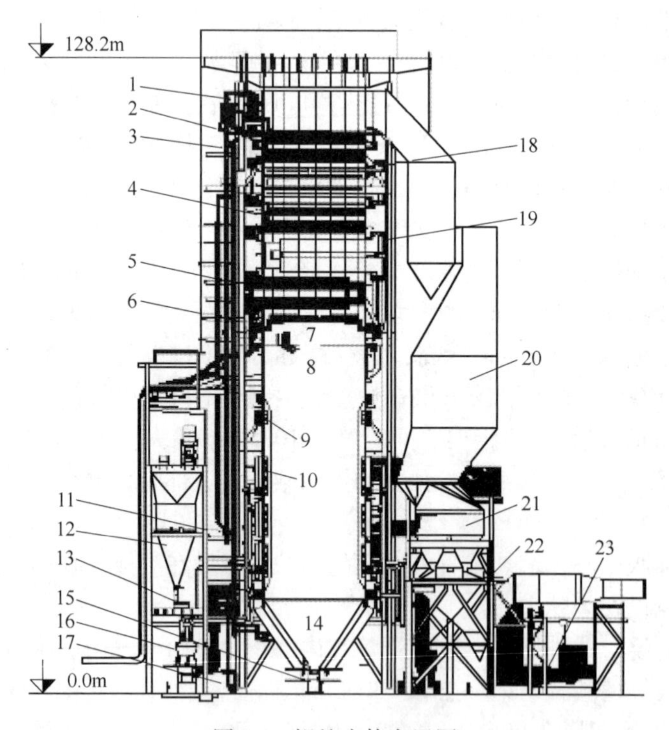

图 2-1　锅炉本体布置图

1—汽水分离器；2—省煤器；3—汽水分离器贮水箱；4—二级过热器；5—三级过热器；6—一级过热器；7—垂直水冷壁；8—螺旋水冷壁；9—燃尽风；10—燃烧器；11—炉水循环泵；12—原煤斗；13—给煤机；14—冷灰斗；15—捞渣机；16—磨煤机；17—磨煤机密封风机；18—低温再热器；19—高温再热器；20—脱硝装置；21—空气预热器；22—吸风机；23—送风机

2.2.5 锅炉设计特点

该超超临界塔式直流锅炉采用 Alstom 德国公司引进技术，具有以下特点：

（1）锅炉系统简单。

（2）锅炉具有很强的自疏水能力，具备优异的备用和快速启动特点。

（3）均匀的过热器、再热器烟气温度分布。

（4）均匀的对流受热面烟气流场分布。

（5）采用单炉膛单切圆的燃烧方式，在所有工况下水冷壁出口温度分布均匀。

（6）采用低 NO_x 同轴燃烧系统（LNTFSTM）。

（7）过热器采用煤水比加两级八点喷水，再热器采用燃烧器摆动、低负荷过量空气系数调节、在进口装设事故紧急喷水和两级再热器中间装设微量喷水。

（8）无水力侧偏差，过热器、再热器蒸汽温度分布均匀。

（9）过热器、再热器受热面材料选取留有较大的裕度。

（10）不同受热面之间无管子直接焊接（没有携带偏差）。

（11）受热面布置下部宽松，无堵灰。

（12）运行过程中锅炉能自由膨胀。

（13）悬吊结构规则，支撑结构简单。

（14）受热面磨损小。

（15）占地面积小。

2.2.6 过热器、再热器设计特色

过热器、再热器系统的设计采用了成熟的布置方式和结构形式，其设计有如下几个方面的特点。

（1）从提高锅炉的煤种及负荷适应性出发：过热器、再热器对锅炉在各种工况下运行具有较强的适应性。诸如负荷、煤种及给水温度等运行因素变化时，过热器、再热器仍能达到设计参数，且具有良好的汽温调节特性，控制方便、灵敏。具体设计中考虑了与燃用煤种相适应的以下几个方面。

1）汽温调节：用燃料/给水比、二级八点过热器喷水减温器和燃烧器摆动调节。

2）灰沉积的控制：根据燃煤灰特性、不同布置位置烟温的大小选用最优的管距。

3）灰粘污的控制：合理选用受热面的横向和纵向间距，布置足够多的吹灰器。

4）烟气腐蚀的防护：选用合适的烟气速度和选用高档次受热面材料。

5）受热面采用卧式布置，可顺利疏水有利于停炉保养和启动时蒸汽通畅流动，因此可提高对流受热面的使用寿命。

（2）从提高锅炉的可靠性、可用率，保证锅炉能长期稳定运行出发：

1）由于锅炉采用塔式布置，可使炉膛出口处烟气笔直通向上部对流受热面，无烟气转向问题，因此，烟气温度和流速分布相比于双烟道布置的锅炉更为均匀，烟温偏差可大大减小，这有利于减小各级受热面烟气侧的热偏差，通常热偏差系数均可控制在 1.1 左右。

2）塔式炉的这一特点对高蒸汽参数的超超临界锅炉显得更为重要，因为对于 600℃

温度等级锅炉，过热器和再热器高温段受热面材料已选用了目前适用于电站锅炉最高档的高合金材料，如锅炉运行时，过热器和再热器存在较大的汽温偏差，受热面管子壁温会超过设计选用材料的极限值，使得管子在运行很短的时间内发生超温爆管。虽然诸多采用双烟道布置的锅炉制造商在炉膛尺寸选取、燃烧方式、燃烧设备的设计和受热面布置上采取了很多降低烟气温度和速度偏差的措施，但在机组向大容量和高参数发展时，无法彻底消除和改善这一问题。

3）过热器、再热器系统采用成熟而优化的布置及连接形式，受热面阻力和进出口集箱合理匹配，以严格控制屏间偏差及同屏间的水力偏差。

4）在管材的选取上留有足够大的安全裕度，并充分考虑疲劳、蠕变应力影响。在高温段过热器和再热器中选用高档次的合金材料，以抵抗炉内高温烟气的腐蚀和管内的高温氧化。

5）从提高锅炉的运行经济性出发，保证锅炉在各种负荷下有较高的锅炉效率，达到设计出力，汽侧阻力及减温水量均控制在合理的范围之内。

2.2.7 烟气系统流程

一级过热器（屏管）→三级过热器→二级再热器→二级过热器→一级再热器→省煤器→一级过热器（悬吊管）→脱硝反应器→空气预热器→电除尘→吸风机→脱硫系统→烟囱。

2.2.8 一次系统流程

给水→省煤器→炉膛下部螺旋围绕管圈→中间混合集箱→炉膛上部垂直管屏→分配器→汽水分离器→分配器→一级过热器（垂直段和管屏段）→一级减温喷水→二级过热器→二级减温喷水→三级过热器→去汽机高压缸。

2.2.9 再热器系统流程

来自汽机高压缸排汽→事故喷水→低温（一级）再热器→微量喷水→高温（二级）再热器→去汽机中压缸。

2.2.10 锅炉受热面布置

省煤器、三级过热器及二级再热器采用顺流布置，省煤器主要是考虑管内若有气泡产生，能按水流排出；三级过热器及二级再热器主要是汽温相对较高，避免管壁超温，如图2-2所示。一、二级过热器及一级再热器采用逆流布置，能提高传热温差。

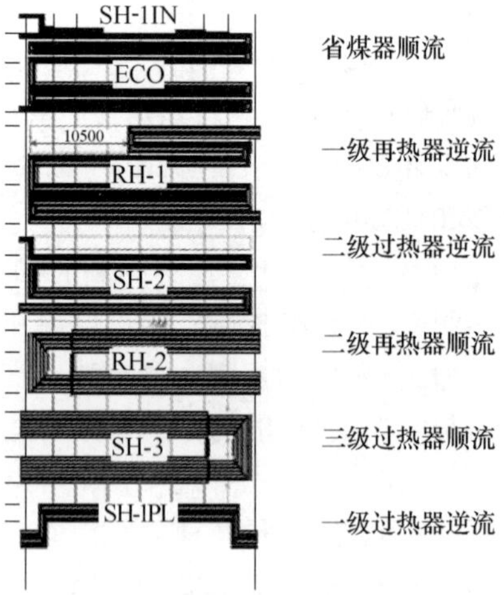

图2-2 锅炉受热面布置图

2.2.11 锅炉主要设计参数和性能数据

表2-10为不同机组负荷时的工质温度（设计煤种），表2-11为不同机组负荷时锅炉热负荷和热损失（设计煤种），表2-12为不同机组负荷时炉内烟气温度（设计煤种）。

表 2-10 不同机组负荷时的工质温度（设计煤种） （℃）

序号	项 目	B-MCR	BRL	THA	75% B-MCR	50% B-MCR	30% B-MCR	高加全切
1	省煤器进口	298.0	295.0	289.0	279.0	257.0	229.0	192.0
2	省煤器出口	337.1	333.8	329.3	321.6	309.9	287.9	266.0
3	分离器	458.3	457.7	448.7	434.1	398.9	377.8	424.0
4	一级过热器悬吊管进口	458.3	457.7	448.7	434.1	398.9	377.8	424.0
5	一级过热器悬吊管出口	468.4	468.1	459.4	446.4	417.8	402.5	435.4
6	一级过热器屏管进口	468.4	468.1	459.4	446.4	417.8	402.5	435.4
7	一级过热器屏管出口	497.8	498.3	490.4	482.0	466.9	465.7	470.3
8	二级过热器进口	484.4	484.7	477.3	467.4	446.6	452.8	454.7
9	二级过热器出口	557.7	557.2	553.1	548.7	544.6	534.5	544.4
10	三级过热器进口	539.5	538.9	534.8	528.7	519.2	519.7	521.5
11	三级过热器出口	605.0	605.0	605.0	605.0	605.0	605.0	605.0
12	一级再热器进口	376.0	369.0	352.0	355.0	379.0	382.0	375.0
13	一级再热器出口	495.7	489.5	482.1	482.2	492.1	475.2	488.1
14	二级再热器进口	495.7	489.5	482.1	482.2	492.1	475.2	488.1
15	二级再热器出口	603.0	603.0	603.0	602.7	602.9	572.0	602.6

表 2-11 不同机组负荷时锅炉热负荷和热损失（设计煤种）

序号	项 目	单位	B-MCR	BRL	THA	75% B-MCR	50% B-MCR	30% B-MCR	高加全切
1	干烟气热损失	%	4.58	4.53	4.41	4.08	3.37	2.66	3.51
2	燃料含水分热损失	%	0.04	0.04	0.03	0.03	0.02	0.01	0.02
3	氢的燃烧热损失	%	0.16	0.16	0.15	0.13	0.06	0.02	0.08
4	空气含水分热损失	%	0.11	0.10	0.09	0.08	0.07	0.05	0.07
5	未完全燃烧热损失	%	0.70	0.70	0.70	0.70	0.70	0.70	0.70
6	辐射热损失	%	0.18	0.21	0.21	0.26	0.38	0.50	0.21
7	其他热损失	%	0.30	0.30	0.30	0.30	0.30	0.30	0.30
8	制造厂裕度	%	0.35	0.35	0.35	0.35	0.35	0.35	0.35
9	高位热效率	%	89.35	89.38	89.52	89.81	90.47	91.10	90.48
10	低位热效率（计算）	%	93.57	93.60	93.75	94.05	94.74	95.40	94.75
11	低位热效率（保证）	%		93.60					
12	燃料消耗量	t/h	406.7	390.7	365.6	321.6	224.5	137.5	374.7
13	炉膛容积热负荷	kW/m^3	74.05						
14	炉膛断面热负荷	kW/m^3	5.20						
15	燃烧区热负荷	kW/m^3	1.16						
16	过量空气系数		1.20	1.20	1.25	1.28	1.45	1.50	1.20

续表 2-11

序号	项　　目	单位	B-MCR	BRL	THA	75% B-MCR	50% B-MCR	30% B-MCR	高加全切
17	排烟温度（修正后）	℃	133	132	129	122	113	104	113
18	排烟温度（修正前）	℃	128	127	124	117	107	96	109
19	过热器喷水温度	℃	298	295	289	279	257	229	192
20	过热器喷水量（一级）	t/h	92.9	88.5	80.9	69.7	46.5	14.0	70.7
21	过热器喷水量（二级）	t/h	92.9	88.5	80.9	69.7	46.5	14.0	70.7

表 2-12　不同机组负荷时炉内烟气温度（设计煤种）　　（℃）

序号	项　　目	B-MCR	BRL	THA	75% B-MCR	50% B-MCR	30% B-MCR	高加全切
1	一级过热器屏管出口	1239	1227	1220	1187	1061	943	1218
2	一级过热器屏管进口	1176	1163	1156	1121	1000	878	1151
3	三级过热器进口	1176	1163	1156	1121	1000	878	1151
4	三级过热器出口	1016	1004	996	966	866	755	992
5	二级再热器进口	1016	1004	996	966	866	755	992
6	二级再热器出口	862	851	844	815	741	647	838
7	二级过热器出口	862	851	844	815	741	647	838
8	二级过热器进口	681	672	665	642	592	537	653
9	一级再热器出口	681	672	665	642	592	537	653
10	一级再热器进口	516	508	496	486	474	444	500
11	省煤器进口	516	508	496	486	474	444	500
12	省煤器出口	387	382	375	363	343	310	330
13	空预器进口	387	382	375	363	343	310	330
14	空预器出口（未修正）	133	132	129	122	113	104	113
15	空预器出口（修正）	128	127	124	117	107	96	109

2.3　东锅 1000MW 超超临界机组锅炉技术规范

东锅 1000MW 超超临界机组锅炉型号为 DG3024/28.35-Ⅱ1 型，为超超临界参数、变压直流锅炉、对冲燃烧方式、固态排渣、单炉膛、一次再热、平衡通风、露天布置、全钢构架、全悬吊 Π 型结构。设计煤种为神华煤，校核煤种 1 为山西大同煤矿集团的晋北煤，校核煤种 2 为神华准混煤。锅炉采用等离子点火并保留燃油系统，燃油采用 0 号轻柴油。该锅炉尾部设置两台 SCR 脱硝装置和两台三分仓回转式空气预热器。

2.3.1　锅炉主要设计参数

表 2-13 为锅炉主要设计参数。

表 2-13 锅炉主要设计参数

名 称	单 位	B-MCR	THA	BRL
过热蒸汽流量	t/h	3023.95	2818.7	2935.88
过热器出口蒸汽压力 (g)	MPa	28.35	27.12	28.17
过热器出口蒸汽温度	℃	605	605	605
再热器蒸汽流量	t/h	2500.61	2343.1	2420.73
再热器进口蒸汽压力 (g)	MPa	6.18	5.79	5.97
再热器出口蒸汽压力 (g)	MPa	5.98	5.63	5.79
再热器进口蒸汽温度	℃	369	364	362
再热器出口蒸汽温度	℃	603	603	603
省煤器进口给水温度	℃	297	292	294

2.3.2 燃料特性

表 2-14 为该锅炉用煤的燃料特性，表 2-15 为燃油特性。

表 2-14 燃煤特性

项 目	符号	单位	设计煤	校核煤 1	校核煤 2
收到基碳分	C_{ar}	%	63.01	58.52	41.3
收到基氢分	H_{ar}	%	3.90	3.68	3.36
收到基氧分	O_{ar}	%	10.20	10.19	9.43
收到基氮分	N_{ar}	%	0.51	0.85	0.73
收到基硫分	S_{ar}	%	0.40	0.57	0.8
全水分	M_{ar}	%	15.9	7.5	9
空气干燥基水分	M_{ad}	%	4.64	2.5	—
收到基灰分	A_{ar}	%	6.08	18.69	23
干燥无灰基挥发分	V_{daf}	%	34.19	32.50	37.94
哈氏可磨性指数	HGI	—	57.0	65.0	50.0
冲刷磨损指数	Ke	—	—	—	—
低位发热值	$Q_{net,ar}$	kJ/kg	23850	21500	20908
二氧化硅	SiO_2	%	34.4	43.4	47.46
三氧化二铝	Al_2O_3	%	15.07	45.0	4.36
三氧化二铁	Fe_2O_3	%	15.18	3.0	33.51
氧化钙	CaO	%	19.46	3.7	5.1
氧化镁	MgO	%	1.12	0.4	4.78
三氧化硫	SO_3	%	12.43	1.5	4.78
氧化钠	Na_2O	%	0.22	0.60	0.31
氧化钾	K_2O	%	0.82	0.80	0.56
二氧化钛	TiO_2	%	0.24	1.20	1.16
二氧化锰	MnO_2	%	0.17	0.05	0.062
变形温度	DT	℃	1160	>1450	>1500
软化温度	ST	℃	1170	>1500	>1500
流动温度	FT	℃	1190	>1500	>1500

表 2-15　燃油特性

项　　目	单　　位	数　　据
水分	%	痕迹
灰分	%	≤0.025
硫分	%	≤0.2
机械杂质	%	无
十六烷值	—	>50
闭口闪点	℃	≥55
凝点	℃	≤0
运动黏度（20℃时）	mm/s	3.0~8.0
恩氏黏度（20℃时）	°E	1.20~1.67
10%蒸发物残碳	%	≤0.4
酸度（以 KOH 质量计）	mg/L	70
低位发热量	kJ/kg	41863

2.3.3　锅炉给水及蒸汽品质

表 2-16 为该锅炉的补给水量参数，表 2-17 为锅炉给水质量标准，表 2-18 为蒸汽品质要求。

表 2-16　补给水量　　(t/h)

项　　目	技术数据
正常时	30.3
启动或事故时	756
补给水制备方式	启动时按挥发处理（AVT），正常时按加氧处理（OT）

表 2-17　锅炉给水质量标准

项　　目	单　位	技术数据
总硬度	μmol/L	0
溶解氧（化水处理后）	μg/L	≤7（挥发处理）；30~150（加氧处理）
铁	μg/L	≤10
铜	μg/L	≤3
联氨	μg/L	10~50（挥发处理）
二氧化硅	μg/L	≤15
pH 值		加氧处理：8.0~9.0（无铜系统）；挥发处理：9.0~9.6（无铜系统）
电导率（25℃）	μS/cm	<0.15
钠	μg/L	≤5
TOC	μg/L	≤200
氯离子	μg/L	≤5

注：按 CWT 工况设计，即联合水处理工况设计。

表 2-18 蒸汽品质要求

项 目	单 位	技术数据
钠	μg/kg	<5
二氧化硅	μg/kg	<10
氢电导率（25℃）	μS/cm	<0. 15
铁	μg/kg	<5
铜	μg/kg	<2

2. 3. 4 锅炉运行条件和性能保证

本小节与上海锅炉厂的基本相同，不再赘述。

2. 3. 5 锅炉设备简介

锅炉的炉膛宽度为 33973. 4mm，深度为 15558. 4mm，高度为 64000mm。水冷壁中介质向上流动，冷灰斗的角度为 55°，除渣口的喉口宽度为 1289. 7mm。锅炉主要结构界限尺寸见表 2-19。

表 2-19 锅炉主要界限尺寸 （mm）

项 目	数 值
锅炉深度（从 K0 排柱中心至 K7 排柱中心）	75150
锅炉宽度（从 G1 排柱中心至 G7 排柱中心）	70000
大板梁最高高度	85900
炉膛宽度	33973. 4
炉膛深度	15558. 4
顶棚拐点标高	69700
水平烟道深	5486. 4
尾部竖井前烟道深	5486. 4
尾部竖井后烟道深	9144
水冷壁下集箱标高	5700

2. 3. 5. 1 *炉膛*

整个炉膛四周为全焊式膜式水冷壁，炉膛由下部螺旋盘绕上升水冷壁和上部垂直上升水冷壁两个不同的结构组成，两者间由过渡水冷壁和混合集箱转换连接。炉膛水冷壁总体布置图如图 2-3 所示。

经省煤器加热后的给水，通过锅炉两侧的下水连接管引至两个下水连接管分配集箱，再由若干根螺旋水冷壁引入管引入两个螺旋水冷壁入口集箱。

炉膛下部水冷壁（包括冷灰斗水冷壁、中部螺旋水冷壁）都采用螺旋盘绕膜式管圈，从水冷壁进口到折焰角下约 3m 处。螺旋水冷壁管全部采用六头、上升角 60°的内螺纹管。冷灰斗水冷壁采用光管。螺旋水冷壁出口管子引出炉外，进入螺旋水冷壁出口集箱，由若干根连接管引入炉两侧的两个混合集箱混合后，再由若干根连接管引入到垂直水冷壁进口集箱。前墙和侧墙水冷壁螺旋管与垂直管的管数比为 1∶2，后墙水冷壁的布置与前墙、侧墙有所不同，每 4 根螺旋管有 1 根直接上升为垂直水冷壁，其余 3 根螺旋管引进螺旋水冷壁出口集箱，并对应引出 7 根垂直水冷壁管。这种结构的过渡段水冷壁可以把螺旋水冷壁的荷载平稳地传递到上部水冷壁。前墙和两侧墙水冷壁及后墙水冷壁凝渣管出口工质汇入上部水冷壁出口集箱后，由蒸汽连接管引入水冷壁出口混合集箱，在炉前方向通过三通接入汽水分离器进口混合集箱，再由连接管引入汽水分离器。后墙折焰角水冷壁流经水平烟道底部进入水平烟道底部出口集箱，再由集箱两端引出大口径连接管，从锅炉两侧上行到顶棚之上的锅炉中心处用三通汇集成单根管道，然后向炉前方向用过渡管与水冷壁出口混合集箱端部相接。

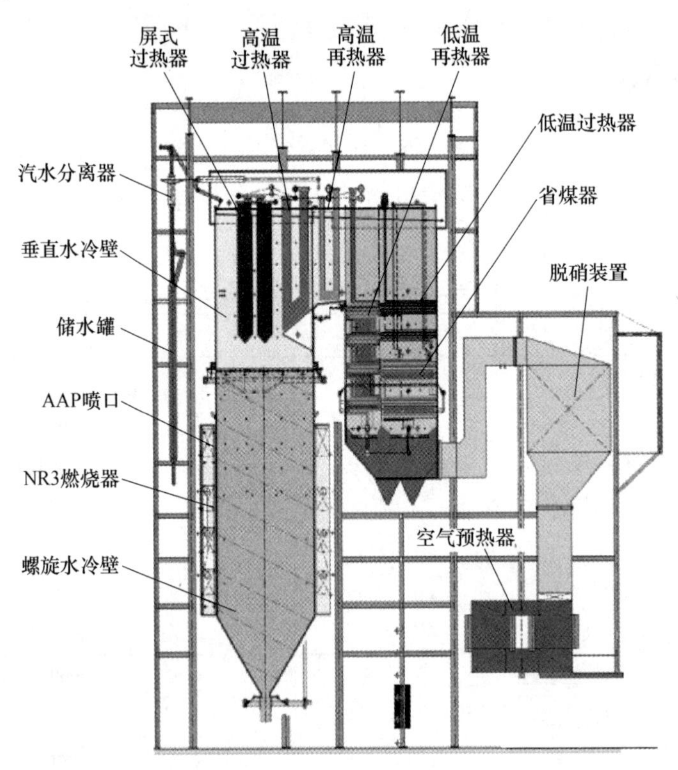

图 2-3　炉膛水冷壁总体布置图

2.3.5.2　过热器

过热器受热面由四部分组成，第一部分由顶棚受热面和后竖井烟道四壁及后竖井中隔墙组成；第二部分是布置在尾部竖井后烟道内的低温过热器；第三部分是位于炉膛上部的屏式过热器；第四部分是位于折焰角上方的高温过热器。

过热器系统按蒸汽流程分为：顶棚过热器、包墙过热器（含中隔墙过热器）、低温过热器、屏式过热器及高温过热器。按烟气流程依次为：屏式过热器、高温过热器、低温过热器。

整个过热器系统管路设置了一次左右交叉，即屏式过热器出口至高温过热器进口管路进行了一次左右交叉，有效地减少了沿锅炉宽度上的烟气侧温度不均匀对工质温度的影响。锅炉过热蒸汽系统共设有两级四点喷水减温，每级喷水均为两侧喷入，每侧喷水均可单独地控制，通过调节每侧的减温水量可有效减小左右两侧蒸汽温度偏差。

2.3.5.3 再热器

从汽轮机高压缸出口来的蒸汽，经过再热器进一步加热后，使蒸汽的焓和温度达到设计值，再返回到汽轮机中压缸。整个再热器系统按蒸汽流程依次分为二级：低温再热器、高温再热器。低温再热器布置在后竖井前烟道内，高温再热器布置在水平烟道内。

2.3.5.4 省煤器

省煤器位于后竖井后烟道内，沿烟道宽度方向顺列布置，由水平段蛇形管和垂直段吊挂管两部分组成，两部分之间通过叉型管过渡，省煤器垂直段吊挂管对布置在后烟道上部的低温过热器蛇形管屏起吊挂作用。给水由炉右侧从省煤器进口集箱中部两接口处引入，经省煤器水平段蛇形管和垂直段吊挂管，进入顶棚之上的省煤器出口集箱，然后从炉两侧通过集中下降管、下水分配头、下水连接管引入螺旋水冷壁前、后墙进口集箱。

2.3.5.5 水汽流程

自给水管路出来的水由锅炉右侧进入位于尾部竖井后烟道下部的省煤器入口集箱中部的2个引入口，水流经水平布置的省煤器蛇形管后，由叉型管将两根管子合二为一引出到省煤器吊挂管至布置在顶棚管以上的省煤器出口集箱。工质由省煤器出口集箱从锅炉两侧的集中下水管引出，进入位于锅炉下部左、右两侧的集中下降管分配头，再通过下水连接管进入螺旋水冷壁入口集箱，经螺旋水冷壁管、螺旋水冷壁出口集箱、混合集箱、垂直水冷壁入口集箱、垂直水冷壁管、垂直水冷壁出口集箱后进入水冷壁出口混合集箱汇集，经引入管引入汽水分离器进行汽水分离。循环运行时由分离器分离出来的水从下部排进储水罐，蒸汽则依次经顶棚管、后竖井/水平烟道包墙、低温过热器、屏式过热器和高温过热器。转直流运行后水冷壁出口工质已全部汽化，汽水分离器仅作为蒸汽通道用。过热蒸汽流程图如图2-4所示。

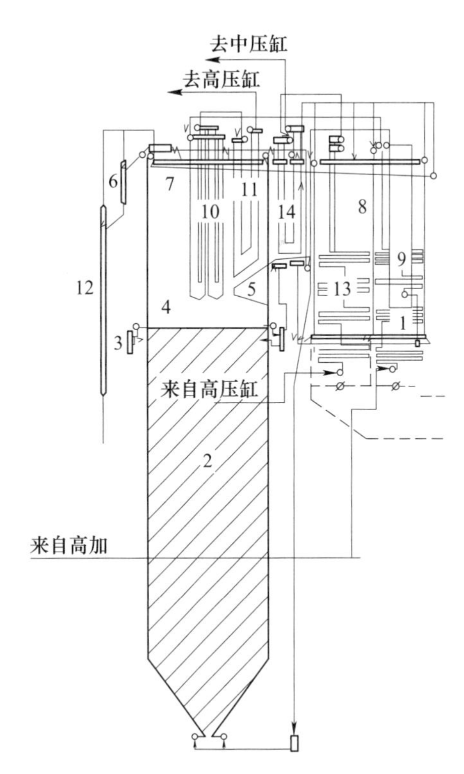

图 2-4　锅炉汽水系统流程

1—省煤器；2—下部螺旋水冷壁；3—过渡段水冷壁；4—上部垂直水冷壁；5—折焰角；6—汽水分离器；7—顶棚过热器；8—包墙过热器；9—低温过热器；10—屏式过热器；11—高温过热器；12—储水罐；13—低温再热器；14—高温再热器

调节过热蒸汽温度的喷水减温器安装于低温过热器与屏式过热器之间、屏式过热器与高温过热器之间。汽机高压缸排汽进入位于后竖井前烟道的低温再热器，经过水平烟道内的高温再热器后，从再热器出口集箱引出至汽机中压缸。再热蒸汽温度的调节通过位于省煤器和低温再热器后下方的烟气调节挡板进行控制，在低温再热器出口管道上布置的再热器事故喷水减温器仅作为事故状态下的调节手段。

2.3.5.6 烟、风流程

送风机将空气送往两台三分仓空预器，锅炉的热烟气将其热量传送给进入的空气，受热的一次风与部分冷一次风混合进入磨煤机，然后进入布置在前、后墙的煤粉燃烧器，受热的二次风进入燃烧器风箱，并通过各调节挡板而进入每个燃烧器二次风、旋流二次风通道，同时部分二次风进入燃烧器上部的燃尽风喷口，另外有少量的二次风通过专门的中心风通道进入燃烧器中心。由燃料燃烧产生的热烟气将热传递给炉膛水冷壁和屏式过热器，继而穿过高温过热器、高温再热器进入后竖井包墙，后竖井包墙内的中隔墙将后竖井分成前、后两个平行烟道，前烟道内布置低温再热器，后烟道内布置低温过热器和省煤器。烟气调节挡板布置在低温再热器和省煤器后，烟气流经调节挡板后分成两个烟道进入空预器，同时考虑同步上脱硝装置对其的影响，在预热器进口烟道上设有烟气关断挡板，可实现单台空预器运行。最后烟气进入除尘器，流向烟囱，排向大气。

2.3.5.7 汽温调节

A 过热汽温调节

过热器的蒸汽温度调节是通过燃料、给水比和两级喷水减温共同来控制的。两级减温器均布置在锅炉的炉顶罩壳内，第一级减温器位于低温过热器出口集箱与屏式过热器进口集箱之间的连接管上，第二级减温器位于屏式过热器出口集箱与高温过热器进口集箱之间的连接管上。每一级减温器各有两支减温器，减温水分左、右两侧分别喷入连接管道的工质内，左、右两侧减温水量可分别调节，减少烟气偏差对左右两侧蒸汽温度的影响。两级减温器喷口均采用多孔喷管式，喷管上按设计要求排列小孔，减温水从小孔喷出并雾化后，在减温器混合管内与相同方向流动的高温蒸汽进行传热、传质过程，达到降低汽温的目的，同时保证减温器本体筒身不受气蚀。调温幅度通过调节喷水量加以控制。一级减温器是过热蒸汽温度的主要调节手段，同时也可调节低温过热器左、右侧的蒸汽温度偏差。二级减温器用来调节高温过热汽温度及其左、右侧汽温的偏差，使过热蒸汽出口温度维持在额定值。

B 再热汽温调节

锅炉正常运行时，再热蒸汽温度是通过布置在低温再热器和省煤器下部的平行烟气调节挡板来调节的，通过调节烟气挡板的开度大小来控制流经后竖井低温再热器管束及低温过热器管束的烟气量的多少，从而达到控制再热器蒸汽出口温度的目的。在满负荷时，过热器侧烟气挡板全开，再热器侧烟气挡板部分打开。当负荷逐渐降低时，过热器侧挡板逐渐关小，再热器侧挡板开大，直至锅炉运行至最低负荷，再热器侧烟气挡板全部打开。

再热器事故喷水减温器仅用于紧急事故工况、扰动工况或其他非稳定工况。再热器事故喷水减温器布置在低温再热器出口集箱至高温再热器进口集箱之间连接管道上，分左右两侧喷入。减温器喷嘴采用多孔式雾化喷嘴。正常情况下通过烟气调节挡板来调节再热器汽温，另外在低负荷时还可以适当增大炉膛进风量，作为再热蒸汽温度调节的辅助手段。

2.3.6 锅炉主要设计特点

东锅生产的1000MW超超临界锅炉具有如下特点：

（1）采用国际上广泛应用的Π型布置形式。Π型布置是传统普遍采用的方式，烟气由炉膛经水平烟道进入尾部烟道，在尾部烟道通过各受热面后排出，其主要优点是锅炉高度较低，尾部烟道烟气向下流动有自生吹灰作用，各受热面易于布置成逆流形式，对传热有利等。

（2）采用内螺纹管螺旋管圈水冷壁，不设任何节流圈，安全裕度大，可靠性高。对于超临界变压运行锅炉，螺旋管圈水冷壁是首先应用于超临界变压运行锅炉的水冷壁型式。螺旋管圈炉膛的基本原理就是将管子以一定倾角沿炉膛四周向上盘绕，到炉膛上部后通过混合集箱或分叉管过渡到垂直水冷壁。螺旋管圈的主要优点是可以自由地选择管子的尺寸和数量，因而能选择较大的管径和较高的质量流速；管圈中每根管子能同样绕过炉膛的各个壁面，因而每根管子的吸热量均匀，管间的热偏差小。这种结构型式更适用于变压运行机组，大量机组长时间的运行实践经验证明，这种结构型式是变压运行超超临界锅炉水冷壁的最佳结构型式。

（3）采用前后墙对冲燃烧方式，减少炉膛出口工质温度偏差，有效地防止炉膛结焦。目前国内外超超临界机组锅炉燃烧方式分为切圆燃烧和对冲燃烧两种，前后墙对冲燃烧系统较切圆燃烧方式在以下各方面有其独特的优势：

1）对冲燃烧锅炉容易大型化。前后墙对冲燃烧系统的燃烧器布置方式能够使热量输入沿炉膛宽度方向较均匀分布，随着锅炉容量的增加，一般只需调整炉膛宽度来增加炉膛断面。通过增加合适数量的燃烧器，可保证炉膛左右两侧（宽度）方向有均衡的传热性能。

2）对冲燃烧炉膛左右两侧有均衡的燃烧性能。对冲燃烧方式随着锅炉容量的增加，炉膛的断面也相应增加，可以增加一定数量的燃烧器，保证炉内火焰有较好的充满情况，维持炉膛左右两侧有均衡的燃烧性能，保证均衡的燃烧热负荷。

3）对冲燃烧锅炉水冷壁出口温度偏差小。燃烧器前后墙对冲燃烧方式的主要优点是上部炉膛宽度方向上的烟气温度和速度分布比较均匀，使水冷壁出口温度偏差较小，也有利于降低过热蒸汽温度偏差，保证过热器和再热器金属材料的安全性。

4）对冲燃烧可避免火焰刷墙，防止炉膛结渣。前后墙对冲燃烧锅炉单个燃烧器具有良好的燃料、空气分布，独特的燃烧器喉口设计结构，能够避免燃烧器区域结渣和腐蚀。前后墙燃烧方式只要保证边排燃烧器与侧水冷壁距离合适，可避免火焰刷墙，防止炉膛结渣。

（4）采用最新型低NO_x燃烧器，燃烧效率高、NO_x排放低、低负荷稳燃好。采用性能优良的新型低NO_x排放燃烧器。该燃烧器采用“火焰内NO_x还原”的思想，已在超临界机组上得到了成功运用。

（5）采用带再循环泵的锅炉启动系统，快速启动能力强。采用带有再循环泵的锅炉启动系统，内置式启动分离系统，系统简单，启动时间短，适合于机组调峰要求。

（6）过热蒸汽温度系统采用燃水比和两级喷水减温控制，调节性能好。锅炉过热器系统采用了成熟的布置方式和结构型式，过热器的蒸汽温度由燃料/给水比和两级喷水减温来控制，调节性能好。

（7）再热汽温采用尾部平行烟气挡板调节，调节性能高度可靠、经济性好。锅炉采用典型的再热器系统，通过控制布置在低温再热器和省煤器后烟气挡板的开度大小来控制再热器蒸汽出口温度。这种调温方式运行简单可靠，也避免了采用摆动燃烧器长期以来存在不能正常摆动的问题。同时，低温再热器至高温再热器间连接管道上布置了再热器事故喷水减温器，在锅炉非正常、事故工况运行时控制再热器出口的温度，防止再热器出口蒸汽温度超温。

2.3.7　锅炉主要设计参数和性能数据

表 2-20 为锅炉主要技术数据。

表 2-20　锅炉主要技术数据

项　　目	单位	B-MCR	THA	75%THA	50%THA	30%THA	HTCUT
一、蒸汽及水流量							
过热器出口	t/h	3023.95	2818.7	2036.37	1324.27	817.87	2444.64
再热器出口	t/h	2500.61	2343.1	1735.14	1157.24	729.15	2430.7
省煤器进口	t/h	3023.95	2818.7	2036.37	1324.27	817.87	2444.64
过热器一级喷水	t/h	90.72	84.56	61.09	39.73	24.54	73.34
过热器二级喷水	t/h	120.96	112.75	81.45	52.97	32.71	97.79
再热器喷水	t/h	0	0	0	0	0	0
二、蒸汽及水压力/压降							
过热器出口压力（a）	MPa	28.35	27.22	20.02	13.21	10.27	24.11
一级过热器（低过）压降	MPa	0.42	0.37	0.2	0.09	0.04	0.3
二级过热器（屏过）压降	MPa	0.56	0.49	0.27	0.13	0.05	0.38
三级过热器（高过）压降	MPa	0.26	0.23	0.13	0.06	0.02	0.15
过热器总压降	MPa	1.24	1.09	0.6	0.28	0.11	0.83
再热器进口压力（a）	MPa	6.28	5.89	4.39	2.94	1.87	6.17
一级再热器（低再）压降	MPa	0.09	0.07	0.04	0.02	0.01	0.09
二级再热器（高再）压降	MPa	0.11	0.09	0.05	0.02	0.01	0.09
再热器出口压力（a）	MPa	6.08	5.73	4.3	2.9	1.85	5.99
顶棚及包墙压降	MPa	0.8	0.71	0.39	0.18	0.07	0.53
启动分离器压降	MPa	0.32	0.28	0.15	0.07	0.03	0.23
启动分离器压力（a）	MPa	30.71	29.3	21.16	13.74	10.48	25.7
水冷壁压降	MPa	1.62	1.43	0.8	0.37	0.15	1.11
省煤器压降（不含位差）	MPa	0.02	0.018	0.01	0.004	0.002	0.013
省煤器重位压降	MPa	0.2	0.2	0.2	0.2	0.2	0.2
省煤器进口压力（a）	MPa	32.55	30.94	22.17	14.32	10.83	27.02

续表 2-20

项　　目	单位	B-MCR	THA	75%THA	50%THA	30%THA	HTCUT
三、蒸汽和水温度							
一级过热器（低过）出口	℃	469	463	436	406	418	437
二级过热器（屏过）出口	℃	541	539	531	531	546	524
三级过热器（高过）出口	℃	605	605	605	605	605	605
过热器温度左右偏差	℃	±5	±5	±5	±5	±5	±5
再热器进口	℃	369	364	369	376	376	388
再热器出口	℃	603	603	603	603	603	603
再热器温度左右偏差	℃	±10	±10	±10	±10	±10	±10
省煤器进口	℃	297	292	272	248	222	191
省煤器出口	℃	334	328	306	277	252	262
过热器减温水	℃	334	328	306	277	252	262
再热器减温水	℃	180					
分离器出口	℃	423	418	383	340	336	392
四、空气流量							
空气预热器进口一次风	kg/s	221.69	213.66	175.6	129.38	96.55	230.05
	m^3/h	687718	662808	544737	401364	299531	713659
空气预热器进口二次风	kg/s	734.64	688.79	545.67	403.61	326	715.43
	m^3/h	2241425	2101521	1664862	1231429	994643	2182809
一次风旁路风	kg/s	13.16	15.98	10.98	14.54	12.8	9.7
	m^3/h	79292	95956	64752	86565	77647	54653
空气预热器出口一次风（含旁路）	kg/s	197.55	193.6	151.8	110.28	72.94	195.65
	m^3/h	1152876	1117931	865680	616469	405505	1135778
空气预热器出口二次风	kg/s	721.41	675.94	532.82	391.01	313.28	701.32
	m^3/h	4453823	4152301	3196749	2351946	1911632	3945618
五、空气预热器中的漏风							
一次风漏到烟气	kg/s	37.17	36.29	35.53	34.65	36.29	36.29
	Nm^3/h	104132	101661	99543	97072	101661	101661
一次风漏到二次风	kg/s	0.13	-0.25	-0.76	-1.01	0.13	-1.89
	Nm^3/h	353	-706	-2118	-2824	353	-5295
二次风漏到烟气	kg/s	13.36	12.6	12.1	11.59	12.85	12.22
	Nm^3/h	37417	35299	33887	32475	36005	34240
总的空气侧漏到烟气侧	kg/s	50.53	48.89	47.63	46.24	49.14	48.51
	Nm^3/h	141549	136960	133430	129548	137666	135901
六、烟气流量							
炉膛出口	kg/s	1010.44	959.16	750.56	546.4	415.57	986.25
	m^3/h	13657978	12769306	9315363	6172222	4298842	13179079

续表 2-20

项　目	单位	B-MCR	THA	75%THA	50%THA	30%THA	HTCUT
高温过热器出口	kg/s	1010.44	959.16	750.56	546.4	415.57	986.25
	m^3/h	13657978	12769306	9315363	6172222	4298842	13179079
高温再热器出口	kg/s	1010.44	959.16	750.56	546.4	415.57	986.25
	m^3/h	12317434	11517931	8430313	5641382	4010932	11897765
省煤器出口（后烟道）	kg/s	705.87	651.41	484.53	298.49	168.16	739.97
	m^3/h	4318251	3926217	2773767	1594419	844635	3964266
前烟井（挡板调温时）	kg/s	312.87	316.04	274.32	256.21	255.7	254.57
	m^3/h	2115459	2125885	1835053	1722494	1737517	1739321
后烟井（挡板调温时）	kg/s	705.87	651.41	484.53	298.49	168.16	739.97
	m^3/h	4318251	3926217	2773767	1594419	844635	3964266
脱硝装置进口	kg/s	1018.73	967.45	758.85	554.69	423.86	994.54
	m^3/h	6485233	6102793	4645538	3340735	2597085	5749787
脱硝装置出口	kg/s	1022.5	970.83	760.28	554.17	421.94	998.06
	m^3/h	6546949	6155555	4674068	3359070	2613940	5794207
空气预热器进口	kg/s	1022.5	970.83	760.28	554.17	421.94	998.06
	m^3/h	6483895	6107804	4651966	3352809	2608934	5755663
空气预热器出口	kg/s	1072.9	1019.59	807.91	599.15	471.08	1046.06
	m^3/h	4175056	3949486	3048484	2212623	1729080	3805731
七、空气预热器出口烟气含尘量（标态）	g/m^3	7.05	7.05	6.75	6.24	5.17	7.06
八、空气温度							
空气预热器进口一次风	℃	30	30	30	30	30	30
空气预热器进口二次风	℃	25	25	25	25	25	25
空气预热器出口一次风	℃	316	314	303	309	320	263
一次风出口旁路后混合温度	℃	297	291	284	273	270	294
空气预热器出口二次风	℃	330	327	313	315	323	277
九、烟气温度							
炉膛出口	℃	1014	998	923	828	746	1007
二级过热器（屏过）进口	℃	1352	1342	1275	1177	1010	1357
二级过热器（屏过）出口	℃	1175	1158	1076	961	841	1167
三级过热器（高过）进口	℃	1175	1158	1076	961	841	1167
三级过热器（高过）出口	℃	1023	1007	933	836	752	1016
一级过热器（低过）进口	℃	819	804	741	664	608	809
一级过热器（低过）出口	℃	553	541	490	429	411	531
二级再热器（高再）进口	℃	995	979	905	812	733	989

续表 2-20

项　　目	单位	B-MCR	THA	75%THA	50%THA	30%THA	HTCUT
二级再热器（高再）出口	℃	931	914	842	759	694	919
一级再热器（低再）进口	℃	898	882	810	728	662	887
一级再热器（低再）出口	℃	415	412	409	414	422	422
省煤器进口	℃	547	535	484	423	403	525
省煤器出口	℃	349	341	311	273	241	272
脱硝装置进口	℃	369	364	346	338	349	311
脱硝装置出口	℃	367	362	344	336	347	309
空气预热器进口	℃	367	362	344	336	347	309
空气预热器出口（未修正）	℃	124	123	113	109	107	107
空气预热器出口（修正）	℃	120	119	109	104	100	103
十、空气压降							
空气预热器一次风压降	kPa	0. 745	0. 715	0. 549	0. 412	0. 323	0. 725
空气预热器二次风压降	kPa	0. 853	0. 784	0. 568	0. 402	0. 333	0. 764
一次风燃烧器阻力	kPa	1. 4					
分配器阻力	kPa	0. 6					
分配器至燃烧器管道阻力	kPa	0. 5					
二次风燃烧器阻力	kPa	1. 8					
十一、烟气压力及压降							
炉膛设计压力	kPa	±5. 8	±5. 8	±5. 8	±5. 8	±5. 8	±5. 8
炉膛可承受压力	kPa	±8. 7	±8. 7	±8. 7	±8. 7	±8. 7	±8. 7
炉膛出口压力	kPa	0	0	0	0	0	0
省煤器出口压力	kPa	-1. 34	-1. 23	-0. 96	-0. 75	-0. 67	-1. 34
脱硝装置压降	kPa	0. 94	0. 84	0. 49	0. 26	0. 15	0. 78
空气预热器压降	kPa	0. 89	0. 86	0. 7	0. 56	0. 47	0. 87
炉膛到空气预热器出口压降	kPa	3. 17	2. 93	2. 15	1. 57	1. 29	3
热二次风道压降	kPa	1. 01					
十二、燃料实际消耗量	t/h	354	336. 03	254. 82	174. 71	113. 82	345. 52
十三、输入热量							
输入热量	GJ/h	8400. 62	7974. 25	6047. 16	4146	2701. 14	8199. 54
十四、锅炉热损失							
干烟气热损失	%	4. 28	4. 24	3. 98	4. 08	4. 69	3. 54
氢燃烧生成水热损失	%	0. 31	0. 31	0. 29	0. 27	0. 26	0. 27
燃料中水分引起的热损失	%	0. 14	0. 14	0. 13	0. 12	0. 12	0. 12
空气中水分热损失	%	0. 07	0. 07	0. 06	0. 06	0. 07	0. 05
未燃尽碳热损失	%	0. 5	0. 5	0. 5	0. 5	0. 5	0. 5

续表 2-20

项　目	单位	B-MCR	THA	75%THA	50%THA	30%THA	HTCUT
辐射及对流散热热损失	%	0.16	0.16	0.22	0.31	0.48	0.16
未计入热损失	%	0.3	0.3	0.3	0.3	0.3	0.3
总热损失	%	5.75	5.72	5.47	5.64	6.42	4.93
十五、锅炉热效率							
计算热效率（按ASME PTC4.1）	%	89.45	89.67	89.93	87.88	86.23	86.62
计算热效率（按低位发热量）	%	94.25	94.28	94.53	94.36	93.58	95.07
制造厂裕度	%	0.44					
保证热效率	%	93.86					
十六、热量、炉膛热负荷、NO_x							
过热蒸汽吸热量	GJ/h	6190.95	5865.38	4548.41	3176.3	2075	6227.98
再热蒸汽吸热量	GJ/h	1354.59	1286.05	896.12	560.41	345.67	1194.08
燃料向锅炉供的热量	GJ/h	8400.62	7974.25	6047.16	4146	2701.14	8199.54
截面热负荷	MW/m^2	4.41	4.19	3.18	2.18	1.42	4.31
容积热负荷	kW/m^3	78.6	74.62	56.58	38.79	25.27	76.72
有效投影辐射受热面热负荷（EPRS）	kW/m^2	244.34	231.94	175.89	120.59	78.57	238.49
燃烧器区域面积热负荷	MW/m^2	1.61	1.53	1.16	0.79	0.52	1.57
NO_x排放浓度（标态，以O_2含量为6%计）	mg/m^3	300					
空气预热器出口烟气含尘浓度（标态，以O_2含量为6%计）	g/m^3	5.97					
十七、风率							
一次风率	%	21.83	22.63	22.69	22.66	19.48	22.2
二次风率	%	78.17	77.37	77.31	77.34	80.52	77.8
磨煤机投运台数		5	5	4	3	2	5
十八、过量空气系数							
炉膛出口		1.14	1.14	1.18	1.26	1.49	1.14
省煤器出口		1.15	1.15	1.19	1.27	1.5	1.15
十九、烟速（平均）							
二级过热器（屏过）	m/s	—	—	—	—	—	—
三级过热器（高过）	m/s	8.9	8.4	6.1	4.1	2.8	8.6
二级再热器（高再）	m/s	10.5	9.9	7.3	4.9	3.4	10.2
一级过热器（低过）	m/s	11.3	10.2	7	4.1	2.1	11.7
一级再热器（低再）	m/s	8	8.1	6.7	6.1	6.1	6.6
省煤器	m/s	8.4	7.6	5.4	3.1	1.6	8

2.4 哈锅1000MW超超临界机组锅炉技术规范

哈尔滨锅炉厂有限责任公司由三菱重工业株式会社（Mitsuibishi Heavy Industries Co. Ltd）提供技术支持，该锅炉型号为HG-2980/26.15-YM2，系超超临界变压运行直流锅炉，采用Π型布置、单炉膛、一次中间再热、低NO_x PM（pollution minimum）主燃烧器和MACT（mitsuibishi advanced combustion technology）燃烧技术、反向双切圆燃烧方式，炉膛为内螺纹管垂直上升膜式水冷壁，循环泵启动系统；调温方式除煤/水比外，还采用烟气分配挡板、燃烧器摆动、喷水等方式。锅炉采用平衡通风、露天布置、固态排渣、全钢构架、全悬吊结构，设计煤种为神华煤，校核煤种分别为兖州煤和同忻煤。

2.4.1 锅炉主要设计参数

表2-21为锅炉主要设计参数。

表2-21 锅炉主要设计参数

项　目	单　位	B-MCR	BRL	THA
过热蒸汽流量	t/h	2980	2887	2741
过热蒸汽出口压力（g）	MPa	26.15	26.07	25.96
过热蒸汽出口温度	℃	605	605	605
再热蒸汽流量	t/h	2424	2339	2245
再热器进口蒸汽压力（g）	MPa	5.11	4.93	4.73
再热器出口蒸汽压力（g）	MPa	4.85	4.68	4.49
再热器进口蒸汽温度	℃	353	351	345
再热器出口蒸汽温度	℃	603	603	603
省煤器进口给水温度	℃	302	300	296

2.4.2 燃料特性

2.4.2.1 燃煤

电厂设计煤种为神华煤，校核煤种为同忻煤和兖州煤。煤质分析数据及灰分组成见表2-22。

表2-22 燃煤特性

名称及符号		单　位	设计煤种（神华煤）	校核煤种	
				兖州煤	同忻煤
元素分析	收到基碳 C_{ar}	%	61.7	57.92	56.32
	收到基氢 H_{ar}	%	3.67	3.68	3.68
	收到基氧 O_{ar}	%	8.56	8.09	7.75
	收到基氮 N_{ar}	%	1.12	1.17	0.93
	收到基全硫 $S_{t,ar}$	%	0.60	0.55	0.8
	收到基灰分 A_{ar}	%	8.80	21.39	24.52
	收到基全水分 M_{ar}	%	15.55	7.20	6.00
	空气干燥剂水分 M_{ad}	%	8.43	1.27	0.16~3.96

续表 2-22

名称及符号		单位	设计煤种（神华煤）	校核煤种	
				兖州煤	同忻煤
收到基挥发分 V_{ar}		%	26.50	27.33	
干燥无灰基挥发分 V_{daf}		%	34.73	38.27	37.00
收到基低位发热量 $Q_{net,ar}$		kJ/kg	23442	22420	21980
哈氏可磨系数 *HGI*			55.00	65.00	
灰熔融性	变形温度 *DT*	℃	1150	1190	
	软化温度 *ST*	℃	1190	>1500	>1450
	流动温度 *FT*	℃	1230	>1500	
灰分分析	二氧化硅（SiO_2）	%	30.57	55.93	47.24
	三氧化二铝（Al_2O_3）	%	13.11	27.45	38.97
	三氧化二铁（Fe_2O_3）	%	16.24	3.99	5.76
	二氧化钛（TiO_2）	%	0.47		
	氧化钙（CaO）	%	23.54	4.17	2.13
	氧化镁（MgO）	%	1.01	1.44	0.41
	二氧化锰（MnO_2）	%	0.43		
	三氧化硫（SO_3）	%	10.31	2.08	1.19
	氧化钠（Na_2O）	%	0.92	0.32	0.17
	氧化钾（K_2O）	%	0.78	1.54	0.34
	冲刷磨损指数 *ke*		0.84		
飞灰比电阻	温度100℃时	Ω·cm	6.69×10^{10}	8.00×10^{10}	
	温度120℃时	Ω·cm	4.97×10^{11}	3.78×10^{11}	
	温度150℃时	Ω·cm	1.58×10^{12}	8.99×10^{11}	
	温度180℃时	Ω·cm	8.65×10^{11}	4.58×10^{11}	

2.4.2.2 点火助燃用油

油种：0号轻柴油。

恩氏黏度（20℃时）：1.2~1.67°E。

凝固点：不高于0℃。

闭口闪点：不低于55℃。

机械杂质：无。

含硫量：不大于0.2%。

水分：痕迹。

灰分：不大于0.01%。

密度：817kg/m³。

低位发热值 $Q_{net,ar}$：41800kJ/kg。

2.4.2.3 锅炉给水和蒸汽质量标准

表 2-23 为锅炉补给水量技术数据，表 2-24 为锅炉给水质量标准，表 2-25 为蒸汽品质要求。

表 2-23 补给水量

项 目	单 位	技 术 数 据
正常时	t/h	73.75
启动或事故时	t/h	177
补给水制备方式		活性炭过滤+反渗透+离子交换除盐系统

表 2-24 锅炉给水质量标准

项 目	单 位	技 术 数 据
总硬度	μmol/L	0
溶解氧（化水处理后）	μg/L	30~300
铁	μg/L	≤5
铜	μg/L	≤2
联氨	μg/L	10~50（挥发处理）
二氧化硅	μg/L	≤10
pH 值		8.0~9.0
电导率（25℃）	μS/cm	<0.15
钠	μg/L	≤5

注：按 CWT 工况设计，即联合水处理工况设计。

表 2-25 蒸汽品质要求

项 目	单 位	技 术 数 据
钠	μg/kg	<5
二氧化硅	μg/kg	<10
电导率（25℃）	μS/cm	<0.15
铁	μg/kg	<5
铜	μg/kg	<2

2.4.3 锅炉运行条件及性能保证

本小节与上海锅炉厂的基本相同，不再赘述。

2.4.4 锅炉设备简介

锅炉型号为 HG-2980/26.15-YM2，最大连续蒸发量（B-MCR）为 2980t/h。在 B-MCR 工况下，锅炉出口主蒸汽参数为绝对压 26.25MPa/605℃，再热蒸汽参数为 4.85MPa/603℃，对应汽机的入口参数为绝对压 25.0MPa/600℃/600℃。

本锅炉采用单炉膛、Π 型布置、悬吊结构，燃烧器布置为反向双切圆燃烧方式。制粉系统采用中速磨正压直吹式系统，每炉配 6 台磨煤机，B-MCR 工况下 5 台运行，1 台备用。每台磨粉机供一层共 2×4＝8 只燃烧器，燃烧器为低 NO_x 的 PM 型并配有 MACT 型分级送风系统，以进一步降低 NO_x 生成量。

锅炉的汽水流程以内置式汽水分离器为分界点，从水冷壁入口集箱到汽水分离器为水冷壁系统，从分离器出口到过热器出口集箱为过热器系统，另有省煤器系统、再热器系统和启动系统。

2.4.4.1　炉膛及水冷壁

炉膛及水冷壁采用焊接膜式壁、内螺纹管垂直上升式，炉膛断面尺寸为 32084mm×15670mm，水冷壁管共有 2144 根，前后墙各 720 根，两侧墙各 352 根，均为 ϕ28.6mm×5.8mm（最小壁厚）四头螺纹管，在上下炉膛之间装设了一圈中间混合集箱以消除下炉膛工质吸热与温度的偏差。

水冷壁系统与过热器系统的分界点为汽水分离器（自水冷壁下集箱的入口导管开始到汽水分离器贮水箱出口导管为止均属于水冷壁系统），由省煤器出口的工质通过两根大直径供水管送到两只水冷壁进水汇集装置，然后用较多的分散供水管送到各水冷壁下集箱，再分别流经下炉膛前、后及两侧水冷壁，然后进入中间混合集箱进行混合以消除工质吸热偏差，然后进入上炉膛前、后、两侧墙水冷壁。其中前墙水冷壁上集箱出来的工质引往顶棚管入口集箱经顶棚管进入布置于后竖井外的顶棚管出口集箱，而由两侧墙水冷壁上集箱引出的工质则通过连接管直接送往顶棚出口集箱。对于进入上炉膛后水冷壁的工质，先后流经折焰角和水平烟道斜面坡进入后水冷壁出口集箱，再通过两个汇集装置分别送往后水冷壁吊挂管和水平烟道两侧包墙管，由后水冷壁吊挂管出口集箱和水平烟道两侧包墙出口集箱引出的工质也均送往顶棚管出口集箱，由顶棚管出口集箱引出两根大直径连接管将工质送往两只后竖井工质汇集集箱，通过连接管将大部分工质送往后竖井的前、后、两侧包墙管及中间分隔墙。所有包墙管上集箱出来的工质全部用连接管引至后包墙管出口集箱，然后用连接管引至布置于锅炉后部的两只汽水分离器，由分离器顶部引出的蒸汽送往一级过热器进口集箱，进入过热器系统。在启动过程中，锅炉以再循环模式作湿态运行时，由水冷壁来的两相介质在汽水分离器内分离后，蒸汽自分离器上部引出，而分离出来的水自分离器底部由连通管送往分离器贮水箱，再用 1 根大直径疏水管由启动循环泵将再循环水送入省煤器前的给水管道进行混合，然后送往省煤器和水冷壁系统进行再循环运行，而在锅炉结束启动阶段达到最低直流负荷后，由于启动泵已切除，启动系统进入干态运行模式，此时汽水分离器内全部为蒸汽，只起到蒸汽汇合集箱的作用。

2.4.4.2　过热器系统

过热器系统采用四级布置，以降低每级过热器的焓增，沿蒸汽流程依次为水平与立式低温过热器、分隔屏过热器、屏式过热器和末级过热器。

由两只汽水分离器顶部引出的两根蒸汽连接管（ϕ508mm×78mm，SA335P12）将蒸汽送往位于后竖井中的水平低温过热器入口集箱，流经水平低温过热器的下、中、上管组，水平低温过热器蛇形管共有 240 片，每片由 5 根管子组成，管子为 ϕ51mm，壁厚 8.5mm，节距为 133. 5mm，材质为 15CrMoG，由水平低温过热器的出口段与立式低温过热器相接，管子也为 ϕ51mm，壁厚 8. 5mm，节距为 267mm，共有 120 片，每片由 10 根管子组成以降低烟速，材质为 15CrMoG。由立式低温过热器出口集箱引出的 2 根 ϕ508mm×80mm 的连接管上装有两只第一级喷水减温器，通过喷水减温后进入分隔屏入口集箱。

分隔屏共有 12 片大屏，每个大屏又由 4 个小屏组成，每个大屏各有 56 根 ϕ54mm 的管子，而每个小片屏的外圈管采用 ϕ60 的管子，以增加壁温裕量。由分隔屏出口集箱引出的 4 根 ϕ508mm×67mm（SA335P91）连接管合成两根管，其上装有两只第二级喷水减温器，其出口管道为 ϕ610mm×75mm，蒸汽进入屏式过热器入口集箱（ϕ406mm×65mm，SA335 P91）。

屏式过热器（三级过热器）蛇形管共有 58 片屏，每片屏由 13 根管组成，横向节距为 534mm，管子为 ϕ51mm/ϕ63. 5mm，平均壁厚为 6. 0 ~ 11mm，屏式过热器出口集箱为 ϕ457mm×85mm（SA355 P91），由屏式过热器出口集箱引出 2 根 ϕ559mm×88mm 连接管，管上装有两只第三级喷水减温器，喷水后的蒸汽进入末级过热器入口集箱（ϕ457mm×82mm；SA335P91）。末级过热器蛇形管共有 94 屏，每屏由 16 根管弯成，管径为 ϕ44. 5mm/57mm，平均壁厚为 6. 5 ~ 12. 7mm，横向节距为 333. 8mm，末级过热器出口集箱为 ϕ559mm×126mm。由末级过热器出口集箱引出两根主汽导管送往汽轮机高压缸，主汽导管为 ϕ559mm×102mm，材质为 SA335P92。

过热器系统共装有三级喷水减温，每级左右两点，能充分消除过热器汽温的左右偏差。

2. 4. 4. 3 再热器

再热器分为低温再热器和末级再热器二级。

低温再热器布置于尾部竖井中，由汽轮机高压缸来的排汽用两根 ϕ864mm×30mm（SA106C）的导管送入水平低温再热器入口集箱，水平低温再热器共有 240 片，每片由 6 根管子组成，节距为 133. 5mm，管子规格为 ϕ63. 5mm，分下、下中、上中、上 4 组，壁厚为 3. 5mm/5. 5mm/6. 5mm，水平低温再热器出口端与立式低温再热器相接，立式低温再热器共有 120 片，节距为 267mm，管径为 63. 5mm，壁厚为 3. 5~5. 5mm，由立式低温再热器出口集箱引出两根 ϕ813mm×71mm（SA335P22）的连接管上各装有一只事故用紧急喷水减温器，其出口蒸汽进入末级再热器入口集箱，集箱为 ϕ711mm×72mm，末级再热器蛇形管共有 118 片，每片由 9 根管组成，横向节距为 267mm，平均壁厚为 3. 5 ~ 6. 5mm。末级再热器出口集箱为 ϕ762mm×59mm，由末级再热器出口集箱引出的 2 根再热导管将再热汽送往汽机中压缸，热段再热蒸汽导管为 ϕ836mm×40mm。

2. 4. 4. 4 省煤器

在尾部竖井的前、后分竖井的下部各装有一级省煤器，省煤器为顺列布置，以逆流方式与烟气进行热交换。

给水由 ϕ610mm×65mm（WB36）的导管，送往省煤器入口管道 ϕ610mm×88SA106C，然后进入省煤器入口集箱，省煤器为光管式，顺列布置，每级省煤器各有 354 片，采用 ϕ45mm×6. 5mm 管子，横向节距为 90mm。前后级省煤器向上各形成两排吊挂管，悬挂前后竖井中所有对流受热面，节距为267mm，省煤器入口集箱为ϕ324mm×60mm；省煤器中间集箱为ϕ219mm×40mm；省煤器出口集箱置于锅炉顶棚之上，管子为ϕ508mm×90mm的规格。由省煤器出口集箱引出2根ϕ508mm×70mm的连接管将省煤器出口水向下引到水冷壁入口集箱上方两只汇合器，再用连接管分别将工质送入各水冷壁的入口集箱。

2.4.4.5　烟气流程

烟气流程如下：依次流经上炉膛的分隔屏过热器、屏式过热器、末级过热器、末级再热器和尾部转向室，再进入用分隔墙分成的前、后两个尾部烟道竖井，在前竖井中烟气流经低温再热器和前级省煤器，另一部分烟气则流经低温过热器和后级省煤器，在前、后两个分竖井出口布置了烟气分配挡板以调节流经前、后分竖井的烟气量，从而达到调节再热器汽温的目的。烟气流经分配挡板后通过连接烟道和回转式空气预热器排往电气除尘器和引风机。

2.4.4.6　过热器和再热器温度控制

过热器采用煤/水比作为主要汽温调节手段，并配合三级喷水减温作为主汽温度的微细调节，喷水减温每级左右两点布置以消除各级过热器的左右吸热和汽温偏差。再热器调温以烟气挡板调温为主、燃烧器摆动调温为辅，同时在一、二级再热器之间的连接管上装有事故喷水装置。

A　主蒸汽温度控制

主蒸汽的压力与温度由燃料量来控制，采用过热器喷水作为主蒸汽温度的辅助调节手段。

精确并稳定地控制主蒸汽温度对最大限度地提高蒸汽循环效率是非常重要的，主蒸汽温度控制主要通过下列方式：水/燃料比率的控制，过热器喷水控制（三级）。

主蒸汽温度基本上取决于水/燃料比率，而且过热器喷水控制也应用于过渡状态（例如在负荷变化期间），因为其响应要比水/燃料比率的控制快得多。在超超临界锅炉燃煤时，通常使用三级喷水控制来提高可控性，以防备下列恶劣工况的出现：在汽水分离器、水冷壁和每级过热器上较大的温度变化，由于煤的改变而引起的过热器特性变化。

喷水控制系统的功能是通过平行调节二级、三级和末级过热器的减温水量来实现的，具体调节方法如下：

（1）一级过热器喷水的控制对象为二级过热器出口温度，同时管道中混合喷水后出口蒸汽温度必须高于运行压力下的蒸汽饱和温度。

在主燃料跳闸或蒸汽闭锁或锅炉负荷低（燃料量指令低）这几种情况下，一级喷水调节阀被强制关闭，以限制对减温器下游热影响的可能性。

（2）二级过热器喷水控制对象为三级过热器出口温度，同时管道中混合喷水后出口蒸汽温度必须高于运行压力下的蒸汽饱和温度。

在主燃料跳闸或蒸汽闭锁或锅炉负荷低（燃料量指令低）这几种情况下，二级喷水调节阀被强制关闭，以限制对减温器下游的热影响的可能性。

（3）三级过热器喷水控制对象为主蒸汽温度，同时管道中混合喷水后出口蒸汽温度必须高于运行压力下的蒸汽饱和温度。

在主燃料跳闸或蒸汽闭锁或锅炉负荷低（燃料量指令低）这几种情况下，三级喷水调节阀被强制关闭，以限制对减温器下游的热影响的可能性。

B 再热蒸汽温度控制

精确并稳定地控制再热蒸汽温度对最大限度地提高蒸汽循环效率是非常重要的。再热蒸汽温度通过下列方式实现。

（1）过热器/再热器烟道出口烟气分配挡板控制。锅炉尾部采用双烟道，根据再热汽温的需要，调节省煤器出口烟道的烟气挡板来改变流过低温再热器及其烟气量分配，从而实现再热器汽温调节。烟气调温挡板为水平布置，措施可靠，调节范围大。

尾部烟气分配挡板开度的调节参数为再热器蒸汽出口温度。

过热器侧挡板与再热器侧挡板的开度之和应始终保持为100%，以保证总烟气流量分配的可控性。

过热器侧挡板与再热器侧挡板的开度是联锁对应的，即过热器侧挡板开度增加，再热器侧挡板的开度减小；反之，过热器侧挡板开度减小，再热器侧挡板的开度增加。

（2）燃烧器摆动控制。提供与锅炉负荷成比例的并按其函数关系编制好的控制，不采用再热蒸汽温度的反馈控制方式。

（3）再热器喷水控制。再热器喷水调节阀只是在过热器和再热器烟道调节挡板不能有效控制再热器出口温度时打开，同时管道中混合喷水后出口蒸汽温度必须高于运行压力下的蒸汽饱和温度。

在主燃料跳闸、蒸汽闭锁或锅炉负荷低（燃料量指令低）时，再热器喷水调节阀被强制关闭，以限制对减温器下游的热影响的可能性。

2.4.5 锅炉设计与结构特点

该锅炉是采用三菱重工技术设计的垂直水冷壁超超临界直流锅炉。垂直管圈水冷壁适合于变压运行，且具有阻力小、结构简单、安装工作量较小、水冷壁在各种工况下的热应力较小等一系列优点，其技术特点如下：

（1）良好的变压、调峰和再启动性能。锅炉炉膛采用内螺纹管垂直水冷壁和较高的质量流速，能保证在变压运行的四个阶段即超临界直流、近临界直流、亚临界直流和启动阶段中控制金属壁温、控制高干度蒸干（DRO）、防止低于度高热负荷区的膜态沸腾（DNB）以及水动力的稳定性等，由于装设水冷壁中间混合集箱和采用节流度较大的安装于集箱外面的较粗水冷壁入口管段的节流孔圈，对控制水冷壁的温度偏差和流量偏差均非常有利。而启动系统采用再循环泵，对于加大启动速度，保证启动阶段运行的可靠性、经济性均是有利的。

（2）燃烧稳定、热负荷分配均匀、防结渣性能良好的反向双切圆燃烧方式。这种燃烧方式能保证沿炉膛水平方向均匀的热负荷分配。由于采用双切圆使燃烧器数目倍增，降低了单只燃烧器的热功率，这些都对燃用结渣性强的神府东胜煤有利。同时，由于采用双切圆燃烧方式，使单个燃烧器煤粉射流的射程变短，对于保证燃烧稳定性有利，解决了大型锅炉采用单切圆正方形炉膛时燃烧器射程过长和炉膛水平截面气流充满度较差的难题。

（3）经济、高效的低NO_x的改进PM型主燃烧器和MACT型分级燃烧方式。MHI低

NO_x的 PM 型燃烧器已在 97 台大型煤粉锅炉中采用，而 MACT 型分级燃烧方式也已在数十台锅炉上采用，长期运行经验证明这种燃烧器的分级送风方式对降低炉内 NO_x 生成量有明显的效果。

（4）采用适合高蒸汽参数的超超临界锅炉的高热强钢。由于锅炉的主汽和再热汽温度均在 600℃以上，对高温级过热器和再热器，采用在 7 台超临界和超超临界锅炉上已有 7 年以上运行经验的 25Cr20NiNb 钢和改良型细晶粒 18Cr 级奥氏体钢（Code case 2328）。这两种钢材对防止因管壁温度过高而引起的烟侧高温腐蚀和内壁蒸汽氧化效果明显。

（5）汽水系统结构特点。采用改进型的内螺纹管垂直水冷壁，即在上下炉膛之间加装水冷壁中间混合集箱，以减少水冷壁沿各墙宽的工质温度和管子壁温的偏差，取消早期在大直径水冷壁下集箱内装设小直径节流孔圈的设计，改为在小直径的下联箱外面较粗的水冷壁入口管段上装焊直径较大的节流孔圈以加大节流度，提高调节流量能力，然后通过三叉管过渡的方式与小直径的水冷壁管（ϕ28.6mm）相接，用控制各回路的工质流量的方法来控制各回路管子的吸热和温度偏差。

在保证水冷壁出口工质必需的过热度的前提下，采用较低的水冷壁出口温度（430℃），并把汽水分离器布置于顶棚、包墙系统的出口，这种设计和布置可以使整个水冷壁系统（包括顶棚包墙管系统和分离器系统）采用低合金钢 15CrMoG（P12），所有膜式壁不需作焊后整屏热处理，也使工地安装焊接简化，对保证产品和安装质量有利。

由于过热器和再热器大量采用优质高热强钢，管壁相对较薄，因此各级过热器可以采用较大直径的蛇形管（51~63.5mm）保证较低的过热器阻力，而在很多其他公司（特别是欧洲公司）的设计中，超临界和超超临界锅炉过热器均采用小直径管（38~44.5mm）以控制壁厚，这样导致较高的过热器阻力。

汽温调节手段的多样化，除过热器采用三级六点的喷水外，直流运行时主要靠改变煤/水比来调节过热汽温，再热汽温主要调节手段为烟气分配挡板，而以燃烧器摆动作为辅助调节手段，再热器还在一级低温再热器和二级再热器之间装设事故喷水减温装置，过热器采用三级喷水能更好地消除工质通过前级部件所造成的携带偏差，也增加了调温能力。

为降低过热器阻力，过热器在顶棚和尾部烟道包墙系统采用两种旁路系统，第一种旁路系统是顶棚管路系统，只有前水冷壁出口和侧水冷壁出口的工质流经顶棚管；第二种旁路为包墙管系统，即由顶棚出口集箱出来的蒸汽大部分被送往包墙管系统，另有小部分蒸汽不经过包墙系统而直接用连接管送往后包墙出口集箱。

过热器正常喷水水源来自省煤器出口，这样可减少喷水减温器在喷水点的温差和热应力；但在非正常情况下，如果屏式过热器和末级过热器汽温和壁温过高，则可利用给水管引出较低温度的水喷入，达到较好的减温效果。再热器喷水水源来自给水泵中间抽头，为避免再热器低温的喷水（温度 177℃）对管道（蒸汽温度 501℃）造成冲击，特别从低温再热器入口处取一路再热汽到减温器套筒，以降低喷水点处的温差。

2.4.6　主要设计参数和性能数据

锅炉热力特性（B-MCR 工况）见表 2-26，锅炉技术数据见表 2-27。

表 2-26 锅炉热力特性数据

项目		符号	数值
干烟气热损失 *LG*		%	4.57
氢燃烧生成水热损失 *LHm*		%	0.10
燃料中水分引起的热损失 *Lmf*		%	0.21
空气中水分热损失 *LmA*		%	0.07
未燃尽碳热损失 *LUC*		%	0.60
辐射及对流热损失 *L*		%	0.17
未计入热损失 *LUA*		%	0.3
计算热效率（按低位发热量）		%	93.98
计算热效率（按低位发热量 *BRL*）		%	94.06
制造厂裕量 *Lmm*		%	0.40
保证热效率（按低位发热量 *BRL* 工况）		%	≥93.66
炉膛容积热负荷		kW/m^3	83
炉膛断面热负荷		MW/m^2	4.6
燃烧器区壁面热负荷		MW/m^2	1.67
空气预热器进风温度（一/二次风）		℃	25.4/19.0
空气预热器出口热风温度	一次风温度	℃	307.8
	二次风温度	℃	327.8
省煤器出口空气过剩系数 α			1.15
炉膛出口过剩空气系数 α			1.15
空气预热器出口烟气修正前温度		℃	130
空气预热器出口烟气修正后温度		℃	126

表 2-27 锅炉技术数据

项目	单位	B-MCR	BRL	75% B-MCR	50% B-MCR	30% B-MCR	高加切除
一、蒸汽及水流量							
过热器出口	t/h	2980	2887	1953	1475	885	2352
再热器出口	t/h	2424	2339	1665	1273	781	2316
省煤器进口	t/h	2980	2887	1953	1475	885	2352
过热器一级喷水	t/h	89	87	59	44	35	118
过热器二级喷水	t/h	30	29	20	15	31	47
过热器三级喷水	t/h	89	87	59	44	13	94
再热器喷水	t/h	0	0	0	0	0	0
二、蒸汽及水压力/压降							
过热器出口压力（g）	MPa	26.15	26.07	24.28	18.35	11.96	25.69
一级过热器压降	MPa	0.29	0.27	0.17	0.13	0.07	0.19

续表 2-27

项　　目	单位	B-MCR	BRL	75% B-MCR	50% B-MCR	30% B-MCR	高加切除
二级过热器压降	MPa	0. 29	0. 27	0. 14	0. 11	0. 06	0. 18
三级过热器压降	MPa	0. 29	0. 27	0. 14	0. 11	0. 07	0. 18
四级过热器压降	MPa	0. 29	0. 27	0. 14	0. 11	0. 07	0. 19
分离器出口到过热器出口总压降	MPa	1. 5	1. 36	0. 73	0. 56	0. 33	0. 92
再热器进口压力（g）	MPa	5. 11	4. 93	3. 40	2. 59	1. 56	4. 76
一级再热器压降	MPa	0. 08	0. 08	0. 07	0. 06	0. 05	0. 08
二级再热器压降	MPa	0. 13	0. 13	0. 09	0. 08	0. 06	0. 10
三级再热器压降	MPa	—	—	—	—	—	—
再热器出口压力（g）	MPa	4. 85	4. 68	3. 22	2. 45	1. 48	4. 51
启动分离器压力（g）	MPa	27. 62	27. 4	25. 01	18. 91	12. 29	26. 61
水冷壁压降	MPa	1. 82	1. 79	1. 07	0. 90	0. 68	1. 35
省煤器压降（不含位差）	MPa	0. 14	0. 13	0. 12	0. 11	0. 09	0. 13
省煤器重位压降	MPa	−0. 45	−0. 45	−0. 48	−0. 49	−0. 50	−0. 54
省煤器进口压力	MPa	29. 76	29. 51	26. 02	20. 14	12. 97	27. 94
启动循环泵入口压力	MPa	27. 62	27. 4	25. 01	18. 91	12. 29	26. 61
启动循环泵出口压力	MPa	—	—	—	—	—	—
三、蒸汽和水温度							
过热器出口	℃	605	605	605	605	605	605
过热器温度左右偏差	℃	±5	±5	±5	±5	±5	±5
再热器进口	℃	353	351	328	337	349	356
再热器出口	℃	603	603	603	603	568	603
再热器温度左右偏差	℃	±5	±5	±5	±5	±5	±5
省煤器进口	℃	302	300	269	251	224	184
省煤器出口	℃	325	322	297	284	266	239
过热器减温水	℃	325	322	297	284	266	239
再热器减温水	℃	177	174	163	148	133	179
启动分离器	℃	430	430	421	384	342	415
四、空气流量							
空气预热器进口一次风	kg/s	203. 8	198. 9	162. 52	143. 08	112. 94	225. 4
空气预热器进口二次风	kg/s	731. 5	707. 48	552. 06	487. 80	320. 29	721. 89
空气预热器出口一次风	kg/s	161. 5	157. 6	121. 83	100. 24	75. 39	181. 93
空气预热器出口二次风	kg/s	721. 25	697. 53	543. 86	482. 0	312. 6	714. 71
五、空气预热器中的漏风							
一次风漏到烟气	kg/s	40. 8	40. 06	40. 19	40. 07	37. 30	41. 33
一次风漏到二次风	kg/s	1. 51	1. 26	0. 50	2. 77	0. 25	2. 14

续表 2-27

项　　目		单位	B-MCR	BRL	75% B-MCR	50% B-MCR	30% B-MCR	高加切除
二次风漏到烟气		kg/s	11.7	11.2	8.69	8.57	7.94	9.32
总的空气侧漏到烟气侧		kg/s	52.54	51.3	48.89	48.64	45.23	50.65
六、烟气流量								
炉膛出口		kg/s	1018	990.3	779.7	667.0	465.6	983.9
末级过热器出口		kg/s	1018	990.3	779.7	667.0	465.6	983.9
高温再热器出口		kg/s	1018	990.3	779.7	667.0	465.6	983.9
省煤器出口		kg/s	1018	990.3	779.7	667.0	465.6	983.9
前烟井（挡板调温）		kg/s	450.8	463.2	441.2	361.4	195.2	453.3
后烟井（挡板调温）		kg/s	567.2	527.1	338.5	305.6	270.4	530.6
脱硝装置进口		kg/s	1018	990.3	779.7	667.0	465.6	983.9
脱硝装置出口		kg/s	1018	990.3	779.7	667.0	465.6	983.9
空气预热器进口		kg/s	1018	990.3	779.7	667.0	465.6	983.9
空气预热器出口		kg/s	1070.54	1041.6	825.59	715.64	510.83	1034.55
七、空气预热器出口烟气含尘量（标态）		g/m^3	9.7	9.7	8.9	8.1	7.0	9.7
八、空气温度								
空气预热器进口一次风		℃	25.4	25.4	25.4	25.4	25.4	25.4
空气预热器进口二次风		℃	19.0	19.0	19.0	19.0	19.0	19.0
空气预热器出口一次风		℃	307.8	303.4	277	264	248	239
空气预热器出口二次风		℃	327.8	323.9	289	273	253	256
九、烟气温度								
炉膛出口		℃	980	970	890	830	720	975
屏式（三级）过热器进口		℃	1140	1112	975	955	830	1125
屏式（三级）过热器出口		℃	980	970	890	830	720	975
末级（四级）过热器进口		℃	980	970	890	830	720	975
末级（四级）过热器出口		℃	910	890	840	765	705	895
水平低温（一级）过热器进口		℃	637	610	560	530	480	620
水平低温（一级）过热器出口		℃	462	455	436	401	360	448
高温（二级）再热器进口		℃	900	880	830	755	695	895
高温（二级）再热器出口		℃	770	750	710	655	620	760
低温（一级）再热器进口		℃	683	668	612	582	519	674
低温（一级）再热器出口		℃	403	398	377	376	364	401
省煤器进口（低再侧/低过侧）		℃	403/462	398/455	377/436	376/401	364/360	401/448
省煤器出口（低再侧/低过侧）		℃	364/373	362/367	338/331	324/307	292/275	312/299
脱硝装置进口	设置脱硝	℃	378	372	335	316	283	305
	不设置脱硝		378	372	335	316	283	305

续表 2-27

项目		单位	B-MCR	BRL	75% B-MCR	50% B-MCR	30% B-MCR	高加切除
脱硝装置出口	设置脱硝	℃	378	372	335	316	283	305
	不设置脱硝		378	372	335	316	283	305
空气预热器进口	设置脱硝	℃	378	372	335	316	283	305
	不设置脱硝		378	372	335	316	283	305
空气预热器出口（未修正）	设置脱硝	℃	130	128	118	118	106	110
	不设置脱硝		130	128	118	118	106	110
预热器出口（修正）	设置脱硝	℃	126	124	113	106	100	106
	不设置脱硝		126	124	113	106	100	106
十、空气压降								
空气预热器一次风压降		kPa	0.67	0.64	0.38	0.31	0.20	0.47
空气预热器二次风压降		kPa	1.02	0.95	0.63	0.52	0.41	0.85
燃烧器阻力（一次/二次）		kPa	1.57/1.48	1.57/1.48	1.57/1.48	1.57/1.48	1.57/1.48	1.57/1.48
十一、烟气压力及压降								
炉膛设计压力		kPa	5.8	5.8	5.8	5.8	5.8	5.8
炉膛可承受压力		kPa	8.7	8.7	8.7	8.7	8.7	8.7
炉膛出口压力		kPa	−0.088	−0.078	−0.069	−0.059	−0.049	−0.088
省煤器出口压力		kPa	−1.37	−1.27	−1.18	−1.08	−0.98	−1.37
脱硝装置压降		kPa	1.1	1.1	—	—	—	—
空气预热器压降		kPa	1.20	1.12	0.60	0.46	0.39	0.86
炉膛到空气预热器出口压降（带/不带脱硝）		kPa	3.88/2.78	3.62/2.71	1.84	1.68	1.29	2.4
十二、燃料消耗量（实际）		t/h	360	350	255	201	125	348
十三、输入热量		GJ/h	8440	8220	5947	4687	2910	8110
十四、锅炉热损失								
干烟气热损失		%	4.57	4.49	4.37	4.52	4.87	3.74
氢燃烧生成水热损失		%	0.10	0.10	0.08	0.08	0.07	0.07
燃料中水分引起的热损失		%	0.21	0.20	0.17	0.16	0.15	0.15
空气中水分热损失		%	0.07	0.07	0.07	0.07	0.08	0.06
未燃尽碳热损失		%	0.60	0.60	0.60	0.60	0.60	0.60
辐射及对流散热热损失		%	0.17	0.18	0.23	0.30	0.48	0.17
未计入热损失		%	0.30	0.30	0.30	0.30	0.30	0.30
总热损失		%	6.02	5.94	5.82	6.03	6.55	5.09
十五、锅炉热效率								
计算热效率（按 ASME PTC4.1 计算）		%						

续表 2-27

项　　目	单位	B-MCR	BRL	75% B-MCR	50% B-MCR	30% B-MCR	高加切除
计算热效率（按低位发热量计算）	%	93.98	94.06	94.18	93.97	93.45	94.91
制造厂裕度	%		0.4				
保证热效率	%		93.66				
十六、热量、炉膛热负荷							
过热蒸汽吸热量	GJ/h	2470	2340	1610	1330	850	2330
再热蒸汽吸热量	GJ/h	1470	1410	1050	760	370	1350
燃料向锅炉供的热量	GJ/h	8390	8170	5947	4687	2910	8110
截面热负荷	MW/m^2	4.6	4.5	3.3	2.6	1.6	4.5
容积热负荷	kW/m^3	83	81	59	46	29	80
有效投影辐射受热面热负荷（EPRS）	kW/m^2	201	196	142	112	70	194
燃烧器区域面积热负荷	MW/m^2	1.67	1.63	1.19	0.94	0.58	1.62
十七、NO_x 排放浓度（以 O_2 含量为6%计）							
脱硝装置前（标态）	mg/m^3	350					
脱硝装置后（标态）	mg/m^3	≥87.5					
脱硝效率	%	≤75					
十八、空气预热器出口烟气含尘浓度（标态，以 O_2 含量为6%计）	g/m^3	9.7	9.7	8.9	8.1	7	9.7
十九、风率							
一次风率	%	21.6	22.1	23.2	22.5	29.4	22.2
二次风率	%	78.4	77.9	76.8	77.5	70.6	77.8
二十、过剩空气系数							
炉膛出口		1.15	1.15	1.25	1.37	1.55	1.15
省煤器出口		1.15	1.15	1.25	1.37	1.55	1.15
二十一、烟速							
屏式过热器	m/s	—	—	—	—	—	—
末级过热器	m/s	9.6	9.1	6.7	5.5	3.4	9.0
高温再热器	m/s	11.7	11.1	8.2	6.7	4.3	10.8
低温过热器（平均/最低）	m/s	9.8/9.2	8.9/8.4	5.4/5.2	4.7/4.5	3.9/3.7	8.8/8.3
低温再热器（平均/最低）	m/s	9.0/8.2	9.1/8.3	8.3/7.7	6.7/6.2	3.4/3.3	8.9/8.1
省煤器（过热器侧/再热器侧）	m/s	10/8.1	9.1/8.2	5.7/7.5	4.9/6.1	4.1/3.2	8.8/7.7

注：1. 压力单位中“g”表示表压，“a”表示绝对压力（以后均同）；

2. 锅炉额定蒸发量（BRL）是汽机在TRL工况下的进汽量（进汽量等同于TMCR工况）；

3. 锅炉最大连续蒸发量（B-MCR）对应于汽机VWO工况下的进汽量。

3 锅炉燃料特性与燃烧过程

3.1 煤的主要成分和特征

煤的组成及各种成分的性质，可按元素分析和工业分析两种方法进行研究。煤是包括有机成分和无机成分等物质的混合物，为使用方便，都通过元素分析和工业分析来确定各物质的百分含量。元素分析不能直接测定煤中有机物的化合物，只能确定元素含量的质量百分比，它不能表明煤中所含的是何种化合物，也不能充分确定煤的性质，但元素组成与其他特性相结合可以帮助判断煤的化学性质。元素分析相当繁杂，电厂一般只做工业分析，这能了解煤在燃烧时的某些特性，为锅炉的燃烧调整提供依据。

3.1.1 煤的元素分析成分

煤的元素分析成分即煤的化学组成成分。

煤是由植物变成的，植物的成分碳、氢、氧、氮是煤的主要成分。另外，在煤的形成、开采和运输过程中还有其他物质加入。经过分析，煤的主要成分包括碳（C）、氢（H）、氧（O）、氮（N）、硫（S）五种主要元素以及水分（W）和灰分（A）。

煤的各种成分性质如下所示。

（1）碳。碳是煤中的主要可燃物质。地质年龄越长的煤，其含碳量越高，通常各种煤的含碳量约占其可燃烧成分的50%~90%。煤中的碳不是以单质状态存在，而是一部分与氢、氧、硫等结合成挥发性的复杂化合物，其余部分（煤受热析出挥发性化合物后余下的一部分碳）称为固定碳。固定碳只在高温下才能燃烧。煤中固定碳含量越高（如无烟煤），越不容易着火和燃烧，且燃烧缓慢、火焰短。1kg 碳完全燃烧可放出 32700kJ 的热量。

（2）氢。煤中的氢，一部分与氧结合，称为化合氢，不能燃烧放热；另一部分在煤受热时会挥发出氢气或各种由碳氢化合物形成（C_mH_n）的气体，它们极易着火和燃烧。氢是煤中的有利元素，1kg 氢完全燃烧时（生成水蒸气）约放出 120000kJ 的热量。

（3）氧和氮。氧和氮都是不可燃元素，可以说是煤中的有机“杂质”，它们的存在使煤中的可燃元素相对减少，燃烧放出的热量降低。不同煤的含氧量差别很大，地质年龄越短，煤的含氧量越高，褐煤的含氧量有时可达 20%左右。煤中含氮量一般不多，只有0.5%~2%，但燃烧时会形成有害气体氧化氮（NO_x），污染大气。

（4）硫。煤中硫可分为有机硫和无机硫两大类。有机硫和煤中的 C、H、O 等结合生成复杂的化合物，均匀地分布在煤中。无机硫包括黄铁矿硫（FeS_2）和硫酸盐硫（$CaSO_4$、$MgSO_4$、$NaSO_4$）等。有机硫和黄铁矿硫可以燃烧，合称为可燃硫。硫酸盐不能燃烧，故并入灰分。

煤中可燃硫的含量一般不超过 1%~2%，个别的可达 3%左右。硫燃烧时的放热量不多，仅是碳的 2/7 左右。但硫燃烧后形成的 SO_3 和部分 SO_2，与烟气中的水蒸气相遇，能形成 H_2SO_4 和 H_2SO_3 蒸汽，并在锅炉低温受热面等处凝结，从而腐蚀金属。此外，SO_2 和 SO_3 随烟气排入大气，对人体和动、植物也会带来危害。同时含黄铁矿硫的煤较硬，破碎时要消耗更多的电能，并加剧磨煤机的磨损。因此，硫是煤中的有害元素。

（5）水分。煤的水分是由外部水分和内部水分组成的。外部水分，即煤由于自然干燥所失去的水分，又称表面水分。失去表面水分后煤中的水分称为内部水分，也叫固有水分。水分的存在使煤中的可燃元素相对减少，同时它在煤燃烧时要汽化、吸热，从而使燃烧温度降低，甚至会使煤难以着火。同时由于水分在煤燃烧后形成水蒸气，使烟气体积增加，既增加引风机电耗，又带走大量热量，降低锅炉热效率。另外，原煤中水分含量过大，常会造成煤斗或落煤管道黏结，甚至堵塞，并增加碎煤和制粉的困难。

（6）灰分。煤中含有不能燃烧的矿物杂质，它们在煤完全燃烧后形成灰分。但灰分不同于煤中的矿物杂质，因后者在煤燃烧的过程中会发生组成变化（失去结晶水、发生分解、被氧化等），所以灰分的组成和质量并不等于矿物杂质的组成和质量。灰分的存在不仅使煤中的可燃元素相对减少，还会阻碍空气与可燃质接触，增加不完全燃烧损失。灰分在燃烧时会熔化、沾污受热面（结渣或积灰）、降低传热系数。烟气中的飞灰会磨损受热面，因而限制了烟速的提高，也影响传热效果。同时飞灰随烟气排入大气，会造成环境污染。因此，和水分一样，灰分也是燃料中的有害成分。

3.1.2 煤的工业分析成分

在发电厂中常常根据煤的燃烧过程，采用按规定条件将煤样干燥、加热和燃烧的办法，对煤进行工业分析。工业分析主要测定煤中的水分、挥发分、固定碳和灰分含量，用以表明煤的某些燃烧特性。

煤的全水分测定煤样为收到基煤样。根据颗粒大小分成最大颗粒不大于 3mm 及最大颗粒为 3~13mm 两种煤样。工业分析煤样为空气干燥基煤样，有两种方法制备。

（1）测定全水分的煤样。在测定了外水分之后，将空气干燥状态的煤样用机械磨碎到 0.2mm 以下，即为工业分析煤样。

（2）把收到基原煤样放在方形或长方形的铁制或搪瓷浅盘中，然后放入 45~50℃烘箱中进行干燥，对烟煤和无烟煤干燥时间 2h，对褐煤干燥 3h。取出在室温下放置 8h 以上，使达到空气干燥状态，并用磁铁吸去煤样中的铁屑，最后用机械磨煤设备磨碎到 0.2mm 以下，装入带磨口瓶塞的广口玻璃瓶中备用。

3.1.3 煤的分析基准表示方法

3.1.3.1 煤的分析基准

为确切反映煤的特性，不但要知道煤的成分，还应知道分析煤成分时煤所处的状态。同一种煤当其所处状态不同时，分析得出的成分含量百分数是不同的。常用的基准有收到基、空气干燥基、干燥基和干燥无灰基四种，它们的工业和元素分析结果表达如下：

（1）收到基：以收到状态的煤为基准来表示煤中各组成成分的百分比，用下角标 ar

表示，它计入了煤的灰分和全水分。

（2）空气干燥基：由于煤的外部水分变动很大，在分析时常把煤进行自然风干，使它失去外部水分，以这种状态为基准进行分析得出的成分称为空气干燥基，以下角标 ad 表示。

（3）干燥基：以无水状态的煤为基准来表达煤中各组成成分，以下角标 d 表示。

（4）干燥无灰基：除去灰分和水分后煤的成分，这是一种假想的无水无灰状态，以此为基准的成分组成，以下角标 daf 表示。

3.1.3.2　各种基准的换算

煤的各种基准成分之间，可以互相换算。由一种基准成分换算成另一种基准成分时，只要乘以一个换算系数即可，从表 3-1 中可以查出煤的各种基准之间的换算系数。

表 3-1　不同基准的换算系数

项目	收到基	空气干燥基	干燥基	干燥无灰基
收到基	1	$\frac{100-M_{ad}}{100-M_{ar}}$	$\frac{100}{100-M_{ar}}$	$\frac{100}{100-M_{ar}-A_{ar}}$
空气干燥基	$\frac{100-M_{ar}}{100-M_{ad}}$	1	$\frac{100}{100-M_{ad}}$	$\frac{100}{100-M_{ad}-A_{ad}}$
干燥基	$\frac{100-M_{ar}}{100}$	$\frac{100-M_{ad}}{100}$	1	$\frac{100}{100-A_{d}}$
干燥无灰基	$\frac{100-M_{ar}-A_{ar}}{100}$	$\frac{100-M_{ar}-A_{ar}}{100}$	$\frac{100A_{d}}{100}$	1

3.1.4　发热量

发热量是燃料的重要特性，是指单位质量的煤完全燃料时所放出的热量，单位是 kJ/kg，用符号 Q 表示。

煤的发热量分为高位发热量和低位发热量。高位发热量是指 1kg 燃料完全燃烧时放出的全部热量，包含燃料燃烧时产生的水蒸气的汽化潜热，即认为烟气中的水蒸气凝结成水放出它的汽化潜热。锅炉实际运行时，烟气还具有相当高的温度，烟气中的水蒸气不可能凝结成水而放出汽化潜热，故锅炉实际能利用的热量不包括水蒸气的汽化潜热。从高位发热量中扣除烟气中水蒸气汽化潜热后的热量，称为燃料的低位发热量，实际工程中常用收到基作为低位发热量。

3.1.5　折算成分和标准煤

3.1.5.1　折算成分

燃料的成分是以质量百分数来表示的，但对于某些成分，如水分、灰分和硫分，由于它们对锅炉机组的工作（如着火、磨损、积灰、腐蚀等）影响较大，只用元素分析和工业分析所得到的应用基成分百分数不能完全说明问题。这是因为燃料的发热量有高有低，所带进炉内的水分、灰分和硫分不同，不但与它们的应用基成分百分数有关，而且与燃料的发热量有关。

在锅炉设计和运行中，为更好地鉴别煤的性质，更准确比较煤中硫分、水分、灰分对锅炉工作的影响，常用折算成分的概念来考虑。所谓燃料的折算成分，就是每送入锅炉4182kJ/kg热量（1000kcal/kg）带入锅炉的水分、灰分和硫分。

3.1.5.2 标准煤

各种煤所含可燃成分不同，发热量也有差别。对于同一型号锅炉，在运行工况相同的情况下，燃用煤种不同，在相同的时间内耗用的煤量不一样，当燃用发热量高的煤时，耗煤量就少。因此不能简单从耗煤量的多少来判别锅炉运行的经济性。

为使燃用不同煤种的锅炉煤耗有可比性和编制燃煤计划方便，需要引入“标准煤”的概念，其他煤必须折算成标准煤后才能相互比较，规定 $Q_{net,ar}=29310$kJ/kg（7000kcal/kg）的煤叫标准煤。

3.2 煤的分类及各类煤的特征

3.2.1 发电用煤分类

我国现行煤炭分类方法是以干燥无灰基挥发分和最大胶质层厚度作为分类标准。西安热工研究所和北京煤化学研究院共同制定了我国发电煤粉锅炉用煤分类国家标准《发电煤粉锅炉用煤质量标准》（GB 7562—1987）（VAMST），见表3-2。

该标准以煤的干燥无灰基挥发分 V_{daf}、干燥基灰分 A_d、收到基水分 M_{ar}、干燥基全硫 $S_{d.t}$和灰熔融性软化温度 ST 作为主要的分类指标，以收到基低位发热量 $Q_{ar,net}$作为 V_{daf}和 ST 的辅助分类指标。因 $Q_{ar,net}$是 V_{daf}、A_d、M_{ar}的函数，所以 $Q_{ar,net}$是一个综合指标，其数值大小标志着燃烧过程中炉内温度水平的高低。表3-2中各分类指标 V、A、M、S、ST（即挥发分、灰分、水分、硫分、灰熔融性软化温度）等级的划分，是根据锅炉燃烧安全、经济性等方面的现场统计资料和非常规的煤质特性实验室指标数据，通过有序量最优化分割法计算，并结合经验确定的。

煤的采样按《商品煤样采样方法》（GB 475—83）；煤样缩制按煤样的制备方法（GB 74—83）。

（1）$Q_{net,ar}$低于下限值应划归 V_{daf}数值较低的1级。

（2）$A_{zs}=4.182A_{ar}/Q_{ar,net}$，$Q_{ar,net}$的单位为MJ/kg。

（3）$S_{zs}=4.182S_{ar}/Q_{ar,net}$，$Q_{ar,net}$的单位为MJ/kg。

表3-2 发电煤粉锅炉用煤我国分类标准（VAMST）

分类指标	煤种名称	等级	代号	分级界限	辅助指标界限值
挥发分 V_{daf}	超低挥发分无烟煤	特级	V0	≤6.5%	$Q_{ar,net}>23$MJ/kg
	低挥发分无烟煤	1级	V1	6.5%~9%	$Q_{ar,net}>20.9$MJ/kg
	低中挥发分贫瘦煤	2级	V2	9%~19%	$Q_{ar,net}>18.4$MJ/kg
	中挥发分烟煤	3级	V3	19%~27%	$Q_{ar,net}>16.3$MJ/kg
	中高挥发分烟煤	4级	V4	27%~40%	$Q_{ar,net}>15.5$MJ/kg
	高挥发分烟褐煤	5级	V5	>40%	$Q_{ar,net}>11.7$MJ/kg

续表 3-2

分类指标	煤种名称	等级	代号	分级界限	辅助指标界限值
灰分 A_d（$A_{d,zs}$）	常灰分煤	1 级	A1	≤34%（≤8）	
	高灰分煤	2 级	A2	34%~45%（8~13）	
	超高灰分煤	3 级	A3	>45%（>13）	
表面水分 M_f	常水分煤	1 级	M1	≤8%	V_{daf}≤40%
	中水分煤	2 级	M2	8%~12%	
	高水分煤	3 级	M3	>12%	
全水分 M_t	常水分煤	1 级	M1	≤22%	V_{daf}≤40%
	中水分煤	2 级	M2	22%~40%	
	高水分煤	3 级	M3	>40%	
全硫 $S_{t,d}$（$S_{t,zs}$）	常硫煤	1 级	S1	≤1%（≤0.2）	
	高硫煤	2 级	S2	1%~2.8%（0.2~0.55）	
	超高硫煤	3 级	S3	>2.8%（>0.55）	
煤灰	不结渣煤	1 级	ST1	>1350℃	$Q_{ar,net}$>12.6MJ/kg
				不限	$Q_{ar,net}$>12.6MJ/kg
熔融性软化温度 *ST*	易结渣煤	2 级	ST2	≤1350℃	$Q_{ar,net}$>12.6MJ/kg

3.2.2 常用的动力煤特性

3.2.2.1 无烟煤

无烟煤是指碳化程度最深的煤类，即含碳量最高；挥发分含量低（在 10%以下）；不易点燃，燃烧缓慢，燃烧时没有烟，只有很短的蓝色火焰；杂质少而发热量高；无结焦性。无烟煤呈黑色而有金属光泽；重度较大，质硬不易研磨。由于挥发分低故不易点燃，贮藏较稳定，一般不会自燃。为保证着火和稳燃，在锅炉设计中常需要采取一些特殊措施，对低灰熔点的无烟煤还需同时解决着火稳定性和结渣之间的矛盾。

3.2.2.2 烟煤

烟煤也是一种碳化程度较高的煤，次于无烟煤，挥发分含量范围较广（为 20%~40%）。与褐煤相比，它的挥发分较少，密度较大，吸水性较小，含碳量增加，氢和氧的含量减少。烟煤的最大特点是具有黏结性，这是其他固体燃料所没有的。应指出的是，不是所有的烟煤都具有黏结性。大部分烟煤都容易点燃，火焰长，其发热量一般比无烟煤低；外表呈灰黑色，有光泽，质较松；有的焦结性强，个别含氢量多，灰分、水分含量少的优质烟煤，其发热量可超过无烟煤。但是也有灰分很高的劣质烟煤，它的发热量很低。

3.2.2.3 贫煤

贫煤的碳化程度与烟煤相近，它的性质介于烟煤与无烟煤之间，其挥发分含量较低（为 10%~20%），不易点燃；火焰较短，焦结性差。其发热量介于无烟煤与一般烟煤之间。

3.2.2.4 褐煤

褐煤的形成年限较短，外观呈棕褐色，无光泽，质软易碎。其碳化程度低，挥发物可达40%或更高。褐煤的挥发物开始析出温度低，容易着火。但它的吸水能力强，含水分高，多数情况下其总水分均大于20%。褐煤的含碳量低，杂质多，通常发热量低；褐煤的机械强度很差，易破碎；在空气中易风化，且易自燃，故不宜远距离运输和长时间贮存。褐煤主要分布于我国东北、西南等地。

3.2.2.5 低质煤

就目前的技术水平而言，凡是单独燃用有困难，或燃烧不稳定，或燃烧经济性较差，或煤中有害杂质含量较高（燃烧后有可能造成较大的环境污染等）的煤，统称为低质煤（或劣质煤）。根据对锅炉工作的影响不同，又可分为五小类：低发热量煤、超高灰分煤、超高水分煤、高硫煤、易结渣煤。这些煤一般不能单独燃用，但可与其他品质较好的煤种掺烧或经过特殊加工处理后燃用。

3.3 燃煤的结渣和沾污特性

动力煤中特别是劣质煤中含有不少灰分，它由黏土、页岩、硫化物、铁及其金属的氧化物、碳酸盐及氧化物等组成。灰渣由不同温度的烟气携带通过炉膛及对流烟道，在不同的受热面上会引起结渣、沾污、积灰和腐蚀。

3.3.1 燃煤的结渣机理

3.3.1.1 定义

结渣是指受热面上熔化了的灰沉积物的积聚，它与迁移到壁面上的某些灰粒的灰分特性、熔融温度、黏度及壁面温度有关，多发生在锅炉内辐射受热面上。

固态排渣煤粉炉中，火焰中心温度可达1400~1600℃。在这样高的温度下，燃料燃烧后灰分多呈现熔化或软化状态，随烟气一起运动的灰渣粒，由于炉膛水冷壁受热面的吸热而同烟气一起被冷却下来，如果液态的渣粒在接近水冷壁或炉墙以前已因温度降低而凝固下来，那么它们附着在受热面管壁上时将形成一层疏松的灰层，运行中通过吹灰很容易将它们除掉，从而保持受热面的清洁。若渣粒以液体或半液体黏附在受热面管壁或炉墙上，将形成一层紧密的灰渣层，即为结渣。

结渣本身是一种复杂的物理化学过程，有自动加剧的特点。

3.3.1.2 影响结渣的因素

A 燃煤灰分特性

煤在燃烧后残存的灰分是由各种矿物成分组成的混合物，没有固定的由固相转为液相的熔融温度。煤灰在高温灼烧时，某些低熔点组分发生反应形成熔融，并与另外一些组分反应形成复合晶体，此时它们的熔融温度将更低。在一定的温度下，这些组分还会形成熔融温度更低的某种共熔体。这种共熔体有进一步溶解灰中其他高熔融温度物质的能力，从而改变煤灰的成分及其熔融特性。

DT—变形温度：灰锥顶端开始变圆或弯曲时的温度；

ST—软化温度：锥顶变至锥底，或变成球形，或高度等于或小于底长时对应的温度；

FT—熔化温度：锥体熔化成液体，或厚度在 1.5mm 以下时对应的温度

判断燃煤燃烧过程是否发生结渣的一个重要依据是灰的熔融性。灰的熔融性是指当它受热时，由固体逐渐向液体转化时没有明显的界限温度的特性。普遍采用的煤灰熔融温度测定方法，主要有角锥法和柱体法两种。由于角锥法锥体尖端变形容易观测，我国和其他大多数国家都以此法作为标准方法。角锥法的角锥是底边长为 7mm 的等边三角形，高为 20mm。将锥体放入半还原性气体的灰熔点测定仪中，以规定的速率升温，定时观测灰锥，并以灰锥在熔融过程中的 3 个特性温度指标来表示煤灰的熔融性，如图 3-1 所示。

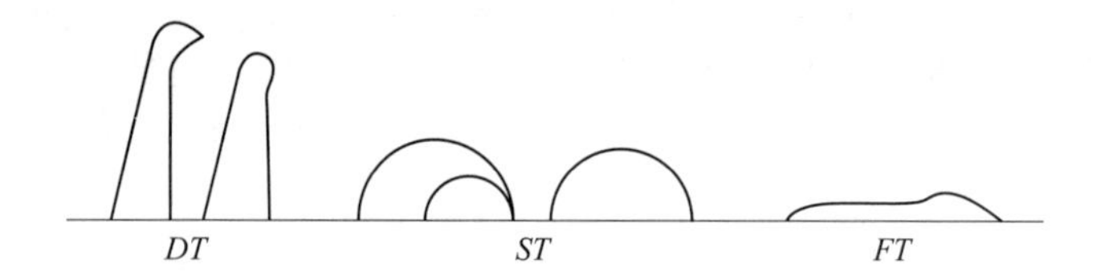

图 3-1　灰锥的变形和表示熔融性的 3 个特性温度

灰的熔融性常用灰的变形温度 *DT*、软化温度 *ST*、熔化温度 *FT* 来表示，它们是固液相共存的 3 个温度，而不是固相向液相转化的界限温度，仅表示煤灰形态变化过程中的温度间隔。这个温度间隔对锅炉的工作有较大的影响，当温度间隔值在 200～400℃时，意味着固相和液相共存的温度区间较宽，煤灰的黏度随温度变化慢，冷却时可在较长时间保持一定黏度，在炉膛中易于结渣，这样的灰渣称为长渣，适用于液态排渣炉。当温度间隔值在 100～200℃时为短渣，此灰渣黏度随温度急剧变化，凝固快，适用于固态排渣炉。如灰熔点温度很高（$ST>1350℃$），管壁上积灰层和附近烟气的温度很难超过灰的软化温度，一般认为此时不会发生结渣；如果灰熔点较低（$ST<1200℃$），灰粒子很容易达到软化状态，就容易发生结渣。而影响煤灰熔融性的因素是煤灰的化学组成和煤灰周围高温介质的特性，煤灰的化学组成可分为酸性氧化物（SiO_2、Al_2O_3、TiO_2）和碱性氧化物（Fe_2O_3、CaO、MgO · Na_2O、K_2O），酸性氧化物增加灰的黏滞性，不易结渣，而碱性氧化物则提高灰的流动性，易结渣。但煤灰是多种复合化合物的混合物，燃烧时将结合为熔点更低的共晶体。

煤灰高温介质的性质常有两种：一是氧化性介质，常发生在燃烧器出口一段距离以及炉膛出口；二是弱还原性介质。由于介质的性质不同，灰渣中的 Fe 具有不同的形态：氧化介质中铁呈 Fe_2O_3，熔点高；在弱还原性介质中，铁呈 FeO 状态，导致炉内结渣。

B　炉内空气动力特性

炉膛内的烟气温度、水冷壁贴壁处温度和介质气氛等都与炉内空气动力特性密切相关。

正常运行工况下，高温的火焰中心应该位于炉膛断面的几何中心处。实际运行中会由于炉内气流组织不当造成火焰中心偏移。譬如当前墙布置旋流燃烧器的气流射程太大时，

火焰中心将移向后墙，灰粒子在没有得到足够冷却之前就可能黏附在后墙水冷壁上。又如直流燃烧器切向燃烧室中，煤粉火炬贴壁冲墙时会使水冷壁附近产生高温，大量灰粒子冲击水冷壁受热面；四角上的燃烧器风粉动量分配不均时，将使实际切圆变形，高温火焰偏移炉膛中心，引起局部水冷壁结渣。

另外，熔渣粒子周围的气氛也是影响水冷壁结渣的一个很重要因素。粗煤粉的火焰撞击在水冷壁所产生的还原性气氛，会促使水冷壁结渣，尤其是当燃用含硫较高的煤时更为严重。这是因为在还原性气氛中，灰中熔点较高的三氧化二铁被一氧化碳还原成熔点较低的氧化亚铁，而氧化亚铁与二氧化硅等进一步形成熔点更低的共晶体，有时会使灰熔点下降 150~300℃，结果增大了结渣的可能性。

因此在锅炉运行当中，保证风粉分配均匀，防止气流贴壁冲墙，注意燃烧调整保持火焰中心的适当位置，采用合适的过量空气系数避免产生还原性气氛等都是防止结渣的有效措施。

C 炉膛的设计特性

容积热强度（q_v）大及燃烧器区域壁面热强度（q_a）小的断面都会对结渣产生一定的影响。譬如 q_v过大时，由于炉膛容积小，受热面布置得也少，炉内温度将会增高。实践证明，这时易在燃烧器附近的壁面上发生结渣。若温度过高，由于燃烧器释放的热量没有足够的受热面吸收，致使燃烧器布置区局部温度过高，也容易引起燃烧器附近水冷壁结渣。若 q_a过低，则炉膛断面过大而高度不足，烟气到达炉膛出口还未得到足够冷却，炉膛出口部位受热面会结渣。

D 锅炉运行负荷

锅炉负荷升高时，炉内温度相应升高，结渣的可能性也就增大。

3.3.1.3 结渣的危害

结渣造成的危害是相当严重的。受热面结渣以后，会使传热减弱，吸热量减少。为保证锅炉的出力只能送进更多的燃料和空气，因而降低了锅炉运行的经济性；受热面结渣会导致炉膛出口烟温升高和过热蒸汽超温，这时为维持正常汽温，运行中要限制锅炉负荷；而燃烧器喷口结渣，则直接影响气流的正常流动状态和炉内燃烧过程；由于结渣往往是不均匀的，因而结渣会对自然循环锅炉的水循环安全性和强制循环锅炉水冷壁的热偏差带来不利影响；炉膛出口对流管束上结渣可能堵塞部分烟气通道，引起过热器偏差；另外，炉膛上部积结的渣块掉落时，还可能砸坏冷灰斗的水冷壁，甚至堵塞排渣口而使锅炉无法继续进行。

3.3.2 煤灰的结渣和积灰特性

在锅炉的燃烧过程中，炉内灰沉积一般可分为结渣和沾污（积灰）两种类型。结渣是指软化或熔融的灰粒碰撞在水冷壁和主要受热面上生成的熔渣层；沾污则指煤灰中挥发物质在受热面表面凝结并继续黏结灰粒形成的沉积灰层。结渣和沾污虽然形成机理不同，但它们之间是互相影响的。当沾污层厚度达一定值时，表面温度上升，使之逐步转化为液态渣层。由于炉内吸热量下降，炉膛出口烟温上升，使过热器和再热器沾污加重。因此，利用煤灰的常规分析指标，如灰的化学成分、烧结、熔融和黏度特性，构成结渣和积灰的判别准则是非常重要的。

3.3.3　煤灰结渣性的常规判别准则

3.3.3.1　煤灰成分结渣指数

由于煤灰中各组成成分熔点不同，铁和钙起增强结渣的作用。在还原性气氛中，熔融的铁促进结渣的早期形成；在氧化性气氛中，钙可显著降低硅酸盐玻璃体的黏度。而钾是促进玻璃体形成的助溶剂，当褐煤灰中 K_2O 含量大于1%时，结渣性较严重。当 K_2O 含量小于0.2%时，烟煤灰的结渣性较轻；硅一般可减轻结渣性，但硅含量过高时会产生无定型玻璃质，反而使结渣性增强；Al_2O_3 含量增加可减轻结渣性。因此，煤灰中酸性成分 SiO_2、Al_2O_3、TiO_2 比碱性成分 Fe_2O_3、CaO、MgO · Na_2O、K_2O 的熔点高，故常用碱酸比作为结渣倾向的判别指数，即

$$\frac{B}{A}=\frac{w(Fe_2O_3)+w(CaO)+w(MgO)+w(Na_2O)+w(K_2O)}{w(SiO_2)+w(Al_2O_3)+w(TiO_2)} \tag{3-1}$$

式中　A——煤灰中酸性成分含量；

　　B——煤灰中碱性成分含量。

对于固态排渣煤粉炉，当 $B/A=0.4\sim0.7$ 时，为结渣煤；当 $B/A=0.1\sim0.4$ 时，为轻微结渣煤；当 $B/A<0.1$ 时，为不结渣煤。从防止结渣要求来看，则 $B/A<0.5$ 为宜。对于液态排渣炉和旋风炉，$B/A<0.27$ 时，灰渣的流动性较差。

煤灰中 $2w(SiO_2)/w(Al_2O_3)$ 的比值称为硅铝比，它对煤灰的熔融性有较大影响，可作为判别是否结渣的指数。研究表明，$2w(SiO_2)/w(Al_2O_3)=1.18$ 时，不会结渣；而当 $2w(SiO_2)/w(Al_2O_3)>1.18$ 时，有自由 SiO_2 存在并可能与 CaO、MgO、FeO 形成共晶体，使煤灰的熔化温度下降，有可能出现结渣。

硅比 S_R 最初用于评价旋风炉中灰渣的流动特性，也与煤灰中氧化铁含量一起作为判别固态排渣煤粉炉结渣倾向的指标，即

$$S_R=\frac{100w(SiO_2)}{w(SiO_2)+w(Fe_2O_3)+w(CaO)+w(MgO)} \tag{3-2}$$

研究表明，较大的硅比意味着灰渣有较高的黏度。当 $S_R>72$ 时不易发生结渣，当 $S_R<65$ 时，有可能发生严重结渣，因为灰中铁和钙的含量增加会使黏度降低。

煤灰中 $w(Fe_2O_3)/w(CaO)$ 的比值称为铁钙比结渣指数，用于表征煤的结渣特性。这是因为铁的化合物熔点不高，在炉内易熔化并形成阻力较小的球状颗粒，在炉内气流作用下容易运动到水冷壁附近而造成结渣。对 $w(Fe_2O_3)>w(CaO+MgO)$ 的煤，$w(Fe_2O_3)/w(CaO)<0.3$ 时，为不结渣煤，$w(Fe_2O_3)/w(CaO)=0.3\sim3.0$ 时为中等结渣煤，$w(Fe_2O_3)/w(CaO)>3.0$ 时为结渣煤。所以铁钙比越大，结渣的可能性也越大。

3.3.3.2　煤灰熔融结渣指数

煤灰熔融特性温度最初用于层燃炉判别灰渣黏结性指标，现沿用于固态排渣煤粉炉判别结渣倾向。当灰粒处于变形温度时，具有轻微黏结性，一般只会在受热面上形成疏松的

干灰沉积。当灰粒处于软化温度时，将出现大量结渣；而在流动温度下，则灰渣沿黏附壁面流动或滴落。因此，可用软化温度作为是否结渣的判别界线。当软化温度小于1260℃时为严重结渣煤；当软化温度在1260~1390℃时，为中等结渣煤；当软化温度大于1390℃时，为轻微结渣煤。

美国常用结渣指标 R_t 和 R_S 作为炉膛结渣的判别指标。若煤灰中 $w(Fe_2O_3)/w(CaO+MgO)>1$，则称为烟煤型灰，而 $w(Fe_2O_3)/w(CaO+MgO)<1$，且 $w(CaO+MgO)>20\%$，则称为褐煤型煤灰，不同类型煤灰其结渣指数计算方法是不相同的。对烟煤型煤灰用式(3-3)计算：

$$R_S = \frac{B}{A}S_d = \frac{w(Fe_2O_3) + w(CaO) + w(MgO) + w(Na_2O) + w(K_2O)}{w(SiO_2) + w(Al_2O_3) + w(TiO_2)}S_d \tag{3-3}$$

式中 S_d——干燥基硫分,%。

R_S的分级界限为：$R_S<0.6$ 时，为不结渣煤；$R_S=0.6\sim2.0$ 时，为中等结渣煤；$R_S=2.0\sim2.6$ 时，为强结渣煤；$R_S>2.6$ 时，为严重结渣煤。

对褐煤型煤灰用式（3-4）计算结渣指数 R_t，即

$$R_t = \frac{ST_{max} + 4DT_{min}}{5} \tag{3-4}$$

式中 ST_{max}——在氧化性气氛和还原性气氛两种测量值中较高的软化温度；

DT_{min}——在氧化性气氛和还原性气氛两种测量值中较低的变形温度。

当 $R_t>1343$℃时，为不结渣煤；$R_t=1149\sim1343$℃时，为中等结渣煤；$R_t<1149$℃时，为严重结渣煤。

3.3.3.3 煤灰黏度结渣指数

煤灰黏度最初用来表示液态排渣炉或旋风炉内低黏度灰渣的流动特性，近年来也用于判别固态排渣煤粉炉的结渣特性。研究表明，当灰渣黏度在50~1000Pa·s或2000Pa·s时，结渣的可能性较大或严重结渣。某些煤的煤灰的熔融特性相近，但黏度有一定的差别。特别在炉内气氛不同时，煤灰的黏度将有所不同，即还原性气氛时煤灰的黏度比氧化性气氛时要低。运行中供氧和燃烧工况正常时不结渣的煤，在燃烧工况不佳而出现弱还原性气氛时，可能会出现结渣现象。采用煤灰黏度结渣指数可表示黏度物性曲线所处的温度水平，即

$$R_v = \frac{T_{25} - T_{1000}}{97.5f_s} \tag{3-5}$$

式中 T_{25}——氧化气氛中，煤灰黏度为25Pa·s时的温度，K；

T_{1000}——还原性气氛中，煤灰黏度为1000Pa·s时的温度，K。

f_s——系数，按定性温度 T_{fs} 查表3-3确定。

表3-3 依 T_{fs} 确定 f_s 值

T_{fs}/K	1900	2000	2100	2200	2300	2400	2500	2600	2700	2800	2900
f_s	1.0	1.3	1.6	2.0	2.6	3.3	4.1	5.2	6.6	8.3	11.0

定性温度 T_{fs} 按式（3-6）计算：

$$T_{fs} = \frac{T_{2000(氧化)} + T_{2000(还原)}}{2} \tag{3-6}$$

式中 $T_{2000(氧化)}$，$T_{2000(还原)}$——氧化气氛、还原气氛，灰黏度为 2000Pa · s 时的温度。

由式（3-6）可知，灰黏度曲线所处的温度范围越大，温度水平越低，结渣指数 R_v 值越高，结渣的可能性越严重。煤灰黏度结渣指数分级界限见表 3-4。

表 3-4 煤灰黏度结渣指数的分级界限

结渣指数 R_v	渣 型
<0.5	弱结渣型
0.5~0.99	中等结渣型
1.0~1.99	强结渣型
≥2.0	严重结渣型

实际应用时，由于灰的黏度测定难度较大，在缺乏氧化性气氛中灰黏度数据时，可用式（3-7）估算煤灰黏度结渣指数 R_N。

$$R_N = 2(T_{25} - T_{1000})/(T_{25} + T_{1000}) \tag{3-7}$$

式中 T_{25}，T_{1000}——还原性气氛中，灰黏度为 25Pa · s 和 1000Pa · s 时的温度。

3.3.4 煤灰沾污性的常规判别准则

3.3.4.1 煤灰成分沾污指数

炉内沾污的形成及程度，与煤灰成分的组成有关。一般灰中钠、钙的影响较大，硅和铁也有一定影响，而铝通常是减轻沾污的。目前国内外常用下列几种方法判断沾污状况。

用煤的含氯量作为判别沾污程度的指标是美国常用的方法之一。煤中的氯主要以碱金属或碱土金属氯化物或其他化合物形态存在，表 3-5 为以煤的钠和氯含量作为沾污判别指标的分级界限，应指出的是，我国煤为低氯煤，氯含量在 0.1%以下。

表 3-5 煤的钠和氯作为沾污判别指标的分级界限

美国西部非烟煤			美国烟煤	
煤中 Na_2O 含量/%	灰中 Na_2O 含量/%	锅炉沾污程度	煤中 Cl 含量/%	锅炉沾污程度
<0.3	<2.5	轻	<0.3	轻
0.3~0.5	2.5~4.0	中等	0.3~0.5	中等
>0.5	>4.0	严重	>0.5	严重

当用煤灰中钠含量作为沾污判别指标时，常将煤灰做如下划分：

（1）如果 $w(Fe_2O_3)>w(CaO+MgO+Na_2O+K_2O)$ 或 $w(SiO_2)>w(Fe_2O_3+CaO+MgO+Na_2O+K_2O)$ 则称为烟煤型灰，并呈酸性。

（2）如果 $w(Fe_2O_3)<w(CaO+MgO+Na_2O+K_2O)$ 或 $w(SiO_2)<w(Fe_2O_3+CaO+MgO+Na_2O+K_2O)$ 则称为褐煤型灰，并呈碱性。两种灰中钠含量作为沾污判别指标的分级界限见表 3-6。

表 3-6　煤灰钠含量作为沾污判别指标的分级界限

烟煤型灰		褐煤型灰	
灰中 Na_2O 含量/%	锅炉沾污程度	灰中 Na_2O 含量/%	锅炉沾污程度
<0.5	低	<2.0	低
0.5~1.0	中	2~6	中
1.0~2.5	高	6~8	高
>2.5	严重	>8	严重

由表 3-6 可知，在沾污程度相同的条件下，褐煤型灰需要的含钠量更高。应指出的是，表 3-6 中烟煤型灰的分级界限较为保守，实际运行中许多烟煤灰中 Na_2O 含量为 1.0%~2.5%时，炉内沾污仍很轻微。

煤灰对高温受热面的沾污可用沾污指数 F_y 和 F'_y 表示，即

$$F_y = \frac{w(Fe_2O_3) + w(CaO) + w(MgO) + w(Na_2O) + w(K_2O) \cdot w(Na_2O)}{w(SiO_2) + w(Al_2O_3) + w(TiO_2)} = \frac{B}{A} \cdot w(Na_2O) \tag{3-8}$$

$$F'_y = B \times (Na_2O)_{ws}/A$$

式中　B——碱性氧化物含量总和；

A——酸性氧化物含量总和；

$w(Na_2O)$——煤灰中 Na_2O 成分的干燥基质量分数，%；

$(Na_2O)_{ws}$——煤灰中水溶性钠含量，%。

煤灰成分沾污指数的分级界限见表 3-7。表 3-7 适用于烟煤型灰沾污性的判别，对褐煤型灰，表中 F_y 不适用，而 F'_y 可能会适用。

表 3-7　煤灰成分沾污指数 F_y 和 F'_y 的分级界限

F_y	F'_y	锅炉沾污程度
<0.2	<0.1	低
0.2~0.5	0.1~0.25	中
0.5~1.0	0.25~0.7	高
>1.0	>0.7	严重

3.3.4.2　煤灰和飞灰烧结强度

煤灰和飞灰烧结强度是一种直观的沾污判别指标，美国 B&W 公司以飞灰烧结强度作为判别沾污准则的分级界限，见表 3-8。

表 3-8　飞灰烧结强度的分级界限

烧结强度/MPa	沾污类型
<6.9	轻
6.9~34.5	中等
34.5~110.3	强
>110.3	严重

西安热工研究院研究了我国典型煤种试验数据，回归分析得出煤灰烧结强度为：

（1）对高铁型灰，即煤灰中 $w(Fe_2O_3)>w(CaO)+w(MgO)+w(Na_2O)+w(K_2O)$ 时，烧结强度为 $\sigma_a=90365\ F_y^{2.811}kg/cm^2$。

（2）对高钙型煤灰，即灰中 $w(Fe_2O_3)<w(CaO)+w(MgO)+w(Na_2O)+w(K_2O)$ 时，烧结强度为 $\sigma_\partial=2.78\times10^{2.541\cdot w(Na_2O)}kg/cm^2$。

根据这些回归公式推算，对中国煤灰的沾污指数范围比国外推荐值还严格。当以试验所得烧结强度 $\sigma_a=10kg/cm^2$ 作为判断煤灰是否容易沾污的依据时，则高铁型灰 $F_y\leqslant0.04$，高钙型灰 Na_2O 含量小于 0.2%的煤为不沾污煤灰，超过此值的煤均有一定的沾污倾向。

3.4　煤粉燃烧过程

3.4.1　煤粉气流着火和熄火的热力条件

煤粉在炉内的燃烧过程分为三个阶段，即着火前的准备阶段（干燥，挥发阶段）、燃烧阶段和燃尽阶段，煤粉在炉膛内必须在短短的 2s 左右的时间里，经过这三个阶段，将可燃质基本烧完。着火是燃烧的准备阶段，而燃烧又给着火提供必要的热量来源，这两个阶段是相辅相成的。对应于煤粉燃烧的三个阶段，可以在炉膛中划出三个区，即着火区、燃烧区与燃尽区。大致可以认为：喷燃器出口附近是着火区，炉膛中部与燃烧器同一水平以及稍高的区域是燃烧区，高于燃烧区直至炉膛出口的区域都是燃尽区。其中着火区很短，燃烧区也不长，而燃尽区比较长，图 3-2 示出了这三个区域的火炬工况。图 3-2 表明：气流温度 θ 的变化是在着火区和燃烧区中温度上升，在燃尽区中温度下降。气流进入炉膛时温度很低，吸收了炉内热量，温度升高，到着火点就开始着火，随着着火煤粉加多，温度上升速度加快。当可燃质开始大量燃烧温度很快上升时，可以认为气流进入了燃烧区。如果是绝热燃烧的话，火焰的理论燃烧温度可高达 2000℃左右。随着炉膛水冷壁的不断吸热，炉膛中心温度只升高到 1600℃左右。当大部分可燃质烧掉后，气流温度开始下降，这时可认为气流进入了燃尽区。在燃尽区内，燃烧放热很少，而水冷壁仍在不断吸热，故烟气温度逐渐下降，到炉膛出口下降至 1100℃左右。

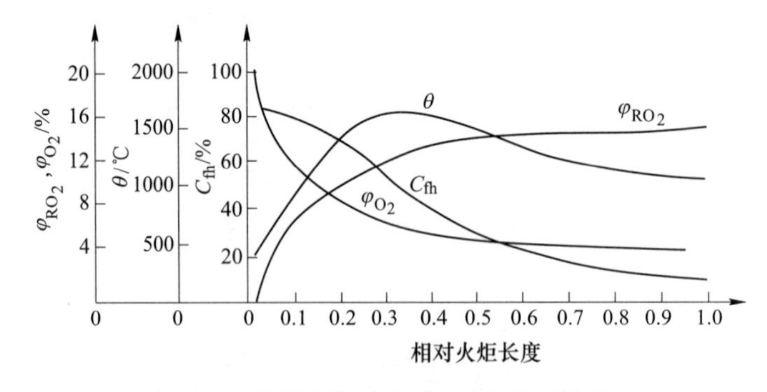

图 3-2　煤粉炉中沿火炬流动方向的变化

θ—烟气温度；C_{fh}—飞灰含碳量；φ_{RO_2}—烟气中 RO_2 气体浓度；φ_{O_2}—烟气中氧浓度

由缓慢的氧化状态转变到反应能自动加速到高速燃烧状态的瞬间过程称为着火，着火时反应系统的温度称为着火温度。

锅炉燃烧设备中，燃料着火的发生是由于炉内温度不断升高而引起的，这种着火称为热力着火。各种燃料在自然条件下和空气长时间接触，不会发生明显的化学反应。然而随着温度的升高，反应速度便会有一定的增大，同时放出反应热。随着反应放热量的积累，又使反应系统温度进一步提高，这样反复影响，达到一定温度便会着火。

燃料和空气组成的可燃混合物，其燃烧过程的发生和停止，即着火和熄火，以及燃烧过程进行是否稳定，都取决于燃烧过程所处的热力条件。这是因为在燃烧过程中，可燃混合物在燃烧时要放出热量，但同时又向周围介质散热。放热和散热这两个相互矛盾过程的发展，对燃烧可能是有利的，也可能是不利的，它可能使燃烧发生着火或熄火。

下面以煤粉空气混合物在燃烧室内燃烧情况为例，来说明这个问题。

燃烧室内可燃混合物燃烧的放热量为：

$$Q_1 = k_0 \times e^{-\frac{E}{RT}} \times C_{O_2}^n \times V \times Q_r \tag{3-9}$$

向周围介质的散热量为：

$$Q_2 = \alpha \times S \times (T - T_b) \tag{3-10}$$

式中　k_0——反应速度常数；

E——活化能；

R——气体通用常数；

T——反应系统温度；

C_{O_2}——可燃混合物中煤粉反应表面的氧浓度；

n——燃烧反应方程式中氧的反应级数；

V——可燃混合物容积；

Q_r——燃烧反应热；

T_b——燃烧室壁面温度；

α——混合物向燃烧室壁面的综合放热系数，等于对流放热系数和辐射放热系数之和；

S——燃烧室壁面面积。

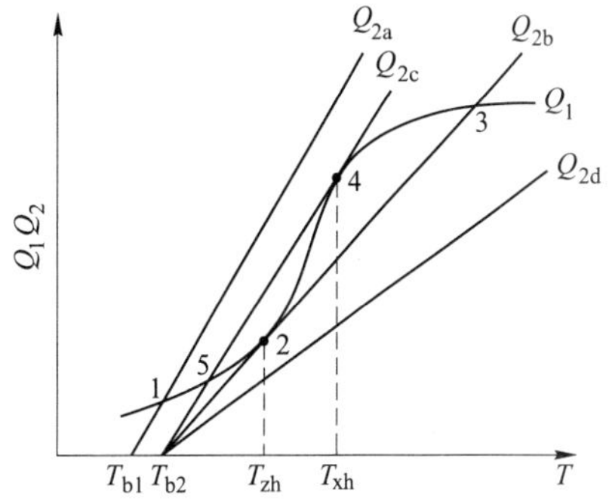

图 3-3　热力着火曲线

放热量 Q_1 和散热量 Q_2 随温度的变化情况示于图 3-3 中。

放热量 Q_1 主要取决于 $Q_1 = e^{-\frac{E}{RT}}$项，所以随温度变化呈指数曲线形式；而散热量 Q_2 的曲线则接近于直线。

在燃烧室中，如果开始时可燃混合物和壁面温度为 T_{b1}，此时散热曲线为 Q_{2a}，此时由于 T_{b1} 温度很低，由图 3-3 可知，反应初期由于放热量大于散热量，反应系统温度渐渐升高，到点 1 达到平衡，点 1 是一个稳定的点，即反应系统温度稍微变化（升高或降低），它始终会回复到点 1 稳定下来。它是一个低温缓慢氧化的状态，而不会着火。

如果将煤粉气流初温（即壁面温度）提高到 T_{b2}，此时的散热曲线为 Q_{2b}，由图 3-3 可知，反应初期由于 $Q_1>Q_{2b}$，反应系统温度便逐步增加，达到点 2 时，$Q_1=Q_{2b}$，系统处于热平衡状态，但点 2 是一个不稳定的平衡点，因为只要稍稍增加系统的温度，放热量 Q_1 将大于散热量 Q_2，即 $Q_1>Q_{2b}$，反应温度即不断升高，反应将自动加速而转变为高速燃烧状态。若能保证燃料和氧化剂的连续供应，反应过程最后将在一个高温的点 3 达到平衡，而点 3 是一个稳定的平衡点。因此，只要达到点 2 便会开始着火，点 2 所对应的温度即为着火温度 T_{zh}。因为在一定的放热和散热条件下，只要系统温度 $T>T_{zh}$，燃烧反应就会自动加速进行。

对于处在高温燃烧反应系统，如果散热加强，散热曲线就从 Q_{2b} 变为 Q_{2c}，则燃烧系统的温度将随之降低。当燃烧系统处在点 4 状态时，虽然点 4 也是一个平衡点，此点处 $Q_1=Q_{2c}$，但此点是一个不稳定的平衡点。因为只要系统温度稍有降低，便会由于散热大于放热，而使反应系统温度急剧降低，最后在 5 点稳定下来，点 5 的温度也很低，此处只能产生缓慢的氧化，而不能燃烧，便使燃烧过程中断——熄火。因此，点 4 所对应的温度即为熄火温度 T_{xh}。因为在一定放热和散热条件下，只要系统温度 $T<T_{xh}$，燃烧反应就会自动中断。而且由图 3-3 可知，熄火温度 T_{xh} 永远比着火温度 T_{zh} 高。

放热曲线和散热曲线的切点 2 和 4，分别对应于系统的着火温度和熄火温度。然而它们的位置是随着反应系统的热力条件——放热和散热的变化而变化的。例如，反应系统的氧浓度、燃料颗粒大小、燃料性质和散热条件改变时，切点的位置就会移动，其对应的着火温度或熄火温度也随之而改变。因此着火温度和熄火温度并不是一个物理常数。

在相同的测试条件下，不同燃料的着火温度也不相同。对于同一种燃料，不同的测试条件也会得出不同的着火温度。但就固体燃料（如煤）而言，反应能力越强（V_{daf} 高，焦炭活化能小）的煤，其着火温度越低，即越容易着火。而挥发分低的无烟煤，其着火温度最高，最难着火。

3.4.2　煤粉气流着火的主要因素

煤粉气流着火的快慢用着火时间或着火速度表示。所谓着火速度就是火焰的传播速度，也就是指在稳定着火后，火焰前沿的扩张速度。煤粉气流着火后就开始燃烧，形成火炬。着火以前是吸热阶段，需要从周围介质中吸收一定的热量来提高煤粉气流的温度，着火以后才是放热过程。将煤粉气流加热到着火温度所需的热量称为着火热，包括加热煤粉和一次风所需热量以及煤粉中水分蒸发、过热所需热量。本节将介绍影响煤粉气流着火的主要因素。

3.4.2.1　燃料的性质

燃料性质中对着火过程影响最大的是挥发分 V_{daf}。挥发分降低时，煤粉气流的着火温度显著增高，着火热也随之增大。就是说，须把煤粉气流加热到更高的温度才能着火。因此，低挥发分的煤着火要困难些，达到着火所需的时间长些，着火点离开燃烧器喷口的距离自然也增大些。

原煤水分增大，着火热也随之增大。同时由于一部分燃烧热消耗在加热水分并使之汽化和过热上，也降低炉内烟气温度，从而使煤粉气流卷吸的烟气温度以及火焰对煤粉气流的辐射热都相应降低，这对着火显然是不利的。所以在安全条件允许的情况下，降低煤粉水分对改善着火是有利的。

原煤灰分在燃烧过程中不但不能放出热量，而且还要吸收热量。特别是当燃用高灰分的劣质煤时，由于燃料本身发热值很低，燃料消耗量增加较大。大量灰分在着火和燃烧过程中要吸收更多热量，因而使得炉膛内烟气温度降低，同样使煤粉气流着火推迟，而且也影响着火的稳定性。

挥发分和灰分对着火过程的影响还表现在火焰传播速度上（见图 3-4）。在相同的条件下，挥发分降低或灰分增加，煤粉火炬中火焰传播速度显著降低，从而使火焰扩展条件变差，着火速度减低，燃烧稳定性也就降低。

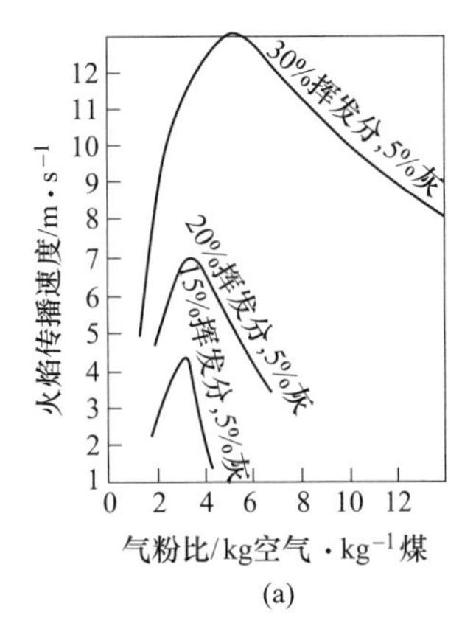

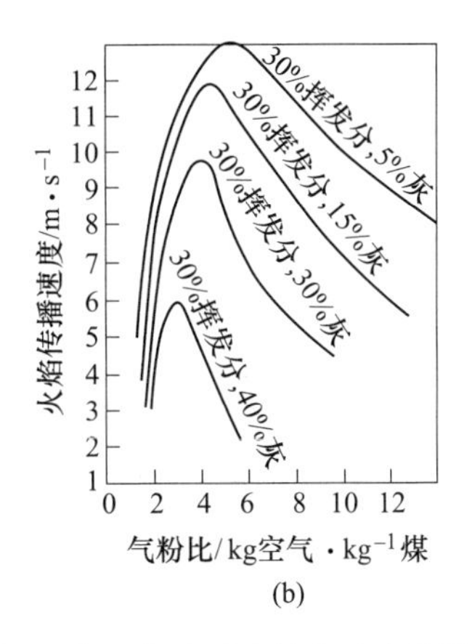

图 3-4　煤粉空气混合物的气粉比、燃煤挥发分和灰分对火焰传速度的影响

（a）挥发分对火焰传播速度的影响；（b）灰分对火焰传播速度的影响

煤粉气流的着火温度随煤粉变细而降低，所以煤粉越细着火就越容易。这是因为在同样的煤粉质量浓度下，煤粉越细，进行燃烧反应的表面积就越大，而煤粉本身的热阻减小。因此在加热时，细煤粉的温升速度要比粗煤粉快，导致化学反应速度加快以及更快地达到着火，煤粉燃烧时一般细煤粉首先着火燃烧，由此可知，对于难着火的低挥发分无烟煤，将煤粉磨得细些，无疑会加速它的着火过程。

3.4.2.2　一次风粉气流初温

煤粉气流的初温对于着火有显著影响。一次风温越高，需要着火热就越少，着火速度就越快。如：假定输送煤粉的空气温度为20%，锅炉运行中一次风温过高时，对于挥发分较高的煤种，往往会由于着火点离燃烧器喷口太近，而烧坏燃烧器喷口；若一次风温过低，会使着火推迟，增加不完全燃烧损失。

3.4.2.3　一次风量和风速

增大煤粉气流中的一次风量，相应地增大了着火热，将使着火过程推迟。减少一次风量，会使着火热显著降低。在同样的卷吸烟气量下，可将煤粉气流更快地加热到着火温度。但是一次风量过低，会由于着火燃烧初期得不到足够的氧气而使反应速度减慢，阻碍着火的继续扩展。由此可见，从煤粉着火燃烧考虑，对于同一煤种、一次风量有一个最佳值。

煤粉空气混合物的气粉比对着火过程中火焰传播速度的影响较大，对于一定的煤种有一个最佳的气粉比，它使火焰传播速度达到最大值。当然，一次风的数量还应满足磨煤、干燥和输粉的要求。另外，一次风量的大小还直接影响一、二次风气流动量的比例，这会对炉膛内的流动工况和燃烧工况产生一定影响。

通常一次风量的大小是用一次风率来表示的，它是指一次风量占炉膛出口相应总风量的百分比。一次风率主要决定于燃烧种类和制粉系统型式。其推荐值见表 3-9。

除一次风的数量外，一次风煤粉气流的出口速度对着火过程也有一定影响，一次风速过高，则通过气流单位截面积的流量将过大，这势必降低煤粉气流的加热程度，使着火推迟，致使着火距离拉长而影响整个燃烧过程。当一次风速过低时，会引起燃烧器喷口过热烧坏，以及使煤粉管道堵粉等故障。

表 3-9　一次风率推荐值 r_1　　　　(%)

<table>
<tr><th rowspan="2">煤　种</th><th rowspan="2">无烟煤</th><th rowspan="2">贫煤</th><th colspan="2">烟　煤</th><th rowspan="2">褐煤</th></tr>
<tr><th>$V_{daf} \leqslant 30\%$</th><th>$V_{daf} > 30\%$</th></tr>
<tr><td>乏气送粉方式</td><td rowspan="2">20~25</td><td>20~25</td><td>25~30</td><td rowspan="2">25~35</td><td rowspan="2">20~45</td></tr>
<tr><td>热风送粉方式</td><td>20~25</td><td>25~40</td></tr>
</table>

3.4.2.4　燃烧器的特性

着火从射流的边界传播到射流整个截面所需的时间与燃烧器的尺寸是密切相关的。燃烧器出口截面积越大，混合物着火结束时离开喷口距离就越远，即着火拉长了。为了缩短整个煤粉气流着火时间，可采用热功率较小的燃烧器代替大功率燃烧器，这是因为小尺寸燃烧器既增加了煤粉气流点燃的表面积，同时也缩短了着火扩展到整个射流截面所需的时间。

对于直流燃烧器，通过改变喷口尺寸、喷口间距与倾角的大小，可以改变外部卷吸烟气量（外回流）。例如，增大喷口高宽比（矩形喷口）和喷口间距，减少射流下倾角，则烟气外回流量增加。若在燃烧器一次风喷口装设钝体，则射流绕过钝体后，在射流轴向上形成一反向压力差，从而形成回流区，卷吸高温烟气，促使煤粉气流提前着火。

3.4.2.5　锅炉的运行负荷

锅炉负荷降低时，送进炉内的燃料消耗量相应减少，水冷壁的吸热量虽然也减少一些，但是减少的幅度较小，相对于每千克燃料来说，水冷壁的吸热量反而增加了，致使炉膛平均烟温降低，燃烧器区域的烟温也将降低，对煤粉气流的着火是不利的。当锅炉负荷降到一定程度时，将危及着火的稳定性，甚至引起熄火，因此着火稳定性条件常常限制了煤粉锅炉负荷的调节范围。

着火阶段是整个燃烧过程的关键，要使燃烧能在较短时间内完成，必须强化着火过程，即保证着火过程能稳定而迅速地进行。由上述分析可知，阻止强烈的烟气回流和燃烧器出口附近一次风气流与高温烟气的强烈混合，是保证供给着火热量和稳定着火过程的首要条件；提高煤粉气流初温，采用适当的一次风量和风速，是降低着火的有效措施；而提高煤粉细度和敷设燃烧带，则是燃用无烟煤时稳定着火的常用方法。

3.4.2.6　二次风引入的方式

煤粉空气混合物由燃烧器以射流方式喷入炉膛后，通过紊流扩散和内回流卷吸周围的高温烟气，同时又受到炉膛四壁及高温火焰的辐射，而将悬浮在气流中的煤粉迅速加热，煤粉获得了足够的热量并达到一定温度后就开始着火燃烧。

若二次风送入过早，又送入火焰的根部，如同增加一次风量，使着火延迟。若二次风送入太集中，会降低火焰温度，影响着火和燃烧。所以二次风应逐步、分批地送入已着火燃烧的煤粉气流中；每批加入量不宜过多，以不影响着火为限，送入的风要与气粉混合物强烈混合。此外，二次风的引入也不应妨碍一次风和烟气的混合。

3.4.3　燃烧完全的条件

影响燃烧过程的因素很多，良好的燃烧过程，必须保证炉内不结渣，燃烧速度快且燃烧完全，达到最高的燃烧效率。本节将介绍燃烧完全的原则性条件。

3.4.3.1　合适的空气量

供应足够且适量的空气是燃烧完全的必要条件。一般煤粉炉运行时要控制合理的炉膛出口过量空气系数 α_1''（对于烟煤通常控制在 1.15~1.25），α_1''过高或过低对锅炉燃烧效率和热效率都不利，如果 α_1''过低，供应的空气量不足，炉渣和飞灰含碳量增大，烟气中 CO 气体浓度增加，导致不完全燃烧热损失 q_3 和 q_4 必然增大，火焰不稳定，另外炭黑和碳粒将沾污、堵塞对流烟道受热面和空气预热器；如果 α_1''过大，在一定范围内可使 q_3 和 q_4 降低，但会使排烟热损失 q_2 增大。如再进一步增大工业 α_1''，不但使 q_2 进一步增大，而且使炉温下降，使燃料燃烧速度减慢，提高炉内烟气流速，缩短燃料在炉内停留时间，导致 q_3、q_4 增大。因此，锅炉应在最佳空气过量系数 α_1''下运行，即使（$q_2+q_3+q_4$）为最小值时的过量空气系数。

3.4.3.2　适当的炉温

根据阿累尼乌斯定律，燃烧反应速度与温度成指数关系，因此炉温对燃烧反应速度有着极其显著的影响，炉温高，着火快，燃烧过程进行得快，也容易趋于完全燃烧。炉温也不能过分地提高，因过高的炉温会引起炉膛水冷壁的结渣和膜态沸腾。另外，燃烧反应是可逆反应，过高的温度不但使正反应速度加快，而且会使逆反应（还原反应）加快，也导致燃烧不完全，所以锅炉炉温应控制在中温区域即 1000~2000℃，合适的炉温取决于燃料性质、预热空气温度、炉膛容积热强度和炉断面热强度等。

3.4.3.3　空气和煤粉的良好混合

煤粉燃烧是多相燃烧，其燃烧反应主要在煤粉表面进行，反应速度取决于煤粉燃烧反应和空气扩散到煤粉表面的速度。因此，要做到完全燃烧，除保证足够高的炉温和供应合适的空气量外，还必须使煤粉和空气充分扰动、混合，即保持良好的空气动力场。在燃尽阶段中，可燃质和氧的数量已很少，且煤粉表面可能有一层灰包裹着，加强混合扰动，可增加煤粉和空气的接触机会，有利于燃烧趋向完全。

3.4.3.4　足够的燃烧时间

在一定炉温下，一定细度的煤粉要有一定时间才能燃尽。煤粉在炉内停留的时间，是煤粉从燃烧器出口一直到炉膛出口这段行程所经历的时间。在这段行程中煤粉从着火、燃烧至燃尽，才能燃烧完全；否则将增大燃烧热损失，或者在炉膛出口煤粉还在燃烧，导致过热器结渣及过热器汽温升高，影响运行安全。

煤粉在炉内的停留时间主要取决于炉膛容积和单位时间里炉膛里产生的烟气量，炉膛容积热强度 q_v 和断面热强度 q_F 确定炉膛容积和横截面积，两者共同确定炉膛高度，反映煤粉在炉内停留时间。

3.5　煤质和煤种变化对锅炉运行的影响

燃料的种类和性质对锅炉燃烧设备的结构选型、受热面布置以及运行的经济性和可靠性都有很大影响。依照目前对燃料的常规分析项目来看，因为煤的燃烧，除部分固定炭和游离氢外，煤中各元素成分大都不是以单质状态燃烧，而是以复杂的有机化合物参与燃烧，其燃烧过程与工业分析中成分分析过程大致相同。因此直接影响锅炉燃烧和运行稳定性及经济性的因素，主要是煤的工业分析成分，即挥发分、水分和灰分。此外，煤灰的熔化性质及其组成成分对炉膛结渣和受热面污染关系密切，煤中含硫会引起低温受热面的积灰和腐蚀，本节就这些方面分别予以分析说明。

3.5.1　挥发分的影响

失去水分的煤样，在隔绝空气和（900±10)℃温度下加热7min时使煤中有机物分解而析出的气体产物，就是挥发分。挥发分是由各种碳氢化合物、一氧化物、硫化氢等可燃气体组成的，还有少量的氧气、二氧化碳和氮等不可燃气体。固体燃料的挥发分含量与燃料的地质年代有密切关系。地质年代越短，即燃料的碳化程度越浅，挥发分含量越高，这是因为煤中所含各种气体本身就有挥发分，埋藏时间越短，它受大自然干馏挥发得少，所以含量便大，而且不同地质年代燃料析出挥发分的温度是不同的。地质年代较短的燃料，不但挥发分含量多，而且在较低温度（200℃）下就迅速析出，例如褐煤。地质年代长，挥发分含量少的无烟煤则要到400℃左右才开始析出挥发分。

挥发分燃烧时放出的热量取决于挥发分的组成成分。不同燃料的挥发分的热量差别很大，低的只有17000kJ/kg（4000kcal/kg)，高的可达71000kJ/kg（17000kcal/kg)，这与挥发分中氧的含量有关，因而也与煤的地质年代有关。含氧量少的无烟煤的挥发分，其发热量很高；而含氧量多的褐煤，其挥发分的发热量则较低。

煤的挥发分含量是评定其燃烧性能的首要指标，从表3-10中可以看出不同煤种的挥发分特性。

表3-10　不同煤种的挥发分特性

煤种	挥发分开始逸出温度/℃	挥发分发热量/MJ · kg^{-1}
无烟煤	约400	69.08
贫煤	320~390	54.43~56.52
烟煤	210~260	39.36~48.15
长焰煤	约170	约35.59
褐煤	130~170	约25.75

挥发分含量高的煤，很容易着火燃烧。挥发分着火后对燃料的未挥发部分进行强烈加热，可使它迅速着火燃烧。挥发分析出后，燃料会变得比较松散，孔隙较多，增加了燃料的燃烧面积，加速了燃烧过程。挥发分低的燃料不易着火燃烧，其燃烧速度较慢。随着挥发分含量的减少，煤粉的着火温度显著增加。资料显示，高挥发分煤粉的着火温度约在800℃，低挥发分煤粉的着火温度可达1100℃。

挥发分含量对煤粉的燃尽度也有直接的影响。挥发分含量越高，一般灰渣未完全燃烧热损失就越小，从一些固态排渣煤粉炉调查研究的结果来看，飞灰可燃物的含量是随燃煤的挥发分含量增加而减少。

燃料的挥发分也是燃烧器选型、布置，炉膛形状，制粉系统型式及防爆措施的设计依据。例如原为烧用低挥发分煤的锅炉改烧高挥发分煤后，炉膛火焰中心逼近燃烧器出口处，容易使燃烧器烧坏；反之，火焰中心远离燃烧器，推迟着火时间，燃烧不完全，如调整不及时会造成燃烧不稳定甚至灭火。

3.5.2　水分的影响

煤的水分是评价煤炭经济价值的基本指标，它既是数量指标又是质量指标。

燃煤中的水分是惰性物质，它的存在会使煤的低位发热量下降，因为计算低位发热量时要扣除水分的汽化潜热。

燃煤所含的水分，通常按其存在的状态和分析方法分为两部分。按收到基成分来讲，燃煤中的一部分水称为内在水分或固有水分，即在大气状态下风干后的煤所保持的吸附水分；另一部分水称为外在水分，即燃煤表面及颗粒之间所保持的水分，它随外界环境而有较大的变动；这两部分水分之和称为煤的全水分。

燃煤的水分增加，会使燃烧温度下降。其原因是在燃烧过程中，煤中的水分吸热而汽化并过热。试验表明，水分对煤粉燃烧温度的影响比灰分还大。炉膛温度降低，不但会使燃烧不稳定，而且还影响煤的燃尽程度，从而影响锅炉的安全性和经济性。

燃煤的水分增加，会使锅炉的烟气量增加，这样不但增加了排烟的热损失，而且还增加了引风机的耗电量。

燃煤的水分增加，导致流动性恶化，会使煤仓、输煤管道及给煤机黏结、堵塞。

但是，从燃烧动力来讲，燃煤含有适量的水分对燃烧过程有以下有利的作用：

（1）火焰中含有水蒸气对煤粉炉的悬浮燃烧是一种有效的催化剂。

（2）水蒸气分子可以加速煤粉焦炭残骸的气化和燃烧。

（3）水蒸气还可以提高火焰黑度，增加辐射放热强度。

3.5.3　灰分的影响

灰分对燃烧的影响表现在对着火的影响，灰分含量高会使火焰传播速度减慢，着火时间推迟，燃烧温度下降，燃烧稳定性可燃质含量减少，导致发热量、燃烧所需要的空气量和燃烧后生成的烟气量等比设计值低。

如果燃料消耗量保持不变，则由于燃料发热量降低，使炉内总放热量降低，因而锅炉蒸发量降低，同时炉膛出口烟温也会降低，对流受热面的传热温差减少，使对流受热面吸热量显著降低。此时，如果保持蒸发量不变，则必须增加燃料消耗量，这样总灰分含量就增大了，会使火焰温度下降，燃烧温度下降，燃烧的稳定性变差。

总之，灰分增加会使煤的燃尽度变差，不完全燃烧的热损失增加，灰渣的物理热损失也成正比地增加，对液态排渣炉的经济性影响更大。另外，易积灰的燃料燃烧容易造成锅炉受热面沾污，一方面影响传热，使排烟温度升高，从而降低锅炉的经济性；另一方面导致受热面磨损，威胁锅炉安全运行。

灰分的熔融性对锅炉运行影响也很大。灰分的温度 *ST* 小于 1350℃时，就有可能造成炉膛结焦，妨碍锅炉连续安全运行。

3.5.4 硫分的影响

燃煤中所含的硫分以有机硫和黄铁矿（FeS_2）硫为主，所谓有机硫是指存在于可燃质高分子有机化合物中的硫分。另外，灰中也常含有少量的硫酸盐类，其硫分称为硫酸盐硫。有机硫和黄铁矿都参与燃烧，生成 SO_2 和 SO_3，称为可燃硫，硫酸盐在 1100℃以上也有一部分热解生成 SO_3。可燃硫与可热解的硫酸盐硫之和称为挥发硫，这些硫分在各种煤中的含量没有什么规律。我国电厂用煤的全硫分多在 1%~1.5%，但也有达到 3%~5%的。黄铁矿硫在煤中常以个体形态出现，可通过洗煤和吸附将它从煤中分离出来，而且因其密度较大，也可在磨粉过程中分离出一部分。

燃煤含硫的最大影响是烟气对低温受热面的酸腐蚀和伴随而来的烟道积灰、堵塞问题，而且过热器和炉膛受热面的高温腐蚀和沾污也与含硫有直接关系。

4 制粉系统

4.1 制粉系统简介

电站锅炉制粉系统的任务是将原煤进行磨碎、干燥和加热，成为具有一定细度、温度和水分的煤粉，送入炉内进行燃烧。

制粉系统可分为直吹式和中间储仓式两类。所谓直吹式系统，就是煤经磨煤机磨成煤粉后直接吹入炉膛进行燃烧。而中间储仓式制粉系统是将磨制成煤粉经分离先储存在煤粉仓中，然后根据负荷的需要，再从煤粉仓中取出煤粉由给粉机送入炉膛燃烧。不同的制粉系统宜配置不同类型的磨煤机，以期使两者的工作性能协调匹配。在中间储仓式制粉系统中，一般配置低速筒型钢球磨煤机。对于直吹式制粉系统，配置的磨煤机多为中速磨煤机、高速磨煤机以及双进双出球磨机等。

我国电厂内各种类型的制粉系统都有，过去采用较多的是具有低速钢球磨煤机的中间储仓式制粉系统，近年来随着火电建设和电力工业技术的发展，在新安装和投运的大容量锅炉中，中速磨煤机直吹式制粉系统得到普遍应用，600MW 锅炉所配用的制粉系统几乎都是冷一次风机正压直吹式制粉系统，配置 HP、MPS（ZGM）中速磨煤机或双进双出筒式钢球磨煤机。

4.1.1 直吹式制粉系统

在直吹式制粉系统中，磨煤机磨制的全部煤粉立即送入炉膛燃烧，当锅炉负荷发生变化时，磨煤机的制粉量必须同时变化，锅炉正常运行依赖于制粉系统的正常运行。中、高速磨煤机的功率特性是磨煤机的单位电耗随着磨煤出力的增加而增加，随着磨煤出力的减少而减少；与钢球磨煤机相比，其磨煤电耗是比较低的，所以适应锅炉负荷变化的经济性较好。

4.1.1.1 中速磨煤机直吹式制粉系统

在中速磨煤机直吹式制粉系统中，按磨煤机工作压力可以分为正压系统和负压系统。图 4-1（a）是中速磨煤机直吹式负压制粉系统，原煤经给煤机进入磨煤机，在其内完成干燥和磨粉两个过程后，随着气流进入粗粉分离器，合格的煤粉送进锅炉燃烧；排粉机布置在磨煤机和粗粉分离器以后，所以整个系统处于负压下运行。图 4-1（b）和（c）是中速磨煤机直吹式正压制粉系统，排粉机布置在磨煤机之前，整个系统处于正压下运行。

两种系统相比，在负压系统中煤粉不会向外冒出，周围环境比较干净，但是全部煤粉都要经过排粉机，排粉机磨损严重；在正压系统中，按照风机中的介质温度可以分为冷一次风系统和热一次风系统。其中热一次风系统，因为介质温度高、安全性较差，因此一般

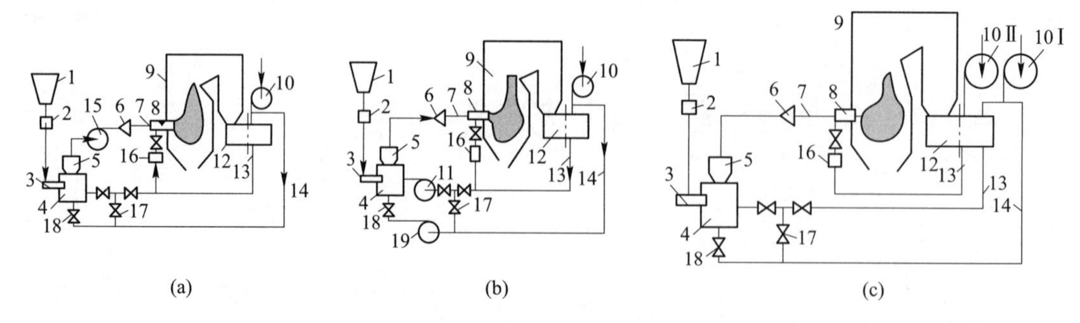

图 4-1　中速磨煤机直吹式制粉系统

（a）负压系统；（b）正压系统（带热一次风机）；（c）正压系统（带冷一次风机）

1—原煤仓；2—自动磅秤；3—给煤机；4—磨煤机；5—煤粉分离器；6—一次风箱；7—去燃烧器的煤粉管道；8—燃烧器；9—锅炉；10—送风机；10 Ⅰ—冷一次风机；10 Ⅱ—二次风机；11—高温一次风机（排粉机）；12—空气预热器；13—热风管道；14—冷风管道；15—排粉机；16—二次风箱；17—冷风门；18—磨煤机密封冷风门；19—密封风机

较少采用。采用冷一次风系统时，要求采用三分仓式空气预热器。

4.1.1.2　风扇磨煤机直吹式制粉系统

在风扇磨煤机直吹式制粉系统中，由于风扇磨煤机能产生压力，因而省略了排粉机，简化了系统。在用风扇磨煤机磨制烟煤煤粉时，基本上都采用热风作为干燥剂，如图 4-2（a）所示。对于水分较高的褐煤，考虑到原煤水分高而且挥发分也很高，容易爆炸的情况，采用部分炉烟与热风一起作为干燥剂，如图 4-2（b）所示。

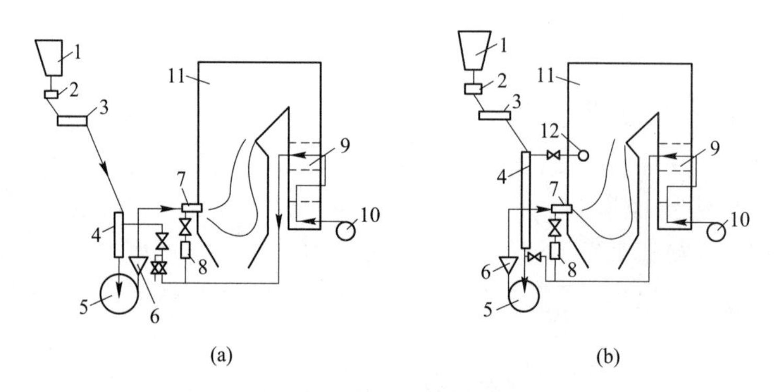

图 4-2　风扇磨煤机直吹式制粉系统

（a）热风干燥；（b）热风-炉烟干燥

1—原煤仓；2—自动磅秤；3—给煤机；4—下行干燥管；5—磨煤机；6—煤粉分离器；7—燃烧器；8—二次风箱；9—空气预热器；10—送风机；11—锅炉；12—抽烟口

4.1.1.3　球磨机直吹式制粉系统

如前所述，球磨机一般应用于中间储仓式制粉系统中，但是双进双出球磨机可以应用于直吹式制粉系统中，如图 4-3 所示。在这个系统中，球磨机处于正压下工作，为了防止煤粉泄漏，系统中配备有密封风机，用来产生高压空气，送往磨煤机转动部件的轴承部位，制粉用风由一次风机供给。这种系统与中速磨煤机直吹式制粉系统相比，它有很多优点：双进双出球磨机作为磨煤设备可靠性高，可省略备用磨煤机，降低维修费用；能磨制可磨性系数很低的煤；可充分地满足稳定燃烧的煤粉细度。

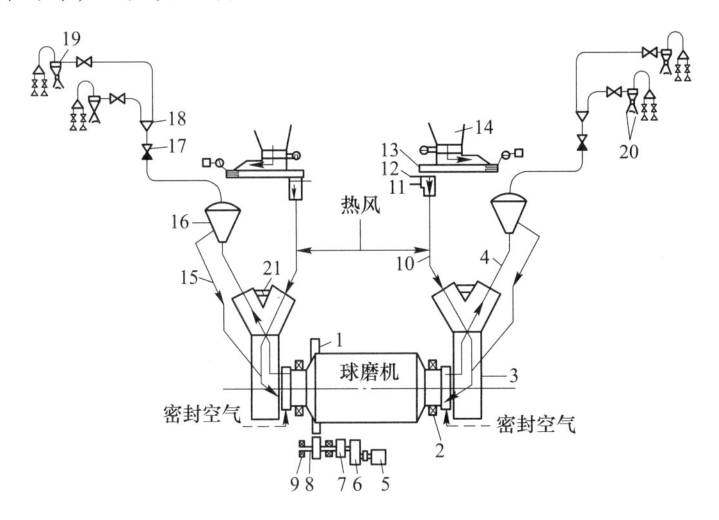

图 4-3 双进双出球磨机直吹式制粉系统

1—大齿轮；2—耳轴；3—磨煤机给煤/出粉箱；4—磨煤机至分离器导管；5—电动机；6—齿轮箱；7—气动离合器；8—小齿轮轴；9—小齿轮轴承；10—原煤/热风导管；11—原煤斜槽；12—给煤机关断门；13—给煤机；14—原煤斗；15—回粉管；16—粗粉分离器；17—文丘里管；18—分配器；19—旋风子；20—燃烧器；21—旁通管

4.1.2 中间储仓式和直吹式制粉系统的比较

对中间储仓式和直吹式制粉系统进行对比，有以下几方面。

（1）直吹式系统简单、设备部件少、输粉管道阻力小，因而制粉系统输粉电耗较少。储仓式制粉系统中，因为锅炉和磨煤机之间有煤粉仓，所以磨煤机的运行出力不必与锅炉随时配合，即磨煤机出力不受锅炉负荷变动的影响，磨煤机可以一直维持在经济工况下运行，但是储仓式系统在较高的负压下漏风量大，因而输粉电耗要高些。

（2）负压直吹式系统中，燃烧需要的全部煤粉都要经过排粉机，导致磨损较快，发生振动和需要检修的可能性较大。储仓式系统中只有少量细煤粉的乏气流经排粉机，所以它磨损较轻，工作比较安全。

（3）储仓式系统中，磨煤机的工作对锅炉影响较小，即使磨煤设备发生故障，煤粉仓内积存的煤粉仍可供应锅炉需要，并且可以经过螺旋输粉机调运其他制粉系统的煤粉到发生事故的煤粉仓去，使锅炉继续运行，提高了系统的可靠性。在直吹式系统中，磨煤机的工作直接影响锅炉的运行工况，锅炉机组的可靠性相对偏低。

（4）储仓式系统部件多、管道长，初始投资和系统的建筑尺寸都比直吹式系统大。

（5）当锅炉负荷变动或燃烧器所需煤粉增减时，储仓式系统只要调节给粉机就可以适应需要，既方便又灵敏。而直吹式系统要从改变给煤量开始，经过整个系统才能改变煤粉量，因而惰性较大。此外，直吹式系统的一次风管是在分离器之后分支通往各个燃烧器的，燃料量和空气量的调节手段都设置在磨煤机之前，同一台磨煤机供给煤粉的各个燃烧器之间，容易出现风粉不均现象。

4.2　磨煤机系统

4.2.1　概述

某 1000MW 机组配置中速磨煤机冷一次风机正压直吹式制粉系统，系统主要包括 6 只原煤斗、6 台 CS2036HP 型耐压电子称重式给煤机、2 台 PAF20. 4-13. 6-2 型动叶可调轴流一次风机、6 台 HP1203/Dyn 中速磨煤机（带动态旋转分离器）、煤粉管、石子煤排放装置等设备。燃烧设计煤种时，5 套制粉系统运行，1 套备用，可以满足锅炉最大连续负荷（BMCR）的需求，且有 1. 1 的出力储备系数，磨煤机抗爆能力按 0. 4MPa 设计，每套制粉系统对应锅炉的 2 层燃烧器。

磨煤机启动能满足空载和带载两种启动方式。磨煤机分离器采用第 1 级固定分离，第 2 级旋转分离，以保证煤粉细度均匀。旋转分离器采用变频电机驱动，以调节煤粉细度。

一次风取自大气，经一次风机加压后分为两路，一路直接进入冷一次风道，另一路经过空气预热器加热后进入热一次风道，冷、热一次风通过每台磨煤机的冷、热风调节挡板进入磨煤机入口混合风道，在混合风道上设有文丘里式风量测量装置，磨煤机入口煤量对应一定的风量需求，不同的煤种对应不同的磨煤机出口煤粉气流的温度需求，通过调节冷、热风挡板开度控制磨煤机入口热风风量和出口煤粉气流的温度。

原煤经过输煤皮带称重后输送到每个原煤斗，原煤斗的上部是圆筒结构，下部为倒锥形结构，倒锥形的水平夹角必须大于一定值，保证原煤能够顺利流下。为防止煤架桥，在原煤斗上设计有松动装置，在原煤斗的顶部安装有测量料位装置，通过测量顶部至原煤之间的距离，再折算出原煤斗内储煤量。

煤仓间跨度为 14m，柱距为 10m。煤仓间设有 45m 层、17m 层和 0m 层。45m 层布置输煤皮带机，17m 层布置给煤机，45m 层和 17m 层之间布置钢制原煤仓。0m 层顺列布置 6 台中速磨煤机及其附属设备。

从原煤斗下来的煤经过一个电动闸板门后，进入电子重力式皮带给煤机。在电动闸板门的下部有一个小的取煤口，在机组性能试验或燃烧调整的时候，可以通过该取煤口取得实时燃烧的煤样。落入给煤机皮带上的煤随皮带一起转动，进入给煤机与磨煤机之间的落煤管，在该传送过程中给煤机称重装置完成对实时煤量的测量。

经过给煤机出口煤闸门进入磨煤机的煤落在磨盘上，随磨煤机转动进入磨盘和磨辊之间碾压成煤粉，一次风携带煤粉进入磨煤机分离器装置。分离细度合格的煤粉被送入炉膛，不合格的煤粉返回到磨盘上继续碾磨，无法碾磨的杂物从风环掉落到磨盘下部的石子煤腔室并收集到石子煤斗内，磨煤机石子煤排出装置应保证进入磨煤机的石子煤能自动通畅排出。

为防止煤粉泄漏到磨煤机外部和转动设备动静部分的间隙，制粉系统设置有两台离心风机组成的密封风系统，风机的吸风来自冷一次风母管，冷一次风经密封风机加压后进入密封风母管，再分别供应给各台磨煤机的磨盘、磨辊、弹簧和旋转分离器。正常运行中，一台密封风机运行，一台备用，备用风机根据密封风机出口母管风压联锁启动。为防止磨煤机内的煤粉进入给煤机，在给煤机入口段引入一股密封风，该股风直接取自冷一次风风道。

为防止磨煤机发生爆炸和燃烧，各磨煤机入口的混合风道上均设置有防爆和防着火蒸汽灭火系统，当发生爆炸和着火时，自动开启蒸汽门进行灭火。

4.2.2　磨煤机

HP1203/Dyn 磨煤机是上海重型机器厂引进 ALSTOM-CE 公司 HP 系列碗式中速磨设计和制造技术生产的产品，HP 是 high performance（高性能）的缩写，120 表示磨碗的直径为 3m（120 英寸），3 表示磨辊的个数，3 个磨辊固定在相距 120°的角上。

HP 系列磨煤机的转速在 26～40r/min，属中速磨煤机，中速磨煤机有质量轻、占地小、耗电低、金属磨损低、噪声小以及启动速度快、调节灵活等特点，但也存在以下主要问题：对煤中的石块、木块和铁块较敏感，易引起振动和部件损坏，不能磨制高硬度的煤；对煤中的水分要求比较高，当煤中水分高时，磨盘上的煤和煤粉将会黏结在一起，导致干燥过程延长和磨煤机出力降低。

HP 磨煤机主要适用于磨制烟煤和次烟煤，也可适用于贫煤和褐煤，主要适用煤种范围见表 4-1。

表 4-1　HP 磨煤机磨制煤种范围

水分 M_t/%	挥发分 V_{daf}/%	灰分 A_{ar}/%	发热量 $Q_{net,ar}$/MJ·kg^{-1}	哈氏可磨指 *HGI*	磨损指数 *Ke*
≤45	10～50	≤45	≥16.7	≥35	≤7

4.2.2.1　HP1203/Dyn 磨煤机的主要特点

HP1203/Dyn 磨煤机有以下主要特点：

（1）磨煤机采用螺旋伞型齿加行星齿轮二级立式转动箱，其传动比 35.6：1，磨煤机转速 27.7r/min，磨煤机上部质量靠轴承箱内 13 块推力瓦承载，这种结构方便减速箱从底部拖出进行检修，同时可以隔绝减速箱被热风加热和防止煤粉沾污减速箱。

（2）磨煤机磨辊与磨盘采用非接触结构，在空载时，磨辊和磨盘之间留有 2～6mm 的间隙；在运行中，不会因为磨辊与磨盘直接接触而引起振动。

（3）磨辊辊套采用铸钢件母体，在表面用硬质合金堆焊约 40mm 厚，可以使用 12000h 以上，磨损后的磨辊可以再生，重新堆焊后使用。磨盘采用高铬耐磨铸铁制造，使用寿命在 15000h 以上，留有一定余量，可以保证不磨损磨盘下部基材。

（4）磨煤机配置有动态分离器，分离器采用变频控制转速，可以进行偏置调节，确保在一定范围内煤种变化和一定范围内磨煤机金属磨损后煤粉细度仍然可以达到要求。

（5）风环安装在磨煤机磨碗外部，随磨煤机一起转动，热风经过风环后，在磨煤机内部形成螺旋上升风，增加煤粉在磨内部停留时间，同时与旋转分离器叶片开口方向相反，可以有效地起到粗细分离作用。

（6）磨煤机可以在 25%～100%负荷范围内运行，调节范围大，且设计煤种 5 台磨煤机各带 75%负荷可以将机组带到额定负荷。

4.2.2.2 HP 型中速磨煤机和 MPS 型中速磨煤机的不同

HP 型、MPS 型中速磨煤机有以下区别：

（1）磨辊和磨盘形状不同：HP 型磨煤机的磨辊为滚锥型，结构体积小，耐磨材料体积也小，磨辊使用寿命较短。而 MPS 磨煤机的磨辊为滚轮型，磨辊直径大，结构体积大，耐磨材料体积也大，磨辊可以翻辊，使用寿命较长。

（2）结构不同：HP 型磨煤机结构相对简单，机器的体积较小，机体振动较大，本体的阻力小，石子煤排量较小。MPS 型磨煤机结构相对复杂，机器的体积较大，机体振动较小，本体阻力大，石子煤排量较大。

（3）自动变加载装置不同：HP 型磨煤机采用外置式弹簧加载装置，结构简单，维修方便，成本低；MPS 型磨煤机采用液压蓄能器变加载技术。

（4）检修时间不同：HP 型磨煤机磨辊可翻出检修，磨辊更换可以直接在机器上进行，减少停机时间。MPS 型磨煤机磨辊也可吊出检修，但检修时间相对长一些。

4.2.2.3 HP 磨煤机工作原理

HP 磨煤机的主要功能是将直径小于等于 38mm 的原煤研磨成 0.075mm 左右的煤粉，并将煤粉输送到炉膛进行燃烧。

原煤通过给煤机出口的落煤管落入磨盘的中间，在磨盘转动离心力的作用下，原煤向磨盘的四周运动，进入磨辊和磨盘的间隙中，因原煤顶起磨辊而产生的压力作用在原煤上，将煤块碾碎成大小不一的煤粉颗粒。热一次风（用来干燥和输送磨煤机内的煤粉）从磨碗下部的侧机体进风口进入，并围绕磨碗毂向上穿过磨碗边缘的叶轮装置，装在磨碗上的叶轮使气流均匀分布在磨碗边缘并提高了它的速度，与此同时，煤粉和气流就混合在一起了，气流携带着煤粉冲击固定在分离器体上的固定折向板。颗粒小且干燥的煤粉仍逗留在气流中并被携带沿着折向板上升至分离器，大颗粒煤粉则回落至磨碗被进一步碾磨，分离器下部的折向板使煤粉在碾磨区域进行了初级分离。

煤粉和气流上升，通过分离器进入旋转的叶片式转子，当气流接近转子时，气流中的煤粒因受到转子的撞击，较大的煤粒就会被转子抛出，而较小的煤粒则被允许通过转子，并离开分离器进入煤粉管道，那些被抛出的煤粒则返回至磨碗被重新研磨，这些煤粒会在磨煤机内形成一个循环的负荷。

与静态分离器相比，动态分离器的分离效率有了显著的提高。在同样出力工况下，动态分离器的内循环负荷要小，这样可通过增加载荷来重新达到最大内循环负荷，提高了磨煤机的最大出力，同时提高煤粉细度和均匀性（煤粉均匀系数 $n \geqslant 1.2$）。

颗粒较大的煤无法被风速带起，沿风环落入石子煤腔室，设在磨煤机底部与磨碗轴相连的刮板器将石子煤刮入石子煤斗。

旋转分离器的叶片在电机驱动下围绕落煤管旋转，粗粉运行速度慢，通过旋转分离器叶片的概率小，细粉通过概率大，达到总体煤粉细度合格。通过旋转分离器的煤粉均匀进入磨煤机顶部的 4 根粉管输送到燃烧器进行燃烧。

4.2.2.4 HP 磨煤机结构

HP 磨煤机的主要结构及其功能如下：

（1）HP1203/Dyn 磨煤机的主要结构。HP1203/Dyn 磨煤机主要由驱动电机、减速箱、石子煤排出装置、磨碗、磨辊、弹簧加载装置、旋转分离器等部件组成，结构如图 4-4 所示。

1）行星减速箱。行星减速箱采用两级减速，第一级在伞形齿轮处，电机通过伞形齿轮将能量传递给磨煤机的齿轮盘，第二级在行星齿轮处，磨煤机的齿轮盘通过转轴上端齿轮驱动行星齿轮沿磨煤机外沿的齿轮运转，带动连接在行星齿轮组上部的磨盘转动，两级减速比 35.6：1，磨煤机转速 27.7r/min。

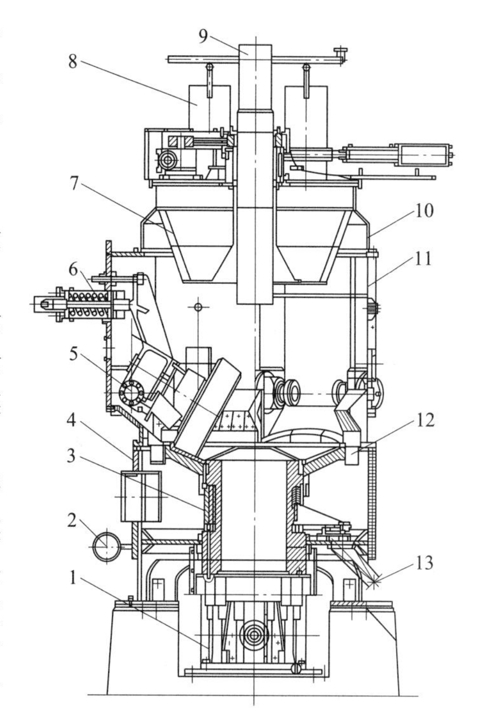

图 4-4 磨煤机结构简图

1—行星齿轮减速箱；2—密封空气集管；3—磨碗；4—侧机体装置；5—磨辊装置；6—弹簧加载装置；7—动态分离器；8—排出阀装置；9—给煤管；10—分离器顶盖；11—分离器体；12—叶轮装置；13—石子煤排出口

2）石子煤排出装置。石子煤排出装置在磨盘之下、减速箱之上，磨煤机的混合风从石子煤腔室进入；通过磨煤机风环，将煤粉吹起，无法磨碎的石子煤通过风环掉入石子煤腔室，在磨碗的下部安装有石子煤刮板随磨碗一起转动，将石子煤刮入石子煤排放口，石子煤从排放口掉入石子煤斗。该系统配备石子煤收集装置，并装有料位信号。

3）对移动式石子煤斗的要求：

① 磨煤机石子煤采用半机械方式排放，即石子煤通过磨煤机石子煤排放口至移动式石子煤箱，待石子煤箱满后，由铲车运走并更换空的石子煤箱；

② 每台锅炉配置 7 个移动式石子煤斗，每个移动式石子煤斗带万向轮；

③ 每个石子煤斗的容积不小于磨煤机本体石子煤斗的容积；

④ 移动式石子煤斗应有盖，以避免磨煤机石子煤排放及运输时扬尘，石子煤斗的盖应开启方便。磨煤机本体石子煤斗出口和移动式石子煤斗的盖上应分别有快装接头及软管，使之能相互连接，整个石子煤排放过程均处在密闭状态。

（2）风环。风环安装在磨碗的外沿，它由一组斜板组成。风环随磨煤机一起转动，热风通过风环后形成旋转上升的气流，煤粉随热风一起上升，可以通过调整磨煤机风环的通流面积来调整通过风环的风速，从而调整石子煤量；风速越大，石子煤量越少，石子煤颗粒越小，但同时会增加磨煤机金属的磨损率，降低磨煤机的寿命。通过磨煤机风风环与磨煤机四周的固定气体折向器进行碰撞，粗粉重新返回磨煤机进行磨制，细粉随热风上升，这样完成磨煤机的第一次粗细粉分离。

（3）磨碗。磨碗由多片衬板拼装而成，衬板采用高铬耐磨铸铁制造，使用寿命在 15000h 以上。在运行一段时间以后，在衬板的中部会因为磨损而形成 U 形凹槽，当衬板出现断裂或磨损量超过一定值后，需要更换新的衬板，一般衬板需要同时更换，最好与磨辊再生同时进行。

（4）磨辊。3 个磨辊间隔 120°安装在磨碗上部，磨辊呈倒锥形，在磨辊的表面安装堆焊的高硬度材料。磨辊外表面与磨盘的衬板表面大致平行，磨辊轴承采用稀油润滑，润滑油数量以淹没上轴承下圈为准，在上下轴承端盖上安装有油封，可以防止油流出和粉尘进入。在主轴上部钻有直孔，引进一股密封风，当密封风投用时，风将通过封孔在油封的外面形成保护气膜，防止粉尘漏入。在磨辊上轴四周安装有外护板，该部分正好安装在风环的上部，可以防止风粉冲刷磨辊。

（5）弹簧加载装置。弹簧加载装置安装在磨辊上部侧面外壳上，加载装置通过弹簧内部推力杆将推力传递到磨辊的上部推力臂上。在磨煤机停止运行时，推力杆与推力臂之间不接触；当磨煤机加载时，由于煤块进入磨盘和磨辊之间，将磨辊顶起，加载装置推力杆与磨辊推力臂接触，并压缩弹簧，产生推力作用在磨辊推力臂上。

（6）磨辊与磨碗衬板间隙的调整：

1）打开分离器检修门盖；

2）松开磨辊拉杆螺栓上的螺母，逐渐松开拉杆螺母，使磨辊搁在磨碗衬板上；

3）旋进拉杆螺母，使磨辊逐渐抬起到与磨碗衬板间至少有 12mm 的间隙；

4）工作人员全部撤出磨煤机内，关闭检修门；

5）启动磨煤机电机，使磨碗转起来，但不给煤；

6）随着磨碗的转动，缓慢松开限位螺母，使磨辊逐渐下降到磨辊套与磨碗衬板刚好连续碰擦为止；

7）顺时针转动限位螺母一个半平面即 135°，这时磨辊同磨碗衬板之间的间隙约为 6mm，然后用 4-*M*16mm 螺栓将限位螺母固定在磨辊盖上，如果螺孔无法对准，允许限位螺母再顺时针转动一个角度，但不得超过 45°；

8）磨煤机停车；

9）确认弹簧装置已经加载压缩；

10）最后清除磨煤机内的工具和杂物，关闭并紧固所有检修门。

（7）旋转分离器。旋转分离器安装在磨煤机的顶部，与传统的静态分离器不同，旋转分离器有电机进行驱动。分离器外套筒固定在磨煤机本体上，内套筒在外套筒和落煤管之间，与外套筒之间通过两个滚动轴承连接到一起。旋转分离器的叶片安装在内套筒上，电机驱动内套筒旋转，电机采用变频控制，转速与煤量成函数关系。转子的旋转方向，从磨煤机上部往下看为顺时针方向。

（8）磨煤机出口挡板。安装在磨煤机顶部出口挡板的作用是在磨煤机跳闸和磨煤机检修的时候，将磨煤机与炉膛隔离，防止炉膛工况变化时烟气倒入磨煤机内部。

（9）煤粉管道。通过分离器的煤粉进入磨煤机出口粉管，每台磨煤机有 4 根粉管，每根煤粉管道在靠近燃烧器之前分成 2 根粉管，对应上、下两层燃烧器，每台磨煤机对应 2 层，共 8 个燃烧器。同时在燃烧器前还装有出口闸阀，每台磨煤机共有 8 只出口闸阀（正常情况下应在常开位置）。

每根粉管的尺寸相同，为吸收粉管热膨胀引起的变形位移，在粉管上安装有伸缩节以吸收变形。为保证磨煤机每根粉管出力平衡，在磨煤机的出口管上设置有可调节流孔，通过调节节流孔的大小达到调节粉管出力平衡。

（10）润滑油系统。磨煤机有 3 个不同的润滑系统。3 只磨辊装置都有自容油浴的润滑：磨辊在出厂前充有推荐的润滑油。但是在起动前必须检查每一磨辊油池的油位，利用油尺进行测量，使油位到达正确位置。

1）油位必须定期检查（至少6个月检查一次）；

2）磨辊装置润滑油池充油不宜过多，否则会损坏油封。

磨煤机减速箱内齿轮采用稀油润滑，在磨煤机的外部设置有一套强制循环润滑油系统，所有齿轮和推力瓦均浸泡在润滑油中，通过强制循环将轴承的热量和油中的杂质带出减速箱，在运行中需要注意油温、轴承箱油位。减速箱润滑系统由油池、外部冷却的喷嘴、过滤器和电动机驱动油泵组成。

润滑用于旋转分离器轴承、减速器、减速器轴承和变频电机轴承的润滑。减速箱润滑为油浴润滑，轴承为从外部喷嘴注入润滑脂。

（11）密封风机。为防止正压直吹制粉系统中煤粉漏出磨煤机外部和进入磨煤机内部的转动轴承中，制粉系统设置有两台密封风机，风机吸入口取自冷一次风，正常运行时一台风机运行，一台备用，磨煤机使用密封风的地方有磨盘密封风、磨辊密封风、加载弹簧密封风以及旋转分离器密封风。

4.3 磨煤机的辅助系统及主要参数

4.3.1 动态分离器

4.3.1.1 概述

磨煤机是燃煤电力企业最重要的辅机之一，同时它也是电力企业耗电最大的辅机之一。磨煤机出口煤粉细度和均匀度直接关系到锅炉的安全经济运行，而煤粉细度的大小和煤粉的分离器的特性有关。早期磨煤机一般配有挡板式离心分离器，这种分离器调整煤粉细度效果较差，而且一般不能在运行中调整，因此不能很好地适应煤种和负荷的变化。为满足环保和运行经济性的要求，中速磨煤机可采用动态分离器，一方面提高煤粉细度和均匀度，适宜于低 NO_x 燃烧器的燃烧，降低飞灰含碳量，提高燃烧效率，降低 NO_x 的排放；另一方面可以在线调整煤粉细度，增加对煤种的适应性，提高分离效率，减小循环倍率，降低机组标准煤耗，节省制粉电耗，节约生产成本。

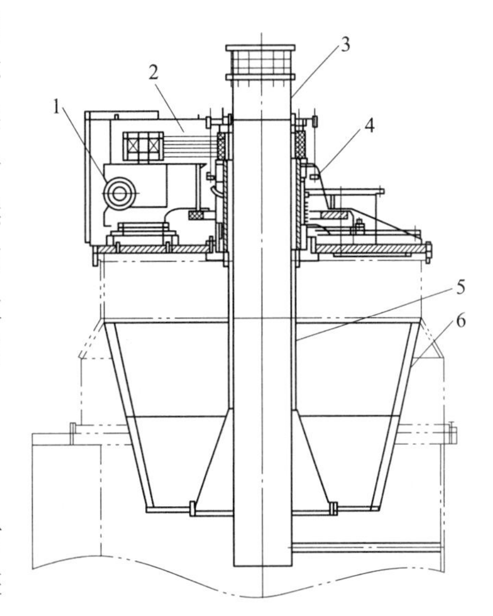

图4-5 动态分离器结构图

1—电机、减速器；2—皮带；3—给煤管；4—驱动装置；5—转子支承；6—转子

4.3.1.2 动态分离器结构及工作原理

动态分离器上装有旋转叶片装置，叶片顺时针方向旋转，支承在固定于磨煤机外部的轴承装置上（见图4-5）。转子包含用于颗粒分离的叶片和原煤落煤管，转子叶片由耐磨钢板制成。分离器的传动方式为通过变频电机和减速器的带传动，

减速箱速比 8. 68∶1，经过减速箱及皮带轮后的总速比 16. 6∶1，变频电机转速 1475r/min 对应分离器转速 88. 8550r/min，分离器转速 50r/min 对应变频电机转速 830r/min。

传统静态分离器不能有效地将细煤粉从粗煤粉中分离出来，会导致细煤粉在磨煤机里再次循环，增加细煤粉的循环次数，含有大量细煤粉的研磨区域会降低研磨效率和磨煤机研磨能力（磨煤机出力）。动态分离器利用空气动力学和离心力将细煤粉从粗煤粒中分离出来，分离器依靠转子转动，使带粉气流旋转，正常运行时产生的离心加速度为 8~10 倍重力加速度，在最大转速时产生的离心加速度约 20 倍重力加速度，因此分离的主要作用是粒子的离心力分离，而叶片的撞击作用相对小得多。煤粉粒子在旋转分离区内水平方向主要携带气流的曳引力和离心力作用，当粒子受到的离心力大于气流的曳引力时，粒子就会分离出来。从受力情况分析，粒子直径越大，则所受的离心力相对于曳引力来说越大，粒子越易分离出来；分离器转速越高，粒子受到的离心力越大，直径较小的粒子也能分离出来。

动态分离器可以有效地减少细煤粉在磨煤机内部的循环次数，大大提高研磨效率和磨煤机能力。制粉系统出力与通风量须经常跟随负荷变化而调整，而传统的挡板式煤粉分离器系统由于在运行中无法在线调整，所以磨煤机输出的煤粉细度变化较大，燃尽率低，经济效益较差。

旋转分离器通过可调整变频器和可编程控制器，由一个交流变频电动机来驱动，分离器转速可以通过变频器实现无级变速调节，确保煤粉细度可以根据煤质和负荷变化情况进行调节，增加机组的经济性。

4. 3. 2　磨煤机性能参数

磨煤机主要技术参数见表 4-2，磨煤机性能参数汇总见表 4-3，二级分离器变频电动机性能参数汇总见表 4-4，磨煤机油站技术规范见表 4-5。

表 4-2　磨煤机主要技术参数

序　号	项　　目	单　位	参　　数
	型号		HP1203/Dyn
1	一级分离器型式		固定分离
	二级分离器型式		旋转分离
2	磨辊加载方式		弹簧变加载
3	基础型式		固定式
4	灭火蒸汽参数：压力	MPa	0. 4~0. 8
	温度	℃	200~250
	流量	t/h	7（单台磨本体用量）
	喷射时间	min	5~15

表 4-3　磨煤机性能参数汇总

项　　目		单　　位	规　　范
磨煤机	型式		HP1203/Dyn
	数量	台/炉	6

续表 4-3

项目		单位	规范
磨煤机	最大出力	t/h	100.4
	磨碗转速	r/min	27.7
	额定通风量	t/h	162.6
	额定通风阻力	kPa	5
	煤粉细度（设计煤种）R_{90}	%	15.7
	制造厂		上海重型机器厂
减速箱	传动方式		螺旋伞齿轮加行星齿轮二级立式传动
	型号		KMP380
	速比		35.642
电动机	型式		YN630-6
	额定功率	kW	1050
	使用系数		1.15
	转速	r/min	983
	频率	Hz	50
	电压	V	6000
	额定电流	A	127
	极数		6
	冷却方式		IC611（空-空）
	转动惯量	kg/m^2	150
	转向		面对电机轴伸端方向看为逆时针旋转
	加热器电压	V	220
	加热器功率	kW	1.2

表 4-4 二级分离器变频电动机性能参数汇总

名称	单位	数值
动态分离器转速调整范围	r/min	30~90
变频电机额定功率	kW	55
变频电机额定电压	V	380
变频电机额定转速	r/min	1475
变频器功率	kW	75
变频范围	Hz	16~50

表 4-5 磨煤机油站技术规范

项目	单位	润滑油泵
油泵型号		螺旋泵
油泵台数（每台磨煤机）	台	1

续表 4-5

项　目	单　位	润滑油泵
油泵流量	L/min	287
电机功率	kW	15
电机电压	V	380
正常供油压力	MPa	0.15~0.35
油冷却器数量（每台磨煤机）	台	1
油冷却器冷却水流量	m^3/h	20
油冷却器冷却水压力	MPa	0.1~0.6
油箱电加热数量（每台磨煤机）	台	1
油箱电加热功率	kW	2
油箱电加热电压	V	380
回热管盘热带功率	kW	0.15
回热管盘热带电压	V	220

4.4　磨煤机的控制与监视

4.4.1　概述

磨煤机用来研磨原煤，使其达到能在炉内燃烧要求的煤粉细度。磨煤机的最大出力取决于下列因素：

（1）磨煤机规格。

（2）原煤特性：哈氏可磨度系数和含水量。

（3）煤粉细度：通过 200 目（0.074mm）筛分。

原煤（直径等于或小于 38mm）经联接在给煤机的中心给煤管落入旋转的磨碗上，在离心力的作用下沿径向朝外移动至研磨环，通过径向和周向的移动，煤在旋转的磨辊装置下通过；弹簧加载装置产生的碾磨力通过转动的磨辊施加在煤上，在磨碗衬板与磨辊之间研磨成粉。在煤的研磨过程中，较小较轻的颗粒被气态的输送介质（热空气或烟气）连续地从磨碗吹起来。输送空气由位于磨煤机上游的一次风机供给，有三个作用：（1）被加热空气在煤粉的碾制过程中对煤进行干燥使其易于研磨；（2）它在磨煤机内提供必要的动力使煤粉进行分离（控制出口煤粉细度）；（3）空气把煤粉从磨煤机输送到炉膛。

4.4.2　磨煤机操作中的不正确现象

磨煤机操作中应该避免的不正确和危险的情况如下：

（1）石子煤中煤的含量过多，煤会堵塞石子煤排出，在侧机体内堆积起来造成磨煤机着火的很大隐患。

（2）磨煤机在出口温度低于规定值下持续运行，煤不能获得充分的干燥以致黏附在磨煤机内部和煤粉管中，使煤粉管堵塞，导致磨煤机/煤粉管着火。

（3）磨煤机在出口温度高于规定值的工况下运行，促使挥发分从煤中逸出，从而增加了燃料着火的潜在可能性。如果磨煤机出口温度升高到超出规定值11℃，控制系统应报警，磨煤机出口温度规定值是根据不同煤种而定，设计煤种下规定值为77℃。

（4）磨煤机在通风量低于规定值25%的工况下运行，煤粉管里的输送速度过低会使煤粉沉积，导致煤粉管道堵塞着火。

（5）磨煤机在通风量高于规定值的工况下运行，通风量较高使得煤粉管道和磨煤机内部磨损加速，同时可能使煤粉变粗。

（6）磨煤机在石子煤排出口闸门关闭的情况下运行，阻止杂物的排出，正常排出的杂物会积存在侧机体里，刮板装置会产生严重的损坏。

（7）磨煤机在给煤之前暖磨不恰当，这是一种危险的情况。因为煤可能黏附在磨煤机内部和煤粉管道里，从而增加制粉系统出现着火的潜在危险。

（8）磨煤机在停机之前冷却不充分，煤的温度可能超过安全极限，增加磨煤机或煤管着火的可能性。

（9）磨煤机的输出煤粉细度太细，使磨煤机出力降低，磨煤机电动机电耗增大。

（10）磨煤机的输出煤粉细度太粗，影响炉膛的正常燃烧。

4.4.3 磨煤机的启动

启动磨煤机有以下要求。

（1）在启动磨煤机之前应检查以下项目：

1）磨煤机电动机联轴器正确对中和联结，联轴器护罩固定牢固；

2）磨煤机电机和磨煤机本体地脚螺栓紧固；

3）磨煤机电机安全防护装置完好，各种指示状态符合规定，电机绝缘合格；

4）磨煤机润滑油系统启动，润滑油压力、温度正常，油箱油位正常，行星减速箱油位正常；

5）润滑油冷却器投用；

6）磨辊油位正常，旋转分离器润滑油脂添加完毕；

7）所有检修门锁紧，没有缺螺栓的情形，所有检修人员撤出磨煤机区域；

8）旋转分离器的电源送上，变频器可以正常控制；

9）石子煤腔室排放口开启；

10）磨煤机出口阀、冷风隔绝门和给煤机进出口闸板开启；

11）磨煤机密封风隔离阀门开启，密封风机启动；

12）磨煤机空气流量建立。

（2）确认磨煤机点火能量充足，打开磨煤机热风闸门，调节冷、热风调节挡板，控制磨煤机出口温度和通风量。

（3）启动磨煤机。

（4）启动动态分离器，动态分离器自动控制在最小速度。

（5）在给煤机启动之前，磨煤机暖磨应完成后，磨煤机本体金属有一定的蓄热功能，这样煤量一进入磨煤机就开始干燥，同时可以保证磨煤机的出口温度不会降得太低。根据燃用煤种的不同，磨煤机出口温度设定值不同，正常运行的温度在65~82℃。

（6）暖磨完成后，启动给煤机，设定最小给煤量为磨煤机额定出力的25%。在此过程中会出现锅炉燃烧脉动和磨煤机出口温度降低的现象，待磨煤机出口温度恢复到设定值，并且蒸汽温度趋向稳定后才可以以一定的速度增加该磨煤机的给煤量，动态分离器速度根据煤量自动变频调整。

（7）当磨煤机出力与几台磨煤机平均出力偏差小于一定值之后，该给煤机给煤量投入自动运行，正常运行中，每台给煤机的给煤量应在自动状态，可以通过给煤量的偏置调整单台磨煤机的煤量。在已运行磨煤机的负荷达到70%以上时，需要考虑投入下一台磨煤机，这样可保证磨煤机在最佳工作范围内工作。

4.4.4 磨煤机的停止

停止磨煤机的要求如下：

（1）确认需要停止的制粉系统点火能量充足。

（2）在制粉系统停止之前，给煤机的煤量自动减小到最小煤量，旋转分离器速度跟随减低到40%转速。

（3）磨煤机热风调节挡板关闭，热风闸板关闭，冷风调节挡板开启并保证吹扫风量在70%以上，磨煤机出口温度逐渐减低到最小温度50℃，给煤机停止；旋转分离器降低至10%，磨煤机继续运行10min后清扫完磨碗的存煤，停止磨煤机运行，动态分离器停止运行，冷风调节挡板逐渐关闭。

（4）磨煤机停止后，应将磨煤机石子煤箱出清。

（5）磨煤机停止后，作正常备用时，应保持油系统连续运行。如果在天气温度较低的时候，应就地关小冷油器冷却水，同时注意回油加热器和油箱加热器应在油系统运行时才投用。

4.4.5 磨煤机的正常运行调整

4.4.5.1 磨煤机出口温度调整

磨煤机出口温度是磨煤机运行需要调整的主要参数之一。磨煤机出口温度影响磨煤机入口温度，当燃用高挥发分的煤种时，需要严格控制磨煤机出、入口热风温度，设计煤质磨煤机正常出口温度设定在80℃左右，当磨煤机出口温度大于100℃持续时间5s时，磨煤机将会跳闸。

4.4.5.2 一次风量调整

一次风量是磨煤机运行控制的主要参数之一。一次风量根据磨煤机的煤量进行控制，一般一次风量与煤量在1.5∶1左右，一次风量过小会导致携带煤粉的能力减小，制粉系统电耗增加，煤粉研磨过细，石子煤量增加，严重时可能导致磨煤机堵煤；一次风量过大会导致煤粉偏粗，制粉系统磨损严重，煤粉着火延迟。一次风量可以通过冷风主控，也可以通过热风主控，通过热风主控时，磨煤机出口温度对煤量响应较快。

4.4.5.3 煤粉细度和差压调整

锅炉燃烧设计煤种时要求煤粉细度 $R_{90}=17\%$，磨煤机煤粉细度靠动态分离器进行调节，影响煤粉细度的因素有动态分离器转速、磨辊压力、一次风量、给煤量以及煤质等。

一般在制粉系统首次启动或大修后启动，需要对制粉系统的煤粉细度进行取样化验，并根据化验结果调整好各运行参数。但由于煤种变化、磨煤机磨损等因素，煤粉细度会发生变化，主要反映在相同煤量下磨煤机的电流和差压降低，因此需要定期取样化验煤粉细度。根据煤粉细度情况偏置旋转分离器转速，使煤粉细度合格，当磨损较严重的时候，需要更换磨辊耐磨材料和磨盘的衬板。

在磨煤机首次运行调整时，需要记录下磨煤机的运行参数，在磨煤机运行一定时间和煤量后，再记录相关数据，以后可以通过比较数据以判断磨煤机的运行状态、调整数据和进行检修。

4.4.6 磨煤机的紧急停止

紧急停止磨煤机有以下要求。

（1）当出现以下情况时可能会导致磨煤机紧急停止：

1）MFT；

2）磨煤机出口阀发出“未全开信号”；

3）润滑油系统停止运行或润滑油压力降低；

4）任一点减速机轴承温度大于等于 80℃；

5）输入轴轴承温度大于等于 90℃；

6）磨煤机点火能量不充足；

7）磨煤机其他联锁跳闸。

（2）当出现磨煤机紧急停止的时候，磨煤机不会进行吹扫，应确认磨煤机热风挡板关闭。

（3）当故障无法及时排除或无法短时间内启动磨煤机的时候，应在磨煤机冷却到环境温度后，人工清理磨煤机内部积煤。清理内部积煤需要做好以下几点：

1）确认蒸汽隔离门关闭，没有泄漏现象；

2）断开磨煤机驱动电机、动态分离器、给煤机电源，并挂警告牌；

3）检查密封风隔离阀，全部关闭并断电；

4）检查冷热风挡板、进口快关门完全关闭，并切断电动驱动装置电源、气源；

5）执行好其他相关安全措施后，开启石子煤腔室两侧人孔门，确认无异常后开启磨煤机本体人孔门；

6）开启石子煤腔室人孔门时，磨煤机内部可能有压力，需要小心揭开该人孔门，再完全打开；

7）在开启人孔门和磨煤机内部工作的时候，要佩戴防护眼镜，防止煤粉伤害眼睛；

8）在磨煤机清煤或检修时，应关闭磨煤机出口阀，防止炉膛压力波动时导致烟气倒流。

4.4.7 磨煤机的事故

4.4.7.1 磨煤机着火事故

磨煤机着火事故分析与处理有以下方法。

（1）磨煤机着火原因：

1）磨煤机进出口温度过高，正常运行中不允许磨煤机出口温度超过规定值 11℃；

2）煤粉过细，挥发分过高；

3）外来杂物，纸屑、破布、稻草、木块和木屑等杂物会堆积、缠绕在磨煤机内部，同时这些杂物也会夹杂在煤粉中间，长时间高温导致煤粉和杂物自燃，引起磨煤机内部着火，因此每次打开磨煤机时，都要清理磨煤机内部堆积的杂物；

4）在石子煤腔室及其进风口处堆积石子煤和煤块。石子煤排出阀门长时间关闭、石子煤刮板损坏、石子煤刮板磨损过量都会导致腔室内部积煤，长时间运行后，这些煤块会自燃引起着火；

5）进入磨煤机内部的煤是在自燃中的煤，导致磨煤机着火；

6）磨煤机内部积煤长时间未清理，磨煤机金属蓄热导致煤粉自燃；

7）不正确的操作，如一次风量过小、不正确的出口温度设定、热风门失去控制等因素导致着火。

（2）磨煤机着火的现象：

1）磨煤机出口温度突然迅速升高；

2）着火部位油漆脱落，严重时可以看到金属被烧红；

3）着火时有可能会出现煤粉爆炸的现象，可以听到爆炸声。

（3）着火后处理：

1）一旦有着火迹象，关闭热风截止闸门，100%打开冷风挡板，继续以等于或高于正好着火时的给煤率向磨煤机给煤，但不能使磨煤机超载；

2）如果磨煤机温度继续升高，就需要通入灭火蒸汽进行灭火；

3）关闭石子煤收集装置的隔离阀；

4）通过给煤管侧机、分离器顶盖体或进风管通蒸气入磨煤机；

5）在磨煤机出口温度降低以及所有着火迹象消失之前，继续通入灭火蒸汽；

6）停止给煤；

7）磨煤机运转数分钟，以清除积煤和积水；

8）停止磨煤机，关闭所有闸板、阀门、冷风截止阀、密封空气阀、煤管截止阀等，使磨煤机隔绝，并切断各伺服阀机构电源或汽源；

9）在所有着火迹象清除和磨煤机冷却到环境温度之前，不允许打开磨煤机检修门。需要进入磨煤机内部进行检修的时候，要按照紧急停止的安全措施进行处理；

10）全面检查磨煤机本体、动态分离器、磨煤机顶盖、粉管等区域的着火现象，清理燃烧产物；

11）检查磨辊、动态分离器等密封橡胶部位；

12）对因燃烧导致损坏的部分进行修复和更换；

13）检查润滑油品质，如果出现碳化现象应进行更换。

4.4.7.2　磨煤机其他事故判断及处理办法

磨煤机其他常见事故有：润滑油系统压力低、磨煤机出口温度高、磨煤机出口温度低、磨煤机电机电流高、磨煤机电机电流低、磨煤机堵塞、磨煤机差压低、煤粉管无粉、煤粉细度过细或过粗、磨煤机噪声异常、磨煤机振动异常、轴承漏水、齿轮油温高。磨煤机故障原因及处理办法见表4-6。

表4-6 磨煤机故障及处理办法

故 障	可能的原因	处 理 办 法
润滑油压力降低	润滑系统泄漏	检查漏油并修理
	油泵磨损	修理或更换
	滤油器已脏	清理或更换主副滤油器
	油黏度低	油温高或用错润滑油
磨煤机出口温度高	磨煤机着火	见灭火步骤
	热风挡板失灵	手动关闭热风门、磨煤机停车，按要求修理
	冷风挡板失灵	手动开冷风挡板关闭磨煤机，按要求修理
	给煤机失灵/给煤管堵塞	磨煤机停车，按要求修理
	出口T-C失灵	核验读数/按要求修理或更换
磨煤机出口温度低	磨煤机里的煤特别湿	降低给煤率，保持出口温度
	热风门没有打开	检查风口位置，按要求进行修理
	热风挡板或风挡板失灵	磨煤机停车，按要求进行修理
	一次风温低	降低给煤率
	低风量	重新检验通风控制系统
磨煤机电动机电流高	磨煤机过载或煤湿	降低给煤率，检验给煤机标定，检验煤的硬度
	煤粉过细	调节分离器叶片（开）
	辗磨力过大	检查弹簧压缩量，重新调整
	电动机失灵	试验电动机
磨煤机电动机电流低	无煤进入磨煤机	检查给煤机和给煤管是否堵塞
	一只或更多磨辊装置卡住	磨煤机停车，进行修理
	磨煤量减少	检查给煤机是否堵塞
	电动机联轴器或轴断裂	磨煤机停车，进行修理
磨碗压差高	磨煤机过载	降低给煤率，检查给煤机的标定，检查煤硬度
	煤粉过细	调整分离器叶片（开）
	磨煤机压力接头堵塞	检查清扫空气，清理压力接头
磨碗压差低	磨碗周围通道面积不够	拆除一块叶轮空气节流环
	磨煤量减少	检查给煤机工作和堵塞
	压力接头堵塞，漏损	检查清扫空气，如有需要清洗压力接头
	低通风量	检查通风量控制系统
无煤粉至煤粉喷嘴	煤粉管道堵塞（堵塞时间延长会导致着火）	关闭给煤器，检查磨煤机通风量。轻敲管道，如果仍然不畅通就要拆除清理
	给煤机、中心给煤管堵塞；或由于低通风量堵塞节流孔或格条分配器	检查和清理给煤机或中心给煤管。检查一次风控制系统挡板的工作，磨煤机停车，并把它隔离检查、清理和修理或更换格条或孔板

续表 4-6

故　障	可能的原因	处　理　办　法
煤粉细度不正确	分离器叶片调整错误	如有需要可打开或关闭
	分离器叶片与标定不一致	标定折向叶片
	折向叶片磨损或损坏	检修、修理和（或）更换
	倒锥体位置不正确	减少间隙 1/2 英寸（12.7mm）或调到最小间隙 3 英寸（76.2mm）
	内锥体或衬板磨穿成孔	检查、修补或更换
噪声来自磨碗之上	在磨碗上有异物	停止磨煤机，检查并清除异物
	辗磨辊发生故障	停止磨煤机，修理或更换磨辊装置
	弹簧压力不均匀	检查弹簧压力，或改变弹簧压力
	大块异物	停止磨煤机、清除异物，检查是否损坏
噪声来自磨碗之下	刮板装置断裂	停止磨煤机，修理或更换
	空气叶片断裂	停止磨煤机，修理或更换
噪声来自齿轮箱	轴承和齿轮损坏	停止磨煤机，检查零件
	磨煤机齿轮或轴承磨损	修理或更换磨损件，试验并更换润滑油
轴漏油水	迷宫密封有垃圾	停止磨煤机，清理密封槽
平驱动齿轮箱油温高	冷油器的水流量低	增加水流量并检查冷油器
	冷油器堵塞	检查和清理冷油器
	低油位	添加润滑油，检查有否渗漏
磨煤机运行不平稳	煤床厚度不适宜	增加煤量，检查磨煤机标定管路有否堵塞
	辗磨力过大	减少弹簧压缩量

4.5　电子称重式给煤机

4.5.1　概述

每台锅炉配置 6 台能适应中速磨煤机正压直吹式制粉系统运行的上海发电设备成套设计研究院生产的 CS2036HP 型耐压电子称重式给煤机，5 台运行，1 台备用，每台给煤机的最大连续出力不小于 130t/h；正常运行出力为 13～130t/h；布置在煤仓间 17m 层；其设计压力不小于 0.4MPa。

通过调节给煤机的转速，控制给煤量以满足锅炉需要。配置具有储存和计算功能的计量仪表，给煤机能实现连续均匀地给煤、称重准确可靠（采用进口的称重传感器），并根据锅炉燃烧控制系统的要求，无级、快速、准确调节给煤机出力，使实际给煤量与锅炉负荷相匹配。给煤机计量精度为±0.25%；给煤机控制精度为±0.5%。设有断煤信号、自动清扫装置及密封风装置，密封风应均匀可调，有效防止磨煤机内的热风粉返上，同时避免吹落胶带上的给煤。

进、出口煤闸门能实现手动、自动启闭，动作灵活、可靠，严密不外漏，具有阀位指示，给煤机发生堵煤故障时应具有反转卸煤功能。

4.5.2 工作原理

煤从原煤仓通过给煤机进口煤闸门进入给煤机，被皮带送至给煤机出口。在给煤机内装有精确的称重托辊，它与皮带组成一个称重跨；在称重跨中间有一称重辊，上面装有精密的称重传感器，它能产生以每英寸（2.54cm）皮带上输煤磅重为单位的载重信号。在主动皮带轮上装有光电测速传感器，能测出皮带的输送速度，产生以每英寸（2.54cm）为单位的给煤率信号，主动皮带轮的转速取决于涡流联轴器进轴与出轴之间的电磁滑差值，而该滑差值取决于来自燃烧控制系统的燃煤量信号或来自煤重修正信号。与给煤机驱动系统出动齿轮毗邻的磁性发动器向电子转速表发出脉冲信号，电子转速表验证皮带速度是否满足要求的给煤率。齿轮减速器还有2只辅助性的磁性开关，当主动皮带转完一圈就发送一个脉冲信号。一路用于煤重修正回路，另一路使控制室的累计计数器断开，显示出单一给煤机在运行期间的输煤质量。

4.5.3 给煤机技术参数

表4-7为给煤机的技术参数。

表4-7 给煤机技术参数

序号	项　目	单位	卖方提供的内容
1	给煤机型号		CS2036HP
2	出力范围	t/h	13~130
3	给煤距离（给煤机进、出煤口与中心线距离）	mm	2400
4	进煤口落煤管长度/管径/壁厚	mm/mm/mm	1900/940/10
	出煤口落煤管长度/管径/壁厚	mm/mm/mm	6000（待定）/660/10
5	进煤口法兰内径（进煤口闸门内径）	mm	920
	出煤口内径（出煤口闸门内径）	mm	640
6	主驱动电机型号		GT4350908
	功率	kW	5.5
	电源		380V，三相50Hz
7	清扫链电机型号		GT4361508
	功率	kW	0.37
	电源		380V，三相50Hz
8	变频器型号		ABB-ACS510
	额定功率	kW	5.5
	额定输入电流	A	11.1
	额定输出电流	A	11.6
	功率损失	kW	
	过负荷能力	%	150%
	效率	%	
	平均无故障时间	h	
	冷却方式		风冷

续表 4-7

序号	项　目	单位	卖方提供的内容
9	机体密封		
	密封风压（与磨煤机落煤管处压差）	Pa	>500
	密封风量（标态）	m^3/min	18
10	排障风		无
	排障风压	Pa	
	排障风量（标态）	m^3/min	

4.5.4　给煤机结构

给煤机由机座、给料皮带机构、链式清理刮板机构、称重机构、堵煤及断煤信号装置、润滑及电气管路、微机控制柜等组成，如图 4-6 所示。

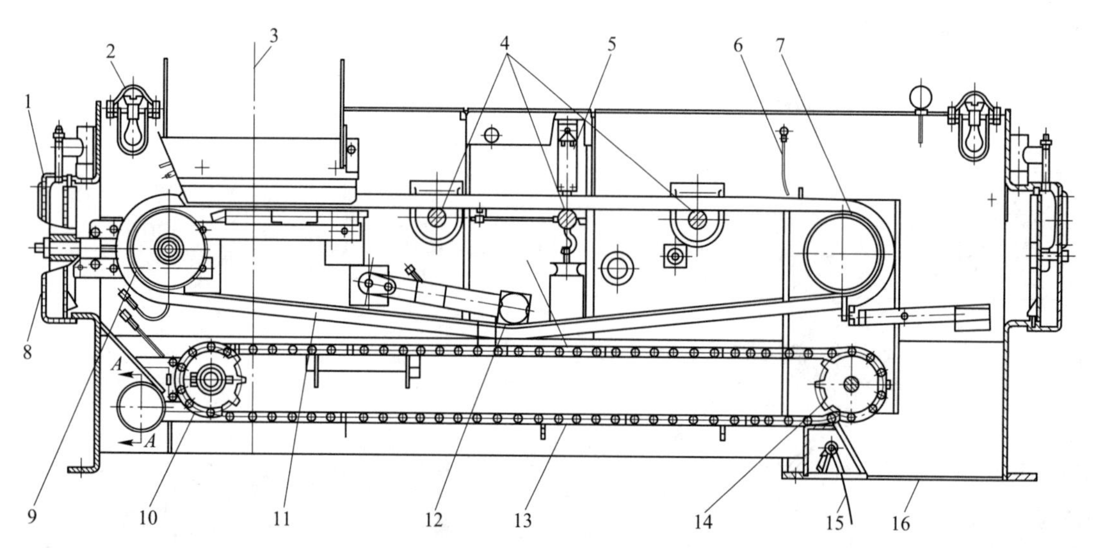

图 4-6　给煤机结构简图

1—进料端门；2—机内照明；3—进料口；4—称重托辊；5—负荷传感器；6—断煤信号挡板；7—驱动辊筒；8—张紧螺；9—张紧辊筒；10—清扫链张紧辊筒；11—给料皮带；12—张力辊筒；13—清扫链；14—清扫链驱动辊筒；15—堵煤信号挡板；16—排料口

4.5.4.1　机座

机座由机体、进料口和排料端门、侧门和照明灯等组成。

机体为一密封的焊接壳体，能承受 0.34MPa 的爆炸压力，符合美国防火协会规范（NFPA Code，B5F）的要求。机体的进料口处设有导向板和挡板，使煤进入机器后能在皮带上形成一定断面的煤流，所有能与煤接触的部分，均以 10Cr18Ni9 不锈钢制成。

进料口和排料端门用螺钉压紧于机体上，以保持密封。门体可以选用向左或向右开启。在所有门上，均设有观察窗，在窗内装有喷头，当窗孔内侧积有煤灰时，可以通过喷头用压缩空气或水清洗。具有密封结构的照明灯，供观察机器内部运行情况。

4.5.4.2 给料皮带机构

给料皮带机构由电动机、减速机、皮带驱动辊筒、张紧辊筒、张力辊筒、皮带支撑板、皮带张紧装置以及给料胶带等组成。给料胶带设有边缘，并在内侧中间有凸筋，各辊筒中有相应的凹槽，使胶带能很好地导向。在驱动辊筒端装有皮带清洁刮板，以刮除黏结于胶带外表的煤。胶带中部安装的张力辊筒，使胶带保持一定的张力，得到最佳的称量效果。胶带的张力随着温度和湿度的变化而有所改变，应该经常注意观察，利用张紧拉杆来调节胶带的张力。在机座侧门内装有指示板，张力辊筒的中心应调整在指示板的中心刻线。

给料皮带机构的驱动电动机采用特制的变频调速电动机（含测速装置），通过变频控制器组成具有自动调节功能的交流无级调速装置，它能在比较宽广的范围内进行平滑的无级调速。

给料皮带减速机为圆柱齿轮及蜗轮两级减速装置，蜗轮采用油浴润滑，齿轮则通过减速箱内的摆线油泵，使润滑油通过蜗杆轴孔后进行淋润，蜗轮轴端通过柱销联轴器带动皮带驱动辊筒。

4.5.4.3 热控装置

（1）断煤信号装置。断煤信号装置安装在胶带上方，当胶带上无煤时，由于信号装置上挡板的摆动，使信号装置轴上的凸轮触动限位开关，控制皮带驱动电机，同时起动煤仓振动器，或者返回控制室表示胶带上无煤。由用户根据运行系统的要求确定运行操作，断煤信号也可提供给停止给煤量累计指令以及防止在胶带上有煤的情况下停止给煤机，如图 4-7 所示。

（2）堵煤信号装置。堵煤信号装置安装在给煤机出口处，其结构与断煤信号装置相同。当煤流堵塞至排出口时，限位开关发出信号，并停止给煤机，如图 4-8 所示。

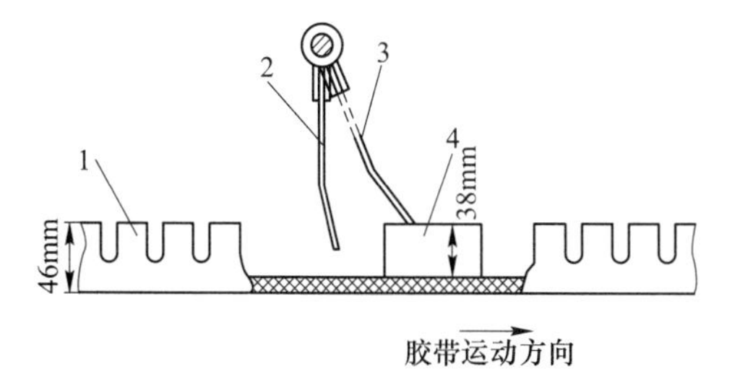

图 4-7 断煤信号装置

1—胶带；2—挡板（断煤状态）；3—挡板（有煤状态）；4—调试垫块

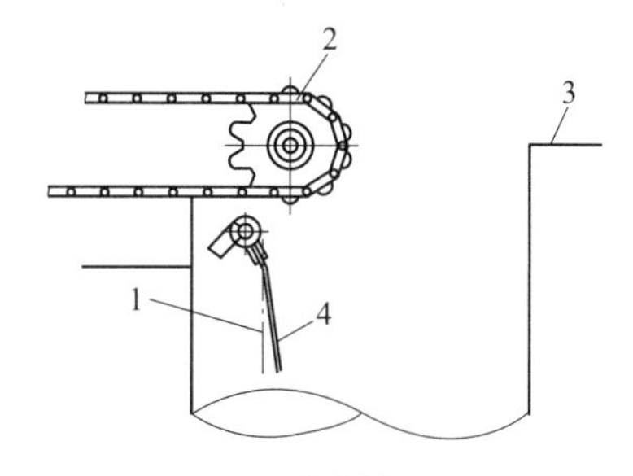

图 4-8 堵煤信号装置

1—挡板（堵煤状态）；2—清扫刮板链；3—本体；4—挡板

（3）称重机构。称重机构位于给煤机进料口与驱动辊筒之间，3 个称重表面辊均经过仔细加工，其中一对固定于机体上，构成称重跨距；另一个称重托辊，则悬挂于一对负荷传感器上，胶带上煤重由负荷传感器送出信号。经标定的负荷传感器的输出信号，代表单位长度上煤的质量，而测速装置输出的频率信号，则表示胶带的速度，微机控制系统把这两者综合起来，就可以得到机器的给煤率。

注意：若机器内置了校准量块（安装在负荷传感器及称重托辊的下方），在机器工作时，校准量块支承在称重臂和偏心盘上，要与称重辊脱开；当需要定度时，转动校重杆手柄使偏心盘转动，称重校准量块即悬挂在负荷传感器上，从而检查质量信号是否准确。

（4）链式清理刮板。链式清理刮板供清理给煤机机体内底部积煤用，在机器工作时，胶带内侧如有黏结煤灰，则通过自洁式张紧辊筒后由辊筒端面落下，同时密封风的存在，也会使煤灰产生。这些煤灰堆积在机体底部，如不及时清除，往往有可能引起自燃。

刮板链条由电动机通过减速机带动链轮拖动，带翼的链条，将煤灰刮至给煤机出口排出，链式清理刮板随着给料皮带的运转而连续运行。采用这种运行方式，可以使机体内积煤最少。同时，连续清理可以减少给煤率误差，连续的运转也可以防止链销黏结和生锈。

清理刮板机构驱动电动机采用精确的电子式电流继电器进行过载保护，当清理刮板机构过载时，在电流继电器作用下最后切断电动机供电电源，使电机停止转动。

（5）密封空气。密封空气的进口位于给煤机机体进煤口处的下方，法兰式接口供用户接入密封空气用。在正压运行系统中，给煤机本身密封可靠，可以认为无泄漏。需要通过密封空气来防止磨煤机热风通过排料口回入给煤机，密封空气压力为磨煤机进口压力加上60~245Pa，所需密封空气量是通过进料落煤管向煤斗的空气泄漏量加上给煤机与磨煤机进口间的压力差所需的空气量。

在给煤机机体进煤口处附近装有内螺纹接口，可以在此处接上压力表来测定机内的压力数值，在不接压力表时则以螺塞密封。

密封空气压力过低会导致热风从磨煤机回入给煤机内，这样煤灰将容易积滞在门框或其他凸出部分，从而引起自燃。密封空气压力过高和风量过大，又会将煤粒从胶带上吹落，从而使称量精度下降，并增加清理刮板的负荷；密封空气量过大也容易使观察孔内产生尘雾不利于观察，因此应适当调整密封空气的压力。

4.5.5 密封风机

4.5.5.1 概述

该锅炉配置两台增压离心式密封风机，每台容量各为100%，一台运行，一台备用，供给6台磨煤机的密封风，防止煤粉外漏。两台密封风机对头布置，一台向左旋，一台向右旋，且单台出力应能保证所有磨煤机、冷热一次风插板门和调节门等运行时的密封风量要求，并有可靠的防尘措施。

密封风机吸风取自冷一次风机母管，经密封风机进口门、动力式空气过滤器后吸入密封风机，经密封风机增压通过密封风机出口门后供给各密封点，两台密封风机出口设有自动换向挡板，每台密封风机进口设置一只动力式空气过滤器，空气过滤器排灰气进入A侧热二次风管。该空气过滤器的容量为59430m^3/h，共有14个单室，过滤器的差压（进出口压差Δp）与流量的关系见表4-8。

表4-8 过滤器差压与流量关系

序号	项目	单位	数值	
1	流量	m^3/h	47540	59430
2	差压	Pa	880	1370

该空气过滤器的排灰量约为进气量的10%，排灰气口应垂直向下或与垂直轴线左右成90°角，并要求在排灰气口处装有一只自动控制阀门，用于调节排灰气量，从而保证过滤器出口与排灰气口之间的压差为0。该空气过滤器承受的内压不能大于16kPa，结构特点要求其在系统中处于正压状态，即过滤器出口（清洁空气出口）压力必须大于大气压。

密封风机型号为9-26型16D-4，为离心式风机，密封风机主要由集流器、机壳、转子及电动机构成。

4.5.5.2 密封风机的技术规范

表4-9为密封风机的技术规范。

表4-9 密封风机技术规范

序号	项目	单位	数值
1	密封风机（型号）		9-26型16D-4
2	额定风量	m^3/h	64032
3	额定提升压头	Pa	6481
4	密封风机电动机（型号）		Y355M2-6
5	额定功率	kW	185
6	额定转速	r/min	960
7	额定电压	V	380
8	空气过滤器（型号）		K918.00
9	每台室数	个	14
10	每室空气容量	m^3/h	4245
11	阻力	Pa	1370
12	过滤指数		95

4.5.5.3 密封风机的运行

A 密封风机启动前检查项目

密封风机启动前应检查以下项目：

（1）密封风机试运转前，应检查风机机务及电气各部分有无异常，方可开机进行试运转，具体操作如下：

1）部分开启磨煤机密封风调节门；

2）确认至少有一台一次风机在运行；

3）开启密封风机出、入口门；

4）检查出口换向挡板门是否灵活、位置是否正确；

5）检查密封风机启动条件满足后，启动密封风机运行情况；

6）调整密封风与一次风压正常后，将另一台密封风机系统投入备用，确认备用密封风机不倒转。

（2）风机达到额定转速运行平稳后，需要检测风机轴承温升及振动速度是否正常，如出现以下情况，应立即停机检查：

1）轴承温度超过85℃或出现异常声响；

2）风机轴承轴向、径向、水平方向振动速度大；

3）电动机轴承及绕组温升、电机振动超过其使用说明书规定的限值；

4）机壳发生剧烈振动且调节门（或插板门）开大后该现象没有消除。

B　密封风机的运行

密封风机运行时的注意事项如下：

（1）按照辅机正常运行检查、监视和维护通则要求做密封风机的运行监视。

（2）密封风机及电机轴承温度在正常范围，当发现轴承温度超过正常值时，经检查和调整未发现异常应及早切换、停止该风机进行检查处理。

（3）密封风机及电机轴承振动正常，电机外壳温度正常。

（4）密封风机及电机无异音，内部无碰磨、刮卡现象。

（5）密封风机轴承箱油位、油质及温度等正常。

（6）停运的密封风机处于自动备用状态，风机不倒转。

（7）当密封风机入口空气过滤器前后差压较大时，逐渐开大空气过滤器排灰至二次风箱调节门，排污时注意监视密封风母管压力，排污清洗结束后逐渐关小排灰调节门。

（8）MFT动作或两台一次风机均停，密封风机应跳闸，否则应立即手动停用。

4.5.6　疏松机（煤仓自动清堵机）

4.5.6.1　主要功能

疏松机有以下主要功能：

（1）给煤机堵、断煤报警功能。

（2）疏松机从堵塞的薄层开始疏松，破坏堵煤的基础。

（3）疏松面积大于$3m^2$，其高度可达3m。

（4）疏松机推力大于50000N，功率只有1.5kW。

（5）疏松机可手动、自动和定时启动，还有就地或远方控制功能。

（6）疏松机动作次数计数指示功能。

（7）疏松机油泵电机保护。

4.5.6.2　工作原理

该套控制装置主要由一个物流开关、一台进口可编程控制器、一台进口电子计数器、一台进口过流保护继电器、一套疏松装置及油管路组成，其主要工作原理如下：

（1）疏松机安装在原煤仓内壁上，做上下往复运动清扫煤仓壁，以破坏煤堵塞的基础。

（2）给煤机开始运行1min（可调）后，该系统投入运行。

（3）物流开关动作延时5s（可调）断煤信号发出后，疏松机可自动进行疏松直至断煤信号消失。

（4）本装置对油泵电机具有保护功能，当油泵电机过载时，装置面板发出“油泵过载”指示。2s 后，进行断电复位，如在 9s 内连续 3 次过载，则判断油泵真正过载，EOCR-SS 断电，油泵停止运行，故障处理完毕按下启动按钮，则开始正常工作。

（5）该装置设有停止按钮，可随时停止疏松，停止时间为 1min（可调），以便在该时间内进行断电等处理工作。如需立即恢复疏松机正常工作，按下启动按钮即可。

（6）盘面设有定时选择开关（可设），共 3 档，分为 8h、16h、24h。

4.5.6.3 使用方法

疏松机的使用方法如下：

（1）使用疏松机必须是给煤机运行、上闸门打开情况下可启用。

（2）启用时注意油压表是否有压力，如没压力，把电机线相 W、U、V 换位为 W、V、U 即可。

（3）压力表压力指针应在启动正常时，疏通器行程到位后 11s 左右，压力显示可以定位，一般压力要求在 4~5.5MPa，最高压力为 6.3MPa。

（4）压力表针摆动过大或在过大振动时应马上停机检查。

（5）疏通器的一个完整工作行程设定为 20s。

4.5.6.4 运行维护

疏松机的运行维护操作有以下注意事项：

（1）在上截门关闭时不许开动电控箱手动按钮，否则疏松杆下终点与门板间隙小，因煤无下落处，易使疏松杆弯曲。

1）使用定时选择开关时，必须在给煤机运行情况下才能启用；

2）给煤机停止运行时，应同时关闭电源开关、定时启动控制开关；

3）如给煤机停止运行时，而定时启动控制开关没有关闭（储煤仓拉空除外）会造成机械设备损坏故障。

（2）手动按钮可在运行中检测动力系统工作压力，压力的调整由溢流阀来完成。松开手轮后的背母，向顺时针方向转动，顺时针为增压，逆时针为减压，转动时角度不易太大，应在 10°~20°慢调，防止增压过高，损坏元件；调整后，一只手握紧手轮，另一只手将溢流阀的背母拧紧，以防松动。

（3）有断煤信号而无疏松指示时，应检查是否有压力，如没有压力应检查溢流阀微孔是否堵塞或溢流阀是否调整。

（4）油位试验后保持不低于 2/3 液位计油位，液压油一般两年更换一次。

（5）如需检修系统管路及元件，必须按电磁阀端部按钮 10s，放手后，再按一次方可拆卸元件，否则有压力。

4.5.6.5 故障与维修

疏松机的故障与维修方法如下：

（1）当给煤机断煤时，自动系统不工作，请检查断煤信号器是否有“三块”卡死（铁块、石块、木块）。

（2）当疏松机自动系统工作不起来时，请检查有没有给运行信号。

（3）压力建立不起来时，检查电机是否顺时针方向转动，溢流阀是否调整，或溢流阀微孔是否堵塞。

（4）溢流阀的检修，按照拆卸工艺进行。

（5）本机 O 型密封圈共有 2 种（不易损，拆卸时易丢失）。

1）组合垫内 ϕ16mm×2. 4mm（油站出口 2 件）。

2）组合垫内 ϕ12mm×2. 4mm（阀门用 4 件）。

4. 5. 6. 6　清堵机油路系统

清堵机油路系统工作原理：（1）电机启动，油缸 1 下，2 上，动作 20s 后由电磁换向阀自动换向，油缸 1 上，2 下，循环动作，当完成任务后自动停机；（2）油管安装完毕后，必须将管内清净，以防堵塞，其系统结构简图如图 4-9 所示。

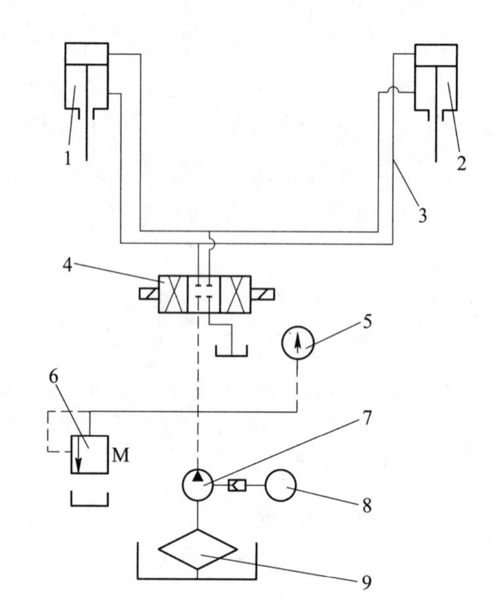

图 4-9　清堵机油路系统结构简图

1，2—油缸；3—油管 ϕ18mm×2. 5mm；4—电磁换向阀；5—压力表（Y60-16MPa）；6—溢流阀；7—油泵；8—电机（Y90S-4）；9—滤油器

5 燃烧系统

按照燃烧系统的布置方式，可以分为四角切圆、前后墙对冲和 W 型火焰燃烧系统。其中四角切圆燃烧系统可分为单切圆和双切圆两种，双切圆系统为两个火球在矩形炉膛内独立组织燃烧，反向余速相互抵消，以降低炉膛出口烟温偏差；前后墙对冲燃烧系统，因结构不同，也可以分为多种类型；W 型火焰燃烧系统从结构方面也可进行不同类型划分。

5.1 四角切圆燃烧系统

5.1.1 切向燃烧技术概述

全球大多数现役的发电锅炉采用切向燃烧技术。自 1927 年起由 ALSTOM 公司不断更新的切向燃烧技术，已在全球范围内得到了广泛的应用。它适用于气体、液体和固体燃料，包括无烟煤、烟煤和褐煤。该技术也影响到日本的三菱重工株式会社、法国的斯坦因公司、德国的 EVT 公司以及意大利的佛郎哥托西公司切圆燃烧技术的发展。20 世纪 80 年代初，我国在 300MW 和 600MW 等级锅炉上也采用切向燃烧技术，并有大量的 300MW 和 600MW 锅炉的设计和制造业绩。经过运行考核验证，采用切向燃烧技术的锅炉性能优良，机组效率和可用率高，已成为我国各大电网中的主力机组。

利用这一技术，燃料和助燃空气通过炉膛的 4 个风箱引入，方向指向位于炉膛中心的一个假想切圆。随着燃料和空气进入炉膛并着火，在炉膛内形成一个旋转的“火球”。图 5-1展示了切向燃烧“火球”的实景图。由于处于整体的热量-质量交换过程，每个燃料喷嘴产生的火焰是稳定的。这个位于炉膛中心旋转的单个火球向整个炉膛提供了一个渐进的、彻底的和均匀的燃料/空气混合过程。

在炉膛各角布置有单独的燃烧器组件，将燃料和空气引入炉膛的装置分别布置在被垂直分隔的燃烧器组件隔仓之中（见图 5-2），这些隔仓称为“层”，相应层的标高在每一角的燃烧器风箱组件中都是一致的。燃料层和空气层间隔布置，每层均布置有一个风门挡板，用来调整空气沿风箱高度的分配，改变二次风射流的速度控制着火点。

5.1.2 切向燃烧技术的特点

高燃烧效率、稳定的热力特性和低排放等关键参数都是摆动式切向燃烧技术的特点，具体分析如下：

（1）着火稳定性强。燃料从喷嘴喷出，受上游高温烟气加热很快着火，激烈燃烧的射流末尾又冲撞下游邻角的燃料射流，四角射流相互碰撞加热，从而形成燃烧稳定的旋转上升火焰。下一层旋转上升火焰，促进上一层的燃烧强化和火焰稳定；上一层的旋转气流同时加强对下层火焰的扰动，这种角与角、层与层之间的相互掺混扰动，即炉膛内整体而不

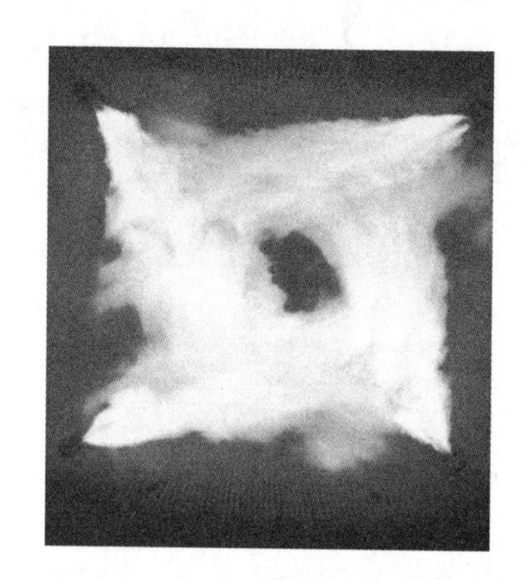

图 5-1　切向燃烧“火球”

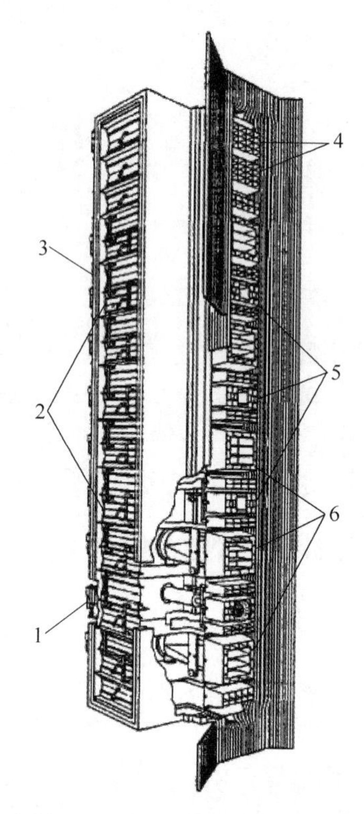

图 5-2　典型燃烧器隔仓结构

1—挡板驱动装置；2—二次风挡板；3—风箱；
4—燃尽风喷口；5—二次风喷口；6—一次风喷口

是局部的强烈的热量和质量交换，保证了煤粉的着火稳定性。与此相反，墙式燃烧锅炉使用多组单独布置的自稳燃型燃烧器，燃烧和空气的均匀混合并不依赖整个炉膛的流场。基于上述特点切向燃烧可认为“整个炉膛是一个燃烧器”。

（2）燃烧效率高。由于切向燃烧独特的空气动力结构，燃料进入炉内切向旋转上升，一般经 1.5~2.5 圈后流出炉膛，炉膛烟气充满度高，因此在炉内的停留时间较墙式燃烧方式长，为炭粒燃尽创造良好条件（见图 5-3）。同时火球的旋转使进入炉膛的煤粉和空气逐渐均匀地在整个炉膛中被彻底混合，有利于燃尽。另外，切向燃烧的各股射流组合成一个旋转火球，混合强烈，能适应各股间风量分配的不均匀性，具有适度的抗干扰作用，因此对燃料和空气的精确分配没有过高的要求。

（3）防止结渣性能好。与相同尺寸的墙式燃烧炉膛相比，切向燃烧圆柱型旋转上升的“火球”居于炉膛中部，炉膛充满度好，燃烧热力偏差影响较小，对水冷壁放热较均匀，烟气的尖峰热流及平均温度较低，这一点对燃用低灰熔点的煤特别有利于防止炉膛结渣。

（4）水冷壁可靠性高。由于均匀的炉膛空气动力结构，水冷壁的吸热曲线有以下特点（见图 5-4）：

1）沿炉膛高度的任何断面，水冷壁的吸热曲线都是相似的，只是曲线的峰值有所变化；

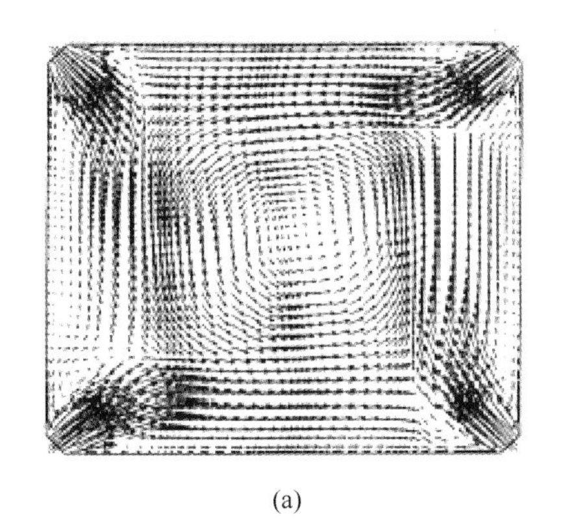

(a)

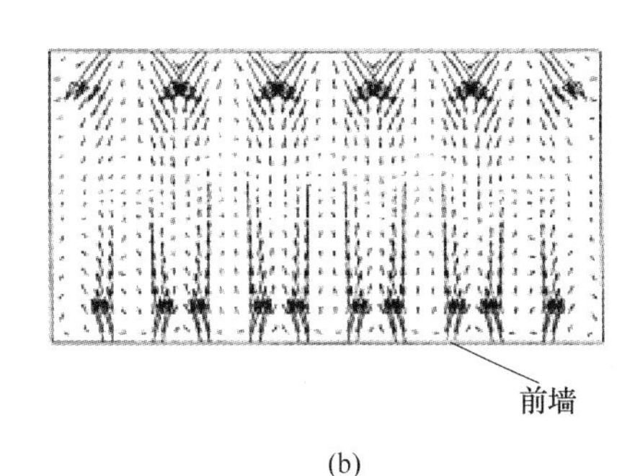

(b)

图 5-3　切向燃烧和墙式燃烧空气动力结构

（a）切向燃烧；（b）墙式燃烧

2）同一断面上四面墙的吸热曲线都是一致的；

3）吸热曲线的分布特征与燃料层的投运层数及锅炉负荷无关。

这些简单明了的吸热曲线分布使得水循环的计算能得到优化，水冷壁节流圈设计精确。相比墙式燃烧方式的吸热曲线随位置、负荷，以及磨煤机投运台数的变化而改变而言，切圆燃烧能避免水冷壁局部过热，使用寿命和可靠性得到了提高。

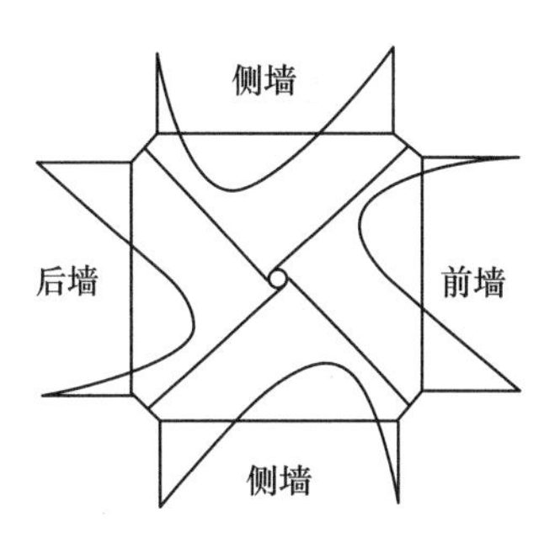

图 5-4　炉膛断面吸热曲线分布

（5）具有独特的燃烧器摆动调温功能。对切向燃烧来说，它的燃料和空气喷嘴都能上下一致摆动，通过对“火球”位置的调节来影响炉膛吸热量，从而实现对蒸汽温度的控制，这是独特的燃烧器摆动调温功能（见图 5-5）。实践表明，带摆动火嘴的切圆燃烧技术对所有的中国烟煤、褐煤，以及部分贫煤都能适用。

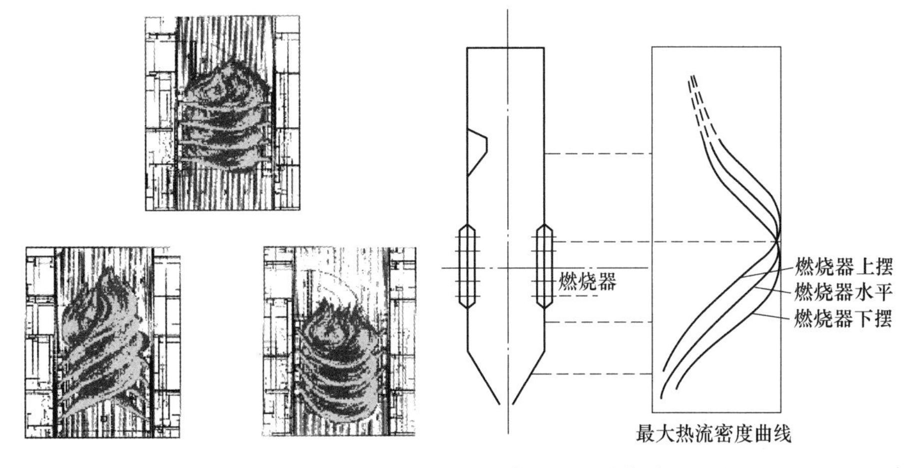

图 5-5　燃烧器摆动对“火球”位置及吸热曲线的影响

燃烧器摆动调温功能体现在以下几个方面：

1）摆动能自动调节，在整个负荷控制范围内保持再热汽温恒定，因此再热汽温能在对电厂热耗影响最小的情况下得到控制；

2）在任何给定的负荷下，燃煤锅炉的燃烧器摆动能自动补偿炉墙积灰的影响。当炉墙积灰增大时，炉膛吸热下降，出口烟温上升，此时燃烧器自动下摆，提高下部炉膛吸热量。当上部炉墙吹灰后，出口烟温下降，此时燃烧器自动上摆，降低下部炉膛吸热量，保持过热、再热汽温的恒定。

（6）NO_x 排放量较低。长期的实践经验证明，对大容量燃煤机组来说，切向燃烧技术具有 NO_x 排放量低的特点。切向燃烧 NO_x 形成量的降低是从角部进入炉膛的煤粉和二次风这两股平行气流之间的混合率相对较低所致，着火和部分挥发分的析出只在缺氧的初始燃烧区内发生，该区域位于炉膛中从燃料喷嘴至射流被炉膛的旋转火球卷吸之处，同时烟气尖峰热流及平均温度较低，这有利于降低 NO_x 的排放量。

在利用分段燃烧方式发展先进的低 NO_x 燃烧控制技术时，切向燃烧技术具有优势；与此相反，墙式燃烧锅炉使用多组单独布置的自稳燃型燃烧器，燃料和空气的均匀混合并不依赖整个炉膛的流场，即使采用分离的上二次风，还是回避不了产生促使 NO_x 生成的局部高温区和高氧区。

（7）对燃料变化的适应性强。切向燃烧着火稳定性强、燃烧效率高、防止结渣性能好，因此对燃料变化的适应性强。如某 800MW 超临界锅炉，实际燃用澳大利亚、中国、加拿大、南非、美国等 8 个国家的几十种煤，燃料比（*FC/VM*）的变化范围为 1.07～2.33，锅炉均能很好地适应这些煤种。

（8）燃烧器配件少。切向燃烧器所配油枪、点火枪、油系统阀门、火检数量少，安装、维修工作量少。燃烧器点火启动方便，点火、启动用油量少，从点火、调试到带满负荷时间短。

基于切向燃烧上述主要的优点，该燃烧方式始终保持着强大的生命力，被越来越多的国内用户所接受。

5.1.3　双切圆燃烧系统

5.1.3.1　发展背景

四角切圆燃烧技术首先在单炉膛中应用，美国在 20 世纪 60 年代初，双炉膛和分隔炉膛的概念随着电力工业的发展和机组容量的增加脱颖而出。1960～1965 年，为了避免炉膛尺寸从当时最大的 325MW 单炉膛设计过分外延，对所有大机组都采用了宽度达 90 英尺（约 27m）的分隔炉膛或双炉膛设计。1975 年，针对分隔炉膛中取消中间分隔墙开展模化试验和评估，机组正式投运后验证炉膛中间分隔墙取消后炉内仅有极小的流动干扰，锅炉整体布置未受影响且炉膛燃烧性能也未发现有显著变化。上海锅炉厂有限公司在 1997 年对谏壁发电厂 7 号锅炉由直流锅炉改为控制循环炉时，通过模化试验的验证，也取消了炉膛中的中间分隔墙，锅炉投运后表明：两个火球之间几乎没有干扰，各项燃烧性能指标优良。

5.1.3.2 双切圆燃烧的特点

超超临界锅炉有 8 套燃烧器，其中 4 套燃烧器布置在前墙，4 套燃烧器布置在后墙，如图 5-6 所示。

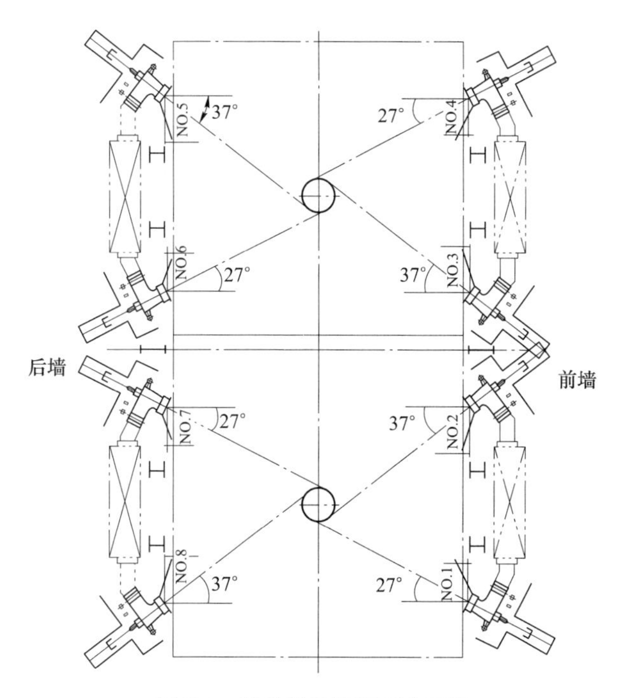

图 5-6 煤粉燃烧器平面布置图

采用单炉膛双切圆的布置方式，对单个切圆而言相当于锅炉容量减小一半，即 500MW，炉膛出口烟温偏差有所下降。同时保留了单切圆燃烧的所有优点，如燃烧效率高、NO_x 排放低、烟气的尖峰热流及平均温度较低、吸热曲线的分布特征与燃料层的投运层数无关等。

锅炉为单炉膛 Π 型布置，选取从炉膛下部的冷灰斗到炉膛出口之间的区域作为计算区域，尺寸、参数与实际工程设计一样，以便真实地模拟冷态气流在炉内的流动情况，如图 5-7 所示。模拟计算结果的速度场以矢量场和速度等高图表示，如图 5-8 所示。

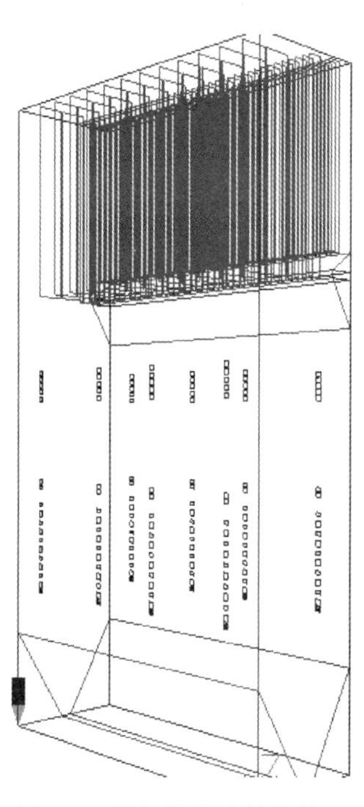

图 5-7 模拟的炉膛结构简图

由模拟结果图 5-8 可得出，锅炉内冷态流场的分布比较合理；两个切圆相互独立，各角层射流特别是一次风射流没有贴壁现象；各角层射流形成的两个冷态切圆没有偏斜，当量直径沿燃烧器标高有所变化，在 0.5～0.7 范围内。模拟结果表明，燃烧器的设计布置是合理的。

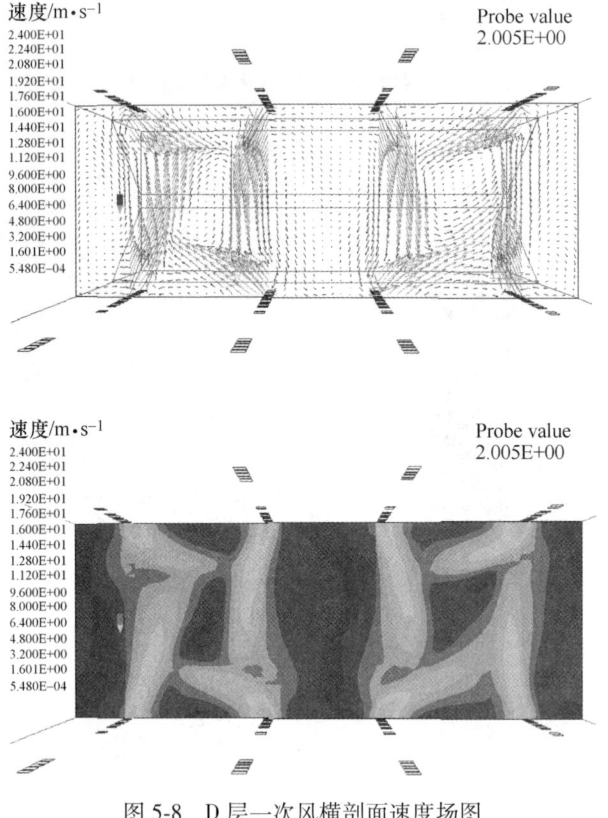

扫二维码
查看彩图

图 5-8　D 层一次风横剖面速度场图

5.2　前后墙对冲燃烧系统

前后墙对冲燃烧系统采用的旋流燃烧器最早由美国 B&W 公司制造，在以追求稳定燃烧和热效率的前环境保护时代——20 世纪 70 年代以前，B&W 公司的旋流燃烧器与前 CE 公司的直流燃烧器在欧美不分高下；原北京锅炉厂与美国 B&W 公司合作生产旋流燃烧器锅炉。

前后墙对冲燃烧系统采用的旋流燃烧器，一般认为适合于挥发分 V_{ad}≥25%，发热量 $Q_{ar.net}$≥17MJ/kg 的中等以上质量烟煤的燃烧。旋流燃烧方式的燃烧器射流在喷入炉膛时依靠射流旋转时产生的中心回流来稳定燃烧，其特点是单一燃烧器可以组织燃烧。旋流燃烧器也分输送煤粉的一次风与助燃的二次风。旋流燃烧器的基本种类按照产生旋流的结构方式分为蜗壳式、切向叶片式与轴向叶片式三种。旋流燃烧器稳定燃烧的关键是通过气流的切向旋转在燃烧器出口中心附近形成稳定的、合适的轴向回流区。旋流燃烧器的旋转强度决定旋流燃烧器的工作特性，旋流强度既要足够大以满足稳定着火的需要，同时又要避免过大的旋流强度造成火焰刷墙，引起燃烧器区域炉壁结渣。在中小容量的锅炉中，主要采用单面墙布置的方式；在大容量锅炉中，随着炉膛容积的增大，可以采用前后墙布置的方式。从单个旋流燃烧器的特点来看，前期的混合比较强烈，后期的混合显得比较薄弱，利用前后墙对冲布置的方式就弥补了后期混合的不足。

与四角切圆燃烧系统相比较，对冲燃烧系统具有较大的灵活性，并有如下特性：

（1）旋流燃烧器单只组织燃烧，无须旋转火球相互支持。

（2）旋流燃烧器是典型的风包火结构，有利于防止水冷壁结焦和高温腐蚀。

（3）单只燃烧器热功率选取灵活，能够较好地适应煤质和排放要求。

（4）旋流燃烧器前期混合好，对冲燃烧方式改进了后期混合，有利于煤粉的燃尽。

（5）锅炉容量放大比较容易，性能可得到较好的保证。

（6）有利于降低螺旋管圈水冷壁的设计、制造和检修难度。

（7）同等条件下，对冲燃烧系统 NO_x 排放浓度较四角切圆燃烧系统偏高。

（8）同等条件下，对冲燃烧系统两侧墙高温腐蚀问题较四角切圆燃烧系统严重；在煤质硫分相对较高的情况下，两侧墙高温腐蚀问题已严重威胁到机组运行的安全性、稳定性。

（9）同等条件下，对冲燃烧系统的低负荷稳燃和调峰能力略弱于四角切圆燃烧系统。

（10）对冲燃烧系统与四角切圆燃烧系统汽温调节方式相比较，后者的调节手段相对更灵活。

5.3 W 型火焰燃烧系统

W 型火焰锅炉的前身可追溯到早期的单拱型锅炉，即 U 型火焰锅炉。U 型火焰锅炉容量较小，一般只适用于 150MW 以下锅炉，其炉膛结构如图 5-9 所示。它在炉拱上布置风率较低的一次风，二次风由位于炉拱下方前墙送入，在炉拱下方靠近一次风根部区域形成高温烟气回流，同时在着火区周围炉壁上敷设由耐火砖拼成的卫燃带，可以燃用低挥发分煤种。但由于 U 型火焰锅炉受容量及其自身存在的一些问题，基本已没有发展。

为满足锅炉大容量化需要，同时克服单拱 U 型火焰炉膛的缺点，国外锅炉制造商将单拱 U 型火焰炉膛逐渐发展成双拱型炉膛，由于炉内形成了两个对称的 U 型火焰在炉膛中心区域汇集，炉内火焰整体呈现 W 型，故将这种锅炉命名为“W 型火焰锅炉”。与切圆和墙式燃烧这两种主流的锅炉燃烧技术相比，W 型火焰锅炉在炉膛结构和燃烧技术上有很多独特之处，其燃烧过程如图 5-10 所示。

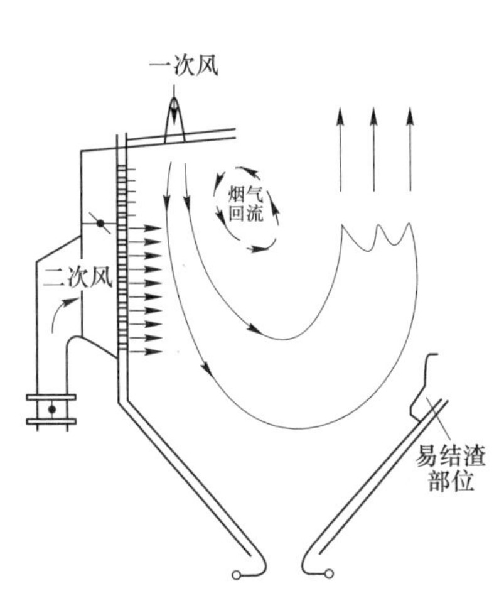

图 5-9 U 型火焰锅炉结构简图

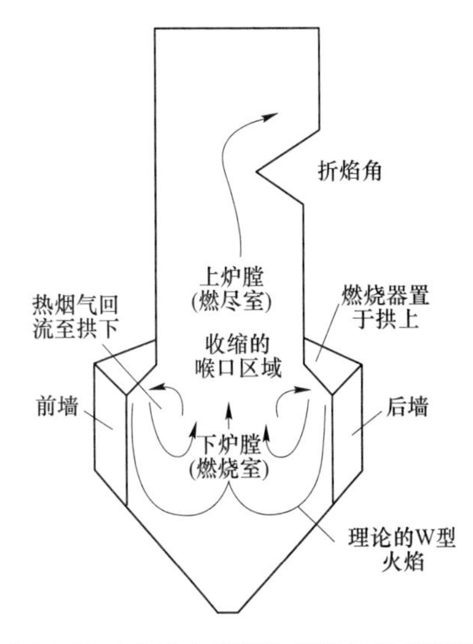

图 5-10 W 型火焰锅炉燃烧过程示意图

5.3.1 W 型火焰锅炉技术特点

W 型火焰锅炉技术特点如下：

（1）炉膛结构。沿炉膛高度方向可将 W 型火焰锅炉分为上、下两部分，下炉膛深度（即前、后墙间距）比上炉膛大 80%～120%；具有一定斜坡度的两个炉拱（称为前、后拱）位于上、下炉膛的结合部位。按照拱型燃烧炉膛的设计理念，下炉膛为主燃区，上炉膛为燃尽区。

（2）燃烧系统及锅炉配风。W 型火焰锅炉一次风和部分二次风由前、后拱送入炉内，而剩余的二次风由拱下前、后墙送入炉内。燃烧器可选用直流或旋流形式；在配风上有多种选择，拱部二次风量布置较少时采用较高一次风速（较高的一次风动量用来保证下射火焰的穿透深度），反之则采用低一次风速（煤粉气流由高速的二次风携带下行，低一次风速对着火有利）；拱下二次风可进行多级布置而组织分级燃烧，同时乏气也可布置于拱下作为燃料分级；分级送风可以减小着火区的风量，使煤粉气流较多地接触到高温回流烟气，提高了火焰初始段的温度，优化了着火条件，提高了火焰的稳定性，燃烧效率高，这有利于低挥发分无烟煤的着火。

炉膛两侧的二次风可沿火焰行程逐步加入，这样可以达到分级配风的目的，不仅可以补充燃烧需要的空气，还有助于气流转弯，防止火焰靠近炉墙，减轻了结渣和腐蚀，而且分级配风有助于减少 NO_x 的生成。

一次风煤粉浓度、热风温度、煤粉细度及锅炉配风具有较大可调性，锅炉煤种适应性较广，能稳定燃烧 $V_{daf}=6\%\sim20\%$的无烟煤和贫煤，甚至能燃用 $V_{daf}=4\%$的无烟煤。

（3）着火及低负荷稳燃。W 型火焰锅炉的煤粉气流着火和稳燃条件较好，其主要是采用了较低的一次风率，一次风粉速度较低且煤粉浓度较高，煤粉气流的着火热得以降低；在炉膛着火区的四周墙壁上敷设有卫燃带，维持着火区较高的温度水平；在拱下靠近一次风粉根部能形成高温烟气回流。因而，煤粉气流在受到热的炉拱及炉墙辐射并与高温回流烟气对流换热后能迅速着火。前、后拱把下炉膛的着火区与高温区屏蔽起来，使得负荷变化时，拱下的火焰温度不受太大影响，有利于稳燃和调峰；其负荷调节范围大，锅炉不投油稳燃负荷可达到 40%～55%的额定负荷。

（4）燃烧火焰。W 型火焰锅炉采用下射式燃烧方式，煤粉气流着火后，火焰随着燃烧的进行不断向下伸展，在与前、后墙喷入的二次风相遇后在冷灰斗上部区域折转 180°再上行，使得两个 U 型火炬在炉膛中心区域交汇后再上升，从而形成“W 型火焰”，炉膛火焰充满度较高。煤粉气流燃烧过程火焰行程长，煤粉颗粒在炉内停留时间较切圆和墙式燃烧时明显长，燃尽率高，如图 5-11 所示。

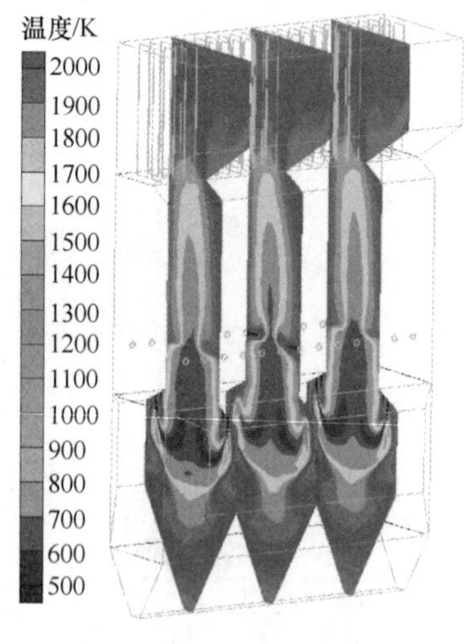

图 5-11 W 型火焰锅炉燃烧温度场示意图

扫二维码查看彩图

（5）燃烧过程。W 型火焰锅炉炉内燃烧过程可分为三个阶段：着火阶段、燃烧阶段和辐射冷却阶段[4]。其中着火阶段和燃烧阶段在下炉膛进行，这就要求设计下炉膛时应避免火焰短路，也不应让火焰冲刷冷灰斗而造成结渣。上炉膛的作用体现在两个方面，一是让未燃尽煤粉颗粒进一步燃烧而实现较好燃尽，二是让燃烧产物与受热面换热而降温至设定的炉膛出口温度。

（6）炉膛出口条件。W 型火焰锅炉炉膛出口烟气温度场与速度场均匀，不存在诸如切圆燃烧方式中炉膛出口残余旋转等问题。根据上述技术特点，W 型火焰锅炉应具备着火条件较佳、调峰能力及低负荷不投油稳燃能力强、煤粉颗粒在炉内停留时间长等优势。

5.3.2 W 型火焰锅炉的缺点

虽然 W 型火焰锅炉存在诸多优点，但也存在一些缺点，主要表现在以下几个方面：

（1）炉膛结构复杂、造价成本高。与墙式布置炉膛相比，为保证煤粉颗粒在炉内的停留时间而达到较好燃尽，W 型火焰锅炉需要的炉膛空间大得多，同时炉拱、燃烧器及风粉管道布置也较为困难。

（2）下炉膛结渣严重。由于着火区四周墙壁敷设大面积的卫燃带，卫燃带表面温度高，为结渣提供了便利。

（3）NO_x 排放水平显著高于切圆和墙式燃烧锅炉。虽然 W 型火焰锅炉采用了分级配风设计，但燃用煤种的焦炭/挥发分比值高、下炉膛温度高、煤粉颗粒在炉内停留时间较长等因素造成 W 型火焰锅炉 NO_x 排放水平高。

（4）有些结构的 W 型火焰锅炉配风不合理时容易造成火焰短路，并在拱部区域容易造成结渣，火焰直接进入燃尽室，造成飞灰含碳量高，降低了煤粉的燃尽率。

（5）依据相关文献，W 型火焰锅炉固有的技术特点（如燃烧器布置形式、水冷壁管圈方式、直流炉的特性等）决定了其在运行中要控制水冷壁管子间热偏差的难度较亚临界切圆燃烧锅炉、超临界对冲锅炉更大，因此容易出现热应力太大导致的水冷壁变形撕裂等问题。

6 水 冷 壁

6.1 概述

6.1.1 水冷壁简介

锅炉蒸发受热面是指工质在其中吸热汽化的受热面，水冷壁是辐射蒸发受热面，它一般布置在锅炉炉膛的四周壁面，是锅炉的主要受压部件之一。水冷壁主要有以下作用：保护炉墙，减少高温和炉渣对炉墙的破坏作用；吸收炉膛内高温火焰的辐射热，使水蒸发而汽化；将烟气冷却到允许的炉膛出口烟温值。

根据水冷壁布置结构的不同，常见直流锅炉的水冷壁的布置方式有：水平围绕管圈、多次垂直上升管屏、回带管屏、一次垂直上升管屏（UP 炉或称通用压力锅炉）、下部水平围绕管圈与上部一次垂直上升管屏。

6.1.1.1 水平围绕管圈

水平围绕管圈是指许多根并联的微倾斜或部分微倾斜、部分水平的管子，沿整个炉膛四周盘旋上升，不需下降管。由于管圈长度比上升高度大得多，汽水摩擦阻力远大于重位压头，因此后者常略去不计。这种型式水冷壁由苏联拉姆金教授提出，故称为拉姆金型。国内早期 SG-200-100 型和 SG-400-140 型直流锅炉的水冷壁均采用此型式，主要优点是：没有中间集箱，金属耗量少，便于滑压，各管屏受热均匀，相邻管带外侧两根相邻管子间的管壁温差较小，宜于整焊膜式壁结构；主要缺点是：安装组合率低，现场焊接工作量大，水冷壁支吊结构复杂。

6.1.1.2 多次垂直上升管屏

水冷壁由许多垂直管屏组成，各管屏之间用 2~3 根不受热的下降管连接，使它们串联起来。德国早期本生型锅炉曾采用这种结构型式。它的优点是：便于在制造厂装配成组件，工地安装方便，支吊结构简单，便于做成全悬吊炉膛结构；缺点是：金属耗量大，相邻管屏外侧两根相邻管子间的管壁温差大，不利于采用膜式壁（膜式壁相邻管壁温差一般要求不大于 50℃），不能适应滑压运行要求，因压力变动时中间集箱中工质状态发生变化（如原为单相的水，压力降低时出现汽，成为双相汽水混合物）会引起汽水分配不均。目前往往只在炉膛下辐射区做成几次串联，以减少每屏的焓增（或温升），从而减小相邻管屏外侧两根相邻管子间的管壁温差，而炉膛上部则做成一次垂直上升管屏，这时工质常为过热蒸汽，比体积大，可保证足够的工质流速，炉膛上部热负荷也较低，同样可以适应整焊膜式壁的要求。所以，目前世界上仍有不少公司生产这类锅炉。

6.1.1.3 回带管屏

回带管屏分水平回带和垂直升降回带等 2 种。升降回带又可分成 U 形、N 形和多弯道形等，一般无炉外下降管，在大容量锅炉中，各管屏之间可以有连接管。该管圈型式是早期瑞士苏尔寿直流锅炉的典型结构，是在膜式壁出现之前产生的。其主要优点是：能适应复杂的炉膛形状，如在炉底用水平迂回管屏，燃烧器区域用立式迂回管屏，中间集箱少用甚至取消，金属耗量较少。但它致命的弱点是：两集箱间管子特别长，热偏差大，不利于管子自由膨胀，管屏每一弯道的两行程之间相邻管子内工质流向总是相反的，所以温差大，对膜式壁结构特别不利。但苏联研制的直流锅炉中，反而少见拉姆金型而采用了这种回带管屏式，当然技术上有所发展，为减小温差一般都设有中间集箱与混合器，必要时也会出现少量炉外下降管。不过，为了采用膜式壁等原因，苏联也逐渐采用垂直管屏。

6.1.1.4 一次垂直上升管屏（UP 炉或称通用压力锅炉）

蒸发受热面采用一次垂直上升管屏，垂直上升的相邻管屏之间不互相串联，仅在上升过程中作几次混合，该炉型最早是美国拔柏葛-威尔考克斯公司生产的。其主要优点是：金属消耗量少，宜于采用膜式水冷壁，支吊结构简单；缺点是：工质一次上升，只有容量足够大、周界相对小时，才能保证管内工质的质量流速足够大以避免出现传热恶化，但负荷调节性能差。300MW 机组锅炉采用 ϕ22mm×5.5mm 的带内螺纹小管子以增加流速，才能满足水冷壁可靠运行的要求。采用小管径可以减小壁厚，但影响水冷壁刚度，且对管子内径偏差、管屏制造、安装要求高，否则易造成水力偏差。该型锅炉在美国、日本以及国内均有较多产品。

6.1.1.5 下部水平围绕管圈与上部一次垂直上升管屏

炉膛下部回路为水平倾斜，围绕着炉膛盘旋上升的螺旋管圈组成膜式水冷壁，以保证必要的工质质量流速和受热均匀性，炉膛上部通过中间集箱或分叉管过渡成垂直上升管。该结构具有以下特点：

（1）布置与选择管径灵活，易于获得足够的质量流速。与一次垂直上升管屏相比，在满足同样的流通断面以获得一定质量流速条件下，该型水冷壁所需管子根数和管径，可通过改变管子水平倾斜角度来调整。管子根数大大减少，使之获得合理的设计值，以确保锅炉安全运行与水冷壁自身的刚性。

（2）管间吸热偏差小。螺旋管在盘旋上升的过程中，管子绕过炉膛整个周界，经过宽度方向上不同热负荷区域。因此螺旋管的各管，以整个长度而言吸热偏差很小。

（3）抗燃烧干扰能力强。当切圆燃烧的火焰中心发生较大偏斜时，各管吸热偏差与出口温度偏差仍能保持较小值，与一次垂直上升管屏相比，要有利得多。

（4）可不设置水冷壁进口节流圈。一次垂直上升管屏为了减小热偏差的影响，务必在水冷壁进口按照沿宽度上的热负荷分布曲线设计配置流量分配节流圈，甚至节流阀。这一方面增加了水冷壁的阻力，另一方面针对某一锅炉负荷和预定的热负荷分布而设置的节流圈，在锅炉负荷发生变化或热负荷偏离预定曲线时会部分地失去作用，给水冷壁的设计带来很大复杂性。而采用螺旋管圈，尽管初期也曾设置过节流圈，但由于吸热偏差很小，加上设计的完善，使各根管子的长度与弯头尽量接近，因此已无须设置节流圈，从而减少了阻力，使阻力有时竟会低于一次垂直上升管屏。

（5）适应锅炉变压运行要求。低负荷时易于保证质量流速以及工质从螺旋管圈进入中间混合集箱（或分叉管）时的干度已足够高，当转入垂直管屏时不难解决汽水分配不均的特点，使该型锅炉毫无困难地适应变压运行。

（6）支吊系统与过渡区结构复杂。螺旋管圈的承重能力弱，需附加炉室悬吊系统，最终通过过渡区结构使下部重量传递到上部垂直管屏上，整个结构均比较复杂。

（7）设计、制造和安装复杂。螺旋管圈本身及其复杂的支吊系统，增加了设计与制造难度和工作量。螺旋管圈四角均需焊接以及吊装次数增加，给工地安装也增加了难度与工作量。

6.1.2　超临界锅炉螺旋管圈水冷壁

在超临界压力下，有螺旋管圈和垂直管圈设计应用于 Π 型和塔式布置的锅炉中，目前超临界及超超临界锅炉均按变压运行设计，可有效改善电厂循环热效率。

6.2　超临界参数汽水特性

随着压力的提高，水的饱和温度相应提高，汽化潜热减小，水和汽的密度差也随之减小。当压力提高到 22.115MPa 时，汽化潜热为零，汽和水的密度差也等于零，该压力称为临界压力。水在该压力下加热到 374.15℃时，即全部汽化成蒸汽，该温度称为临界温度（即相变点）。超临界压力与临界压力时情况相同，当水被加热到相应压力下的相变点温度时，即全部汽化。因此，超临界压力下水变成蒸汽不再存在汽水两相区。由此可知，超临界压力直流锅炉中，由水变成过热蒸汽经历了两个阶段，即加热和过热，而工质状态由未饱和水变为干饱和蒸汽，然后变为过热蒸汽。

6.2.1　超临界压力水蒸气的比容、比热和焓

6.2.1.1　比容

1kg 水或蒸汽所具有的容积称为比容，其单位为 m^3/kg。在临界压力以下时，1kg 水被加热之后变成饱和蒸汽，容积要增加很多倍，其容积增大倍数与压力有关。当压力达到临界压力时，水和蒸汽的比容相等，临界比容为 $0.00317m^3/kg$。由图 6-1 可见，在临界压力以下时，水一旦达到饱和温度，蒸发时工质的比容以垂直线方式急剧上升。而在临界和超临界压力时，虽然没有像临界压力以下的蒸发现象，但在相变点附近，工质的比容还是增加得相当快，也即密度显著减小。

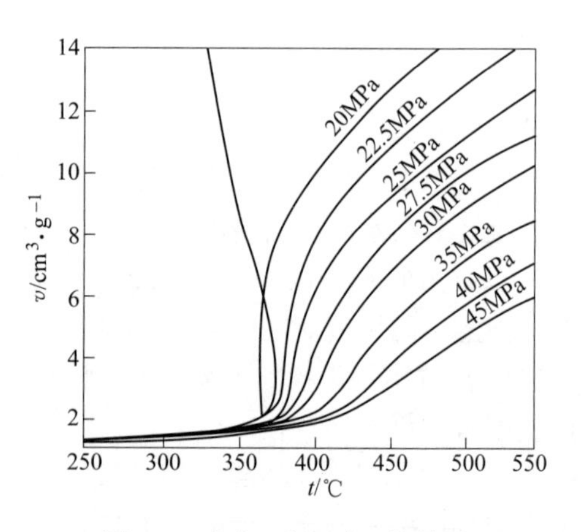

图 6-1　比容 v 与温度 t 的关系

6.2.1.2　比热容

比热容的意义是在特定的热工过程中，使 1kg（或 $1m^3$）工质的温度升高 1℃所需要的热量。同一种工质在等容过程中加热时，每 1kg（或每 $1m^3$）工质温度升高 1℃所需要的热量叫作比定容热容（c_V）。工质在等压过程中加热时，1kg（或 $1m^3$）工质的温度升高 1℃所需要

的热量称为比定压热容（c_p）。图 6-2 给出了 30~50MPa 超临界压力工质的比定压热容。从图 6-2 中可见，在相变点附近温度稍有变化时，5 个不同超临界压力对应的比热容变化很大，且都有一个最大比热容区，不过随着压力的提高在最大比热容区比热容的变化稍有减缓。由图 6-2 还可知，超临界压力水的比热容随温度的升高而增加，而蒸汽的比热容随温度的升高而减小。

从温度 0℃作为计算基准点，使工质达到规定的热力状态参数（p、t、x 时），吸收的热量叫作热焓（简称焓）。对于超临界压力，焓是压力和温度的函数。图 6-3 给出了焓与温度的关系，由图可知，临界压力和超临界压力在相变点附近，当温度稍有变化时焓值变化很大，但是超过一定压力以后，焓值变化减缓。

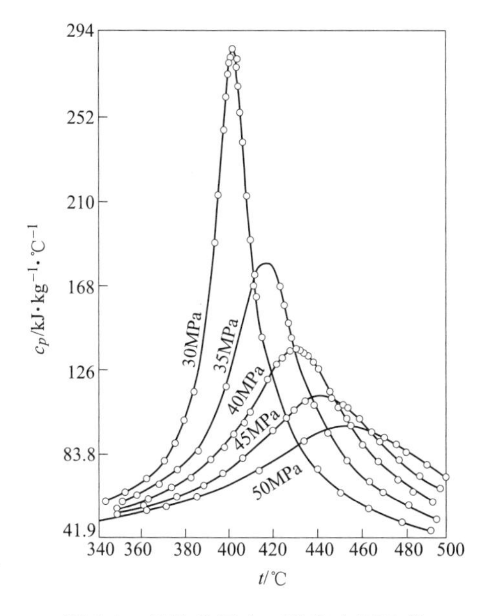

图 6-2 超临界压力工质的定压比热

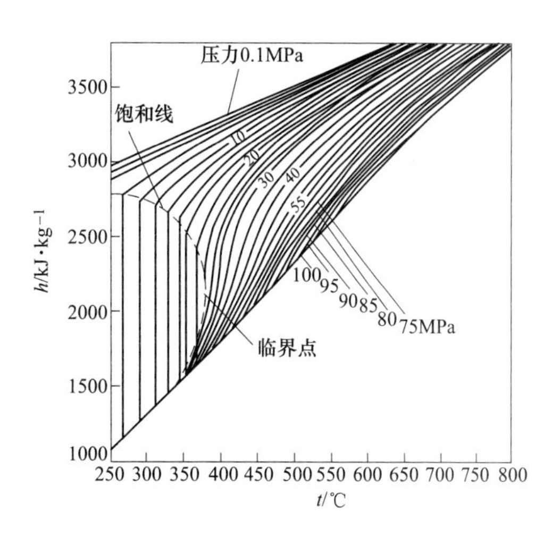

图 6-3 热焓与温度的关系

6.2.1.3 超临界压力水蒸气的其他特性

超临界压力水蒸气在相变点附近除了工质的比容、比热、焓有明显变化之外，工质的动力黏度 μ、导热系数 λ 均有显著的降低，而普朗特数 Pr 明显增大。随着温度不断升高，动力黏度 μ 和导热系数 λ 先是下降，而后略有上升；而当普朗特数 Pr 达到最大值后，随着温度升高反而降低，如图6-4 ~ 图 6-6。

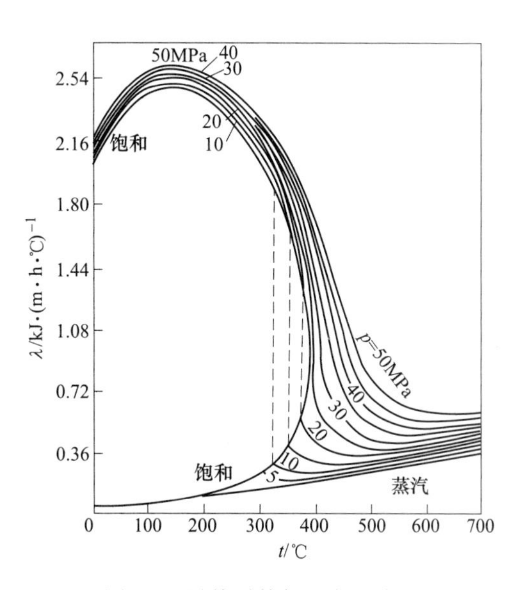

图 6-4 导热系数与温度的关系

6.2.2 亚临界、超临界压力下的水动力特性

无论是亚临界压力还是超临界压力直流锅炉的蒸发受热面，尤其是变压运行、带内

置式启动系统的直流锅炉的蒸发受热面（即水冷壁）都存在着流动稳定性、热偏差和脉动等水动力问题。

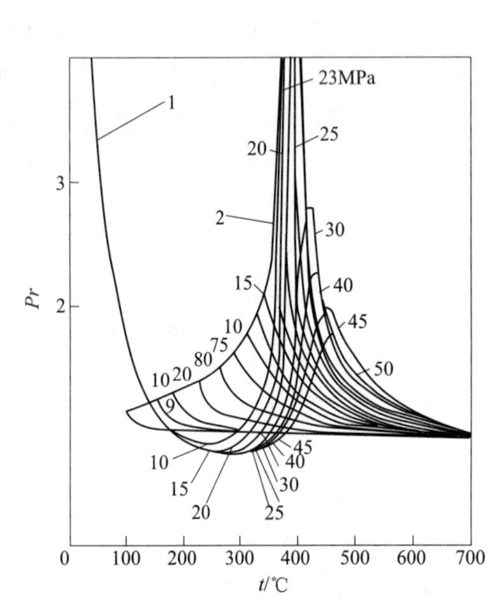

图 6-5　普朗特数变化情况

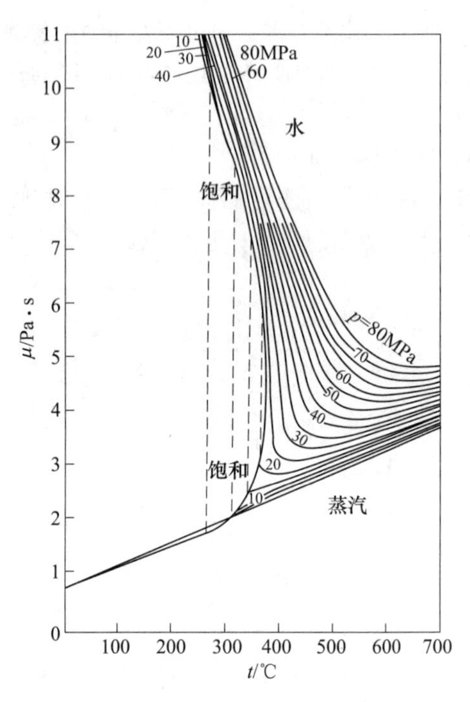

图 6-6　动力黏度与温度的关系

6.2.2.1　亚临界和超临界压力下的水流动稳定性

直流锅炉蒸发受热面出现不稳定流动的根本原因是汽和水的比容差以及水冷壁进口有热水段存在，在一定条件下实际运行的直流锅炉蒸发受热面就会发生这种流动不稳定的工况。

图 6-7 给出了压力与水动力特性的关系曲线，由图 6-7 中曲线可以看出，压力越高，其水动力特性 $\Delta p=f(G)$ 越趋于稳定。所以，单从压力角度来看，亚临界压力和超临界压力的水动力特性应该是稳定的，不会产生多值性。但是热负荷大小、运行工况及水冷壁入口水的欠焓对流动稳定性都有影响。另外，亚临界和超临界压力直流锅炉在启动和低负荷（尤其是变压运行、带内置式分离器的超临界压力直流锅炉）时，其压力低，因此仍有流动稳定性的问题。即使是超临界压力直流锅炉，当水平布置的蒸发受热面沿管圈长度方向热焓变化时，工质的比容也随之发生变化，尤其在最大比热区，其变化更大，因此仍有流动多值性的问题。

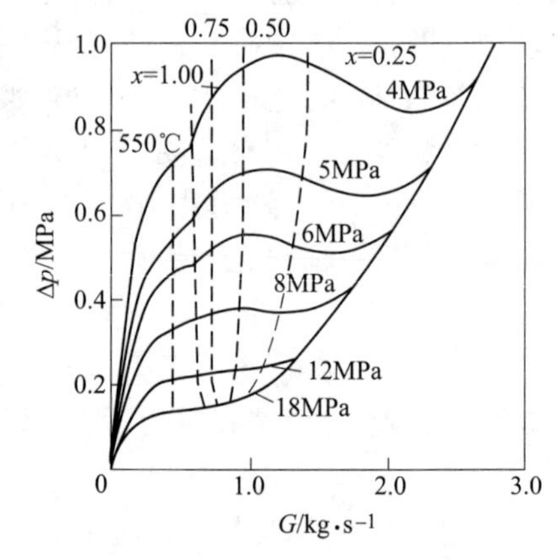

图 6-7　压力对水动力特性的影响

图 6-8 给出了超临界压力下，水平管圈工质进口热焓对水动力特性的影响。由图 6-8 可见，要保

持特性曲线具有足够陡度，必须使水冷壁进口工质热焓大于1256kJ/kg，在低负荷运行或高压加热器切除时，水冷壁进口工质热焓会大大下降。由图6-8中曲线可知，当水冷壁入口工质热焓小于837kJ/kg，即使压力为29.42MPa，仍会出现流动的不稳定的特性曲线。

6.2.2.2 直流锅炉蒸发受热面的流体脉动

脉动是直流锅炉蒸发受热面中另一种型式的不稳定流动现象，它有三种脉动类型，即整体脉动（全炉脉动）、屏间（屏带或管屏间）脉动和管间脉动。常发生的是管间脉动，其特点是在蒸发管组进出口集箱内，压力基本不变的情况下，并联管中某些管子的流量减少，与此同时另一些管子中的流量增加；然后，本来流量小的管子又增大流量，而其余的管子又减小流量，如此反复波动而形成管子间的流量脉动。在这种周期性的脉动过程中，整个管组的总给水量和总蒸发量并无变化，但对某一根管子而言，进口水量和加热段阻力、出口汽流量和蒸发段阻力的波动是反向的，这种波动经一次扰动后，便能自动持续地以不变的频率振动（见图6-9）。一旦发生这种管间脉动时，管壁水膜周期性地被撕破，相变点附近的金属壁温波动很大，严重时甚至达到150℃，使管子产生疲劳破坏。另外在脉动时，并联各管会出现很大的热偏差；当超过容许的热偏差时，也将使管子超温过热而损坏。

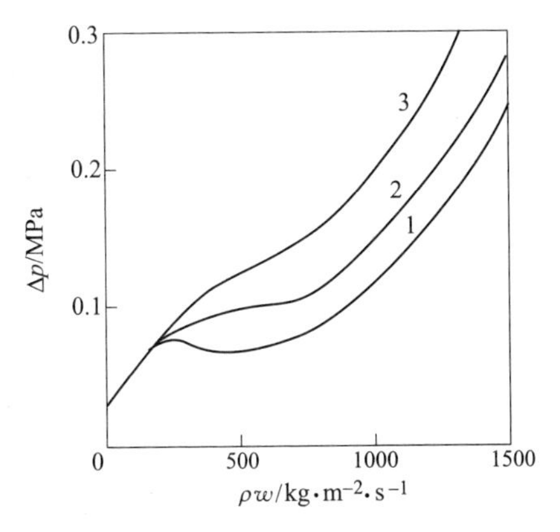

图6-8 水平管圈进口热焓对水动力影响
1—入口工质热焓837kJ/kg；2—入口工质热焓1256kJ/kg；3—入口工质热焓2250kJ/kg

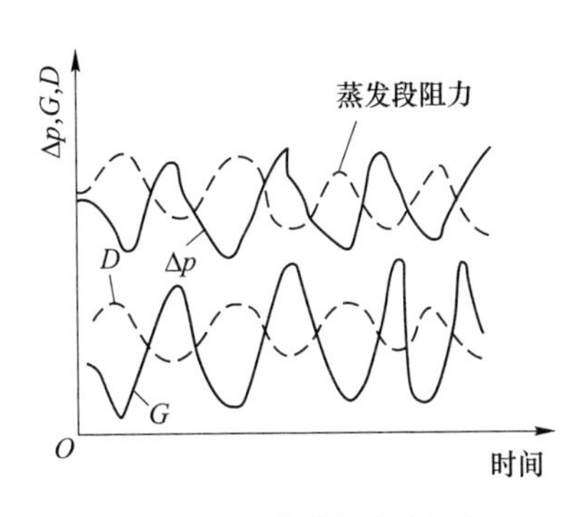

图6-9 脉动时蒸汽流量与给水流量变化曲线

在蒸发管圈加热段加装节流圈和节流阀是消除脉动的有效措施，此外，还需保证管圈有足够大的质量流速。脉动现象是汽水两相流动所致，压力升高会有利于防止脉动，根据实践经验，当锅炉压力大于14MPa时，就不会发生脉动现象，所以亚临界和超临界压力直流锅炉在正常运行工况下是不可能产生脉动的。但在低负荷，尤其是启动工况下，由于压力低仍有可能产生脉动现象。因此运行时，注意保持燃烧工况的稳定性及炉内温度尽可能均匀，在启动时保持足够的启动流量和压力等。

6.2.2.3 直流锅炉蒸发受热面的热偏差

直流锅炉水冷壁中，蒸汽含量高。在亚临界压力（或超临界压力）以及高热负荷的条件下，就容易发生膜态沸腾（或类膜态沸腾），因此必须要限制热偏差。

并联管中各根管子吸热不同会引起的流量偏差，称为热力流动偏差。受热强的偏差管子中工质比容大，故其摩擦阻力及重位压头都与平均管不同。当摩擦阻力起重要作用时，比容大的偏差管中的流量必然较小，即流量不均匀系数 η_G 与吸热不均匀系数 η_q 是有联系的，$\eta_G = f(\eta_q)$。

在低于临界压力下，流量随吸热量增加而降低。当热负荷较低时，若未发生膜态沸腾，则管壁温度 t_b 在达到过热温度前不突变；但若热负荷较高而引起膜态沸腾，壁温 t_b 有突变，因此对低于临界压力的蒸发管组偏差管超温不外乎流量降到使工质过热或传热恶化。对于超临界压力管组，流量也随吸热量的增加而下降，t_b 有突升特性，实质上也是由于偏差管流量过低，发生类膜态沸腾而使工质温度突升。

利用节流圈（阀）来减小热偏差是很有效的。在一次上升垂直管屏的 UP 直流炉中，为减小各水冷壁管的热偏差，不但在水冷壁进口加装节流圈（阀），而且采用把管屏宽度减小、增加中间混合联箱等方法。而对螺旋管圈，由于各管工质在炉膛内的吸热量相差较小，其热偏差小，故水冷壁进口不需加装节流圈（阀）和中间混合联箱，使锅炉更适宜于变压运行。

6.2.3　超临界压力下的传热特性

超临界压力与临界压力时传热特性相同，当水的温度加热到相变点时全部变为蒸汽，不再存在两相流区。但是超临界工质在相变点附近，其工质特性仍有明显的变化，使其传热特性有许多特点。

超临界压力水的比热随着温度升高而升高，而蒸汽的比热随着温度的增加而下降。在相变区工质的比热最大，因此就以最大比热点定义为相变点。在相变点附近存在一个最大比热区，一般以比热大于 8.37kJ/(kg·℃) 的区域称为最大比热区。

在亚临界压力下，水达到饱和温度时开始蒸发，工质的比容和焓值迅速增加。在超临界压力时，达到相变点，工质比容和焓值仍有迅速增加的现象，但随压力的增加，其增加幅度逐渐减小。另外到达相变点，工质的动力黏度 μ，导热系数 λ 和密度 ρ 均有显著下降，如图 6-10 所示。

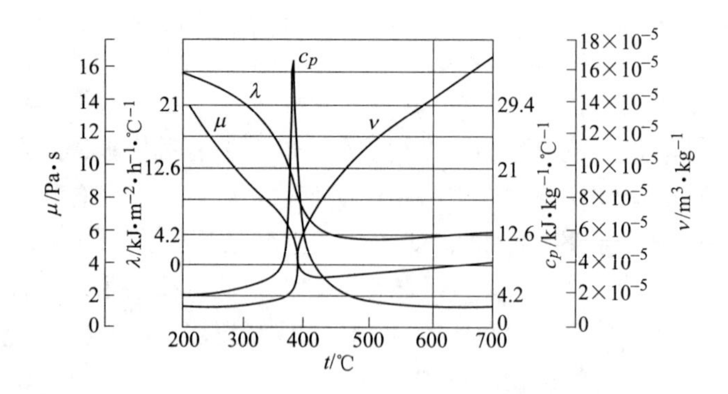

图 6-10　水的物理性质（p=25MPa）

由于超临界压力工质的特性在相变区发生显著的变化，在一定条件下仍然可能会发生传热恶化现象。该现象类似于亚临界压力时的膜态沸腾，因而称为类膜态沸腾。其壁温飞升值，决定于热负荷和管内质量流速的大小。由图6-11～图 6-13 可知，超临界压力下的传热恶化发生在相变区内，在这些图中分别表示了压力 p = 23MPa、25MPa、28MPa 的壁温 t_w 分布情况，在上述超临界压力下，当热负荷 q = 200～410kW/m^2，质量流速 ρ_w = 600～2000kg/(m^2 · s) 时，焓值 h = 1700～2700kJ/kg 的相变区发生壁温飞升现象。传热恶化的工质焓值起始点分别为 1800～1900kJ/kg、2000～2100kJ/kg、2100～2200kJ/kg。随着压力升高，起始点焓值略有增加，这是因为压力升高时，相变区焓值增加。

另外，在超临界压力下的水平管也会出现类似亚临界压力下的汽水分层流动，引起上下壁温差，其值也决定于热负荷和工质的质量流速，如图 6-14 所示。

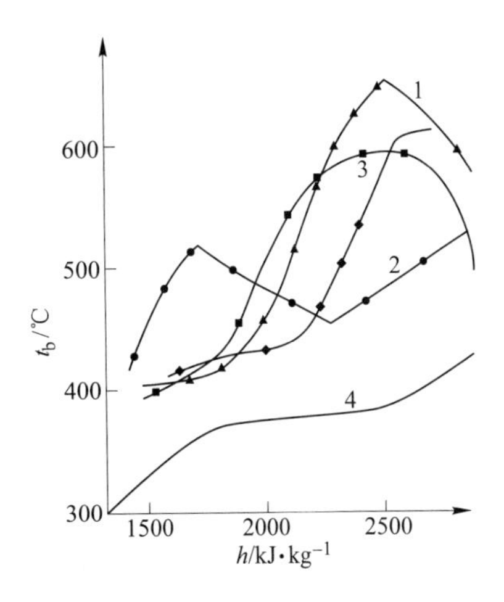

图 6-11 壁温与工质焓值的关系

(p = 23MPa，α = 14°)

1—q = 410kW/m^2，ρ_w = 1000kg/(m^2 · s)；

2—q = 350kW/m^2，ρ_w = 1000kg/(m^2 · s)；

3—q = 250kW/m^2，ρ_w = 600kg/(m^2 · s)；

4—q = 200kW/m^2，ρ_w = 600kg/(m^2 · s)

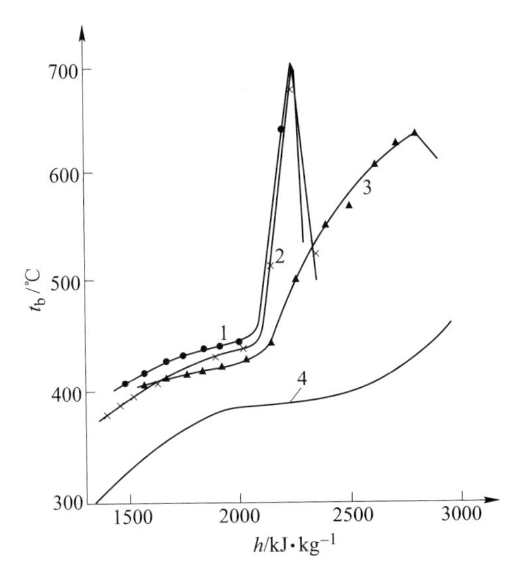

图 6-12 壁温与工质焓值的关系

(p = 25MPa，α = 14°)

1—q = 410kW/m^2，ρ_w = 1000kg/(m^2 · s)；

2—q = 350kW/m^2，ρ_w = 1000kg/(m^2 · s)；

3—q = 250kW/m^2，ρ_w = 600kg/(m^2 · s)；

4—q = 200kW/m^2，ρ_w = 600kg/(m^2 · s)

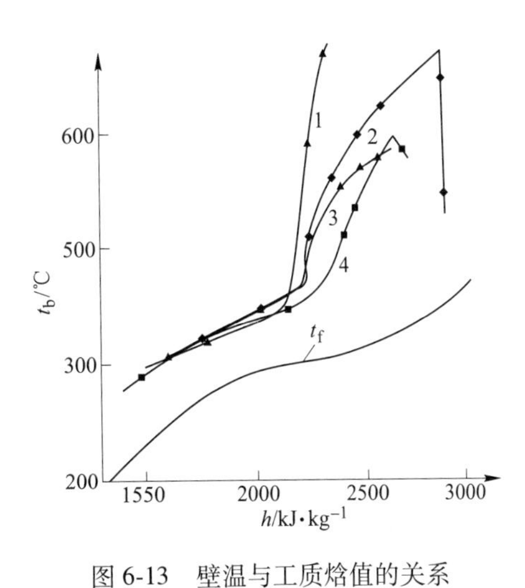

图 6-13 壁温与工质焓值的关系

(p = 28MPa)

1—p = 28MPa，α = 14°；

2—q = 410kW/m^2，ρ_w = 1200kg/(m^2 · s)；

3—q = 300kW/m^2，ρ_w = 1000kg/(m^2 · s)；

4—q = 250kW/m^2，ρ_w = 600kg/(m^2 · s)

图 6-15 为压力 p = 25MPa 时，管子顶部（上部）和底部（下部）的壁温差，图中 t_f 为

工质温度，t_b为底部壁温，t_t为顶部壁温。在正常传热条件下，管子上下壁温差仅为10～15℃。然而，在热负荷$q=300kW/m^2$，$\rho_w=1000kg/(m^2 \cdot s)$发生传热恶化时，最大飞升值的上下管子壁温差可达100℃。

防止传热恶化、降低管壁温度的措施，主要有采用内螺纹管和提高工质质量流速等。

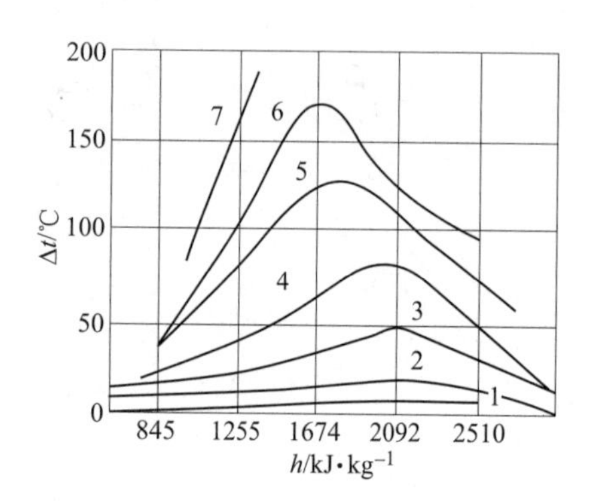

图 6-14　超临界压力下水平管的上下管壁温差
($p=25MPa$)

$1—0.3\times\left(\frac{q_n\times10^{-3}}{\rho_w}\right)$；$2—0.4\times\left(\frac{q_n\times10^{-3}}{\rho_w}\right)$；

$3—0.5\times\left(\frac{q_n\times10^{-3}}{\rho_w}\right)$；$4—0.6\times\left(\frac{q_n\times10^{-3}}{\rho_w}\right)$；

$5—0.7\times\left(\frac{q_n\times10^{-3}}{\rho_w}\right)$；$6—0.8\times\left(\frac{q_n\times10^{-3}}{\rho_w}\right)$；

$7—0.9\times\left(\frac{q_n\times10^{-3}}{\rho_w}\right)$

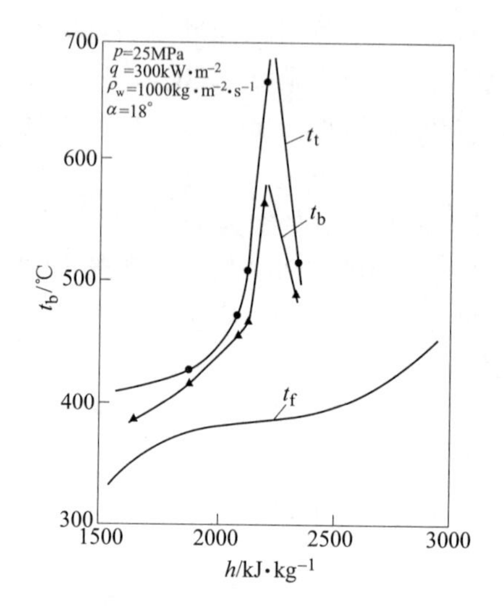

图 6-15　管子顶部与底部的壁温差
($p=25MPa$)
t_f—工质温度；t_b—底部壁温；t_t—顶部壁温

6.3　螺旋管圈水冷壁

6.3.1　螺旋管圈水冷壁的设计特点

对于螺旋管圈水冷壁而言，由于每根螺旋管都经过炉膛四周，所以每根管子的吸热都是相当均匀的。燃烧系统为反向切向燃烧，故炉膛每侧的热负荷曲线是基本一致的。综合炉膛结构和热负荷分布可以知道，采用螺旋管圈水冷壁能够确保螺旋段和垂直段出口热负荷分布在所有负荷内都很均匀，这样一方面可以确保锅炉运行的安全性，同时也可以保证锅炉长期高效运行。

倾斜上升的水冷壁管保证每根管都通过炉膛不同受热区域。图 6-16 给出了带有切向燃烧和不同吸收的水冷壁炉膛结构图。水冷壁倾斜管环绕圈数为1周，每根蒸发器管通过炉膛热和冷的区域，结果是水冷壁均匀吸热，不受火球位置影响（火球位于中心或转入一角），水冷壁出口温度较为均匀。

倾斜管环绕与切向燃烧方向相反，如图 6-17 所示，这样的设计能有效防止气流分层。

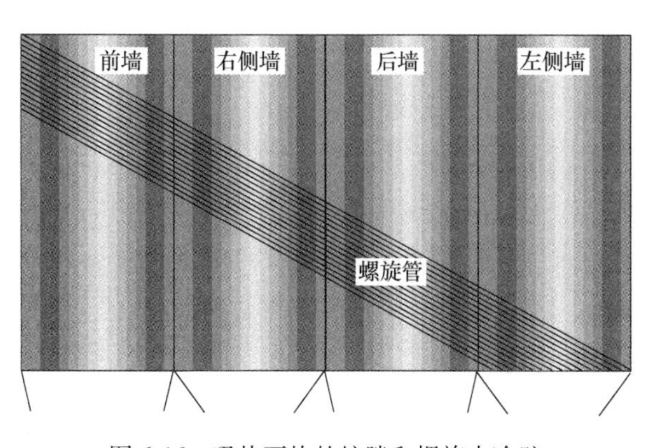

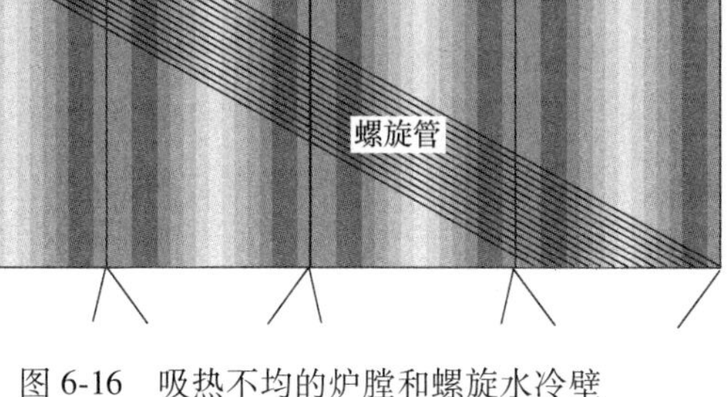

图 6-16 吸热不均的炉膛和螺旋水冷壁

图 6-17 环绕上升原理图

螺旋管圈水冷壁的压降受管子规格、长度以及质量流速的影响。而管子规格取决于管子内部最小允许质量流速，管子长度取决于管子上升倾角以及螺旋圈数。带有最佳质量流速以及最佳螺旋圈数的螺旋水冷壁设计能减少水冷壁压降。

某电厂水冷壁管在不同负荷下的质量流速见表 6-1。

表 6-1 水冷壁管在不同负荷下的质量流速

负 荷	单 位	螺旋管	垂直管 1
30%BMCR	$kg/m^2 \cdot s$	709	376
BMCR	$kg/m^2 \cdot s$	2292	1115

质量流速对水冷壁内部传热以及压降、受热面都有影响。水冷壁系统所有运行工况下主要的设计规范是确保管子材料能被充分冷却。B-MCR 工况质量流速（锅炉设计负荷）取决于最低的直流负荷。按 ALSTOM 公司的经验，在最低直流负荷时，螺旋水冷壁的质量流速要大于 750kg/(m^2·s)，而在 B-MCR 工况时质量流速通常为 2440～3200kg/(m^2·s)；垂直管 B-MCR 工况时质量流速通常要大于 950kg/(m^2·s)。

倾斜管最低高度和其他一样是依赖于螺旋圈数。由于不均匀受热的水冷壁，为了使所有管子均匀吸热，螺旋圈数必须大于 1（如某电厂螺旋管圈数为 1.20 圈），如图 6-18 所示。这个值的范围可使炉膛吸热不均匀得到补偿和水冷壁压降最小。

6.3.2 螺旋管圈的制造工艺

由于螺旋管圈水冷壁结构的复杂性，给制造带来相当大的困难。在螺旋管圈水冷壁制造过程中，主要存在以下难点。

（1）螺旋管排单片管排及总体尺寸的控制。螺旋管圈水冷壁由于螺旋角的存在，对管排尺寸的严格控制是很重要的，否则会对工地的管排组装带来极大的困难，尤其是带螺旋的成排弯管排，如果成排弯角度相差 0.5°，工地就难以组装。此外，如果管排总体宽度尺寸控制不好，则四面墙的宽排之间工地管子对接焊口就无法接上。

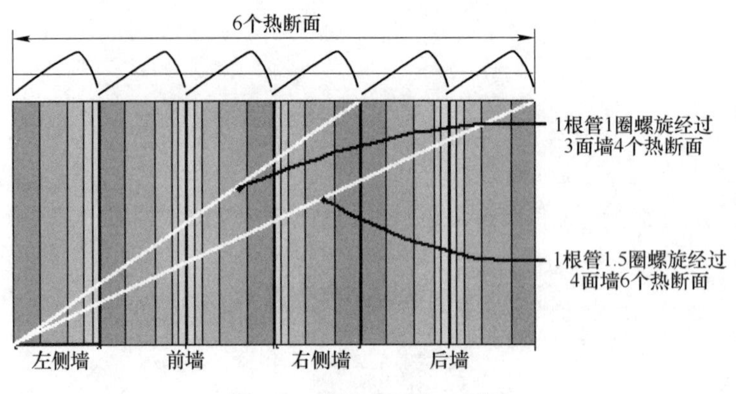

图 6-18 螺旋管环绕一周图

制造螺旋管排时必须要掌握如下工艺：

1）螺旋管排的划线方法；

2）螺旋管排的成排弯方法；

3）螺旋管排的拼装方法；

4）附件焊接后收缩量的控制方法。

（2）螺旋管圈水冷壁在上部采用垂直水冷壁，中间采用过渡段。该过渡段组装、焊接工艺相当复杂。如工艺不完善，会引起管排严重变形，管排收缩量很大，造成管子之间密封焊钢板产生大量裂纹。

制造螺旋管圈时必须要掌握如下工艺：

1）组装方案的合理确定；

2）锻件与管子对接焊工艺；

3）管子间钢板的焊接工艺；

4）超长管排焊接余量的确定。

（3）下部螺旋管圈燃烧器区域的开孔。

制造开孔时必须要掌握如下工艺：

1）必须设计合理的工装，保证水冷套的装配尺寸；

2）考虑合理的组装方案，以保证焊接工作顺利进行，并能保证管子对接焊口满足无损探伤及焊口退修要求；

3）必须具备特殊的弯管设备。

（4）螺旋管圈灰斗的制造。由于前后墙与两侧墙在此过渡，因而在前后墙灰斗部分存在两种角度的管排。如果在车间没有调整好两种角度的管排，在工地无法与两侧墙组装。

（5）由于超临界锅炉水冷壁受热面均采用低合金钢管材，鳍片也全部采用低合金钢。如焊接工艺不到位，可能产生裂纹。

（6）超长、超宽、管径较小的管排，如没有合适的起吊工装，由起吊造成管排变形也将给工地的组装带来影响。

6.3.3 螺旋管圈水冷壁主要组件的结构

螺旋管圈水冷壁主要由螺旋冷灰斗、下部螺旋管圈、上部垂直管屏以及燃烧器水冷套螺旋管圈和垂直管屏的转换区等部分组成，下面对其中主要部件的结构作一些简单介绍。

6.3.3.1 冷灰斗

某电厂超临界锅炉的冷灰斗采用螺旋管圈形式，它是由下部环形进口集箱和盘绕上升的螺旋管组成。图6-19为冷灰斗螺旋管布置示意图。冷灰斗下部为出渣口，螺旋管在出渣口周界上以中心对称排列。它们在渣口周界上的排列节距由冷灰斗的结构尺寸计算而得出，形成出渣口后的管子盘旋上升至冷灰斗转角构成螺旋冷灰斗。

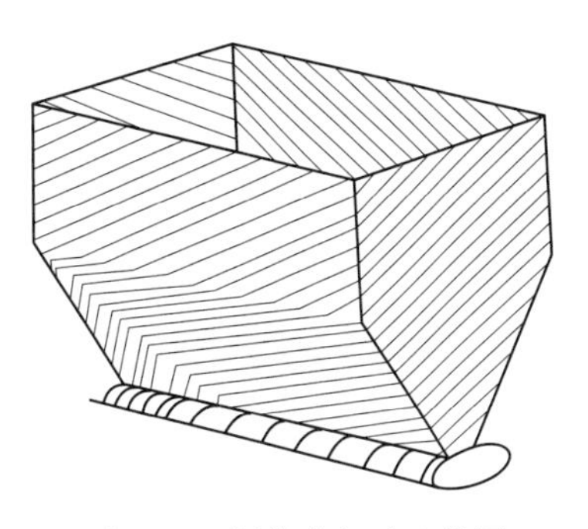

图 6-19 螺旋冷灰斗立体图

由于管带连续性，冷灰斗前后墙和两侧墙 4 条交线两侧的管子数应相等，这样可求出不同管屏处的管子节距。

冷灰斗两侧墙与前后墙有 2 条交线的两侧管子的螺旋升角不同，另外 2 条交线两侧管子的节距也不等，因此不能采用成排弯曲制造，而只能采用单弯头过渡形式连接。同样灰斗处的折角处管子的弯曲平面与管子轴线成约 76° 夹角，所以不能以整屏管子成排弯制而成，制造时也要先把管屏割开，再以单弯头相连接成型。起悬吊作用的张力板一直延伸至冷灰斗底部。冷灰斗两侧墙的外形如图 6-20 所示。

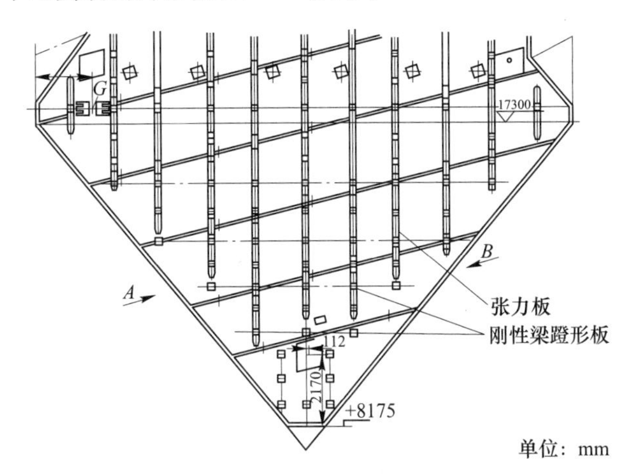

图 6-20 冷灰斗两侧墙的外形图

6.3.3.2 下部螺旋管圈向上部垂直管屏的过渡区

为了便于水冷壁的悬吊，再加上炉膛上部热负荷低，垂直管屏内工质的质量流速已足以冷却管壁，因此螺旋管圈通常在过热器受热面处转换成垂直管屏。螺旋管圈向垂直管屏的过渡有两种型式，一种用分叉管，一种用中间混合联箱。

螺旋管和垂直管的过渡区是一个结构较复杂的部位，它既要实现螺旋管圈向垂直管屏的过渡，又要处理好螺旋管圈质量负载的均匀传递，还要解决穿墙管处的密封问题。螺旋管向垂直管的过渡是依靠特殊铸造的单弯头、双弯头以及中间混合集箱及其引入、引出管来实现，图 6-21 给出了水冷壁过渡区的结构布置。

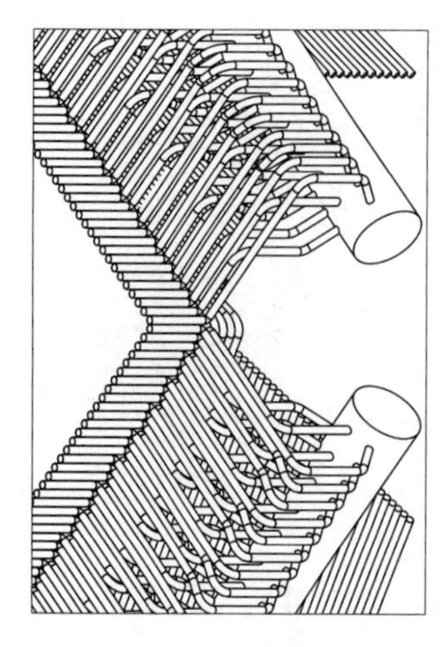

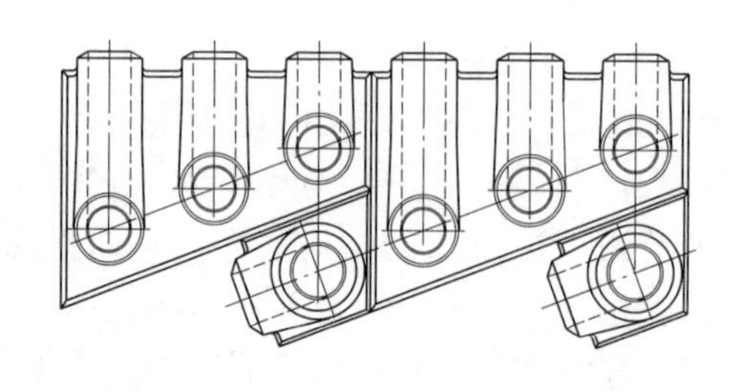

图 6-21　螺旋管圈和垂直管屏过渡区结构布置图

6.3.4　螺旋管圈的支撑

从运行性能上讲，采用螺旋管圈水冷壁能有效消除热偏差。水冷壁的设计不受燃料品种制约，但螺旋管圈的支吊问题要比垂直管圈复杂一些，这是因为螺旋管圈的管子轴线近于水平，由管圈和工质自重、积灰及炉膛负压等载荷所产生的应力与管内压力所产生的最大径向应力方向基本上是一致的，由此造成的复合应力比垂直管圈大。一般采用一种垂直布置的钢结构来组成螺旋管圈的支承和悬吊结构，这种支承装置称为张力板，螺旋管圈水冷壁的支承、吊挂结构形式如图 6-22 所示。

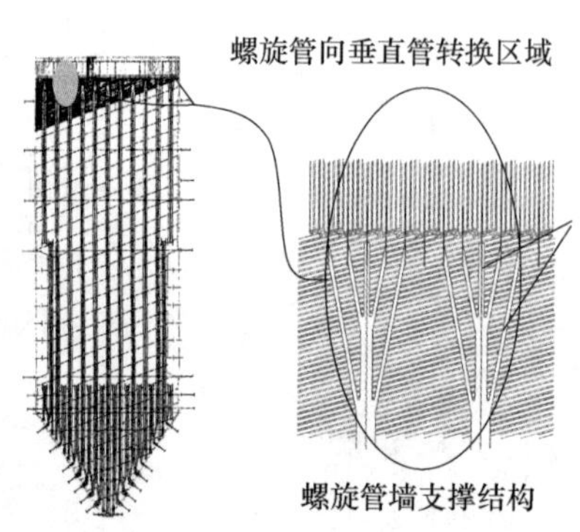

图 6-22　张力板的结构形式和上部分叉结构

由图 6-22 可见，垂直管圈炉膛水冷壁本身就作支吊件，支承炉膛荷重。而近于水平的螺旋管圈水冷壁的质量通过张力板将力传递至炉膛上部垂直水冷壁。张力板的横向节距为 1500mm，板厚 12mm，板宽 100mm，由平行的两块板组成。在两块板间沿管子轴线方向间距 400~500mm 布置的梳形板作为管子与张力板间的连接件，其作用是一方面传递水冷壁的重力，另一方面起热桥的作用，将水冷壁的热量传递给张力板，使张力板的温度与水冷壁温度有良好的跟随性，以减少两者间存在的温度应力。这一点在锅炉启动和停炉阶段特别重要，尤其对于调峰机组，考虑到启停频繁及要求快速启动，就必须精确设计此张力板，使水冷壁与张力板间的温差可控制在允许范围内，并对此进行应力分析和疲劳计算。

图 6-22 也示出了张力板上部过渡分支结构，这种分叉形结构的目的是将张力板上的垂直力均匀传递给上部垂直膜式水冷壁管，可防止局部荷重过于集中。

上部垂直水冷壁的出口支吊方式如图 6-23 所示。

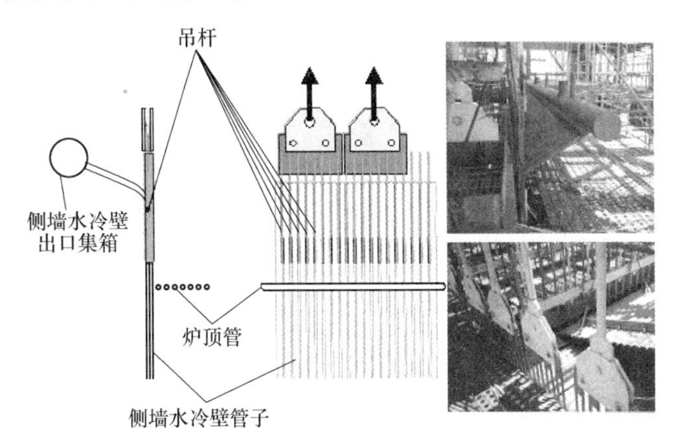

图 6-23 上部垂直水冷壁的出口支吊方式（以侧墙为例）

水冷壁荷重通过许多过渡吊耳支吊于炉顶吊杆及支撑在钢架上，这种支吊方式有助于吊点负荷的均匀分布及调整。由于上部出口集箱和管座不承受重的载荷，这些部件就能够具有更高的许用温差，有利于机组快速启停。

6.3.5 某电厂 2×1000MW 锅炉水冷壁设计特点

来自省煤器的介质通过下降管到水冷壁进口分配集箱（1 只），经过 4 根水冷壁进口引入管进入水冷壁进口集箱。水冷壁进口集箱为前后方向共有 2 只。

水冷系统采用下部螺旋管圈和上部垂直管圈的型式，螺旋管圈分为灰斗部分和螺旋管上部，垂直管圈分为垂直管下部和垂直管上部。螺旋段水冷壁由 716 根管子组成，倾斜角度为 26.2103°，在标高 69225mm 处，螺旋管圈通过炉外中间过渡集箱转换成垂直管圈，从冷灰斗拐点至螺旋管圈出口，螺旋管圈共绕了约 1.2 圈。

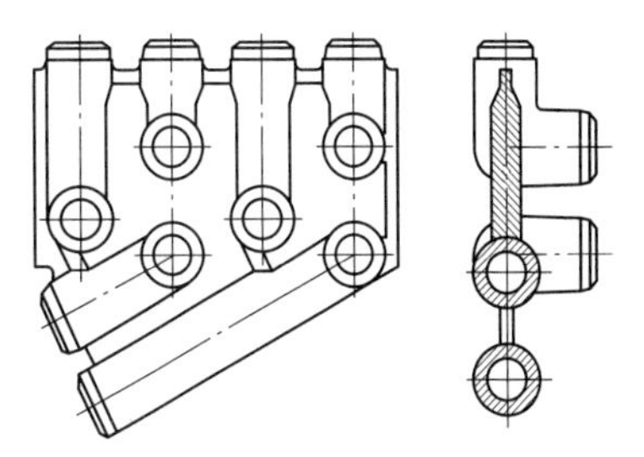

图 6-24 螺旋管圈和垂直管圈过渡和连接示意图

冷灰斗螺旋管圈为 ϕ38.1mm × 7mm，材料为 15CrMoG，节距为 53mm。水冷壁下部螺旋管圈为 ϕ38.1mm×7mm，节距为 53mm，材料为 15CrMoG；水冷壁上部螺旋管圈为 ϕ38.1mm×6.8mm，节距为 53mm，材料为 SA213-T23。冷灰斗螺旋管圈进口集箱标高 4200mm，冷灰斗拐点标高 18480mm，螺旋管圈和垂直管圈分界面标高 69225mm，它们的过渡和连接示意图如图 6-24 所示。

沿着高度方向燃烧器分成上、中、下三组燃烧器，每组燃烧器有 4 层煤粉喷嘴，一组燃烧器组成一个水冷套，总共有 12 个水冷套。三组燃烧器上面布置有一组分离式燃尽风，这个燃尽风分有 6 层风室喷嘴，每组分离式燃尽风也组成一个水冷套。锅炉水冷套总共有 16 个。

螺旋段水冷壁经出口连接管 716 根引至水冷壁中间集箱（4 只），经中间集箱混合后再由垂直管进口连接管（1432 根）引出，形成垂直段水冷壁，两者间通过管锻件结构来连接并完成炉墙的密封。下部垂直管圈为 ϕ38. 1mm×6. 8mm，材料为 SA213-T23，节距为 60mm，共有 1432 根。上部垂直管圈为 ϕ44. 5mm×7. 3mm，材料为 SA213-T23，节距为 120mm，共有 716 根。上部和下部垂直管圈的分界面标高前后墙是 90700mm，左右侧墙是 89700mm。上部和下部垂直管圈直接由 Y 形三通（712 只）过渡连接，二合一形式，上部和下部垂直管圈的根数刚好相差一倍。

从水冷壁垂直管上部引入到前后左右 4 只水冷壁出口集箱，每只出口集箱各分两根管道，总共 8 根管道引出到水冷壁出口分配集箱，4 只分配集箱再通过 24 根管道，导入至 6 台汽水分离器。汽水分离器的出口分成两路，蒸汽和炉水分别送到过热器和锅炉启动旁路系统。

水冷壁中间集箱上分出了 16 根前后墙的炉外悬吊管，引到了 4 只水冷壁出口汇合集箱上，这些悬吊管作为锅炉炉前集箱和炉后集箱的支吊梁的支座，螺旋管悬吊示意如图 6-25所示。

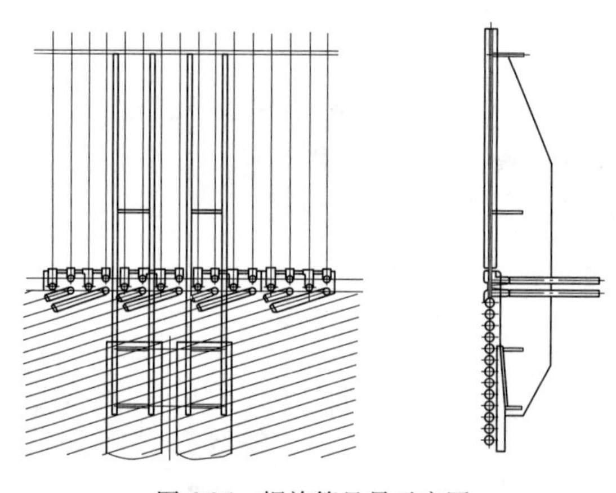

图 6-25　螺旋管悬吊示意图

锅炉四周从下至上，在整个高度方向全部由水冷系统膜式壁构成。

螺旋管圈的四周管屏的受力由从上到下的吊带承担，每面墙有 7 条吊带，每条分成 2 块连接板，通过中间过渡段连接水冷壁吊带，将螺旋管圈水冷壁质量传递到水冷壁垂直管圈之上。

水冷壁垂直管圈上部通过三通盲管将载荷传递到无任何工作介质的管子膜式壁，这些管子的两端都是封闭的，不流通的（见图 6-26）。有工作介质的一端流向水冷壁出口集箱，通过连接管道送到汽水分离器。

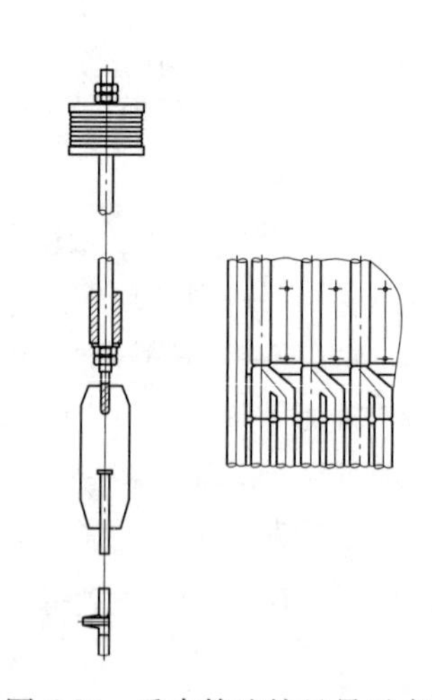

图 6-26　垂直管连接悬吊示意图

水冷壁四面墙通过炉顶吊杆装置悬吊在钢架大梁上，每根吊杆都有叠形弹簧装置，使得水冷壁四周悬吊受力均衡，每台叠形弹簧装置的受力都是相同的。叠形弹簧装置共有156台。

表6-2为水冷壁系统设备规范。

表6-2 水冷壁系统设备规范

项 目	单 位	数 值		
水冷壁型式		上部垂直管、下部螺旋管圈		
螺旋管圈水冷壁设计压力	MPa	灰斗部分	下部	上部
		34.15	33.95	33.32
螺旋管圈水冷壁管材质	MPa	15CrMoG	15CrMoG	SA-213 T23
螺旋管材允许温度	℃	560	560	593
螺旋管圈水冷壁管管型		光管		
螺旋管圈水冷壁管子规格（外径×壁厚）	mm×mm	38.0×7.0	38.0×7.0	38.0×6.8
螺旋管圈水冷壁管管距	mm	53		
螺旋管圈水冷壁管根数	根	716		
螺旋管圈与水平倾角	(°)	26.2103		
螺旋管圈圈数	圈	1.2		
螺旋管圈与垂直管圈分界面标高	mm	69225		
垂直管水冷壁设计压力	MPa	下部	上部	
		32.21	32.01	
垂直管水冷壁管材质	MPa	SA-213 T23		
垂直管水冷壁材质允许温度	℃	553	539	
垂直管水冷壁管管型		光管		
垂直管水冷壁管子规格（外径×壁厚）	mm×mm	38.1×6.8	44.5×7.3	
垂直管水冷壁管管距	mm	60	120	
垂直管水冷壁管根数	根	1432	716	

7 锅炉启动系统

7.1 概述

7.1.1 直流锅炉启动过程的主要问题

直流锅炉在启动过程中存在以下主要问题：

（1）直流锅炉无储存汽水的厚壁部件，启动一开始就必须不间断地向锅炉送进给水，如果启动流量按30%额定流量计算，一台容量为3102t/h的1000MW锅炉启动初期就需要约900t/h的启动流量。这么大流量的给水要经过化学水处理，在锅炉内吸收燃料燃烧放出的热量，如果不加以利用，既会造成自然水资源的大量浪费，又会造成水处理运行费用以及热量的浪费。因此，直流锅炉设置专门的回收工质与热量的系统，这种系统就是直流锅炉的启动系统。

（2）对于单元机组的整套启动，为了尽可能缩短汽轮机的启动时间，必须使直流锅炉的启动和汽轮机的启动能够密切配合，即锅炉送出的过热蒸汽参数应该按照汽轮机启动的要求逐渐提高。

（3）直流锅炉启动过程中存在汽水的热膨胀问题，热膨胀不但会导致水冷壁管内的水动力不稳定，还会导致过热器出口的蒸汽达不到额定参数，甚至出现蒸汽带水，危及机组安全运行。

（4）对于中间再热机组，启动时再热器中无工质通过，需要保护再热器受热面，因而需要汽轮机旁路系统。

7.1.2 启动系统的作用

启动系统的作用如下：

（1）建立启动压力和启动流量，保证给水连续地通过省煤器和水冷壁，尤其是保证水冷壁的充分冷却和水动力的稳定性。

（2）回收锅炉启动初期排出的热水、汽水混合物、饱和蒸汽以及过热度不足的过热蒸汽，以实现工质和热量的回收。

（3）在机组启动过程中，实现锅炉各受热面之间和锅炉与汽轮机之间工质状态的配合。单元机组启动过程初期，汽轮机处于冷态，为了防止温度不高的蒸汽进入汽轮机后凝结成水滴，造成叶片的水击，启动系统应起到稳定蒸发受热面终点、达到汽水分离的目的。实现给水量调节、汽温调节和燃烧量调节相对独立，互不干扰。

（4）根据实际需要，启动系统还可设置保护再热器的汽轮机旁路系统。近年来，为了简化启动系统，实现系统的快速、经济启动，并简化启动操作，有的启动系统不再设置保护再热器的旁路系统，而是控制再热器的进口烟温和提高再热器的金属材料的等级，保证再热器的安全运行。

7.2 启动系统介绍

7.2.1 系统概述

某电厂2×1000MW超超临界锅炉炉前沿宽度方向垂直布置6只汽水分离器，每只分离器筒身上方沿切向布置4根入口管和两根出口管接头，其进出口分别与水冷壁和一级过热器相连接。当机组启动、锅炉负荷低于30%B-MCR时，蒸发受热面出口的介质流经分离器进行汽水分离，蒸汽通过分离器上部管接头进入一级过热器，而饱和水则通过每只分离器筒身下方1根连接管道进入下方的储水箱中，储水箱上设有水位控制。储水箱下方的疏水管道汇成一路，最后引至一个三通，一路疏水至再循环系统，采用锅炉启动循环泵和给水泵串联方式布置，另一路接至大气扩容器疏水系统中。

汽水分离器是启动旁路系统中的一个重要组成部分，超临界直流锅炉的启动系统主要有内置式和外置式启动分离器两种。在超临界锅炉发展初期，基本上采用外置式启动分离系统，随着锅炉超临界技术的发展，目前大型超超临界锅炉均采用内置式启动分离器系统。

7.2.1.1 外置式启动分离器系统

外置式启动分离器系统仅在机组启动和停运过程中投入运行，而在机组正常运行时解列于系统之外。外置式启动分离器系统设计制造简单，投资成本低，适于定压运行的基本负荷机组。其主要缺点是：在启动系统解列或投运前后过热蒸汽温度波动较大，难以控制，对汽轮机运行不利；切除或投运分离器时操作比较复杂，不适应快速启停的要求；机组正常运行时，外置式分离器处于冷态，在停炉进行到一定阶段要投入分离器时，就必然要对分离器产生较大的热冲击；系统复杂，阀门多，维修工作量大。因此，欧洲各国、日本及我国运行的超临界锅炉均未采用外置式启动分离器系统。

7.2.1.2 内置式启动分离器系统

内置式启动分离器系统在锅炉启停及正常运行过程中，汽水分离器均投入运行，所不同的是在锅炉启停及低负荷运行期间，汽水分离器呈湿态运行，起汽水分离作用；而在锅炉正常运行期间，汽水分离器只作为蒸汽通道使用。

内置式启动分离器设在蒸发区段和过热区段之间，与外置式分离器启动系统相比，它具有以下特点：

（1）汽水分离器与蒸发段、过热器之间没有任何阀门，不需要外置式启动系统所涉及的分离器解列或投运操作，从根本上消除了分离器解列或投运操作带来的汽温波动问题。

（2）在锅炉启停过程和低负荷运行时，分离器同汽包炉的汽包一样，起到汽水分离的作用，避免了过热器带水运行。

（3）系统简单，操作方便，对自动控制要求较低，同时有利于设备维修。

（4）由于分离器强度要求很高，同时对启动分离器的热应力控制较严，将影响提升负荷率。同时分离器壁厚相对增加，材料及加工费用增加，但阀门数量减少，又降低了投资，使系统总投资降低。

(5) 疏水系统相对比较复杂。

由于疏水回收系统不同内置式分离器启动系统可分为大气扩容器式、循环泵式和热交换器式 3 种。

对于大气扩容器式，分离器疏水流到扩容器回收箱，在机组启动疏水不合格时，将水放入地沟；疏水合格后，排入凝汽器进行工质回收。同时，分离器疏水还可以排入除氧器，一方面可以回收工质，另一方面也可用来加热除氧器水回收热量。内置式启动系统的三种形式见表 7-1。

表 7-1　三种内置式启动系统的优缺点

形式	扩容器式	循环泵式	热交换器式
优点	系统简单，投资少，运行操作方便，容易实现自动控制，维修工作量少	系统简单，工质和热量回收效果好，对除氧器设计无要求	系统简单，运行操作方便，容易实现自动控制，工质和热量回收效果好，维修工作量少
缺点	运行经济性差，要求除氧器安全阀容量增大，不适合于两班制和周日停机运行方式	投资大，运行操作复杂，转动部件的运行和维护要求高，循环泵的控制要求高	投资大，金属耗量大，要求除氧器安全阀容量增大

7.2.2　主要部件和管道的用途

主要部件和管道有以下用途：

(1) 分离器及其引入、引出管系统：用于启动时将水冷壁系统来的汽水混合物引入分离器，靠离心力的作用进行汽水分离，分离出来的蒸汽向上引出送往过热器，水则向下引出汇集到分离器储水箱，启动期间分离器的功能相当于汽包锅炉中的汽包。启动系统分离器引入与引出管位置简图如图 7-1 所示。

(2) 分离器储水箱：分离器储水箱起到炉水的中间储存功能。分离器下部的水及通往储水箱的水连通管均包括在储水系统的容量内，其容量保证能储存在打开通往疏水扩容器的 HWL1、HWL2 阀（疏水调节阀也就是水位调节阀）前的全部工质，包括水冷壁汽水膨胀期间的全部工质，以保证过热器无水进入。

(3) 由汽水分离器储水箱底部引出的循环泵入口管道：用于启动时将分离器疏水送往循环泵，完成炉水的再循环过程。

(4) 循环泵：在启动过程中借助于循环泵完成分离器疏水的再循环过程，循环泵提供的再循环水

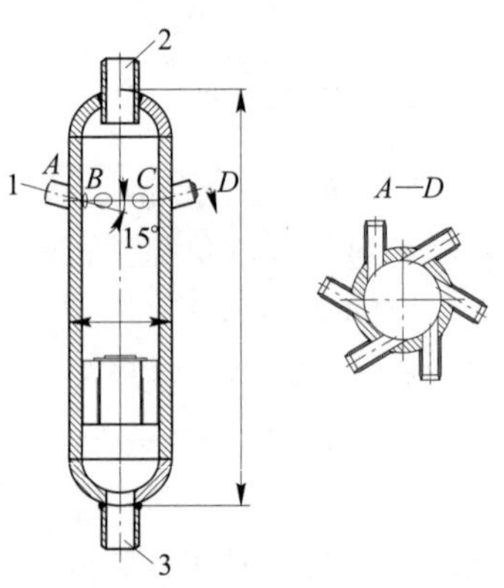

图 7-1　启动系统分离器引入与引出管位置简图

1—6 根引入管；2—2 根蒸汽引出管；3—1 根轴向饱和水引出管

使整个启动过程中省煤器——水冷壁系统保持30%B-MCR的流量，保持恒定的质量流速以冷却省煤器和水冷壁系统，并保证水冷壁系统水动力的稳定性。

（5）给水泵的出口管道：给水泵送出的给水，与锅炉疏水在混合器中混合后通过循环泵送往省煤器和水冷壁系统完成再循环运行模式，出口管道上装有调节阀（BR阀）用来保证锅炉启动流量，给水泵流量保证储水箱水位。

（6）去疏水扩容器的疏水管道：用于启动初期锅炉给水量为5%，且锅炉负荷达到5%B-MCR前，通过疏水扩容器和疏水箱后，进入冷凝器疏水回收工质以及在水冷壁产生汽水膨胀阶段向通过疏水扩容系统向冷凝器疏水回收工质，由疏水总管上引出的两根支管均装有分离器储水箱疏水调节阀（HWL阀），在启动初期可辅助控制分离器水位。HWL阀容量满足下列工况：1）温态启动出现汽水膨胀时的流量；2）热态启动出现汽水膨胀时的流量；3）锅炉最小流量运行时的流量；4）锅炉结束汽水膨胀在最低压力运行时的流量。

（7）暖泵管道：用于将省煤器出口的热水在启动期间和锅炉热备用状态加热循环泵和储水箱水位调节阀及其管道。

7.2.3 启动系统的各种主要运行模式

7.2.3.1 初次启动或长期停炉后启动前进行冷态和温态水冲洗

初次启动或长期停炉后启动前进行冷态和热态水冲洗，总清洗水量可达25%～30%B-MCR，水冲洗的目的是清除给水系统、省煤器系统和水冷壁系统中的杂质，只要停炉时间在一个星期以上，启动前必须进行水冲洗。在冲洗水的水质不合格时，通过扩容系统，最终排入废水池。采用循环泵后，由于再循环水也可作为冲洗水，因此节省了冲洗水的耗量。

7.2.3.2 启动初期（从启动给水泵到锅炉出力达到5%B-MCR）

锅炉点火前，循环泵提供30%B-MCR的流量流过省煤器和水冷壁，给水泵给水维持储水箱水位，开始的时候，一般以5%B-MCR的流量向锅炉给水，储水箱高水位调节阀动作，维持储水箱水位；当锅炉蒸汽量大于5%B-MCR后，逐步增加给水泵出口流量，保证分离器储水箱水位，分离器储水箱内多余的水通过疏水扩容器减压后进入疏水箱，由疏水泵排入凝汽器。

7.2.3.3 锅炉点火到锅炉达到30%B-MCR的最小直流负荷

锅炉开始点火产生蒸汽后，HWL阀在自动位应保持关闭状态或较小开度，防止锅炉热量的损失。分离器储水箱水位由调整给水泵转速和给水旁路调节阀来调节，并随着锅炉蒸发量的逐渐增加而开大，锅炉水冷壁的循环流量由循环泵的出口流量和给水共同来维持。

主蒸汽的压力与温度由燃料量来控制，并采用过热器喷水作为主蒸汽温度的辅助调节手段，同时主蒸汽压力由汽机旁路系统（TB）来控制，从而与汽机进汽要求相匹配。

随着机组负荷逐渐增加，汽机旁路系统（TB）逐渐关闭，主蒸汽的压力由汽机调门进行控制。当锅炉出力达到 30%B-MCR 后，通过汽水分离器的工质已达到完全过热的单相汽态，此时锅炉的运行模式从原来汽水两相的湿态运行（即再循环模式）转为干态运行（即直流运行模式），锅炉达到最小直流负荷 30%B-MCR，停运锅炉启动循环泵。至此，主蒸汽的压力与温度分别由燃料量和燃水比来控制，锅炉的出力也逐步提高。

7.2.3.4　启动系统的热备用

当锅炉达到 30%B-MCR 最低直流负荷后，应将启动系统解列，启动系统转入热备用状态，此时通往疏水扩容器的分离器疏水支管上的两只水位调节阀和电动截止阀全部关闭。随着直流工况运行时间的增加，为使管道保持在热备用状态，旁路热备用系统应开启，用来加热 HWL 阀、循环泵及其进出口管道、再循环管道。另外，在锅炉转入直流运行时，分离器及储水箱已转入干态运行，分离器和储水箱因冷凝作用和暖管水的进入可能积聚少量冷凝水，此时可通过热备用管道将少量的冷凝水排放至大气扩容器。

7.2.3.5　启动循环泵事故解列时的锅炉启动

启动系统的设计也考虑了循环泵解列后的锅炉启动，通往疏水扩容器的分离器疏水管道尺寸和管道上两只水位调节阀的设计通流能力可以满足汽水膨胀阶段以及锅炉无循环泵启动。当循环泵解列时，锅炉仍可正常启动，包括极热态、热态、温态和冷态启动，直到锅炉达到 30%B-MCR 最低直流负荷，完成锅炉由湿态运行模式转换成干态运行模式。在锅炉的冷态冲洗阶段，给水泵的给水量等于疏水管道排入扩容器的水量；在汽水膨胀和过渡膨胀后的阶段以及热态冲洗阶段，给水量和蒸汽流量与排入扩容器水量之和基本相等。另外，在整个启动过程中由于循环泵的解列，水冷壁系统的水循环动力（循环压头）改由给水泵提供所需的压头。

7.2.4　启动系统的功能

启动系统是为解决直流锅炉启动和低负荷运行而设置的功能组合单元，其作用是在水冷壁中建立足够高的质量流量，实现点火前循环清洗，保护蒸发受热面点火后不过热，保持水动力稳定，还能回收热量，减少工质损失。其具体的功能如下：

（1）锅炉给水系统、水冷壁和省煤器的冷态和温态水冲洗，并将冲洗水送往锅炉的疏水扩容系统。

（2）满足锅炉的冷态、温态、热态和极热态启动的需要，直到锅炉达到 30%B-MCR（最低直流负荷），由再循环模式转入直流方式运行为止。

（3）只要水质合格，启动系统即可完全回收工质及其所含热量，包括锅炉点火初期水冷壁汽水膨胀阶段在内的启动阶段的工质回收。

（4）锅炉在结束水冲洗（长期停炉或水质不合格时）后，锅炉点火前给水泵供给相当于 5%B-MCR 的给水，循环泵维持启动阶段 30%的流量，使冷却水冷壁和省煤器系统不致超温，通过分离器储水箱水位调节阀（HWL 阀）控制分离器储水箱中的水位。当锅炉产汽量达到 5%B-MCR 时，分离器水位调节阀（HWL 阀）全关，给水泵流量逐步增大，维持分离器储水箱水位，并与锅炉产汽量匹配，当负荷达到 30%（最低直流负荷）时，锅炉转入直流运行。

（5）启动分离器也能起到在水冷壁系统与过热器之间的温度补偿作用，均匀分配进入过热器的蒸汽流量。

7.3　锅炉启动循环泵

7.3.1　设备概述

锅炉启动循环泵是设在锅炉蒸发系统中推动高温高压工质作强制流动的一种大流量、低扬程单级离心泵，一般用于控制循环汽包炉和直流炉的启动系统中，如某电厂锅炉启动循环泵采用的是德国 KSB 生产的型号为 LUVAK250-400/1 循环泵。

7.3.2　结构特点

锅炉启动循环泵的主要结构特点是泵的叶轮和电机转子装在同一主轴上，置于相互连通的密封压力壳体内，泵与电机结合成一个整体，没有通常泵与电机之间连接的联轴器结构，没有轴封。循环泵和驱动电机形成一个封闭的耦联装置，整套泵装置处于密封状态，从根本上消除了泵泄漏的可能性。整套泵装置充注高压水，压力与整个系统压力相同。电机部分和泵壳之间通过泵壳紧固螺栓连接。泵壳和热屏蔽装置之间的热区域密封通过螺旋缠绕的垫片来实现，所有其他的保压连接处都用 O 型密封圈进行密封。锅炉启动循环泵的泵体和电机全由锅炉启动循环泵进口管支吊，在锅炉热态时可以随锅炉启动循环泵进口管向下自由移动而不受膨胀的限制，这种结构的优点使各种热膨胀均不能引起附加的张力。锅炉启动循环泵的主要参数见表 7-2。

锅炉启动循环泵电机的定子和转子用耐水耐压的绝缘导线做成绕组，但浸没在高压冷却水中，电机运行时产生的热量就由高压冷却水带走，并且该高压冷却水通过电机轴承的间隙，既是轴承的润滑剂又是轴承的冷却介质。泵体与电机在被分隔的两个腔室，中间虽有间隙不设密封装置使压力可以贯通，但泵体内的水与电机腔内的冷却水是两种不同的水质，两者不可混淆。由于电机的绝缘材料是一种聚乙烯塑料，不能承受高温，温度超过80℃绝缘性能就明显恶化，因此绕流电机四周的高压冷却水温度必须严格控制。由于绕组及轴承的间隙极为紧密，因此高压冷却水中不得有颗粒杂质，在高压水管路中必须设有过滤器。高压冷却水的水质要比锅内的水干净得多，其水温也要比锅炉内水的温度低得多。为了带走电机运行产生热量和泵侧传到电机的热量，保证电机的安全运行，系统还配了一套低压冷却水系统用来冷却高压冷却水。

表 7-2　锅炉启动循环泵的主要参数

项　目	单　位	技　术　数　据	
型号		LUVAK 250-400/1	
制造厂		德国 KSB	
型式		内置式	
设计压力	MPa	33	
设计温度	℃	380	
泵流量	m^3/h	1540. 4（热态）	917（冷态）

续表 7-2

项　目	单　位	技 术 数 据	
泵扬程	m	137.8	158
泵增压	bar	7.92	15.2
泵进口温度	℃	347.3	60
泵进口压力	bar	162.29	5.02
要求 NPSH 数值（冷态）	m	35.0	26.0
要求 NPSH 数值（热态）	m	28.0	
密度	t/m^3	0.5857	0.9838
泵最小流量	m^3/h	240	240
电动机型号		LUV6/2 DV 75-605	
电动机型式		内置式	
电动机功率	kW	750	
电动机转速	r/min	2970	
电动机电压	kV	6（电源双路）	
电动机设计温度	℃	176.7	

锅炉启动循环泵的剖面结构图如图 7-2 所示。

7.3.2.1　泵壳体

泵体是承受高温高压的部件之一，泵壳为一球形体。泵的叶轮属于高比转数离心式，为单级离心泵，泵装置的主要部件是泵壳体及接触液体的内部部件，如叶轮和扩散器，扩散器的作用是将液体排出管口。在旋转的叶轮中，传送的液体压力和速度在增加，一部分的速度能在出口扩散器中转换成静压能。循环泵的吸入管口安放在垂直位置，排出管口在径向位置。

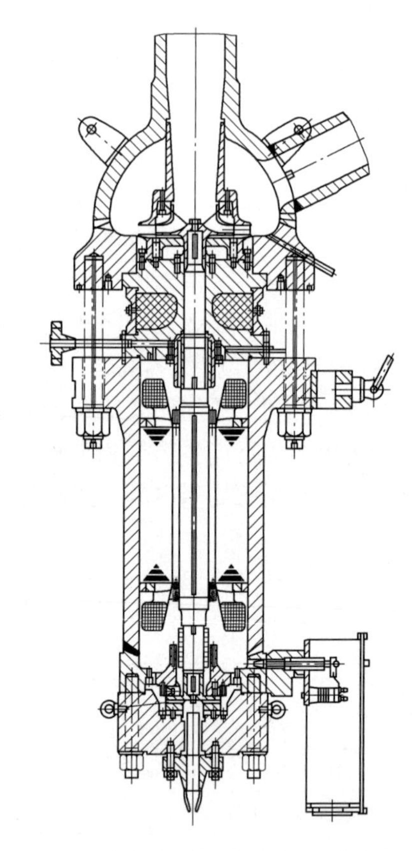

图 7-2　锅炉启动循环泵的剖面结构图

7.3.2.2　轴承

在电动机轴的上下端各装一只支承轴承，在轴的下端还装置一只推力轴承，而泵侧不装轴承。支承轴承和推力轴承都是采用水润滑，在转动侧为了耐磨烧上一层锻铬的硬质材料。泵在运行时的轴向推力以及所有转动部分的重量由用水润滑的双向推力轴承承受。由于轴承采用水润滑，泵启动前必须对电机内充水，排除电机内的空气。如果空气与轴承相接触，使轴承得不到水的冷却而烧毁。

大部分轴向推力已由叶轮上的平衡孔进行平

衡，残余的轴向推力用瓦式止推轴承来吸收，瓦式止推轴承向两侧发生作用，将转子固定在轴向的方向上。

推力轴承由推力瓦块、推力盘、止推座组成。推力瓦块用对接销子固定在止推座上，而上下止推座分别用螺栓固定在下端轴承座和电机底盖上。推力瓦块是用表面硬化过的不锈钢制作并抛光，而推力盘用优质钢制成，并作为电动机内高压冷却水强制循环（克服高压冷却水流动阻力）的辅助叶轮。

7.3.2.3 主螺栓

主螺栓是将泵与电机连接的重要零件。由于泵体的连接是用一个大直径的法兰面，必须要保证满足高温高压的密封需要，因而采用了新型的金属缠绕式密封垫。要保证密封面受力的均匀，各主螺栓承受相同的预紧力，必须使用专用工具来拧紧主螺栓。其目的是使主螺栓伸长后拧紧螺母，待主螺栓恢复原来长度时即产生要求的预紧力。

7.3.2.4 热屏蔽装置

泵和电机之间有一个热屏蔽装置。其作用是使泵壳中的高温水与电机腔内的高压冷却水隔开，并阻止其高温水热量通过泵壳和轴传递到电动机内，使两者之间的热传导降低到最小程度。高压冷却水回路的出水孔位于热屏蔽装置上，上部径向轴承（滑动轴承）固定在热屏蔽装置上。

7.3.2.5 电机及其冷却

湿式电动机是锅炉启动循环泵的动力，无轴封湿式电动机处于高压热水中运行。导线的绝缘材料必须具有足够绝缘电阻值，并有良好的机械、耐水、耐温等性能。此外，绝缘材料还需有充分的化学稳定性，防止导线因温度梯度而导致的绝缘老化。

泵由一个带鼠笼式转子的三相潜水电机驱动。电机的定子主要由一个硅钢片压成的钢片束组成，钢片束的内部有铜绕组。铜线用交联高压聚乙烯绝缘，带有聚酰胺保护层防止机械磨损。2 个端部绕组是无芯型的绕组。定子片束的端部装有压环，以使钢片有足够的刚度。定子片束采用冷缩法安装到电机壳中。

转子片束安装在轴上。转子是鼠笼式，即穿过转子的转子杆和两端的铜环焊接在一起。在两端，转子压环把片束固定住。

电机绕组通过三个单独的耐高压的电缆密封压盖供电。这些电缆密封压盖由铜或黄铜螺栓组成，采用绝缘套筒和电机壳体绝缘，并用防水的 O 型密封圈密封。螺栓和铜绕组线之间弹性连接，并且用黏合剂胶接压力密封，以防周围的水渗漏。电缆密封压盖的设计使其可以经受电机的设计压力和温度，每根导线单独由电机壳的压盖出口引到接线盒中。

接线盒采用焊接设计。它用螺丝固定到电机壳的法兰上，用于连接电机和供电电源。接线盒用橡胶垫圈密封，防止水分（潮气）侵入。

锅炉启动循环泵电动机冷却水循环回路：高压冷却水从电机底部进入，由电机下端的推力盘带动辅助叶轮，以推进循环的流动。冷却水继而经电机的转子和定子绕组及轴承间隙，从电机上端的出水口流出，温度升高了的高压一次水经外置的高压冷却器的高压侧将热量传给低压侧的低压冷却水，被冷却后的高压冷却水再进入电机，形成高压冷却水的闭路循环系统。

7.3.2.6　转动部分

泵装置的泵和电机通常配备一根共用的整体轴，叶轮安装在泵壳内。为了减小轴向推力，排出侧的叶轮盖圆盘上钻有推力平衡孔。

轴承箱有两个，一个在电机的下方，一个在电机的上方，它们装着采用泵输送介质的滑动轴承。止推轴承安装在轴的下端，止推轴承板上有径向的孔，从而可以起辅助叶轮的作用，其目的在于保持高压液体在电机和高压冷却器之间的循环。

7.3.3　带循环泵系统的优点

带循环泵系统有如下优点：

（1）在启动过程中回收更多的工质和热量。启动过程中水冷壁的最低流量为 30% B-MCR，因此锅炉的燃烧率为加热 25% B-MCR 的流量达到饱和温度和产生相应负荷下的过热蒸汽。如采用不带循环泵的简易系统，则再循环流量部分的饱和水通过疏水扩容系统后，进入除氧器或冷凝器。在负荷极低时，这部分再循环流量接近 25% B-MCR 的流量，除氧器和冷凝器不可能接收如此多的工质和热量，只有排入废水池，造成大量工质的损失。采用再循环泵后这部分流量在省煤器——水冷壁系统中作再循环，因而不会导致工质和热量的损失，在水冲洗阶段因水质不合格时，通过疏水扩容器减压后，由疏水箱排至废水沟。

（2）能节约冲洗水量。采用再循环泵系统，可以采用较少的冲洗水量与再循环流量之和获得较高的水速，以达到冲洗的目的。因此，与不带循环泵的简易系统相比，该系统节省了最终排入扩容系统的冲洗水量。

（3）在锅炉启动初期，度过汽水膨胀期后，由于采用了再循环泵，锅炉不需排水，节省了工质与热量。

（4）循环泵的压头可以保证启动期间水冷壁系统水动力的稳定性和较小的温度偏差。

（5）对于经常启停的机组，采用再循环泵可避免在热态或极热态启动时，因进水温度较低而造成对水冷壁系统的热冲击而降低锅炉寿命。

7.3.4　锅炉启动循环泵的运行

7.3.4.1　锅炉启动循环泵启动前的检查

锅炉启动循环泵启动前必须对锅炉启动循环泵电机腔室进行注水、排空气工作，防止电机腔室内积存空气，影响电机的冷却。注水排气操作的主要步骤为：

首先应对注水的管道进行冲洗，冲洗前先检查确认进入锅炉启动循环泵电机的注水阀关闭，防止管道中的脏水进入电机腔室，水质合格后可结束冲洗，关闭循环泵电机放水门。

其次开启锅炉启动循环泵放空气阀、放水阀，开启电机注水阀门，对锅炉启动循环泵电机进行注水，待锅炉启动循环泵放水阀连续有水排出后，关闭放水阀。待放空气阀有连续水排除后，化验排水水质合格后电机注水结束，关闭有关阀门，允许锅炉注水。电机注水结束前严禁向锅炉注水，以防从泵体向电机内注水，导致杂质进入电机。

7.3.4.2　锅炉启动循环泵的启动

锅炉启动循环泵的启动：开启锅炉，启动循环泵电机冷却器闭式水进、出口隔离阀，使冷却水流量大于21m^3/h，锅炉储水箱水位正常。开启锅炉启动循环泵进口隔离阀，若锅炉启动循环泵启动条件满足可启动锅炉启动循环泵，运行正常后，开启锅炉启动循环泵出口电动隔离阀。

7.3.5　锅炉启动循环泵常见故障

7.3.5.1　锅炉启动循环泵汽蚀

储水箱水位太低以及启动分离器内压力的急剧下降等原因，导致循环泵进口的水温接近或高于对应压力下的饱和温度，高温水在泵的进口处汽化而导致泵叶片的汽蚀，最终使泵的出、入口差压和流量迅速下降。

在日常运行中应密切监视储水箱水位，防止水位大幅度降低和启动分离器压力急剧下降。达到工质膨胀点时，适当控制燃烧率，防止储水箱水位大幅度波动。同时调节循环泵过冷水量，确保循环泵入口有一定的过冷度。发现锅炉启动循环泵可能导致汽蚀时，立即停止泵的运行，以防设备损坏。

7.3.5.2　锅炉启动循环泵电机温度高

由于进入电机冷却器的闭式水中断或流量太小、电机高压冷却水泄漏，导致泵壳内的高温水窜入电机等原因，导致电机高压冷却水出水温度高，甚至温度保护动作，锅炉启动循环泵跳闸。

在锅炉的运行中，不管锅炉启动循环泵是否运行，均应密切监视锅炉启动循环泵电机腔室的水温。若水温升高，应分析其原因，发现闭式冷却水量低，应立即调大冷却水量，并密切监视至电机腔室水温恢复正常。若电机高压冷却水发生轻微泄漏，电机温度缓慢升高，检查高压注水冷却器冷却水是否正常，微开高压紧急注水阀，通过低压放空气阀冲洗干净后对电机进行注水。若泵壳内的高温水大量窜入电机，应立即停止锅炉启动循环泵运行，关闭其进、出口阀，使泵逐步降温、降压，避免锅炉启动循环泵电机彻底损坏。

8 过热器、再热器与省煤器

8.1 过热器

8.1.1 概述

蒸汽过热器是锅炉的重要组成部分，它的作用是把从汽包（或蒸发受热面）出来的饱和蒸汽加热到具有一定过热度的合格蒸汽，并要求在锅炉变工况运行时，保证过热蒸汽温度在允许范围内变动。

某 1000MW 机组塔式锅炉的过热器受热面布置在炉膛上方，采用卧式布置方式，过热器系统按蒸汽流向分为三级：吊挂管和第一级屏式过热器、第二级过热器、第三级过热器（见图 8-1）。下面以该炉为例介绍过热器的结构特点及参数设计。

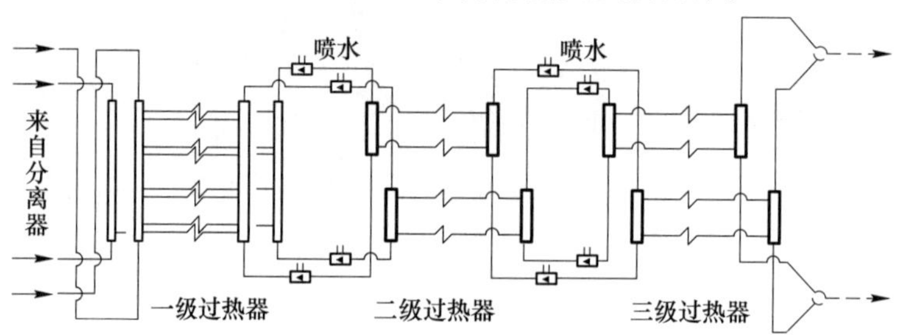

图 8-1 过热器系统流程图

其中第一级过热器和第三级过热器布置在炉膛出口断面前，主要吸收炉膛内的辐射热量。第二级过热器布置在第一级再热器和末级再热器之间，靠对流传热吸收热量。第一、第二级过热器逆流布置，第三级过热器顺流布置。过热器系统的汽温调节采用燃料/给水比和两级八点喷水减温，在第一级过热器和第二级、第二级和第三级过热器之间设置两级喷水减温，同时通过两级受热面之间连接管道的交叉，即一级受热面外侧管道的蒸汽进入下一级受热面的内侧管道，以补偿烟气导致的热偏差。锅炉过热器受热面没有设计安全阀，采用 100%B-MCR 大旁路设计，在启动、停机及任何汽轮机跳闸的情况下，4 个高压旁路减压站可以将蒸汽引到再热器。在再热器出口设置低压旁路，旁路容量按照 65%B-MCR 设计，再热器出口设置 4 个总容量 100%B-MCR 的安全阀，起到保护再热器和过热器的作用。在机组启动期间，可以利用高、低压旁路系统提高机组的升温速度，又可以限制蒸汽压力的上升速度，使蒸汽参数能较快地达到汽机的冲转要求，为缩短机组的启动时间提供了有力条件。

8.1.2 过热器结构特点

各级受热面都采用卧式布置，受热面的重量靠一个过悬吊管承受。卧式布置可以有效地防止杂质沉积在过热器的管屏内，即使在运行中产生的少量氧化皮都可以通过负荷变化的扰动和停炉时带压放水的方式排出。

顺着烟气流向，过热器管屏间距逐渐从疏变密，有利于烟气流通，防止锅炉结焦；同时可降低烟速，减少管壁受烟气冲刷磨损的程度。

在三级过热器管屏，二级过热器的下段管屏以及一级过热器管屏等高温受热面使用SA-213-T92、SA-213-S304H 等高等级材料，增加了材料的抗氧化性能和使用寿命。

在一级过热器出口和二级过热器出口的管道均采用了交叉布置，通过两级受热面之间连接管道的交叉，来补偿烟气导致的热偏差。来自前一级受热面外侧管道的蒸汽将进入下一级受热面的内侧管道，反之亦然。这个方法可以保证蒸汽的每一个支流都通过热烟气区域以及冷烟气区域，可以降低锅炉左右侧烟气偏差引起的蒸汽温度偏差。

一级过热器分成两部分，其中一部分组成了所有受热面悬吊定位管，可防止受热面管屏晃动。一级、二级过热器采用逆流布置，增大了管屏温差，提高过热器吸热效率。三级过热器采用顺流布置，改善了末级过热器的工作条件。

1000MW 超临界直流锅炉的过热器系统是分 4 排布置的，每个受热面都有两个进口集箱、两个出口集箱，集箱都是端部引入和引出。

8.1.3 过热器系统

8.1.3.1 第一级过热器

从汽水分离器出来的蒸汽经过分配器连接管（共 6 根，每只汽水分离器引出 1 根）进入分配器（共 2 只）分配后，从 4 根管道引入到一级过热器两个进口集箱内，一级过热器两只进口集箱布置在炉前，标高为 115. 23m。一级过热器分为上、下两部分，上部为一级过热器进口端，第一级过热器进口集箱分出来 89 片管屏，每片屏有 7 根套管子(12Cr1MoVG)，这些管子作为悬吊管支吊省煤器、第一级再热器、第二级过热器、第二级再热器、第三级过热器、第一级过热器本身等受热面，悬吊管上部通过吊杆受力于锅炉上部梁。一级过热器悬吊管在二级过热器的下方，组合为 44 片管屏，每片屏有 14 根套管子(左右各 1 根，2×7＝14 根)，其中中间一片屏的 7 根管子直接接至一级过热器出口集箱(前出口集箱 4 根，后出口集箱 3 根)。

一级过热器悬吊管在二级再热器的下方又组合为 22 片管屏，每片管屏有 28 根管子(前后各两根，2×2×7＝28 根)，一级过热器管屏布置在三级过热器的下方。一级过热器出口集箱共有两只，一只布置在炉前、一只布置在炉后，其集箱标高为 71. 39m。

分配器进口连接管道为 ϕ356mm×48mm，材料为 12Cr1MoVG，分配器为 ϕ457mm×75mm，材料为 12Cr1MoVG，数量是两根。第一级过热器进口管道为 ϕ426mm×58mm，材料为 12Cr1MoVG。第一级过热器进口集箱为 ϕ426mm×60mm，材料为 12Cr1MoVG，数量是 2 根。第一级过热器出口集箱为 ϕ406mm×56mm，材料为 SA335-P91，数量是 2 根。

第一级过热器布置图，如图 8-2 所示，其设备规范见表 8-1。

一级过热器的换热温度差为受热面中换热温差最大的受热面，这与该受热面布置在炉膛正上方有较大关系，一级过热器受热面的材料为 SA-213-T92，强度计算下该管材允许温度为 597℃，最高平均壁温为 581℃，该区域材料的温度裕度只有 16℃，且最高外壁温度为 608℃，已经超出了强度计算下的许用温度。从同类机组运行情况看，在炉膛热负荷变化快的时候，该处管壁温度最容易超温报警，因此运行中该处温度应是重点检查内容。

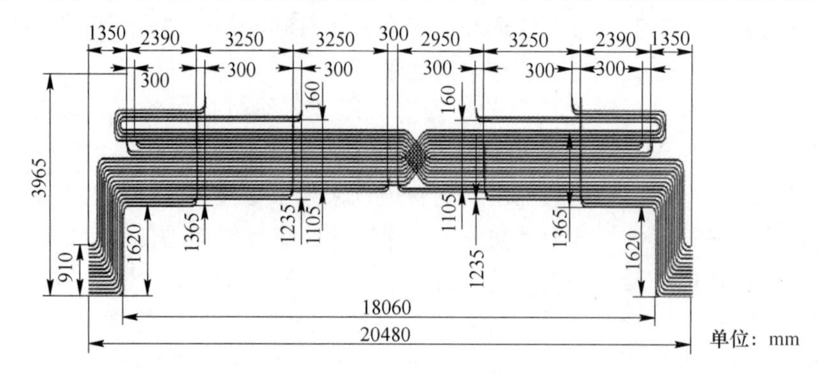

图 8-2　第一级过热器布置图

表 8-1　第一级过热器设备规范

项　　目	单　位	数　　值	
		一级过热器进口管道	一级过热器屏管
管子规格（外径×壁厚）	mm×mm	ϕ48.3×8.5	ϕ48.3×9.0
节距（横向/纵向）	mm	240（横向）	960（横向）
		无（纵向）	65（纵向）
材质		12Cr1MoVG	SA-213-T92
设计压力	MPa	31.33	30.75
最高平均壁温	℃	505	581
最高外壁温度	℃	505	608
管材允许温度	℃	530	597
管材抗氧化温度	℃	580	650
并联管数（管屏数×每屏管数）	根	89×7	44×14
一级过热器受热面积	m^2	4369 悬吊管；1591 屏管	
一级过热器片数（上部/下部）	片	89/22	
一级过热器片距（上部/下部）	mm	240/960	
进入集箱管子	根	一级过热器前墙出口集箱 312；一级过热器后墙出口集箱 311	

8.1.3.2　第二级过热器

从一级过热器联箱出来的蒸汽经过 4 根管道引入二级过热器 2 个进口联箱，该联箱布置在锅炉的前墙侧，在第一级过热器到第二级过热器的连接管道中，每一根连接管道都设置了蒸汽流量装置和第一级喷水减温器。

二级过热器受热面布置在一级再热器和二级再热器之间，呈逆流分两段布置，上级受热面总共有 178 排管屏，每片屏有 7 根套管。下级受热面总共有 89 排管屏，每片屏有 14 根套管。

下端管屏之间的距离增大到一倍，有利于防止锅炉的结焦和降低阻力。从二级过热器管屏出来的蒸汽汇集到二级过热器出口联箱。

第一级过热器出口连接管道（包括第一级过热蒸汽喷水减温器）规格为 ϕ406mm×56mm，材料为 SA335-P91，数量是 4 根；第一级过热蒸汽减温器后管道规格为 ϕ406mm×56mm，材料为 SA335-P91，数量是 4 根。

第二级过热器进口集箱规格为 ϕ406mm×63mm，材料为 SA335-P91，数量是两根；出口集箱规格为 ϕ457mm×90mm，材料为 SA335-P92，数量是两根。二级过热器出口两只集箱标高为 90. 72m，入口两只集箱标高为 98. 02m。

第二级过热器布置图如图 8-3 所示，其设备规范见表 8-2。

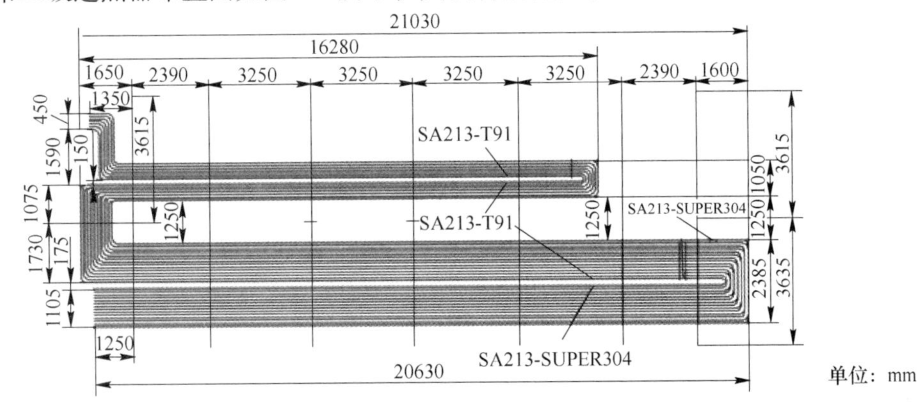

图 8-3　第二级过热器布置图

表 8-2　第二级过热器设备规范

项　　目	单位	数　　值					
		上部			下部		
		二级过热器进口管	二级过热器管	二级过热器出口管	二级过热器进口管	二级过热器管	二级过热器出口管
管子规格（外径×壁厚）	mm	48. 3			48. 3		
		6. 5	7	7. 5	9	6. 8	9. 5
节距（横向/纵向）	mm	120（横向）			240（横向）		
		75（纵向）			85（纵向）		
材质		SA-213-T91			SA-213-T91	SA-213-S304H	SA-213-T92
设计压力	MPa	30. 32	30. 32	30. 23	30. 07	30. 02	30. 02
最高平均壁温	℃	513	531	548	568	598	588
最高外壁温度	℃	514	533	550	571	602	588
管材允许温度	℃	532	551	566	587	614	604
管材抗氧化温度	℃	650	650	650	650	704	704
并联管数（管屏数×每屏管数）	根	178×7			89×14		
二级过热器受热面积	m^2	8047			8028		
二级过热器片数（上部/下部）	片	89/178					
二级过热器片距（上部/下部）	mm	240/120					

8.1.3.3　第三级过热器

从二级过热器出口联箱各引出两根管道到三级过热器入口联箱，第二级过热器到第三级过热器的连接管道中，每一根连接管道都设置了喷水减温器。三级过热器受热面布置在一级过热器管屏的正上方，呈顺流布置，这样可以增加过热器的吸热，减少管屏个数，也就增加了管屏之间的间距。第三级过热器受热面横向总共有 22 排管屏，每片屏有 38 根管套。从管屏出来的蒸汽引入两个出口联箱，主蒸汽管道从两个联箱引出。

第二级过热器出口连接管道规格为 ϕ457mm×75mm，材料为 SA335-P92，数量是 4 根。第二级过热器蒸汽喷水减温器规格为 ϕ457mm×68mm，材料为 SA335-P92，数量是 4 根。第二级过热器蒸汽减温器之后连接管道规格为 ϕ457mm×62mm，材料为 SA335-P92，数量是 4 根。

第三级过热器进口集箱规格为 ϕ457mm×65mm，材料为 SA335-P92，数量是两根，第三级过热器出口集箱规格为 ϕ1270mm×94.5mm，材料为 SA335-P92，数量是两根。第三级过热器进口两只集箱标高为 75.85m，出口两只集箱标高为 83.11m。

第三级过热器布置如图 8-4 所示，其设备规范见表 8-3，第一至第三级过热器各连接部件规格及材料见表 8-4。

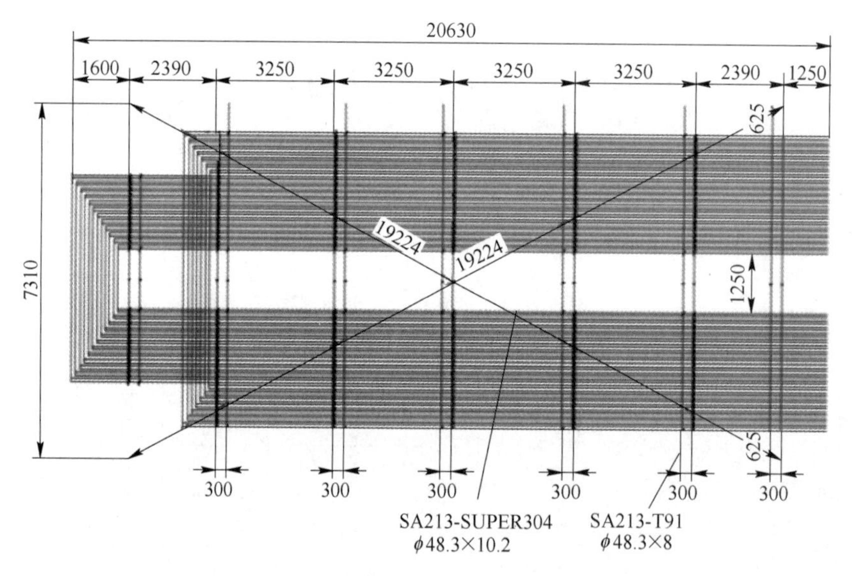

图 8-4　第三级过热器布置图

表 8-3　第三级过热器设备规范

项　　目	单位	数　　值				
		三级过热器进口管	三级过热器管 50%	三级过热器管 71%	三级过热器管 100%	三级过热器出口管
管子规格（外径×壁厚）	mm	ϕ48.3	ϕ48.3	ϕ48.3	ϕ48.3	ϕ48.3
	mm	7.5	7.5	8.5	10.2	12.5
节距（横向/纵向）	mm/mm	960/65				

续表 8-3

项　目	单位	数　值				
		三级过热器进口管	三级过热器管 50%	三级过热器管 71%	三级过热器管 100%	三级过热器出口管
管子材质		SA-213-T92	SA-213-S 304H	SA-213-S 304H	SA-213-TP310 HCbN	SA-213-T92
设计压力	MPa	29.76	29.76	29.52	29.43	29.30
最高平均壁温	℃	560	613	626	642	620
最高外壁温度	℃	560	628	635	657	620
管材允许温度	℃	580	629	646	658	632
管材抗氧化温度	℃	704	704	704	704	704
并联管数（管屏数×每屏管数）	根	22×38				
三级过热器受热面积	m^2	5096				
三级过热器片数	片	22				
三级过热器片距	mm	960				

表 8-4　过热器各连接部件规格及材料

名　称	数量	规格/mm×mm	材　料
分配器进口管道	6	356×48	12Cr1MoVG
分配器	2	457×75	12Cr1MoVG
一级过热器进口连接管道	4	426×58	12Cr1MoVG
一级过热器进口集箱	2	426×60	12Cr1MoVG
一级过热器出口集箱	2	406×50.4	SA-335 P91
一级过热器出口连接管道	4	406×56	SA-335 P91
过热器一级减温器	4	406×56	SA-335 P91
二级过热器进口连接管道	4	406×56	SA-335 P91
二级过热器进口集箱	2	406×50.4	SA-335 P91
二级过热器出口集箱	2	457×81	SA-335 P92
二级过热器出口连接管道	4	457×75	SA-335 P92
过热器二级减温器	4	457×68	SA-335 P92
三级过热器进口连接管道	4	457×62	SA-335 P92
三级过热器进口集箱	2	457×58.5	SA-335 P92
三级过热器出口集箱	2	465.4×94.5	SA-335 P92
三级过热器出口连接管	4	254（内径）×67	SA-335 P92

8.2　再热器

8.2.1　概述

提高蒸汽初压和初温可提高电厂循环热效率，但蒸汽初温的进一步提高受到金属材料耐热性能的限制，目前大多数亚临界机组的过热蒸汽温度限制在 540~550℃，超超临界机组的蒸汽温度基本在 600℃左右。蒸汽初压的提高也可提高循环热效率，但过热蒸汽压力的进一步提高受到汽轮机排汽湿度的限制。为了提高循环热效率及减少排汽湿度，采用再热器。再热器实际上是一种中压过热器，它的工作原理与过热器是相同的。

再热蒸汽压力为过热蒸汽压力的 20%左右，再热蒸汽温度与过热蒸汽温度相近。机组采用一次再热可提高循环热效率 4%～6%，采用二次再热可进一步提高循环热效率 2%。本节以某 1000MW 机组塔式锅炉再热器为例，介绍再热器结构特点及设计参数。

8.2.2　再热器结构特点

再热蒸汽压力比主蒸汽压力要低得多，其质量流量与过热器相同时，容积流量则要比过热器的大 4～5 倍，压降也相应增大。为了降低再热器系统的压降，一般采取适当降低再热器系统中的质量流速、用较大直径的管子和集箱、简化再热器系统等措施。计算表明，再热器系统的阻力增加 0.1MPa，热耗将增加 0.3%，一般再热器系统的流动阻力限制在 0.2MPa 以内。再热器系统流程如图 8-5 所示。

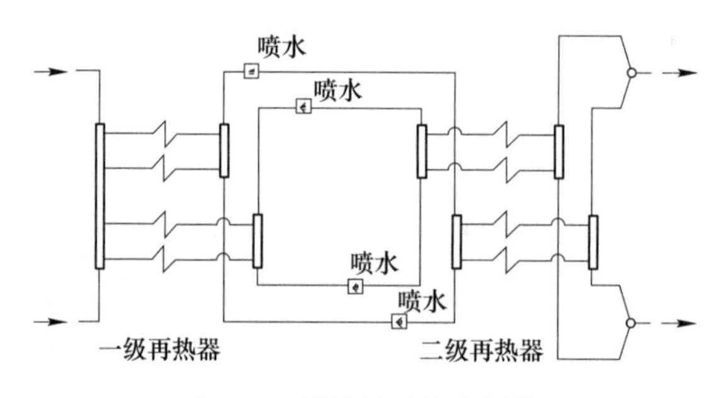

图 8-5　再热器系统流程图

由于再热器蒸汽压力低、系统中的质量流速低、受热面管子直径较大等原因，在额定工况时再热器蒸汽侧的放热系数仅为过热器的 1/5 左右，再热蒸汽对受热面的冷却能力差。在受热面负荷相同时，再热器管壁金属温度要比过热器的高。

该塔式炉再热器受热面分为两级，即第一级再热器（低再）和第二级再热器（高再)，第二级再热器布置在第二级过热器和第三级过热器之间，第一级再热器布置在省煤器和第二级过热器之间。第二级再热器（高再）顺流布置，受热面特性表现为半辐射式；第一级再热器逆流布置，受热面特性为纯对流。在低温过热器的入口管道上布置事故喷水减温器，两级再热器之间设置有一级微量喷水并且内外侧管道采用交叉连接，再热器温度主要是通过摆动燃烧器调节，也可以使用微量喷水减温器来控制，同时在紧急情况下可以使用事故喷水减温器来控制。微量喷水减温器设计能力按 5%B-MCR 流量，事故喷水减温器按 2%BMCR 流量设计，同时再热器出口装设了 4 个再热器安全阀来保护再热器不超压。

8.2.3　再热器系统

8.2.3.1　第一级再热器

从汽机高压缸排出的蒸汽分成左右侧两路冷再管道引入一级再热器入口联箱（一只)，一级再热器入口联箱管道上设有再热事故喷水减温器，第一级再热器进口集箱之上还设有锅炉本体吹灰用的蒸汽汽源抽头管座。

第一级再热器横向共有178片管屏，每片屏有8根套管，管屏沿炉膛左侧向右侧平行布置，进入一级再热器出口联箱（两只）。

第一级再热器进口集箱规格为ϕ762mm×38mm，材料为12Cr1MoVG，数量一根。第一级再热器出口集箱规格为ϕ610mm×38mm，材料为SA335-P91，数量两根。一级再热器进口集箱布置在炉后，标高为105.08m，两只出口集箱布置在炉后，其集箱标高为97.62m。第一级再热器受热面沿着宽度方向上设置5片防振隔板，上下级受热面的防振隔板错开布置。

第一级再热器布置示意图如图8-6所示，其设备规范见表8-5。

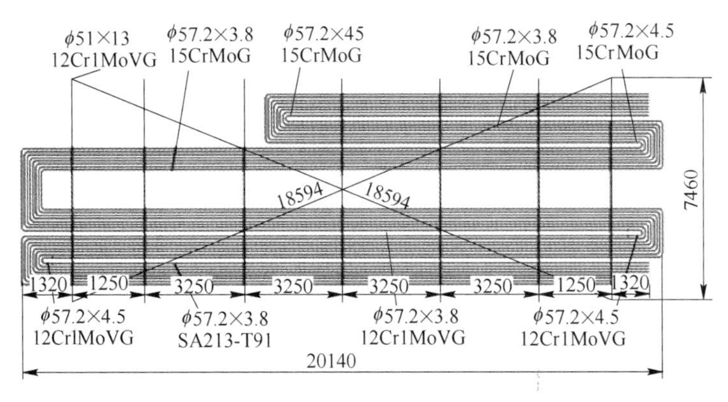

图8-6　第一级再热器布置示意图

表8-5　第一级再热器设备规范

项　　目	单位	数　　值		
管子规格（外径×壁厚）	mm	ϕ57.2	ϕ57.2	ϕ57.2
	mm	3.80	3.80	3.80
节距（横向/纵向）	mm	120/95		
材质		15CrMoG	12Cr1MoVG	SA-213-T91
设计压力	MPa	7.59	7.59	7.59
最高平均壁温	℃	490	535	560
最高外壁温度	℃	490	536	560
出口金属壁温	℃	524	560	600
管材允许温度	℃	524	560	600
管材抗氧化温度	℃	560	580	650
并联管数（管屏数×每屏管数）	根	178×8		
一级（低温）再热器受热面积	m^2	28476		
一级（低温）再热器片数	片	120		
一级（低温）再热器片距	mm	178		

8.2.3.2　第二级再热器

第二级再热器布置在三级过热器之后，属半对流半辐射受热面，通过第一级再热器出口 4 根管道经再热蒸汽微量喷水减温器进入到第二级再热器进口集箱。第二级再热器横向共有 44 片管屏，每片屏有 24 根套管，进入二级再热器出口联箱（2 只）。再由 4 根管道引出并进行交叉后合并为两根管子，进入汽轮机中压缸。

第一级再热器出口管道和再热蒸汽微量喷水减温器规格为 ϕ610mm×33mm，材料为 12Cr1MoVG，数量 4 根。第二级再热器进口集箱规格为 ϕ508mm×36mm，材料为 12Cr1MoVG，数量 2 根。第二级再热器出口集箱规格为 ϕ660mm×56mm，材料为 SA335-P92，数量 2 根。二级再热器两只进口集箱布置在炉后，标高为 82. 66m，两只出口集箱布置在炉后，其集箱标高为 91. 17m。

再热器联箱采用大直径结构，这样有利于再热蒸汽的流量平衡，同时防止蒸汽中的杂质进入再热蒸汽管道内。

再热蒸汽采用一次交叉布置方式，可以减小烟气偏差对再热蒸汽吸热的影响。

第二级再热器高温区域采用高等级材料，可以避免高再热蒸汽温度运行引起的氧化皮问题。

第二级再热器布置示意图如图 8-7 所示，其设备规范见表 8-6。再热器各系统部件规格及材料见表 8-7。

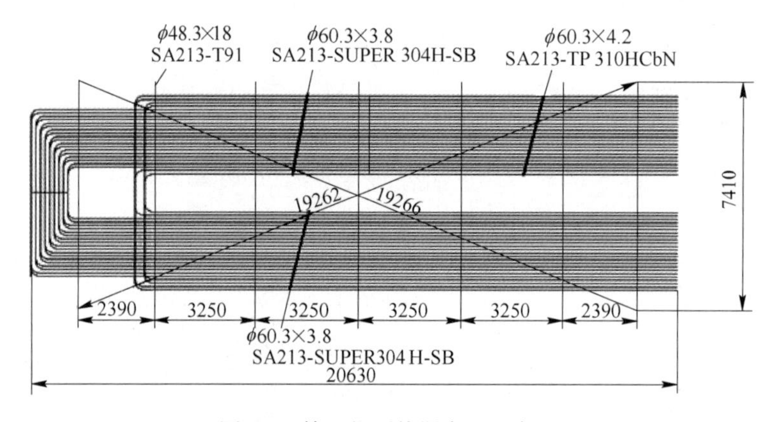

图 8-7　第二级再热器布置示意图

表 8-6　第二级再热器设备规范

项　目	单位	数　值				
		二级再热器进口管	二级再热器管 50%	二级再热器管 75%	二级再热器管 100%	二级再热器出口管
管子规格（外径×壁厚）	mm	ϕ60. 3	ϕ60. 3	ϕ60. 3	ϕ60. 3	ϕ60. 3
	mm	3. 80	3. 80	3. 80	4. 20	5. 50
节距（横向/纵向）	mm	480/110				
材质		12Cr1MoVG	SA-213-S 304H	SA-213-S 304H	SA-213-TP310 HCbN	SA-213-T92（炉外段）
设计压力	MPa	7. 45	7. 43	7. 40	7. 40	7. 37
最高平均壁温	℃	526	610	627	643	623
最高外壁温度	℃	526	613	629	645	623

续表 8-6

项　目	单位	数　值				
		二级再热器进口管	二级再热器管 50%	二级再热器管 75%	二级再热器管 100%	二级再热器出口管
管材允许温度	℃	555	665	666	664	640
管材抗氧化温度	℃	580	704	704	704	650
并联管数（管屏数×每屏管数）	根	44×24				
二级（高温）再热器受热面积	m^2	8155				
二级（高温）再热器片数	片	44				
二级（高温）再热器片距	mm	480				

表 8-7　再热器各系统部件规格及材料

名　称	数　量	规格/mm×mm	材　料
一级再热器进口连接管	2	813×48	A6921/4CrCL22
一级再热器进口集箱	1	762×34. 2	12Cr1MoVG
一级再热器出口集箱	2	610×34. 2	SA-335 P91
一级再热器出口连接管道	4	610×33	12Cr1MoVG
再热器微量喷水减温器	4	610×33	12Cr1MoVG
二级再热器进口连接管道	4	610×33	12Cr1MoVG
二级再热器进口集箱	2	508×32. 4	12Cr1MoVG
二级再热器出口集箱	2	660×50. 4	SA-335 P92
二级再热器出口连接管	4	502（内径）×32	SA-335 P92

8. 3　省煤器

8. 3. 1　概述

省煤器是利用锅炉烟气热量来加热给水的一种热交换装置，一般布置在空气预热器之前。由于进入该部分受热面的烟气温度已不高，通常也将该部分受热面和空气预热器称为尾部受热面。省煤器在锅炉中的作用是吸收低温烟气的热量，降低排烟温度，提高锅炉效率，节省燃料。

由于给水在进入蒸发受热面之前，先在省煤器内加热，减少了水在蒸发受热面内的吸热量，其实质是采用省煤器替代部分蒸发受热面，也就是以管径较小、管壁较薄、传热温差较大、价格较低的省煤器替代部分造价较高的蒸发受热面，提高进入水冷壁的给水温度，减小水冷壁的温度梯度，从而减小水冷壁的热应力。下面以某 1000MW 塔式锅炉省煤器为例，介绍省煤器的结构特点和设计参数。

8. 3. 1. 1　按省煤器进口工质的状态分类

按照省煤器进口工质的状态分为沸腾式和非沸腾式两种，如出水温度低于给水的饱和温度，称为非沸腾式省煤器；如果水被加热到饱和温度产生部分蒸汽，称为沸腾式省煤器。对于中压锅炉，由于水的潜热大，因而蒸发吸热量大。为不使炉膛出口烟温过低，有时采用沸腾式省煤器，以减小炉膛蒸发吸热量。沸腾式省煤器中生成的蒸汽量一般不应超过 20%，以免省煤器中流动阻力过大和产生汽水分层。随着工作压力的提高，水的汽化潜热减小，预热热增大，省煤器内工质几乎总是处于非沸腾状态。该锅炉省煤器采用的是非沸腾式，禁止省煤器在运行中产生蒸汽。

8. 3. 1. 2　按省煤器所用材料分类

按省煤器所用材料不同可分为铸铁式和钢管式两种，铸铁式省煤器耐磨损和腐蚀，但不能承受高压，目前只用在中压以下的小型锅炉上。钢管式省煤器可用于任何压力、容量及任何形状的烟道中，与铸铁式相比，它具有体积小、质量轻、价格低的优点，因而大型锅炉均采用钢管式省煤器。

8. 3. 1. 3　按省煤器管子的布置形式分类

按照省煤器管子的布置形式，又可以分为错列布置和顺列布置两种，错列布置是指省煤器管屏沿着烟气方向，每隔一行的管道布置在前一行管道的缝隙之间，如图 8-8 所示。

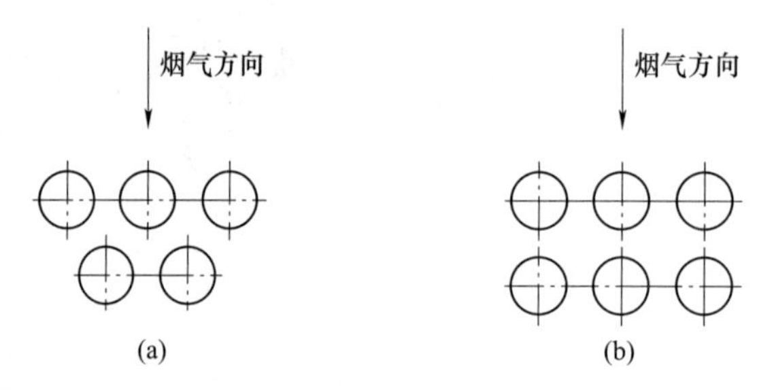

图 8-8　按照省煤器管子的布置形式分类
（a）错列布置；（b）顺列布置

顺列布置省煤器是指省煤器的管子沿烟气方向平行布置。与错列布置省煤器相比较，顺列布置省煤器换热效差一些，占用面积比较大，但清灰效果比较好。

8. 3. 1. 4　按照换热面表面结构

按照换热面表面结构也可将省煤器分为光管省煤器、鳍片省煤器、膜式省煤器。

采用鳍片管、肋片管及膜式省煤器换热效果较好，在相同的通风量和金属耗量的情况下，焊接鳍片管所占据的空间比光管省煤器占用空间减少 20%～25%；而采用扎制鳍片管，可使省煤器的外形尺寸减小 40%～50%，由于鳍片水冷壁管比光管省煤器占用空间小，在烟道截面不变的情况下，可以采用较大的横向截距，从而使烟气通流截面增大，烟气流速下降，磨损大为减轻，即使有磨损，也只会导致肋片的磨损，不会对管子产生磨损。但是与光管相比，由于烟气温度已经比较低，有可能会导致鳍片之间积灰无法清除，需要增加吹灰器的数量和吹灰频率。

8.3.2 结构特点

8.3.2.1 省煤器系统

该锅炉的省煤器布置于锅炉内部受热面的最顶端，卧式管屏布置，光管顺列布置。受热面位于锅炉上部第一烟道出口处，水流方向是从下向上流动，省煤器进口集箱布置在下面、出口集箱在上面。

汽机给水自1根给水管道经过逆止门，进入锅炉给水平台，分为主给水管道（装有电动给水总门）、旁路给水管道（装有前后电动隔绝门、旁路给水调门），再合并为1根给水管道，在进入省煤器前，1根管道再分为2根管道进入省煤器进口集箱（1只，规格为ϕ533mm×75mm），进入省煤器管道（1424根），沿着炉膛宽度方向从左到右布置有178排管屏，每片管屏有8根套，省煤器受热面管子规格ϕ42mm×6.5mm，材料SA210-C。

锅炉给水电动主闸阀之后的管道上，布置有一个锅炉启动旁路管道接口，启动阶段时水冷壁的汽水混合物经汽水分离器分离后，饱和水向下流动经锅炉启动循环泵送入锅炉给水管道，这部分水和来自给水泵的给水混合后一起并入省煤器进口集箱。

锅炉给水管道上逆止门后、给水电动门前还布置有过热蒸汽喷水接口，100%高压旁路喷水接口。

省煤器出口集箱有1只，管子为ϕ533mm×75mm，材料均为SA106-C。省煤器出口管道在炉顶部分有两根（出口管道为ϕ533mm×70mm，材料为SA106-C）进入汇流集箱，合并成1根省煤器下降管（管子为ϕ711mm×88mm，材料为SA106-C），进入锅炉冷灰斗底部水冷壁进口分配集箱（1只），再分成4根管（管子为ϕ426mm×60mm，材料为SA106-C），分左右两侧进入前后墙底部水冷壁进口集箱（2只）。其进口集箱标高为104.78m，出口集箱标高为112.55m。

在省煤器下降管的管段上设有水冷壁进口给水流量测量装置。在机组启动期间，当升到一定锅炉热负荷后，由于省煤器进口给水温度较高，再加上省煤器本身的吸热或其他调节原因，导致给水吸收的热量大于汽化潜热，省煤器出口工质可能会出现沸腾、汽化现象发生，造成该测量装置不准，因此应加强这方面的监视和调整。

省煤器管屏之间还布置有吹灰器，清除管屏积灰。

由于锅炉宽度较大，沿着宽度方向在省煤器受热面上设置了5片防振隔板，上下级的防振隔板错开布置。

省煤器流程图如图8-9所示。

8.3.2.2 省煤器设备规范

省煤器设备规范见表8-8。

表8-8 省煤器设备规范

项　目	单　位	数　值
设计压力	MPa	33.69
工作温度	℃	360

续表 8-8

项　　目	单　　位	数　　值
设计进口温度 B-MCR	℃	298
设计出口温度 B-MCR	℃	337. 1
受热面积	m^2	31893
省煤器管排列方式		顺列
省煤器管子规格（管径×壁厚）	mm	ϕ42×6. 5
省煤器管节距（横向/纵向）	mm	120/80
省煤器管材质		SA-210 C
省煤器管材允许温度	℃	391
省煤器管并联管数	根	8
省煤器排数	排	178
省煤器管的防磨设施		防磨罩、阻流板

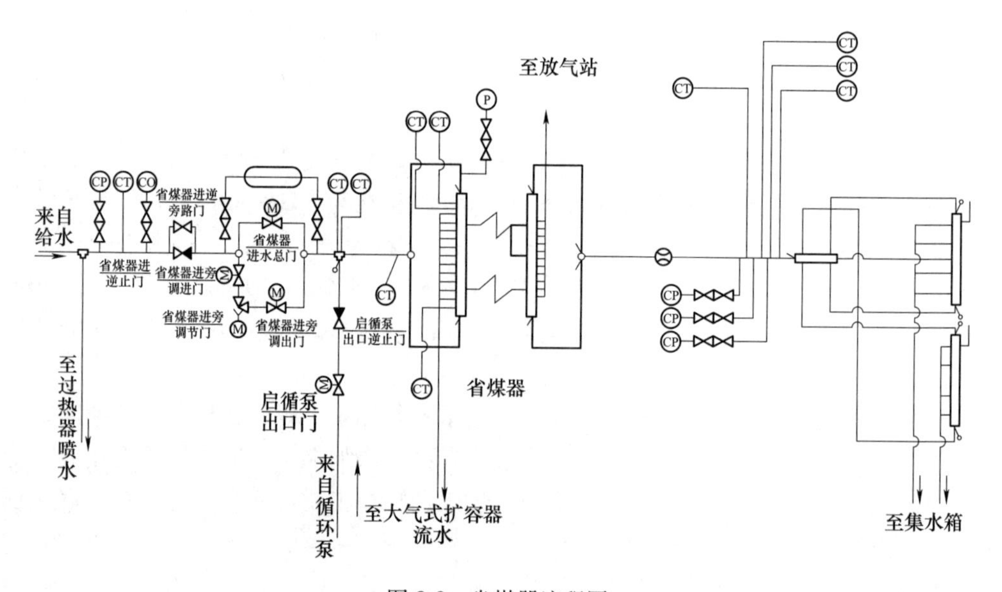

图 8-9　省煤器流程图

8.4　汽温调节

锅炉运行中，过热蒸汽温度和再热蒸汽温度不仅随着锅炉蒸发量的变化而变化，而且随着给水温度、燃料量、炉膛过量空气系数以及受热面清洁程度等情况的变化而有较大范围的波动。汽温过高，将引起受热面、蒸汽管道和汽机通流部件金属的损坏；汽温过低，则影响热力循环的效率，并使汽机末级蒸汽湿度过大，影响末级叶片的使用寿命。此外，如再热蒸汽的温度变化太大，将会使汽机中压转子和中压缸之间发生相对变形，甚至可能引起汽机剧烈振动。所以对过热器和再热器出口汽温进行调节的主要目的是使汽温稳定在设计规定的范围之内，防止汽温过高和过低的工况发生。

在讨论蒸汽温度调节方式前，先分析过热器和再热器蒸汽温度随锅炉负荷变化的静态特性。所谓静态特性，是指相应于各种稳定工况下的特性。汽温随锅炉负荷变化的静态特性，就是在各种稳定负荷下的汽温特性。

8.4.1 过热蒸汽温度调节

过热汽温随锅炉负荷变化的特性，在对流式过热器和辐射式过热器中是相反的。在对流式过热器中，当锅炉负荷增大时，输入燃料量要增加，烟气流速也增加，烟气侧对流放热系数增大，同时烟气温度的增加使传热的平均温差也增大，这样就使对流过热器吸热量的增加值超过蒸汽流量的增加值，从而使蒸汽的焓值增加，因此锅炉负荷增长时，对流过热器的蒸汽温度将增加。在辐射式过热器中则具有相反的汽温特性，当锅炉负荷增加时，由于炉膛火焰的平均温度变化不大，辐射传热量增加不多，跟不上蒸汽流量的增加，因而使蒸汽焓增减少，所以在锅炉负荷增加时，辐射式过热器的汽温反而降低。

针对不同形式过热器的汽温特性，在过热器布置上一般都采用对流-辐射-对流的串联布置方式，并保持适当的吸热量比例，则可使最终的汽温变化静态特性较为平稳。对于汽包锅炉来说，由于进入过热器的工质状态是固定的，即总是干饱和蒸汽，且对流式过热器吸热份额总是比辐射式过热器的吸热份额多，因此最终的汽温变化特性总是具有对流性质，即汽温随锅炉的负荷增大而增大。在直流锅炉中，因为蒸发面是移动的，所以过热器受热面也是变化的，但只要保持恰当的燃料量和给水量的比例，在各种负荷下总是可以得到一定的汽温值，因此直流锅炉的汽温静态特性要比汽包锅炉的好一些。

对于再热器，不论是汽包锅炉还是直流锅炉，汽温的静态特性变化都较大。考虑到启动以及停炉时再热器的保护，一般不用辐射式及屏式，而是采用布置在较低烟温区的纯对流式，因此再热器一般具有对流式的汽温静态特性；另外，考虑到汽轮机负荷降低时，高压缸排汽温度也即再热器进口汽温随之降低，综合起来，再热器的温度变化幅度是比较大的。

在稳定工况下，锅炉末级过热器出口过热蒸汽所具有的焓 i_{qq} 可用式（8-1）表示：

$$i_{qq} = i_{gs} + \frac{BQ_{net,ar}\eta}{G} \tag{8-1}$$

式中 i_{qq}，i_{gs}——出口过热蒸汽和给水焓值，kJ/kg；

B，G——燃料量和给水量，kg/s；

$Q_{net,ar}$——燃料低位发热量（应用基），kJ/kg；

η——锅炉效率。

从式（8-1）中可知，如锅炉效率、燃料发热量、给水焓值（决定于给水温度和压力）保持不变，则过热蒸汽温度只决定于燃料量和给水量的比值 B/G，即燃水比。如果 B/G 比值保持一定，则过热蒸汽温度基本能保持稳定；反之，B/G 比值的变化导致过热汽温波动，因此在直流锅炉中汽温调节主要是通过给水量和燃料量的调整来进行。但在实际运行中，考虑到各种因素对过热汽温的影响，要保证 B/G 比值的精确性是不现实的。特别是在燃用固体燃料的锅炉中，由于不能精确地测定送入锅炉的燃料量，所以仅仅依靠 B/G 比值来调节过热汽温，则不能完全保证汽温的稳定。一般来说，在汽温调节中，将 B/G 比值作为过热汽温的一个粗调手段，然后用过热器喷水减温作为汽温的细调手段。

直流锅炉发生扰动时过热汽温的动态特性表明，当机组发生扰动，沿着蒸汽流程，越靠近汽水相变点处汽温的变化越迅速；反之，越靠近锅炉出口处，汽温变化的迟延性越大。如果在汽温调节中，仅仅将末级过热器出口汽温作为被调节量，则扰动发生时末级过热器出口汽温迟延性最大，响应速度也最慢，这将导致过热汽温的频繁波动，甚至根本就没有稳定的可能。为了提高汽温调节的快速性和稳定性，弥补汽温迟延所引起的这种偏差，希望当发生扰动时，有一个汽温能够迅速地响应，并且这个信号能够比较准确地反映出 *B/G* 比值，将此汽温信号作为 *B/G* 比值的主被调节参数，则能够大幅度地提高过热汽温调节的品质。对于直流锅炉来说，在本生负荷以上时，汽水分离器出口汽温是微过热蒸汽，这个区域的汽温变化，可以直接反映出燃料量和给水蒸发量的匹配程度以及过热汽温的变化趋势。所以在直流锅炉的汽温调节中，通常选取汽水分离器出口汽温作为汽温调节回路的前馈信号，并将此点的温度称为中间点温度，该点温度的变化将对锅炉的燃料输入量和给水量进行微调。

过热蒸汽采用燃水比作为主要的汽温调节手段，并配合一、二级喷水减温器作为主蒸汽温度的细调节，喷水减温器每级左右二点布置以消除各级过热器的左右吸热和汽温偏差。一、二级喷水减温器分别布置在一级过热器出口和二级过热器出口。在任何工况下（包括高加全切和B-MCR工况），过热器减温水取自主给水电动门前主给水管道，两级减温器喷水总量按6%过热蒸汽流量，总设计能力按10%B-MCR流量。每台过热蒸汽减温器有两组喷嘴，一组常开，流量大时开启减温水旁路门投入另一组喷嘴，其总量由电动调节阀控制。

过热蒸汽温度基本上取决于燃水比值，过热器喷水减温器应用于过渡状态（例如在负荷变化期间）。因为喷水减温器的汽温响应速度要比燃水比值的控制快得多，对于超超临界燃煤锅炉，通常使用喷水减温器来提高汽温的可控性，以避免在汽水分离器、水冷壁和每个过热器上较大的温度变化和煤种改变引起的过热器特性变化等恶劣的工况。

过热汽温度的调整以调节燃水比、控制中间点焓值为基本调节。

一级减温水用于控制二级过热器的壁温，防止超限，并辅助调节主蒸汽温度的稳定，二级减温水是对蒸汽温度的最后调整。一次汽减温水设计流量见表8-9。

正常运行时，各级减温水应保持有一定的调节余地，但减温水量不宜过大，以保证水冷壁运行工况正常。在汽温调节过程中，控制减温水两侧偏差不大于5t/h。

表8-9　一次汽减温水设计流量表　(t/h)

项　目	B-MCR	BRL	THA	75%B-MCR	50%B-MCR	30%B-MCR	高加切除
过热器一级喷水	92.9	88.5	80.9	69.7	46.5	14	70.7
过热器二级喷水	92.9	88.5	80.9	69.7	46.5	14	70.7

8.4.2　再热蒸汽温度调节

稳定地控制再热蒸汽温度可以最大限度地提高蒸汽循环效率，锅炉的再热汽温在50%~100%B-MCR负荷范围时，能维持稳定的额定值，偏差不超过±5℃，再热汽温的调节主要通过锅炉燃烧器的摆角以及再热器减温喷水等来控制。调节燃烧器摆角可以改变火焰中心高度，从而改变炉膛出口烟温。再热器微量喷水减温器可作为辅助调整再热汽温度，在一级再热器进口还设有事故喷水减温器，在紧急事故状态下用来控制再热器进口汽温。再热器减温水来自给水泵中间抽头，微量喷水减温器设计能力按5%B-MCR流量，事故喷水减温器按2%B-MCR流量设计。

再热蒸汽压力一般为过热蒸汽压力的1/5~1/4。由于蒸汽压力低，再热蒸汽的定压比热较过热蒸汽小，这样在等量的蒸汽和改变相同的吸热量的条件下，再热汽温的变化就比过热汽温变化大。因此当机组加减负荷速度较快、风量大幅扰动等工况变化时，再热汽温的变化就比较敏感，且变化幅度也较过热蒸汽温度变化大；反之，在调节再热汽温时，其调节也较灵敏，调节幅度也较过热汽温变化大。

机组设计主蒸汽压力为滑压控制方式。

滑压运行时主蒸汽温度可以在很宽的负荷范围内基本维持额定值。滑压运行对再热汽温变化的影响与过热汽温相似，但汽温特性的改善更好些，这是因为定压运行时高压缸排汽温度和再热汽温随负荷的降低而减小；而滑压运行时高压缸的容积流量基本不变，使高压缸的排汽温度变化不大，甚至略有上升；滑压运行下的主蒸汽焓在汽温相同时要高于定压运行，也使高压缸的排汽焓升高，因此再热汽温也能在很宽的负荷范围内维持额定值；机组在正常运行过程中应按滑压曲线控制主蒸汽压力，有利于提高主再蒸汽温度。

再热汽温调节优化方法如下：

（1）燃烧器摆角调节。燃烧器摆角调节主要是改变火焰中心的高低，辐射吸热的受热面受其影响较大，而对流受热面受火焰中心的变化影响较小。通过调整使火焰中心抬高或降低时，二级再热器辐射吸热量增加或减少，而对流受热面吸热基本没有变化，所以再热蒸汽出口的温度跟随燃烧器摆角的变化影响明显。

但过高的燃烧器摆角，影响锅炉燃烧及飞灰含碳量等，一般要求燃烧器摆角在80%以下。

（2）过量空气调节。过量空气调节主要是调节再热蒸汽对流部分吸热量，当过量空气量增大时，通过再热蒸汽受热面的烟气流速增大，换热加强，再热蒸汽温度上升。但过量空气系数的提升同时会导致排烟温度的上升，使锅炉的经济性降低，同时会导致辐射吸热量减弱，所以一般不要求增大过量空气量来提高再热蒸汽温度。

（3）磨煤机运行方式。投用上层磨煤机和投用下层磨煤机对火焰中心会产生一定的影响，相当于调整燃烧器摆角的效果，投用上层磨煤机可提高再热蒸汽温度，反之则相反。

（4）吹灰及燃烧优化。当燃用煤种的灰熔点高于设计值较多，或水冷壁、过热器吹灰较频繁时，炉膛会比较干净，水冷壁及过热器吸热量偏多，再热蒸汽的对流、辐射吸热量偏少，再热蒸汽温度降低。进行锅炉燃烧优化试验，对部分二次风门开度以及SOFA风水平摆动角度进行优化，减少左右偏差以及过、再热器内外管偏差，调整主、再热蒸汽温度。

8.5 热偏差

锅炉受热面管子长期安全工作的首要条件是保证它的金属温度不超过该金属的最高允许温度。管内工质温度和受热面的热负荷越高，管壁温度就越高；管内放热系数提高，可以使金属管壁温度降低。放热系数的大小与管内工质的质量流速有关，提高蒸汽的质量流速，可以加强对管壁的冷却作用、降低管壁温度，但是将增大压力损失。

由于过热器和再热器中工质温度最高，同时所处的区域烟气温度高，是锅炉受热面中金属工作温度最高、工作条件最差的受热面，其管壁温度已经接近钢材的最高允许温度，因此必须避免个别管子由于设计不良或运行不当而受超温破坏。

过热器、再热器由许多并列管子组成，其结构尺寸、内部阻力系数和热负荷可能各不相同，导致每根管子中的蒸汽焓增也不相同，工质温度也不同，这种现象称为过、再热器的热偏差，焓增大于平均值的管子叫偏差管。

偏差管段内的工质温度与管组工质平均温度的偏差越大，该管段金属管壁平均温度就越高，因此必须使过热器或再热器管组中最大的热偏差系数小于最大允许的热偏差系数，避免管子因过热而损坏。

随着火电厂锅炉容量的增大以及参数的提高，锅炉相对宽度在减少，对流过热器的蛇形管的管圈数相应增多。对于整个管组，不仅存在屏间的热偏差，同时存在同屏热偏差。由于屏式过热器位于炉膛出口的高温区，受热面的热负荷很高，如果屏间和同屏的热偏差过大，必将导致局部管子发生过热损坏。根据国内有关文献介绍，同屏热偏差是影响屏可靠工作的最主要因素，必须予以足够的重视。

由于过、再热器并列工作的管子之间受热面积差异不大，产生热偏差的基本原因主要是烟气侧的吸热不均和蒸汽侧的流量不均。显然，对于过热器来说，最危险的管子是热负荷较大、流量较小的管子。

8.5.1 产生热偏差的原因

8.5.1.1 烟气侧热力不均匀（吸热不均匀）

过热器管组的各并列管沿着炉膛宽度方向均匀布置，而炉膛出口沿着宽度方向烟气的温度场和速度场的分布不均匀，会造成过热器并列管子热力不均匀。产生热力不均匀的原因可能是结构特性引起的，也可能是运行工况的因素引起的。

由于设计、安装及运行等因素造成的过热器管子节距不同，从而使个别管排之间有较大的烟气流通截面，形成烟气走廊，导致烟气流通阻力较小、烟速较快、对流传热增强。同时，由于烟气走廊具有较厚的辐射层，又使辐射吸热增加，而其他部分管子吸热相对减少，造成热力不均匀。

此外，受热面污染也会造成并列工作管子吸热的严重不均匀，显然，结渣和积灰较多的管子吸热减少。应当着重指出，吸热多的管子由于蒸汽温度高、比容大、流动阻力增加，使工质流量减少，这更加加大了热偏差。

8.5.1.2 工质侧水力不均匀（流量不均匀）

在并列工作的过热器蛇形管中，流经每根管子的蒸汽流量主要取决于该管子的流动阻力系数、管子进出口之间的压力差以及管子中蒸汽的比容。

并列蛇形管一般与进、出口集箱连接，称为分配集箱和汇集集箱，各个管子进、出口压差与沿集箱长度的压力分布有关，而后者取决于过热器连接方式（见图 8-10）。下面以过热器 Z 形连接方式为例说明问题，具体如图 8-10（a）所示。

蒸汽由分配集箱左端引入，从汇集集箱右端流出。在分配集箱中，沿着集箱长度方向工质流量因为逐渐分配给蛇形管而不断减少，在集箱的右端，蒸汽流量下降到最小值，它的动能逐渐转变为压力能，即动能沿集箱长度方向逐渐降低而静压逐渐提高，如图 8-10（a）中的 p_1 曲线。与此相反，在汇集集箱中，静压沿集箱蒸汽流动方向逐渐降低，如图 8-10（a）中的 p_2 曲线。由此可知，在 Z 形连接管组中，管圈两端的压差有很大差异，因而在过热器的并列蛇形管中导致较大的流量不均。两集箱左端的压力差最小，因而左端蛇形管的工质流量最小，右端集箱间的压力差最大，所以右端蛇形管中工质流量最大，中间蛇形管的流量介于两者之间。

在 U 形连接管组中，如图 8-10（b）所示，两个集箱内静压变化方向相同，导致各蛇形管两端的压力差相差较少，使管组的流量不均有所改善。

很显然，如果采用多管均匀引入和导出的连接方式（见图 8-11），可以更好地消除过热器蛇形管之间的流量不均，但是要增加集箱上的开孔数量。

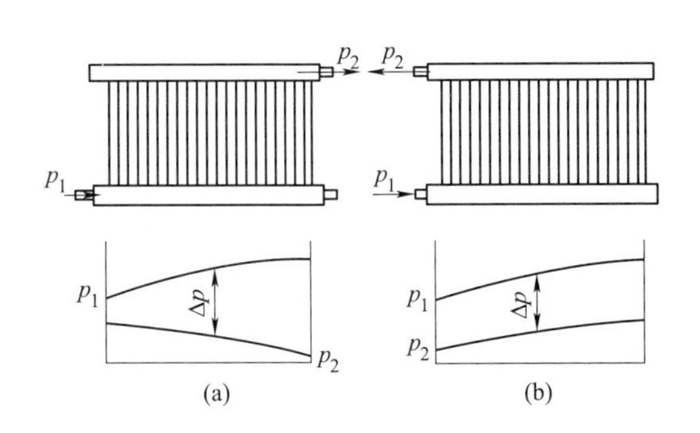

图 8-10 过热器的 Z 形连接和 U 形连接方式
（a）Z 形；（b）U 形

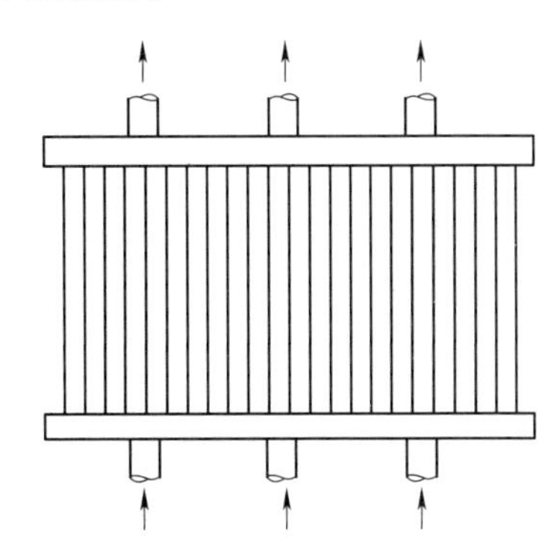

图 8-11 过热器的多管连接方式

实际运用中，多采用从集箱端部引入或引出，以及从集箱中间径向单管或双管引入和引出的连接方式，这样的布置具有管道系统简单、蒸汽混合均匀和便于安装喷水减温器等优点。实际上，即使沿集箱长度各点的静压相同，各并列管圈两端的压差相等，也会产生流量不均现象。对于过热蒸汽，重位压头所占的压差分额是很小的，可以不予考虑。

即使管圈之间的阻力系数完全相同，也就是说管子的长度、内径、粗糙度相同，由于吸热不均引起工质比容的差异也会导致流量不均；并且在吸热不均的情况下，过热器各并列工作的管内工质流动的阻力不等，各根管子的流量也就不等，阻力小的管子蒸汽流量大，阻力大的管子蒸汽流量小。流量小的管子蒸汽温度高、比容大，流动阻力进一步增大，使管子中的蒸汽流量更小，这样流动不均更加严重。由此可见，过热器并列管子中吸热量大的管子热负荷较高、工质流量又较小、工质焓增大、管子出口工质温度和壁温也相应较高，更加大了并列蛇形管之间的热偏差；在并列工作的管子中，吸热量大的管子，其工质比容也大，管内的工质流量就小，这是强制流动受热面的流动特性。

由于锅炉实际工作的复杂性，要完全消除热偏差是不可能的。特别是在近代大型锅炉中，锅炉尺寸很大，烟气温度分布不均，炉膛出口处烟气温度的偏差可达 200～300℃，而蒸汽在过热器中的焓增又很大，致使个别管圈的汽温偏差可以达到几十摄氏度，通过调整使过热器和再热器安全运行非常重要。

8.5.2　锅炉过热器、再热器减少热偏差的主要措施

工质吸热不均和流量不均的影响，使过热器管组中各管的焓增不同而造成热偏差。在结构设计和运行中采取各项措施可有效地减少过热器管子间的热偏差，但是要完全消除热偏差是不可能的，只能将热偏差减轻到容许的程度。

针对产生吸热不均匀的原因，目前采用的措施有如下几种：

（1）受热面分级布置。将整个过热器或再热器分成串联的几部分，使每级的蒸汽焓增减小。在相同的热偏差系数下，减小每级出口汽温和管壁温度的偏差。

（2）采用大直径的中间联箱。采用大直径的中间联箱可使得每级并联管出来的蒸汽在出口汇集联箱中充分混合，汽温达到一致后再进入下一级的进口联箱，这种方法可防止各级热偏差“叠加”，使总热偏差减小。

（3）按受热面热负荷分布情况划分管组。由于沿烟道宽度热负荷分布不同，将受热面划分成串联的两组，蒸汽先通过两侧管组，再进入中间的管组，可以减少由于烟道内中间热负荷高于两侧热负荷所引起的吸热不均。

（4）联箱连接管左右交叉布置。锅炉在运行中，由于扭转残余、火焰中心偏斜等会引起烟道两侧烟温和烟速的偏差，采用级与级联箱之间的连接管交叉布置，可以减轻烟道两侧吸热不均而导致的热偏差。

（5）选择合适的联箱结构和连接方式。过热器 U 形连接方式比 Z 形连接方式具有较小的流量偏差，采用多管引入和引出的联箱连接方式可使静压变化达到最小，加大联箱直径、减小联箱内蒸汽流速也可减小静压变化，从而减少管排的流量不均匀性。

（6）加装节流圈。根据管圈两端的不同压差在管子入口处加装不同孔径的节流圈，增加管子的阻力，控制各管内蒸汽流量，使流量不均匀系数趋近于 1，加装节流圈还可减小或消除重位压降引起的静压变化。加装节流圈虽将增加受热面内蒸汽的压降，但大容量高参数锅炉过热器允许压降绝对值大，节流圈阻力影响不大。

（7）利用流量不均匀来消除吸热不均匀。也就是使热负荷高的管内具有较高的流速，使蒸汽的焓增降低，从而减少热偏差。例如屏式过热器受热较强的外圈采用缩短管圈长度、减小管壁厚度或增大管圈直径等方法使其内的蒸汽流速增加；辐射式受热面根据壁面热负荷分布情况分成并行的几组，并控制每组中蒸汽的流量。

（8）设计合理的折焰角。屏式过热器是半辐射式过热器，它既受到炉膛火焰的辐射热，也与烟气进行对流换热，对流换热量的大小与烟气流动均匀性及烟气混合状况有关。设计合理的折焰角，能使烟气均匀地冲刷屏式过热器，从而减少了烟道左右、上下的流动偏差，也有利于减少高温对流过热器的热偏差。

（9）采用各种定距装置。锅炉最大限度地采用蒸汽冷却定位管、各种型式的夹紧管及其他定距装置，用以保证屏间的横向节距及管间的纵向节距并防止运行中的摆动，可有效消除管、屏间的“烟气走廊”，减少热力不均现象。

（10）采用多层燃烧器。采用多层燃烧器的均等配风方式可使炉膛内燃烧稳定、火焰减少偏斜。

（11）运行中防治措施。运行中减少水平烟道及炉膛出口两侧烟温偏差，合理调整燃尽风，减少炉膛出口烟气旋转能量，从而使烟气均匀流动，合理调整各层给煤量、炉内燃烧和配风，及时吹灰，使炉膛内烟气流量和温度分布比较均匀。

8.6 受热面积灰、高温腐蚀及高温破坏

8.6.1 过热器与再热器的积灰

布置在炉膛上部和水平烟道中的屏式及对流式过热器、再热器受热面上的沾污通常属于高温烧结性积灰。正常运行时该处烟温为700~1100℃，已低于灰开始变形的温度 *DT*，不会产生熔渣黏结。过热器和再热器受热面上的积灰，一般是由薄而致密的内灰层和松散而大量的外灰层组成，外灰层与飞灰成分相差不大，内灰层具有较多的钠、钾和硫酸盐。

温度在700~800℃的烟气区域内，在燃烧过程中升华的钠、钾等碱金属氧化物呈气态，遇到温度稍低的过热器或再热器即凝结在管壁上，并形成钾、钠和钙的白色黏结沉淀层。其中一些固体灰粒同时被黏附在管子表面上，由软变硬，由薄变厚，形成硬结积灰。冷凝在管壁上的碱金属氧化物与烟气中的三氧化硫反应生成硫酸盐，然后与飞灰中的氧化铁、氧化铝等反应生成复合硫酸盐，如 $Na_3Fe(SO_4)_3$、$K_3Fe(SO_4)_3$ 和 $Na_3Al(SO_4)_3$ 等 $K_3Al(SO_4)_3$ 等。复合硫酸盐在500~800℃范围内呈熔融状，会黏结飞灰并继续形成黏结物，使灰层迅速增厚，当燃料中的硫及碱金属含量较高时，易在高温过热器或再热器上发生较严重的积灰现象。该熔融灰渣层会被高温烧结，形成较高机械强度的密实积灰层。烟气温度越高，烧结时间越长，灰渣的强度越高，越难清除。因此，及时对过热器和再热器进行吹灰是非常重要的。

是否会发生这类硬结积灰主要与灰分的烧结性有关，而与灰熔点的关系不大。灰中的碱性成分（Na_2O 和 K_2O）越多，烧结强度越高，越容易在过热器和再热器上发生严重积灰。

锅炉运行工况对过热器的积灰也有影响，如供应燃烧空气量偏少，炉内将生成还原性气体，会使灰熔点降低很多，容易引起炉内结渣。炉内火焰偏斜或冲刷炉墙，也会引起结渣。炉内结渣增多，辐射传热减少，进入对流烟道的烟温将升高。灰在高温下，其烧结强度增大，使积灰增多。坚硬的灰层很难清除，而沾污的受热面更容易积灰。

过热器管子上的内灰层，不仅是高温积灰得以发展的重要原因，而且也是过热器高温腐蚀的根源。由于内灰层中有较多的碱金属，它与扩散进来的氧化硫和飞灰中铁、铝等成分进行长时间的化学作用，生成了复合硫酸盐，如较多的 $Na_3Fe(SO_4)_3$ 和 $K_3Fe(SO_4)_3$ 等。对腐蚀起主要作用的就是这种复合硫酸盐，它在550~710℃范围内呈液压，在550℃以下为固态，在710℃以上则分解出 SO_3 而形成正硫酸盐。

过热器或再热器积灰后，管排间的阻力增加，烟气流速减小，而在未积灰或积灰较少处烟气流速增大，传热效果增强，造成管排间的吸热不均匀，从而产生较大的热偏差，引起过热器出口处管壁超温。另外，积灰造成管子的吸热能力下降，会造成出口汽温下降和出口烟气温度上升，导致锅炉排烟温度上升，从而使机组的热经济性下降。

8.6.2 高温腐蚀

8.6.2.1 高温腐蚀类型

A 硫酸型高温腐蚀

过热器和再热器的高温腐蚀有硫酸型腐蚀和钒腐蚀两种。在过热器与再热器的积灰层

中含有熔点较低的硫酸盐，将产生熔融硫酸盐型高温腐蚀。由于高温过热器和再热器的管壁温度高，高温腐蚀速度快，容易引起爆管，这也是过热器爆管事故比例较高的原因之一。

过热器和再热器硫酸型高温腐蚀又称为煤灰引起的腐蚀，处于熔化或半熔化状态的碱金属硫酸盐复合物会对过热器和再热器的合金钢产生强烈腐蚀。灰分沉淀物的温度越高，腐蚀越强烈，这种腐蚀从 540~620℃时开始发生，在 700~750℃时腐蚀速度最大，因此硫酸型腐蚀多发生在高温过热器和再热器的出口段。

硫酸型腐蚀的大致界限，如果烟气和金属的温度落在图 8-12 中阴影线的右上方，过热器和再热器就有可能发生腐蚀；反之，左下方为不发生高温腐蚀的稳定区。过热器和再热器受热面的煤灰腐蚀集中在管子的迎风面并与烟气流方向成 30°~100°的部位。

硫酸型高温腐蚀还与燃料的成分有关。当燃料含碱量和含硫量高时，过热器和再热器受热面的高温腐蚀就比较严重。另外，燃料中的氯对受热面也会产生腐蚀作用。

B　钒腐蚀

当锅炉使用油点火、掺烧油、燃烧含钒煤时，过热器和再热器受热面还可能会产生钒腐蚀。当燃料中含有钒化合物（如 V_2O_3）时，燃烧过程中钒化合物（如 V_2O_3）会进一步氧化成 V_2O_5，V_2O_5 的熔点在 675~690℃，当 V_2O_5 与 Na_2O 形成共熔体时，熔点降至 600℃左右，易于黏结在受热面上，并按下列反应生成腐蚀性的 SO_3 和原子氧，对过热器和再热器管壁产生高温腐蚀。

$$Na_2SO_4 + V_2O_5 \longrightarrow 2NaVO_3 + SO_3$$
$$V_2O_5 \longrightarrow V_2O_4 + [O]$$
$$V_2O_4 + 1/2O_2 \longrightarrow V_2O_5$$
$$V_2O_5 + SO_2 + O_2 \longrightarrow V_2O_5 + SO_3 + [O]$$

钒腐蚀的特点如下：

（1）当灰中的钒钠比（V_2O_5/Na_2O）为 3~5 时，灰熔点降低，高温腐蚀速度最快。

（2）发生腐蚀的壁温范围为 590~650℃，通常只在高温过热器和高温再热器上发生。

8.6.2.2　高温腐蚀的防止

由于燃料中含有硫、钠、钾和钒等成分，要完全避免高温腐蚀是有一定难度。通常采用以下几种方法来防止过热器和再热器的高温腐蚀。

（1）严格控制受热面的管壁温度。硫酸型腐蚀和钒腐蚀都是在较高温度下产生的，并且管壁温度越高，腐蚀速度越快，降低管壁温度可以防止和减缓腐蚀。目前主要采用限制蒸汽参数来控制高温腐蚀，图 8-12 所示为高温腐蚀发生区域与烟温及壁温的经验关系。

（2）采用低氧燃烧技术来降低烟气中 SO_3 和 V_2O_5 含量。试验表明，当过量空气系数小于 1.05 时，烟气中的 V_2O_5 含量迅速下降，并且温度越高，降低过量空气系数对减少 V_2O_5 含量的效果越显著。

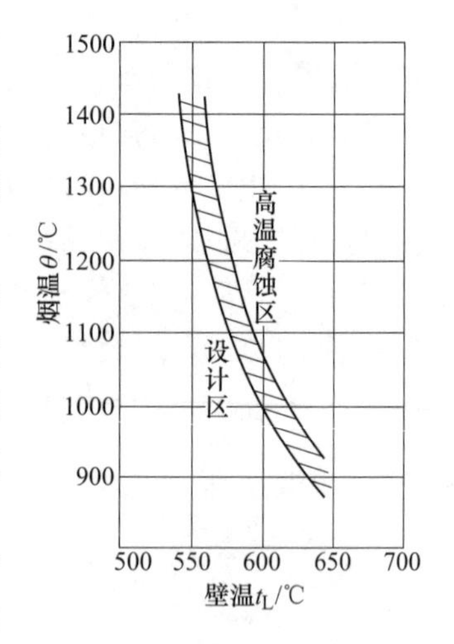

图 8-12　高温腐蚀区与烟温及壁温的经验关系

（3）选择合理的炉膛出口温度。选择合理的炉膛出口温度并在运行中避免出现炉膛出口烟温过高现象，以减少和防止过热器与再热器的结渣及腐蚀。

（4）定期对过热器和再热器进行吹灰。通过对过热器和再热器进行吹灰可清除含有碱金属氧化物和复合硫酸盐的灰污层，阻止高温腐蚀的发生。当已存在高温腐蚀时，过多的吹灰使灰渣层脱落，反而会加速腐蚀的进行。

（5）合理组织燃烧。通过改善炉内空气动力场及燃烧工况，可防止水冷壁结渣、火焰中心偏斜等可能引起热偏差的现象发生，从而减少过热器和再热器的沾污结渣。

8.6.3 过热器与再热器的高温破坏

过热器与再热器是锅炉承压受热面中工质温度和金属温度最高的部件，其工作可靠性与金属的高温性能有很大关系。

在高温下，金属的机械强度明显地与常温不同。图 8-13 给出了碳钢、珠光体合金钢和奥氏体不锈钢的抗拉强度与温度的关系。可以看出，抗拉强度随温度的升高而下降，只有碳钢在 300℃以下的温度范围属于例外。这说明，高温下金属的强度降低。

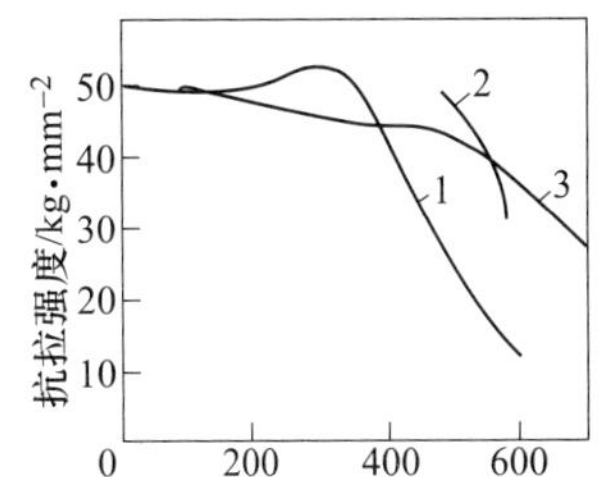

图 8-13 几种钢的抗拉强度与温度的关系

1—20 号碳钢；2—12Cr1MoV 合金钢；3—1Cr18Ni9Ti 不锈钢

金属在高温承压状态下，即使金属所承受的应力远未达到它的强度极限，但在应力和高温这两个因素的长期作用下，金属连续不断地发生缓慢的变形，最后导致破坏。在这种情况下，金属的使用寿命取决于它所受的压力和温度水平，承压金属在高温下发生的缓慢变形称为蠕变。

在固定内部压力下，金属的蠕变速度与温度有很大关系，温度升高，蠕变速度加快，金属的使用寿命就要缩短。例如某管子在 540℃时能连续工作 10 万小时，那么长期在 550℃下工作，它的寿命可能缩短一半，大约为 5000h。图 8-14 给出了金属蠕变的典型曲线，纵坐标为相对变形，横坐标为时间。该曲线可大致分为三个阶段，第一阶段（ab）为蠕变速度不稳定段，开始时变形速度较高与金属开始施加应力有关；在第二阶段（bc）蠕变速度比较均匀；在第三阶段（cd）蠕变速度加速，最后导致金属断裂。锅炉受热面所容许的蠕变速度为：10 万小时的积累变形不得超过 1%。

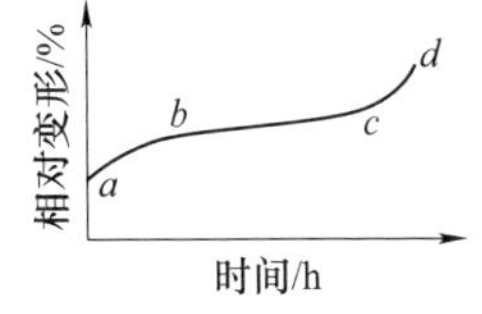

图 8-14 金属的蠕变典型曲线

炉内火焰偏斜、水冷壁结渣、过热器和再热器的积灰、受热器内的结垢和其他吸热不均及流量不均，都会造成个别管子或整个管组的超温，必须设法避免。

腐蚀和磨损会使管壁变薄、应力增大，加速管子的损坏；周期性的温度变化或管子的振动，会产生正负交变压力，使金属内部结构发生变化，可能引起金属的疲劳损坏。

超临界锅炉的各级过热器及再热器受热面管选用了合理的材质，充分考虑锅炉长期运行及频繁启停过程中可能造成的疲劳和蠕变等多种应力的影响，使锅炉能长期、安全、可靠、稳定的运行。在设计中充分考虑管子之间的相对位移，采用多种可保证相对滑动的先进结构，保证锅炉在运行时管子可以有相对位移，管子之间不会产生磨损或产生附加的应力。

8.6.4　省煤器积灰与磨损

8.6.4.1　省煤器积灰

锅炉省煤器采用顺列布置。与错列布置相比，顺列布置容易积灰，工质与烟气的换热减弱，但可以减少省煤器管的磨损。错列布置管束管子纵向节距小，气流扰动越大，气流冲刷管子背风面的作用越强，管子积灰越少。顺列布置管束除了第一排管子外，烟气冲刷不到其余管子的正面和背面，只能冲刷管子的两侧，不论管子正面和背面均可能发生严重积灰，但顺列布置有助于吹灰，对积灰的清除有利。

进入省煤器区域的烟气温度已经比较低，按照厂家的设计，前后烟道的温度分别为 403℃和 462℃（B-MCR 工况下），已经没有熔化的飞灰，碱金属（钠、钾）氧化物蒸汽的凝结也已结束，所以省煤器的积灰容易用吹灰方法消除。

进入省煤器区域的飞灰，具有不同的颗粒尺寸，属于宽筛分组成，一般都小于 200μm，大多数为 10~20μm。当携带飞灰的烟气横向冲刷蛇形管时，在管子的背风面形成涡流区，较大颗粒飞灰由于惯性大不易被卷进去，而小于 30μm 的小颗粒跟随气流卷入涡流区，在管壁上沉积下来，形成楔形积灰。

省煤器管壁上的积灰，使省煤器管的传热系数降低，传热恶化，提高了空气预热器进口的烟气温度，严重时会使空气预热器的运行工况恶劣，造成空气预热器内受热面的损坏，同时也会引起空气预热器出口排烟温度升高，排烟热损失提高，降低锅炉效率；积灰可能使烟道堵塞，轻则使烟气的流动阻力增加，提高引风机的功耗，增加电厂用电，严重时可能被迫停炉清灰。省煤器管壁积灰也增加了省煤器管低温腐蚀的可能性。

锅炉运行时，为防止或减轻积灰的影响，首先应及时对省煤器区域的受热面进行吹灰。因省煤器采用了顺列布置，吹灰对消除省煤器的积灰是非常有效的，尤其在锅炉负荷较低的情况下，流经省煤器的烟气流速较低时，更应及时进行吹灰，但频繁的吹灰也可能造成省煤器管壁的吹损。因此必须确定一个合理吹灰间隔时间和吹灰的持续时间，一般情况下，每天吹灰一次或两次。其次，还应防止省煤器的泄漏，泄漏后的水和饱和蒸汽会使省煤器外表面形成黏结性灰而无法清除。另外，尾部烟道的调温挡板的开度直接影响到前后烟道内的烟气流量和流速，对受热面的积灰和磨损的影响也比较大，在锅炉的运行中要尽量保持前后烟道挡板开度的平衡。

8.6.4.2　省煤器的磨损

锅炉尾部受热面在烟气侧的冲刷磨损是一个错综复杂的技术问题，影响的因素也很多。对燃煤锅炉来说，进入尾部烟道的飞灰由于温度较低，省煤器进口烟温已降到 460℃左右，其中含有坚硬的未熔化的矿物质，如石英和铁矿石等，它们的硬度很高，硬度值达 6~7；对这些形状不规则的、坚硬的大于 50μm 的大颗粒矿物质，随烟灰气流高速冲刷、撞击管子表面，动能做功、克服分子力，磨掉受热面管子外壁的氧化皮及金属微观颗粒，即发生了磨损。

含有硬粒飞灰的烟气相对于管壁流动，对管壁产生的磨损称为冲击磨损，也称为冲蚀。冲蚀有撞击磨损和冲刷磨损两种。

飞灰颗粒冲击到金属壁面任一点时，灰粒的运行方向与该切点平面的夹角一般称为灰粒对此点的冲击角。灰粒作用到该点的力 F 可以分解为法向力 F_a 和切向力 F_b。法向力（冲击力）F_a 引起撞击磨损，使管壁表面产生微小的塑性变形或显微裂纹，在大量灰粒长期反复的撞击下，逐渐使塑性变形层整片脱落而形成磨损。切向力（斜向力）F_b 可引起冲刷磨损，如果管壁经受不起灰粒锲入冲击和表面摩擦的综合切削作用，就会使金属颗粒脱离母体而流失。对大多数管子而言，对金属管壁磨损起主要作用的是切削力。当冲击角减小时，由于切向力的增大，磨损情况逐渐严重。当冲击角为30°~50°时，由于冲击力和切向力的双重作用达到最大，所以磨损也最严重。当冲击角再增大时，由于切削磨损作用减弱而使磨损减轻。因而省煤器的最大磨损区发生在与烟气流呈对称的45°范围内。

影响省煤器磨损的因素主要有烟气流速、飞灰浓度、灰的物理化学性质、受热面的布置与结构特性和运行工况等。

受热面金属表面的磨损正比于飞灰颗粒的动能和撞击次数。飞灰颗粒的动能和速度的平方成正比，而撞击次数同速度的一次方成正比。这样，管子金属表面的磨损就同烟气速度的三次方成正比例。由此可见，烟气流速对受热面的磨损起决定性的作用。

在管束四周与烟道的间隙中形成烟气走廊，由于阻力较小，局部烟速可达到平均流速的2倍而形成严重的局部磨损。当烟气经水平烟道转入尾部烟道时，由于气流转弯，飞灰被抛向后墙附近，使这里的飞灰速度增高，靠后墙的管子就会受到更大的磨损。

飞灰中大的颗粒更容易引起管壁的磨损，具有足够硬度和锐利棱角的颗粒要比球形颗粒磨损更严重些。灰粒磨损性能主要决定于灰中 SiO_2 的含量，还与总灰量有关，而总灰量决定于燃料灰分和燃料的发热量。

管子的布置方式，如错列、顺列，横向、纵向、斜向节距均对磨损有影响。

除上述因素外，燃料灰分、炉型、燃烧方式、烟道形状、局部飞灰浓度、管径等对金属表面磨损均有影响。

锅炉运行时，随着锅炉负荷的增加，烟气流速也相应增加，飞灰磨损也就加快。烟道漏风量增大时，因烟气容积增大流速相应增高，磨损也将加快。锅炉燃烧时，因燃烧不良而使飞灰含碳量增高时，由于焦炭颗粒的硬度比飞灰的硬度高，因此磨损也会增大。此外，当省煤器受热面发生局部烟道堵塞时，烟气偏流向未堵塞侧烟速提高，造成单侧局部磨损。

由上述的省煤器管壁磨损的机理和原因，应采取的措施：首先消除烟气走廊的形成，安装和维修时，尽量减小省煤器管子与包覆墙之间的距离，同时使各蛇形管间距离要尽量均等；对于局部烟气流速过高的地方，装设防止烟气偏流的阻流板，管束上装设防磨装置。其次，降低局部的烟气流速，尽量维持尾部烟道调温挡板开度的平衡，防止单侧烟道的烟气流速过快，减少锅炉的漏风率等。

9 空气预热器

9.1 空气预热器的作用及分类

空气预热器是利用锅炉尾部烟气热量来加热燃烧所需要空气的一种热交换装置，布置在烟气温度最低的区域，回收烟气热量，降低排烟温度，因而使锅炉效率提高。另外，由于燃烧空气温度的升高，有利于燃料着火和燃烧，减少了不完全燃烧损失。

按传热方式空气预热器可以分为传热式和蓄热式（再生式）两种，前者是将热量连续通过传热面由烟气传给空气，烟气和空气有各自的通道；后者是烟气和空气交替地通过受热面，热量由烟气传给受热面金属，被金属积蓄起来，然后空气通过受热面，将热量传给空气，依靠这样连续不断地循环加热。

在电厂中常用的传热式空预热器是管式空气预热器，蓄热式空气预热器是回转式空气预热器。随着电厂锅炉蒸汽参数和机组容量的加大，管式空气预热器由于受热面的加大而使体积和高度增加，给锅炉布置带来影响，因此现在大机组都采用结构紧凑、质量轻的回转式空气预热器。

两者相比较有以下特点：

（1）由于回转式空气预热器受热面密度高达 $500m^2/m^3$，因而结构紧凑，占地小，体积为同容量管式预热器的1/10。

（2）质量轻，因管式空气预热器的管子壁厚1.5mm，而回转式空气预热器的蓄热板厚度为0.5~1.25mm，布置相当紧凑，所以回转式空气预热器的金属耗量约为同容量管式空气预热器的1/3。

（3）回转式空气预热器布置灵活方便，使锅炉本体更容易得到合理的布置。

（4）在相同的外界条件下，回转式空气预热器因受热面金属温度较高，低温腐蚀的危险较管式的轻些。

（5）回转式空气预热器的漏风量比较大，一般管式空气预热器的漏风量不超过5%，而回转式空气预热器的漏风量在状态好时为6%~10%，密封不良时可达10%以上。

（6）回转式空气预热器的结构比较复杂，制造工艺要求高，运行维护工作多，检修也较复杂。

回转式空气预热器有两种布置形式：垂直轴和水平轴布置。垂直轴布置的空气预热器又可分为受热面转动和风罩转动。通常使用的受热面转动的是容克式回转空气预热器，而风罩转动的是罗特缪勒（Rothemuhle）式回转空气预热器，但使用较多的是受热面转动的回转式空气预热器。

容克式回转空气预热器可以分为二分仓和三分仓两种，由圆筒形的转子和固定的圆筒形外壳、烟风道以及传动装置组成。受热面装在可转动的转子上，转子被分成若干扇形仓格，每个仓格装满了由波浪形金属薄板制成的蓄热板。圆筒形外壳的顶部和底部上下对应分隔成烟气流通区、空气流通区和密封区（过渡区）三部分，如图 9-1 所示。烟气流通区与烟道相连，空气流通区与风道相连，密封区中既不流通烟气又不流通空气，所以烟气和空气不相混合。装有受热面的转子由电机通过传动装置带动旋转，使受热面不断地交替通过烟气和空气流通区，完成热交换，每转动一周完成一次热交换过程。另外，由于烟气的流通量比较大，故烟气的流通面积大约占转子总截面的 50%，空气流通面积占 30%～40%，其余部分为密封区。

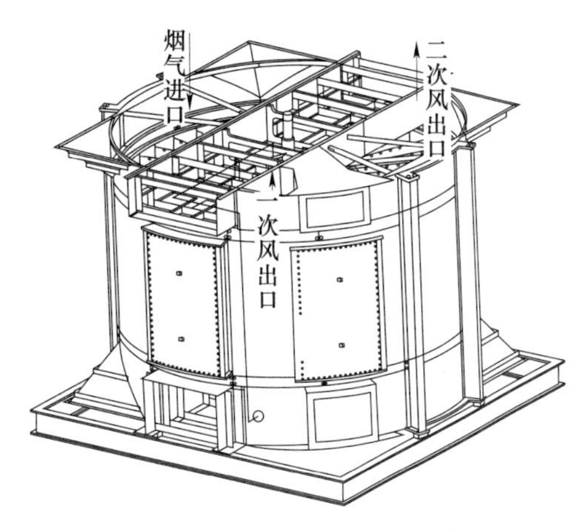

图 9-1 容克式回转空气预热器总体结构图

9.2 回转式空气预热器

某 1000MW 机组塔式锅炉配置回转式空气预热器，本节以此为例介绍其结构、性能特点和设计参数。

9.2.1 工作原理

转子是空气预热器的核心部件，其中装有换热元件。从中心筒向外延伸的主径向隔板将转子分为 24 个仓，这些仓又被二次径向隔板分隔为 48 个仓。主径向隔板和二次径向隔板之间的环向隔板起加强转子结构和支撑换热元件盒的作用。转子与换热元件等转动件的全部质量由底部的球面滚子轴承支撑，而位于顶部的球面滚子导向轴承则用来承受径向水平载荷。

所谓三分仓设计是指空气预热器可以通过三种不同的气流，即烟气、二次风、一次风。烟气位于转子的一侧，相对的另一侧分为二次风和一次风。气流之间由三组扇形板和轴向密封板相互隔开。烟气和空气气流相反，即烟气向下，一、二次风向上。通过改变扇形板和轴向密封板的宽度可实现双密封和三密封，以满足电厂对空气预热器总漏风率的要求。

转子外壳用来封闭转子，上下端均连有过渡烟风道。过渡烟风道一侧与空气预热器外壳连接。一侧与烟风道膨胀节相连接。外壳上还设有外缘环向密封条，由此控制空气至烟气的直接漏风和烟气的旁路量。

转子外壳与空气预热器底梁上铰链相连，并焊接成一个整体支撑在底梁结构上。转子外壳烟气侧和空气侧分别由两套铰链侧柱将转子支撑在钢架上，该支撑方式可以保证转子外壳在热态时能自由向外膨胀。

驱动装置包括主驱动电机、备用电机、减速箱、联轴器、驱动轴套锁紧盘和变频器等，水洗时转子靠变频器实现低速旋转。此外，驱动装置还配有手动盘车手柄，在安装调试和维修中以手动盘车。

空气预热器的静态密封件由扇形板和轴向密封板组成。扇形板沿转子直径方向布置，轴向密封板位于端柱处转子外壳上，与上下扇形板连为一体组成一个静态密封面。在转子径向隔板上、下及外缘轴向均装有密封片，通过有限元计算和现场的安装调试设定密封片与静密封面的间隙，可将空气预热器运行时的漏风率降至最低。

转子顶部和底部外缘角钢与外壳之间均装有外缘环向密封条。底部环向密封条安装在底部过渡烟道上，与底部外缘角钢底面组成密封对；顶部环向密封条焊在转子外壳平板上，与顶部外缘角钢的外缘组成密封对。

9.2.2　结构介绍

9.2.2.1　设计数据

某 1000MW 锅炉空气预热器设计参数见表 9-1。

表 9-1　空气预热器设计参数

项　　目	单　　位	技术参数
型号		2-34VI(50)-2300(90″)SMRC
型式		三分仓容克式空气预热器
数量	台	2
制造厂		上海锅炉厂有限公司
进口烟气温度（BRL）	℃	374
出口烟气温度（BRL）	℃	131(修正前)/126(修正后)
空气预热器出口过剩空气系数（BRL ）		1.20
进口空气温度（BRL）一次风/二次风	℃	27/24
一次风出口温度（BRL）	℃	336
二次风出口温度（BRL）	℃	346
空气预热器一次风侧阻力	Pa	498
空气预热器二次风侧阻力	Pa	1046
空气预热器烟气侧阻力	Pa	1245
一次风总阻力	Pa	1398
二次风总阻力	Pa	3472
锅炉烟道总阻力（不包括自身通风力）	Pa	2390
一次风至二次风侧漏风量（BRL）	kg/s	1.1
一次风至烟气侧漏风量（BRL）	kg/s	45.5
二次风至烟气侧漏风量（BRL）	kg/s	9.5
空气到烟气侧漏风量（BRL）	kg/s	54.9
投运时及运行一年后的漏风率（BRL）	%	
空气预热器轴承润滑及冷却方式		润滑油站
空气预热器转子直径	mm	16370
空气预热器热段层高度	mm	800
空气预热器热段中间层高度	mm	500

续表 9-1

项　　目	单　　位	技术参数
空气预热器冷段层高度	mm	1000
空气预热器转子转速	r/min	1. 2
空气预热器驱动电动机型式		三相交流
空气预热器驱动电动机转速	r/min	1480
空气预热器驱动电动机铭牌功率	kW	45
空气预热器驱动减速机型式		三级齿轮减速
空气预热器辅助气动电动机型式		三相交流

9. 2. 2. 2　换热元件

换热元件由薄钢板组成，一片波纹板上有斜波，另一片上除了不同方向的斜波外还有直槽，带斜波的波纹板和带有斜波、直槽的定位波交替层叠，装在元件盒内以便于安装和取出。直槽与转子轴线方向平行布置，使波纹板和定位板之间保持适当的距离。斜波与直槽成 30°角，使得空气或烟气流经换热元件时形成较大的紊流，以改善换热效果。传热元件布置方式如图 9-2 所示。

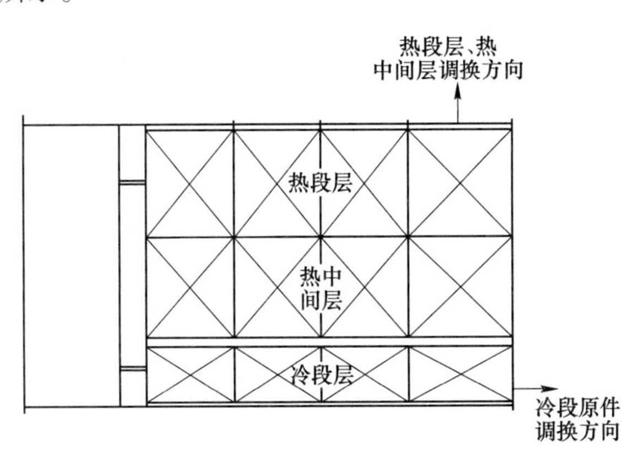

图 9-2　传热元件布置图

由于冷端受温度和燃烧条件的影响最易腐蚀，因而换热元件分层布置。其中，热端和中温段为低碳钢材质，而冷端为考登钢（Corten）；热端和中温段元件垂直抽取，冷端元件一般是水平抽取。

9. 2. 2. 3　转子

转子由中心筒轮毂和焊接在其上的立筋（径向）隔板组成基本构架。主径向隔板将转子分成 24 个分仓，再用二次径向隔板分为 48 个仓，环向隔板既作为加强板又作为分割单个元件仓的分割板。

转子冷端设有冷端换热元件支撑格栅，在每个外缘环向隔板间隙均设有侧抽门。

9.2.2.4　转子外壳

转子外壳由 6 部分组装成正八面体，位于两个端柱之间，由 4 套铰链侧柱支撑在锅炉钢架上，端柱和铰链侧柱的布置角度考虑了外壳能沿空气预热器中心向外自由、均匀膨胀。

9.2.2.5　端柱

端柱支撑着包括转子导向轴承在内的顶部结构。每个端柱上都有轴向密封板，轴向密封板与上下密封板焊接在一起。端柱与底部结构的扇形板支板相连，并通过铰链将载荷直接传递到底梁和锅炉钢架上。

9.2.2.6　顶部结构

顶部结构上连接有顶部扇形板，顶部扇形板在固定前由若干个调节螺杆悬吊在扇形板支板上。顶部结构两侧端柱连接为一体，组成一个中心承力框架，一方面将顶部导向轴承定位在中心位置并支撑由顶部轴承传递的横向载荷，另一方面还承受由驱动装置扭矩臂传递过来的载荷。

顶部结构扇形板支板的翼板两侧均开有 14 个通流槽口，以使顶部结构梁的上下温度场尽可能均匀，从而减小顶部结构纵向热变形和转子热端径向间隙的变化。

9.2.2.7　底部结构

底部结构包括底梁、底部扇形板和底部扇形板支板等。底梁通过底部轴承凳板支撑着底部轴承及空气预热器转动部件的全部重量。底部过渡风道的内部焊接在底部结构扇形板支板上，底部结构的支板上预留有安装过渡风道内支撑的穿管孔。底梁搭接在锅炉钢架上。

9.2.2.8　过渡烟风道

过渡烟风道的一端与空气预热器的外壳及顶底梁结构连接，一端与烟风道连接，其作用是将气流导入和引出空气预热器。

为保证空气预热器结构合理，所有过渡烟风道内均设置内撑管。

9.2.2.9　转子驱动装置

空气预热器的传动机构采用齿轮传动的减速箱，传动装置是驱动转子转动的组件，它由主、辅电动机，气马达、液力偶合器、减速箱、传动齿轮、支架等组件构成。

传动装置的传动过程为：由主电动机将动力传至减速箱，然后依靠减速箱低速输出轴端的大齿轮与装在转子外缘壳板上的围带相互啮合，使转子得以转动。转子的转速随空气预热器的大小而异，一般为 1~4r/min，过高的转速对传热不利，相反会因转子的旋转使带入的空气量增加，即空气预热器的漏风增加。

每台空气预热器除主电动驱动马达外，还应配有辅电动驱动马达。各驱动马达之间能自动离合切换，并各自采用变频启动，低速盘车。同时空气预热器配有空气马达盘车，并能做到空气预热器冲洗时的低速运行。

为确保空气预热器转子运转的可靠性，即保证在电厂用电中断、锅炉停炉时，仍维持空气预热器转动（如果停转，烟气侧与空气侧温度不同而导致变形），因此空气预热器必须设置主、辅两套传动装置，即利用有两个不同供电电源的主、辅电动机，它们分别与减速器的两个输入端轴相连接，构成主、辅两套传动装置，使转子分别接受主、辅驱动装置的驱动。主电机主要在空气预热器正常运行时使用，辅助电动机在主电机故障（或失去电源）时维持空气预热器的转子继续运行。

空气盘车马达在启动时，作为盘车在主辅驱动装置同时发生故障，气动马达进气电磁阀失电开启，对转子进行盘车，保证空气预热器不变形。空气预热器在安装、清洗、检修期间，也可以利用辅助空气马达使转子进行低速运行。

9.2.2.10　底部推力轴承

底部推力轴承的型式为自调心球面滚子轴承，底部轴承箱固定在支撑凳板上，定位后将螺栓和定位垫板一起锁定，并将垫板焊在支撑凳板上。

底部轴承采用油浴润滑，轴承箱上装有注油器和油位计，并开有用于安装测温元件的孔。

底部轴承箱下面配有不同厚度的调整垫片，用于现场调整转子的上下位置和顶部、底部径向密封间隙的大小。

9.2.2.11　顶部导向轴承

顶部轴承为球面滚子轴承，安装在一个轴套上。轴套装在转子驱动轴上，并用锁紧盘锁紧固定。导向轴承和轴套的大部分处于轴承箱内。在轴承的端轴与轴套间隙内还设计有密封薄片，从而使导向轴承箱的轴端密封简单化。

顶部轴承箱靠焊接在轴承箱两侧的槽形支撑臂支撑在顶部结构梁上，通过调节 6 条顶丝及垫片的厚度改变转子顶部轴承中心的位置和水平度。

9.2.2.12　吹灰器

空气预热器的两台吹灰器，一台位于烟气入口，一台位于烟气出口。

9.2.2.13　保温布置

空气预热器保温层的作用是降低热损失和保持金属表面温度场的均匀一致，其主要目的是尽量减少静态密封的热变形。此外，保温还有利于现场操作人员的安全防护。

9.2.2.14　顶部、底部检修平台

顶部检修平台用于中心驱动装置、顶部导向轴承、转子失速报警探头以及火灾探头等部件的维护。

底部检修平台用于底部轴承、底部中心筒密封以及用密封针仪测量冷端密封间隙等。

另外，还设有：顶部烟风道人孔门平台叶步梯，转子外壳上轴向密封检修门平台与步梯，顶、底部吹灰器运行维护平台和步梯，带照明视窗平台与步梯，底部三分仓扇形板设

定测量平台与步梯，冷端换热元件侧抽门平台与步梯。

9.2.2.15　消防设备

消防系统安装在顶部过渡烟风道内，每个烟风道内都有一组消防喷嘴。消防喷嘴按一定角度通过螺纹连接在一个总的弯管上，其布置可使消防水能有效地覆盖各烟风道内整个转子，各消防喷嘴均设有薄片耐热钛盘以防止喷嘴内侵入杂物。当压力高于0.07MPa时，耐热钛盘自动爆裂。

9.3　回转式空气预热器的密封结构

9.3.1　空气预热器的漏风和密封

空气预热器漏风的原因主要有：携带漏风和密封漏风，前者是由于受热面的转动将留存在受热元件流通截面的空气带入烟气中，或将留存的烟气带入空气中；后者是由于空气预热器动静部分之间的空隙，通过空气和烟气的压差或一次风和二次风之间的压差产生漏风。漏风量的增加将使送、引风机的电耗增大，增加排烟热损失，锅炉效率降低；如果漏风量过大，还会使炉膛的风量不足，影响出力，可能会引起锅炉结渣。为了减小漏风，需加装密封装置。转子的转速越快，转子的携带漏风量越大。

回转式空气预热器的主要漏风是间隙漏风。减少径向、轴向和环向间隙，采用性能良好的密封装置，合理调节密封间隙是减少空气预热器漏风的关键。

9.3.2　空气预热器的密封装置

9.3.2.1　径向密封装置

径向密封装置是用来防止和减少预热器中空气沿转子的上、下端面通过径向间隙到烟气区的漏风量，还可以减少一次风区沿转子的上下端面通过径向间隙漏到二次风区的漏风量。

径向密封装置主要由密封扇形板、径向密封片以及间隙调整装置等组成。

9.3.2.2　轴向密封

沿着每个转子径向隔板外侧的轴向边缘安装有轴向密封片。空气预热器运行时，轴向密封片和静止的轴向密封板之间的间隙最小。轴向密封片上开有腰形螺栓孔，用螺栓固定在径向隔板上，密封片可沿着径向方向上（靠近或远离轴向密封板）调节。

轴向密封的作用是抑制已通过周向密封的空气沿着转子与壳体直筒部分间的环形间隙流向烟气侧。在转子的外缘相应于径向分隔的位置设置轴向的密封挠性弹性挡板。

9.3.2.3　环向密封

环向密封装置包括转子外周上、下端处的旁路密封和中心筒密封两部分。

9.3.2.4　旁路密封

旁路密封也称周向密封，它主要由旁路密封片和T型钢所构成，冷、热端的旁路密封片由许多短折角片拼接而成。旁路密封片沿转子外缘呈圆形布置，只是在扇形板处断开，另设旁路密封件。

旁路密封装置是用来减小经转子与机壳之间通过的烟气和空气旁通量，即部分烟气和空气不经转子中的受热面而直接从转子与机壳之间的间隙中短路流过。同时，它对减少轴向密封和径向密封的漏风也起到一定的作用。

空气预热器密封布置示意图如图 9-3 所示。

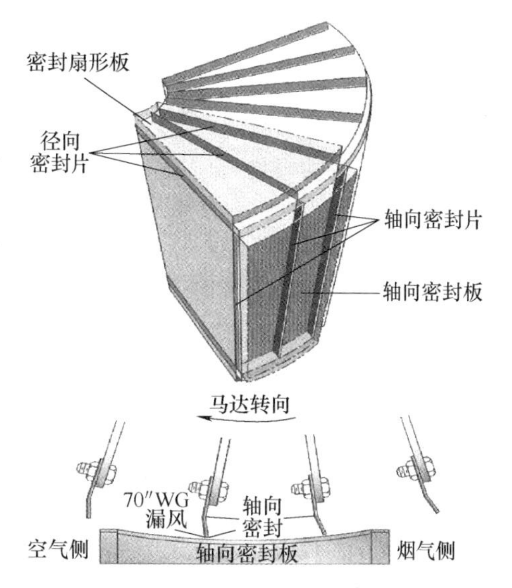

图 9-3 空气预热器密封布置示意图

9.3.3 空气预热器漏风控制系统

本节以某 1000MW 机组塔式锅炉空气预热器为例，介绍其漏风控制系统。

9.3.3.1 控制系统设计

空气预热器漏风控制系统的设计原理是：
使扇形密封板与热变形的转子形状紧密贴合，在各种工况下，扇形板通过柔形密封片跟随着转子径向密封，使漏风面积在各种过渡工况和 B-MCR 工况下运行时都减小。

为了减少空气预热器热端的漏风，该容克式空气预热器设有漏风控制系统。采用 A、B 空气预热器单独控制的方式，安装新的控制柜替换原来的扇形板自动跟踪控制柜。在 5 号机组 A 侧空气预热器平台安装一台控制柜，控制 A 侧空气预热器扇形板升降，在 5 号机组 B 侧空气预热器平台安装一台控制柜，控制 B 侧空气预热器扇形板升降，通过耐高温屏蔽电缆连接就地行程限位开关。

为了保证系统安全稳定地运行，PLC 程序中设计完善的控制逻辑、全面的报警保护机制和抗干扰措施，同时还增加了 DCS 系统自动发送到本控制系统的紧急提升信号（MFT 和空气预热器过电流保护）。

在投运时，该系统使扇形板向下，使径向密封与热端扇形板外侧的间隙减小，减少扇形板与转子径向密封面之间的间隙（减少漏风面积）。漏风面积与转子（从热端至冷端）的温度梯度有关，随着温度梯度的增大而增加。当转子的一端（热端）较另一端（冷端）为热时，转子不均匀地膨胀，使转子产生蘑菇状变形，于是转子的热端径向密封的间隙增大引起漏风面积增大，而漏风控制系统使扇形板下弯，从而减少漏风量。

9.3.3.2 扇形板的设计

可调式的扇形板内侧端吊于导向端轴过渡套上，在近外侧端连接到有电动机的漏风控制驱动系统，外侧端只是按控制系统的要求下调或回复。扇形板的内侧端，随转子中心筒的膨胀而上移。扇形板的外侧端利用跟踪系统，在热端膨胀状态（启动或增加负荷时）随转子移动以减少内侧端径向密封与扇形板的摩擦。

加载机构通过两个千斤顶的连接杆与空气预热器中的扇形板外侧端两根悬梁相铰接，扇形板的另一中心端由一个滚柱支撑，允许扇形板因为热膨胀产生径向滑动。当发电机组发电量增加时空气预热器中温度升高，投用该系统将控制扇形板外侧端跟踪向下位移，使扇形板底面的密封面与转子上的径向密封片始终保持理想的间隙，以达到控制漏风、取得节能的目的。

9.3.3.3　加载机构

每块扇形板配一套加载机构。电动机通过减速器降速后，与两只螺旋千斤顶连接。螺旋千斤顶中装有螺杆间隙调整装置，保证系统的灵敏度，使螺旋千斤顶中螺杆准确上下运动，施力于扇形板不可弯曲面外侧。为了使两只千斤顶同步调节，扇形板始终处在水平位置，采取了一个齿轮箱同时驱动两只螺旋千斤顶的布置方式，行程指示组件中来控制扇形板的上下极限位置。

9.3.3.4　漏风自动升降系统的运行

漏风自动升降系统的运行方式调整：

（1）空气预热器漏风自动升降系统采用两个控制柜单独控制，每个控制柜电源采用两路 380V 互为备用的供电方式，并加装电源切换装置，一旦一路电源出现断电问题则另一路电源自动供电。

（2）以 A 侧空气预热器为例，二次风与烟气中间为 A1 扇形板，烟气与一次风中间为 A2 扇形板，一次风与二次风中间为 A3 扇形板。

（3）在控制盘面设置手动/自动运行方式，自动方式运行时，控制系统将测得的温度值与内部温度设计值进行实时比较，若条件满足则对扇形板进行自动提升或者下降操作；手动方式运行时，由运行人员手动对扇形板进行提升或者下降操作。

（4）手动方式在自动故障和设备调试时使用，正常情况下使用自动方式。

（5）锅炉启动后，当烟气温度大于 330℃，同时二次风温度大于 300℃，计时 5min 后，自动降下空气预热器热端扇形板。

（6）当烟气温度小于 280℃，或者二次风温度小于 260℃，计时 5min 后，自动升起空气预热器热端扇形板。

9.3.3.5　空气预热器漏风自动升降系统运行注意事项

当空气预热器漏风自动升降系统投入运行后，该系统的控制只是根据烟风温度的变化，自动将扇形板调至“上限”或“下限”位置，巡检时应检查就地表盘状态是否正常、有无报警，表盘指示及扇形板应与实际位置相符。

手动操作，按住对应的“提升”或“下降”键，扇形板将按预定方向运行，手脱离键盘后，扇形板将停止运行。

手、自动操作时，扇形板将以 3mm/min 左右的速度运行。当紧急提升时，扇形板则快速提升至上限位。

当机组负荷过低、发生 MFT、空气预热器过电流保护或停止时，应就地检查扇形板运行情况，必要时应进行手动提升或紧急提升。

按紧急提升按钮后，该按钮嵌入，待扇形板提升到上限后，应转动按钮后复位。

若测温元件出现温度异常、热电偶短路、热电偶开路等，发热电偶故障报警。

若升降命令发出后，超时无到位信号反馈，系统则停止升降输出，同时发出运行超时报警。在就地确认扇形板实际未到位，可复归超时报警后，复归报警后系统将继续执行升降输出。

切勿在任一扇形板低于“上限”位置时，断开控制电源。若需断开电源，必须先将扇形板提升至“上限”位置。

当自动提升故障时，应切至手动方式对扇形板进行提升；查明原因并且处理后，方可进行下降操作。

手/自动无法提升时，应立即联系检修。用摇手柄将扇形板提升至“上限”位置时，不要超越“上限”位置，以免损坏“上限”限位开关。手摇逆时针方向为扇形板“下降”，手摇顺时针方向为扇形板“提升”。

9.3.4 密封磨损的原因及防止措施

当温度升高到设计温度以上时，当前的密封和密封表面之间的设计间隙不够弥补过量的热变形，从而导致密封和密封表面接触而磨损。下面的运行情况将产生严重的密封磨损。

（1）进入空气预热器的烟气温度超过设计值。

（2）通过预热器的空气减少。当空气量接近零时，密封磨损程度增加。

（3）热备用状态，空气预热器有烟气存在但没有空气流通过，空气预热器或锅炉处于热态。

（4）空气预热器转子转动速度低于设计值，随转子速度的降低而密封磨损的程度增加。

（5）在隔离之前空气预热器正在运行。

因为密封磨损加大了密封和密封表面的间隙，在 B-MCR 负荷下，增加了正常运行时的漏风；并且在密封磨损过程中，如果密封接触阻力变得足够大，空气预热器传动电机可能过载。为减小密封严重磨损的可能性及相关问题的出现，应采取以下步骤：

（1）无论何时只要有烟气流过预热器时，就应有空气流过预热器。

（2）只有在应急和维修时采用变频调速慢速挡，当采用变频调速慢速挡带动空气预热器时转子速度能降低到 0.25r/min。

（3）运行前隔离空气预热器。

（4）在启动和运行过程中，当烟气入口、烟气出口、空气入口、空气出口温度保持在或低于 B-MCR 工况下的设计温度时，并且预热器密封和密封表面的间隙已经调整好，不需要采取特别的措施来阻止密封系统的磨损。

9.4 回转式空气预热器的腐蚀与积灰

9.4.1 低温酸腐蚀

由于煤粉中含有一定的硫分，在燃烧过程中会生成一定的 SO_2 和 SO_3。当烟气温度低于 200℃时，SO_3 会与水蒸气结合生成硫酸蒸气，即

$$SO_2(气) + H_2O(气) = H_2SO_3(气) \text{ 弱酸}; H_2SO_3(液) \rightleftharpoons 2H^+ + SO_3^{2-}$$

SO_3(气) +H_2O(气) ══ H_2SO_4(气) 强酸；H_2SO_4(液) ⟶ $2H^+ + SO_4^{2-}$

烟气中含有水蒸气和硫酸蒸气。当烟气进入低温受热面时，由于烟温降低可能有蒸汽凝结；蒸汽也可能在接触温度较低的受热面时发生凝结。酸性蒸汽的凝结液接触到金属将发生酸腐蚀。水蒸气在受热面上的凝结水也会造成氧腐蚀。电厂高压以上机组给水温度远超过烟气中的硫酸蒸气和水蒸气的凝结温度，因此低温受热面的烟气侧的腐蚀，主要是指空气预热器的腐蚀。

水蒸气开始凝结的温度称为露点；水蒸气的露点决定于它在烟气中的分压力。

$$p_{H_2O} = \frac{V_{H_2O}}{V_{gy} + V_{H_2O}} \cdot p \tag{9-1}$$

式中，V_{H_2O}，V_{gy} 为水蒸气和干烟气的容积；p 为烟气总压力。

根据上式计算出的分压力，可由蒸汽表查出对应的饱和温度，也就是水蒸气的露点。一般水蒸气的露点为30~65℃，而排烟温度远大于此值，可见一般蒸汽不易在低温受热面结露。烟气中还含有硫酸蒸汽，为燃用含硫燃料时，硫在燃烧后生成 SO_2，其中少部分进一步氧化生成 SO_3，三氧化硫与烟气中的水蒸气化合生成硫酸蒸汽。烟气中硫酸蒸气的凝结温度称为酸露点，烟气中 SO_3 含量越多，则酸露点越高。酸露点可高达140~160℃。当硫酸蒸气在壁温低于酸露点的受热面上凝结下来时，就会对金属受热面产生腐蚀作用，使受热面穿孔、损坏，严重的只要三四个月就要更换受热面，对锅炉的正常运行影响很大，也增加了金属和资金的消耗。在腐蚀的同时，液态硫酸还会黏结烟气中的飞灰使其沉积在潮湿的受热面上，从而造成堵灰现象，这会使烟道通风阻力增加，排烟温度提高，甚至被迫停炉，极大地影响了锅炉的安全性和经济性。

9.4.2 低温腐蚀与积灰的影响因素

9.4.2.1 低温酸腐蚀机理

烟气中三氧化硫的形成主要有两种方式：

（1）在燃料反应中，二氧化硫与火焰中原子状态的氧反应，生成三氧化硫。

$$SO_2 + [O] \longrightarrow SO_3$$

（2）二氧化硫在烟道中遇到氧化铁（Fe_2O_3）、氧化钒（V_2O_5）等催化剂时，可能与烟气中的过剩氧反应生成三氧化硫。

一般烟气中的 SO_3 含量很少，仅占总容积的百万分之几十。但是，即使少量的 SO_3，也会使酸露点提高很多。例如，当烟气中 SO_3 含量为 $(15\sim30)\times10^{-6}$ 时，硫酸蒸气的露点在120~150℃。酸露点越高，腐蚀范围越广，腐蚀也越严重。

目前，还没有计算烟气露点的理论公式，可用经验公式（9-2）来计算含硫烟气的露点：

$$t_{sl} = t_h + \frac{201\sqrt[3]{s_{zs,ar}}}{4.19\alpha_{fh}A_{zs,ar}} \tag{9-2}$$

式中　t_h——按烟气中水蒸气分压力计算的水蒸气凝结温度；

$S_{zs,ar}$，$A_{zs,ar}$——燃料收到基折算硫分和灰分；

α_{fh}——燃料灰分中飞灰占有的份额。

受热面的腐蚀速度既与硫酸凝结量、浓度有关，又与管壁的温度有关。

硫酸浓度对受热面腐蚀速度的影响如图 9-4 所示。开始凝结时产生的稀硫酸对钢材的腐蚀作用很轻微；而当浓度为 56%时，腐蚀速度最高。硫酸浓度进一步升高，腐蚀速度反而逐渐降低。

除浓度外，单位时间在管壁上凝结的酸量也是影响腐蚀速度的因素之一。随着凝结酸量增加腐蚀加剧。管壁上凝结的酸量与管壁温度有一定关系，图 9-5 给出了煤粉炉中尾部受热面上凝结酸量随壁温变化关系曲线。受热面壁温除影响凝结酸量以外，还直接影响腐蚀化学反应的速度。随着壁温增高，腐蚀化学反应速度增大。

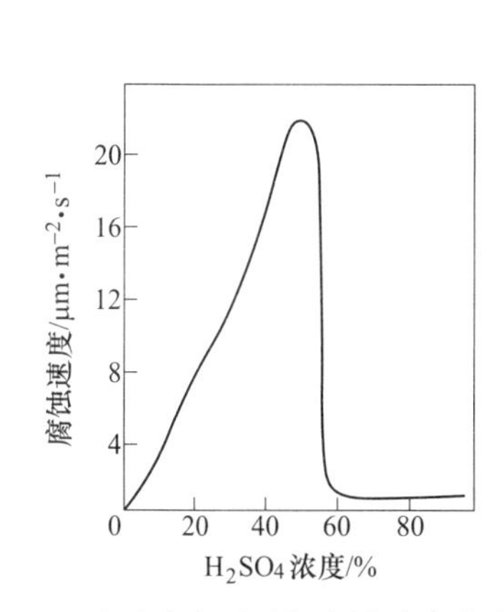

图 9-4　硫酸浓度对碳钢腐蚀速度的影响

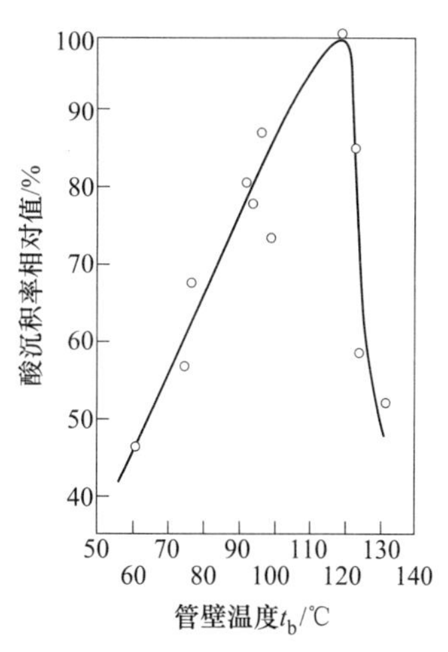

图 9-5　凝结酸量与管壁温度的关系

综上可知，尾部受热面金属实际的腐蚀速度既与壁面上凝结的硫酸浓度有关，又与壁温有关。图 9-6 所示为一台煤粉炉中整个受热面腐蚀速度与管壁温度的关系。由图 9-6 可知，腐蚀严重的区域有两个：（1）发生在壁温为水露点附近；（2）发生壁温约低于酸露点 15℃的区域。壁温介于水露点和酸露点之间，有一个腐蚀较轻的安全区。形成上述腐蚀变化规律的原因是：顺着烟气流向，当受热面壁温到达露点时，硫酸蒸汽开始凝结，腐蚀即发生，如图 9-6 中 *A* 点附近。此时虽然壁温较高，但凝结酸量较少，且浓度也高，故腐蚀速度较低；随着壁温降低，硫酸凝结量逐渐增多，浓度却降低，并逐渐过渡到强烈腐蚀过渡区，因此腐蚀速度是逐渐加大的，至 *B* 点达到最大；壁温继续降低，凝结酸量开始减少，浓度也降至较弱腐蚀浓度区，此时腐蚀速度是随壁温降低而逐渐减小的，到 *C* 点达到最低。当壁温到达水露点时，管壁上的凝结水膜会与烟气中的 SO_3 结合，生成 H_2SO_4 溶液，它对受热面也会产生强烈腐蚀。另外，烟气中的 HCl 也会溶于水膜，对受热面金属产生一定的腐蚀作用。因此，随着壁温降低，腐蚀重新又加剧。

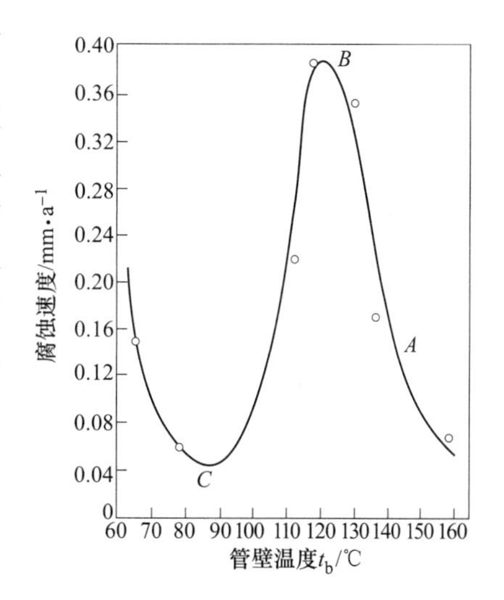

图 9-6　腐蚀速度与管壁温度的关系

9.4.2.2 影响低温腐蚀与积灰的因素

由 9.4.2.1 节分析可知，空气预热器的低温腐蚀的根本原因是烟气中生成了少量的三氧化硫，使烟气露点大幅度上升，以致酸露点高于金属壁温使烟气中硫酸蒸汽量增多，既提高烟气露点，又增多硫酸凝结量，因而提高了腐蚀速度。硫酸蒸汽量决定于三氧化硫量，所以三氧化硫量的多少对腐蚀速度有决定性的影响。烟气中三氧化硫的形成与燃料硫分，排烟温度，燃料空气量，飞灰性质和数量以及催化剂的作用等有关。

（1）燃料中硫分越多，使烟气中生成 SO_3 就越多。

（2）炉膛火焰温度越高或燃烧热强度越大，则使氧分子离解或氧原子就越多，从而增加了 SO_3 含量。

（3）过剩空气量增加，也会使火焰中原子氧增加，因而使 SO_3 含量增加。

（4）飞灰中有些物质如 Fe_2O_3、V_2O_5 等有催化作用，能促使 SO_2 再氧化成 SO_3。但飞灰中未燃尽的焦炭粒以及飞灰中的钙镁氧化物和磁性氧化铁（Fe_3O_4）有吸收或中和 SO_2 和 SO_3 的作用，因而飞灰多则往往三氧化硫含量小。

（5）催化剂的作用是很显然的，但是催化剂的催化能力与温度有关，壁温为 500～600℃时催化能力最强，这正是过热器管壁的温度范围，此时 Fe_2O_3 和 V_2O_5 会在过热器区使较多的 SO_2 转变成 SO_3。

9.4.3 减轻低温腐蚀与积灰措施

9.4.3.1 一般措施

既然空气预热器低温腐蚀的根本原因是烟气中含有 SO_3，使烟气中酸露点高于了金属壁温 $t_{sl}>t_b$，减轻空气预热器低温腐蚀就要从两方面着手：一是降低烟气中 SO_3 含量，使酸露点降下来；二是提高空气预热器冷端的金属壁温，使之高于壁温，至少应高于腐蚀速度最快时的壁温。欲达到这一目的，采取具体措施如下：

（1）燃料脱硫。如果煤中的黄铁矿（FeS）含量较多，可以在煤进入制粉系统之前利用它们的密度不同将黄铁矿分离出来，但也只能去掉一部分。燃烧中的有机硫很难去除，这种方法作用不明显。

（2）低氧燃烧。在煤燃烧过程中，降低过剩空气系数和减少漏风，减少烟气中的剩余氧气含量，能显著降低 SO_3 的生成。低氧燃烧，必须强调燃烧要完全，否则不但经济性差，而且烟气中仍有较多的氧气，达不到降低 SO_3 含量的目的。

（3）采用抑止腐蚀的添加剂。目前，使用最广的添加剂是石灰石或白云石。粉末状的白云石混入燃料中或直接吹入炉膛或吹入过热器后的烟道中，它会与烟气中的 SO_3（或 H_2SO_4）发生作用而生成 $CuSO_4$ 和 $MgSO_4$，从而降低烟气中的 SO_3（或硫酸蒸汽）的分压力，减轻低温腐蚀。反应生成的硫酸盐是一种松散的粉末，必须加强吹灰来予以清除。但长期使用后仍会使受热面积灰增多，污染加重，影响传热。

（4）提高空气预热器受热面的壁温。

9.4.3.2 运行中空气预热器减轻腐蚀和积灰的措施

（1）采用低氧燃烧可以将烟气中 SO_3 含量降低，烟气露点下降，腐蚀速度减小。化学未完全燃烧有增加，但是排烟损失减少，锅炉效率稍有增加。

（2）控制炉膛燃烧温度水平，减少 SO_3 的生成量。

（3）定期吹灰，有利于清除积灰，又利于防止低温腐蚀。

（4）定期冲洗，如空气预热器冷段积灰，可以用碱性水冲洗受热面清除积灰。冲洗后一般可以恢复至原先的排烟温度，而且腐蚀减轻。

（5）避免和减少尾部受热面漏风，因漏风受热面温度降低，腐蚀加速。特别是空气预热器漏风，漏风处温度大幅下降，导致严重的低温腐蚀。

总之，空气预热器的低温腐蚀产生的主要原因是燃料中的硫燃烧生成 SO_2，其中部分氧化形成 SO_3。由于 SO_3 的存在，使烟气的露点升高，即 SO_3 与烟气中的水蒸气化合形成硫酸蒸汽，使露点温度大大升高，当遇低温受热面时结露，并腐蚀金属。影响腐蚀速度的因素有：硫酸量、浓度和壁温。酸量越大，腐蚀越快，金属温度越低，化学反应越慢，速度降低。预防低温腐蚀的措施是采用热风再循环，加装暖风器，采用耐腐蚀的材料，装设吹灰装置。

9.4.4 积灰

预热器受热面波纹板上积灰后，由于灰的热阻大，因而使波纹板传热变差。积灰也使波纹板之间的气流通道变小，引起流动阻力及风机电耗增大，限制锅炉出力。此外，积灰还会加剧受热面的腐蚀。严重积灰会堵塞转子的一部分气流通道，迫使锅炉降低出力运行，甚至被迫停炉检修，疏通预热器。

9.4.4.1 积灰的机理

对于固态排渣的煤粉炉，烟气中含有大量的飞灰，飞灰的粒径一般小于 200μm，大部分为 20~30μm。当携带着飞灰的烟气流经预热器的传热元件波纹板时，以下原因使飞灰沉积在受热面上形成积灰。

（1）当含灰烟气冲刷波纹板时，在板的背风面会产生涡流区。大颗粒灰由于其惯性大，不易卷入涡流；而小灰粒（小于 30μm，尤其是小于 10μm 的细灰粒）则易进入涡流区。此时，它们中的一部分灰粒碰到金属壁后，由于受到分子吸力及静电引力的作用，使部分灰粒吸附在波纹板上，形成疏松的积灰。

（2）由于波纹板金属壁面的凹凸不平（尤其在发生低温腐蚀的情况下，壁表面更显得粗糙和不平），在摩擦力的作用下，也能挂住部分微小的灰粒，此时形成的积灰也是疏松的。

（3）当受热面壁温较低时，使烟气中的水蒸气或硫酸蒸气在受热面上发生凝结，潮湿的表面会将部分灰粒粘住，此时积灰被“水泥化”，形成低温黏结灰。

9.4.4.2 减轻预热器转子中积灰的措施

（1）控制流经转子的烟气流速及空气流速。提高烟气流速及空气流速可以减轻积灰，但会加剧磨损和增大流动阻力损失。这是因为烟气流速高，在波纹板上不易积灰，而提高烟气及空气的流速，还能增强自吹灰能力。为了使积灰不过分严重，回转式预热器在锅炉最大连续蒸发量下，烟气流速一般为 8~9m/s，空气的流速为 6~8m/s。

（2）提高空气预热器传热元件的壁温，以防止结露。干燥的壁面有助于改善积灰的情况，但将会降低锅炉的效率。

（3）装设效能良好的吹灰装置，并定期进行吹灰。

空气预热器还装有受热面的水冲洗装置，当用吹灰方法已无法清降受热面上积灰的情况下，在停炉时，则可对受热面进行水洗。由于沉积物很多都是水溶液，因此用水清洗可以收到良好的除灰效果。但应指出，无论是蒸汽吹灰或用水洗，均应严格遵守规定的冲洗程序、吹灰介质的压力和连续工作的时间。另外，从预热器本身结构上和传热元件的选择上也充分考虑了积灰的因素。本炉冷段波形板形状选取了槽口形的定位板与平板的间隔叠置，以增大气流的流道截面积，减少堵灰的可能性；同时，减少飞灰也可以减轻对波形板的磨损程度，这种冷端波形板形状的选择是目前普遍采用的。

9.5 回转式空气预热器的运行

9.5.1 空气预热器的启动

首先应检查各漏风控制系统是否正常，确认各漏风控制系统处于备用状态，扇形板在最高设定位置。用空气预热器变频的低速挡试转其主驱动马达、备用电动马达正常，确认空气预热器转向正确、转速正常。确认空气预热器着火监视系统投入，热电偶温度监测正常；确认水冲洗、消防水系统处于备用状态。投入空气预热器 LCS 系统。检查导向、支承轴承油位正常，油质合格，轴承冷却水畅通，冷却水压力正常，减速箱完好，润滑油位正常，油质正常。确认空气预热器联锁试验正常，两只变频器的“远方/就地”切换开关均处于“远方”。

确认空气预热器启动条件满足，启动其变频器，检查启动电流正常，变频器输出缓慢增加至设定值。检查空气预热器转向正确，转速为额定值，电流正常、无明显晃动，变频器运行正常。检查空气预热器二次风出口挡板、烟气进口挡板依次开启。投入空气预热器电机联锁。

9.5.2 空气预热器的运行监视

空气预热器的传热元件布置紧凑，气流通道狭小，飞灰易积在传热元件中，造成堵塞，气流阻力加大，引风机电耗增加，受热面腐蚀加剧，传热效果降低，排烟温度升高。严重时会使气流通道堵死，影响安全运行。因此，空气预热器吹灰是很有必要的。锅炉点火后，使用辅助蒸汽对空气预热器进行连续吹灰，直至全停油。正常运行中，每班吹灰一次。当出现空气预热器进出口差压增大、受热面泄漏、锅炉低负荷运行、排烟温度高、燃烧条件差，如燃油或飞灰可燃物含量大等情况应及时进行吹灰或增加吹灰次数。

为了使空气预热器保持一定的清洁度，保证好的传热效果，除在运行时定期吹灰外，在无负荷情况下应对预热器受热面进行清洗。在预热器发生二次燃烧时，必须立即投入消防水。

空气预热器在运行中应无异常声音，传动装置运转平稳、无摩擦，其电流稳定在正常范围内。检查变频器、电机运行正常。

监视空气预热器进、出口压差及进、出口风温、烟温的变化情况，发现异常应及时分析原因并采取相应的措施。

轴承润滑油应无泄漏，各轴承温度、油位、油温等正常，空气预热器启动前应确认支撑轴承和导向轴承的油循环正常，对于电气部分检修后的启动应校验电机转动方向符合要求。其他附属设施符合启动要求。每台空气预热器的上下轴承设有各自独立的润滑油系统，油泵出力正常，油压稳定。上下轴承位于油箱中，当油箱运行时轴承浸没在油中。油温的合理性对空气预热器的运行也是比较重要的，油温的调节主要有冷却水量调节和冷油器旁路调节。

在空气预热器的运行过程中，还应监视其冷端温度，防止空气预热器冷端温度过低而造成冷端腐蚀。一般空气预热器的冷端温度应控制在68.3℃，冷端温度的计算方法为：(空气预热器烟气出口温度+空气预热器进口二次风温度+空气预热器进口一次风温度)/3，若燃煤中所含硫分（应用基）大于1.4%时，烟气的露点会提高，此时应提高空气预热器的冷端温度。

空气预热器的冷端温度主要是通过调节其二次风的进口温度，该温度又是由二次风的热风再循环挡板来进行调节的，或者采用暖风器调节。

9.5.3 空气预热器的停运

9.5.3.1 正常停机

空气预热器正常停机的顺序如下：

（1）降负荷前对空气预热器进行吹灰。

（2）关闭送、引风机。

（3）关闭空气预热器进口挡板。

（4）保持空气预热器转子继续旋转。

（5）火灾监控装置保持正常工作状态。

（6）保持顶部导向轴承冷却水的正常。

（7）转子失速报警装置保持正常工作状态。

9.5.3.2 紧急停机

紧急停机的条件如下：

（1）主电机和备用电机故障。如2个转子失速报警探头均给出报警信号，现场确认两台电机均停止工作，则在约1min后需关闭一次风机、送风机、引风机。

（2）电源故障。如主电机故障，应启动备用电机使转子沿着断电前的旋转方向继续旋转。如主、备用电机均跳闸，应立即启动气动马达，停止通烟、气，否则转子会产生异常变形，导致转子与密封片、密封板之间发生卡磨；同时，迅速降低机组负荷或申请停炉处理。

9.5.4 空气预热器的故障处理

9.5.4.1 空气预热器着火

由于锅炉长期低负荷燃油运行、燃烧不稳定等引起受热面积存油垢和未燃尽燃料沉积，而空气预热器吹灰器长期未投运或吹灰效果不良，此时极易造成空气预热器着火。空气预热器内着火时，会使其出口风、烟温不正常升高、进出口风、烟压增大，就地空气预热器不严密处冒火星。

当火警报警盘发出着火报警时，应立即到现场确认。若报警正确，但现场未发现有明显着火迹象时，应立即投入空气预热器吹灰器运行，必要时关闭二次风的热风再循环挡板，并加强对空气预热器运行的监视。

若发现空气预热器着火或排烟温度有明显升高，应立即按以下步骤进行灭火处理：

维持空气预热器运行，停止该侧的送引风机运行，并关闭该空气预热器的所有烟风挡板和烟风道的联络挡板，开启对应侧烟风道的疏排水阀，确认该空气预热器疏水系统疏通无阻，将其漏风控制系统扇形板退出后投入消防水系统、水冲洗装置以及吹灰器进行灭火，同时将着火探测装置切至备用位置。

确认空气预热器内部着火熄灭后，停运消防水灭水装置、水冲洗装置以及吹灰器运行，关闭冲洗阀，待内部余水放尽后，关闭空气预热器及烟风道疏排水阀。对空气预热器本体进行检查，如有损坏不得再投入运行，交检修处理。

检查空气预热器无异常后，方可将其投入运行。经确认空气预热器内部着火熄灭，不再会引起燃烧，可以启动送引风机对其进行冷却。如发生再燃烧立即停运风机，重新进行隔离。

如果经上述处理无效，按尾部烟道二次燃烧处理。

9.5.4.2　空气预热器转子停转

空气预热器的转子尺寸很大，变形大，极易引起动静部件间的相对运动受阻被卡，驱动扭矩增大，部件损坏，造成驱动马达过负荷而跳闸，转子停转。同时，因马达失电、故障或传动机械故障等原因也会引起空气预热器转子停运。

转子停运后烟气侧的受热面始终受到烟气加热而空气侧始终受到冷却，将使转子产生异常的不可恢复变形。空气预热器转子停运后出口烟温不正常上升，一次风、二次风出口风温不正常下降。

若运行中空气预热器主马达、备用马达均跳闸，对应侧的风机应跳闸，烟风道的联络挡板关闭，以减轻空气预热器变形的不均匀，并启动气动马达、手动提升扇形板。同时降低机组负荷，监视好空气预热器进出口温度，控制排烟温度不超限。

10 风　　机

10.1 风机概述

风机是发电厂锅炉设备中重要辅机之一，在锅炉上的应用主要是送风机、引风机和一次风机等。随着锅炉单机容量的增大，为保证机组安全可靠和经济合理的运行，对风机的结构、性能和运行调节也提出了更高的要求。离心风机具有结构简单、运行可靠、制造成本较低、效率较高、噪声小、抗腐蚀性能较好的特点，以往锅炉的风机普遍采用离心式风机。但是，随着锅炉单机容量的增大，离心风机的容量已经受到叶轮材料强度的限制，不可能使风机的容量随锅炉容量大幅度的增加或按相应比例增长。离心风机过大的尺寸，会给制造、运行等方面带来一定的困难。目前，有些国家采用增加风机的台数来适应锅炉容量的增加，但大容量锅炉的送风机采用轴流风机是目前发展的趋势，而引风机与一次风机，则有的采用轴流式，有的采用离心式。

轴流式风机分为静叶和动叶调整式两种。

轴流风机与离心风机比较，它们有以下主要的特点：

（1）轴流风机采用动叶可调的结构，调节效率高，变负荷工况下可使风机在高效率工作，因此运行费用较离心风机明显降低。轴流风机效率最高可达 90%，机翼型叶片的离心式风机效率也可达 89%，它们在设计负荷时的效率相差不大。但是，当机组带低负荷时，相应风机负荷也减少，则动叶可调的轴流风机的效率要比入口导向装置调节的离心风机高许多。

通过对日本某 220MW 和 375MW 机组轴流风机与离心风机比较发现，当机组负荷为 100%时，轴流风机与离心风机的效率分别为 86%与 84%；当机组负荷降至 54%~50%时，轴流风机效率比离心风机高 2.53~2.81 倍。

（2）轴流风机对风道系统风量变化的适应性优于离心风机。目前对风道系统的阻力计算还不能做到很精确，尤其是锅炉烟道侧运行后的实际阻力与计算值误差较大；在实际运行中，煤种变化也会引起所需的风机风量和压头的变化。对于离心风机来说，在设计时要选择合适的风机来适应上述各种要求是困难的。考虑上述的变化情况，如果选择风机时的裕量偏大，则会造成在正常负荷运行时风机的效率会有明显的下降；如果风机的裕量选得偏小，一旦情况变化后，可能会使机组达不到额定出力。轴流风机采用动叶调节，采用关小和增大动叶的角度来适应风量、风压的变化，而对风机的效率影响较小。

（3）轴流风机质量轻、飞轮效应低等方面比离心风机好。由于轴流风机比离心风机的质量轻，所以支撑风机和电动机的结构基础也较轻，还可以节约基础材料。轴流风机结构紧凑、外形尺寸小，所需空间也小，如果以相同性能作对比基础，则轴流风机所占空间尺寸比离心风机小 30%左右。

轴流风机低的飞轮效应值是由于它允许采用较高的转速和流量系数，所以在相同的风量、风压参数下轴流风机的转子质量较轻，即飞轮效应较小，使得轴流风机的启动力矩大大地小于离心风机。一般轴流式风机的启动力矩只有离心式风机的 14.2%~27.8%，因而可明显地减少电动机功率裕量，降低电动机的投资。离心风机由于受到材料强度的限制，叶轮的圆周速度也受到限制，使离心风机的转子大而重，飞轮效应显著增大，给风机的启动带来困难。电动机功率要比正常运行条件下所需的功率大得多，导致正常运转时电动机又经常在欠载运转，增加电动机的造价，降低电机的效率。

（4）轴流风机的转子结构要比离心风机转子复杂，旋转部件多，制造精度要求高，叶片材料的质量要求也高。再加上轴流风机本身特性，运行中可能要出现喘振现象，所以轴流风机运行可靠性比离心风机稍差一些。

（5）如果轴流风机与离心风机的性能相同，则轴流风机的噪声强度比离心风机要高，因为轴流风机的叶片数往往比离心风机多 2 倍以上，转速也比离心风机高，因此轴流风机的噪声频率位于较高倍的频程频带。国外资料报道，不装设消声器的轴流风机的噪声水平可达 110~130dB，离心风机噪声水平在 90~110dB。

10.1.1　轴流风机工作原理

流体沿轴向流入叶片通道，当叶轮在电机的驱动下旋转时，旋转的叶片给绕流流体一个沿轴向的推力（叶片中的流体绕流叶片时，根据流体力学原理，流体对叶片作用有一个升力，同时由作用力和反作用力相等的原理，叶片也作用给流体一个与升力大小相等而方向相反的力，即推力），此叶片的推力对流体做功，使流体的能量增加并沿轴向排出。叶片连续旋转即形成轴流式风机的连续工作。

假设一较长的圆柱体静止，气流自左向右做平行流动，不计气体的黏性（即气体流动的阻力），那么气体会均匀地分上下绕流圆柱体。气流在圆柱体上的速度及压力分布完全对称，流体对柱体的总的作用力为零，如图 10-1 所示，这种流动称为平流绕圆柱体流动。

若圆柱体做顺时针的旋转运动，则圆柱体周围的气体也一起旋转，产生环流运动。这时圆柱体的上、下速度及压力分布也完全对称，流体对圆柱体的总的作用力为零，如图 10-2 所示，这种运动为环流运动。

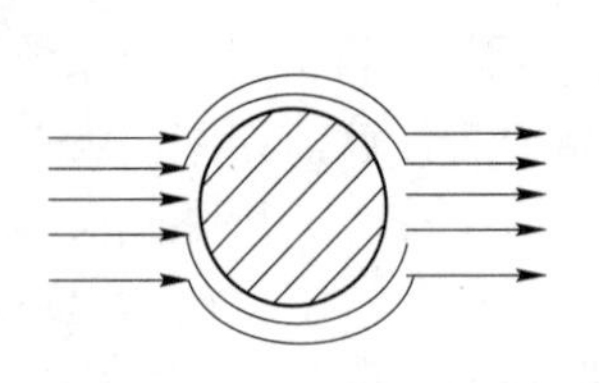

图 10-1　平流绕圆柱体流动

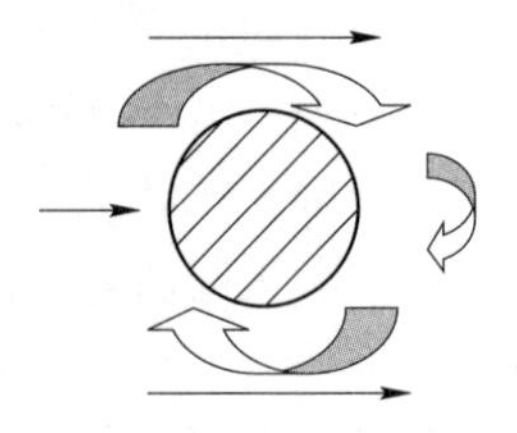

图 10-2　环流运动

若流体做平行运动，圆柱体做顺时针旋转，这两种流动叠加在一起是：圆柱体上部平流与环流方向一致，流速加快；圆柱体下部平流与环流方向相反，流速减慢。根据能量守恒原理，圆柱体上部与圆柱体下部的总能量相等，而圆柱体上部动能大、压力小，下部动能小、压力大。于是流体对圆柱体产生一个自下而上的压力差，这个压力差就是升力。

机翼上升力产生的原理与圆柱体上升力的原理相同，如图 10-3 所示。机翼上有一个顺时针方向的环流运动，由于机翼向前运动，流体对于机翼来说是做平流运动。机翼上部平流与环流叠加流速加快、压力降低，机翼下部平流与环流叠加流速减小、压力升高。此时就产生一个升力 P，同时在流动过程中有流动阻力，机翼也受到阻力。

轴流风机的叶轮是由数个相同的机翼组成的一个环形叶栅，若将叶轮以同一半径展开，如图 10-4 所示，当叶轮旋转时，叶栅以速度 u 向前运动，气流相对于叶栅产生沿机翼表面的流动，机翼有一个升力 P，而机翼对流体有一个反作用力 R，R 力可以分解为 R_m 和 R_u，力 R_m 使气体获得沿轴向流动的能量，力 R_u 使气体产生旋转运动，所以气流经过叶轮做功后，做绕轴的轴向运动。

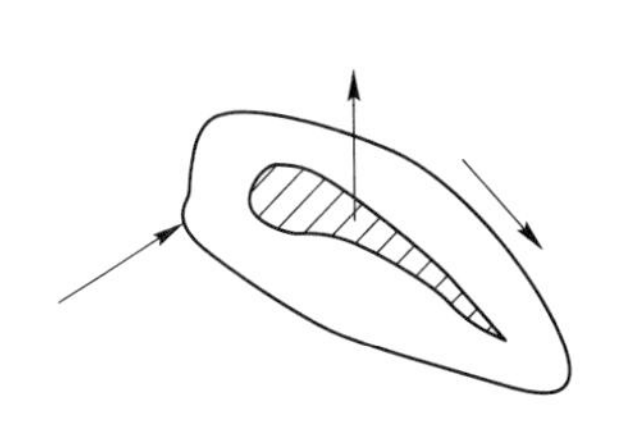

图 10-3　机翼的升力原理

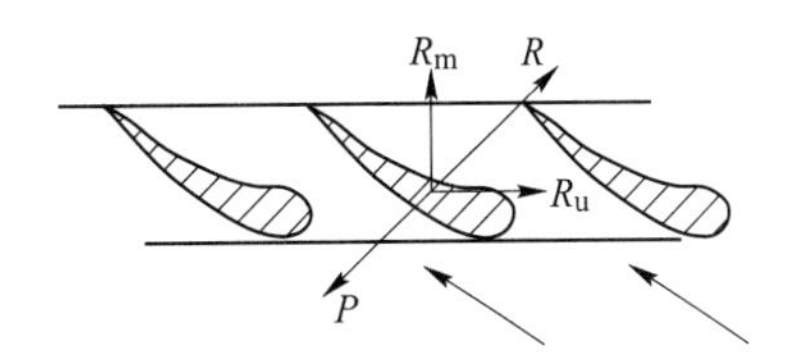

图 10-4　环形叶栅中机翼与流体相互作用力分析图

10.1.2　轴流风机的基本型式

轴流风机有四种基本型式：

图 10-5（a）为最简单的型式，它只有单个叶轮装置于机壳内。流体沿轴向进入叶轮，由于叶轮的作用，流体离开叶轮时既有轴向的流动，又有与轴旋转方向相同的绕轴运动。流体离开叶轮后的绕轴旋转运动是多余的，产生能量损失，降低风机的效率。要减少绕轴运动的速度 c_{2u}，则流体通过叶轮所获得的能量也减少，因此这种型式只能用于低压头的风机。

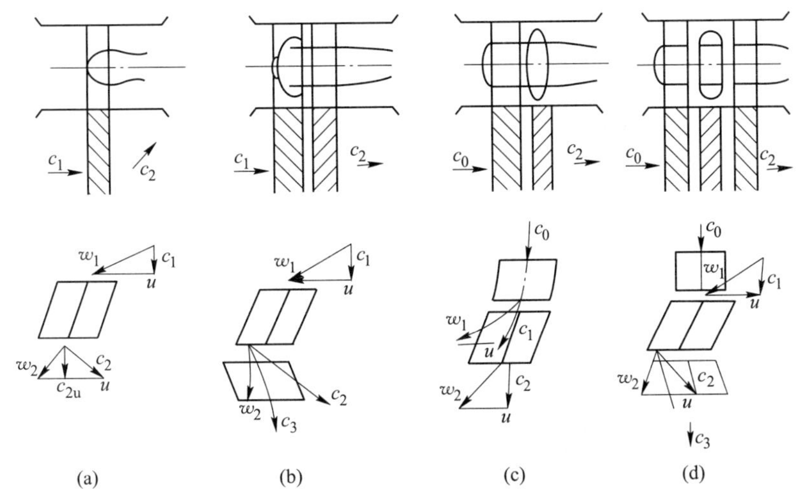

图 10-5　轴流风机型式

（a）单个叶轮；（b）单个叶轮后置导叶；（c）单个叶轮前置导叶；（d）单个叶轮前后置导叶

图 10-5（b）为单个叶轮后置导叶型式。针对单个叶轮轴流风机的缺点，在叶轮后放置静止的导叶，叶轮出口流体的流速 c_2 虽然有周向分速 c_{2u}，但是 c_2 流往导叶后，c_{2u} 改变了方向。

图 10-5（c）为单个叶轮前置导叶型式。在叶轮前安置一个静止的导叶，流体进入导叶后产生与叶轮旋转方向相反的旋转速度，也即 c_1 轴向分速度 $c_{1u}<0$。在设计工况下，流体经过叶轮后的流动方向是轴向的，c_2 轴向分速度 $c_{2u}=0$；而在非设计工况下，流体从叶轮流出后 $c_{2u}\neq 0$。由于流体经过导叶后速度从 c_0 增至 c_1，所以压力更小，但是最后在叶轮中所获得的压力能比例还是较大的。这种型式轴流风机在设计工况下，其流动效率较图 10-5（b）型式要小，这是因为入口相对速度 w_1 大的缘故。目前，中、小型轴流风机采用这种型式。

图 10-5（d）为单个叶轮前后置导叶型式，这种型式是图 10-5（b）、（c）型式的合成。前置导叶在设计工况时，它的出口速度为轴向。如流量有变化时，则前导叶的叶片可相应地转动，流量减小时向叶轮旋转方向转动，流量增大时向相反方向转动，这样可以适应流量在较大范围内变化，而且有较高的效率。前置导叶在变工况时，起到调节挡板的作用。这种型式结构复杂，大型轴流风机采用动叶角度可调，所以如前置导叶则仅起导流作用。

10.2　轴流风机的调节

轴流式风机的运行调节有 4 种方式：动叶调节、节流调节、变速调节和入口静叶调节。

（1）动叶调节是通过改变风机叶片的角度，使风机的曲线发生改变，以改变风机的运行工作点，实现风量调节。这种调节经济性和安全性较好，每一个叶片角度对应一条曲线，且叶片角度的变化几乎和风量成线性关系。

（2）节流调节的经济性很差，所以轴流式风机不采用这种调节方式。

（3）变速调节是最经济的调节方式，但需要配置电机变频装置或液力耦和器。

（4）进口静叶调节时系统阻力不变，风量随风机特性曲线的改变而改变，风机的工作点易进入不稳定工况区域。

10.2.1　TLT 轴流式风机动叶片液压调节机构的工作原理

若将风机的设计角度作为 0°，把叶片角度转在-5°的位置（即叶片最大角度和最小角度的中间值，叶片的可调角为+20°～-30°），这时将曲柄轴心和叶柄轴心调到同一水平位置，然后用螺丝将曲柄紧固在叶柄上，按回转方向使曲柄滑块滞后于叶柄的位置（曲柄只能滞后而不能超前叶柄），全部叶片一样装配。此时装上液压缸，叶片角处于中间位置，以保证叶片角度开得最大时，液压缸活塞在缸体的一端；叶片角关得最小时，液压缸活塞移动到缸体的另一端。否则当液压缸全行程时可能出现叶片能开到最大，而不能关到最小位置，或者只能关到最小而不能开到最大。液压缸与轮毂组装时应使液压缸轴心与风机的轴心同心，安装时偏心度应调到小于 0.05mm，用轮毂中心盖的三角顶丝顶住液压缸轴上的法兰盘进行调整。轮毂全部组装完毕后进行叶片角度转动范围的调整，当叶片角度达到+20°时，调整液压缸正向的限位螺丝；当叶片达到-30°时，调整液压缸负向的限位螺丝，这样叶片只能在-30°~+20°的范围内变化，而液压缸的行程为78~80mm。当整个轮毂组装完毕，在低速（320r/min）动平衡台上找动平衡，然后进行整机试转，确保风机在运行时产生一个与叶片自动旋转力相反、大小相等的力。平衡块的计算相当复杂，设计计算中总是按叶片全关时（-30°）来计算叶片的应力，因为叶片全关时离心力最大，即应力最大，所以叶片在运行时总是力求向离心力增大的方向变化。有些未装平衡块的送风机关时容易，启动时打不开就是这个原因。平衡块在运行中也是力求向离心力增大的方向移动，但平衡块离心力增加的方向正好与叶片离心力增加的方向相反而大小相等，这样就能使叶片在运行时无外力的作用，可在任何一个位置保持平衡，开大或关小叶片角度时的力是一样的。如果没有平衡块要想实现液压调节，液压缸就要做得很大，否则不易调整。

TLT风机的主要技术特点之一是动叶叶片角度的调整采用液压调节。动叶片在运行时通过液压调节机构可以改变动叶片的角度，使风机的性能曲线移位。图10-6为不同动叶片安装角度 Q-H 性能曲线与风道特性曲线，从图中可以看出一系列工作点。若需要流量和压头增大，只需增大动叶安装角度；反之，只需减少动叶安装角度。轴流风机的动叶调节效率高，而且又能使调节后风机处于高效率区内工作，采用动叶调节的风机还可以避免在小流量工况下落在不稳定工况区内。但轴流风机动叶调节使风机结构复杂，调节装置要求较高，制造精度要求也高。

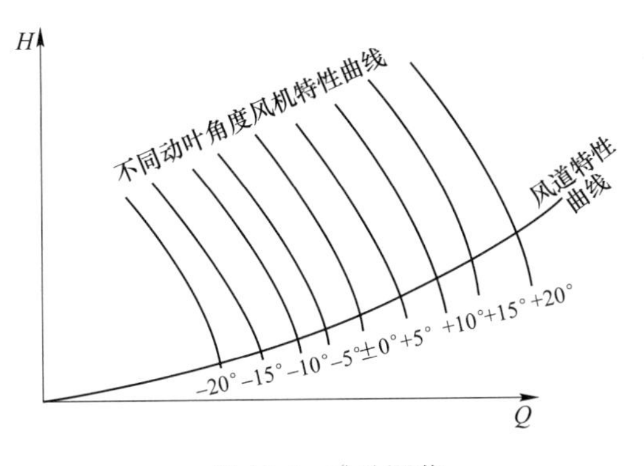

图10-6 动叶调节

液压调节机构从结构来看（见图10-7），可分为两部分，一部分为控制头，它不随轴转动；另一部分为液压缸，液压缸由叶片、曲柄、活塞、缸体、轴、主控箱（即控制阀）、带齿条的反馈拉杆、位置指示轴和控制轴等组成。

液压缸的轴线上钻有5个孔，中心孔是为了安装位置反馈杆，此反馈杆一端固定于缸体上，另一端通过轴承与反馈齿条连接。这样，位置反馈齿条做轴向往返移动，反馈齿条带动输出轴（显示轴），输出轴与一传递杆弹性连接在机壳上显示出叶片角度的大小，同时又可转换成电信号引到控制室作为叶片角度的开度指示；另一方面，反馈齿条又带动传动伺服阀（错油门）齿条的齿轮，使伺服阀复位。而液压缸中心周围的4个孔是使缸体做轴向往返运动的供油回路。叶片装在叶柄的外端，每个叶片用6个螺栓固定在叶柄上，叶柄由叶柄轴承支承。平衡块用于平衡离心力，使叶片在运转过程中可调。

液压缸的轴固定在转子罩壳上，并插入风机轴孔内随转子一同转动，轴的一端安装液压缸缸体和活塞（固定于轴上），另一端安装控制头（即控制阀，它和轴靠轴承连接）在

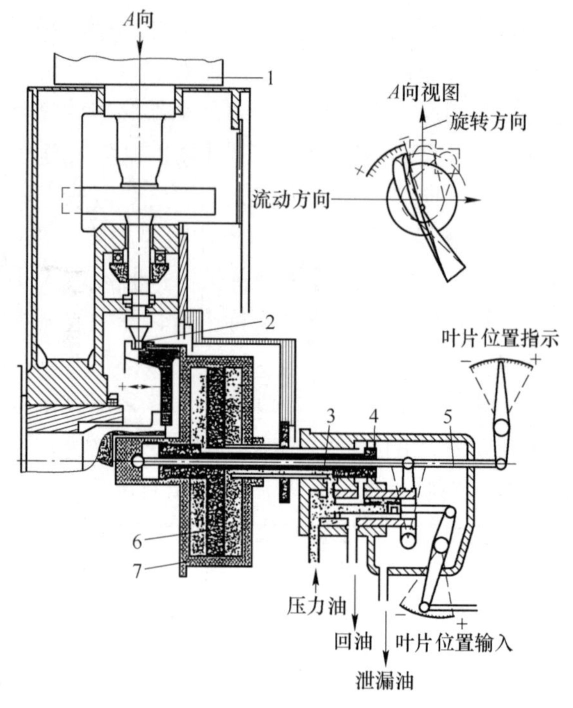

图 10-7　轴流风机动叶调节机构示意图

1—叶片；2，3—调节杆；4—控制头；
5—反馈杆；6—活塞；7—调节缸

两轴承间被分割成两个压力油室。该轴和风机同步转动，控制头则不转动，油室的中间和两端与轴间的间隙都是靠齿形密封环密封，而轴与控制阀壳靠橡胶密封，使油不致大量泄出或从一油室漏入另一油室。伺服阀安装在控制头的另一侧，压力油和回油管道通过伺服阀与两个压力油室连接。伺服阀的阀心与传动齿条铰接，传动齿条穿过滑块的中心与装配在滑块上的小齿轮啮合，小齿轮同轴的大齿轮与反馈牙杆相啮合。在与伺服机构连接的输入轴（控制轴）上偏心安装金属杆，嵌入在滑块的槽道中。

当轴流风机在某工况下稳定工作时，动叶片也在相应某一安装角度下运转，那么伺服阀恰好处在图 10-8 所示的位置，伺服阀将油道 1 与 2 的油孔堵住，活塞左右两侧的工作油压不变，动叶安装角度自然固定不变。

当锅炉工况变化需要调节风量时，电信号传至伺服马达使控制轴发生旋转，控制轴的旋转带动拉杆向右移动。此时由于液压缸只随叶轮做旋转运动，而调节杆（定位轴）及与之相连的齿条是静止不动的。于是齿套带动与伺服阀相连的齿条往右移动，使压力油口与油道 2 接通，回油口与油道 1 接通。压力油从油道 2 不断进入活塞右侧的液压缸内，使液压缸不断向右移动。与此同时，活塞左侧的液压缸内的工作油从油道 1 通过回油孔返回油箱。

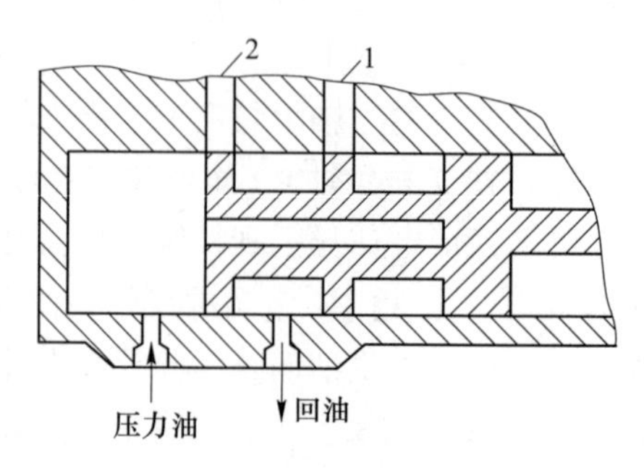

图 10-8　调节机构的伺服阀

1，2—油道

由于液压缸与叶轮上每个动叶片的调节杆相

连，当液压缸向右移动时，动叶的安装角度减小，轴流风机输送风量和压头也随之降低。

当液压缸向右移动时，调节杆（定位轴）也一起往右移动。但由于控制轴拉杆不动，所以使伺服阀上齿条往左移动，从而使伺服阀将油道 1 与 2 的油孔堵住，则液压缸处在新工作位置下（即调节后动叶角度）不再移动，动叶片处在关小的新状态下工作。

若锅炉的负荷增大，需要增大动叶角度，伺服马达使控制轴发生旋转，于是控制轴上拉杆以调节杆（定位轴）上齿条为支点，将齿套向左移动，与之啮合齿条（伺服阀上齿条）也向左移动，使压力油口与油道 1 接通，回油口与油道 2 接通。压力油从油道 1 进入活塞左侧的液压缸内，使液压缸不断向左移动，而与此同时活塞右侧液压缸内的工作油从油道 2 通过回油孔返回油箱。此时，动叶片安装角度增大，锅炉通风量和压头也随之增大。当液压缸向左移动时，定位轴也一起往左移动，使伺服阀的齿条往右移动，直至伺服阀将油道 1 与 2 的油孔堵住为止，动叶在新的安装角度下稳定工作。

10.2.2 轴流风机运行分析

10.2.2.1 旋转失速与喘振

A 失速

由流体力学知，当速度为 v 的直线平行流以某一冲角（翼弦与来流方向的夹角）绕流二元孤立翼型（机翼）时，由于沿气流流动方向的两侧不对称，使得翼型上部区域的流线变密，流速增加；翼型下部区域的流线变稀，流速减小。因此，流体作用在翼型下部表面上的压力将大于流体作用在翼型上部表面的压力，结果在翼型上形成一个向上的作用力。如果绕流体是理想流体，则这个力和来流方向垂直，称为升力，其大小由儒可夫斯基升力公式确定：

$$F_L = \rho v \Gamma \tag{10-1}$$

式中，Γ 为速度环量；ρ 为绕流流体的密度，v 为速度。

升力方向由来流速度方向沿速度环量的反方向转 90°来确定。

轴流风机叶片前后的压差，在其他都不变的情况下，其压差的大小决定于动叶冲角的大小。在临界冲角值以内，上述压差大致与叶片的冲角大小成比例，不同的叶片、叶型有不同的临界冲角值。翼型的冲角超过临界值，气流会离开叶片凸面发生边界层分离现象，产生大面积的涡流，此时风机的全压下降，这种情况称为“失速现象”，如图 10-9 所示。

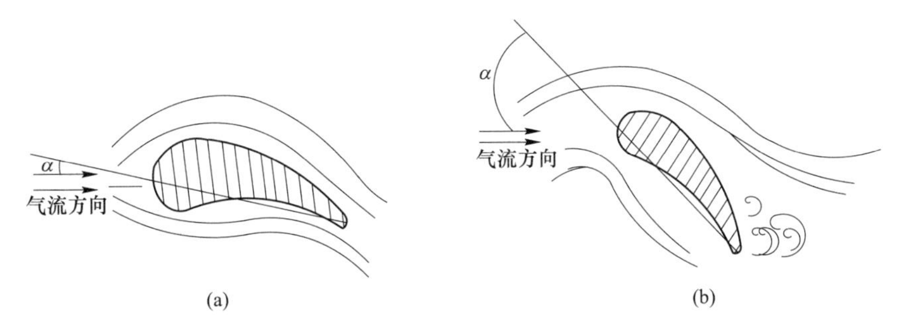

图 10-9　风机正常工况与脱流工况的气流状况对比

（a）风机正常工况时的气体流动状况；（b）风机脱流工况时的气体流动状况

泵与风机进入不稳定工况区，其叶片上将产生旋转脱流，可能使叶片发生共振，造成叶片疲劳断裂。现以轴流风机为例，说明旋转脱流及其引起的振动。当风机处于正常工况工作时，冲角等于零，绕翼型的气流保持其流线形状，如图 10-9（a）所示：当气流与叶片进口形成正冲角时，随着冲角的增大，在叶片后缘点附近产生涡流，而且气流开始从上表面分离。当正冲角超过某一临界值时，气流在叶片背部的流动遭到破坏，升力减小，阻力却急剧增加，这种现象称为“旋转脱流”或“失速”，如图 10-9（b）所示。如果脱流现象发生在风机的叶道内，则脱流将对叶道造成堵塞，使叶道内的阻力增大，同时风压也随之而迅速降低。

风机的叶片由于加工及安装等原因不可能有完全相同的形状和安装角，同时流体的来流流向也不完全均匀。因此当运行工况变化而使流动方向发生偏离时，在各个叶片进口的冲角就不可能完全相同，如果某一叶片进口处的冲角达到临界值时，就首先在该叶片上发生脱流，而不会使所有叶片都同时发生脱流。如图 10-10 所示，假设在叶片通道 2 首先由于脱流而出现气流阻塞现象，叶道受堵塞后，通过的流量减少，在该叶片通道前形成低速停滞区，于是原来进入叶片通道 2 的气流只能分流进入叶片通道 1 和 3。这两股分流来的气流又与原来进入叶片通道 1 和 3 的气流汇合，从而改变了原来的气流方向，使流入叶片通道 1 的气流冲角减小，而流入叶片通道 3 的冲角增大。由此可知，分流的结果将使叶片通道 1 内的绕流情况有所改善，脱流的可能性减小，甚至消失；叶片通道 3 内部因冲角增大而促使发生脱流，叶片通道 3 内发生脱流后又形成堵塞，使叶片通道 3 前的气流发生分流，其结果又促使叶片通道内发生脱流和堵塞，这种现象继续下去，使脱流现象造成的堵塞区沿着与叶轮旋转相反的方向移动。试验表明，脱流的传播相对速度 W_1 远小于叶轮本身旋转角速度 W。因此，在绝对运动中，可以观察到脱流区以 $W-W_1$ 的速度旋转，方向与叶轮转向相同。

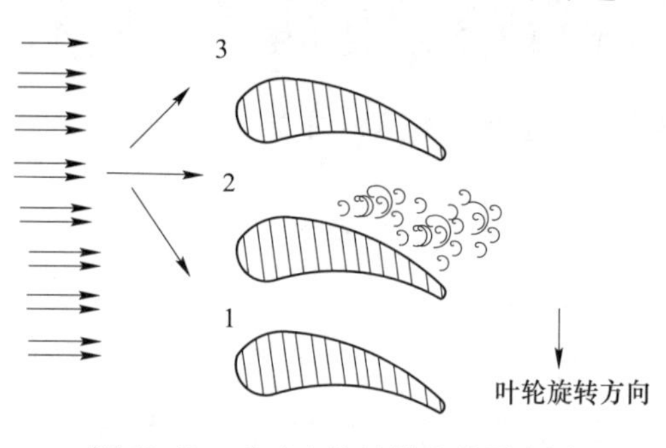

图 10-10　动叶中旋转脱流的形成图
1~3—叶片通道

风机进入不稳定工况区运行，叶轮内将产生一个到数个旋转脱流区，叶片依次经过脱流区要受到交变应力的作用，这种交变应力会使叶片产生疲劳。叶片每经过一次脱流区将受到一次激振力的作用，此激振力的作用频率与旋转脱流的速度成正比，当脱流区的数目为 2，3，…时，则作用于每个叶片的激振力频率也作 2 倍，3 倍，…的变化。如果这一激振力的作用频率与叶片的固有频率成整数倍关系，或者等于、接近于叶片的固有频率时，叶片将发生共振。此时，叶片的动应力显著增加，甚至可达数十倍以上，使叶片产生断裂。一旦有一个叶片发生疲劳断裂，将会使全部叶片打断，因此应尽量避免泵与风机在不稳定工况区运行。

在图 10-11 轴流风机 Q-H 性能曲线中，全压的峰值点左侧为不稳定区，是旋转脱流区。从峰值点开始向小流量方向移动，旋转脱流从此开始，到流量等于零的整个区间始终存在着脱流。

旋转脱流对风机性能的影响不一定很显著。虽然脱流区的气流是不稳定的，但风机中

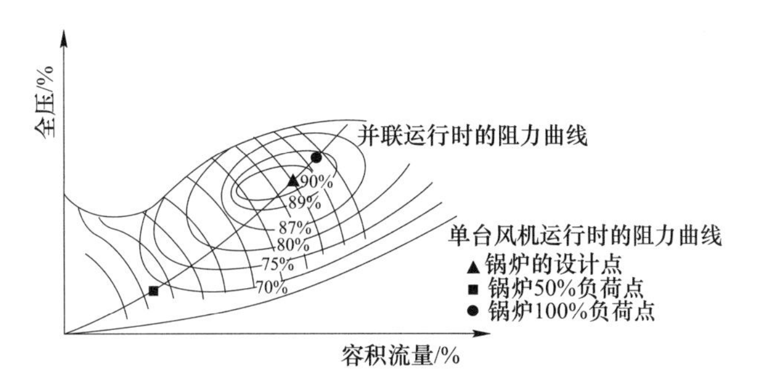

图 10-11　轴流风机的 Q-H 性能曲线

流过的流量基本稳定，压力和功率也基本稳定，风机在发生旋转脱流的情况下尚可维持运行。因此，风机的工作点如果落在脱流区内，运行人员较难从感觉上进行判断。

因为旋转脱流不易被操作人员觉察，风机进入脱流区工作对其安全始终构成威胁，所以一般大容量轴流风机都装有失速探头以帮助运行人员及时发现危险工况。如图 10-12 所示，失速探头由两根相隔约 3mm 的测压管组成，安装于叶轮叶片的进口前，测压管中间用厚 3mm、高（凸出机壳的距离）3mm 隔片分开。风机在正常工作区域内运行时，叶轮进口的气流较均匀地从进气室沿轴向流入，失速探头之间的压力差等于或略大于零。图 10-13 中的 Δp 为两测压管的压力差。

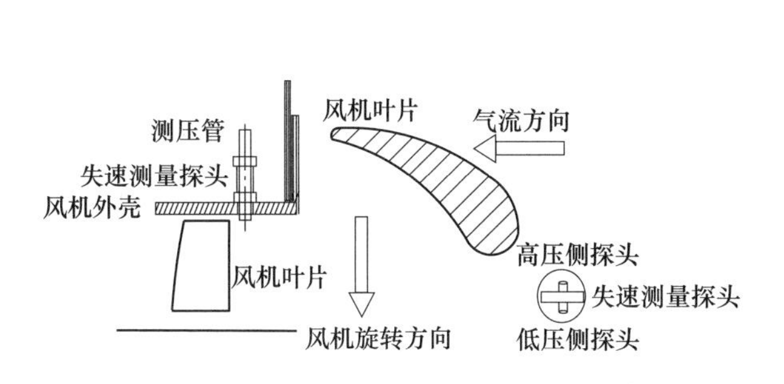

图 10-12　轴流风机失速探头安装位置示意图

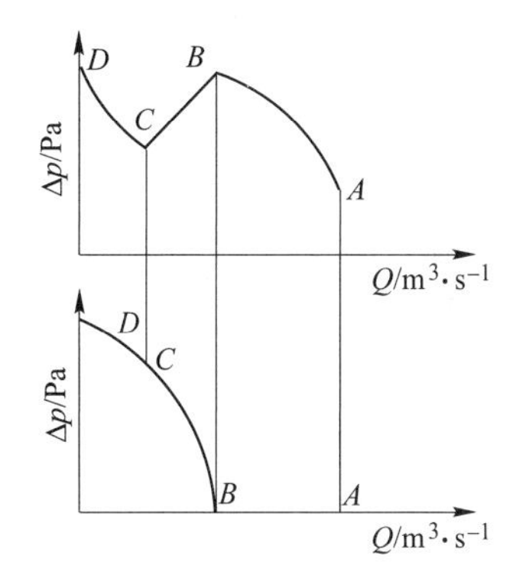

图 10-13　轴流风机失速探头性能图

当风机的工作点落在旋转脱流区时，叶轮前的气流除了轴向流动之外，还有脱流区流道阻塞气流所形成的圆周方向分量。于是，叶轮旋转时先遇到的测压孔，即隔片前的测压孔压力高，而隔片后的测压孔的气流压力低，产生了压力差。一般失速探头产生的压力差达 245~392Pa 时报警。风机的流量越小，失速探头的压差越大，如图 10-13 中的 *BCD* 段曲线。当差压达到设定值时，失速探头发出信号报警，提醒运行人员进行干预，消除危险工况。

失速探头装好以后，通过调试予以标定，调整探头中心线的角度，使测压管在风机正常运转的差压为最小。

B　喘振

轴流风机性能曲线的左半部分具有一个马鞍形的区域，在此区段运行有时会出现风机的流量、压头和功率的大幅度脉动，风机及管道会产生强烈的振动，噪声显著增高等不正常工况，一般称为“喘振”，这一不稳定工况区称为喘振区。实际上，喘振仅仅是不稳定工况区内可能遇到的现象，而在该区域内必然要出现的是旋转脱流或称旋转失速现象。这两种工况是不同的，但是它们又有一定的关系。

如图 10-14 所示为轴流风机 Q-H 性能曲线，若用节流调节方法减少风机的流量，风机工作点在 K 点右侧，则风机工作是稳定的。当风机的流量 $Q<Q_K$ 时，这时风机产生的最大压头将随之下降，并小于管路中的压力，因为风道系统容量较大，在这一瞬间风道中的压力仍为 H_K，因此风道中的压力大于风机产生的压头使气流开始反方向倒流，由风道倒流入风机中，工作点由 K 点迅速移至 C 点。但是气流倒流使风道系统中的风量减小，因而风道中压力迅速下降，工作点沿着 CD 线迅速下降至流量 $Q=0$ 时的 D 点，此时风机供给的风量为零。由于风机在继续运转，所以当风道中的压力降低到相应的 D 点时，风机又开始输出流量，为了与风道中压力相平衡，工况点又从 D 跳至相应工况点 F。只要外界所需的流量保持小于 Q_K，上述过程又重复出现。如果风机的工作状态按 $F \to K \to C \to D \to F$ 周而复始地进行，这种循环的频率如与风机系统的振荡频率合拍时，就会引起共振，此时风机发生了喘振。

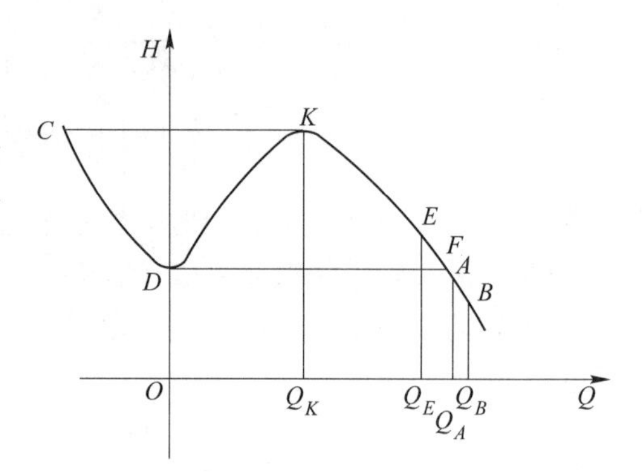

图 10-14　轴流风机的 Q-H 性能曲线

风机在喘振区工作时，流量急剧波动，产生气流的撞击，使风机发生强烈的振动，噪声增大，而且风压不断晃动，风机的容量与压头越大，则喘振的危害性越大。故风机产生喘振应具备下述条件：

（1）风机的工作点落在具有驼峰形 Q-H 性能曲线的不稳定区域内。

（2）风道系统具有足够大的容积，它与风机组成一个弹性的空气动力系统。

（3）整个循环的频率与系统的气流振荡频率合拍时，产生共振。

旋转脱流与喘振的发生都是在 Q-H 性能曲线左侧的不稳定区域，所以它们是密切相关的，但是旋转脱流与喘振有着本质的区别。旋转脱流发生在图 10-14 所示的风机 Q-H 性能曲线峰值以左的整个不稳定区域；而喘振只发生在 Q-H 性能曲线向右上方倾斜部分。旋转脱流的发生只决定叶轮本身的叶片结构性能、气流情况等因素，与风道系统的容量、形状等无关。旋转脱流对风机的正常运转影响不如喘振的危害严重。

风机在运行时发生喘振，情况就不相同。喘振时，风机的流量、全压和功率产生脉动或大幅度的脉动，同时伴有明显的噪声，有时甚至是高分贝的噪声。喘振时的振动有时是很剧烈的，损坏风机与管道系统，所以喘振发生时风机无法运行。

轴流风机在叶轮进口处有喘振报警装置，该装置是由一根皮托管布置在叶轮的前方，皮托管的开口对着叶轮的旋转方向，如图 10-15 所示。皮托管是将一根直管的端部弯成 90°（将皮托管的开口对着气流方向），用一根 U 形管与皮托管相连，则 U 形管（压力表）的读数应该是气流的动能（动压）与静压之和（全压）。在正常情况下，皮托管测到的气流压力为负值，因为它测到的是叶轮前的压力。但是当风机进入喘振区工作时，由于气流压力产生大幅度波动，所以皮托管测到的压力也是一个波动的值。为了使皮托管发送的脉冲压力能通过压力开关发出报警信号，皮托管的报警值是这样规定的：当动叶片处于最小角度位置（-30°），用一根U形管测得风机叶轮前的压力再加上2000Pa的压力，作为喘振报警装置的报警整定值。当运行工况超过喘振极限时，通过皮托管与差压开关，利用声光向控制台发出报警信号，要求运行人员及时处理，使风机返回正常工况运行。

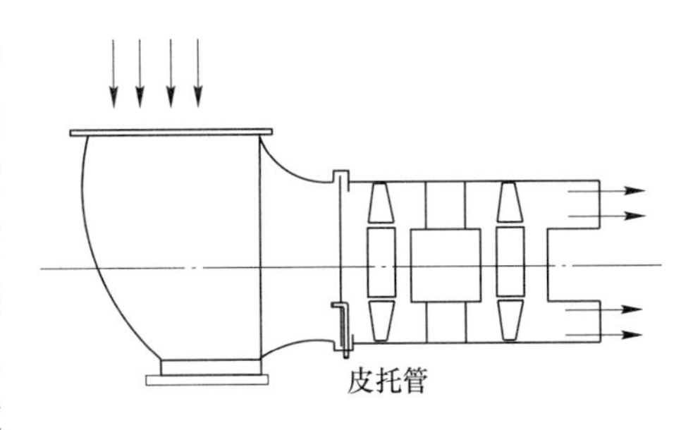

图10-15 喘振报警装置

为防止轴流风机在运行时工作点落在旋转脱流、喘振区内，在选择轴流风机时应仔细核实风机的经常工作点是否落在稳定区内；同时在选择调节方法时，需注意工作点的变化情况，动叶可调轴流风机由于改变动叶的安装角进行调节，所以当风机减少流量时，小风量使轴向速度降低而造成气流冲角的改变，恰好由动叶安装角的改变得以补偿，使气流的冲角不至于增大，于是风机不会产生旋转脱流，更不会产生喘振。动叶安装角减小时，风机不稳定区越来越小，这对风机的稳定运行是非常有利的。

防止喘振的具体措施：

（1）使泵或风机的流量恒大于Q_K。如果系统中所需要的流量小于Q_K时，可装设再循环管或自动排出阀门，使风机的排出流量恒大于Q_K。

（2）如果管路性能曲线不经过坐标原点时，改变风机的转速，也可能得到稳定的运行工况。通过风机各种转速下性能曲线中最高压力点的抛物线，将风机的性能曲线分割为两部分，右边为稳定工作区，左边为不稳定工作区。当管路性能曲线经过坐标原点时，改变转速并无效果，因为此时各转速下的工作点均是相似工况点。

（3）对轴流风机采用可调叶片调节。当系统需要的流量减小时，则减小其安装角，性能曲线下移，临界点向左下方移动，输出流量也相应减小。

（4）最根本的措施是尽量避免采用具有驼峰形性能曲线的风机，而采用性能曲线平直向下倾斜的风机。

失速和喘振是两种不同的概念，失速是叶片结构特性造成的一种流体动力现象。它的一些基本特性，例如：失速区的旋转速度、脱流的起始点、消失点等，都有自己的规律，不受风机系统的容积和形状的影响。

喘振是风机性能与管道装置耦合后振荡特性的一种表现形式，它的振幅、频率等基本特性受风机管道系统容积的支配，其流量、压力、功率的波动是由不稳定工况区造成的。但是，试验研究表明，喘振现象的出现总是与叶片通道内气流的脱流密切相关，而冲角的增大也与流量的减小有关，所以在出现喘振的不稳定工况区内必定会出现旋转脱流。

10.2.2.2 轴流风机并联运行的不稳定工况

600MW、1000MW机组的锅炉一般配置2×50%的轴流风机，不设置备用机，风机一般处于并联运行，有时（一台风机故障）也采用单侧运行。

根据并联工况的特点，按照同一全压下流量相加的原则，轴流风机“S”形区段（驼峰形区段）成为曲线“∞”字形区域。风机如果在“∞”字形区域内运行，便会出现一台轴流风机的流量很大，而另一台轴流风机的流量很小的情况。此时，若开大输送流量小的轴流风机的调节装置或关小输送小流量轴流风机的调节装置，则原来输送大流量的轴流风机会突然跳到小流量工作点运行，而原来输送小流量的轴流风机又突然跳到大流量工作点运行，这样两台轴流风机不能稳定地并联运行，出现了所谓的“抢风”现象。

如果风机参数选择适当，运行时操作正确，使并联运行时风道性能曲线与风机并联性能曲线交于“∞”字形区域外，则风机在此工况下工作是稳定的，不会出现“抢风”现象。如果风机工作不当，风道性能曲线与风机合成性能曲线交点在“∞”字形区域内工作，则风机工作点可能是2个工况点。这样两台性能相同的风机输送的流量就不相同，出现了“抢风”现象。因此在两台风机并联运行时，为避免“抢风”现象发生，应要求风机的工作点不要落在“∞”字形区域内。

对于锅炉送、引风机，为避免这种“抢风”现象，在点火或低负荷运行时，可以用单台风机运行满足负荷的需要，尽量避免开两台轴流风机并联运行。待单台风机不能满足锅炉负荷需要时，再启动另一台风机使之并联运行。

10.2.3 风机的故障及处理

当运行过程中发生下列情况之一时，应紧急停止风机的运行：

（1）发生人身事故或直接危及人身及设备安全时。

（2）电动机冒烟着火。

（3）转机、电动机、动静部分有严重摩擦及碰撞声时。

（4）轴承温度、振动骤然升高超过规定值。

运行人员当发现轴承温度、振动、油位、油质异常，冷却水不正常，声音异常等情况时应及时向主值班员汇报，以便及时处理。

目前风机调节装置一般采用动叶调节和静叶调节两种形式。风机调节装置故障主要是指风机风量调节的失控现象，造成风机调节装置故障的常见原因有：动叶调节液压缸有缺陷或卡住、动叶叶柄推力轴承损坏、动叶叶柄或静叶调节机构处结垢造成传动阻力增加、伺服马达或执行机构故障、动叶调节油压过低等。造成动叶调节油压过低的原因通常有：动叶调节装置所属设备或系统漏油、泄压阀定值偏低或误动作、动叶油泵故障或停用、液压系统油温过高等。

风机调节装置发生故障后，在操作动叶或静叶时该风机的电流、电压、风量将均无变化；动叶调节油压过低或内部卡涩时调节报警装置将发生报警；如因伺服马达或执行机构故障，则伺服马达可能不转或出现连杆脱开、断裂等情况；风机静叶调节机构卡涩时，执行机构连杆可能弯曲。调节装置故障时，应立即将并联运行的两台风机均切至手动控制，并查明故障原因。

在风机调节装置发生故障无法关小风量的情况下停用该风机时，为防止损坏设备，应在维持该风机原开度情况下进行，停用后及时关闭其进口或出口隔绝挡板或风门。

10.2.3.1 风机轴承温度过高

造成锅炉辅助风机轴承温度过高的主要原因有以下方面：

（1）轴承存在缺陷。如滚动轴承的滚珠或滚柱有缺陷，轴或轴承座与轴承的安装紧力不够产生相对运动而摩擦发热，轴承间隙过小或不均匀，滑动轴承刮研不良或由于表面裂纹、破损、剥落等破坏油膜的稳定性和均匀性使轴承发热等。

（2）润滑故障。无论是滚动轴承还是滑动轴承，均借助润滑介质来防止动静部分直接接触产生摩擦。如某润滑介质的数量不足或质量不好（如润滑油乳化、变质或受到污染等），均会因润滑不良而造成轴承发热。

（3）冷却不良。当轴承冷却不良时由于影响热量的散发，必将使轴承温度升高。造成轴承冷却不良的主要原因有：轴承冷却风量、水量不足或中断、润滑油脂过多、周围环境温度过高、辅机流通介质温度过高（如排烟温度过高将影响到吸风机主轴承的散热），以及带有润滑油系统的轴承如发生油温过高、油量过小等。

（4）运行工况变化的影响。有轴向推力平衡装置的推力轴承如发生平衡装置故障或无平衡装置的推力轴承在辅机超载时，均将由于轴向推力过大易造成轴承发热温度过高。轴承因振动而承受冲击受载，严重时将影响油膜的稳定性，使轴承发热。在锅炉辅助风机轴承温度出现升高现象时，应及时分析和找出原因，并进行有针对性的处理，具体措施如下：

1）如缺油时应立即补充润滑油，如因润滑油质不良造成的应及时调换合格的润滑油。辅机运行中进行换油工作时，应在保持油位的情况下，一边加新油一边进行放油，直至油质合格、油位正常为止。

2）如冷却介质不足或中断时，应及时增加或设法恢复使其正常；如周围环境温度过高，可增设临时通风机，进行强制对流散热；如流通介质温度过高时，则应设法降低流通介质的温度。

3）当推力轴承温度升高时，可降低该辅机的负载以降低轴向推力，使温度下降；同时还应检查轴承温度的升高是否会由其他异常情况所造成。由于轴承严重振动引起时，还应设法消除造成振动的原因。

4）如轴承本身缺陷或润滑油系统故障造成时应联系检修前人员来处理，在缺陷未消除前应重点监视缺陷的发展情况，采取必要的降温措施，做好相应的事故预测。

5）当锅炉辅机的主轴承或电动机轴承温度异常升高、经采取措施无效且超过允许的极限时，应立即停用该辅机。

10.2.3.2 电动机线圈或铁芯温度过高

电动机线圈温度或铁芯温度升高的一般原因是电动机负载过大、电压偏低造成电流过大，而使内部发热量增加所造成的；此外，周围环境温度升高也会造成散热效果降低，对于采用空冷器、水冷器等冷却方式的电动机的冷却介质温度过高或流量过小甚至中断导致冷却效果降低等也会造成电动机的线圈或铁芯温度升高。

如果发生电动机单相或两相运行、电动机绝缘击穿造成内部短路等情况，将造成电动机线圈或铁芯温度的突升和过高，遥测监视装置将显示有关温度升高，当达到一定值时还将发出报警信号。

如电动机冷却介质温度过高、流量过小或中断时还将导致冷却器出口温度升高，此时应检查冷却器工作是否异常，并设法提高冷却效果以加强散热。如电压偏低时应立即调整并提高电厂用电电压以改善电动机的运行条件。

当周围环境温度过高时，可在电动机周围采用临时强制通风的措施以加强对流散热效果。当电动机线圈或铁芯温度升高到限额前 5℃时，应立即降低该辅机的负载，使温度下降。当发生电动机故障或采用上述降温措施无效、温度继续上升并达到限额时，应立即停用该辅机。

10.2.3.3 风机振动

风机发生振动有如下原因：

（1）基础或机座的刚度不够或不牢固，辅机、电动机或轴承座底脚螺丝断裂或松动。

（2）转子不平衡，造成的原因可能是：原始动平衡未校好；运行中发生辅机转子局部损伤、断裂及转子上的平衡块移位或脱落；风机叶片不均匀的积灰、腐蚀、磨损；轴流风机发生失速时，由于叶片间气体通道内的气流不平衡造成转子受力不平衡等。

（3）辅机和电动机轴不同心，转子或联轴器的轴不同心。

（4）轴承间隙过大，轴承或减速箱损坏，转子或联轴器与轴松动，联轴器螺栓松动等造成转子的紧固部分松弛。

10.2.3.4 转子变形或碰壳

若辅机振动是由于基础或机座的刚度不够、不牢固或地脚螺丝断裂造成的，会发生基础或机座与电动机和辅机整体振动的现象；如果是转子不平衡造成的，则辅机与电动机将发生同步振动，且振动的频率与转速有关；如果是风机失速引起的，还将出现风机失速的现象。如果是转子的紧固部分松弛造成的，机体的振动一般不显著，而是出现局部振动（如轴承箱等处），且振动频率与转速无关，并可能有尖锐的杂音或敲击声；当轴承损坏时，轴承温度将升高；当发生动、静摩擦或转子碰壳时，辅机周围将有明显的异声。

当辅机振动增大时应对振动部位实测振动值，并通过实地检查和参数分析找出引起振动增大的原因，根据不同的原因再作相应的处理。

10.3 动叶可调轴流送风机结构及运行

10.3.1 概述

送风机将空气自大气吸入，并送至锅炉炉膛以帮助燃烧。下面以某 1000MW 机组塔式锅炉配置的动叶可调送风机为例介绍风机结构、性能及运行。

该风机是上海鼓风机有限公司生产的单级动叶可调式轴流送风机，卧式布置。风机叶片安装角可在静止状态或运行状态时用电动执行器通过一套液压调节装置进行调节，叶轮由一个整体式轴承箱支承，主轴承由轴承箱内的油池和液压润滑联合油站供油润滑。

为了使风机的振动不传递至进气和排气管路，风机机壳两端设置了挠性联接件（围带），风机的进气箱的进口和扩压器的出口分别设置了进、排气膨胀节。电动机和风机用两个刚、挠性半联轴器和一个中间轴相连接。风机的旋转方向为顺气流方向看为逆时针。

10.3.2 送风机型式和参数

10.3.2.1 型式

送风机：动叶可调轴流式

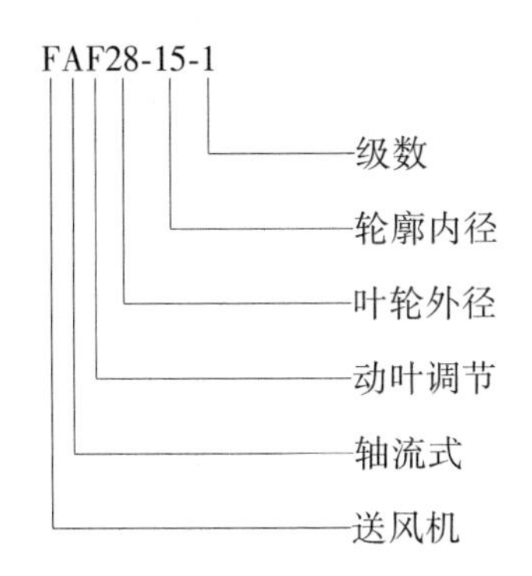

10.3.2.2　设计参数

表10-1为送风机性能数据，表10-2为送风机技术数据，表10-3为风机的启动力矩。

表10-1　送风机性能数据

工况	风量 Q /$m^3 \cdot s^{-1}$	风机总压升 p /Pa	介质密度 /$kg \cdot m^{-3}$	效率 /%	转速 /$r \cdot min^{-1}$	轴功率 /kW	电机功率 /kW
TB	359.5	6011	1.125	87.3	990	2425	2600
B-MCR	316.7	4634	1.125	87.5	990	1651	2600

表10-2　送风机技术数据

项　　目	单　位	技术数据
风机型号		FAF28-15-1
风机内径	mm	2818
叶轮直径	mm	1496
叶轮级数	级	1
叶型		DA16
叶片数	片	16
叶片材料		HF-1
叶片和叶柄的连接		高强度螺栓
液压缸径和行程	mm/mm	ϕ336/H100MET
叶片调节范围	(°)	-40~+15
风机机壳内径和叶片外径间的间隙（叶片在关闭位置）	mm	2.8~5.6
风机旋转方向（从电机侧看）		逆时针（顺气流方向）
风机转速	r/min	990
电机型号		YKK710-6型
电机功率	kW	2600
电机电压	kV	6
额定电流	A	301

表 10-3　风机的启动力矩

项　　目	单　位	技术数据
风机转速	r/min	990
飞轮力矩	kg · m^2	714
风机功率（在最大工况）	kW	2425
风机扭矩（在最大工况）	N · m	23387
电机功率	kW	2600

风机启动力矩曲线如图 10-16 所示。

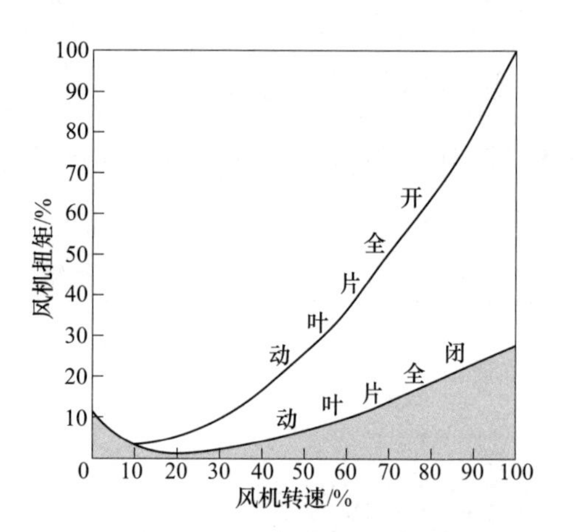

图 10-16　风机启动曲线

10. 3. 3　动叶可调轴流风机结构

动叶可调轴流风机一般包括：进口消音器、进口膨胀节、进口风箱、机壳、转子、扩压器、联轴器及其保护罩、调节装置及执行机构、液压及润滑供油装置和测量仪表、风机出口膨胀节、进出口配对法兰。电动机通过中间轴传动风机主轴。

10. 3. 3. 1　转子

风机转子由叶轮、叶片、整体式轴承箱和液压调节装置组成，如图 10-17 所示。

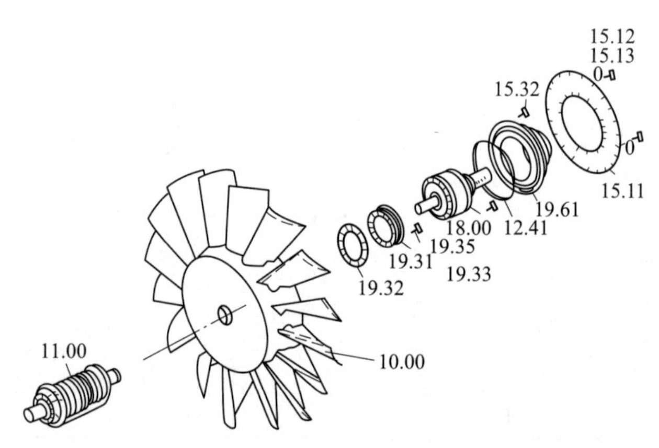

图 10-17　风机转子示意图

（1）主轴承箱。主轴和滚动轴承同置于一铸铁箱体内，此箱体同心地安装在风机下半机壳中并用螺栓固定。在主轴的两端各装一个滚柱轴承用来承受径向力。为了承受轴向力，在近联轴器端装有一个向心推力球轴承，承担逆气流方向的轴向力。

轴承的润滑借助于轴承箱体内的油池和外置的液压润滑联合油站。当轴承箱油位超过最高油位时，润滑油将通过回油管流回油站。

（2）叶轮。叶轮为焊接结构，较其他结构叶轮质量比较轻，惯性矩也小。叶片和叶柄等组装件的离心力通过平面推力球轴承传递至叶轮的支承环上。

叶轮组装件在出厂前已进行多次动平衡。

（3）液压调节装置。风机运行时，通过液压调节装置可调节叶片的安装角度并保持在这一角度上。叶片安装角调节的范围表示在特性曲线图 10-6 中。

叶片安装在叶柄的外端，叶片的安装角可以通过叶柄末端的调节杆和滑块进行调节并使其保持在一定位置上。调节杆和滑块由液压调节装置通过推盘推动。推盘由推盘和调节环组成，并和叶片液压调节装置用螺钉连结。

（4）中间轴和联轴器。风机转子通过风机侧的半联轴器、电机侧的半联轴器和中间轴与驱动电机连接。

10.3.3.2 风机液压润滑联合油站

此系统有两个油泵，并联安装在油箱上。当主油泵发生故障时，备用泵立即通过压力开关自行启动，两个油泵的电动机通过压力开关连锁。

在不进行叶片调节时，润滑油流经恒压调节阀至溢流阀，借助该阀建立润滑油压力，多余的润滑油经溢流阀流回油箱。

10.3.4 控制仪表

（1）主轴承箱的温度控制。主轴承箱的所有滚动轴承均装有温度计（热电阻（偶）温度计），温度计的接线由空心导叶从内腔引出至风机接线盒。

（2）喘振报警装置。为了避免风机在喘振状态下工作，风机装有喘振报警装置。

10.3.5 钢结构件

风机机壳：风机机壳是钢板焊接结构。风机机壳有水平中分面，上半部分可以拆卸，便于叶轮的装拆和维修。叶轮装在主轴的轴端上，主轴承箱通过高强度螺钉与风机机壳下半部分相连，并通过法兰的内孔保证中心对中。此法兰为一加厚的刚性环，它将力（由叶轮产生的径向力和轴向力）通过风机底脚可靠地传递至基础，在机壳出口部分为整流导叶环，固定式的整流导叶焊接在它的通道内。整流导叶和机壳以垂直法兰用螺栓联接。

进气箱：进气箱为钢板焊接结构，安装在风机机壳的进气侧。

防护装置：在进气箱中的中间轴放置于中间轴罩内，电动机一侧的半联轴器用联轴器罩防护。

扩压器：带整流体的扩压器为钢板焊接结构，它布置在风机机壳的排气侧。

挠性联接（围带）：为防止风机机壳的振动和噪声传递至进气箱和扩压器甚至管道，因此进气箱和扩压器通过挠性联接（围带）同风机机壳相连接。

另外，在进气箱的进气端和扩压器的排气端均设有挠性膨胀节与管道相连，用来阻隔风机与管道的振动相互传递。

10.3.6 风机油站

10.3.6.1 油站系统

油站由油箱、油泵装置、滤油器、冷却器、仪表、管道和阀门等组成，结构为整体式，如图 10-18 所示。在图 10-18 中，油站工作时，油液由齿轮泵（2 或 5）从油箱（1）吸出，经单向阀（4 或 7）、双筒过滤器（13）、冷却器（17）、节流阀（28）、流量变送器（34）等，供给轴承箱润滑用。

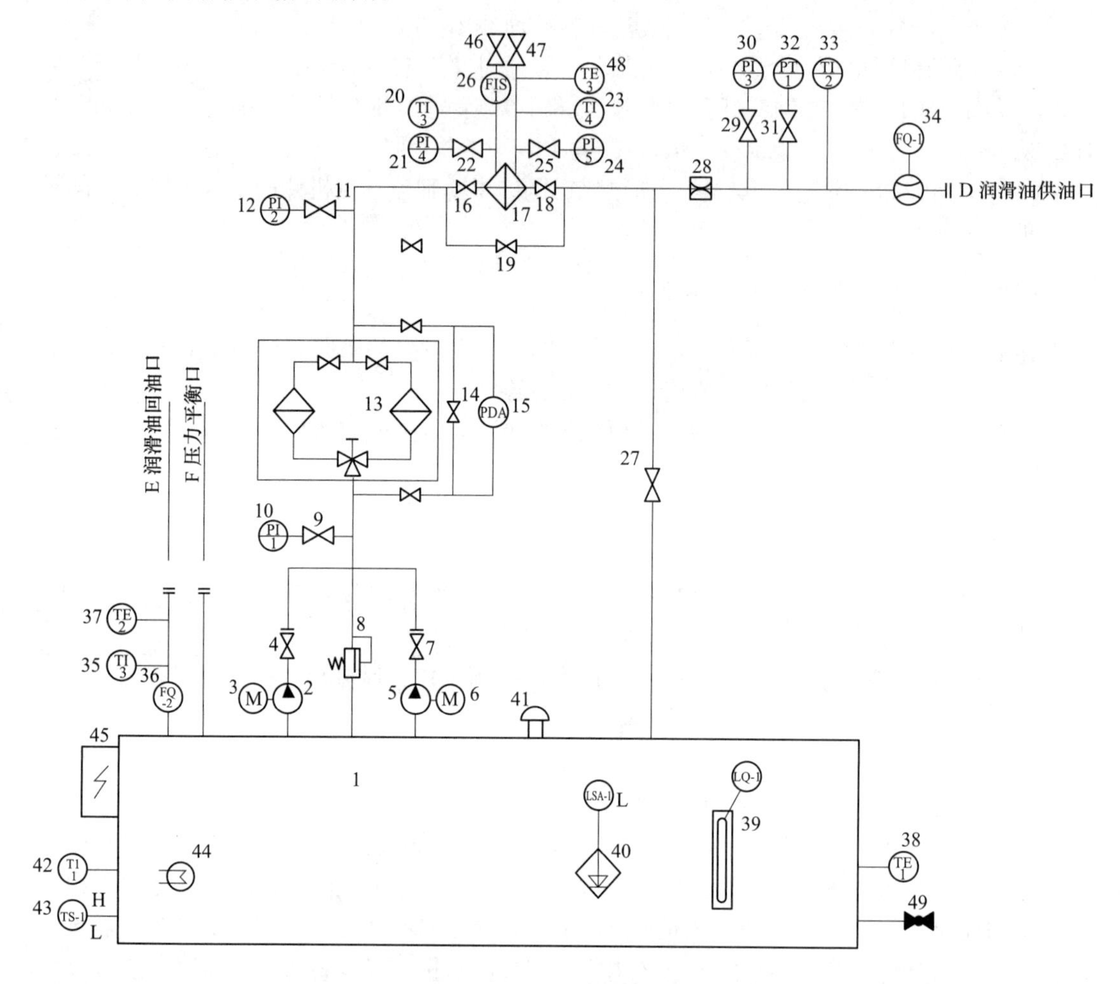

图 10-18　MUG-16DR 润滑油路系统图

1—油箱；2，5—齿轮泵；3，6—马达；4，7—单向阀；8—安全阀；9—旁通球阀；10，12，21，24，30—压力表；11，14，16，18，19，22，25，27，29，31，46，47，49—截止阀；13—双筒过滤器；15—压差变送器；17—冷却器；20，23，33，35，42—温度表；26—冷却水流量报警；28—节流阀；32—压力变送器；34—流量变送器；36—回油流量；37，38，48—温度接点；39—液位计；40—液位开关；41—加油口；43—油温开关；44—电加热器；45—视窗

为保证风机运行的可靠性，油站中大多数元件都并列设置两套。设有两台齿轮泵装置，一台工作，一台备用，正常情况下工作油泵运行，遇有意外时，压力变送器（32）发讯，自控制装置动作，备用泵启动，保证向风机继续供油。油泵的出口压力由安全阀（8）来调定，一般为 0.6MPa。当压力高于调定压力时，润滑油通过该阀溢流回油箱。滤油器为双套结构，一套工作，一套备用，当工作滤芯需清洗或更换时，只要扳动滤油器上面的换向阀，即可使备用滤芯工作，在工作时就能清洗或更换滤油器芯子，当冷却器发生意外需清洗或调换时可打开旁通球阀（9）来进行调换。压力表（10、12）用于显示油泵出口

和滤油器出口的压力，这两个压力表的压差同时也反映了滤油器的清洁程度；当压差大于0.35MPa时，压差变送器（15）发出报警，就需清洗更换过滤器。电加热器用于加热油液，使得油保持一定的黏度，视窗（45）用于观察润滑油的回油。压力变送器（32）用于当压力油压力低于0.08MPa时发讯给控制设备，自启动备用油泵；当油压大于0.15MPa时，允许启动风机。液位开关（40）用于监视油箱液面高度，当液位低于报警值时，接点闭合发讯。双金属温度计（42）用于监视油温，油温开关（43）当油温低于25℃时，发讯给控制设备。自动开启电加热器（44），当油温高于35℃时，发讯给控制设备，自动停止加热。流量变送器（34）用于监视润滑油流量，当流量小于3L/min时，立即发讯报警。为便于接线，油站上还装有接线盒，对外接线从接线盒引出即可。带温度计的液位指示器，用于观察油箱液位和油温。

油站设备参数，见表10-4。

表10-4　油站设备参数

序号	名　　称	单位	数　　值
1	润滑油公称压力	MPa	0.4
2	总供油量	L/min	16
3	过滤精度	μm	25
4	供油温度	℃	≤43
5	冷却面积	m^2	4
6	冷却水耗量	m^3/h	0.96
7	油箱容积	L	300
8	油泵电动机功率	kW	1.1
9	油泵电动机电压	V	380
10	油泵电动机转速	r/min	1500
11	电加热器电压	V	220
12	功率	kW	2
13	油站质量	kg	700
14	外形尺寸	mm×mm×mm	1300×1000×1600

10.3.6.2　运行维护

油站和电机之间的管路连接好后，开启油泵，运行1h。检查油站本体、油站和电机之间、电机本体上的所有油管接头，不得有渗漏现象。油泵启动后，应检查油泵旋转方向，观察油压情况，检查滤油器前后压差。冷却器应根据水质情况，定期进行检查、清洗。

10.4　静叶可调轴流引风机的结构及运行

10.4.1　概述

引风机是将锅炉燃烧生成的烟气排出，并保持炉膛为一定的负压，其风量的调节是通过引风机的静叶调节的，如图10-19和图10-20所示。

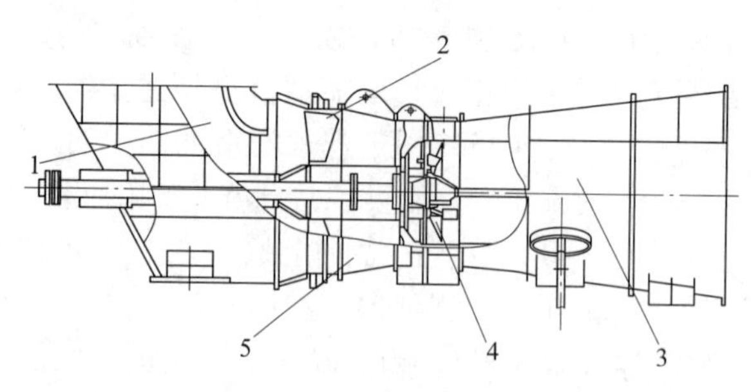

图 10-19　AN 系列轴流风机结构示意图

1—进气室；2—前导叶；3—扩压器；4—叶轮；5—集流器

图 10-20　吸风机叶轮

某 1000MW 机组塔式锅炉配置 2 台引风机是静叶可调轴流风机，由成都鼓风机厂生产，静叶可调轴流风机主要部件包括：进气箱（也称进口弯头）、进口集流器、进口导叶调节器（前导叶）、机壳、后导叶、转子（带滚动轴承）、扩压器。下面以该风机为例，介绍其工作原理、结构和运行。

（1）工作原理。

静叶可调轴流风机的工作原理是以叶轮子午面的流道沿着流动方向急剧收敛，气流迅速增加，从而获得动能，并通过后导叶、扩压器，使一部分动能转换成为静压能的轴流式风机。AN 风机具有结构简单、安全可靠性高、耐磨性好、抗高温能力强等特点。

（2）结构。

风机机壳是一个整体，它与后导叶连在一起后，通过焊在其上的两个支座用螺栓固定在基础上。进气箱内设有导流板，以提高气流的均匀性。为了方便运输和安装，一般都设计成剖分式结构，到现场再一起组装，安装好后将对口法兰内壁封焊。进口集流器和导叶调节器也采用水平剖分式。沿径向布置的后导叶既可稳定和引导通过叶轮后的气流沿轴向流动，还可以连接外壳与芯筒，使之同心对中。当后导叶因磨损而需更换新的导叶时，应按 180°对称成对更换，以免芯筒位移而影响对中。转子包括叶轮、主轴、传扭中间轴和联轴器等部件。叶轮为钢板压型焊接结构件。由于其叶片具有比较理想的空气动力学特性，因而不仅有较高的气动效率，而且还具有很好的耐磨性。叶片结构采用等强度设计，既提高了强度，又提高了叶片自身的固有频率（一般可达到运转频率 10 倍以上），叶轮的可靠性和安全性从而大大提高。安装时，叶轮靠法兰安装在刚性很好的主轴轴端上，即悬臂结构。叶轮和电动机之间用空心管轴和联轴器挠性连接，空心轴放于护套筒内，可避免介质的冲刷和烘烤。由于扩压器尺寸较大，一般剖分成若干部分供货，待安装好后将对口法兰内壁封焊。作为引风机，由于介质温度较高，扩压器芯筒内壁和冷却风管道外壁必须由用户安装隔热保护（作送风机时可省略）。护层材料和厚度与风机外壳护层一样（作送风机用时外壳也必须由用户安装与隔热一样的隔声护层），护层的主要材料为 $\delta=100\sim300$ 的玻纤棉板或岩棉。扩压器外壳和芯筒依靠焊在扩压器内的一双层椭圆管（进气）和一单层椭圆管（出气）及其支撑联接。

进气箱和扩压器的支座均固定在基础上，但安装时一定要注意按安装图仔细装调，务必使进气箱和扩压器在基础上，同时还可以在一定的外力作用下能自由滑动一定的距离，以利设备在热态运行时有一定的伸缩量，为此固定螺栓下面都设置有滑套。

（3）运行情况。

引风机是输送含尘且温度较高的烟气，工作条件较差，从目前国内大型机组引风机的配套及生产情况来看，动、静叶调节的轴流风机均可选用。但从两种型式风机的设计及运行特点来分析，其各有利弊。静叶可调轴流风机对尘粒的适应性优于动叶可调轴流风机。静叶可调轴流式风机对含尘量的适应性一般不大于 400mg/m^3（标态），而动叶可调轴流风机一般则只能承受不大于 150mg/m^3（标态）的含尘量。因此，静叶可调轴流式风机对含尘烟气的适应性较强，且运行稳定，比较适合引风机的运行特点。动叶可调轴流式风机负荷调节性较好，但价格较高，叶片对烟气的含尘量较为敏感。

10.4.2 吸风机型式和参数

（1）引风机技术数据见表 10-5，配套电动机综合数据见表 10-6。

表 10-5 引风机技术数据

序号	项　目	单 位	数　值
1	风机型号		YA18448-8Z
2	风机调节装置型号		静叶可调
3	叶轮直径	mm	4250
4	轴的材质		35CrMo
5	轮毂材质		16MnR
6	叶片材质		16MnR
7	叶片使用寿命	h	正常工况下≤50000
8	叶轮级数	级	1
9	每级叶片数	片	19
10	静叶调节范围	(°)	−75～+30
11	转子质量	kg	8000
12	转子转动惯量	kg·m^2	12300
13	风机的第一临界转速	r/min	>744
14	进风箱、机壳、扩压器材质		Q235

续表 10-5

序号	项　目	单　位	数　值
15	进风箱壁厚	mm	8
16	机壳壁厚	mm	22
17	扩压器壁厚	mm	8
18	风机轴承型式		滚动轴承
19	轴承润滑方式		脂润滑
20	轴承冷却方式		风冷
21	轴瓦冷却水量	t/h	0
22	风机旋转方向（从电机侧看）		逆时针旋转
23	风机总质量	kg	85000
24	冷却风机型号/数量		9-19No5A/2
25	冷却风机功率	kW	7.5
26	冷却风机风量	m^3/h	1610~3864
27	冷却风机风压	Pa	5739~4983
28	风机安装时最大起吊质量（以0.0m为基准）	kg	19000
29	风检检修时最大起吊质量	kg	8000
30	风机检修时最大起吊高度（以0.0m为基准）	kg	10
31	比转速		95

表 10-6　配套电动机综合数据

序 号	参 数 名 称	单　位	数值
			上海电机厂
1	型号		YKK1000-10
2	电动机类别		鼠笼式三相异步电动机
3	额定功率	kW	7000
4	额定电压	V	6000
5	额定电流	A	799
6	额定频率	Hz	50
7	额定转速	r/min	597
8	极数		10
9	防护等级		IP55
10	绝缘等级		F
11	冷却方式		IC611
12	安装方式		IMB3
13	工作制		S1
14	效率		
15	额定负荷时的效率	%	96.9

续表 10-6

序号	参数名称	单位	数值 上海电机厂
16	3/4 额定负荷时的效率	%	96.8
17	1/2 额定负荷时的效率	%	96.3
18	功率因数		
19	额定负荷时的功率因数		0.87
20	3/4 额定负荷时功率因数		0.86
21	1/2 额定负荷时功率因数		0.81
22	最大转矩/额定转矩	倍	2.0
23	堵转转矩/额定转矩	倍	0.5
24	堵转电流/额定电流	倍	5.5
25	加速时间及启动时间	s	13
26	电动机转动惯量	$kg \cdot m^2$	满足负载要求
27	噪音	dB（A）	85
28	轴承座处振动幅值	mm	0.076
29	轴振动速度	mm/s	2.8
30	定子温升	K	80
31	相数		3
32	测温元件		Pt100
33	轴承型式		端盖式滑动轴承
34	轴承油牌号		L-TSA46
35	轴承润滑方式		压力油循环润滑
36	轴承冷却方式		油冷
37	电动机质量	kg	40000
38	轴承润滑油流量	L/min	8×2
39	CT 型号比率/精确度等级		按买方要求
40	旋转方向		从电机向风机看逆时针旋转
41	穿线管接头箱		—
42	穿线管入口		—
43	容许堵转时间	s	21
44	外形图、图号		—
45	启动转距		—
46	最小启动力矩		—
47	推荐使用的润滑剂		L-TSA46
48	定子测温元件数量、型号		6/Pt100
49	轴承测温元件数量、型号		2/Pt100
50	电机安装时最大起吊质量/高度（以 0.0m 为基准）	kg/m	
51	电机检修时最大起吊质量/高度（以 0.0m 为基准）	kg/m	
52	电动机加热器功率	kW	2.4

（2）引风机油站。风机主轴承采用滚动轴承脂润滑，无轴承油箱。风机轴承采用强制风冷，无冷却水。

电动机采用滑动轴承，强制润滑，配专用润滑油站。电动机轴承正常工作温度不超过50℃，最高温度不超过75℃。

10.5　动叶可调轴流一次风机

10.5.1　概述

一次风机具有风量小（一般仅占炉膛燃烧总风量的20%左右），风压高（直吹式制粉系统中大于15kPa），运行中风量变化大，风压变化小的特点。在此条件下，动叶可调轴流式风机采用2级叶轮。两级动叶为可调式，在风压上要比单级轴流风机的风压高，这样就可以满足对风压的要求。虽然动叶可调风机的价格较高、初期投资较大，但其运行效率高，尤其是在变负荷工况下更加明显。

对于1000MW机组一次风机若选择进口导向叶片调节、定速离心式风机，由于离心风机的体积和质量大，设备初期投资费低的优势并不十分明显；另一方面，风机运行效率很低，特别是低负荷工况下效率更低。也可采用离心式一次风机加变频器的模式，通过变频器调频来改变离心式风机的转速，降低其在低负荷下的转速，从而提高风机效率，其节电效果还是非常明显的。但是，其缺点是变频器必须采用进口设备，设备的投资费很高，一般为1400~1500元/kW；而且采用大功率变频器，还有许多技术问题未能得到彻底解决。

10.5.2　一次风机结构、型式和参数

某1000MW机组塔式锅炉配置一次风机采用动叶可调轴流式风机，选用的是上海鼓风机有限公司生产的二级动叶可调轴流式一次风机，如图10-21和图10-22所示。下面以此为例介绍一次风机的结构、型式及设计参数。

图10-21　动叶可调双级轴流风机

一次风机进行叶片开度调整时依靠一根贯穿于一级和二级轮毂的连杆传递动力。当需要调整叶片开度时，液压缸产生调节力推动第二级轮毂中的推盘（推盘连杆一体），这时连杆传递推力至第一级轮毂，成为第一级的推盘形式，进行叶片开度的调整，从而完成两级叶轮的同步调节。

连接一、二级轮毂，传导叶片调节力的连杆，连杆由两级推盘和中间推杆组成。如果

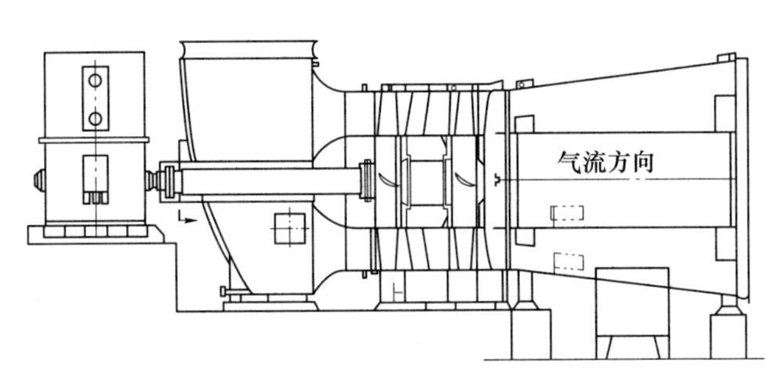

图 10-22　一次风机结构简图

连杆发生损坏，将使一、二级叶片开度不能同步调节，一级轮毂叶片全部失控，影响风机的运行，失控后叶片可能会全部损坏。

一次风机型式：动叶可调轴流式

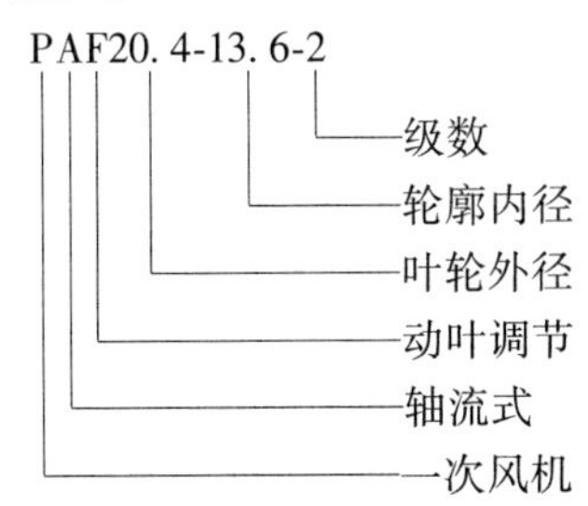

一次风机的性能数据见表 10-7，其技术数据见表 10-8，风机的启动力矩见表 10-9。

表 10-7　一次风机性能数据

工况	风量 Q /m³ · s⁻¹	风机总压升 p /Pa	介质密度 /kg · m⁻³	效率 /%	转速 /r · min⁻¹	轴功率 /kW	电机功率 /kW
T. B	175. 08	19123	1. 125	84. 53	1490	3718	4150
B-MCR	115. 6	14603	1. 217	87. 5	1490	1841	4150
30%B-MCR	57. 86	11904	1. 217	59. 8	1490	1106	4150

表 10-8　一次风机技术数据

项　目	单　位	技术数据
风机型号		PAF20. 4-13. 6-2
转子外径	mm	2040
轮毂直径	mm	1360
叶轮级数	级	2
叶型		26NA26-2. 5%
叶片数	片	52
叶片材料		HF-1
叶片和叶柄的连接		高强度螺钉
液压缸径和行程	mm/mm	336/50
叶片调节范围	(°)	-25～+25

续表 10-8

项　　目	单　位	技术数据
风机机壳内径和叶片外径间的间隙（叶片在关闭位置）		为叶片外径的 0.001~0.002 倍，即 2.04~4.08mm
风机旋转方向（从电机侧看）		逆时针（顺气流方向）
风机转速	r/min	n=1490
电机型号		YKK710-4 型
电机功率	kW	4150
电机电压	kV	6
额定电流	A	450

表 10-9　风机的启动力矩

项　　目	单　位	技术数据
风机转速	r/min	1490
转动惯量	kg · m^2	986
风机功率（在最大工况下）	kW	3718
风机扭矩（在最大工况下）	N · m	23830
电机轴端径向力	N	5715
电机轴端轴向力	N	3600
电机功率	kW	4150

一次风机性能曲线如图 10-23 所示，其启动力矩曲线如图 10-24 所示。

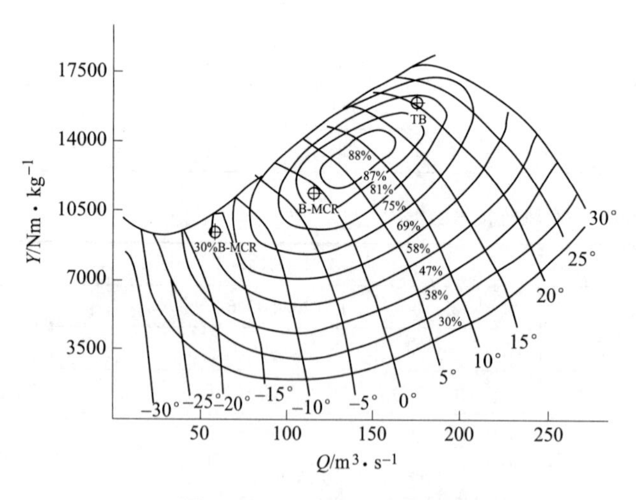

图 10-23　一次风机性能曲线

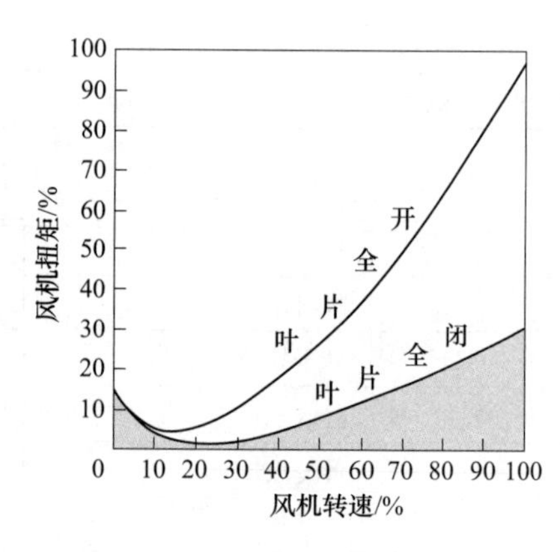

图 10-24　一次风机启动力矩曲线

第2篇

锅炉典型超净排放技术与设备

11 低氮高效燃烧系统

为达到国家和行业环保要求，煤粉电站锅炉进行了低氮燃烧技术的开发与应用。针对四角切圆燃烧系统、前后墙对冲燃烧系统、W 火焰燃烧系统，本章将分别介绍具有代表性的技术方案。

11.1 四角切圆低氮燃烧系统

四角切圆燃烧系统以低 NO_x 同轴燃烧系统（LNTFS）为例。LNTFS 是一种经过考验的成熟技术，迄今在全球范围内已有超过 200 台的新建和改造锅炉的成功运行业绩，总的装机容量大于 62000MW；LNTFS 在降低 NO_x 排放的同时，着重考虑提高锅炉不投油低负荷稳燃能力和燃烧效率；通过技术的不断更新，LNTFS 在防止炉内结渣、高温腐蚀和降低炉膛出口烟温偏差等方面，同样具有独特的效果。

1990 年，美国政府对 1970 年的洁净空气条例作了修改，规定的第一阶段要求：为了减少酸雨，在 5 年内，许多现有发电机组要遵守更为严格的 SO_x 和 NO_x 排放限制。这个法律向锅炉制造商提出了挑战，要求在短期内向美国能源工业提供经过试验验证的、造价上可行的降低 NO_x 改造技术。实际上自 1980 年以来，ALSTOM 公司一直在验证低 NO_x 燃烧系统技术。二十多年来，结合实验室研制工作和 20 世纪 90 年代初第一阶段锅炉改造中取得的成功经验，这种验证产生了一批用于新锅炉设计的低 NO_x 燃烧技术，称为低 NO_x 切向燃烧系统（LNTFS™）。

LNTFS 系统，为使挥发氮化合物形成的早期燃烧阶段中 O_2 含量降低，使整个炉膛内分段燃烧和局部性空气分段燃烧降低 NO_x 的能力结合起来，在初始的富燃料条件下促使挥发氮化合物转化成 N_2，因而使总的 NO_x 排放减少。LNTFS 的主要组件为：

（1）紧凑燃尽风（CCOFA）。

（2）可水平摆动的分离燃尽风（SOFA）。

（3）预置水平偏角的辅助风喷嘴（CFS）。

（4）强化着火（EI）煤粉喷嘴。

根据燃料特性、NO_x 控制水平等参数的不同，LNTFS 系统燃烧器各层喷口有三种不同的设计：LNTFS-Ⅰ，LNTFS-Ⅱ，LNTFS-Ⅲ，见表 11-1。

表 11-1 LNTFS 系统燃烧器各层喷口的设计

燃烧器层数	常规设计喷口布置	LNTFS-Ⅰ喷口布置	LNTFS-Ⅱ喷口布置	LNTFS-Ⅲ喷口布置
第十二层			SOFA（分离二次风）	SOFA（分离二次风）
第十一层			SOFA（分离二次风）	SOFA（分离二次风）
第十层		CCOFA（紧凑二次风）		CCOFA（紧凑二次风）

续表 11-1

燃烧器层数	常规设计喷口布置	LNTFS-Ⅰ喷口布置	LNTFS-Ⅱ喷口布置	LNTFS-Ⅲ喷口布置
第九层	AIR（二次风）	AIR（二次风）	AIR（二次风）	AIR（二次风）
第八层	COAL（一次风）	COAL（一次风）	COAL（一次风）	COAL（一次风）
第七层	AIR（二次风）	CFSTM AIR（偏转二次风）	CFSTM AIR（偏转二次风）	CFSTM AIR（偏转二次风）
第六层	COAL（一次风）	COAL（一次风）	COAL（一次风）	COAL（一次风）
第五层	AIR（二次风）	CFSTM AIR（偏转二次风）	CFSTM AIR（偏转二次风）	CFSTM AIR（偏转二次风）
第四层	COAL（一次风）	COAL（一次风）	COAL（一次风）	COAL（一次风）
第三层	AIR（二次风）	CFSTM AIR（偏转二次风）	CFSTM AIR（偏转二次风）	CFSTM AIR（偏转二次风）
第二层	COAL（一次风）	COAL（一次风）	COAL（一次风）	COAL（一次风）
第一层	AIR（二次风）	AIR（二次风）	AIR（二次风）	AIR（二次风）

典型的 LNTFS-Ⅲ燃烧器布置如图 11-1 所示。

11.1.1　低 NO_x 同轴燃烧系统

11.1.1.1　系统结构

低 NO_x 同轴燃烧系统（LNTFS）在降低 NO_x 排放的同时，着重考虑提高锅炉不投油低负荷稳燃能力和燃烧效率。通过技术的不断更新，LNTFS 在防止炉内结渣、高温腐蚀和降低炉膛出口烟温偏差等方面，同样具有独特的效果。对于百万兆瓦机组，煤粉燃烧器采用典型的 LNTFS 燃烧器布置，一共有 12 层煤粉喷嘴，在煤粉喷嘴四周布置有燃料风（周界风）。燃烧器风箱分成独立的 4 组，下面 3 组风箱中，每组风箱各有 4 层煤粉喷嘴，对应两台磨煤机，每台磨煤机对应相邻两层煤粉喷嘴之间布置有 1 层燃油辅助风喷嘴。每台磨煤机对应相邻两层煤粉喷嘴的上方布置了一个组合喷嘴，其中预置水平偏角的辅助风喷嘴（CFS）和直吹风喷嘴各占约 50%出口流通面积。在主风箱上部布置有 SOFA（Separated OFA，分离燃尽风）燃烧器，包括 6 层可水平摆动的分离燃尽风（SOFA）喷嘴。连同煤粉喷嘴的周界风，每个角主燃烧器和 SOFA 燃烧器共有二次风挡板 32 组，均由电动执行器单独操作。为满足锅炉汽温调节的需要，主燃烧器喷嘴采用摆动结构，每组燃烧器由连杆组成一个摆动系统，由 1 台电动执行器集中带动做上下摆动。SOFA 燃烧器同样由 1 台电动执行器集中带动做上下摆动。在燃烧器二次风室配置了 6 层共 24 支轻油枪，采用简单机械雾化方式，燃油容量按 30%MCR 负荷设计。点火装置采用高能电火花点火器。燃烧器采用水冷套结构。

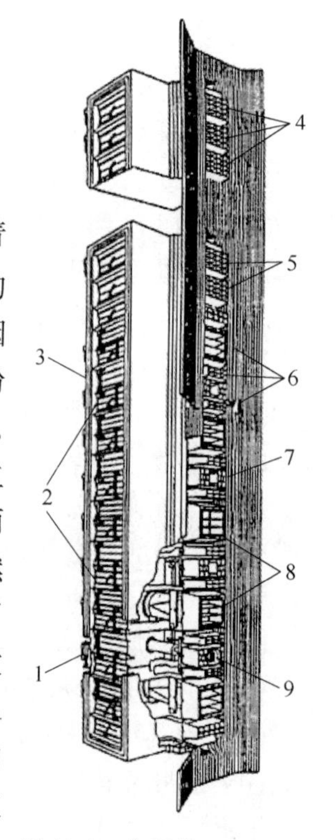

图 11-1　典型的 LNTFS-Ⅲ燃烧器布置
1—挡板驱动装置；2—辅助风挡板；3—风箱；4—分离燃尽风喷口；5—紧凑燃尽风喷口；6—点火枪偏转二次风；7—偏置二次风喷口；8—煤粉火枪；9—油枪

11.1.1.2　设计特点

A　LNTFS 设计的技术特点

LNTFS 设计的技术特点：

（1）LNTFS 具有优异的不投油低负荷稳燃能力。LNTFS 设计的理念之一是建立煤粉早期着火，设计开发了强化着火（EI）煤粉喷嘴，能大大提高锅炉不投油低负荷稳燃能力。根据设计、校核煤种的着火特性，选用合适的煤粉喷嘴，在煤种允许的变化范围内确保煤粉及时着火、稳燃，燃烧器状态良好，并不被烧坏。

（2）LNTFS 具有良好的煤粉燃尽特性。LNTFS 通过在炉膛的不同高度布置 CCOFA 和 SOFA，将炉膛分成三个相对独立的部分：初始燃烧区，NO_x 还原区和燃料燃尽区。每个区域的过量空气系数由三个因素控制：总的 OFA 风量，CCOFA 和 SOFA 风量的分配以及总的过量空气系数。这种改进的空气分级方法通过优化每个区域的过量空气系数，在有效降低 NO_x 排放的同时能最大限度地提高燃烧效率。采用可水平摆动的分离燃尽风（SOFA）设计，能有效调整 SOFA 和烟气的混合过程，降低飞灰含碳量和一氧化碳（CO）含量。

（3）LNTFS 能有效防止炉内结渣和高温腐蚀。LNTFS 采用预置水平偏角的辅助风喷嘴（CFS）设计，在燃烧区域及上部四周水冷壁附近形成富空气区，能有效防止炉内结渣和高温腐蚀。

（4）LNTFS 在降低炉膛出口烟温偏差方面具有独特的效果。研究结果表明，对燃烧系统的改进能减小和调整切向燃煤机组炉膛出口烟温偏差现象。阿尔斯通在新设计的锅炉上已经采用可水平摆动调节的 SOFA 喷嘴来控制炉膛出口烟温偏差。该水平摆动角度在热态调整时确定后，就不用再调整。

B　强化着火煤粉喷嘴设计

与常规煤粉喷嘴设计比较，强化着火（EI）煤粉喷嘴能使火焰稳定在喷嘴出口一定距离内，使挥发分在富燃料的气氛下快速着火，保持火焰稳定，从而有效降低 NO_x 的生成，延长焦炭的燃烧时间。该喷嘴的具体结构如图 11-2 所示。

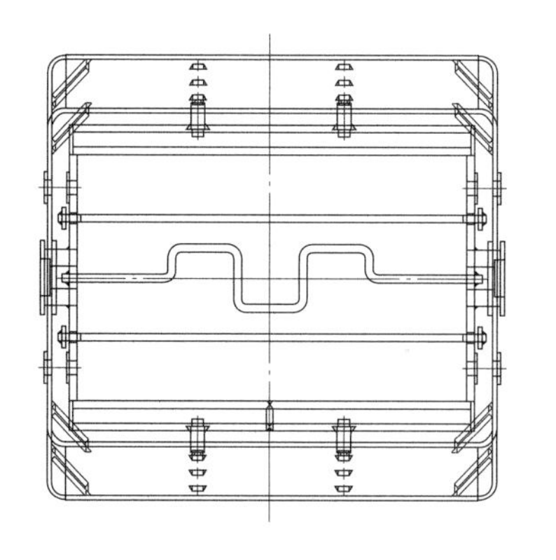
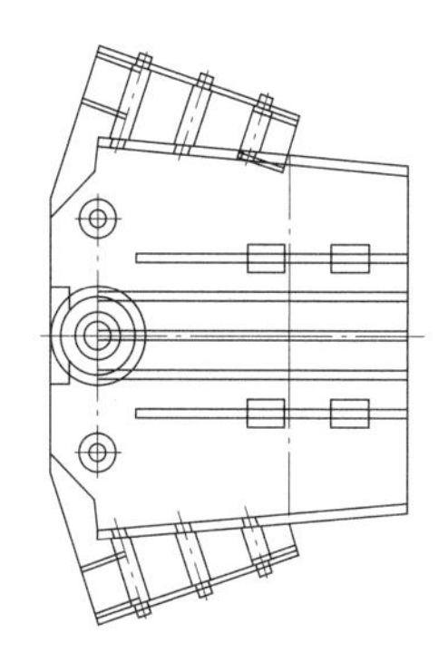

图 11-2　强化着火（EI）煤粉喷嘴示意图

C　同心切圆燃烧方式（CFS）的多隔仓辅助风设计

对应每台磨煤机的 2 层煤粉喷嘴的上方布置 1 只二次风喷嘴，其中约一半为直吹风喷嘴，一半为偏置风（CFS）喷嘴，如图 11-3 所示。

采用同心切圆（CFS）燃烧方式，部分二次风气流在水平方向分级，初始燃烧阶段推迟了空气和煤粉的混合，NO_x 形成量少。由于一次风煤粉气流被偏转的二次风气流（CFS）裹在炉膛中央，形成富燃料区，在燃烧区域及上部四周水冷壁附近则形成富空气区，这样的空气动力场组成减少了灰渣在水冷壁上的沉积，并使灰渣疏松，减少了墙式吹灰器的使用频率，提高了下部炉膛的吸热量。水冷壁附近氧含量的提高也降低了燃用高硫煤时水冷壁的高温腐蚀倾向。

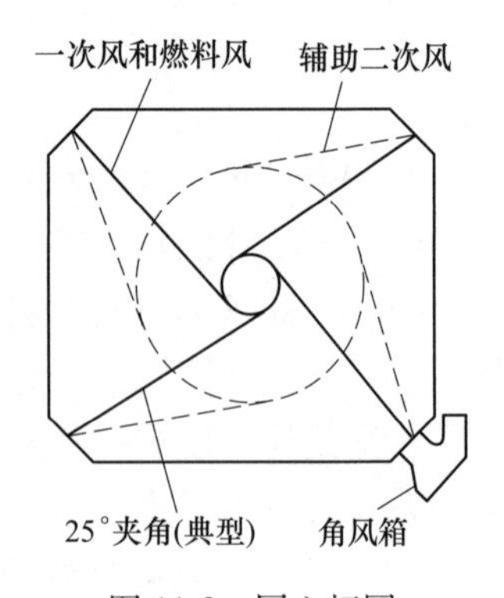

图 11-3　同心切圆（CFS）燃烧方式

D　采用可水平摆动调节的 SOFA 喷嘴设计控制炉膛出口烟温偏差

炉膛出口烟温偏差是炉膛内的流场造成的。通过对目前运行的燃煤机组烟气温度和速度数据分析发现，在炉膛垂直出口断面处的烟气流速对烟温偏差的影响要比烟温的影响大得多，因此烟温偏差是一个空气动力现象。炉膛出口烟温偏差与旋流指数之间存在联系，该旋流指数代表燃烧产物烟气离开炉膛出口截面时的切向动量与轴向动量之比（较高的旋流指数意味着较快的旋流速度）。旋流指数可以通过一系列手段减小，诸如减小气流入射角、布置紧凑燃尽风（CCOFA）喷嘴和分离燃尽风（SOFA）喷嘴、SOFA 喷嘴反切一定角度以及增加从燃烧器区域至炉膛出口的距离等，使进入燃烧器上部区域气流的旋转强度得到减弱甚至被消除。图 11-4 给出了可水平调整摆角的喷嘴设计，摆角可水平调整+25°～−25°。SOFA 摆角的水平调整对燃烧效率也有影响，要通过燃烧调整得到一个最佳的角度。

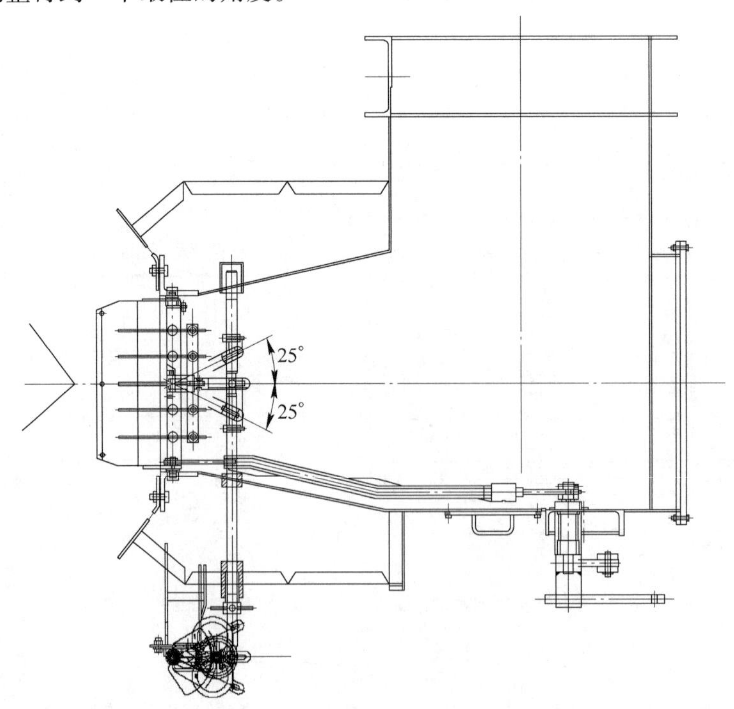

图 11-4　可水平调整摆角的喷嘴设计

11.1.2 某电厂 1000MW 塔式锅炉燃烧系统的设计

某电厂 1000MW 塔式锅炉煤粉燃烧器采用的低 NO_x 同轴燃烧系统（LNTFS™），一共设有 12 层煤粉喷嘴，在煤粉喷嘴四周布置有燃料风（周界风，见图 11-5），燃烧器风箱分成独立的 4 组，下面 3 组风箱各有 4 层煤粉喷嘴，对应两台磨煤机，在相邻两层煤粉喷嘴之间布置有一层燃油辅助风喷嘴。每相邻两层煤粉喷嘴的上方布置了一个组合喷嘴，其中预置水平偏角的辅助风喷嘴（CFS）和直吹风喷嘴各占约 50%出口流通面积。最上面一组

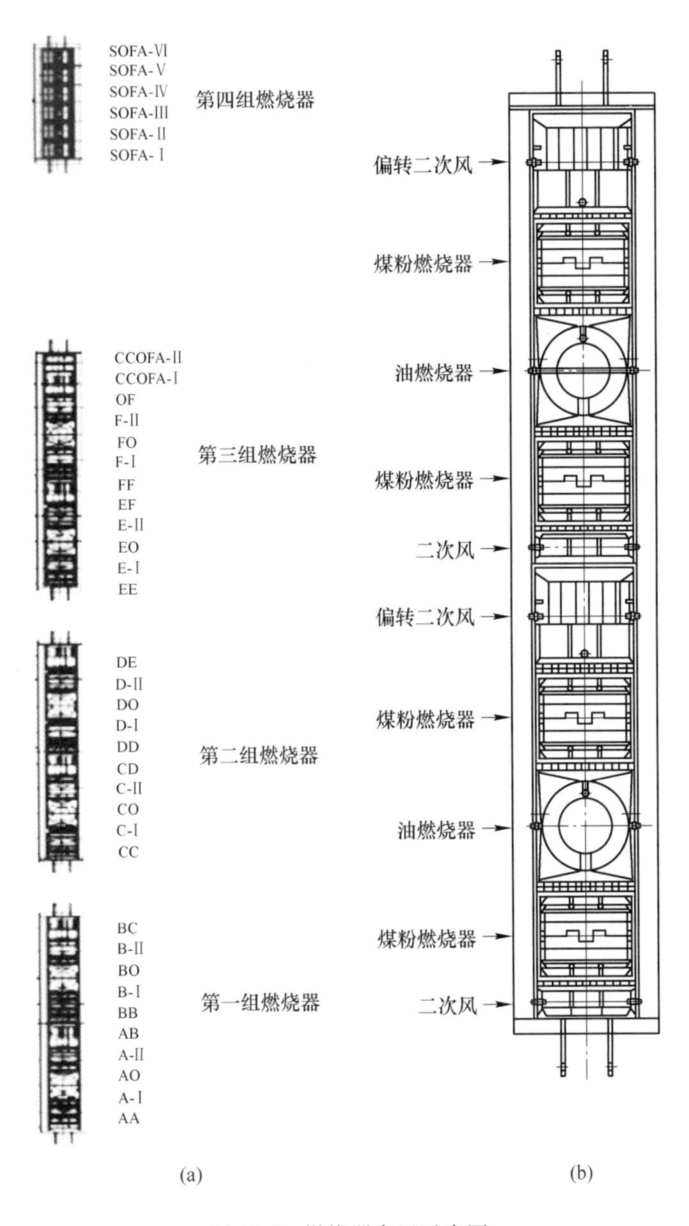

图 11-5 燃烧器布置示意图

(a) 四组燃烧器布置图；(b) 第一组燃烧器结构图

风箱为 SOFA 风箱。4 组燃烧器风箱执行结构如下：

第一组：AA、A-Ⅰ、AO、A-Ⅱ、AB、BB、B-Ⅰ、BO、B-Ⅱ、BC，共有 8 只执行机构。

第二组：CC、C-Ⅰ、CO、C-Ⅱ、CD、DD、D-Ⅰ、DO、D-Ⅱ、DE，共有 8 只执行机构。

第三组：EE、E-Ⅰ、EO、E-Ⅱ、EF、FF、F-Ⅰ、FO、F-Ⅱ、OF、CCOFA-Ⅰ、CCOFA-Ⅱ，共有 10 只执行机构。

第四组：SOFA-Ⅰ、SOFA-Ⅱ、SOFA-Ⅲ、SOFA-Ⅳ、SOFA-Ⅴ、SOFA-Ⅵ，共有 6 只执行机构。

其中对应每台磨煤机的两层煤粉风室的燃料风有一只执行机构，通过连杆进行控制。

该系统采用 6 台中速磨煤机，容量的选择要求是在任何负荷情况下至少有一台磨煤机处于备用状态。每台磨煤机对应提供两层燃烧器所需的煤粉。磨煤机出口的 4 根煤粉管道在燃烧器前通过 4 个三叉型分配器分成 8 根煤粉管道，进入 4 个角燃烧器的两层煤粉喷嘴中。燃料隔舱的数量和间距是由允许的燃烧器输入热功率和燃烧器区域壁面热负荷（BBHRR）决定的，这两个参数用来保证水冷壁不会出现过热和无法控制的水冷壁结渣的情况发生。

对于本锅炉，在设计煤种的 B-MCR 工况下，每个煤粉喷嘴的热负荷是 60MW。

主风箱设有 6 层暖炉轻油枪和高能点火枪，共 24 套，布置在相邻两层煤粉喷嘴之间的一只直吹风喷嘴内。暖炉轻油枪采用机械雾化方式。

在主风箱顶端设有一层紧凑燃尽风（CCOFA）。在主风箱上部布置有 SOFA 风箱，包括 6 层分离燃尽风（SOFA）喷嘴。每个 SOFA 喷嘴可通过执行机构做上下 30°角的摆动。

11.1.2.1　锅炉不同负荷时燃烧器的投入方式

锅炉不同负荷时燃烧器的投入方式见表 11-2。

表 11-2　锅炉不同负荷时燃烧器的投入方式

运行方式	锅炉负荷（MCR）/%
6 磨运行	80~100
5 磨运行	60~100
4 磨运行	45~80
3 磨运行	35~60
2 磨运行（10%~30%B-MCR 煤油混烧）	10~40
油枪运行	0~25

注：1 台磨运行对应 2 层燃烧器，共有 8 只煤粉喷嘴投入运行。

11.1.2.2　炉内空气动力场

炉内空气动力场包括以下几个方面。

（1）该锅炉良好的炉膛空气动力场，防止火焰直接冲刷水冷壁。避免炉内结渣和高温腐蚀的主要措施有：

1）合适的炉膛热力参数设计；

2）带同心切圆燃烧方式（CFS）设计；

3）合理的燃烧器各层一次风间距。

（2）燃烧器的设计、布置，确保 NO_x 的排放浓度不超过 350mg/m^3（标态，O_2 含量为

6%）措施有：

1）带同心切圆燃烧方式（CFS）设计；

2）采用 CCOFA 烧嘴和 SOFA 烧嘴，实现对燃烧区域过量空气系数的多级控制；

3）强化着火（EI）煤粉喷嘴设计。

（3）燃烧器的设计、布置，实现不投油最低稳燃负荷的措施有：

1）强化着火（EI）煤粉喷嘴设计；

2）低负荷时相邻四层煤粉喷嘴投入运行；

3）煤粉细度达到设计值。

确保燃烧器喷嘴摆动这一调温手段的正常实施有：

本燃烧设备适当增加了各传动配合件之间的间隙，并从工艺上采取措施，严格控制摆动喷嘴的形位公差，同时适当增加传动件的刚性和强度。

摆动系统不允许长时间停在同一位置，尤其不允许长时间停在同一向下的角度，否则时间一长喷嘴容易卡死。

11.1.2.3　设计参数

燃烧器的主要设计参数见表 11-3。

表 11-3　燃烧器的主要设计参数

序　号	名　称	单　位	数　值
1	单只煤粉喷嘴输入热量	kJ/h	217.4×10^6
2	二次风速度	m/s	45.3
3	二次风温度	℃	358
4	二次风率	%	79.38
	SOFA	%	23
	CCOFA	%	4
	周界风	%	16.6
5	一次风速度（喷口速度）	m/s	27.3
6	一次风温度	℃	77
7	一次风率	%	20.62
8	燃烧器一次风阻力	kPa	0.5
9	燃烧器二次风阻力	kPa	1
10	相邻煤粉喷嘴中心距	mm	1600 或 1700

11.1.2.4　结构和使用说明

A　箱壳

箱壳的作用主要是将燃烧器的各个喷嘴固定在需要的位置，并将来自大风箱的二次风通过喷嘴送入炉膛。同时，箱壳也是喷嘴传动系统的基座。

整个燃烧器与锅炉的连接是通过水冷套的连接来实现的。由于水冷壁管温度与箱壳内的热风温度不等，尤其是在升炉和停炉过程中各自的温度变化差异较大，在箱壳与水冷壁之间会产生相对位移。为了避免应力过大，造成水管和箱壳损坏，只有连接法兰中部的螺栓是完全紧固的，上部和下部的连接螺栓均保留有 1/4~1/2 圈的松弛，燃烧器法兰上这部分螺孔做成长圆孔，允许箱壳与水冷套之间有一定的胀差。为了便于检修人员检查，箱壳各风室的侧面均设置了检查门盖。箱壳是薄壳结构，壳板厚度仅 6mm。箱壳的变形对燃烧器的正常工作影响很大，燃烧器运行过程中应给予足够的关注，经常检查。

B　煤粉风室

如前所述，本燃烧器采用强化着火（EI）煤粉喷嘴结构，它由喷管与喷嘴两部分组成，同处于燃烧器箱壳的煤粉风室中。煤粉喷嘴用销轴与煤粉喷管安装成一体，故更换喷嘴必须将整个煤粉喷管从燃烧器箱壳中抽出才能进行。

C　二次风室及喷嘴摆动系统

主燃烧器由煤粉风室和二次风室组成，每组主燃烧器布置有两层油枪。

主燃烧器喷嘴由内外传动机构传动，传动机构又由外部垂直连杆连成一个摆动系统，由一台直行程电动执行器统一操纵做同步摆动，二次风喷嘴的摆动范围可达±30°，煤粉喷嘴的摆动范围为±20°。

D　二次风挡板及控制

燃烧器每层风室均配有二次风门挡板。每个角主燃烧器配有 32 只风门挡板，相对应有 26 只电动执行机构，其中对应每台磨煤机的两层煤粉风室的燃料风由一只执行机构，通过连杆进行控制。每角 SOFA 燃烧器配有 6 只风门挡板，相应配有 6 只执行机构，这样每台锅炉共配有 128 只执行机构，在一般情况下 4 组燃烧器的风门挡板应同步执行。

各层二次风门挡板用来调节总的二次风量在每层风室中的分配，以保证良好的燃烧工况和指标。其中煤粉风室挡板用来控制周界（燃料）风量，以调节一次风气流着火点，通常是相应层给粉机转速的函数。辅助风室挡板用来控制风箱-炉膛压差。CCOFA 和 SOFA 风室挡板的开度是锅炉负荷的函数，主要用于控制 NO_x 的排放。单投油时，根据油压控制油层的二次风风量；煤层停运时，辅助二次风开度是锅炉燃料量的函数；油煤混烧及单投煤时，根据燃料量和总空气流量的函数控制油层的二次风风量和辅助二次风风量；为了保护停运燃烧器不过热烧坏，油层和煤层均停运时，停运燃烧器分风箱冷却风量应随锅炉燃料量的改变而作相应的调整，根据锅炉燃料量与燃烧器分风箱冷却风量间的函数关系控制燃烧器的分风箱冷却风量。

二次风门挡板的控制原则有以下几个方面：

（1）二次风门与锅炉负荷的关系见表 11-4。

表 11-4　二次风门与锅炉负荷的关系

锅炉负荷/%	0	100
SOFA 风量/kg · s^{-1}	20	120
CCOFA 挡板开度/%	10	100
二次风门挡板开度/%	20	90

（2）燃料风挡板与给煤机给煤量的关系见表11-5。

表11-5　燃料风挡板与给煤机给煤量的关系　（%）

给煤机给煤量	0	100
燃料风挡板开度	5	95

（3）锅炉燃料量与总空气流量的函数关系见表11-6。

表11-6　锅炉燃料量与总空气流量的关系　（kg/s）

锅炉燃料量	40	63	90	106	111	114
总空气流量	422	686	844	938	960	985

（4）锅炉燃料量与燃烧器分风箱冷却风量的函数关系见表11-7。

表11-7　锅炉燃料量与燃烧器分风箱冷却风量的关系　（kg/s）

锅炉燃料量	35	40	70	114
燃烧器分风箱冷却风量	15	15.5	16	17.4

SOFA挡板应是随着锅炉负荷增加自下而上逐步开启，这些挡板的开度需要通过燃烧调整试验来最终确定。

在锅炉两侧布置有燃烧器连接风道（大风箱），风速较低，保证四角风量分配的均匀性。SOFA燃烧器有单独的连接风道，在连接风道上共设计有两只SOFA风量测量装置，便于控制调节SOFA风量。

11.1.2.5　燃烧器与煤粉管道的连接

每台磨煤机出口由4根煤粉管道接至两层四角布置的煤粉燃烧器，磨煤机出口煤粉管道为ϕ740mm×10mm，进燃烧器煤粉管道为ϕ510mm×10mm。

煤粉管道的设计对燃烧器的摆动灵活性有一定的影响，要求在连接至燃烧器入口弯头的煤粉管道上采用恒力弹簧吊架支吊，不允许煤粉管道的质量传递到燃烧器的一次风管上。

11.1.2.6　SOFA喷嘴的水平摆动调节

SOFA喷嘴可水平调整摆角，摆角可水平调整+25°～-25°。SOFA喷嘴有水平调整机构，当拉杆向人手方向拉出时，表示SOFA喷嘴与燃烧器的安装中心的夹角由0°逐渐增加，而且增加的方向与火球旋转方向相反。通过调节SOFA喷嘴可以减少炉膛出口气流残余扭转能量，减少过、再热器左右汽温偏差。

11.2　前后墙对冲低氮燃烧系统

从20世纪引进美国B&W公司的旋流燃烧技术开始，采用旋流燃烧器的对冲燃烧系统覆盖了我国煤粉电站锅炉不同容量机组，其中主要的旋流燃烧器包括：

（1）美国B&W公司DRB燃烧器。

（2）三井Babcock（MBEL）公司的低NO_x轴向旋流燃烧器（LNASB）。

（3）日立 Bab-cock（BHK）公司的 HT-NR 型燃烧器。

（4）德国 Babcock 公司的 DS 燃烧器。

（5）东方锅炉厂的 OPCC 旋流燃烧器。

（6）哈尔滨工业大学的径向浓淡旋流燃烧器。

（7）北京巴威公司的浓缩型 EI-XCL 燃烧器等。

随着环保要求越来越严格，旋流燃烧器技术也在不断升级和改进，主要的优化技术包括：

（8）煤粉浓缩：降低 NO_x，改进燃尽技术，提高稳燃能力。

（9）环形回流：降低 NO_x，提高稳燃能力。

（10）双调风：降低 NO_x。

（11）OFA 技术：降低 NO_x，改进燃尽技术。

（12）稳燃齿环：提高稳燃能力，增强煤种适应性。

（13）丰富的调节手段（各种风可调）：增强煤种适应性和负荷适应性。

煤粉浓缩与烟气回流相结合，协调降低 NO_x 和煤粉燃尽的矛盾（高温、低氧，快速弥散），实现三高一低的燃烧效果，即高温烟气、高煤粉浓度、高湍动度、低氧量。这些技术在旋流燃烧器上各具特色，下面叙述如下。

11.2.1 DRB 旋流燃烧器

美国 B&W 公司 DRB 燃烧器已进行了多次技术升级，以 DRB-4Z 旋流燃烧器为例，其结构如图 11-6 所示。

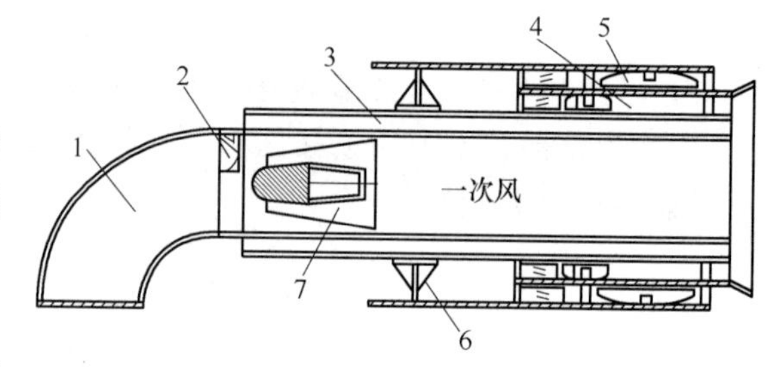

图 11-6　DRB-4Z 燃烧器示意图

1—入口弯头；2—导向器；3—过渡风；4—内二次风；5—外二次风；6—滑动调风盘；7—均流装置

（1）该型燃烧器的结构特点：

1）不带中心风管，二次风由 3 个通道送入炉膛，由内向外依次为过渡二次风、内二次风和外二次风；内、外二次风通道均装有轴向可动叶片。

2）一次风管内壁加装优化煤粉气流流场的导向器，以改善一次风出口的煤粉分布，并适当阻挡煤粉过快地向外扩散，导向器后装设均流装置，以使周向的煤粉浓度均匀。

其燃烧过程包括：贫氧挥发分析出，燃烧产物再循环，NO_x 降低区，高温火焰，二次燃烧空气受控混合，燃尽区。其燃烧过程如图 11-7 所示。

（2）该旋流燃烧器具备如下特点：

1）适当减小一次风速可增大回流区，有利于煤粉的着火。但是，过低的一次风速会使一、二次风的后期混合减弱，不利于煤粉的稳定着火。

2）随着外二次风叶片角度的增大，回流区有拉长的趋势，但回流直径几乎不变；当外二次风叶片角度过大时，火焰中心长度明显增大，推迟了外二次风与一次风的混合，降低了着火稳定性，同时可能引起燃烧器对面水冷壁的结渣；随着外二次风叶片角度减小，旋流强度增大，最大轴向速度和最大切向速度的衰减加快；当外二次风叶片角度较小时，较大的旋流强度会使火焰尾部形成开放式气流，燃气逼近燃烧器壁面，降低燃烧器使用寿命。

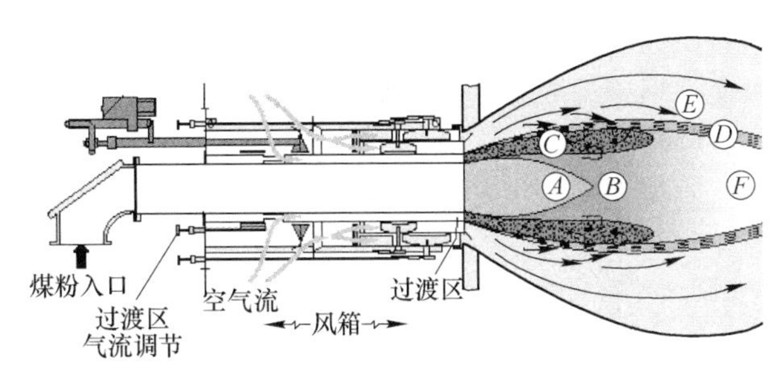

图 11-7　旋流燃烧器燃烧状况示意图

3）火焰长度和燃烧器出口流场不仅受直流一次风速的影响，还受到二次风旋流强度的影响。

（3）该旋流燃烧器的适应性：

1）新建锅炉应用 DRB-4Z 燃烧器，NO_x 排放浓度可以控制在 350~400mg/m^3（标态），飞灰含碳量在 2%~3%。

2）美巴燃烧器由于没有中心风筒可安装油枪，油枪的着火性能相对差些。

3）DRB-4Z 型燃烧器靠旋流造成回流区的稳燃能力有限，故一般适合于中等质量以上烟煤的燃烧。

11.2.2　LNASB 低 NO_x 轴向旋流燃烧器

三井 Babcock（MBEL）公司的低 NO_x 轴向旋流燃烧器（LNASB），其结构如图 11-8 所示。

（1）该燃烧器的结构特点为：

1）燃烧器有中心风管。

2）二次风分为独立的旋流内二次风和旋流外二次风；内二次风旋流强度可调，外二次风旋流强度不可调。

3）煤粉局部浓集燃烧是通过安装在一次风管炉膛端的收集器来实现的，周向浓淡；在一次风管入口装有煤粉分配器；在燃烧器前端安装有一个火焰保持器，具体结构如图 11-9 所示。

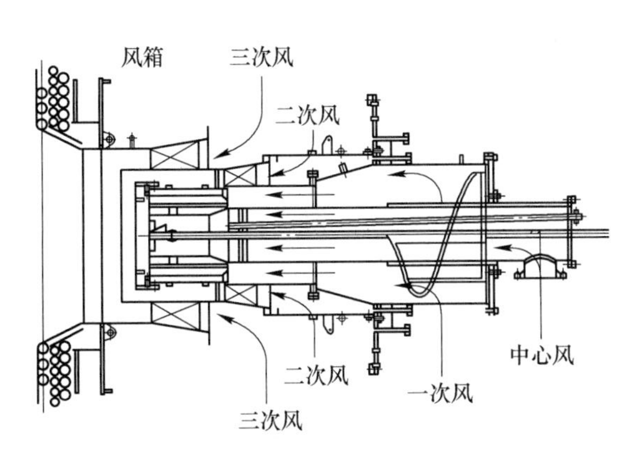

图 11-8　低 NO_x 轴向旋流燃烧器（LNASB）结构图

图 11-9　低 NO_x 轴向旋流燃烧器（LNASB）喷口

（2）该燃烧器的特性为：

1）燃烧器中心风受火焰根部距离影响明显，中心风投入可以有效地起到防止燃烧器喷口结渣的作用，且能增加火焰刚性。

2）燃烧器内二次风旋流强度及风量对射流的影响非常大。随着内二次旋流强度及风量的增大，回流区宽度增大，长度减小；内二次风旋流强度及风量过大时容易引起火焰贴壁，导致侧水冷壁结渣；外二次风量对扩展角影响较大。

3）增大旋流强度，对汽温偏差有较大影响。

4）燃用低挥发分煤质时，二次风旋流强度应适当增大。

5）同层各燃烧器二次风开度可采用马鞍型三次风配风。

6）改进型燃烧器可适用于优质烟煤，褐煤。

7）NO_x 排放浓度可以控制到 400mg/m^3（标态）以下，飞灰含碳量在 2%～3%。

11.2.3　HT-NR 型旋流燃烧器

日立 Bab-cock（BHK）公司的 HT-NR 型旋流燃烧器，其结构如图 11-10 所示。

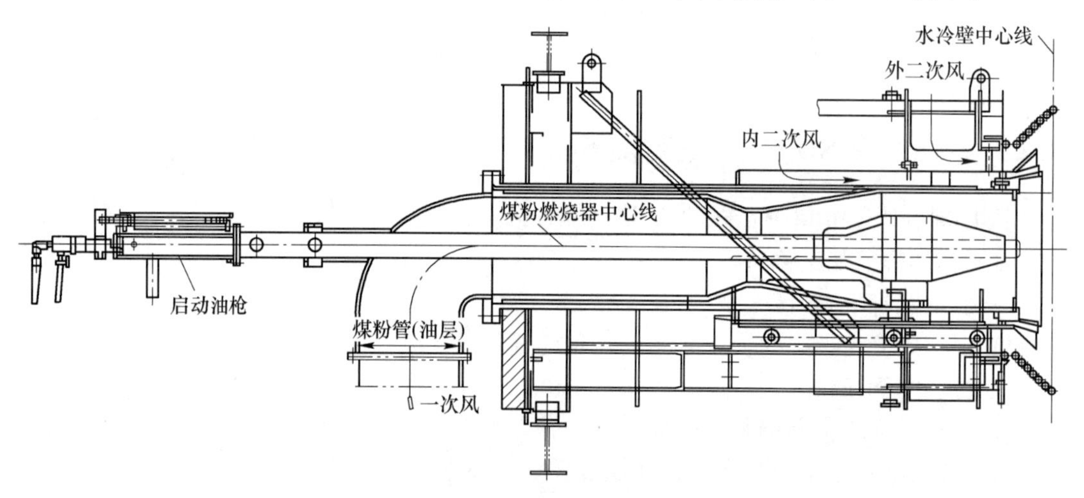

图 11-10　HT-NR 型旋流燃烧器结构

（1）该燃烧器的结构特点：

1）煤粉浓缩器：煤粉浓缩器给煤粉一个径向的速度分量，形成径向浓淡，外浓内淡，提高火焰稳燃环附近的煤粉浓度和燃烧效率；

2）稳焰环及稳焰齿：在一次风管（煤粉喷嘴）的前端装有陶瓷制的齿形环状火焰稳焰环及稳焰齿。陶瓷稳燃环在一次风喷口端产生热烟气回流，促进快速点火和提高火焰温度，其喷口结构如图 11-11 所示。

图 11-11　燃烧器喷口结构

3）导流筒：使用导流筒控制最外侧的二次风和火焰的混合，加强火焰内 NO_x 还原的效果。

4）调节导轴和旋流器：旋流器产生高旋流的二次风，可降低 NO_x 排放，最大限度地防止燃烧效率的降低。通过调节导轴可以控制高旋的二次风和火焰的混合；二次风中，内二次风为直流，外二次风为旋流。

（2）煤粉颗粒在该燃烧器燃烧过程为：

1）煤粉中的挥发分在 A 区中发生反应。

2）直流二次风和旋流二次风在燃烧的不同阶段分别送入炉膛，在富煤的 B 区生成氮氢中间产物，媒介（NH）；在还原区 C 区挥发燃烧以后残余的氮转化成 NO。

3）产生于 C 区的 NO 和产生于 B 区的 NH 将在 D 区结合，从而发生焰内 NO_x 的分解过程。

4）在燃烧器喉口边沿装有调风器，外部空气使煤粉能够完全燃烧，具体过程如图 11-12 所示。

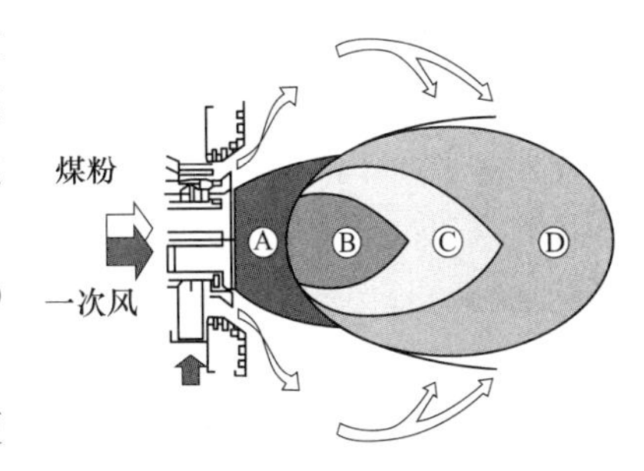

图 11-12 煤粉燃烧过程示意图

11.2.4 DS 旋流燃烧器

德国 Babcock 公司的 DS 旋流燃烧器，其结构如图 11-13 所示。

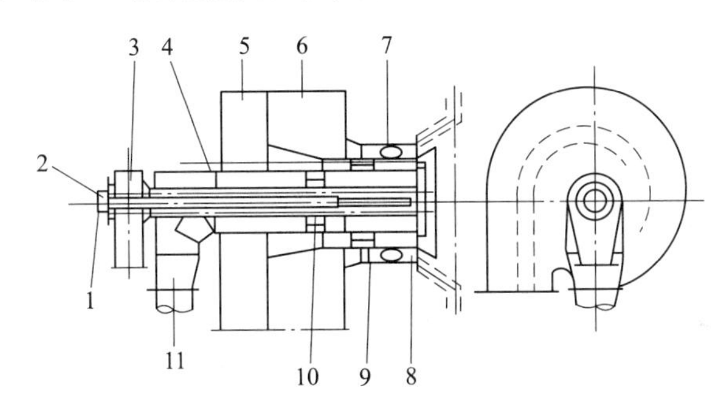

图 11-13 德国 Babcock 公司的 DS 旋流燃烧器结构示意图

1—紫外火焰监测器；2—点火油枪；3—中心风；4—红外火焰监测器；5—内二次风；6—外二次风；7—旋流叶片；8—火焰稳定器；9，10—旋流叶片；11—二次风煤粉

该型燃烧器的结构特点：

（1）采用直径较大的中心风管，以增加一次风与回流烟气的接触周界。

（2）中心风管端部（出口）采取平直结构，一次风管端部，内、外二次风端部为外扩形，外扩形二次风喷口可推迟与一次风的过早混合。

（3）一次风通道内加装旋流叶片，采用旋流方式消除煤粉气流经过弯头后产生的煤粉周向不均匀。

（4）在一次风管内壁加装齿环形稳燃器，具体结构如图 11-14 所示。

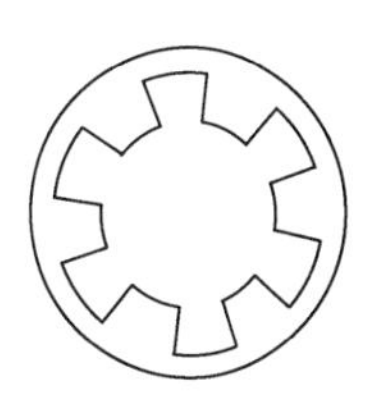

图 11-14 DS 旋流燃烧器喷口结构

（a）燃烧器照片；（b）结构示意图

11.2.5 东方锅炉厂的 OPCC 旋流燃烧器

东方锅炉厂在引进消化吸收相关旋流燃烧技术的基础上，研发推出了 OPCC 旋流燃烧器，其结构

如图 11-15 所示。

该燃烧器的结构特点：

（1）带中心风管。

（2）带有煤粉浓缩装置，径向浓淡，外浓内淡。

（3）燃烧用空气分为 4 部分：一次风、内二次风、外二次风（即三次风）和中心风；内二次风风道内布置有轴向旋流器，外二次风风道内布置有切向旋流器。

（4）带有稳燃齿。

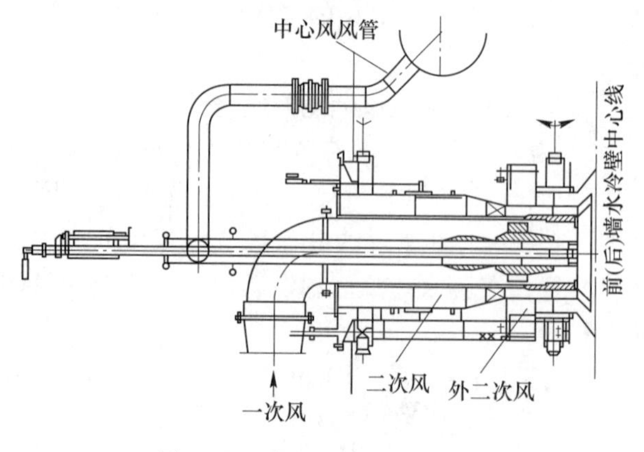

图 11-15　OPCC 旋流燃烧结构

11.2.6　哈尔滨工业大学的径向浓淡旋流燃烧器

哈尔滨工业大学研究开发的径向浓淡旋流燃烧器，其结构类似双调风燃烧器，外二次风为直流风，内二次风由轴向叶片形成旋转。径向浓淡煤粉燃烧器在一次风管道中应用了百叶窗煤粉浓缩器，因而在一次风出口处形成了浓煤粉气流在内与淡煤粉气流在外的配风方式喷入炉膛，形成沿半径方向的浓煤粉、淡煤粉的着火方式。这种燃烧器是将煤粉分级、空气分级相组合的一种方式。

11.3　W 型火焰低氮燃烧系统

按照技术来源进行划分，W 型火焰锅炉可分为福斯特惠勒 W 型火焰锅炉、巴威 W 型火焰锅炉、斯坦因 W 型火焰锅炉和斗巴 W 型火焰锅炉。其中福斯特惠勒 W 型火焰锅炉为美国 FW 公司的技术，巴威 W 型火焰锅炉为美国 Babcock & Wilcox（简称 B&W）公司的技术，斯坦因 W 型火焰锅炉为法国 Stein Industry 公司的技术，斗巴 W 型火焰锅炉为英国 MBEL 公司的技术，该技术也被称为 DB 技术 W 型火焰锅炉。斯坦因 W 型火焰锅炉和斗巴 W 型火焰锅炉相对比较少见，现对前两种 W 型火焰锅炉技术进行介绍。

11.3.1　FW 技术 W 型火焰锅炉

采用 FW 技术的国产某大型超临界 W 型火焰锅炉，为垂直管圈水冷壁变压运行直流、一次再热、挡板调节再热汽温、平衡通风、露天布置、固态排渣、全钢构架、全悬吊结构 Π 型锅炉。

炉膛采用正压直吹式前后墙对冲燃烧方式，锅炉共配有 6 台双进双出磨煤机，每台磨煤机带 4 只双旋风煤粉燃烧器。24 只煤粉燃烧器顺列布置在下炉膛的前后墙炉拱上；前、后墙水冷壁上部还布置有 26 个燃尽风调风器。燃烧设备采用了双拱绝热炉膛、双旋风煤粉燃烧器、分级配风、W 型火焰燃烧方式。炉膛分为上、下两部分，下炉膛呈双拱形，在其水冷壁上及炉拱附近敷设卫燃带，燃烧设备的布置方式有利于 W 型火焰锅炉燃烧高灰分、低挥发分、低热值的劣质煤，绝热炉膛可以提高煤粉燃烧区域的温度水平，双旋风煤粉燃烧器、分级配风有利于劣质煤的点燃与燃烧，炉膛分为燃烧室与燃尽室，以提高无烟煤的燃尽率。W 型火焰锅炉燃烧示意图如图 11-16 所示。

针对设计煤种为无烟煤，采用双旋风分离式煤粉浓缩型燃烧器。双旋风分离式煤粉燃烧器主要由煤粉进口管、煤粉均分器、双旋风筒壳体、煤粉喷口、乏气管、乏气调节蝶阀等部分组成，具体结构如图 11-17 所示。

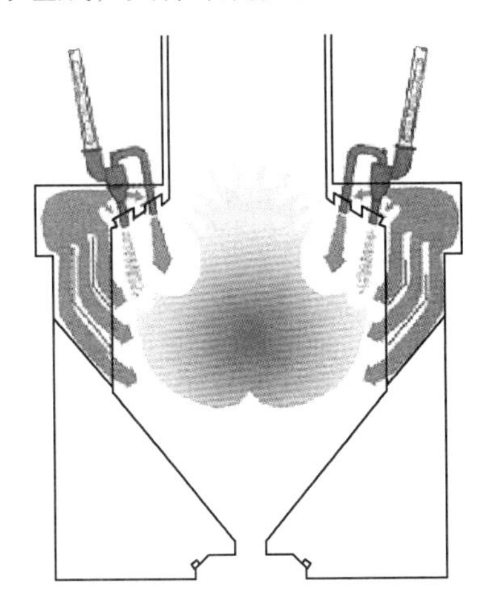

图 11-16　FW 技术 W 型火焰锅炉燃烧示意图

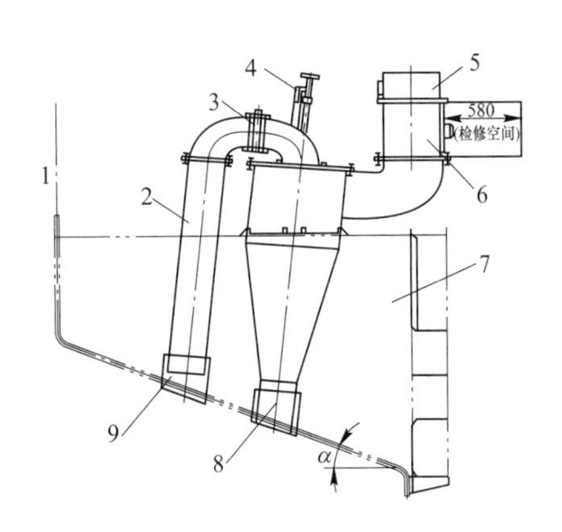

图 11-17　FW 技术双旋风分离式煤粉燃烧器
1—前（后）墙水冷壁；2—乏气管；3—乏气调节蝶阀；4—旋流调节装置；5—煤粉入口接管；6—煤粉均分器；7—大风箱；8—主喷口及套筒；9—乏气喷口及套筒

从磨煤机来的一次风和煤粉混合物由煤粉进口管进入煤粉均分器，此时煤粉混合物被均分为两股，每股分别切向进入相应的旋风筒，煤粉混合物在燃烧器壳体内旋转运行时，煤粉与一次风离心分离。旋风筒中心部位装有乏气管，可将煤粉分离后的部分一次风引出。装在乏气管道上的乏气调节蝶阀可调节引出的乏气量，从而调节煤粉喷口的空气量，即煤粉浓度。煤粉与空气混合物在进入燃烧器时，由于离心分离产生了旋转，为控制其离开喷口时的旋转强度，每个煤粉燃烧器有一个调节装置，调节装置由一个调节杆及由它定位的直叶片组成，升降调节杆使叶片在喷口中的位置发生改变，即可影响混合物的旋流强度。

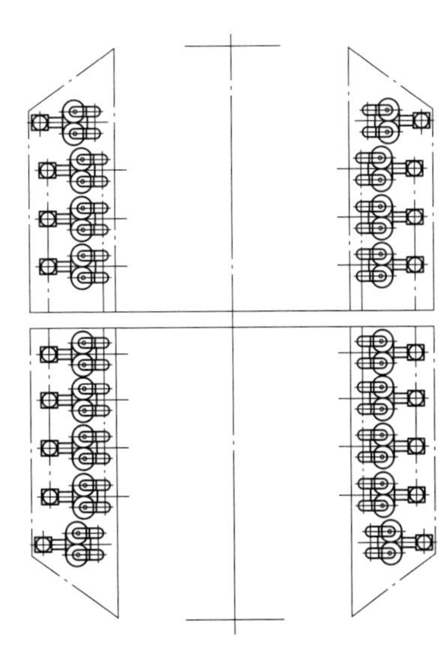

图 11-18　FW 技术燃烧器布置图

燃烧器布置图如图 11-18 所示。采用 24 只浓缩型双调风旋流燃烧器，它们分别布置在炉膛的前后拱上（各 12 只），前后水冷壁左右两边的旋转分别采用顺、逆时针两个方向，避免旋流燃烧器在运行中旋转气流之间的相互干扰。

对二次风进行合理配置是无烟煤燃烧的关键，无烟煤燃烧发展缓慢，因此 W 型火焰锅炉采用分级配风方式，以满足无烟煤着火、稳燃和燃尽的要求。每只燃烧器均有独立的配风单元，每个单元分成 A、B、C、D、F 五个风室，每个风室入口均设有风门挡板，如图 11-19 所示。拱上只送入少量的二次风，以满足喷口冷却和燃烧初期需要，避免在着火区过早送入大量二次风，否则会影响到无烟煤的着火和初期的燃烧稳定。煤粉着火后，在拱下适当部位逐级送入燃烧所需的大量二次风，以满足燃尽的要求。

大量的二次风从拱下垂直墙上的风口进入炉膛，拱分为三层，分别由挡板 D、F 控制，风量呈阶梯型，挡板 D 为手动，挡板 F 为自动，所有的手动挡板在燃烧调整结束后一般不再做调节，除非燃料或燃烧工况发生了较大的变化。

燃尽风调风器主要由一次风、二次风、调风器及壳体等组成，如图 11-20 所示。燃尽风调风器将燃尽风分为两股独立的气流喷入炉膛，中央部位的一次风为直流气流，速度高、刚性大，能直接穿透上升烟气进入炉膛中心；外圈二次风为是旋转气流，离开调风器后向四周扩散，用于和靠近炉膛水冷壁附近的上升烟气进行混合。外圈气流的旋流强度和两股气流之间的流量分配均可以通过调节机构来调节。燃尽风调风器一、二次风均采用手动调节的方式，调节机构的最佳位置在锅炉试运行期间的燃烧调整试验时确定，只要煤种不发生大的变化就不要进行调节。

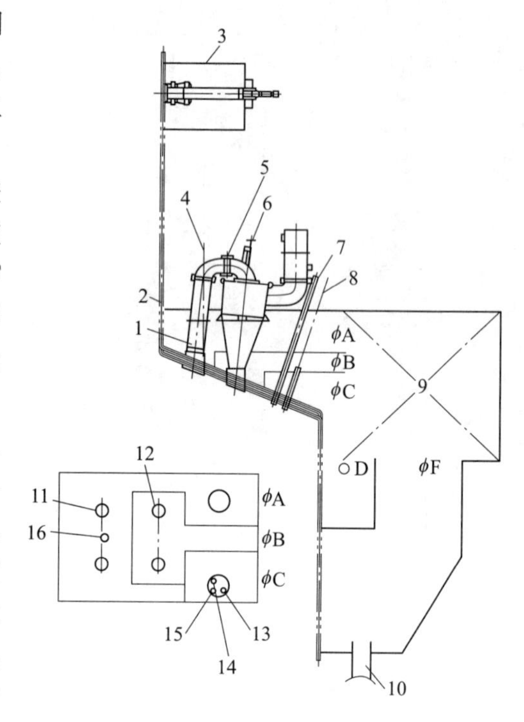

图 11-19　FW 技术二次风箱整体结构示意图

1—乏气管；2—前（后）墙水冷壁；3—燃尽风箱入口挡板；4，16—煤火检；5—乏气调节蝶阀；6—调节杆/叶片；7—油点火器（油枪）；8，13—油火检；9—二次风箱；10—边界风管；11—乏气风口；12—煤粉喷口；14—看火管；15—油点火器

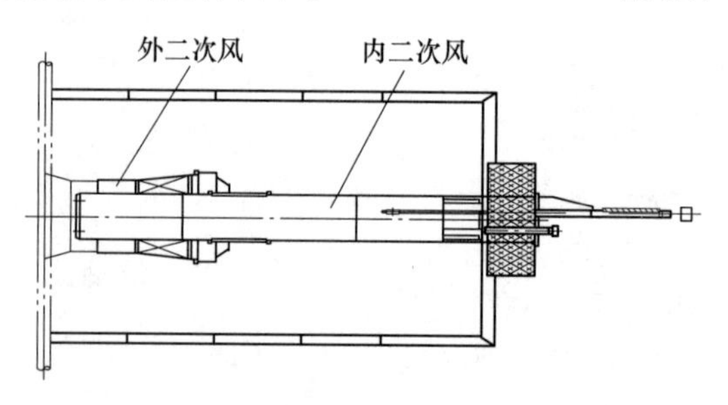

图 11-20　FW 技术燃尽风调风器

11.3.2　巴威技术 W 型火焰锅炉

巴威技术 W 型火焰锅炉采用旋流煤粉燃烧器，其结构特点是上、下炉膛空间均较大；炉膛上部与下部的深度比值为 0.52~0.55；炉拱斜角为 15°。

在燃烧系统方面，巴威技术锅炉采用三种旋流燃烧器：增强着火型 EI-XCL 燃烧器、PAX 燃烧器、浓缩型 EI-XCL 燃烧器，燃烧器的结构如图 11-21~图 11-23 所示；其工作原理的详细描述参见相关文献。这三种燃烧器在一次风煤粉的处理方式有所不同，另外在低容量机组上一般需配备 EI-XCL 旋流燃烧器。燃烧器携带煤粉一次风从拱部沿着内倾 15°的角度送入炉膛中心，通过偏心弯头分离后形成的乏气（或中储式热风送粉系统的乏气）从前墙和后墙中部区域，以一定下倾角度送入炉膛内；在一次风外围，设置有内、外二次风，其中外二次风占比相对较高，带有强旋流内的二次风通过卷吸高温烟气，实现对煤粉气流加热，保证煤粉的稳定着火，具有弱旋流的外二次风保持一定的刚性，使火焰到达一定的下探深度；一般相邻两只燃烧器的二次风喷口，其旋流方向相反设置；在二次风箱底部，设置一股热级风，按照一定角度，从前墙、后墙下部向下送入炉内；一般每只燃烧器与拱下一个乏气和分级风喷口相对应。二次风配风在配风比例上，采取上大下小的方式，其中拱部风量约占入炉总风量的 3/4，分级风率为 10%～20%，二次风率约占 3/5。

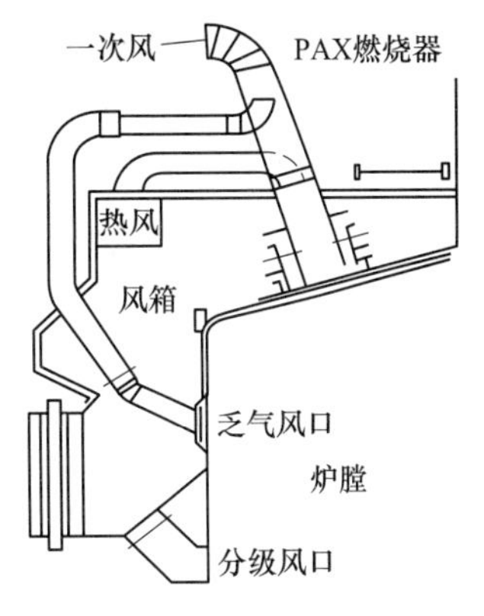

图 11-21 PAX 燃烧器

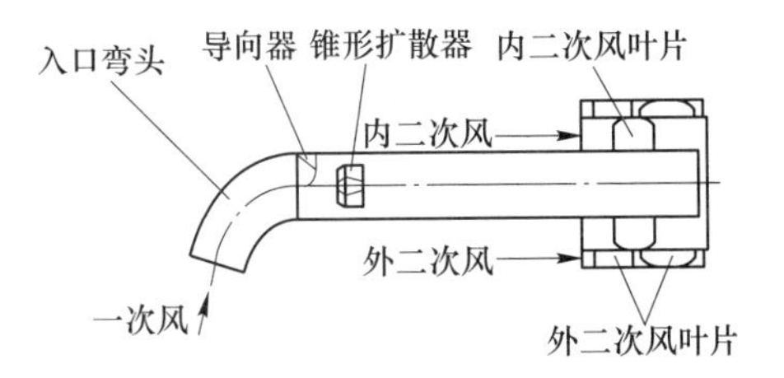

图 11-22 增强着火型 EI-XCL 燃烧器

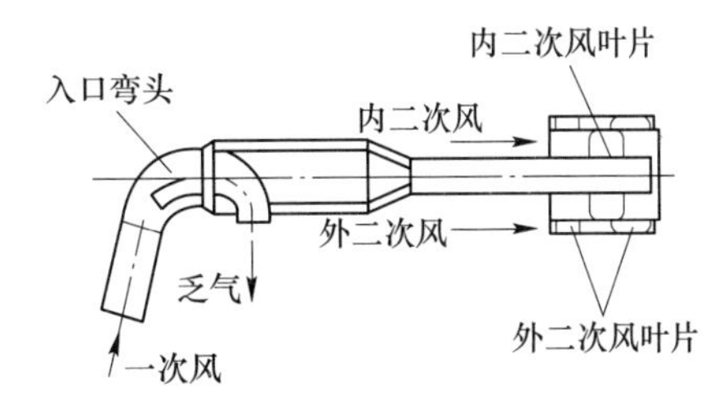

图 11-23 浓缩型 EI-XCL 燃烧器

12 烟气脱硝

12.1 脱硝原理

脱硝工艺根据是否采用催化剂分为选择性催化还原和选择性非催化还原两类，本节分别对其进行介绍。

12.1.1 脱硝原理

12.1.1.1 选择性催化还原

SCR（选择性催化还原）脱硝技术以其脱除效率高，适应当前环保要求而得到电力行业高度重视和广泛的应用。在环保要求严格的工业发达国家，例如德国、日本、美国、加拿大、荷兰、奥地利、瑞典、丹麦等国 SCR 脱硝技术已经是应用最多、最成熟的技术之一，在我国也已成为脱硝主流技术。

SCR 脱硝技术是一个燃烧后 NO_x 控制工艺，整个过程包括将还原剂氨（NH_3）喷入燃煤锅炉产生的烟气中，含有氨气的烟气通过一个含有专用催化剂的反应器，在催化剂的作用下氨气同 NO_x 发生分解反应，转化成无害的氮（N_2）和水蒸气（H_2O）。

在反应过程中，NH_3 可以选择性地和 NO_x 反应生成 N_2 和 H_2O，而不是被 O_2 所氧化，因此反应又称为“选择性”。其反应机理如图 12-1 所示。

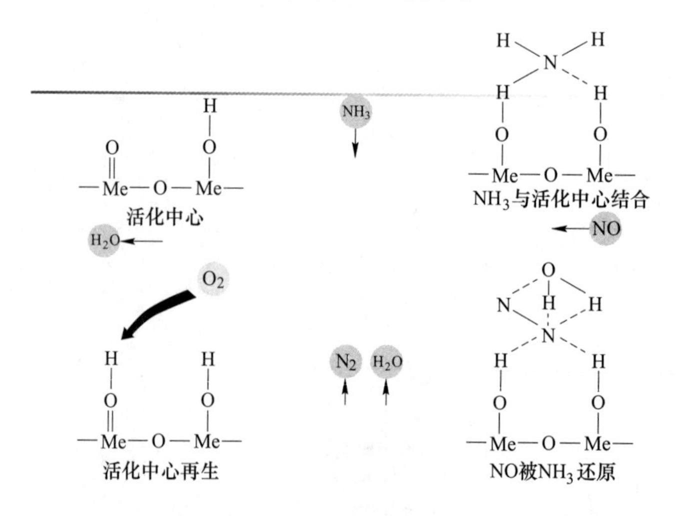

图 12-1　SCR 脱硝反应机理

在催化剂作用下，其主要反应式为：

$$4NH_3 + 4NO + O_2 \longrightarrow 4N_2 + 6H_2O$$
$$NO + NO_2 + 2NH_3 \longrightarrow 2N_2 + 3H_2O$$

12.1.1.2 选择性非催化还原

SNCR（选择性非催化还原）工艺是向900~1100℃高温烟气中喷射氨、氨水和尿素等还原剂，将NO_x还原成N_2，其主要化学反应与SCR法相同，一般可获得30%~50%的脱除NO_x率。除还原剂外，也可添加一些增强剂，与尿素一起使用，主要反应式为：

$$4NH_3 + 4NO + O_2 \longrightarrow 4N_2 + 6H_2O$$
$$NH_2CONH_2 + 2NO + 1/2O_2 \longrightarrow 2N_2 + CO_2 + 2H_2O$$

SNCR工艺的主要影响因素是温度、氨氮摩尔比、停留时间以及还原剂与烟气的混合程度。当温度偏低时，由于烟气在炉内停留时间短，将影响脱硝效率；当温度偏高时，此时以氨氧反应为主：

$$4NH_3 + O_2 \longrightarrow 4NO + 6H_2$$

依据该反应式，可以看出反应温度对SNCR工艺的重要性。

12.1.2 脱硝装置主要参数定义

（1）脱硝效率定义：

$$\eta_1 = (C_1 - C_2)/C_1 \times 100\% \qquad (12\text{-}1)$$

式中 η_1——脱硝效率；

C_1——脱硝入口处标态下烟气中NO_x含量，mg/m^3；

C_2——脱硝出口处标态下烟气中NO_x含量，mg/m^3。

（2）氨的逃逸率是指在脱硝装置出口处氨的浓度，1×10^{-6}。

（3）SO_2/SO_3转化率的定义：

$$\eta_2 = (S_2 - S_1)/S \times 100\% \qquad (12\text{-}2)$$

式中 η_2——SO_2/SO_3转化率；

S_1——脱硝装置入口处烟气中SO_3含量，1×10^{-6}；

S_2——脱硝装置出口处烟气中SO_3含量，1×10^{-6}；

S——脱硝装置入口处烟气中SO_2含量，1×10^{-6}。

（4）脱硝装置的可用率定义：

$$\eta_3 = (T - t_1 - t_2 - t_3 - t_4) \times 100\%/T \qquad (12\text{-}3)$$

式中 η_3——脱硝装置的可用率；

T——脱硝装置统计期间可运行小时数，h；

t_1——若相关的发电单元处于运行状态，SCR装置本应正常运行时，SCR装置不能运行的小时数，h；

t_2——SCR装置没有达到NO_x脱除率不低于80%要求时的运行小时数，h；

t_3——氨的逃逸率低于3×10^{-6}要求时的运行小时数，h；

t_4——SCR装置没有达到SO_2/SO_3转化率小于1%要求时的运行小时数，h。

（5）摩尔比定义：氨注入量与入口NO_x量之比叫做摩尔比（NH_3/NO_x比），用以下计算式表示。

$$\text{摩尔比} = \text{氨注入量} / \text{入口 } NO_x \text{ 量}(m^3/h,\text{标态})$$
$$= \text{入口 } NH_3 \text{ 浓度} / \text{入口 } NO_x \text{ 浓度}(1 \times 10^{-6})$$

（6）催化剂寿命。催化剂寿命是指催化剂的活性能够满足脱硝系统的脱硝效率、氨逃逸等性能指标时，催化剂的连续使用时间。

12.2 脱硝设备

12.2.1 还原剂制备

氨气通常可以通过液氨、氨水、尿素三种原料获取，氨水浓度为 20%~25%。由于建造、运行氨气设备成本高，运输、卸料、储存、使用等环节均存在安全隐患，自 20 世纪 90 年代以后，氨气已经很少用作脱硝还原剂。

液氨在脱硝项目中应用广泛，但由于液氨（NH_3）属易燃、易爆、有毒危险品，因此在运输、卸料、储存、运行、检修等各个环节均存在极大安全隐患，根据《危险化学品重大危险源辨识》（GB 18218—2009）中表 1 规定，氨的储存量超过 10t 则属于重大危险源。根据国家能源局 2017 年第 65 号文件《国家能源局关于印发电力行业危险化学品按照综合治理实施方案的通知》《国家能源局关于报送电力行业危险化学品安全综合治理 2017 年工作总结和 2018 年重点工作安排的函》（国能函安全〔2018〕12 号）、《国家能源局综合司关于进一步加快推进电力行业危险化学品安全综合治理工作的通知》（国能综通安全〔2018〕109 号）等文件要求，将逐渐以尿素作为原料制取氨气替代氨水及液氨，这是国内脱硝还原剂制备系统的技术发展趋势。

12.2.1.1 常规尿素热解制氨系统工艺

制备尿素溶液，然后将其喷入高温热解室。该溶液在热解室中，在一定的温度和合适的停留时间条件下，完全分解成气态氨和二氧化碳，形成混合物气流通过注射系统注入到 SCR 脱硝装置。热解室的热源来自引入的高温介质（如热空气、高温烟气、采用燃油/气燃烧器加热空气），整个工艺过程中，需要根据 SCR 脱硝装置的运行要求监测压力、流量及温度等参数。尿素热解工艺的反应式如下：

$$CO(NH_2)_2 \longrightarrow NH_3 + HNCO$$
$$HNCO + H_2O \longrightarrow NH_3 + CO_2$$

尿素在温度高时不稳定，会分解成氨（NH_3）和异氰酸（HNCO）。HNCO 与水进一步反应生成 NH_3 和 CO_2。热解产物的成分中，氨气约占 5%，空气约占 95%。尿素热解制氨系统包括：尿素颗粒储存和溶解系统，计量分配装置、热解室、风机及控制装置（均为单台机组配置），尿素溶液制备储存系统和输送系统等。来自尿素溶液制备区的 50%质量浓度的尿素溶液经输送装置、计量分配装置进入热解室内，与被加热到 600℃ 的空气（或高温烟气）混合热解，生成 NH_3、H_2O 和 CO_2，分解产物同时与空气（或高温烟气）混合均匀并喷入脱硝系统，如图 12-2 所示。计量分配装置可根据系统的需要自动控制喷入热解室的尿素量。

热解法尿素制氨热解过程需要消耗能源，会影响机组经济性。对于热源的选取，一般是将锅炉空气预热器温度出口的一次风或二次风引出，再通过加热器加热到550～600℃来实现；或采用炉外气气换热器的方法，将锅炉烟气引出，通过放置在锅炉平台上的气气换热器加热热解气源，但该方法造价较高，系统复杂。

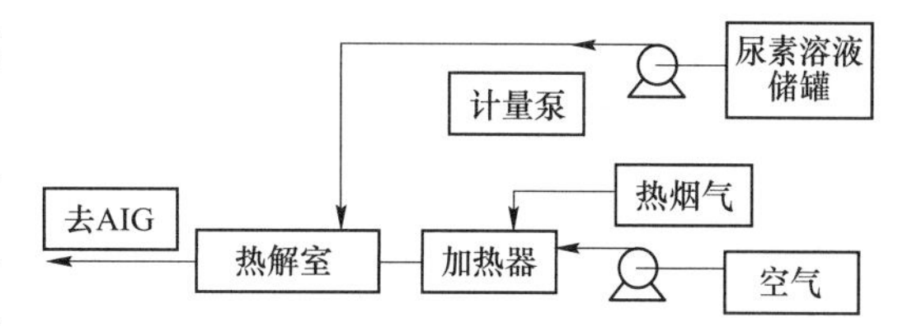

图12-2　尿素热解法制氨工艺流程示意图

12.2.1.2　水解制氨系统工艺

尿素水解制氨工艺的化学反应式为：

$$CO(NH_2)_2 + H_2O \rightleftharpoons NH_2{-}COO{-}NH_4 \rightleftharpoons 2NH_3\uparrow + CO_2\uparrow$$

尿素水解制氨系统包括：尿素溶液储存和输送系统，尿素颗粒储存和溶解系统，尿素水解系统（可公用制配置）。尿素颗粒先配置成40%～60%浓度的溶液，储存在尿素溶液储罐中；该溶液通过泵输送到反应器中水解产生NH_3，随后进入SCR区氨空气混合器，再喷入烟道作为还原剂。尿素水解制氨系统工艺流程如图12-3所示。

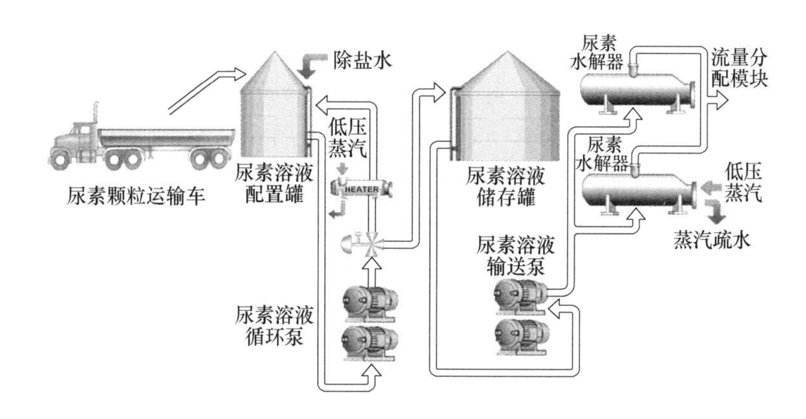

图12-3　尿素水解制氨系统工艺流程图

尿素水解反应器采用电厂的辅助蒸汽（需要的蒸汽参数为：压力0.7MPa，温度180℃以上）进行间接换热，蒸汽换热会产生蒸汽冷凝水，还可回收至疏水箱，作为尿素溶解用水。水解产物为氨、二氧化碳和水蒸气的混合气体，通过稀释风机将氨浓度稀释至5%（体积）以下，用暖风器将稀释空气加热至混合后气体的露点（140℃）以上，还可采用热一次风进行。

尿素水解制氨反应器可以放置在脱硝钢架上，也可布置在尿素车间，可以直接送产品氨气至脱硝区。具体如图12-4所示。

图12-4　尿素水解器现场照片

12.2.2　主要设备

12.2.2.1　烟道

烟道的参数如下所示。

设计压力：±5800Pa（瞬时不变形压力±9800Pa）。

设计温度：420℃。

烟气流速：≤15m/s。

灰尘积累的附加面荷载：垂直布置不考虑灰载。

保温材料：硅酸铝+岩棉。

保温厚度：200mm。

保护层材料：1mm 铝合金压型板。

注意事项：

（1）不设置烟气旁路系统。

（2）在外削角急转弯头和变截面收缩急转弯头等处，设置导流板或整流装置。

（3）在适当位置设置足够数量和大小的人孔门和清灰孔，便于维修和检查以及清除积灰。

（4）考虑烟道系统的热膨胀，热膨胀应通过膨胀节进行补偿。

（5）在烟道进、出口适当位置配有足够数量测试孔以及操作平台。

12. 2. 2. 2　SCR 反应器

SCR 反应器采用双反应器形式，其设计充分考虑与周围设备布置的协调性及美观性。反应器设计成烟气竖直向下流动，反应器入口设气流均布装置，反应器入口及出口段设防磨导流板，对于反应器内部易于磨损的部位设计必要的防磨措施。反应器内部各类加强板、支架设计成不易积灰的型式，同时将考虑热膨胀的补偿措施。相关布置和要求如下：

反应器入口温度场偏差不大于 10℃、速度场的偏差不大于 10%、浓度的偏差不大于 5%；设置足够大小和数量的人孔门；配有可拆卸的催化剂测试元件；两套 NO_x 和两套 O_2 分析仪（每个反应器出入口各一套）并带有相应的过滤、加热装置的取样系统；反应器的上游和催化剂各层至少设置 5 套取样口；反应器出口设有取样口（每个催化剂模块设有一个）。为了正常运行、开车和完成测试等工作，设置足够数量的开孔；反应器的设计考虑寿命期内更换不同类型催化剂的可能性，内部催化剂维修及更换所需的起吊装置；SCR 反应器能承受运行温度 420℃不少于 5h 的考验，而不产生任何损坏；脱硝反应器安装在锅炉后面的钢结构支架上。

脱硝反应器是烟气脱硝装置的主体设备，含有 NO_x 的烟气就是在反应器里完成还原反应的。反应器总体上类似一座矩形容器，内分三层，从上往下分别为第一层、第二层和第三层。每层均由矩形网格式框架构成，框架上整齐地布满了 N 个放置催化剂的篮子。对于百万兆瓦机组，采用双反应器排列方式为横向 8 格、纵向 14 格，每格放置一个催化剂单元，每台反应器每层共放置 112 个催化剂单元。催化剂为陶瓷状脆性材料，为减少相互间的冲击，在催化剂单元之间以及催化剂和篮子内壁之间放置了软性纤维填料。为防止催化剂单元上部因积灰而堵孔，在篮子上方设有金属网和尖角向上的压条。

在网格式框架外部用 $\delta=6$ 的钢板封闭起来，形成封闭的烟气通道。在第一层框架上部设置了和网格式框架外形一致的支持梁，梁的两边各伸出受力牛腿。支持梁是反应器主要的受力件，它承受着全部催化剂和壳体的质量，并把质量传递到钢支架上。在支持梁内还布置了烟气整流装置，目的是为了能在整个截面上均匀地进入催化剂流通断面，保证脱硝效率。在第三层下部，设置了灰斗状的烟道供烟气出口，烟气自上而下流过。

整个脱硝反应器安装在一套钢支架上，这是通过反应器上支撑梁的牛腿实现的。牛腿共左右两排，单台布置每边5~6个，也即两边共10~12个传力支座。整个反应器和进出口烟道的质量就是通过这支座传递到钢支架上的，最后钢支架把这些载荷传递到地面基础上。

为使反应器在长期使用中不致发生实质性的位移，支座安排：居中支座被全部固定，而其他支座则给以相应的膨胀自由度。这样的布置，使反应器和烟道在运行时因热膨胀而引起的不规则偏移为最小，避免了烟道偏移对锅炉烟气出口法兰产生巨大的扭弯应力。另外，在反应器壳体下部，四周设置了允许单向水平位移和向下位移的限位挡块，以保证在反应器工作时保持正确的外形，中心线不发生任何方向的扭弯。

与反应器催化层相对应，钢支架设有三层平台。在平台层上，在反应器外壳的相应位置开有三种孔或门，首先是装运催化剂篮子的进出口门，此门的下沿和平台齐平，上沿高度比篮子高一些，左右宽度也比篮子宽，篮子可以很顺利地通过此门；其次为方形检修用人孔门，这是在一般停机时进入反应器检查清扫用的；最后吹灰器管道进入口。为了在催化剂上面积灰堵孔时，能及时进行在线吹扫，每台炉每层设置了8台蒸汽吹灰器清灰。

各层钢支架之间有楼梯相通，但底层不设走梯，欲走上钢支架需从锅炉侧相应平台上进入。

12.2.2.3 催化剂

A 催化剂的布置要求

催化剂的布置要求如下：

（1）每台锅炉配置2台SCR反应器。

（2）烟气垂直向下通过催化块层。

（3）反应器安装飞灰吹扫装置，采用蒸汽吹灰型式。

（4）在反应器第一层催化剂的上部条件是：

1）速度最大偏差：平均值的±12%；

2）温度最大偏差：平均值的±10℃；

3）氨氮摩尔比的最大偏差：平均值的±5%；

4）烟气入射催化剂角度（与垂直方向的夹角）：±10°。

B 催化剂的物理化学特性

选用钒钛钨催化剂，主要成分有二氧化钛（TiO_2）、五氧化二钒（V_2O_5）、三氧化钨（WO_3）等，销售方提供主要成分的含量；催化剂钛白粉采用进口原料。催化剂采取防堵塞和防中毒的技术措施；催化剂的型式为蜂窝式，节距选择考虑煤质灰分增加时的影响；催化剂整体成型。

C 催化剂的性能

催化剂有如下性能：

（1）催化剂能在锅炉任何正常的负荷下运行。

（2）催化剂能满足烟气温度不高于400℃的情况下长期运行，同时能承受运行温度430℃不少于5h的考验，而不产生任何损坏。

（3）在达到技术协议要求的脱硝效率同时，能有效防止锅炉飞灰在催化剂中发生沾污、堵塞及中毒现象发生。

（4）催化剂运行化学寿命大于24000h，机械寿命大于50000h，并可再生利用。

（5）在任何工况条件下满足脱硝效率达到80%以上，氨的逃逸率控制在3×10^{-6}以内，SO_2氧化生成SO_3的转化率控制在1%以内。

（6）顶层催化剂的上端部采取耐磨措施。

（7）催化剂设计考虑燃料中含有的任何微量元素可能导致的催化剂中毒。

（8）在加装新的催化剂之前，催化剂体积满足性能保证中脱硝效率和氨的逃逸率等的要求。同时，销售方预留加装一层催化剂的空间。

（9）催化剂采用模块化、标准化设计，各层模块规格统一、具有互换性以减少更换催化剂的时间。

（10）催化剂模块设计有效防止烟气短路的密封系统，密封装置的使用寿命不低于催化剂的使用寿命。

（11）模块采用钢结构框架，焊接、密封完好，且便于运输、安装、起吊。

（12）售销方提供必要的催化剂安装的专用设备或工具。

（13）每层催化剂都安装可拆卸的测试块，每8个模块至少有1个测试块，均匀布置。

12.2.2.4 蒸汽吹灰器

设置吹灰系统，采用蒸气吹灰器。吹灰器的数量和布置能将催化剂中的集灰尽可能多地吹扫干净，尽可能避免因死角而造成催化剂失效，导致脱硝效率的下降。根据反应器的设计特点，一般每台反应器每层拟设置4台吹灰器，每台炉共16台吹灰器，备用层预留吹灰器位置并设置平台。

脱硝装置吹灰控制纳入到主机DCS系统中。每台机组的初始层（第一层和第二层）设16套吹灰器，预备层（第三层）预留8套吹灰器接口。

某百万兆瓦机组吹灰器技术参数见表12-1。

表12-1 吹灰器技术参数

项　目	数　据
驱动电机型号/电力马达功率	MZQA9OL6A-J4/1.1kW
类型	耙式吹灰器
每台锅炉的总数	8套/层×2层
吹灰介质	过热蒸气
蒸汽压力/$kg\cdot cm^{-2}$	约6
蒸汽消耗量/$kg\cdot min^{-1}$	165（9900kg/h）
移动速度/$m\cdot min^{-1}$	0.5~0.9

续表 12-1

项　　目	数　　据
推荐运行频率/次·天$^{-1}$	1
现场操作控制面板/套·台炉$^{-1}$	1
每台吹灰器吹扫时间/s·次$^{-1}$	812.9

12.2.2.5　AIG（氨注入栅格）

氨注入栅格包含有注射喷嘴的集管和支管，良好的设计能防止喷嘴的灰尘堵塞。每根支管都有一个流量调节阀、节流孔以及压力计的阀门连接，供气集管设有压力显示仪。

氨注入栅格要求良好支撑，以防止由于烟气气流产生的振动所引起的热变形与损坏，以最大热膨胀量作为设计基准。AIG 设备概况见表 12-2。

表 12-2　AIG 设备概况

类　型	带内置孔的管道喷嘴
材料	不锈钢
每套锅炉的总数/套	1
安装位置	出口上升烟道
喷嘴数量/个·炉$^{-1}$	1344

12.2.2.6　氨/烟气混合器

氨气/烟气混合器置于 AIG 的下游以保证氨气的完全混合，此设备由碳钢制的水平和垂直管道栅格组成，见表 12-3。

表 12-3　氨/烟气混合器概况

类　型	管道栅格
材料	不锈钢
每台锅炉的总数/套	1
安装位置	氨气注入栅格下游

12.2.2.7　稀释风机

稀释风机技术参数见表 12-4。

表 12-4　稀释风机技术参数

型　　号	离心式
每炉数量/台	2
每台流量/$m^3 \cdot h^{-1}$	10300
压头/Pa	7500
功率/kW	45

12.3　脱硝系统调试与优化

12.3.1　脱硝系统调试

以某大型发电机组脱硝系统调试为例，介绍脱硝系统调试过程。

12.3.1.1　概述

某厂 1000MW 机组烟气脱硝系统先进行分系统调试，然后进行整套热态喷氨调试。整套设备试运期间，SCR 反应系统及氨存储与供应系统运行正常，喷氨调节正常，脱硝效率等主要技术参数达到设计指标。

12.3.1.2　脱硝整套设备启动过程

表 12-5 为脱硝整套设备启动过程。

表 12-5　脱硝整套设备启动过程

整套设备启动	
第 1 天	
第一步	氨区系统开始检查
第二步	投用蒸汽
第三步	投用蒸汽减温减压装置及汽化器
第四步	检查 SCR 反应区系统，发现管道中已存氮气无压力，之后利用液氨储罐存余氮气进行管道置换。置换后氧量小于 1%
第五步	停蒸汽、蒸汽减温减压装置及汽化器
第 2 天	
第一步	投用蒸汽、蒸汽减温减压装置及汽化器
第二步	启动稀释风机，调整分配格栅流量确认
第三步	送氨至储罐
第四步	储罐压力 0.41MPa
第五步	液氨进汽化器加热汽化
第六步	开 1 号、2 号氨气快关阀
第七步	1 号、2 号氨气快关阀根据 CEMS 数据进行调阀操作
第八步	检查反应区系统分配器，正常后保持较低喷氨量运行
热态试运行	
第 3 天	
第一步	依据脱硝率数据进行系统调整
第二步	检查喷氨量，校核两侧喷氨量数据是否可靠；与设备公司流量表计比对，要求热控检查确认
第三步	根据入口氧量、氮氧化物浓度，及出口氧量、氮氧化物浓度，进行脱硝效率的优化调整
第四步	继续调整喷氨量，使两侧效率、氨逃逸率达到设计指标
第 4 天	
继续进行脱硝率优化调整，并使运行数据达到或优于设计值	
第 5~7 天	
继续进行稳定状况运行，连续运行 3~5 天	

12.3.1.3 脱硝系统典型数据汇总

表 12-6 为脱硝系统运行典型数据汇总。

表 12-6 脱硝系统运行典型数据汇总

参数名称	单位	数值
机组负荷	MW	538.3
A 侧反应器入口 O_2 浓度	%	3.5
A 侧反应器入口温度	℃	340
A 侧反应器入口压力	kPa	-0.884
A 侧反应器入口 NO_x 浓度（标态）	mg/m^3	368.0
A 侧反应器出口 O_2 浓度	%	3.4
A 侧反应器出口 NO_x 浓度（标态）	mg/m^3	66.2
A 侧反应器出口氨逃逸率	1×10^{-6}	1.8
A 侧反应器出口压力	kPa	-1.345
A 侧稀释风机风量	m^3/h	3163
A 侧稀释风机风压	Pa	3576
A 侧脱硝效率	%	82.8
B 侧反应器入口 O_2 浓度	%	3.7
B 侧反应器入口温度	℃	340
B 侧反应器入口压力	kPa	-0.899
B 侧反应器入口 NO_x 浓度（标态）	mg/m^3	365.1
B 侧反应器出口 O_2 浓度	%	4.0
B 侧反应器出口 NO_x 浓度（标态）	mg/m^3	68.6
B 侧反应器出口氨逃逸率	1×10^{-6}	2.8
B 侧反应器出口压力	kPa	-1.249
B 侧稀释风机风量	m^3/h	3304
B 侧稀释风机风压	Pa	3554
B 侧脱硝效率	%	81.2

12.3.2 脱硝系统优化调整

以某大型发电机组脱硝系统优化调整为例，试验其优化调整过程如下：

（1）预备试验：在机组 100%负荷下，实测反应器进、出口 NO_x 浓度，分别与在线 NO/O_2 分析仪表的 DCS 显示值进行比较，为正式试验做准备。

（2）摸底测试：在 100%负荷、常规运行方式下，测量反应器进出口的 NO_x 浓度分布和氨逃逸浓度分布，初步评估脱硝装置的脱硝效率和氨喷射流量分配状况。

（3）喷氨优化调整：在机组常规稳定负荷、常规运行方式下，根据反应器出口截面的 NO_x 浓度分布实测值，对反应器进口的 AIG 喷氨格栅手动阀开度进行多轮（次）调节，最大限度提高反应器出口的 NO_x 浓度分布均匀性。在完成调平后，在 75%及 50%负荷下测量反应器出口 NO_x 浓度分布，根据需要对喷氨格栅进行微调。

（4）脱硝装置最大脱硝效率试验：完成喷氨优化调整试验后，在机组 100%、75%、50%三个负荷点下调整氨气喷射量，测试脱硝效率和氨逃逸浓度。在机组 100%负荷条件下，控制氨逃逸浓度不大于 3×10^{-6}时，测试 SCR 脱硝装置能达到的最大脱硝效率，为正常运行过程合理控制氨喷射量提供指导，并为脱硝系统催化剂寿命管理提供基础数据。

根据试验内容设置，试验工况及时间安排见表 12-7。

表 12-7　试验工况及时间安排

日期	项　目	机组负荷/MW	试 验 内 容
第一天	现场准备	—	联络会、现场准备、测试系统调试 CEMS 校准
第二天	摸底试验	高负荷	测试进出口 NO_x/O_2 浓度分布、脱硝效率、氨逃逸浓度
第三天	喷氨优化调整	常规稳定负荷	测试出口 NO_x/O_2 浓度分布、调节喷氨调节阀
第四天			
第五天	校核调整及性能测试	高负荷	测试进出口 NO_x/O_2 浓度分布、脱硝效率、氨逃逸浓度、脱硝装置阻力、烟气温度、环境条件等

12.4　脱硝系统相关技术

12.4.1　催化剂防磨均流技术

选择性催化还原法脱硝技术（SCR）是目前国际上应用最为广泛的烟气脱硝技术。该技术核心部分为 SCR 脱硝催化剂，脱硝催化剂在长期运行过程中出现磨损以及堵塞问题（见图 12-5），导致 SCR 的反应效率降低，影响环保达标和氨逃逸率升高，空气预热器堵塞风险增大；SCR 催化剂的更换成本较高，提高了机组运行成本。

图 12-5　某大型发电机组脱硝系统催化剂磨损状况

运行中 SCR 催化剂层磨损现象严重

针对催化剂磨损严重的问题，现有一项新技术：新型陶瓷蜂窝式 SCR 脱硝催化剂均流防磨装置，该装置主要是防止催化剂磨损，同时还具有均流的功能；其技术原理：在 SCR 催化剂表面安装一层新型复合耐磨材料，经过机械压制和高温烧结而制成的“蜂窝式陶瓷体”，其单元体大小、孔隙型式均与催化剂模块相适应，技术原理如图 12-6 所示。

配套“新型陶瓷蜂窝式 SCR 脱硝催化剂均流防磨装置”的 SCR 脱硝系统优点总结如下：

（1）有效保护和延长 SCR 催化剂的使用寿命。本装置能有效缓解催化剂的局部及整体磨损，延长催化剂的机械使用寿命；在锅炉启动时能有效地拦截烟气中的未完全燃烧物质，避免催化剂的有效成分失活，延长催化剂的化学使用寿命。

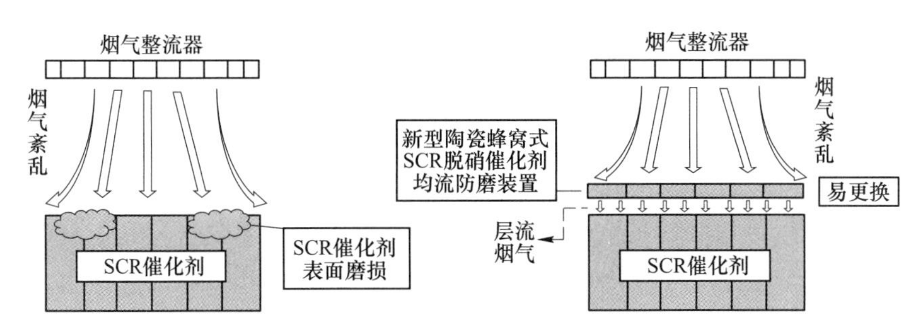

图 12-6 新型陶瓷蜂窝式 SCR 脱硝催化剂均流防磨装置原理图

（2）有效减少脱硝还原剂的消耗。由于催化剂的局部磨损（穿孔）、整体磨损（催化剂高度降低）及失活（有效成分减少）带来的直接后果就是：在同样脱硝效率下需要喷射更多的脱硝还原剂，以保证特定效率。使用本装置能有效减缓还原剂消耗，使脱硝运行更加经济。

（3）有效避免后期氨逃逸带来的空气预热器堵塞与腐蚀问题。脱硝系统还原剂的使用量增加，带来的直接后果就是烟气中氨逃逸的增加，烟气中过量的氨能和三氧化硫结合形成硫酸氢铵等产物，对锅炉尾部空气预热器形成堵塞和腐蚀；情况严重时会增加锅炉停炉检修次数甚至需要对尾部空气预热器进行更换，造成巨大经济损失。

（4）有效减少由于超标排放带来的环保罚款和停炉损失。催化剂的提前失活或不可预见性穿孔，会造成烟气中氮氧化物的超标排放和非计划内停炉，对企业的正常生产影响很大，带来巨大经济损失。

12.4.2 催化剂再生技术

脱硝系统催化剂失活，其原因一般包括：催化剂中毒、催化剂的热失活和烧结；催化剂积炭堵塞等。针对不同的催化剂失活原因，采用不同的再生方法；再生处理目的不同，采用的方法也就不同，相关方法介绍如下：

（1）氧化烧炭法。氧化烧炭法是催化剂表面微孔因积炭失活采用的一种再生方法，主要是将催化剂微孔中的含碳沉积物氧化而除去，恢复催化活性。氧分压是影响烧炭反应的主要因素。当催化剂上积炭量时，烧炭的最高温度与输入氧的浓度密切相关。初始阶段宜采用较低浓度氧气，然后再逐渐提升到一定范围。在再生过程中，通入稀释气以控制氧气的浓度，常用稀释气为水蒸气和氮气。通过氧化除去催化剂上的积炭，可以提高催化剂活性。

（2）酸、碱液处理再生法。该方法工艺流程：先将中毒后的催化剂在一定浓度的酸溶液中浸泡一定时间，再洗涤至接近中性，然后将催化剂在低于100℃的温度下进行干燥。与单纯的水洗再生相比较，硫酸处理再生比更有效，酸洗再生后可以完全清除 K_2O。由于在催化剂表面引入了 SO_4^{2-}，有利于提升脱硝催化剂在 350~500℃内的活性。

（3）洗涤法。该方法适用于因催化剂表面被沉积的金属杂质、金属盐类或有机物覆盖引起的失活，采用压缩空气冲刷去除催化剂表面的浮尘及杂质，然后根据表面沉积物的性质，采用水洗、酸洗、碱洗，或采用有机溶剂进行萃取洗涤，最后利用空气进行干燥。此方法简单有效，对于失活程度较小的催化剂效果较明显。据了解，使用该方法后的催化剂活性可提高约 30%。

（4）补充组分再生法。该方法适用于因组分流失而失活的催化剂，补充方法包括两种：过量补充、适量补充；补充方式为：连续补充、一次性补充等；补充实施的场所：在反应器内，或失活催化剂卸出反应器进行。在反应器外，可以通过一次性浸渍催化剂上不同的组分，还可以适量补充失活催化剂没有损失的组分。

13 高效低污染在线燃烧优化技术

13.1 概述

环境与发展是全球问题，世界各国在火电厂燃烧领域致力于研究降低 NO_x 和提高燃烧效率的燃烧技术。2014 年，国家发展改革委、环境保护部、国家能源局联合发布《煤电节能减排升级与改造行动计划》和《全面实施燃煤电厂超低排放和节能改造方案》，明确要求火电机组实施超净排放和节能升级改造，大力推进绿色电力和生态文明建设，有效解决能源环境安全问题。因此，一批高效低污染燃烧技术已经在火电厂燃烧器设计和锅炉改造上有效应用，一定程度地提高了锅炉热效率，同时提供锅炉燃烧更多的调整手段以适应煤种变化的需要，这给锅炉燃烧优化提供了更广阔的空间。

近年来，清洁能源发电比例逐步上升，这对火电机组调峰要求不断提高，同时火电厂为节约燃料成本，也掺烧各种劣质煤，最终导致锅炉运行煤质和负荷的频繁变化。在锅炉烟气成分等监测技术发展的基础上，锅炉在线燃烧优化研究也取得了较大进展，实现实时燃烧优化，为智能燃烧技术研究准备条件。

国内火电厂锅炉运行调整一般都是依据炉膛出口氧量和空气预热器出口氧量来进行，没有监测炉膛内 NO_x 和 CO 浓度的手段，无法了解燃烧区域还原性气氛强弱（与燃烧区域 CO 浓度密切相关），也不了解 NO_x 生成过程，缺乏获取最佳氧量的依据，近十年炉膛烟气成分连续监测系统的开发和应用填补了这项空白。

在锅炉燃烧技术方面，其机理研究正在积极推进，但从理论计算与分析中获得优化工况还是空白。通过数学工具——支持向量机和遗传算法进行寻优的研究并已取得积极成果。本章介绍的 NO_x 优化模型、锅炉效率优化模型和在线高温腐蚀模型在内的燃烧优化模型为在线燃烧优化系统的开发提供了理论上的准备。

在上述宏观环境和理论与实践发展的基础上，开发锅炉在线燃烧优化系统并应用于工程实践，可大幅降低 NO_x 排放和提高锅炉热效率，并能适应锅炉设备运行方式和煤质的变化，确保电厂稳定地降低生产成本，同时在节能和环保领域产生巨大的社会、经济效益。

13.2 在线燃烧优化理论

燃烧过程中的物理化学过程非常复杂，通过数学分析式求解获得锅炉效率、NO_x 排放浓度和水冷壁高温腐蚀速率等锅炉安全经济指标目前还处于探索阶段，不具备工程应用的条件；于是在工程领域引入了模糊数学，利用机器学习来预测锅炉燃烧的常用指标参数，以期达到燃烧优化的目的。在这个过程中，先后出现了经验式的专家系统、神经网络系统等建模工具，但其预测精度及泛化能力不够。目前正在研究的支持向量机建模显示了很好的泛化能力，结合遗传算法寻优建立的锅炉燃烧优化模型的预测精度已能满足工程需要，本节结合工程实例利用支持向量机和遗传算法建立锅炉燃烧优化模型，并通过现场试验对模型精度进行评估。

在锅炉燃烧优化领域，一般在锅炉热效率、NO_x 排放浓度等经济环保领域都进行定量分析，而对于锅炉受热面高温腐蚀等仅进行定性分析，如确定一个最低燃烧氧量等。随着锅炉参数等级的提高，利用氧量来决定高温腐蚀状况已经明显缺乏说服力，比如大容量锅炉的灰渣含碳量较低，由于炉膛温度高导致灰渣含碳量受氧量变化的影响不明显，这就是说氧含量降低锅炉效率升高，NO_x 排放浓度降低，但由于还原性气氛的增强促使高温腐蚀速率加快。这时优化氧量已经不由经济性和环保效果决定，而由高温腐蚀速率是否超出安全限度决定，在客观上要求对高温腐蚀速率进行实时监测和安全性判断，开发了高温腐蚀在线监测模型。下面对锅炉燃烧所需的锅炉效率优化模型、NO_x 排放浓度优化模型以及高温腐蚀在线监测模型进一步加以阐述。

13.3　建立 NO_x 排放和锅炉热效率优化模型

以某发电机组锅炉为研究对象，根据现场在线监测数据建立支持向量机模型，选用径向基函数 $\exp(g \times |x_i - x_j|2)$ 作为核函数。模型参数中精度 ε 取 0.01，并设定训练误差小于 0.001 时停止训练，利用遗传算法对模型参数 g 和 c 进行寻优，寻优区间分别为（0，200），（0，500）；遗传算法的群体规模为 50，杂交概率为 0.8，变异概率为 0.25，进化代数为 1000 代，检验样本的均方差为评价函数，当评价函数取最小值时获取最优个体。

本节建模样本数据来自该锅炉的燃烧调整试验，共完成了 15 个试验工况，测量了炉膛贴壁 CO 浓度（共 24 个测点）、空气预热器出口氧含量、CO 含量、NO 含量、排烟温度、飞灰含碳量、炉渣含碳量、煤质工业分析成分和元素分析成分、燃煤低位发热量，还采集了运行主要参数，计算锅炉效率和折算氮氧化物浓度。试验和运行数据省略。

13.3.1　NO_x 排放浓度优化模型

NO_x 排放优化模型的目的是通过锅炉负荷、煤质和燃烧参数等的耦合状况预测烟气中 NO_x 排放浓度，然后对其中可调参数进行优化，获得最低 NO_x 排放浓度下的锅炉燃烧方式。在本节中根据现场情况选择的输入参数为：锅炉负荷，总空气量，空气预热器出口氧含量，一、二次风和燃尽风风速，煤质工业分析（包括灰分 A_{ar}，低位发热量 $Q_{net,ar}$ 和挥发分 V_{daf}），给粉机转速；输出参数为 NO_x 排放浓度。

NO_x 排放浓度优化模型输入参数说明：

（1）锅炉负荷、总空气量描述锅炉负荷（炉膛温度）对 NO_x 排放浓度的影响。

（2）空气预热器出口氧量描述燃烧氧量对 NO_x 排放量的影响。

（3）用 4 个一次风速描述一次风配风方式对 NO_x 排放浓度的影响。尽管一次风风门全开，但管道阻力和下粉仍存在不均匀，这种不均匀状况会影响 NO_x 的生成浓度，取 4 个一次风速平均值来描述一次风的不均匀状况。

（4）用 5 个二次风速描述二次风配风方式对 NO_x 排放浓度的影响。二次风的分级送入方式对 NO_x 的生成浓度有重要影响，本节以每层二次风的平均值作为一个输入参数，共计 5 个二次风速来描述二次风配风方式。

（5）用 8 个燃尽风风速描述其对 NO_x 排放浓度的影响。由于燃尽风的送入有利于降低主燃区氧量，从而达到降低 NO_x 排放浓度的目的。该炉设计一层燃尽风喷嘴，取其风速平均值为一个输入参数表征燃尽风风速。

（6）用 4 个给粉机转速描述煤粉分层方式对 NO_x 生成浓度的影响。该锅炉有甲、乙、丙、丁 4 层给粉机，每层给粉又分别供应 1 号~8 号角喷嘴，取同层的 8 个给粉机转速平均值为一个输入参数，表征每层的给粉情况，共计 4 个给粉机转速描述煤粉分层方式对 NO_x 排放量的影响。

（7）用煤质特性中全水分（M_t），收到基灰分（A_{ar}），收到基低位发热量（$Q_{net,ar}$）和干燥无灰基挥发分（V_{daf}）共 4 个参数，描述煤种对 NO_x 排放量的影响。

综上所述，输入参数共有 21 个，可以描述锅炉的燃烧特性中的可调参数，基本上确定了尾部烟气中 NO_x 含量的范围。通过调整配风和氧量等可调参数的匹配可以找到 NO_x 排放更低的燃烧工况，实现低 NO_x 的燃烧优化。表 13-1 列出了 NO_x 排放浓度优化模型的输入参数。

表 13-1　NO_x 排放浓度优化模型输入参数

输入参数		单位
空气预热器出口氧量		%
一次风速	甲	m/s
	乙	
	丙	
	丁	
二次风速	A	m/s
	B	
	C	
	D	
	E	

输入参数		单位
燃尽风速		m/s
总燃料量		t/h
给粉机转速		r/min
煤质特性	M_t	%
	A_{ar}	%
	V_{daf}	%
	$Q_{net.ar}$	MJ/kg
总风量		t/h

13.3.2　锅炉热效率模型

（1）锅炉热效率模型的目的是通过锅炉负荷、煤质和燃烧参数等的耦合状况预测锅炉热效率，然后对其中可调参数进行优化，获得锅炉效率高的锅炉燃烧方式。锅炉热效率按反平衡方法计算，计算公式如下：

$$\eta = 100\% - (q_2 + q_3 + q_4 + q_5 + q_6) \tag{13-1}$$

式中　η——锅炉热效率,%;

q_2——排烟热损失,%;

q_3——可燃气体未完全燃烧热损失,%;

q_4——固体未完全燃烧热损失,%;

q_5——锅炉散热损失,%;

q_6——灰渣物理热损失,%。

其中 q_3、q_5、q_6 三项损失根据国家标准取与负荷相关的定值，而 q_2、q_4 与锅炉燃烧状况联系紧密，应用支持向量机建立优化模型。

（2）锅炉热效率模型输入参数。锅炉热效率模型输入参数与 NO_x 优化模型输入参数一致，即锅炉负荷，总空气量，空气预热器出口氧含量，一、二次风和燃尽风的风速，煤质工业分析（包括全水分 M_t，灰分 A_{ar}，低位发热量 $Q_{net,ar}$ 和挥发分 V_{daf}），给粉机转速；输出量为锅炉效率。

13.3.3 NO_x 排放浓度优化模型和锅炉热效率模型评估

13.3.3.1 NO_x 排放浓度优化模型预测效果分析

应用 NO_x 排放浓度优化模型对在线监测系统采集的 670 个工况点进行了预测，预测值与实际监测值的对比情况如图 13-1 所示。图 13-1 中显示模型的预测值与采集值符合度较好，除个别点误差较大外，绝大部分点的预测值都比较精确。其中 3 个误差很大的点误差分别为 38. 36%，23. 5%和 20. 27%，其余各点误差较小，总体平均误差为 2. 47%，绝对误差方差为 63. 44，绝对误差平均值为 8.36×10^{-6}，支持向量机模型的预测相对误差为 2. 47%。

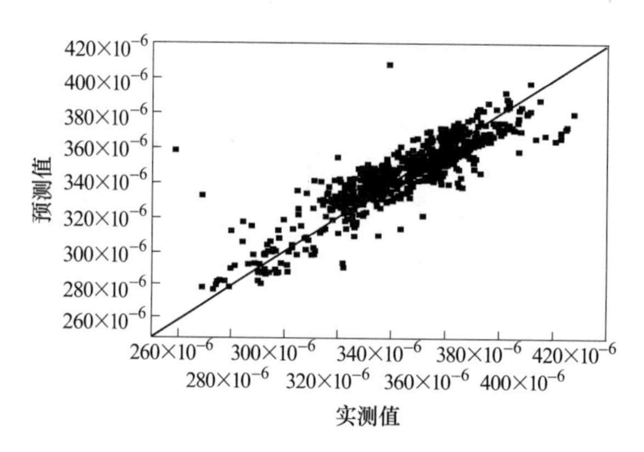

图 13-1 NO_x 浓度预测值与实测值对比图

13.3.3.2 锅炉热效率磨型排烟温度预测效果分析

应用锅炉热效率模型对在线监测系统采集的 670 个工况点的排烟温度进行了预测，预测值与实际监测值的对比情况如图 13-2 所示。图 13-2 中显示有一小部分点的误差在 10%以上，最大误差为 12. 8%，平均误差为 1. 572%，绝对误差的方差为 13. 93，平均绝对误差为 2. 23℃，该模型整体预测趋势和数值都比较精确。

13.3.3.3 支持向量机模型与神经网络模型对比分析

（1）建立神经网络模型。利用 BP 神经网络建立了 NO_x 排放浓度优化模型和锅炉热效率模型，其输入量与输出量的选取与支持向量机模型一致。为提高预测准确性，选取了 670 个数据点中的 600 个点作为训练数据，训练误差设定小于 5%。

（2）神经网络模型预测效果。应用 BP 神经网络模型对所有 670 个数据点的预测结果如图 13-3 和图 13-4 所示。NO_x 排放浓度预测最大误差为 52%，平均误差为 1. 77%，绝对

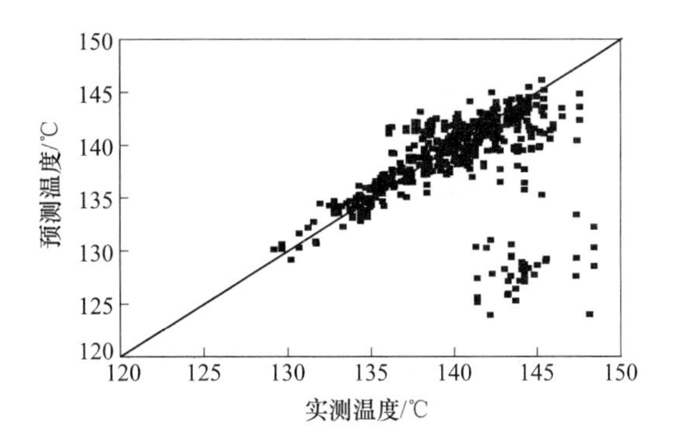

图 13-2　排烟温度预测值与实测值对比图

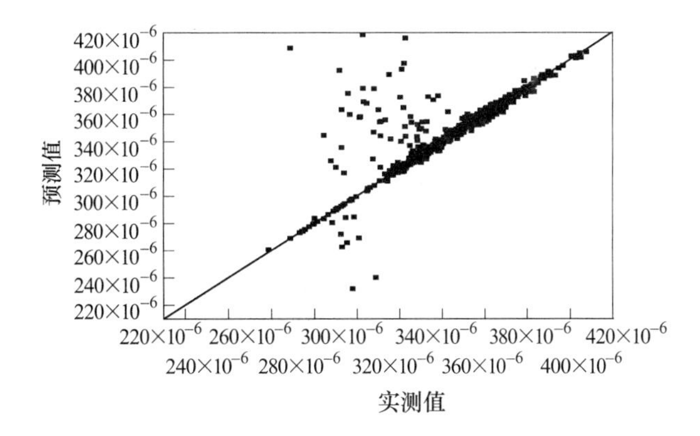

图 13-3　NO_x 浓度神经网络模型预测值与采集值对比

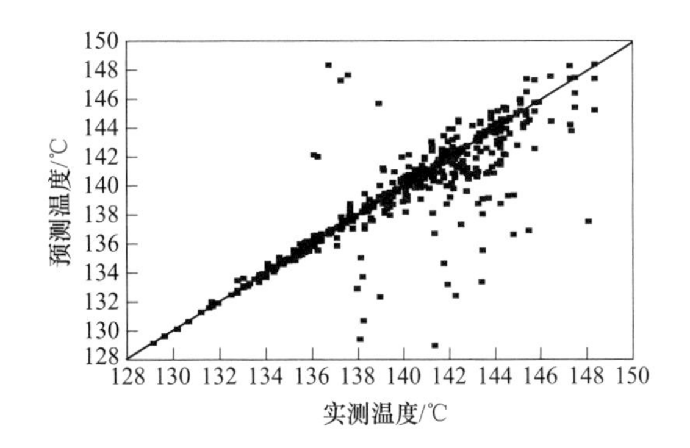

图 13-4　排烟温度神经网络模型预测值与采集值对比

误差方差为 234. 45，平均绝对误差为 5. 58×10^{-6}。

（3）神经网络模型和支持向量机模型预测效果对比。从分散度（方差）、最大误差和平均误差情况看，BP 神经网络模型都比支持向量机模型差。

BP 神经网络模型的泛化能力较差，其预测误差主要集中在没有参与训练的 70 个数据点上，若去除没有参与训练的 70 个数据点，则最大预测相对误差 2. 3%，平均误差为

0.47%，方差为 2.2，平均绝对误差 1.64，预测效果非常好。然而对没有参与训练数据点的预测，平均误差为 12.8%，方差为 978.83，相当分散。因此 BP 神经网络模型的泛化能力确实很差，对于未参与训练的数据点的预测没有保证。

BP 神经网络排烟温度模型与 NO_x 排放浓度模型类似，在对所有数据点的预测中，未参与训练的数据点的误差明显的增大，且方差也明显增大。这与 BP 神经网络模型的训练策略有关，即让经验风险最小化，在训练时只降低经验风险并未考虑其泛化能力，这正是支持向量机算法与神经网络算法的主要差别。

综上所述，支持向量机算法以结构风险最小化为训练策略，其泛化能力明显优于以经验风险最小化为训练策略的 BP 神经网络。

13.4　建立锅炉在线高温腐蚀模型

13.4.1　炉膛水冷壁高温腐蚀成因

水冷壁高温腐蚀对锅炉机组的安全经济运行构成了严重的威胁，由高温腐蚀引起的锅炉水冷壁爆管事故不仅造成了巨大的经济损失，同时也影响到整个电网的安全稳定运行。尤其是在采用了降低 NO_x 浓度的燃烧方式（分级送风、低氧燃烧等）后，在水冷壁附近区域更容易形成还原性气氛，造成锅炉水冷壁的高温腐蚀。很多学者和研究机构都对高温腐蚀进行了研究，一般认为高温腐蚀发生的条件有三点：（1）燃煤中含有较高的硫；（2）水冷壁附近形成强还原性气氛；（3）水冷壁温度较高（大于 300℃）。

要防止高温腐蚀的发生或减缓高温腐蚀速度，就必须破坏以上的三个高温腐蚀的条件。对于电厂实际的运行来说，在目前煤炭市场紧俏的情况下改变煤源（煤种）以降低燃煤含硫量有很大困难，也即高温腐蚀发生的第一个条件由于受到煤炭市场和技术条件的限制不易改变；随着电站锅炉向大型化的发展，破坏第三个条件，降低水冷壁温度也不太可能，因此控制高温腐蚀的重点就集中在破坏水冷壁附近的强还原气氛上，水冷壁附近的还原性气是由配风造成的，通过适当调节风粉配置的参数或改变风粉配置的模式，还原性气氛就可能得到有效控制。当前很多预防高温腐蚀的技术也是基于调整配风来控制水冷壁附近还原性气氛的，如：多切圆技术，反切及贴壁风技术，一、二次风同心双切或反切技术等。

水冷壁附近的强还原性气氛与锅炉燃烧的风粉配置有密切关系，通过适当调整配风参数（一、二次风和燃尽风）可以达到防止或减少高温腐蚀的效果。掌握锅炉运行的参数（风、煤）与还原性气氛的关系，尽量避免高温腐蚀条件的形成，从而避免高温腐蚀的发生是优化燃烧的重要内容。为避免在优化锅炉燃烧的 NO_x 指标和锅炉热效率指标时造成高温腐蚀的发生，可采用在线高温腐蚀模型来约束运行参数。

建立锅炉在线高温腐蚀模型主要分为以下 3 个阶段：（1）现场变负荷、变工况试验，确定炉膛高温腐蚀最严重的部位，以此作为监测点；（2）实验室模拟试验，获得建立高温腐蚀模型的关键数据；（3）应用支持向量机建立 CO 预测模型，对工况参数进行约束，并利用实际监测的 CO 浓度值进行高温腐蚀校验。

13.4.2　建立在线高温腐蚀模型

在线高温腐蚀模型分为两部分：（1）根据实验室模拟结果建立的解析模型，以锅炉负荷、燃料含硫量以及监测的CO浓度作为输入量，通过计算获得高温腐蚀速率，依据锅炉设计标准确定锅炉受热面安全程度，这一部分可以对当前运行工况的高温腐蚀状况进行判断，如超出允许程度则报警并要求工况调整；（2）应用支持向量机建立的锅炉燃烧炉膛水冷壁近壁处CO浓度预测模型，并利用该模型结合遗传算法优化运行参数，达到优化工况下高温腐蚀速率在安全范围内的目标。对于实验室解析模型从略，下面着重介绍支持向量机模型的建立。

（1）CO浓度预测模型输入参数。CO浓度预测模型输入参数与NO_x优化模型输入参数一致，即锅炉负荷，总空气量，空气预热器出口氧含量，一、二次风和燃尽风风速，煤质工业分析（包括全水分M_t、灰分A_{ar}、低位发热量$Q_{net,ar}$和挥发分V_{daf}），给粉机转速；输出量为CO浓度。

（2）建立在线高温腐蚀模型。利用预测的CO浓度，采用腐蚀增重回归公式（实验室解析模型）$Y=-0.0016X^2+0.0579X$（其中X为CO浓度,%；Y为腐蚀增重，g）计算出腐蚀增重速率，再根据腐蚀增重与腐蚀Fe的质量比例为404∶1400计算出高温腐蚀速率。结合锅炉负荷和燃料中含硫量等参数确定高温腐蚀速率限制条件，据此判断预测工况的高温腐蚀速率是否在安全范围内。当根据预测工况调整运行参数后，应用监测的CO浓度代替预测CO浓度进行计算，对预测的高温腐蚀速率进行校验，这就确保了锅炉运行在安全的高温腐蚀速率范围之内。

13.5　锅炉在线燃烧优化系统应用

为解决锅炉运行优化面临的困难开发的在线燃烧优化系统以烟气成分连续监测为基础，借助支持向量机和遗传算法建立锅炉燃烧优化模型获得锅炉燃烧优化工况。该系统综合考虑了锅炉安全性、经济性和环保等方面的相互制约关系，指导操作人员进行工况调整。

13.5.1　锅炉在线燃烧优化系统设计特点

锅炉在线燃烧优化系统包含烟气成分连续监测子系统、数据采集子系统和燃烧优化子系统（见图13-5），其功能为：通过系统采集在线监测的烟气组分的浓度和锅炉运行参数，整理后作为样本数据进行优化建模，通过模型计算预测优化工况运行参数，同时应用实测的锅炉热效率和NO_x排放浓度进行模型在线校正。

13.5.1.1　烟气成分连续监测子系统

烟气成分连续监测子系统的目的是进行锅炉炉膛及空气预热器出口烟气取样和分析，由烟气采样单元、烟气传送单元、烟气预处理单元、控制单元和分析单元组成。烟气从炉膛（或锅炉空气预热器出口）抽取出来后进入加热的采样单元，在其中过滤后的烟气经过传送单元（恒温150℃左右）进入预处理单元进行脱水处理，最后进入烟气分析仪表，获得烟气中的氧含量、一氧化碳含量、氮氧化物含量。

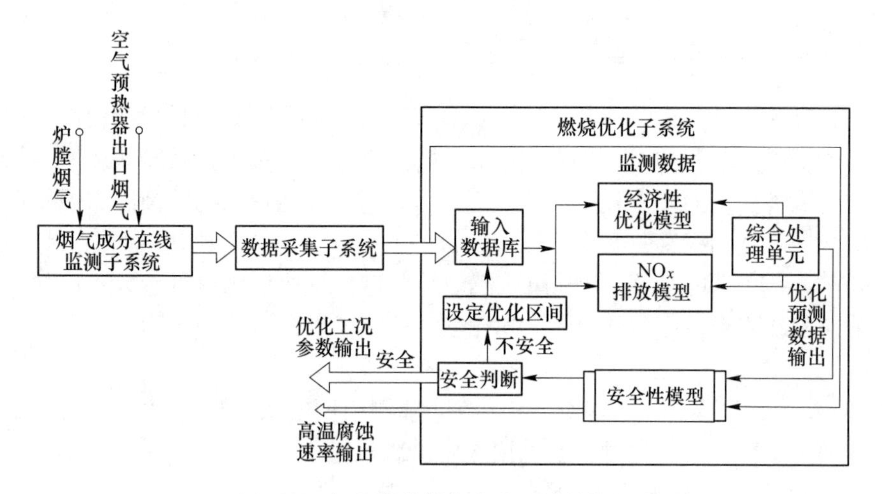

图13-5　锅炉在线燃烧优化系统结构框图

在烟气采样点的选择上，考虑到炉膛内烟气成分分布不均匀的状况，沿炉墙按网格法原理安装取样测点，通过试验测试炉墙贴壁处还原性气氛的强弱和分布规律，在炉膛不同墙面获得高温腐蚀危险点作为采样点，连续监测从中抽取的烟气中CO、O_2含量，作为在线燃烧优化系统中安全性模型的输入数据。另外，在空气预热器出口通过网格法试验获得NO_x和O_2含量的平均点作为连续监测关键点，分析其烟气中的NO_x和O_2含量作为在线燃烧优化系统中锅炉效率模型和NO_x排放浓度模型的重要输入数据和模型校正数据。

13.5.1.2　锅炉燃烧优化子系统

锅炉燃烧优化子系统包含高温腐蚀模型、锅炉效率优化模型和NO_x浓度排放模型，三个模型共同决定最佳氧含量、优化的配风方式和煤粉分配方式。

A　高温腐蚀模型

根据实验室模拟炉膛烟气成分获得的高温腐蚀速率曲线，图中纵坐标y为增加质量占试样初始质量的百分数（%），横坐标为CO质量分数（%），回归解析式为$y=-0.0016x^2+0.0579x$。综合考虑煤质、负荷、炉膛出口烟温等参数在线输出高温腐蚀速率，在线预测的燃烧优化工况的高温腐蚀速率必须在安全范围内。

B　锅炉热效率优化模型及NO_x排放模型

依据支持向量机建模和遗传算法寻优（见图13-6），建立了NO_x排放浓度模型和经济性模型，以入炉总燃料量，总风量，给粉机转速，一、二次风和燃尽风风速，空气预热器出口氧含量，煤种特性（包括灰分A_{ar}，低位发热量$Q_{net,ar}$和挥发分V_{daf}）为输入参数，以NO_x排放浓度和锅炉热效率作为优化目标和输出

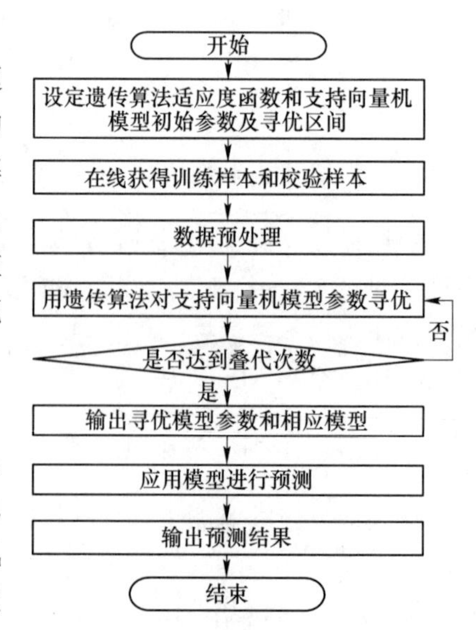

图13-6　支持向量机建模和遗传算法寻优流程图

参数，选用径向基函数 $e^{(g\times|x_i-x_j|2)}$ 作为核函数，用支持向量机建立 NO_x 排放浓度特性模型和经济性模型。支持向量机模型的 ε 精度为 0.01，训练误差小于 0.001 时停止训练。支持向量机模型中有两个重要参数 g 和 C（惩罚因子）需要确定，因此应用遗传算法对核函数的参数进行寻优，找到最优的模型参数，以确定模型。

该人工智能型优化算法可以将复杂而难以获得的燃烧机理解析式忽略，取而代之以在线样本数据库，通过数据库分析获得优化工况运行参数。因此，样本数据库的优劣是决定算法成败的关键。锅炉运行工况参数与锅炉热效率、NO_x 排放浓度之间的关系受锅炉燃料特性、锅炉负荷和设备运行特性支配，采用动态样本数据库技术和模型自动校正技术以提高预测精度，使锅炉运行在不同的负荷下、燃用不同的煤质都能获得优化工况指导，并且精度不断提高。

13.5.2　应用效果分析

在线燃烧优化技术在某机组锅炉应用，进行了验证试验，试验工况参数见表 13-2；以运行习惯工况（工况 1）作为基础工况进行优化，其 NO_x 浓度为 708.5mg/m^3，锅炉热效率为 92.41%。

通过在线优化系统预测，NO_x 浓度优化预测工况（2-0）预测优化后 NO_x 为 580.2mg/m^3，锅炉热效率为 92.46%。运行人员根据优化工况参数调整后的实际工况（工况 2-1），其中实测 NO_x 浓度为 576.1mg/m^3，效率为 92.30%；NO_x 浓度预测相对误差为 0.71%，与基础工况 NO_x 浓度相比，NO_x 降低 132.4mg/m^3，降低幅度为 18.7%。

根据在线优化系统预测，锅炉热效率优化预测工况（工况 3-0），预测优化后 NO_x 浓度为 655.4mg/m^3，效率为 92.84%。运行人员根据优化工况参数调整后的实际工况（工况 2-1），其中实测 NO_x 浓度为 659.3mg/m^3，效率为 92.91%；锅炉热效率预测相对误差为 0.08%，与基础工况相比，锅炉热效率提高 0.5%，提高幅度为 0.54%。

表 13-2　验证试验工况表

工况	NO_x 质量浓度 /mg·m^{-3}	锅炉热效率/%	机组负荷 /MW	一次风速/m·s^{-1}				二次风速/m·s^{-1}					燃尽风速 OFA /m·s^{-1}	氧含量 /%
				甲	乙	丙	丁	A	B	C	D	E		
1	708.5	92.41	310	28.6	26.8	27.9	26.0	35.0	29.8	32.6	31.4	31.7	2.9	3.4
2-0	580.2	92.46	309	26.6	29.2	27.6	26.7	29.4	28.9	26.3	29.2	33.0	6.9	2.8
2-1	576.1	92.30	309	27.0	25.9	27.7	26.5	28.6	28.0	26.0	29.0	33.4	6.9	2.7
3-0	655.4	92.84	308	26.5	26.8	25.4	27.5	29.6	25.8	31.7	32.6	35.3	7.1	3.1
3-1	659.3	92.91	308	26.3	26.0	25.6	28.0	30.1	24.2	33.4	32.6	34.8	8.2	3.2

14 烟气除尘及灰渣系统

锅炉燃用的煤含有一定的灰分，一般煤的灰分为20%～30%，有的劣质煤灰分高达40%以上，因此煤在炉膛将可燃成分燃尽后必然要遗留下大量的灰分。对于固态排渣煤粉炉，约有90%的灰分随烟气带至尾部受热面，约10%的灰分落入炉膛下面的冷灰斗（这部分灰分又称为灰渣）。锅炉运行时不允许灰渣在炉内任何部位堆积过多，否则会引起事故，也不允许任意向外界排放。因此锅炉的吹灰、除尘和除灰设备是重要的辅助设备，关系到锅炉的安全运行及环境保护。

14.1 吹灰系统及设备

14.1.1 吹灰器作用

燃煤锅炉运行一段时间后，受热面上积灰或结渣将会影响锅炉的安全和经济运行，必须及时清除。吹灰器的作用就是清除受热面上的结渣和积灰，维持受热面的清洁，以保证锅炉的安全经济运行。

水冷壁上结渣和积灰使炉膛吸热量减少，导致炉膛出口烟温升高，引起高温过热器和再热器管壁温度升高，严重时造成结渣，影响工作安全。当水冷壁因结渣和积灰而使各并联管吸热严重不均时，会造成超温甚至爆管。

过热器和对流受热面结渣或积灰，不但会降低传热效果，使排烟温度升高和排烟热损失增加，影响汽温稳定，而且还会增加受热面热偏差，增加管束通风阻力，使送、吸风机电耗增加，严重时还会限制锅炉出力。

空气预热器积灰会影响传热效果，造成热风温度降低，影响燃烧；同时使排烟温度和排烟损失增大，锅炉热效率下降，还会增大通风阻力，增加吸风机电耗，厂用电率上升。为此，根据受热面的不同工作情况及其积灰或结渣的可能程度，装设适量的、工作性能良好的吹灰器；同时制定和执行合理的吹灰制度，以减少受热面积灰和结焦。

吹灰器的种类很多，按结构特征的不同，有简单喷嘴式、固定回转式、伸缩式（又分短伸缩型吹灰器和长伸缩型吹灰器）以及摆动式等。

各种吹灰器的工作机理基本上是相似的，即都是利用吹灰介质在吹灰器喷嘴出口处所形成的高速射流，冲刷受热面上的积灰和焦渣。当汽流（或气、水流）的冲击力大于灰粒与灰粒之间、灰粒（焦渣）与受热面之间的黏着力时，灰粒（或焦渣）便脱落，其中小颗粒被烟气带走，大块渣、灰则沉落至灰斗或烟道。

锅炉上需要布置很多台吹灰器，并与管道、阀门一起构成一个或几个吹灰系统，相互配合，共同完成整台锅炉的吹灰功能。一个吹灰系统一般由吹灰介质源、介质压力控制设备、阀门、管道和吹灰器等组成。吹灰介质可用压缩空气、锅炉排污水、饱和蒸汽或过热蒸汽等。大型机组锅炉上多采用过热蒸汽作为吹灰介质，这是因为过热蒸汽具有来源容易，对炉内燃烧和传热影响较小，吹灰系统简单、投资小、吹灰效果好等优点。

吹灰器的控制方式过去多采用单台独立控制的方式，随着锅炉容量的增大，吹灰器数量的增加，现在已不太适用。对于大型煤粉锅炉，通常均装有几十台甚至一百多台各种型式的吹灰器，一般都实行程序控制，这不但减轻了运行人员的工作负担，而且也提高了吹灰器的吹灰效果和减少了蒸汽消耗，从而改善了锅炉运行的安全性和经济性。吹灰器程控又分为全程控和部分程控。全程控即所有的吹灰器及其相关的阀门都按顺序全部投入程控，程控系统一旦启动，各吹灰器和电动阀均自动投入工作，这是一种大系统程控。部分程控则按需要将部分吹灰器及其相关的电动阀投入程控，是一种小系统程控。有些高度自动化的机组，其吹灰系统作为一个子系统与机组的计算机控制系统相连接，可按时按规定或根据需要自动投入吹灰系统，无需工作人员发出指令。

14.1.2　吹灰器布置及结构

某1000MW发电机组锅炉共布置有116只炉膛吹灰器，40只长伸缩式过、再热器受热面用吹灰器和4只回转式空气预热器用吹灰器，由上海克莱德贝尔格曼机械有限公司提供。所有水冷壁吹灰器和长伸缩式吹灰器的汽源抽自分隔屏过热器的出口管道，而空气预热器吹灰器的汽源来自屏式过热器出口管道，共有2个蒸汽减压站。上述蒸汽减压后送往吹灰器，吹灰器采用程序控制，炉膛出口两侧各装设一只烟气温度探针以控制锅炉启动时炉膛出口烟温。另外，还配置了炉膛火焰监测闭路电视系统。

每个减压站各配置一只减压阀、安全阀、压力开关和流量开关。

吹灰管路和疏水系统为温控式热力疏水，热力疏水阀由气动温度控制器自动控制启闭，当管道内的蒸汽达到设定的过热度时疏水阀自动关闭。

14.2　电除尘器

在许多工业生产中，往往要排出一定量的废水、废气及粉尘，而火力发电厂污染物排放最多的是锅炉烟气。随着电力生产规模的不断发展，排放量不断增加，如一台1000MW发电机组配套的燃煤锅炉，如果烟气不经过处理而直接排向大气，每年（按5500h计算）要排出19.91万吨左右的飞灰。一台锅炉的污染已如此严重，那么全国以及全世界锅炉对环境的污染是可想而知了。

粉尘对人类的危害很大，不仅危害人体健康，而且还对大气环境及生态平衡有严重影响。因此，世界各国（特别是工业国家）对粉尘及其他有害物质的排放制定了严格的控制标准，工业企业必须对排放物进行处理，以达到排放标准。目前对烟气的处理方法主要是除尘，脱硫和控制燃烧（减少 NO_x 的产生）。

14.2.1　基本原理

电除尘器是在壳体内通过电晕放电使含尘气流中的尘粒荷电后，在电场力的作用下驱使带电的尘粒移向集尘极，并沉积在集尘极上，定时振打使飞灰掉下，从而实现气固分离的设备。

一般来说，电除尘器本体主要由阴极（放电电极）和阳极（集尘电极）组成。通常情况下可认为气体是绝缘的，因此当阴极系统未接上高压直流电源之前，含尘气体从它们之间通过时，气流中的尘粒仍维持原来的流动状态，随气体一起流动。但是，将高压直流电接到阴极系统时，两极之间就形成了高压电场。

当两极间的电压增大到某一电压值时，放电电极的电荷密度增高，出现部分击穿气体的电晕放电现象，从而破坏了电极附近气体的绝缘性，使之发生电离。也就是说，由于阴极线发生电晕放电，把电极附近的气体电离成正离子和负离子。由于静电具有同性排斥、异性相吸的特性，因此电离出来的正负离子各自向电场中相反极的方向移动，即正离子移向带负电的电极，而负离子移向带正电的电极。这时如果含尘气体从上述高压电场中通过，电场中的正负离子在驱进过程中与气流中的尘粒碰撞并吸附在尘粒上，这样使中性的尘粒带上了电荷，这就是尘粒荷电过程；这种尘粒荷电现象继续进行，直至荷电饱和为止。如果正负电极之间形成均匀电场，同时放电，则同时进行对尘粒的荷正负电过程，这样就达不到收集尘粒的效果。但是，如果把正负电极制成不同的形状，使它们之间产生不均匀电场，即使负极（阴极）附近电场密度大而成为放电极、正极（阳极）附近的电场密度小而成为集尘极，这样情况就不同了。这时，如果使两极之间的电压达到一定的数值，负极附近发生放电，而正极附近则不能发生放电。负极附近产生的正电荷立即被吸引到负极上，而负电荷则向正极移动，再向正极移动的过程中被荷在尘粒上，从而使尘粒带负电，尘粒被电场力驱动到正极上同时失去电性，然后借助振打装置使极板振动，使尘粒脱落掉入灰斗中，从而实现把尘粒从含尘气流中分离出来的目的。

14.2.2 主要特点

电除尘器有以下主要特点：

（1）处理烟气量大，压力降小。一般单台电除尘器处理烟气量为每小时几万立方米到几十万立方米，乃至一百多万立方米，国外大型电除尘器处理烟气量高达二百多万立方米/小时。烟气通过电除尘器的压力损失，一般只有几百帕（几十毫米水柱）。

（2）可以处理高温烟气，一般可处理 400℃ 以下的烟气。若在较低温度下运行，烟气温度以 150℃ 以下为宜；在高温状态下运行，烟气温度以 350℃ 以上为宜。

（3）对烟尘浓度及粒径分散度的适应性都比较好。一般电除尘器入口粉尘浓度范围为 $10 \sim 30g/m^3$（标态），如遇粉尘浓度很高的场合，作特殊设计也可解决。

（4）除尘效率高且运行稳定。可根据需要的除尘效率来选择电除尘器，一般二电场除尘器的除尘效率可达 98%，三电场除尘器达 99%，四电场和五电场除尘器效率可以 99.9% 及以上，只要条件许可还能继续提高效率。另外，其除尘效率比较稳定，运行一段时间后效率下降不多。

（5）要求仪控程度高。现代大型电除尘器，其供电电压采用自动控制，可实现远距离操作，减少维护工作量，运行费用也较低。

（6）与其他除尘器设备相比，电除尘器设备庞大，占地面积多，金属耗量多，一次性投资大，而且对设备的制造、安装及维护操作的技术要求比较严格。

（7）电除尘对粉尘的比电阻很敏感，一般要求比电阻在 $10^4 \sim 10^{12} \Omega \cdot cm$ 之间。若超出这一范围，吸尘相对困难。

14.2.3 电除尘器的分类

电除尘器可以根据不同的构造和特点来分类，本节逐一进行分析。

14.2.3.1 单区和双区电除尘器

根据粉尘在电除尘器内的荷电方式及分离区域布置不同，可分为单区电除尘器和双区电除尘器。

（1）单区电除尘器：尘粒的荷电和捕集分离在同一电场内进行，也即电晕电极和集尘电极布置在同一电场区内。

（2）双区电除尘器：尘粒的荷电和捕集分离分别在两个不同的区域中进行，即安装有电晕放电的第一区主要完成对尘粒的荷电过程，而装有集尘电极的第二区主要捕集已荷电的尘粒。双区电除尘器可以有效地防止反电晕现象。

14.2.3.2 立式和卧式电除尘器

按气流在除尘器中的流动方向不同，可分为立式电除尘器和卧式电除尘器。

（1）立式电除尘器：立式电除尘器的本体一般做成管状，垂直安装，含尘气体通常自下而上流过除尘器，可正压运行也可负压运行。这类电除尘器多用于烟气量小，粉尘易于捕集的场合。

（2）卧式电除尘器：电除尘器本体水平布置，含尘气体在除尘器内水平流动，沿气流方向每隔数米可划分为若干单独电场（一般分成2~5个电场），依次为第一电场、第二电场等，这样可延长尘粒在电场内通过的时间，从而提高除尘效率。卧式电除尘器安装灵活，维修方便，通常是负压运行，适用于处理烟气量大的场合。

14.2.3.3 管式和板式电除尘器

根据电除尘器集尘电极形状的不同，可分为管式和板式两种。

（1）管式电除尘器。这种电除尘器多为立式布置，管轴心为放电电极，管壁为集尘电极。集尘电极的形状可做成圆管形或六角形的气流通道，六角形可多根并列布置成“蜂窝”状，充分利用空间。管径范围以150~300mm，管长2~5m为宜。

（2）板式电除尘器。这种电除尘器多为卧式布置，集尘板为板状，放电极呈线状布置在一排排平行极板之间，极板间距一般为250~400mm。极板和极线的高度根据除尘器的规模、所要求的效率及其他技术条件决定，板式电除尘器是工业上常用的除尘设备。

14.2.3.4 湿式和干式电除尘器

根据对集尘极上沉降粉尘的清灰方式不同，可分为湿式电除尘器和干式电除尘器。

（1）湿式电除尘器。通过喷雾或淋水等方式将沉积在极板上的粉尘清除下来，这种清灰方式运行比较稳定，能避免二次扬尘，除尘效率较高。但是净化后的烟气含水量较高，对管道和设备造成腐蚀，还要考虑含尘洗涤水的处理问题，不适用于高温烟气场合。

（2）干式电除尘器。通过振打装置敲击极板框架，使沉积在极板表面的灰尘抖落入灰斗，这种清灰方式比湿式清灰简单，回收干灰可综合利用。但振打清灰时易引起二次扬尘，使除尘效率有所下降，振打清灰是电除尘器最常用的一种清灰方式。

14.2.4　1000MW燃煤发电机组锅炉电除尘器

某1000MW燃煤发电机组的锅炉配备2台电除尘器，电除尘器的主要技术参数见表14-1。电除尘器为三室五电场（每一个单独的气体通道称为室；由独立的一组集尘极和电晕极并配以相应的一组高压电源设备组成独立单元称为场），露天布置，电场全运行时除尘效率不小于99.7%。

表14-1　电除尘器的主要技术参数（1台电除尘器）

序　号	名　称	单　位	数　值
1	制造厂家	浙江菲达环保科技股份有限公司	
2	电场型式	三室五电场	
3	台数	台/炉	2
4	壳体设计压力	kPa	-8.7
5	烟气流速	m/s	0.92
6	烟气在电场中停留时间	s	19.6
7	本体阻力损失	Pa	<200
8	有效电场高度	mm	
9	本体漏风率	%	<2
10	有效电场长度	mm	18
11	烟气道道数	个	108
12	同极间距	mm	400
13	除尘器有效断面面积	m^2	648
14	比集尘面积	m^2	98.02
15	阳极板总有效面积	m^2	58320
16	收尘效率	%	≥99.7
17	除尘器功耗	kW	≤3290

14.2.4.1　结构

该电除尘器包括电气及机械两大部分，其主要构件及功能分述如下所示。

A　电气部分

电除尘器电气部分由高压直流电源（包括其控制系统）和低压控制系统组成。

高压电源目前常规配用型号为GGAJ02型，该套装置一般包括高压整流变压器、自动控制柜和电抗器，或高阻抗整流变压器和自动控制柜，能灵敏地随电场烟气条件的变化，自动调整电场电压；根据电流反馈信号调整电场火花频率，使其工作在最佳状态下，达到最佳收尘效果。另外，该装置有比较完善的连锁保护系统，并可按用户需要增加计算机管理系统和上位机。

低压控制系统及其功能包括：（1）阴、阳极振打程序控制；（2）高压绝缘件的加热和加热温度控制；（3）料位检测及报警控制；（4）排灰及输灰控制；（5）门、孔、柜安全连锁控制；（6）灰斗电加热功能；（7）进、出口烟气温度检测及显示；（8）通过上位机设定低压系统的功能和参数；（9）综合信号显示和报警装置。

B　机械部分

机械部分的结构可划分为内件、外壳和附属部件。电除尘器机械内件包括阳极系统、阴极系统、阳极振打、阴极振打，具体布置如图 14-1 所示；外壳包括进口封头、出口封头、屋顶、壳体、底梁和灰斗；附属部件包括走梯平台、支承、保温结构、接地。

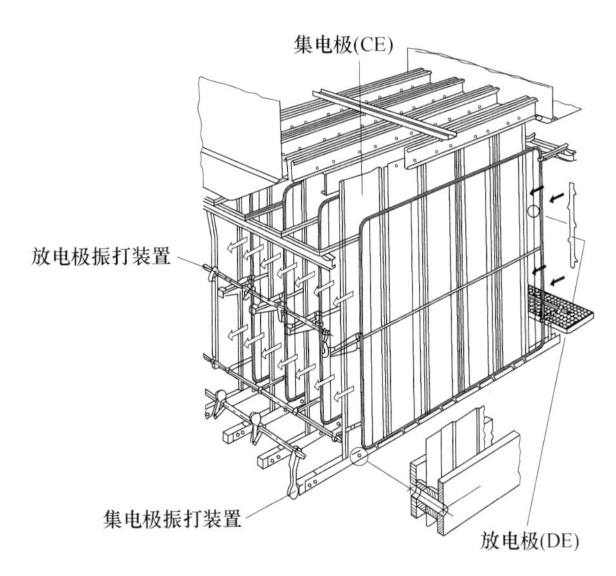

图 14-1　电除尘器阴极、阳极系统示意图

（1）阳极系统。阳极系统由阳极悬挂装置、阳极板和撞击杆等零部件组成，阳极板为收尘极，它是由 1.2~1.5mm 的薄板在专用轧机上成型的。由若干块阳极板组成的阳极排平面具有较好的刚性，其平面度应在规定范围内，以保证阴、阳极间距的极限偏差。

（2）阴极系统（见图 14-1）。阴极系统由阴极吊挂，上横梁，竖梁，上、中、下部三个框架，阴极线等零部件组成，阴极线为放电极，它是由专用设备制成的，主要有管型芒刺线系列和螺旋线两种线型，是电除尘器的关键零部件之一。阴极吊挂是把整个阴极系统吊挂在顶部大梁上并引入高压负极，由竖梁、上横梁、角钢等组成的平面结构的功用是固定上、中、下部框架和阴极振打轴系，上、中、下部框架是阴极线的支持体。

（3）阳极振打。阳极振打由阳打传动装置、振打轴系和尘中轴承等零部件组成（侧部传动）。

（4）阴极振打。阴极振打由阴打传动装置、竖轴、大小针轮、振打轴系和尘中轴承等零部件（顶部传动），或阴打传动装置、振打轴系和尘中轴承等零部件（侧部传动）组成。

振打装置是电除尘器的一个重要组件，通过定期振打使积附在极板、极线上的灰尘振落下来落入灰斗。阴、阳极振打均采用侧面摇臂锤旋转振打。由于阴极振打尘中轴承固定在带有负高压的阴极系统构件上，所以阴极振打轴端串连一支采用绝缘的电瓷转轴，以隔离高压电。

（5）进口封头。进口封头是进口烟道和电场外壳之间的连接过渡段。进口封头内部装有 2~3 道气流分布板，其目的是使烟道中来的含尘烟气经过时气流尽可能均匀进入全电场。因为喇叭接口有一个气流降速过程，所以一些较大尘粒的灰尘易自然沉降而积附在封头和分布板上。因此，在一些灰尘黏性较大的电除尘器中还设置了气流分布板振打（结构类似阳极振打）。

（6）出口封头。出口封头是使净化后的烟气接入排气烟道的装置，它的结构与形状同样对气流分布有关。一般情况下，在出口封头内部靠近与壳体相接的截面上间隔装有槽形出口气流分布板。

（7）屋顶。内顶盖和外顶盖组成了屋顶。其中的顶横梁是一个重要零部件，它担负阳极、阴极的支撑悬挂，载荷较大。由于高压电（不管高压电源是装于顶部或地面）通过顶横梁引入阴极，为保证瓷套的干燥有利于绝缘，绝缘子室内部设有加热装置。加热装置有两种：电加热与热空气加热相结合。

（8）壳体。壳体由立柱、侧封、端封、管撑等组成，是电除尘器钢壳受力支撑件，它与前后的进出口封头和上下的屋顶、灰斗组成一个密闭的容器。侧封上装有人孔门。

（9）底梁和灰斗。底梁把壳体部件和灰斗连接成一体。灰斗是收集振落灰尘的容器。为了防止烟气流经灰斗旁路串气而降低除尘效率，灰斗内部装有挡风装置。灰斗角度需保证灰尘自卸，为防止温度降至露点以下使灰斗结灰，一般在灰斗下部设置加热装置（个别的全灰斗设置），加热装置有电加热或蒸汽加热两种。灰斗下口直接接气力输灰装置或接抽板阀和排灰阀。

（10）走梯平台。走梯平台是为了方便电除尘器的就地操作、日常维修保养，所有主要维修点皆可通过走梯平台到达。

（11）支承。支承位置在电除尘器本体和支承（水泥柱或钢支架）之间。由于电除尘器是热体，支座是冷体，因而支承除担负电除尘器重载外，还需具有补偿热膨胀引起位移的功能。支承一般采用平板型复合材料（摩擦片）滑动轴承，中等以下规格的电除尘器也有采用平面滚珠支承轴承的。

（12）保温结构。为保证电除尘器的正常运行，防止烟气温度因散热而降至露点以下，必须对电除尘器外壳进行保温。保温的基本原则是减少热交换，基本要求是保证烟气介质的最低温度必须在露点以上 20~30℃，保温结构设计确定了保温材料的种类、主保温层的厚度、外壳保护板的型式及其用量。

（13）接地。电除尘器在高电压下运行，且采用负电荷制，即阳极与壳体等电位。为保护高压设备和工作人员人身安全，必须对设备进行可靠接地。接地的基本要求：1）接地网的设计应确保电阻值全年均能达到 2Ω 以下；2）接地网的设置力求使周围对地电压均匀。

14.2.4.2　设备运行

A　启动

（1）投运前的检查工作完毕，所有的安全措施得以落实，有关人员已就位。

（2）各加热器至少在开始启动前8h投运，以确保灰斗内和各绝缘件（绝缘瓷套、电瓷转轴等）的干燥，防止因结露爬电而引起的任何损害。检查各加热器系统的电流是否正常。

（3）打开进出口烟道（进出口连通烟道除外）上各挡板风门。

（4）起动引风机。

（5）向电场通烟气预热以消除电除尘器内部机件上的潮气，预热时间依电场内气体温度和湿度而定，一般以末电场出口端温度达到烟气露点以上即可。锅炉烧油时不应启用高压硅整流电源。

（6）起动排灰系统。

（7）起动所有振打机构。

（8）开动所有振打系统的各种功能，使报警和安全联锁、温测温控装置、灰位检测和排灰输灰处于可控制运行状态。

（9）当锅炉已投煤运行且电场内温度高于烟气露点后，电除尘器可投入运行，但必须在零火花率状态下运行。

（10）热风吹扫系统起动时，电加热先投5min左右，然后起动风机。停止时，先关闭风机，再停止电加热。

B 运行

（1）控制室应有足够的工作人员值班。当班人员应经常观察设备运行情况，如发现异常情况均应找出原因，排除故障。除控制室值班外，每班至少有两次巡回检查变压器和各旋转部件工作情况，检查减速机的油位及时加足润滑油。

（2）主要检查下列内容：1）各加热系统工作电流是否正常；2）各指示灯及报警功能是否良好；3）高压控制柜指示的一次侧电流（A）、电压（V）、二次侧电流（mA）和电压（kV）是否正常；4）排灰系统出灰有否故障；5）经常检查振打轴是否转动，锤头锤击是否正常（外面可以听到）。

（3）观察各电场火花率、振打制度、排灰程序，并在实际运行中逐步调到最佳状态，直至有满意的除尘效率为止。

（4）每班必须对设备运行情况进行认真记录，尤其是对一次电压和电流值、二次电压和电流值的记录要完整（一般可以隔2h记录一次）。

C 停止

（1）临时停止：

1）关闭所有风机，静待3~5min。

2）按电场顺序关掉各供电单元的高压电源。

3）关闭进出口烟道中的所有风门。

4）加热系统在暂停阶段继续运行。

5）此时严禁工作人员进入电场内。

（2）长期关闭：

1）完成临时关闭所要求的1）~3）步骤。

2）切断各供电单元的高压隔离开关，转至接地位置并锁定。

3）关掉所有加热器系统，温测温控系统，灰位控制系统。

4）振打系统和排灰系统在高压电源切断后再继续运行，直至所有烟灰从电除尘器中清除干净为止。

5）切断总的电源开关（不包括照明线路）。

D 故障处理

根据资料介绍，在电除尘器故障原因调查中，放电极断线占调查对象的 68%，振打失灵占 40%，变压器和整流器故障占 20%。此外，在保温不足的情况下，腐蚀也是一个不可忽视的事故根源。现将本电除尘器的常见故障说明如下：

（1）电场内严重积灰。电场中大量积灰通常是由于输灰系统故障，或出力不足，或由于灰斗加热器损坏和保温不良，导致落入灰斗中的灰尘黏接或“搭桥”，使粉尘不能及时排出，形成大量粉尘在灰斗中堆积，等积灰达到电极时会形成电场短路，阳极振打系统损坏，阳极板吊挂脱钩，甚至阴极框架变形等，从而导致电场失效并产生严重后果。需高度关注的是：电场停止而锅炉仍在运行，仍有大量的自然沉降灰。如果灰斗过量积灰没有及时处理，会对电除尘器设备产生严重不可逆转的损坏，因此必须采取以下紧急排灰措施以中止对电除尘器造成进一步的破坏。

1）严防灰斗过量积灰。当灰斗高料位报警时，必须检查输灰系统的实际运行情况，并采取措施保证输灰顺畅，以降低灰位，从而解除高料位报警。

2）当任一灰斗积灰超过其上平面且使电场跳闸时，必须在极短时间内采取紧急排灰措施，要在 3h 内及时清灰，8h 内使灰斗积灰低于灰斗大口以下，保证电场能投入正常运行。

3）如果 8h 内还未能及时清灰，则必须采取强制排灰措施，如灰斗下口割口、打开挖手孔等排灰方法。

4）经过各种排灰努力，如 48h 内灰斗仍不能清灰到大口以下，电场还在跳闸状态，则必须强制停机停炉，确保设备可靠安全，否则可能会产生严重后果。

5）排灰时严格注意工作人员人身安全，特别是灰搭桥时，由于受到其他外力作用可能会突然下坠，更应防止发生烫伤及其他事故。

（2）综合性故障与处理措施见表 14-2。

表 14-2 综合性故障与处理措施

序号	故障情况	故障原因	处理措施
1	二次工作电流大，二次电压升不高，且无火花	（1）高压部分可能被异物接地。 （2）高比电阻粉尘或烟气性质改变电晕电压。 （3）控制柜内高压取样回路放电管软击穿或表计卡死。 （4）整流变压器内部高压取样电阻并联的放电管软击穿	（1）检查电场或绝缘子室，清除异物。 （2）改变煤种或采用烟气调质。 （3）检修高压回路，更换元器件。 （4）更换元器件

续表 14-2

序号	故障情况	故障原因	处理措施
2	二次电流正常或偏大，二次电压升不高	(1) 绝缘子污染严重或由于绝缘子加热元件失灵和保温不良而使绝缘子表面结露，绝缘性能下降，引起爬电；或电场内烟气温度低于实际露点温度，导致绝缘子结露引起爬电。 (2) 阴阳极上严重积灰，使两极之间的实际距离变小。 (3) 极距安装偏差大。 (4) 壳体焊接不良、人孔门密封差，导致冷空气冲击阴阳极元件致使结露变形，异极距离变小。 (5) 极板极线晃动，产生低电压下严重闪络。 (6) 灰斗灰满，接近或碰到阴极部分，造成两极间绝缘性能下降。 (7) 高压整流装置输出电压较低。 (8) 在回路中其他部分电压降低较大（如接地不良）	(1) 更换修复加热元件或保温设施，擦干净绝缘子表面。烟温低于实际露点温度，设备不能投入运行。 (2) 检查调整异极距。 (3) 检查调整异极距。 (4) 补焊外壳漏洞，紧闭人孔门。 (5) 检查阴、阳极定位装置。 (6) 疏通排、输灰系统，清理积灰，检查灰斗加热元件，不使灰斗堵灰。 (7) 检修高压整流装置。 (8) 检修系统回路
3	二次电流不规则变动	电极积灰，某个部位极距变小产生火花放电	清除积灰
4	二次电流周期性变动	电晕线折断后，残余部分晃动	换去断线
5	有二次电压而无二次电流或电流值反常的小	(1) 粉尘浓度过大出现电晕闭塞。 (2) 阴阳极积灰严重。 (3) 接地电阻过高，高压回路不良。 (4) 高压回路电流表测量回路断路。 (5) 高压输出与电场接触不良。 (6) 毫安表指针卡住	(1) 改进工艺流程，降低烟气的粉尘含量。 (2) 加强振打。 (3) 清除积灰，使接地电阻达到规定要求。 (4) 修复断路。 (5) 检修接触部位，使其接触良好
6	火花异常多	(1) 人孔漏风，湿空气进入，锅炉泄漏水分，绝缘子脏。 (2) 变压器内部二次侧接触不良或整流桥二极管开路。 (3) 气流分布不均匀。 (4) 异极距变小。 (5) 灰斗满灰，或电场内存在积灰死角，落灰不畅。 (6) 阻尼电阻断裂放电	(1) 采取针对性措施。 (2) 找出原因修理或更换。 (3) 更换气流分布板。 (4) 调整异极距。 (5) 清除积灰。 (6) 更换阻尼电阻

续表 14-2

序号	故障情况	故障原因	处理措施
7	一、二次电流和电压均正常，但除尘效率不高	（1）异极间距超差过大。 （2）气流分布不均匀，分布板堵灰。 （3）漏风率大，工况改变，使烟气流速增加，温度下降，从而使尘粒荷电性能变弱。 （4）尘粒比电阻过高，甚至产生反电晕使驱极性下降，且沉积在电极上的灰尘泄放电荷很慢，黏附力很大使振打难以脱落。 （5）控制参数设置不合理。 （6）进入电除尘器的烟气条件不符合本设备原始设计条件，工况改变。 （7）设备有机械方面的故障，如振打功能不好等。 （8）灰斗阻流板脱落，气流旁路	（1）调整异极距。 （2）清除堵灰或更换分布板。 （3）补焊堵塞漏风处。 （4）烟气调质，调整工作点。 （5）调整参数。 （6）根据修正曲线，按实际工况考核效率。 （7）检修振打，使其转动灵活或更换加大锤重。 （8）检查阻流板并作处理
8	排灰装置卡死或保险跳闸	（1）有掉锤故障。 （2）机内有杂物，焦块掉入排灰装置。 （3）若是拉链机则可能发生断链故障	停机修理
9	控制失灵，报警跳闸	（1）可控硅击穿。 （2）可控硅触发线错位或插脚短路。 （3）整流变压器一次侧接地或短路，或二次侧取样回路前短路或负高压接地，或电流、电压取样	找出原因修理或更换
10	硅整流装置输出失控	可控硅击穿	更换零件
		反馈量消失，取样电阻排损坏	检查有关元件和回路
		参数设置错误	调整参数
11	控制回路及主回路工作不正常	安全联锁闭合未到位	检查人孔门及开关柜门是否关闭到位
		高压隔离开关联锁未到位	检查高压隔离开关到位情况
		合闸线圈及回路断线	更换线圈，检查接线
		辅助开关接触不良	检修开关
12	送电操作时，控制盘面无灯光信号指示	回路元件接触不良	检查各元件及回路接线
		灯泡损坏	更换灯泡
		熔断器熔断	更换熔断器
13	调压时表盘仪表均无指示	仪表内部有故障	修理、校验仪表
		无触发输出脉冲	用于波器查输出脉宽及个数
		快速熔断器熔断	更换
		可控硅元件开路	更换
		交直流取样回路断线	检查二次接线
		交流电压表测量切换开关接触不良	检查开关触点

续表 14-2

序号	故障情况	故障原因	处理措施
14	闪络指示有信号，而控制屏其他仪表不相应联动	外来干扰	对屏蔽接地检查
		闪络封锁信号转换环节及元件损坏	增加旁路措施，更换新件
15	闪络一次后二次电压不再自动上升而报警	闪络时第一次封锁脉冲宽度过大	改变参数调整脉宽
		电压上升率$+\Delta v/\Delta t$给定值过低	增大给定电压
16	带负荷升压，电压指示正常，电流指示为零	电流取样回路开路	检查二次接线
		电流表内部断线	测量电压值
17	升压时一次电压调压正常，二次电压时有时无，并伴有放电声	整流变压器二次线圈及硅堆开路及虚焊点	吊芯检查整流变压器，并将故障排除
		高压引线对壳体安全距离不够	检查并装好高压引线
		直流采样分压回路有开路现象	吊芯检查整流变压器并修复
18	油压报警跳闸，整流变压器排出有臭氧味	整流变压器二次线圈或整流硅堆击穿短路	吊芯检查整流变压器，损坏部位更换新件
19	油位，信号动作跳闸报警	整流变油布低于油位低限线	查明原因，排除故障，同时给整流变补充油至适当油位
20	油压报警跳闸	瓦斯继电器内有气体	打开排气阀排尽气体

14.2.5 影响除尘效率的因素

14.2.5.1 粉尘的比电阻

所谓粉尘比电阻，就是粉尘在疏松状态下的当量电阻，其单位为Ω·cm，符号为ρ。比电阻对电除尘器的影响主要有两方面：(1) 在电除尘器中电晕电流必须通过极板上的尘层，如果粉尘的比电阻很高，电晕电流就会受到限制，从而降低粉尘荷电量、荷电率和电场强度，最终将导致除尘效率的大幅度下降。(2) 粉尘比电阻还能使粉尘附着在收尘极板上的力发生变化，当比电阻高时这种力相当大，需要很强的振打力才能把它打下来，这时造成的二次扬尘量也将变大。影响粉尘比电阻的因素有粉尘的温度、湿度以及化学成分。

14.2.5.2 气流的均匀性

电除尘器的除尘效率直接与烟气的流速有关，高的烟气流速不仅使烟尘在电场内的停留时间缩短，同时还会因直接冲刷尘层或阴值振打时将粉尘吹起引起尘粒或尘团的二次飞扬，导致除尘效率的恶化，故一般取流速在1~1.5m/s的范围之内。

提高气流均匀性的措施之一就是在除尘器的进口设置均布板。它是简单的多孔板，其作用首先是能使管口粗的漩涡减少到孔口那样大小，以减少大漩涡中的巨大速度差；其次，由于分布板的有效面积小，气体通过时会产生压降，这种压降会以垂直于板面的速度矢量形式而部分再现，这个矢量附加到原来的速度矢量上，就会形成更加接近于垂直板面的合速度。

虽然有可能设计出使气体偏转一个小角度的分布板，但在实践中更简单而经济的办法是用 2 块或 2 块以上的分布板前后设置，以提高气流的均匀性。

在电除尘器出口也可设置均布板，试验表明它对出口断面处的流速分布是有利的，但一般说来其效果不及进口显著。

按测试有关规定，为使管道内的气流均匀，所有对气流有扰动的管件，如弯头、扩张管、收缩管等，其前后至少要有几倍于管径长的直段。但实际上，即使是新建电厂，由于场地和造价的限制，大都不可能满足这个要求。因此在设计中，除了尽量使进出口烟道少转角或转角尽量缓和一些外，还应在烟道的转角处设置导流板。试验结果表明，以设置固定导流板的效果最好，在此基础上再增加一块大阻力的均布板，则收到了更为理想的效果。

14.2.5.3　除尘器进口的含尘浓度

除尘器内的电晕电流是由气体离子和烟尘离子两部分组成的。由于烟尘离子的粒径大小和质量都比气体离子大得多，所以后者的速度远比前者的大，其活动度约为烟尘离子的数百倍。烟尘离子运动所形成的电晕电流是气体离子形成电流的 1%～2%。如果烟尘浓度增加，则电场内的烟尘离子就会增加，从而抑制了电晕电流的产生，使每一个烟尘得不到足够的电荷，而使除尘效率下降。如果含尘浓度很高，由电晕区产生的离子都沉积到粉尘上，离子的活动达到极小值，这时电流几乎减小到零，将这种现象称为“电晕闭塞”。

要在生产中防止这种情况的发生，必须控制好除尘器的进口烟气含尘量在一定范围内，一般在 $50g/m^3$ 以下即可。对于高浓度的烟尘，如超过了允许值，则应采用二级除尘，即在电除尘器之前增加机械除尘器。

14.2.5.4　操作技术

对静电除尘器效率的影响，除了烟尘的物理、化学性能及设备的原因外，操作水平也是一个很主要的因素。

A　阴极“肥大”

除尘器内电晕极产生电晕后，在紧靠电晕极的周围，由于电离的产生有许多带正电荷的离子吸附在电晕极线上。虽然烟气中只有 1%～1.6%的尘粒吸附在放电极上，但吸附在放电极上尘粒所带电荷的总量和吸附在收尘极表面尘粒上所带的电荷总量都是基本相等的。而电荷的全部中和又需要一定的时间，这个时间比收尘极表面电荷的中和时间相对来说要长得多。这使尘粒更为牢固地吸附在放电极上，当烟尘中含尘量增加时出现得更快、更严重。如不及时有效清除，则放电极上的积灰将迅速增厚而出现了所谓阴极肥大的现象。尘粒厚厚的包围了放电极，使电晕现象大大减弱直到消失，出现了电晕闭塞。一旦发生这种现象，除了需检查烟气中含尘浓度是否因某种原因突然过大外，应马上设法清扫放电极上的积灰，一般情况下电晕闭塞现象即可消除。

B　漏风

静电除尘器的外壳应该是一个封闭的壳体，在烟气负压的作用下（一般除尘器的设计压约为 500mm 水柱，或约为 4903Pa）应该没有漏风。但是，实际上由于制作、灰斗排灰、电晕极支吊等原因，总有漏风存在，一般在 5%以内。要保证漏风率低于允许值，原因是漏风对除尘器产生不利影响：造成粉尘的二次飞扬，加大烟气流速以致缩短了烟气在电场的停留时间，降低烟气温度及结露等。

C　火花率

尘粒的驱进速度与电场强度成正比。在运行时应该使电场内的强度尽量达到最大值，这时外加电压应有最大的电压，称此电压为最大放电电压。击穿电压随着电极形状、烟尘性质、温度、尘粒直径、导电度和浓度等因素的变化而变化。在运行时，可使放电电压等于击穿电压。一旦击穿，马上降低放电电压，然后再次靠近，再击穿，再降压…这是靠近击穿电压的一个常用方法。

电场击穿时，电极之间将出现火花。单位时间内火花的发生率称为火花率。最佳火花率应由实验决定。瑞士依莱公司采用的最佳值在40~60次/min，西安热工所与邵武电厂的实验值在60~120次/min，当然实际在运行过程中应随时针对不同工况作最佳调整。

D　集尘极的振打

对集尘极板上的集尘清除，是静电除尘器除尘过程中的一个非常重要的环节，集尘极板上的集尘是否落入灰斗对静电除尘器的除尘效率影响很大。

目前对电极集灰的清除主要采用机械振打的清除方法，在集尘极上振打强度的大小，用振打加速度 a 来表达。给极板一个足够大的加速度，可在已收集的尘层中产生惯性力，用以克服粉尘附着在收尘电极上的各种力。其振打强度的大小应考虑既要使集尘极上的尘层在振打后能剥落入灰斗，又要使剥落的片状灰团尽量不再破碎。因为呈片状尘团的尘粒如经受了大强度的振动，会使尘团重新破碎而造成二次飞扬的增大，从而影响除尘效率，同时还会引起机械振打装置的损坏；当然，a 过小就不能把尘团振下来。由于它和烟尘性质、运行方式、集尘极和连接形式等多种因素有关，故很难用计算方法决定。根据经验，对高比电阻的尘粒，振打点的 a 通常不小于 $100\mathrm{m/s^2}$。

一个阳极板组或一个阴极框架在受力振打时，各处的加速度 a 是不同的。一般要求 a 比较均匀，以免部分地区的振打强度太小以致除灰不力，而另一部分因强度太大而振碎尘粒并造成二次飞扬，同时这对阴阳极的耐久性和可靠性将产生有害影响。当然，最佳的振打条件应包括振打强度和振打频率两个方面，当振打强度已经固定，即振打机械经试验调整已经确定后，就只能进行振打频率的调节。

14.3　除灰系统

用来排灰与排渣并将其送往发电厂厂区以外的设备和设施称为除灰系统。该系统清除由锅炉燃烧产生的炉下灰渣，以及经电除尘器、省煤器、空气预热器收集的飞灰的过程，此外还有磨煤机甩下的石子煤的清除过程，包括收集、储存、输送、排放处理的方式及其整套设备。目前，电厂输送灰渣的方法主要有机械输送、水力输送和气力输送三种。有的电厂采用单一的输送方式，也有一些电厂将不同的输送方式结合起来，但大多数电厂采用水力输送或气力输送方式。水力输送又称为湿除灰，气力输送又称为干除灰。炉膛底部的灰渣一般采用湿除灰方式（见图14-2），而除尘器和省煤器灰斗多采用干除灰方式（见图14-3）。

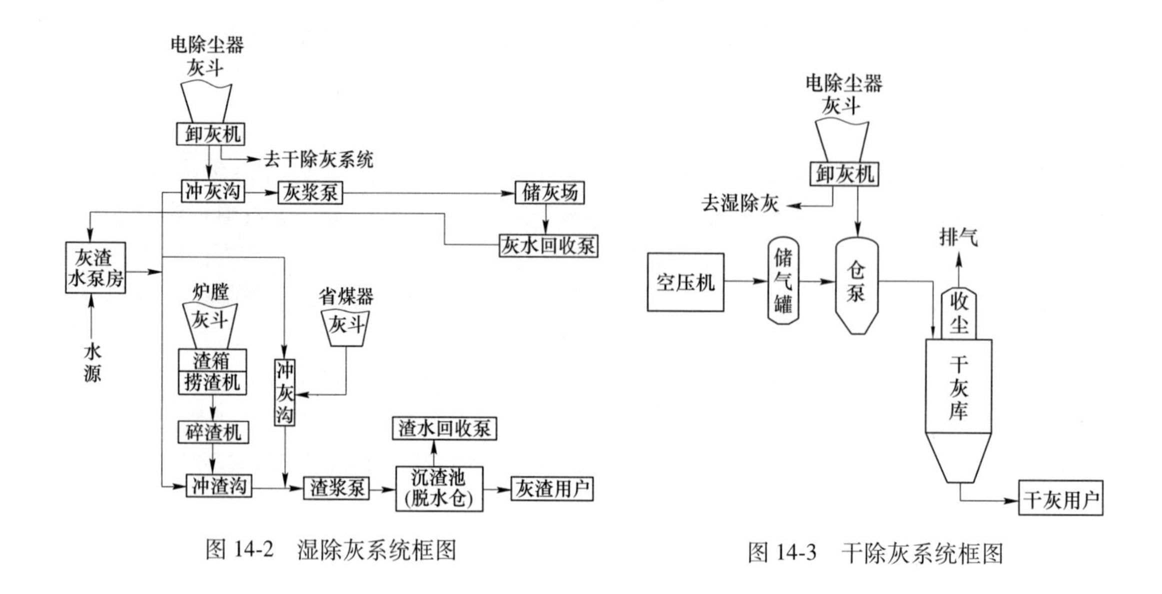

图 14-2　湿除灰系统框图

图 14-3　干除灰系统框图

14.3.1　除灰系统（干除灰系统）

14.3.1.1　系统描述

采用浓相气力输灰系统，将电除尘器和省煤器飞灰送到储灰库，然后分两路进行处理，一路经加湿搅拌机搅拌，再由自卸汽车运送至综合利用，另一路经过干灰散装机直接装入自卸汽车送至综合利用。

干灰的输送系统采用正压浓相气力输送方式，将电除尘器、省煤器灰斗收集的飞灰送入灰库内。每台炉电除尘器分为三室五电场，电场底部共有 60 只电除尘灰斗，每只灰斗下部设有一个 MD 泵，每 6 个 MD 泵组成一个输灰单元。省煤器灰输送采用合并输送至电除尘一电场除灰管；电除尘器一电场分 A、B 两侧，采用 6 台输送泵串联方式，分别设置一根管道将灰输送到任意一座粗灰库，共设两根管道；电除尘二电场分 A、B 两侧，采用 6 台输送泵串联方式，然后分别合并后采用 1 根管道，将灰输送到细灰灰库或相应粗灰库，设一根管道；电除尘三、四、五电场分 A、B 两侧，每电场的每侧采用 6 台输送泵串联方式，然后分别合并后采用一根管道，将灰输送到细灰灰库，并能在相应的细灰库间进行切换，设一根管道；电除尘三、四、五电场满足 B-MCR 工况下，电除尘器一电场因故障停运时系统出力的要求。每台炉电除尘器设 3 台输送空压机，两台运行，一台备用，提供输送气源。

系统采用连续运行方式，输送出力应有锅炉在 B-MCR 工况下不小于该系统燃用设计煤种时排灰量 50%的裕度，同时应满足燃用校核煤种时的输送要求并留有 20%的裕度，所以每台炉输送出力应不小于 150t/h。

电除尘区域输灰控制用气由专用的主厂房区仪用空压机供给。两台炉共设 6 台仪用空压机，四运二备。同时底渣和脱硫系统吸收塔区的控制用气也由主厂房区仪用空压机系统供应。两台炉的输送空压机、灰斗气化风机及主厂房区仪用空压机合并布置。

14.3.1.2 除尘系统主要设备介绍

A 干灰输送器

对干灰输送器有以下要求：

（1）每个除尘器灰斗、省煤器灰斗下安装一个干灰输送器，其出力与气力输灰系统要求的出力相适应，并保证在工作温度下安全可靠的工作。电除尘器第二电场干灰输送器规格不小于第一电场输灰器规格。

（2）干灰输送器配备的进灰和排灰阀门动作准确可靠，维修方便，并保证严密耐磨。阀板及密封圈采用耐磨材料制造，密封圈使用寿命不小于8000h，阀板使用寿命应不小于10000h。干灰输送器配备的进出料阀、分路阀采用圆顶阀结构型式。

（3）干灰输送器进灰阀和排灰阀密封，保证在输送过程中压缩空气不会泄漏。

（4）干灰输送器应带有料位计（一、二电场）和压力平衡设备（一、二电场每个输送器一套，三电场每6台输送器一套），包括平衡阀、排气阀和排气管等。平衡阀应密封紧密、耐磨损、运行可靠、维修简便，而且与进出灰阀门的开启和关闭动作协调一致，输送系统设有压力安全释放装置。

（5）干灰输送器的强度设计压力为1.0MPa。

（6）在管线的适当位置装设手动阀门，以便于运行期间的维护。在每组输送器出口输灰管路上设置1个排堵阀。

（7）任一组干灰输送器出现故障时，可以将其旁路，而不影响其他灰斗卸灰运行。

（8）干灰输送器与灰斗之间装有一个手动阀门，以便于运行中进行检修。

B 空气压缩机及空气净化设备

对空气压缩机及净化设备有以下要求：

（1）输灰系统所用的压缩空气系统，包括输送用空气压缩机、仪用空气压缩机、储气罐、空气净化设备等。

（2）每台锅炉设置一套输灰用压缩空气系统，两台炉设置公用系统。

（3）仪用空压机与输送用空压机分开，输送用空压机用于提供输送灰用压缩空气，仪用空压机提供灰库脉冲式布袋除尘器、所有气动装置（包括气动阀门、气动执行器等）用压缩空气。所有空压机均配置空气净化装置。

（4）空气压缩机的设计压力和流量有足够的裕度，出口压力不低于输送系统设计压力的120%，出口流量不低于输送系统设计流量的110%。

C 除尘器灰斗气化风机

对除尘器灰斗气化风机有以下要求：

（1）为防止灰斗存灰时易起拱、堵塞，每台除尘器配备两台灰斗气化风机和电加热器，一台运行，一台备用。

（2）灰斗气化风机设计压力和流量有足够的裕度，灰斗气化风机出口处装设电加热器。

D 灰库

灰库的结构和使用要求如下：

（1）2 台锅炉共设 3 座混凝土灰库，其中两座为粗灰库、一座为细灰库。每座灰库内径 15m，有效容积不小于 3600m^3。

（2）灰库做成圆柱形的平底库，灰库采用钢筋混凝土结构，且必须密封严密，没有灰的泄出和水的渗漏，内表面光滑，库底设置流化板，使灰形成流态化，防止排灰堵塞；灰库之间宜设置联络管。

（3）每座灰库均设置连续料位指示器、高/低料位指示、压力/真空释放阀和人孔等。

（4）每座粗灰库下面各设三个出灰口，其中两个出灰口下设干灰散装机，考虑为干灰综合利用创造条件；另一个出灰口下设湿式搅拌机，加水搅拌制成湿灰后，由汽车运至灰场。

（5）每两座储灰库顶设有连通管。

E　布袋除尘器

对布袋除尘器有如下要求：

（1）在每座灰库的顶部装设一套布袋除尘器，净化后的空气直接排入大气。经其过滤后排入大气的空气含尘量不大于 30mg/m^3（标态），布袋过滤风速不大于 0. 8m/min。

（2）布袋除尘器能处理 100%进入灰库的空气量，包括除尘器、省煤器的输灰空气量和灰库气化风机的风量、干灰散装机排气量等，并留有一定的裕量。布袋除尘器应装设自动脉冲反吹装置。过滤器的滤袋材料选用聚四氟乙烯覆膜，它的透气性好、耐高温、运行寿命不低于 15000h。

F　排气风机

对排气风机的要求：

（1）每台布袋除尘器配设一台排气风机。

（2）排气风机的风压应能克服滤袋的最大阻力，并使灰库呈低真空状态工作。

（3）排气风机有高度的可靠性，叶轮采用耐磨材料。

G　灰库气化风机

对灰库气化风机的要求：

（1）3 座灰库配备 4 台气化风机，3 台运行，1 台备用。

（2）灰库气化风机出口处装设电加热器。

14. 3. 1. 3　气力输灰系统相关设备基本技术参数

表 14-3 为气力输灰系统基本技术参数，表 14-4 为除尘器电场排灰技术参数，表 14-5 为空气压缩机技术参数，表 14-6 为空气净化设备技术参数，表 14-7 为灰库顶部布袋除尘器技术参数，表 14-8 为气化风机技术参数，表 14-9 为灰库料位计技术参数。

表 14-3　气力输灰系统基本技术参数（单台炉数据）

参　　数	符　号	数　值	备注
气力输灰系统出力	t/h	150、99	
气力输灰系统出力（按电除尘器一、二、三、四、五电场，省煤器的顺序设计值工况）	t/h	120、24、4. 8、0. 96、0. 24、6. 75	

续表 14-3

参　　数	符　号	数　值	备注
气力输灰系统出力（按电除尘器一、二、三、四、五电场，省煤器的顺序 B-MCR 工况）	t/h	79.2、15.84、3.17、0.63、0.16、4.5	
气力输灰系统设计工况平均能耗	kW·h/(t·km)	3.67	
气力输灰系统 B-MCR 工况平均能耗	kW·h/(t·km)	3.74	
输灰管道始端压力（按电除尘器一、二、三、四、五电场，省煤器顺序）	MPa	0.3（各电场相同）	
输灰管道末端压力（按电除尘器一、二、三、四、五电场，省煤器顺序）	MPa	0.02（各电场相同）	
输灰管道始端流速（按电除尘器一、二、三、四、五电场，省煤器顺序）	m/s	2~4（各电场相同）	
输灰管道末端流速（按电除尘器一、二、三、四、五电场，省煤器顺序）	m/s	12~14（各电场相同）	
气力输灰系统在 B-MCR 工况下的灰气比（按电除尘器一电场及省煤器、电除尘器二、三、四、五电场顺序）	kg/kg	43.2、43.2、30.3、30.3、30.3	省煤器同一电场混合输送
气力输灰系统在设计值工况下的灰气比（按电除尘器一电场及省煤器、电除尘器二、三、四、五电场顺序）	kg/kg	43.2、43.2、30.3、30.3、30.3	省煤器同一电场混合输送
输送空气平均气耗量（标态，B-MCR 工况/设计值工况）	m^3/min	25.44、5.08、1.46、0.29、0.073 39.54、7.7、2.2、0.44、0.1098	
输送空气压力	MPa	≥0.6	配气组件前压力
仪用压缩空气耗量（标态，B-MCR 工况/设计值工况）	m^3/min	6.0	除尘器区域每台炉
仪用压缩空气压力	MPa	≥0.6MPa	就地箱前压力
输灰管道配置规格、数量（按电除尘器一、二、三、四、五电场、省煤器顺序）	根	一电场为 DN200mm 2 根 二电场为 DN200mm 1 根 三、四、五电场为 DN150mm1 根 省煤器 DN100mm1 根（与一电场合并）	
干灰输灰器有效容积（按电除尘器一、二、三、四、五电场、省煤器顺序）	m^3	2.54（一、二电场） 0.33（三、四、五电场） 0.2（省煤器）	
省煤器输灰器进料阀型式、规格		气动圆顶阀、DN200mm	
进料阀及密封件工作温度	℃	480	
省煤器输灰器出料阀型式、规格		DN100mm	
出料阀及密封件工作温度	℃	480	
冷却水压力、流量		0.3~0.4MPa，160L/min/台炉	

表 14-4　除尘器电场排灰技术数据

项　目	排灰次数	间隔时间	每次排灰时间	每次排灰量
	/次 · h^{-1}	/min	/min	/t
除尘器第一电场（省煤器）粗灰	4.93	11.7	9.8	27.16
除尘器第二电场细灰	0.88	51.4	9.8	27.16
除尘器第三电场细灰	1.75	52.9	4.05	1.4
除尘器第四电场细灰	0.35	58.6	4.05	1.4
除尘器第五电场细灰	0.1	59.6	4.05	1.4

表 14-5　空气压缩机技术参数

参　数	单　位	数　值
数量	台（两台炉）	6
型式		螺杆式
压缩级数		单级
容积流量	m^3/min	36
排气压力	MPa	0.75
排气温度	℃	环境温度+8
冷却方式		水冷
进水温度	℃	33
冷却水流量（如果有）	t/h	14
进水温度	℃	33
电动机型号		Y
电动机功率	kW	200
电压	V	380
电动机转速	r/min	1480
满负荷及 50%负荷下的电流值	A	—
排气含油量	1×10^{-6}	3
噪声	DB(A)	≤85
适用海拔高度	m	满足当地要求

表 14-6　空气净化设备技术参数

参　数	符　号	数　值
设备组合方式及流程		冷冻式干机
设备套数	（两台炉）	6
净化后的空气品质指标		常压露点温度为 +2℃，含油量< 5×10^{-6}
储气罐数量	（两台炉）	2
储气罐容积	m^3	
储气罐工作压力	MPa	0.75

表 14-7 灰库顶部布袋除尘器技术参数

参 数	符 号	数 值
脉冲吹灰空气流量	m^3/min	0.7~1.8
处理量	m^3/min	≥225
脉冲吹灰空气压力	MPa	0.5~0.7
布袋除尘器排气含尘浓度	mg/m^3	30
滤袋		
滤袋整体尺寸		
滤袋过滤面积	m^2	180
滤袋材料		聚四氟乙烯覆膜
滤袋阻力	Pa	1200~1500
过滤空气流速	m/min	0.8
使用寿命	h	15000
除尘器壳体材质		Q235
排气风机流量	m^3/min	≥225
排气风机压力	Pa	约 2100
制造厂家		上海除尘器厂/上海中怡/中国

表 14-8 气化风机技术参数

参 数	符 号	灰库气化风机	除尘器灰斗气化风机
空气流量	m^3/min	23	20
工作压力	MPa	0.055	0.08
空气电加热器功率	kW	90	70
加热空气流量	m^3/min	23	20
进出口温度差	℃	170 常温	150 常温
温度测量、控制范围	℃	100~200	100~200

表 14-9 灰库料位计技术参数

参 数	符 号	灰库连续测量料位	灰库定点料位计
数量	个	3	6
型式		导波雷达	射频导纳
工作介质		飞灰	飞灰
工作压力	MPa	1	1
工作温度	℃	150	150

14.3.1.4 除灰系统运行原则

除灰系统运行原则如下：

(1) 出灰系统运行时，所有电除尘灰斗加热器须先期投入运行。
(2) 灰库气化风机运行时，气化风加热器须投入运行。
(3) 除灰系统运行时，必须按照一定出灰程序运行。
(4) 若灰库有灰，气化风机必须连续运行。
(5) 除灰系统运行前，灰库系统抽吸风机应先期投入运行。
(6) 锅炉停运后，电除尘阴、阳振打装置应继续运行，经确认电除尘灰斗余灰已排尽后，方可停止电除尘阴、阳振打装置。
(7) 若电除尘灰斗产生高料位报警，应加强排灰，并查明原因。
(8) 调湿搅拌机上出料机启动后必须空载运行几分钟，然后开启灰库出灰门。

14.3.1.5　事故处理原则

事故处理原则如下：
(1) 输灰管道堵塞时必须停止出灰，关闭气锁阀进口门，待管道疏通后才可重新出灰。
(2) 锅炉发生 MFT 时，若出灰系统在运行，仍应保持系统继续运行。
故障及相应处理措施归纳见表 14-10。

表 14-10　故障及相应处理措施

序号	现　象	原　因	处理方法
1	输送风机、仪用空压机、气化风机进口滤网差压大	风机进口滤网堵	清理进口滤网堵塞物
		风机进口压力表计失灵	联系检修处理
2	输送风机、仪用空压机跳闸	风机、仪用空压机电机过载	启动备用设备
		电源故障	联系电气检修处理
3	省煤器灰斗输灰困难	省煤器灰斗有泄漏声，集灰箱有湿灰	暂停出灰，关闭烟道气锁阀/进口门
		此区域管道有管壁磨损，造成空气内漏	汇报值长，联系检修处理
4	电除尘灰斗料位高	落灰口堵塞	暂停出灰，关闭烟道气锁阀/进口门，联系检修处理
		灰斗料位计误发信号	联系检修处理
		气动装置故障	检查气锁阀电磁阀状态，仪用气压力等

14.3.2　干排渣系统

14.3.2.1　技术背景

除渣系统的功能是将锅炉燃烧产生的炉底灰渣冷却、收集，并连续地将底渣从炉底通过除渣装置输送出去，保证锅炉安全稳定运行。

由于湿式除渣系统存在耗费大量水资源、汽化潜热的损耗、废水不易处理等问题，于是不耗水或少耗水灰渣冷却技术逐渐发展起来。1985 年意大利马伽蒂公司开发了干除渣系统，并在 1986 年意大利皮埃特拉菲塔 2×35MW 发电机组得到成功应用，之后逐渐开始推广应用。

干除渣系统本质上是基于耐热不锈钢链板输送机的应用。输送链条是由耐高温的不锈钢制成，在输送过程中能够高防尘，韧性高。

14.3.2.2　工作原理

干除渣系统的工作原理是：锅炉燃烧后形成的灰渣由锅炉渣斗落到炉底排渣装置上，大的渣块先进行预破碎，灰渣在冷风作用下充分燃烧并冷却后落到一级钢带输渣机的钢带上，被加热的空气带着底渣的热量进入锅炉炉膛。高温炉渣由一级钢带输渣机送出过程中，热渣进一步被冷却，经碎渣机破碎后，再由二级钢带输渣机输送至渣仓储存。然后，渣仓内的渣通过卸料机构定期装车外运供综合利用或运至灰场碾压储存。冷空气与高温灰渣进行充分的热交换，空气吸收锅炉底部的热辐射和灰渣显热，在较理想情况下，空气将高温灰渣冷却到100℃以下，而空气温度从室温升高到二次风风温，实现充分热交换；干除渣系统冷空气量一般要求不高于锅炉总风量的1%，风量较高会影响排烟温度升高。

干除渣系统由过渡渣斗、炉底排渣装置、一级钢带输渣机、碎渣机、二级钢带输渣机、储渣仓、双轴搅拌机、干式卸料机和液压驱动装置、操作控制（PLC）系统组成。

14.3.2.3　干除渣系统设备

A　机械密封与过渡渣井

（1）机械密封。机械密封的作用是保证锅炉在停机和运行状况下的密封，并吸收下联箱三维方向的热膨胀，使渣井下法兰标高基本不变，如图14-4和图14-5所示。

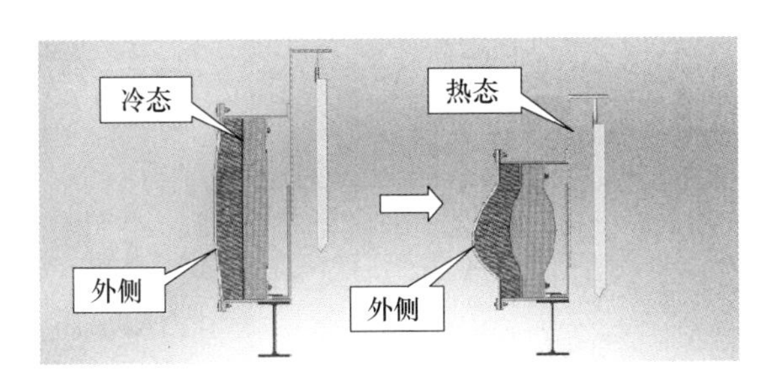

图14-4　干除渣系统机械密封原理图

图14-5　干除渣系统机械密封现场照片

（2）过渡渣井。过渡渣井主要用于锅炉与干除渣系统之间的连接，采用机械密封，以波纹板连接，保证过渡渣井与干除渣系统受热自由膨胀。过渡渣井截面呈锥形，其底部全关断门全部关闭时形成一个密闭容器，一般要求具备储存锅炉B-MCR工况6h的渣量。

过渡渣井由钢板加强横梁焊接而成，钢板能够承受底渣下落的最大冲力；过渡渣井设有观察孔和人孔门，内衬材料为保温材料和耐火材料，其结构如图14-6所示。

在过渡渣井下部为液压关断门，其由挤压头、格栅、关断门箱体、驱动液压缸、围板、液压阀及连接油管、摄像头和观察窗等构成。液压缸的驱动挤压头水平运动，并设有两个行程开关传递位置信号。炉底排渣装置采用防护格式结构，能够有效防护大渣下落对钢带输送机的冲击。

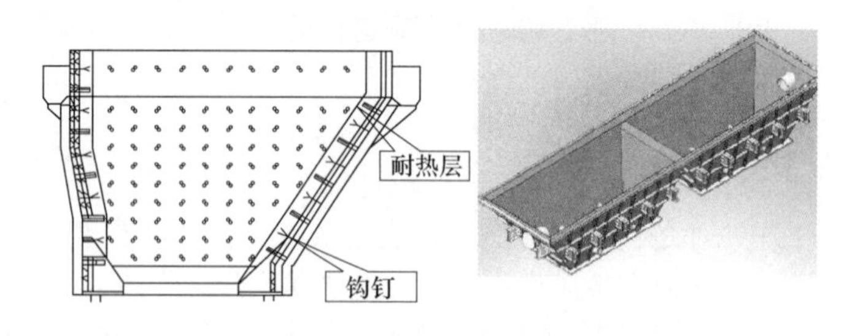

图 14-6　过渡渣井结构图

B　传输系统

（1）不锈钢传输带。不锈钢传输带属于核心部件，该传输带由耐磨的高温不锈钢加工而成，能承受大渣的冲击和炉膛的高温辐射。

传输带由不锈钢网和不锈钢板组成，其主要受力是不锈钢网，该网由一根根像螺旋的不锈钢丝通过一根直的不锈钢丝连接而成。

不锈钢传输带的尾部滚筒轮固定在张紧装置上，尾部张紧采用液压自动张紧装置，恒定的张紧力能够及时吸收传输带的热膨胀，保证传输带能够适应各种工况下热膨胀的变化，使传动可靠不打滑，如图 14-7 所示。

（2）清扫链。清扫链由驱动装置、高强度矿用圆环链和刮板构成，其位置在干除渣系统的底部，避免了从不锈钢输送带上掉下的细渣堆积在底部对不锈钢传输带造成磨损，如图 14-8 所示。

图 14-7　传输带

图 14-8　清扫链

C　碎渣机

碎渣机由滚齿板、颚板、辊齿等部件构成，碎渣机入口具有较大的容积，能够较好的吃大渣；采用粗细分离，能够减轻碎渣机负荷，有利于提高使用寿命；辊齿、颚板等易磨损件采用耐磨合金钢；设置有自动防卡阻装置，具备快装结构，能够整体更换。

D　斗式提升机

利用料斗将物料从下面的储仓中舀起，随着传输带或链提升到顶部，绕过顶轮后向下翻转，斗式提升机将物料倾入接收槽内。带传动的斗式提升机的传动带一般采用橡胶带，装在下面或上面的传动辊筒和上面或下面的改向辊筒上；链传动的斗式提升机一般装有两条平行的传动链，上或下面有一对传动链轮，下或上面是一对改向链轮。

E　渣仓

渣仓本体和支架采用钢制结构形式，容积较大；顶部有事故真空压力释放阀，仓壁的外面装有仓壁振打器。其出口设双出口结构，一个可接加湿双轴搅拌机，另一个可接干灰卸料机。渣仓顶部设有具备自动喷吹功能的布袋除尘器，布袋除尘器的过滤面积和排气风机流量、风压应能满足合理的过滤风速和渣仓内的微负压。

14.3.2.4　干除渣系统性能参数与设备规范

下面介绍干除渣系统性能参数与设备规范。

（1）性能参数。干除渣系统可配套不同容量机组，现以1000MW发电机组为例，对其性能参数进行说明，见表14-11。

表14-11　干除渣系统性能参数

序号	参数名称	单位	设计值	保证值	备注
1	锅炉过渡渣斗有效容积	m^3	100	100	
2	锅炉过渡渣斗工作温度	℃	900	900	
3	炉底排渣装置关闭时间	h	≤4	4	
4	输渣机钢带速度	m/min	0.4~4	0.4~4	变频调速
5	输渣机清扫链速度	m/min	0.17~1.7	0.17~1.7	
6	输渣机正常出力（连续）	t/h	25~32	25~32	
7	输渣机最大出力（间断）	t/h	50	50	
8	MCR工况一级输渣机出口渣温	℃	≤100	100	
9	MCR工况二级输渣机出口渣温	℃	≤100	100	
10	特殊工况一级输渣机出口渣温	℃	≤300	300	
11	冷却空气量占总入炉风量	%	≤1	≤1	
12	MCR工况设备的表面温度	℃	≤50	≤50	
13	碎渣机出力	t/h	50	50	
14	碎渣机出口渣粒径	mm	25	25	
15	布袋除尘器出口浓度	mg/m^3	≤50	≤50	
16	布袋除尘器过滤面积	m^2	54	54	
17	双轴搅拌机出力	t/h	100	100	
18	干式卸料机出力	t/h	100	100	
19	储渣仓有效容积	m^3	500	500	

（2）设备规范。1000MW发电机组干除渣系统的设备规范见表14-12。

表 14-12　干除渣系统设备规范

序号	设备名称	型号规范	单位	数量	备注
1	渣井	$100m^3$	台	1	
2	液压破碎装置	GPZP14	台	3	
3	一级干式排渣机	GPZS14，$Q=25\sim32t/h$，$Q_{max}=50t/h$，$N=15kW$	台	1	
4	二级干式排渣机	GPZS12-C，$Q=25\sim32t/h$，$Q_{max}=50t/h$，$N=18.5kW$	台	1	
5	渣仓	$500m^3$	台	1	
6	液压泵站	GPZ-Y1	台	2	
7	干渣散装机	JSZ-100，$Q=100t/h$	台	1	
8	双轴搅拌机	JSL-100，$Q=100t/h$	台	1	
9	布袋除尘器	DMC-72	台	1	
10	气动插板门	400×400	台	2	
11	手动插板门	400×400	台	2	
12	单辊碎渣机	GDGS1400	台	1	
13	振动给料机	$Q=100t/h$	台	1	
14	储气罐	$1m^3$	台	1	
15	落渣管		套	1	
16	重锤式锁气器		台	2	
17	手动蝶阀	DN50、PN1.6	件	2	
18	止回阀	DN50、PN1.6	件	1	

（3）故障处理。设备运行中，存在的常见故障及处理方法见表 14-13。

表 14-13　干除渣系统常见故障及处理方法

故障名称	连锁作用	故障原因	就地处理方法	处理方法
液压泵站油泵电机故障	无	液压泵电机热继保护动作	热继复位，电机检修	通知检修部门处理，处理完毕后，进行故障复位
钢带电机风扇故障	停钢带电机	钢带电机风扇热继保护动作	热继复位，电机检修	通知检修部门处理，处理完毕后，进行故障复位
钢带电机故障	停钢带电机	钢带电机变频器故障报警	根据 bop 面板故障代码判断故障，进行检修（故障代码参见说明书）	通知检修部门处理，处理完毕后，进行故障复位
清扫链电机风扇故障	停清扫链电机	清扫链电机风扇热继保护动作	热继复位，电机检修	通知检修部门处理，处理完毕后，进行故障复位

续表 14-13

故障名称	连锁作用	故障原因	就地处理方法	处理方法
清扫链电机故障	停清扫链电机	清扫链电机变频器故障报警	根据bop面板故障代码判断故障，进行检修（故障代码参见说明书）	通知检修部门处理，处理完毕后，进行故障复位
碎渣机电机故障	停钢带电机、碎渣机电机、清扫链电机	碎渣机电机热继保护动作	热继复位，电机检修	通知检修部门处理，处理完毕后，进行故障复位
钢带断带检测	停钢带电机	钢带后部接近开关报警	检查钢带是否断带	通知检修部门处理，处理完毕后，进行故障复位
清扫链A侧断带检测	停清扫链电机	清扫链后部接近开关报警	检查清扫链是否断链	通知检修部门处理，处理完毕后，进行故障复位
清扫链B侧断带检测	停清扫链电机	清扫链后部接近开关报警	检查清扫链是否断链	通知检修部门处理，处理完毕后，进行故障复位
钢带打滑检测	停钢带电机	钢带后部接近开关报警	检查钢带是否打滑，如钢带确实打滑，须手动张紧钢带，保证压力不大于7MPa。重新手动启动钢带。如仍然打滑，需事故排渣	通知检修部门处理，处理完毕后，进行故障复位
清扫链打滑检测	停清扫链电机	清扫链后部接近开关报警	检查清扫链是否打滑，如确实打滑，手动张紧清扫链，保证压力不大于5MPa，重新手动启动清扫链。如仍然打滑，需检修清扫链	通知检修部门处理，处理完毕后，进行故障复位
碎渣机卡阻检测	停钢带电机、碎渣机电机、清扫链电机	碎渣机卡阻检测开关报警	检查碎渣机是否卡阻，如有卡阻及时清除	通知检修部门处理，处理完毕后，进行故障复位
钢带头部料位高检测	停钢带电机	钢带头部阻碍旋料位计报警	检查钢带头部是否积渣	通知检修部门处理，处理完毕后，进行故障复位

14.3.2.5 系统描述

除渣系统采用干式除渣，风冷排渣机，底渣在干式排渣机中冷却到一定温度后输送至渣仓储存，锅炉出口与干式排渣机采用渣井相联，采用水密封；渣斗容积可满足锅炉B-MCR工况下4h排量，渣斗底部设有液压关断门，允许排渣机故障停运4h而不影响锅炉的安全运行并能有效拦截大渣块，并预破碎。干排渣系统主要由渣斗、渣仓、钢带输渣机、碎渣机、二级输渣机、斗式提升机、卸渣装置等设备组成。燃料燃烧后产生的炉渣落入渣井，经液压关断门落到钢带输渣机上，在钢带传送过程中碎渣通过冷却风冷却，由钢带送至碎渣机；碎渣机碎渣落下后，由输渣机并进一步冷却再由提升机送至渣仓，最后由卸渣装置经卡车运外运综合利用或运至灰场。

14. 3. 2. 6　相关设备介绍

A　渣斗

锅炉渣斗由水封槽、渣井支架、渣井本体、检修平台、扶梯栏杆、渣井内衬、地基等组成。

为适应炉底干排渣需要，在锅炉正常运行时本渣井为干式渣井，水封槽的作用是无论锅炉处于停机或满负荷运行状态时都能保证水密封并吸收下联箱三维方向的热膨胀量，使渣井下法兰标高基本不变（不受热膨胀的影响），为下部设备的布置、运行创造条件。水封水为外溢流，正常情况下水封水由溢流母管排走，只有事故状态时（溢流管堵塞或关闭溢流母管阀门时），才会沿水封槽四周边向外溢流（溢流水沿水封槽外边缘均匀流下），流向渣井壁板外表面。水封挡板底部和水封槽底部留有一定的热膨胀空间，当锅炉正常运行时水封挡板和水封槽底部应大于一定的距离。

（1）渣井辅助冷却措施。在锅炉正常排渣量、煤质正常、不易结焦的工况下，干式排渣系统各项性能指标优良，使用情况良好。在煤质恶劣、结焦严重或输渣量大等工况条件下，通常的空气冷却方式不能够将炉渣冷却到理想温度。针对锅炉渣量较大、容易结焦的工况，设置了辅助冷却技术来防范可能出现的恶劣工况带来的影响：渣井水冷、空冷组合解决关断门关门状态炉渣结焦。需要说明的是，这些辅助的冷却措施只是防范措施，锅炉排渣正常时不启用，只有在如下工况才启用：1）关断门关闭时预防炉渣严重结焦；2）渣量过大时干渣系统不能够有效及时冷却炉渣。

（2）辅助喷水冷却装置（渣井冷却炉渣）。在关断门关闭工况下及高温炉渣在堆积过程中，渣斗上部和中心部分的炉渣冷却，可以通过从渣斗侧壁靠近渣斗最高标高位置设置喷水喷嘴来实现。通过计算来看，炉渣不会堆积到这个最高标高位置。沿炉膛前后方向渣斗侧壁布置一层喷水喷嘴，通过调试确定水压保证喷洒覆盖面面积大致等于渣斗下法兰口的面积。

（3）辅助空气冷却装置（渣井冷却炉渣）。对于易结焦炉型，在关断门关闭工况下，高温炉渣在堆积过程中非常容易与渣井侧壁结焦，以至于打开关断门时，大渣篷在空中不能自然下落，这种情况下只能人工清除大焦。为了尽可能避免炉渣在渣井中结焦，而且减少人工清除大焦的机会，可以在渣井侧壁通入冷空气来对渣井侧壁炉渣进行冷却。

B　渣仓

该设备为火电除灰渣系统炉底渣的储存、中转仓，其运作的工艺流程为：炉底渣经冷渣机风冷后由埋刮板机、斗式提升机或钢带机输送至渣仓内积存。仓内积存的灰渣经仓底部出料口排出，一路由双轴搅拌机调湿后装车外运，另一路由干灰散装机直接装入罐车外运。该设备全部由钢结构件组成，主体上部为圆柱形筒体，下部为锥形筒体，在锥体下部设有 2 个出料口、电磁振动器等。仓体支撑由钢架组成，在设备上部圆柱形筒体上设计有封闭的上平台及防护围栏，并现场开设进渣口（此处安装除尘器及压力真空释放阀等配套部件），在仓体下部设计有安装湿式排渣系统及干式排渣系统的运行层钢平台。

渣仓设备的工作原理：渣水混合物斗式提升机提升至仓内储存，由探测料位机发出到位报警信号后，炉渣停止进入仓内。用户需湿渣运输时，可启动湿渣卸料系统，炉渣经双轴搅拌机调湿后排入承运工具外运；用户需干渣运输时，可启动干渣卸料系统，炉渣经干灰散装机直接排入罐车外运。仓内干渣全部排完后，待运（或在连续进渣情况下可同时进行底部排渣操作，料位计作仓内干渣满位报警）。

C 碎渣机

碎渣机的破碎功能是依靠砧板和滚齿板与压板之间的相对滚压实现的，改进后的弧型砧板破碎面的设计能保证其同滚齿板、破碎渣块之间的接触角度垂直而形成最大的切向力，同时增大入口的有效容积并保证破碎较大的渣块。

如图 14-9 所示，在碎渣机箱体、主轴和轴承座之间采用半孔迷宫密封型式，该类型密封适合于连续排渣作业，设计合理。轴承座和轴承、主轴之间的密封采用含骨架唇型油封的密封型式，能有效地防止飞灰从外部进入轴承内和轴承内部润滑油的泄漏。

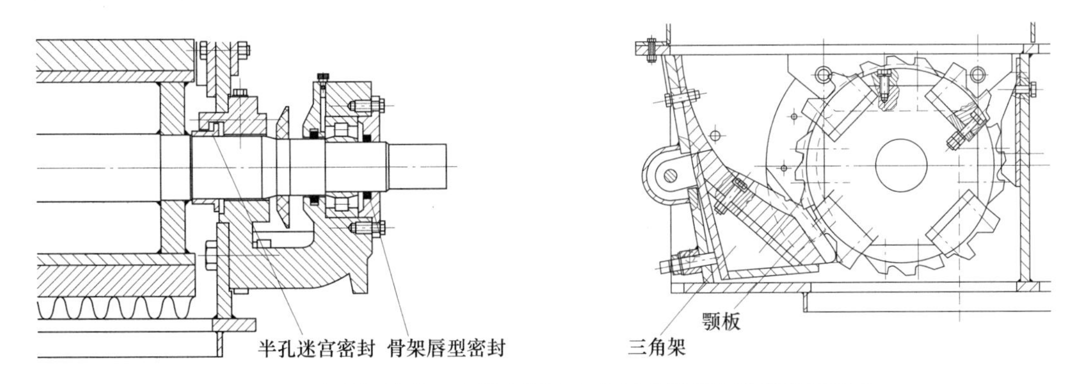

图 14-9 碎渣机箱体、主轴和轴承座之间采用半孔迷宫密封型式

D TB 斗提升机

TB 斗提升机为垂直式，TB 提升机对物料的种类、特性及块度的要求少，可提升粉状、粒状、块状及磨逐性物料，输送能力大且物料温度不高于 250℃。该系列提升机有 TB250~TB1000 多种规格，输送量 16~480m^3/h，提升高度 5~40m。TB 提升机采取流入式喂料，重力透导式卸料，采用密集型布置的大容量料斗输送，链速低提升量大。本机的设计保证物料在喂料、提升和卸料中不会撒落，结构精度高；机壳经折边、焊接，机壳刚性好，外观美观。

E 炉底排渣装置

此装置既能满足作为液压关断门的使用要求，又具有拦截大焦块、预冷却、预破碎的功能，它由隔栅、挤压头、箱体、驱动液压缸、支撑架体和摄像监视系统等部分组成。

炉底排渣装置采用防护隔栅结构，能够有效地防止大渣下落对钢带输渣机的冲击，100%防止结焦对输渣机的损坏，该结构能抵抗 40m 高度处 1m 渣块下落时的冲击。

炉底排渣装置中的挤压头采用液压驱动，水平对开，开关灵活，既能有效地实现大渣块的预冷却、预破碎，也能起到关断门的作用。挤压头打开或关闭均为水平移动，垂直作用力由静止的隔栅承受，关断门不受力，即使油缸失灵也不会自动打开。挤压头在合拢状态起开闭渣斗的作用。炉底排渣装置的执行元件为挤压头，干排渣系统正常运行期间，一般情况下挤压头处于常开状态，不需要操作。当隔栅上出现无法下落的大渣块时，需要启动液压泵站，推动挤压头，进行大渣破碎操作。

渣块首先落到隔栅上得到预冷却，然后由水平移动的齿形挤压头将其挤碎，落至输送钢带上，由钢带机送出。

炉渣下落及破碎过程，均由摄像系统监视，在控制室的显示屏可以清楚地观看到。

隔栅、挤压头采用耐高温、耐磨材料制成，热变型小（该结构可以不设计防火材料）。

F　钢带输渣机

钢带输渣机安装在锅炉渣斗下部炉底排渣装置的正下方，是干式排渣系统的关键设备。钢带作为牵引部件，同时又作为承载部件，实现灰渣的收集和运输。工作时钢带驱动装置带动驱动滚筒转动，通过驱动滚筒和钢带之间的摩擦力带动钢带运行。从锅炉冷灰斗落到钢带上的灰渣与钢带一起运动，钢带的结构（双向自平衡钢网被覆承载钢板）可以吸收灰渣坠落产生的冲击力。钢带输渣机由头部动力段、标准段（上升段和水平段）、过渡段、尾部张紧段和电气与控制系统组成。

头部动力段设置驱动装置由两台带减速机的电机，分别驱动上部的输送钢带输送灰渣和下部的刮板清扫链输送落在输渣机底部的细灰。

尾部张紧段由上、下各一对张紧液压缸分别张紧输送钢带和刮板清扫链。

钢带输渣机的上升段、过渡段和水平段均布置有托辊、托轮机构，支承输送钢带和刮板清扫链，在钢带的两侧安装有限位轮，实现输送钢带的强制纠偏。另外，在钢带机箱体侧板和头部顶板处还安装有进风口，用来冷却钢带和灰渣。过渡段增设了压辊、压轮机构，用于输送钢带和刮板清扫链改向运动。

G　辅助冷却措施

辅助冷却措施只是防范措施，锅炉排渣正常时不启用。只有在关断门关闭时预防炉渣严重结焦，或渣量过大时干渣系统不能够有效及时冷却炉渣时使用。采用水气雾化联合冷却方式。

对于关断门开启工况下的非正常渣量，在炉渣温度超过设定数值时需开启水气雾化联合冷却装置。

水气雾化联合冷却装置是在钢带输渣机的一段箱体上层设计一个独立的冷却腔（通过冷却腔的下面隔板将钢带输渣机输送的热渣与冷却水隔开），有若干雾化喷嘴布置在冷却腔内。冷却腔与钢带输渣机的冷却空气有通道相通。独立的冷却腔有集水和排水功能，由雾化喷嘴喷出的雾化水形成一层雾帘，雾帘吸收钢带机冷却空气的热量，从而使钢带机内流动的冷却空气温度降低，继而达到降低炉渣温度的目的。当钢带机正常输渣过程中，温度传感器报警装置提示超温时，开启水气雾化联合冷却装置。正常工况不用开启。

H　相关设备技术数据

排渣系统、钢带输渣机、液压关断门、炉底大渣破碎设备、碎渣机、二级输渣机、斗式提升机、布袋过滤器、渣仓及渣仓设备、真空释放阀、干散装机、除尘风机及其电机、电动给料机、双轴搅拌机的技术参数见表 14-14～表 14-27。

表 14-14　排渣系统主要技术参数

参数名称	单位	数值	备　注
渣井有效容积	m^3	80	
渣井工作温度	℃	900	
液压关断门允许关闭时间	h	4	允许关段时间
钢带输渣机正常出力	t/h	25	连续（锅炉设计渣量 20t/h）
钢带输渣机最大出力	t/h	45	连续
钢带输渣机输送带正常速度	m/min	2.8	正常出力工况
钢带输渣机输送带最快速度	m/min	4	最大出力工况
钢带输渣机清扫链速度	m/min	≤0.8	正常出力工况
排渣系统正常出口渣温	℃	≤100	正常出力工况
排渣系统最大出口渣温	℃	≤150	最大出力工况
排渣系统正常冷却空气量（标态）	m^3/h	21350	正常出力工况
排渣系统最大冷却空气量（标态）	m^3/h	26570	最大出力工况
排渣系统设备的表面温度	℃	≤50	正常出力工况
进入炉膛的空气温度	℃	350	
二级输渣机正常出力	t/h	25	连续
二级输渣机最大出力	t/h	45	连续
二级输渣机输送带正常速度	m/min	2.8	正常出力工况
二级输渣机输送带最快速度	m/min	4	最大出力工况
二级输渣机倾斜角度	(°)	33	
大渣破碎设备出口粒径	mm	150	
碎渣机出力	t/h	60	
碎渣机出口渣粒径	mm	30	
储渣仓有效容积	m^3	600	36h 排渣量

表 14-15　钢带输渣机技术参数

项　目	单位	数　值	备注
型号		GPZS14	
驱动方式		摩擦传动	
链条张紧方式		液压自动	
调速方式		变频调速	
额定出力	t/h	25	
最大出力	t/h	45	
额定出力排渣温度	℃	200	
最大出力排渣温度	℃	300	
输送带有效宽度	mm	1400	
输送带型式		双向螺旋	

续表 14-15

项　目	单位	数　值	备注
带速（正常/最大）	m/min	2. 8/4	
储渣容积	m^3	12	
允许负载启动的最大储渣量	m^3	12	
输送链电动机型号		QABP-160	
输送链电动机功率	kW	15	
输送链减速机型号		SC6004FS	ABB
清扫链电动机型号		DM100	
清扫链电动机功率	kW	2. 2	
电源电压	V	380	
防护等级		IP55	
消防装置		蒸汽灭火	
倾斜段角度	(°)	27	
数量	台/炉	1	
生产厂家		北京国电富通科技发展有限责任公司	

表 14-16　液压关断门技术参数

项　目	单位	数　值	
型号		GDM10. 0	
驱动方式		液压	
关断门型式		摇扇	
油缸行程	mm	300	
油缸推力	t	8	
油压	MPa	16	
电动机型号		YM112-4	
电动机功率	kW	2×3	
减速机型号			
电机电源电压	V	380	
防护等级		IP55	
数量	套/炉	1	
生产厂家		北京国电富通科技发展有限责任公司	

表 14-17　炉底大渣破碎设备技术参数

项　目	单位	数　值	备注
型号		GPZP14	
挤压力	kN	80	

续表 14-17

项　目	单位	数　值	备注
挤压头型式		对开	
油缸型号		CDL1MF3/63/36/720D1XB1CHUTWY	
油缸直径	mm	63	
油缸数量	个	48	
油缸油压	MPa	13	
数量	台/炉	1	
生产厂家		北京国电富通科技发展有限责任公司	

表 14-18　碎渣机技术参数

项　目	单位	数　值	备注
型号		24″×48″	
额定出力		60	
密封类型		迷宫	
破碎后粒度	mm	30	
齿形		间断	
碎渣机工作温度	℃	350	
电机功率	kW	15	
电源电压	V	380	
电流	A		
防护等级		IP55	
数量	台/炉	1	
生产厂家		AMERICAN CRUSHER	

表 14-19　二级输渣机技术参数

项　目	单位	数　值	备注
型号		GPZS14-B	
驱动方式		摩擦	
张紧方式		液压自动	
调速方式		变频调速	
输送带型式		双向螺旋	
额定出力	t/h	25	
最大出力	t/h	45	
额定出力排渣温度	℃	100	
最大出力排渣温度	℃	150	
额定出力冷却风量（标态）	m^3/h		

续表 14-19

项　目	单位	数　值	备注
最大出力冷却风量（标态）	m^3/h		
带速	m/min	2.8	
钢带最大速度	m/min	4.2	
输送钢带有效宽度	mm	1400	
输送机电机功率	kW	15	
允许负载启动的最大储渣量	m^3	12	
数量	台/炉	1	
生产厂家		北京国电富通科技发展有限责任公司	

表 14-20　斗式提升机技术参数

项　目	单位	数　值	备注
型号		TB400	
设计出力	t/h	45	
电动机型号		Y160-4	
电动机功率	kW	15	
减速机型号		ZLYNZ160-46	
斗式提升机最高使用温度	℃	400	
链斗运行速度	m/min	0.5	
提升高度	m	25	
数量	台/炉		
生产厂家		北京国电富通科技发展有限责任公司	

表 14-21　布袋过滤器技术参数

项　目	单位	数　值	备注
型号		DMC-48	
分离效率	%	99.9	
使用压力范围	Pa	1800	
布袋过滤流速	m/min	0.8	
布袋过滤面积	m^2	36	
布袋材料/工作温度		NOMEX/300	
滤袋规格/数量		ϕ120×2000/48	
脉冲清灰空气用量	m^3/min	0.3	
脉冲清灰空气压力	MPa	0.5~0.7	
脉冲控制仪型号		DMK-12-3CS	
电磁阀型号		ASCO	

续表 14-21

项目	单位	数值	备注
电磁阀数量	个	12	
压差变送器型号		LOSMONT	
真空表型号		YZ-60	
数量	台/炉	1	
生产厂家		北京国电富通科技发展有限责任公司	

表 14-22 渣仓及渣仓设备技术参数

项目	单位	数值	备注
渣库容积	m^3	600	
渣库直径	mm	10000	
渣库设计温度	℃	200	
料位指示器型式		射频导纳	美国 DE
料位指示器数量	个	3	
渣仓振打器数量	套/仓	3	
渣仓振打器型式		电磁振打	
渣库数量	台/炉	1	
生产厂家		北京国电富通科技发展有限责任公司	

表 14-23 真空释放阀技术参数

项目	单位	数值	备注
型式		508	
释放压力（正压/真空）	Pa	-880~2636	
数量	台/炉	1	
生产厂家		北京国电富通科技发展有限责任公司	

表 14-24 干散装机技术参数

项目	单位	数值	备注
型式		TSZ-150A	
数量	台/炉	1	
出力	m^3/h	150	
电动机功率	kW	0. 55	
电源电压	A	380	
生产厂家		北京国电富通科技发展有限责任公司	

表 14-25　除尘风机及其电机技术参数

项　目	单位	数　值	备注
型式		离心	
体积流量	m^3/min	800~1400	
风机压力	Pa	3500	
电动机功率	kW	3	
电源电压	V	380	
生产厂家			

表 14-26　电动给料机技术参数

项　目	单位	数　值	备注
型式			
数量	台/炉	1	
出力	m^3/h		
电动机型号			
电动机功率	kW		
电压	V		
电流	A		
生产厂家			

表 14-27　双轴搅拌机技术参数

项　目	单位	数　值	备注
型式		TSL-150	
出力	t/ h	150	
电动机功率	kW	30	
电压			
电流			
转速			
所需水量	m^3/h	22~30	
所需水压	MPa	0. 3~0. 6	
减速机型式			
减速比			
数量	台/炉	1	
生产厂家		北京国电富通科技发展有限责任公司	

I　事故处理

表 14-28~表 14-31 分别为钢带及张紧部分、清扫链部分、炉底排渣部分、碎渣机部分

的事故原因及处理措施。

表 14-28　钢带及张紧部分事故原因及处理措施

故障现象	原　因	处 理 措 施
打滑	跑偏	调偏，更换磨损侧向导轮
	承载钢板损坏	更换
	导料板变形	更换
	异物卡阻	清除
	张紧压力不足	就地增加液压系统压力
	张紧失灵	用机械方式张紧（如手拉葫芦或双钩），同时请厂家维修液压系统
	联接机构损坏	更换联轴器、平键或锁紧盘
	接近开关松动	重新定位
	接近开关损坏	更换
	过热伸长	增加进风口数量并重新张紧
	磨损伸长	重新张紧，如仍存在问题更换钢带
	行程开关损坏	更换
断带	钢带破坏	更换
无法启动	减速机损坏	更换减速机
	电动机过热	检查卡阻，更换减速机
	冷却风扇损坏	维修，临时可用电风扇代替
张紧补压电机频繁起动	钢带张紧压力表下限指针（绿针）位置不正确	调整压力表下限指针至 4.0MPa
	钢带张紧溢流阀调定压力不正确	在“钢带张紧”工况下，调整钢带张紧溢流阀至压力表压力指针 5.5MPa
	5CT 换向阀或钢带张紧溢流阀故障	观察 5CT 阀电磁铁是否有显示灯信号，如无信号则确定为电气故障，进行排除；如有信号则可确定为换向阀或溢流阀故障，应进行更换（更换液压阀之前，必须在就地位置关闭液压泵和通向钢带张紧液压缸的 2 个截止阀），并将换下的液压阀拆卸、用煤油清洗干净后留作备件

表 14-29　清扫链部分事故原因及处理措施

故障	原　因	处 理 措 施
打滑	驱动链轮损坏	更换
	掉链	重新定位
	改向链轮卡阻	消除卡阻因素
	张紧压力不足	就地增加液压系统压力
	张紧失灵	用机械方式张紧（如手拉葫芦或双钩），同时请厂家维修液压系统
	接近开关松动	重新定位

续表 14-29

故障	原　因	处 理 措 施
打滑	接近开关损坏	更换
	联接机构损坏	更换减速机
	行程开关损坏	更换
	磨损伸长	去除多余长度或更换
断链	链破坏	更换
	断链	更换
无法启动	减速机损坏	更换减速机
	电动机过热	检查卡阻，更换减速机
张紧补压电机频繁起动	清扫链张紧压力表下限指针（绿针）位置不正确	调整压力表下限指针至 3.0MPa
	清扫链张紧溢流阀调定压力不正确	在“清扫链张紧”工况下，调整清扫链张紧溢流阀至压力表压力指针 4.0MPa
	7CT 换向阀或清扫链张紧溢流阀故障	观察 7CT 阀电磁铁是否有显示灯信号，如无信号则确定为电气故障，进行排除；如有信号则可确定为换向阀或溢流阀故障，应进行更换（更换液压阀之前，必须在就地位置关闭液压泵和通向清扫链张紧液压缸的 2 个截止阀），并将换下的液压阀拆卸、用煤油清洗干净后留作备件

表 14-30　炉底排渣部分事故原因及处理措施

故　　障	原　　因	处 理 措 施
挤压头打开时超压报警或无法打开	挤压头后部积灰	打开箱体底部两侧法兰盖，清理积灰
挤压头打开或挤压头合拢无信号	行程开关接触不良	检查调整行程开关位置
	行程开关损坏	更换行程开关
	相关电路故障	检查相关电路
挤压头打开无动作（合拢有动作）	（1）2CT 换向阀故障。 （2）相应电路故障	检查 2CT 换向阀电气通断电是否正确，如果无误，应更换换向阀，并将换下的换向阀拆卸，用煤油清洗干净后留作备件
挤压头合拢无动作（打开有动作）	（1）3CT 换向阀故障。 （2）相应电路故障	检查 3CT 换向阀电气通断电是否正确，如果无误，应更换换向阀，并将换下的换向阀拆卸，用煤油清洗干净后留作备件
挤压头打开或合拢指令投入后且均无动作	液压缸安装梁上的对应换向阀故障	应检查液压缸安装梁上的相应换向阀是否完好

表 14-31 碎渣机部分事故原因及处理措施

故 障	原 因	处理措施
碎渣机停转	硬渣块的卡堵或者炉内金属异物的卡堵	这是碎渣机最常见的问题。当碎渣机运行过程中发现异物卡堵后，碎渣机可进行3次的正反转运行，一般情况下可以保证碎渣机的正常运行。如果不可以，停止运行前部设备，打开碎渣机上部的连接，检查碎渣机内部是否有金属异物，如仍卡堵，可以通过千斤顶或调整螺栓调节颚板和滚齿板的间距，再利用卡钳或手工取出金属异物；或沿轨道推出碎渣机，将异物直接排出到平台上，调整好颚板和滚齿板的间距后试运行无卡堵现象和碎渣机安装复位后，开启碎渣机和前部设备。整个过程要在不关闭炉底排渣装置的要求下在较短时间内完成

第3篇

锅炉调试和运行

15 锅炉调试

锅炉的调试是发电机组投运前的一项重要工作，关系到整个机组在今后生产中的安全稳定运行和质量等问题，是对锅炉各项性能的检验、各项指标的综合测定与调整，正是为机组能够顺利通过168h及投入商业运营所做的前期工作。

15.1 锅炉调试过程中标定、试验和调整

15.1.1 锅炉水压试验

15.1.1.1 锅炉水压试验的常规要求

锅炉水压试验有如下常规要求：

（1）新安装的锅炉或受热面及承压部件等检修后的锅炉，为检查承压部件及阀门的严密性，必须进行常规水压试验，其试验压力等于最高允许工作压力。

（2）锅炉本体（包括过热器）超压试验压力为锅炉过热器出口设计压力的1.5倍，再热器试验压力为再热器进口设计压力的1.5倍。超压试验应结合大修进行，锅炉的超压试验必须采用加压泵进行升压。

（3）水压试验按先低压后高压的顺序进行，即先进行再热器水压试验，再进行省煤器、水冷壁、过热器的水压试验。

（4）再热器水压试验结束应关闭进水阀，再热器自然泄压后，再对省煤器、水冷壁和过热器进行水压试验。

（5）做超压水压试验时，一般利用柱塞泵打压。

（6）再热器部分经水压试验装置后的水压试验注水管注水升压。

15.1.1.2 锅炉超压试验的条件

锅炉超压试验有如下条件：

（1）新安装或迁移的锅炉投运。

（2）停用一年以上的锅炉恢复运行。

（3）锅炉改造、受压元件经重大修理或更换后，如水冷壁更换管数在50%以上，过热器、再热器、省煤器等部件成组更换或进行了重大修理。

（4）锅炉出现严重超压达1.25倍工作压力及以上。

（5）锅炉出现严重缺水后受热面大面积变形。

（6）根据运行情况，对设备安全可靠性有怀疑。

15.1.1.3　锅炉水压试验范围

A　一次系统试验范围

一次系统试验范围如下：

（1）水冷系统；

（2）过热系统；

（3）省煤器系统；

（4）启动系统；

（5）主蒸汽管路；

（6）放空气、疏放水管路、炉水取样、过热器减温水、所有分离器、储水箱附件、系统范围内的压力仪表管路至一次阀。

B　二次系统水压试验范围

二次系统水压试验范围如下：

（1）再热系统：低温再热器、高温再热器、再热器连通管。

（2）再热冷段至水压试验堵阀（事故喷水减温器）。

（3）再热热段至水压试验堵阀（安全阀在水压范围之外）。

（4）放空气、疏放水管路、系统内热工测点、仪表至一次阀。

C　水压试验前的检查与准备

水压试验前有以下检查和准备工作：

（1）检查与锅炉水压试验有关的汽水系统，其检修工作已经结束，工作票收回，炉膛和烟道内无人员工作。

（2）过热器出口和再热器进口已安装精度为0.5级的就地压力表，且控制室内过热器出口和再热器进口的压力指示已校验正确，就地与集控室之间配备通信工具。

（3）检查锅炉汽水系统与汽机已可靠隔绝，汽机主汽阀后、本体、高压排汽前、中联阀后疏水阀及小汽机部分非水压试验范围的所有疏水阀都已打开。

（4）水压试验时环境温度一般应在5℃以上，否则应有可靠的防寒防冻措施。水压试验过程中，水温应维持在21~70℃之间；若水压试验期间气温较低，则考虑炉水加热措施，使水压上水前水温控制在70℃左右，水压试验期间保持在21℃以上。

（5）水压范围内的主汽管道的弹簧吊架在试验前应固定好。

（6）用压紧装置将各安全阀压紧。

（7）在上水过程中，应检查各管系、阀门是否有泄漏；如发现有泄漏，应停止上水，待处理好后再重新上水。调节进水量应均匀、缓慢，阀门不可猛开猛关，以防超过危险压力。

（8）过热器、再热器、减温水电动阀联锁解除。

（9）水压试验用水应经过加氨和联胺的精处理除盐水：联氨浓度$2\times10^{-4}\sim3\times10^{-4}$，加氨调整pH值，pH值为10~10.5之间（相当于其含氨量为$1\times10^{-4}\sim1.5\times10^{-4}$）。除盐水中氯离子的含量小于0.2mg/L。进水前应确认锅炉承压部件内的杂物应清理干净。

（10）一次汽水系统水压试验前应联系热控将旁路系统强制关闭。

（11）按给水泵运行规程，做好电动给水泵的检查和准备工作。

（12）按照水压试验检查卡检查锅炉各阀门状态正确。

15.1.1.4 水压试验操作方法

A 水压试验前的水冲洗

水压试验前的水冲洗方法如下：

（1）水压试验范围内的水冷系统用除盐水冲洗。

（2）打开除上水门、一次系统的所有放空气阀门，关闭其他参加水压试验阀门。

（3）开启凝结水输送泵对系统上水。

（4）监视锅炉的膨胀及吊杆受力情况。

（5）水位控制通过观察储水箱上安装的临时水位计，当水位到达分离器入口管上表面时关上水阀，停止上水。打开水系统的疏放水管阀门，进行水冲洗。

（6）冲洗时应观察排水污度，并观察排水中的悬浮物。当排水悬浮物浓度接近干净水质时，认为冲洗合格，即可办理锅炉水冲洗见证点签证。

B 水压试验上水

水压试验上水方法如下：

（1）将锅炉存水放尽，关闭放水阀，除系统的放空气阀外，关闭系统内水压要求的所有其他阀门，确认一、二次系统隔离阀已关闭。整个系统包括水压辅助系统状态检查，使之符合试验要求。

（2）记录膨胀指示器的初始值。

（3）对二次系统先上水，对再热系统单独进行上水，直至末级再热器入口管道放空气管均有水溢出；待5min后并确保系统内无空气排出时，关放空气一次阀、继续上水，直到二次系统起压后停止对二次系统上水，关二次系统上水隔离阀。

（4）开上水管隔离阀，上水至一次系统各空气管均有水溢出，待5min后并确保系统内无空气排出时，关所有一次系统放空气一次阀，关上水管隔离阀。

（5）对各受热面设备吊杆受力情况做全面检查，记录膨胀指示器数据，分别记录末级过热器、末级再热器进出口集箱壁温。

C 升压和检查

升压和检查方法如下：

（1）完成二次系统上水，且系统温度满足水压要求后，在一次系统上水的同时用高压柱塞升压泵（或电泵）开始对二次系统进行升压，升压速度小于等于0.3MPa/min。

（2）当二次系统压力升至10%试验压力时，停升压泵对二次系统进行检查，经检查无缺陷可继续升压。

（3）当二次系统压力升至再热器设计压力时，停升压泵对二次系统进行全面检查，并做好记录。直到合格后，继续升压。

（4）当二次系统压力升至试验压力时停升压泵，二次系统维压20min。超压时，所有检查人员均应到安全位置等待，不得做任何检查。

（5）当二次系统超压试验合格后，打开再热器进口疏水一次阀，对二次系统进行泄压。当二次系统压力回落到工作压力时，关再热器进口疏水一次阀，再对二次系统进行全面检查。注意：降压速度不大于 0.3MPa/min。

（6）确认二次系统试验合格后，开再热器进口疏水一次阀，使系统泄压至 0.2～0.3MPa，停止泄压。

（7）二次系统降压结束后，且一次系统上水结束，则开始一次系统的升压。

（8）一次系统压力升至 10%试验压力时，停升压泵对一次系统进行检查，经检查无缺陷可继续升压。

（9）当一次系统压力达到设计压力时，停泵并关闭进水阀对一次系统进行全面检查，看有无泄漏和其他异常情况，并做好记录。

（10）如果无异常情况，一次系统继续升压至试验压力，维压 20min，方可降压。降压速度不大于 0.3MPa/min。超压时，所有检查人员均应到安全位置等待，不得做任何检查。降压时打开分离器入口管道放气一次阀对一次系统降压，当一次系统压力降至工作压力时，关分离器入口管道放气一次阀，对一次系统再进行全面检查。

（11）检查结束后，打开分离器入口管道放气一次阀对一次系统继续泄压，直至保养压力。

15.1.1.5　水压试验合格标准

水压试验合格标准如下：

（1）5min 内省煤器、水冷壁和过热器系统压力降速不大于 0.5MPa/min，再热器系统压力降速不大于 0.25MPa/min。

（2）金属壁及焊缝没有泄漏痕迹。

（3）无明显的残余变形。

（4）若发现有少量漏点，试验后经返修并 100%无损探伤合格也可视作水压试验整体通过。

15.1.1.6　水压试验的注意事项

水压试验有以下注意事项：

（1）水压试验时，环境温度不低于 5℃，否则必须有防冻措施。

（2）水压试验进水前，各承受部件上放空气阀必须全部开启，待空气放尽冒水后再逐只关闭。

（3）水压试验过程中，调节进水量应缓慢。阀门不可猛开猛关，以防发生水冲击。

（4）在进行一次汽水系统水压试验的升压过程中，应经常检查再热器的压力。当发现压力异常时应立即停止水压试验，并加强汽轮机缸温监视。

（5）接近试验压力时，应放慢升压速度，以防超压。

（6）压力达到超压试验压力时，不得进行检查工作，待压力降至工作压力时，方可进行检查。

（7）水压试验结束，必须确认放水管处无人员工作方可进行放水。

（8）升压过程中不得冲洗压力表管和取样管。

（9）水压试验前，应对有关放水门、疏水门做开关灵活性试验，以便在锅炉超压时能够及时开启。

（10）要有专人负责升压，严防超压。压力要以就地压力表指示为准，控制室内由专人监视压力，当上下压力表指示差别大时，应由热工人员校核确定。

（11）在水压试验过程中，当达到超压压力时，不许人员就地检查，待压力降至额定压力以下时方可进行检查。

15.1.2 风量测量与标定

为保证风量控制的准确性，锅炉的二次风、一次风、磨煤机旁路风等风道上均安装有测速元件，初次运行前必须对它们进行标定。为正确配风，风门的挡板特性也需要进行标定。另外，风门实际开度与开度示值的偏差，往往对炉膛空气动力场及各角风粉均匀性有重要影响，也需仔细检查纠正。

测速元件的形式不同（大、小文丘里管，小机翼等），但它们的输出均为压差。所谓测速元件的标定，是指通过试验给出风道截面上的介质流量与测速元件输出压差之间的关系，介质流量通常用标准皮托管或笛型管测定，压差的测定是非常容易的。通常将试验点按以下公式进行拟合：

$$Q = c\sqrt{\frac{\Delta p}{T}} \tag{15-1}$$

式中 Q——风道通风量，t/h；

Δp——测速元件的差压，Pa；

T——风温，K；

c——校正系数，$c=f(\Delta p)$。

校正系数 c 主要与测速元件的阻力系数有关，但也包括了风道总流量对测点局部流量的修正等。若 c 值变化不大，也可取实用流量范围内的平均值。

风量挡板的标定是指空气流量与挡板前后压差的对应关系。锅炉运行一段时间后，应对风量挡板开度的灵活性、可靠性进行检验和纠正。风门开度指示值与实际开度的偏离，往往是运行不正常、燃烧经济性低的一个重要原因。

15.1.3 风挡板动作试验、燃烧器摆角及燃油试点火

15.1.3.1 风挡板动作试验

通风试验前应对风挡板进行动作试验，以对挡板动作位置的准确性进行确认。挡板动作试验分以下几步进行：确认挡板轴端刻度与挡板实际开度一致；确认轴端刻度与就地指示一致；确认就地指示与计算机指令一致，同时检查反馈信号。切向燃烧方式同一层燃烧器风门开度间的偏差应控制在±5%以内；对其他燃烧方式的锅炉，同一基准的各风门或调风器的开度，偏差也应控制在±5%以内。

15.1.3.2 燃烧器摆角位置的调整

对于切向燃烧的锅炉，点火前应进行燃烧器摆动喷嘴的摆角试验。同一摆角下，各喷嘴实际摆角间的偏差应控制在±1.5°的范围内，超过则应进行调整。

15.1.3.3　燃油试点火

燃油试点火的要求如下：

（1）在进行点火燃烧器动作试验时，必须确认点火器与油枪间的距离符合设计要求。

（2）在进行燃烧器试点火时，必须确认锅炉水冷壁内有水且炉底有水封投入。

（3）在锅炉总风量为 30% B-MCR 风量左右的条件下进行点火试验。如果第一个点火器在 10s 内不能建立稳定的火焰，则应停止点火试验，并确认燃油跳闸阀关闭，查明点火失败的原因并加以消除。禁止在没有查明和消除点火失败原因之前就试图重新点火。

（4）初次点火应逐根对油枪进行点火试验，点火后应及时观察着火情况，迅速调整至良好的燃烧状况，必要时对点火油量、点火风压、点火器的发火时间进行调整。若冒黑烟或火炬点燃滞后，油雾化质量差，喷射至水冷壁，10min 内无法改善应停止试点火，检查原因并予以消除。

（5）必要时，可在现场进行简易的油枪雾化和油量测定试验。

15.1.4　安全阀校验

锅炉安全阀是锅炉的主要安全设备，在锅炉进入整套试运前，对锅炉安全门进行调整，应使其动作准确、可靠，以确保锅炉机组的安全运行。

15.1.4.1　安全阀校验的准备和条件

安全阀校验的准备和条件如下：

（1）做好防超压措施，保证在试验过程中出现超压时可以可靠地泄压。

（2）就地压力表安装完毕，安全阀校验时以就地压力表为准，压力表的精度应在 0.4 级以上，并有校验合格的偏差记录，在调整值附近的偏差大于 0.5%时应作偏差修正。

（3）汽轮机旁路系统和真空系统能正常投运，凝汽器真空指示正常。

15.1.4.2　安全阀的校验工作

安全阀的校验方法为：

（1）安全阀的校验顺序应按照其设计动作压力，遵循先高压后低压的原则。

（2）当锅炉压力升至 70%~80%额定工作压力时，拆除校验安全阀的锁紧装置，手动操作开启安全阀 10~20s，对安全阀管座进行吹扫。

（3）将锅炉压力升至安全阀起座压力时，进行安全阀校验，并记录其起座压力、阀芯提升高度及回座压力。

（4）在安全阀整定过程中，根据需要进行安全阀起座压力、回座压力、前泄现象的调整。

（5）当采用液压顶升装置校验安全阀时，通常在 75%~80%额定压力下进行。校验后至少选择同一系统起座压力最低的一只安全阀进行实际起座复核，两者起座压力的相对误差应在 1%范围之内，超出此范围应重新校验。

15.1.4.3 验收标准

验收标准包括以下几个方面：

（1）安全阀的起座压力与设计压力的相对偏差：过热蒸器安全阀允许相对偏差为整定压力的±1%；再热器安全阀允许相对偏差为±0.069MPa。

（2）安全阀的回座压力一般比起座压力低4%~7%，最大不得比起座压力低10%。

（3）起座复核安全阀实际动作值与整定值的误差应控制在1%的范围内，超出此范围应重新校验。

15.1.4.4 安全阀校验注意事项

校验安全阀应注意以下要求：

（1）安全阀校验时，应加强对汽温、汽压和给水监视和调整。

（2）安全阀校验后，其起座压力、回座压力，应做好详细记录。

（3）在锅炉运行中不得任意提高安全阀起座压力或使用压紧装置将安全阀压死。

（4）安全阀校验过程中，如出现事故应立即停止校验工作。

（5）安全阀起座时，要适当控制给水量。

（6）当安全阀动作后不回座，应迅速采取强制回座措施，无效时锅炉立即熄火。

（7）当一次系统进行安全阀校验时，应监视二次系统压力，防止阀门泄漏，造成二次系统超压。

（8）为防止锅炉本体吹灰、预热器吹灰等非高压系统超压，校验时应做好隔离工作，并开启有关疏水门，试验升压期间应注意对这些系统进行检查。

15.1.5 炉膛冷态空气动力场试验

在锅炉进行燃烧调整试验之前，为查明炉内工况，常需要利用停炉机会进行某些冷态试验，其中主要是炉膛冷态空气动力场试验。

煤粉炉炉膛运行的可靠性和经济性在很大程度上取决于燃烧器及炉膛内的空气动力工况，即空气（包括夹带的燃料）和燃烧产物的运动情况。良好的炉膛空气动力工况主要表现在以下三个方面：（1）从燃烧中心区有足够的热烟气回流至一次风粉混合物射流根部，使燃料喷入炉膛后能迅速受热着火，且保持稳定的着火前沿。（2）燃料和空气的分布适宜，燃料着火后能得到充分的空气供应，并达到均匀的扩散混合，以利于迅速燃尽。（3）炉膛内应有良好的火焰充满度，并形成区域适中的燃烧中心。这就要求炉膛内气流无偏斜，不冲刷炉壁，避免停滞区和贴墙处的涡流区，各燃烧器射流也不应发生剧烈的干扰和冲撞。

为了判断炉膛空气动力工况是否良好，需要直接进行速度场的观测。所谓速度场，就是炉膛空间内气流流动方向和速度值的分布。这在锅炉运行情况下是很难全面观测到的，因而一般调整试验也很少做这种热态测定。简单易行的代替方法是在冷炉状态下照常通风进行观测，即通常所谓的冷态空气动力场试验。

15.1.5.1　原理

冷态空气动力场试验近似模拟炉内热态过程，对炉内流动过程提供一些定性结果。根据相似原理，冷态空气动力场试验遵循模化试验原则，即参照热态工况或炉膛及燃烧器的自模化区界限 *Re* 数，确定适宜的送风量，保证气流运动进入自模化区；按动量比相等的原则分配各燃烧器的一、二、三次风量，以期分别满足炉膛及燃烧器出口射流的模化要求。

15.1.5.2　观察内容

对于切圆燃烧锅炉，冷态空气动力场试验内容包括直流燃烧器观察和炉膛观察。

（1）直流燃烧器观察内容有：

1）射流的射程，以及沿轴线速度衰减情况。

2）射流所形成的切圆大小和位置。

3）射流偏离燃烧器几何中心线的情况。

4）一、二次风混合特性，如一、二次风气流离喷口的混合距离，以及各射流的相对偏离程度。

5）喷口倾角变化对射流混合距离及其相对偏离程度的影响等。

（2）炉膛观察内容有：

1）火焰或气流在炉内的充满度，一般用有效气流所占截面与整个炉膛截面之比表示。火焰充满度越大，炉膛利用程度就越高，炉内停滞区及涡流区就越小。

2）观察炉内气流动态，一是气流是否冲刷炉壁，如气流贴壁，管子可能产生腐蚀，且炉内容易结焦；二是气流在炉膛断面上的分布均匀性，是否有偏斜现象。如果气流往炉膛一侧偏斜，则容易造成该侧火焰温度过高，沾污结焦较严重，受热面热负荷及过热汽温不均匀等情况。

3）各种气流相互干扰情况，如燃烧器射流间的相互影响和三次风对燃烧器主射流的影响等。

15.1.5.3　观测方法

目前，进行炉内冷态空气动力场试验的观测方法主要有以下几种。

（1）飘带法：这是一般空气动力场试验中最简单的一种方法，可以用长飘带显示气流方向，用短飘带或小风车判断微风区、回流区、飞涡流区的存在范围，用飘带网观察某一截面的全面气流状况。飘带飘动的方向可以描绘记录或拍成照片。该法的缺点是：在微风区用飘带指示气流方向的敏感性较差，当飘带过长时，因受牵连作用的影响，指示气流方向的偏差也较大。此外，要得到炉内动力场的全貌需作逐点记录时，工作量也较大。

（2）纸屑法：将纸屑撒向欲观察的区域，以显示气流的流动方向。这种方法通常与飘带法结合使用，也可用类似纸屑的方式采用滑石粉作为示踪剂，可借助于如注射筒（打气筒）的结构将滑石粉注入炉内。该法对于正压工况更为适宜。

（3）火花法：火花示踪技术是采用自身发光的固体微粒（通常用燃着的细木屑）连续给入射流，在无外界光源的情况下，这些发光的微粒可以示出清晰而连续的流线，以达到观察的目的。这种方法具有很强的直观性，而且可以拍摄照片，对射流的扩散、混合及干扰等现象可以提供直观的非定性的材料。

用火花示踪回旋运动的均相气流时，描绘出的气流流线会存在一定的偏差，但在气流弯曲不大的一般情况下这种偏差很小，可以忽略。用于模化两相气流中固体（煤粉）颗粒的运动，只要尽量遵循两相模化理论给出的相似准则，火花在气流中的运动就可以视为与两相气流中固体颗粒的运动规律相符。

火花示踪摄影设备简单，用于产生火花的木屑（锯末）易于获得、便于处理。但是，利用火花示踪技术也有其不足之处，主要缺点是由于火花“寿命”较短，借以观察燃烧器出口气流工况尚可，对于容积较大的炉膛，观察炉膛内气流轨迹是有一定困难的；而且在示踪摄影的照片中，不易将射流和回流区分清楚。

（4）测量法：利用测速管和风速表等，测定燃烧器射流和炉内速度场，以便分析炉内和燃烧器出口射流的分布和衰减情况。采用的测速管型式需视燃烧器、炉膛的型式以及气流工况而定。平面气流一般采用皮托管或转杯式风速计，而空间气流则需使用四孔、五孔测速管。为测量炉膛上部气流速度的分布，也可以使用热线风速计。测量法可以给出较准确的量的概念，但不能像前述三种方法那样给人以直观的印象。

以上各种方法可以综合使用，如利用火花法（或纸屑、飘带法）直接观察射流的运动轨迹、气流形式和射程等，同时利用测速管测量射流的速度场。

15.2 化学清洗

15.2.1 新建锅炉化学清洗的必要性

新建锅炉通过化学清洗，可除掉设备在制造过程中形成的氧化皮（也称轧皮）和在储运、安装过程中生成的腐蚀产物、焊渣以及设备出厂时涂覆的防护剂（如油脂类物质）等各种附着物，同时还可除去在锅炉制造和安装过程中进入或残留在设备内部的杂质，如砂子、尘土、水泥和保温材料的碎渣等，大都含有二氧化硅。

实践证明，新建锅炉如果启动前不进行化学清洗，水汽系统内的各种杂质和附着物在锅炉投运后会产生以下几种危害：

（1）直接妨碍炉管管壁的传热或者导致水垢的产生，而使炉管金属过热和损坏。

（2）促使锅炉在运行中发生沉积物下腐蚀，以致使炉管变薄、穿孔而引起爆管。

（3）在锅炉内的水中形成碎片或沉渣，从而引起炉管堵塞或者破坏正常的汽水流动工况。

（4）使锅炉水的含硅量等水质指标长期不合格，以致蒸汽品质不良，危害汽轮机的正常运行。

新建锅炉启动前进行的化学清洗，不仅有利于锅炉的安全运行，而且还因为它能改善锅炉启动时期的水、汽质量，使之较快达到正常标准，从而大大缩短新机组启动到正常运行的时间。由此可知，新建锅炉启动前的化学清洗是十分必要的。

15.2.2 化学清洗方法及概述

目前，锅炉清洗常用的清洗工艺主要有盐酸清洗、柠檬酸清洗、EDTA 清洗和复合酸清洗，不同的清洗工艺各有特点。按照锅炉清洗工艺的一般选择原则，对盐酸清洗工艺、柠檬酸清洗工艺、EDTA 清洗工艺和复合酸清洗工艺进行综合比较和优化选择。

15.2.2.1　锅炉清洗工艺的选择原则

锅炉清洗工艺选择一般遵循四条原则：

（1）被清洗设备材质适用性原则。要求清洗介质适用于被清洗设备的清洗，不能对材质产生点蚀、局部腐蚀，不能影响设备使用性能。对材质的腐蚀性越小越好，也就是腐蚀速率越低越好，必须满足标准要求。超临界锅炉材质主要是碳钢、合金钢。

（2）被清洗垢类型适用性原则。要求清洗介质对垢有足够的溶解能力，溶垢要彻底。溶解后不产生沉积现象，新建锅炉主要清洗锈垢。

（3）工程实施难易程度原则。工程实施难易程度包括临时系统连接难易、工艺实现难易（配药及工艺控制、温度、时间等），施工简单、工艺易控制、清洗条件容易满足的工艺优先。

（4）经济性原则。清洗设备、临时管道、药品造价成本、废液处理费用等，清洗成本低的工艺优先。

15.2.2.2　现有锅炉清洗工艺及特点

现有锅炉清洗工艺包括盐酸清洗、柠檬酸清洗、EDTA 清洗、复合酸清洗，这几种清洗方法有以下工艺要求及特点。

（1）盐酸清洗工艺：

1）清洗能力强，仅适用于碳钢及铜、铜合金的清洗，不能用于不锈钢、低合金、高合金的清洗。

2）工艺过程较易控制。

3）清洗温度要求低，一般在 45～55℃，只用临时清洗箱内的混合加热就能满足要求。

4）废液处理简单，清洗废液只需进行常规的中和处理即可。

（2）柠檬酸清洗工艺：

1）清洗能力弱：当系统的腐蚀产物较多时，在清洗过程中容易产生柠檬酸铁氨的沉积，影响清洗质量；材质适用范围广泛。

2）工艺过程较难控制。

3）温度要求高：清洗温度要求在 95～98℃，当锅炉没有炉底加热系统或不进行锅炉点火时，对新建机组实现的难度较大。

4）废液处理麻烦：柠檬酸清洗废液要求必须首先用废水处理池储存，估计一台 660MW 发电机组的清洗废液和第一、第二遍冲洗液总共约 1200m^3，这些柠檬酸清洗废液必须在化学清洗结束后尽早处理，否则将产生刺鼻的臭气味，影响周围环境。一般的处理方式是在锅炉点火后，用泵打到煤厂，在锅炉进行燃烧。

（3）EDTA 清洗工艺：

1）清洗能力较弱：但适用材质范围广泛，适用于碳钢、低合金钢、高合金钢、铜及铜合金等多数材质的清洗。

2）工艺过程控制难度大。

3）温度要求高，清洗温度要求在120~140℃，需要锅炉点火，对新建机组实现的难度较大。

4）废液处理较麻烦：EDTA清洗产生的废液，如果回收则非常麻烦，且回收时间长，需要专门的回收设备，回收率低于50%；如果直接排掉，则总清洗费用较高。

（4）复合酸清洗工艺：

1）清洗能力强：清洗能力比柠檬酸、EDTA强，比盐酸的清洗能力弱。

2）复合清洗剂适用的材质范围广泛：不仅适用于20号钢的清洗，还适用于不锈钢、合金钢、铜合金等多种材质的清洗。

3）清洗系统容易隔离：清洗时锅炉有关阀门、合金设备等不必拆除即可清洗。

4）清洗的腐蚀速率很低：一般盐酸清洗腐蚀速率在5g/(m^2·h）左右，而新工艺腐蚀速率能控制在2g/(m^2·h）以内。

5）工艺过程容易控制。

6）清洗温度要求低：一般在50~60℃，只用临时清洗箱内的混合加热就能满足要求。

7）废液处理简单：清洗废液只需进行常规的中和处理即可。

15.2.3 EDTA清洗工艺

15.2.3.1 化学清洗的目的和方法

化学清洗是指将锅炉预热到指定温度后，用具有一定抑制剂浓度的化学溶液在锅炉中进行循环，从而达到去除锅炉内部油脂、轧制氧化铁皮及其他沉积杂质的目的。化学清洗完成后，锅炉应进行中和及防锈处理，对残留的化学溶液进行中和，在接下来的保养工作中防止金属生锈。对超超临界直流锅炉而言，EDTA铵盐是目前最好的锅炉清洗剂。它除具有一般有机酸清洗剂的优点外，对铜、钙、镁等垢都有较强的清除能力。清洗后金属表面能形成良好的防腐保护膜，无需另行钝化。在溶液中EDTA与锅炉内部的基体金属化合物反应生成可溶性稳定络合物。

$$Me+Y \longrightarrow MeY$$

清洗液的pH值为9.0~9.5，清洗液浓度为5%~6%（过剩浓度应超过1%~2%），清洗温度在130℃左右，循环6h以上，可得到较好的清洗效果。采用EDTA清洗锅炉有很多优点：除污能力强；形成的沉渣少；对基体金属腐蚀性小，无需专用耐蚀泵；可达到用同一溶液实现除垢和钝化金属表面的目的，工艺简单，水耗低。其不足之处是药品贵，清洗成本较高。但EDTA清洗废液可以采用加酸回收的办法进行处理，回收处理后清洗废液中绝大部分呈络合态的EDTA和过剩的EDTA沉淀下来。废液处理方法简单，有利于环保，而且也能降低清洗成本。

15.2.3.2 化学清洗的范围

化学清洗包括炉膛水冷壁、启动分离器和省煤器。水冲洗和反冲洗适用于过热器和主蒸汽管道。清洗回路为：清洗泵→临时管→省煤器→水冷壁→启动分离器→储水箱，整个系统的水容积约为300m^3。

15.2.3.3 化学清洗前应具备的条件和准备工作

化学清洗前应具备的条件和准备工作如下：

（1）在四侧墙的下层燃烧器高1.5m处及每面墙的一个下联箱处安装临时温度测点（共计8个临时测点）。

（2）清洗系统上安装0~0.6MPa的压力表，锅炉具备点火条件；锅炉水泵试转合格，具备投运条件；送引风机已试转完毕。

（3）EDTA配药系统及清洗泵进出临时管均按设计图安装、试转完毕。

（4）炉前系统与锅炉的酸洗系统隔离。

（5）凝汽器充入除盐水到最高层不锈钢管的上部。

（6）过热器出口主汽管道适当部位采取隔离措施，待酸洗结束后再恢复。

（7）水冷壁的监视管及腐蚀指示片已设置好。

（8）除盐水系统能正常投运且除盐水箱储满水。

（9）机组排水槽及排水泵具备投运条件。

（10）清洗回路设置取样装置及冷却器。

（11）清洗回炉最高处空气门接到安全处。

（12）临时加热器接通蒸汽和冷却水。

（13）与EDTA清洗有关的管道必须用亚弧焊打底并进行探伤检查。

（14）清洗药品已验收合格且数量备足。

（15）化学分析准备工作已完毕。

（16）各电动阀门具备操作条件。

（17）废水系统已调试完毕，具备接纳废液的条件。

（18）辅汽具备供汽条件。

15.2.3.4 化学清洗的操作

化学清洗包括水冲洗、启动分离器后过热器充保护液、锅炉试加热升温、向锅炉注入EDTA清洗溶液、锅炉点火升温等操作。

（1）水冲洗流程：清洗箱→清洗泵→临时管→凝结水精处理装置出口→临时管→省煤器→水冷壁→启动分离器→储水箱→锅炉疏水扩容器→排放。

清洗箱补水，启动清洗泵向锅炉上水，沿上述流程进行水冲洗，直到锅炉疏水扩容器排水清澈。将清洗回路水排尽，同时核算清洗系统水容积。

（2）启动分离器后过热器充保护液：在清洗箱中配制加氨及联氨的除盐水，用清洗泵将其打入清洗系统。待启动分离器注满液位时，向过热器顶注入保护液，直至高过出口集箱空气门连续稳定出水为止。确认过热器所有排气阀及疏水阀均处于关闭状态。

（3）锅炉试加热升温流程：省煤器→水冷壁→启动分离器→储水箱→循环泵→省煤器。

沿清洗回路闭式循环：锅炉点火试升温查漏，当温度达到130℃时结束试升温，将清洗回路水排尽，利用炉水泵循环清洗时水冷壁清洗流速度可达0.4m/s以上（>0.15m/s），满足酸洗导则要求。

（4）向锅炉注入 EDTA 清洗溶液，充注 EDTA 溶液前应做如下工作：1）清洗回路最高处空气门打开；2）锅炉的所有疏水门关闭；3）与 EDTA 清洗无关的系统全部隔离。

在清洗液储存箱中配制 EDTA 清洗液，启动清洗泵沿清洗回路充注清洗液，直至启动分离器适当液位。

（5）锅炉点火升温：启动锅炉水泵，投最下层的油枪，采用间断式点火方法慢慢升温，注意监视启动分离器液位、温度及水冷壁的温度变化，保证整个锅炉的温度均匀升高。燃烧稳定后可增加升温速度，锅炉水循环泵的操作按锅炉正常点火程序进行，清洗回路最高处空气门在 0.1MPa 时关闭。

随着温度的升高，应降低升温速度并调节油枪以避免热负荷集中。当锅炉内基体金属温度升到 120℃时撤油枪，监视温度的上升情况，最高温度不超过 130℃。

（6）维持清洗液位和温度：启动分离器液位必须始终监视好，如果出现启动分离器液位过高现象，可在熄火期间开水冷壁疏水管道电动截止阀使溶液排入锅炉疏水扩容器中。

当温度达到 125℃（对应饱和压力为 0.27MPa）后，投入送引风机使锅炉冷却到 116℃（对应饱和压力为 0.07MPa）。

再投油枪，重复上述的升温、冷却过程直到 EDTA 浓度和铁离子浓度稳定，且清洗终点的 pH 值应大于 9.0，游离 EDTA 浓度应大于 0.5%，一般需 8~12h。

清洗时溶液的 pH 值会下降到 9.1 以下，可通过分离器出口充氮管道均匀充入氨使溶液 pH 值回升到 9.1~9.6。

若需要升高液位，则启动清洗泵向省煤器入口注入清洗液使启动分离器液位恢复正常，然后将注入阀门关死。

（7）冲洗与钝化：

1）水冲洗流程：清洗箱→清洗泵→临时管→凝结水精处理装置出口→临时管→省煤器→水冷壁→启动分离器→储水箱→锅炉疏水扩容器→排放。

清洗箱补水，启动清洗泵向锅炉上水，启动分离器在适当液位时，启动锅炉水泵进行水冲洗，边上水边用锅炉水泵循环冲洗，直到锅炉疏水扩容器排水清澈，将清洗回路水排尽。

2）清洗回路充保护液：在清洗箱中配制加氨及联氨的除盐水，用清洗泵将其打入清洗系统，直至启动分离器适当液位为止；并再次反冲洗过热器，确保 EDTA 清洗液不进入顶棚过热器。

3）锅炉加热升温钝化流程：省煤器→水冷壁→启动分离器→循环泵→省煤器。

沿清洗回路闭式循环：锅炉点火升温钝化，当温度达到 95℃时维持 4~8h，将清洗回路水排尽。

（8）清洗结束后的清理、割管检查：清洗结束后，对水冷壁下联箱封头打开进行清理，水冷壁进行割管检查。割管位置与施工单位现场商定。

（9）保养：如果机组不能在酸洗后 20 天内投入运行，则整个热力系统充入氨-联氨保护液（pH 值为 9.5~10.0，N_2H_4 浓度为 $(2\sim3)\times10^{-4}$）进行保养，高、低加汽侧进行充氮保养。

（10）清洗验评标准：

1）被清洗的金属表面洁净，无残留氧化垢物，无二次浮锈，无镀铜现象，且形成完整的钝化膜。

2）金属的腐蚀速度保证小于2g/(m^2·h)，腐蚀总量小于20g/m^2。

3）被清洗的金属表面没有粗晶析出的过洗现象，热力系统的设备、部件没有被清洗介质损害的现象。

（11）清洗所用药品品种及数量，见表15-1。

表15-1　清洗所用药品品种及数量

名称	化学符号/型号	浓度或纯度/%	用量/t
EDTA酸	$(CH_2)_2N_2(CH_2COOH)_4$	≥98	25
缓蚀剂	NCI-05		3
液氨	NH_3	≥99	6
联氨	$N_2H_4 \cdot H_2O$	80	0.6
钝化剂	NPC-O_2		

注：以上药品不含废液处理用药。

当上述操作完成后，要仔细检查锅炉，对试样进行称重。

（12）注意事项：

1）化学清洗回路的划分应力求流速均匀，防止各回路间短路并要求临时管道短。系统应尽量简化，便于操作，布置合理，能有效地处理清洗废液。

2）被清洗的设备和临时系统接口处应避免死区，并尽量减少接口的数量。

3）为了防止被化学清洗液污染，锅炉储水箱的水位计应予以隔离，安装临时水位计，并设水位报警信号或派专人监视。当化学清洗需要升温、升压时，必须考虑临时水位计的耐温、耐压问题。

4）对不参加化学清洗的系统必须进行有效的隔离，应有防止清洗液进入过热器的可靠措施。

5）临时系统包括取样监视管段、过滤器、流量计阀门、压力表一次阀门等，应经1.1倍化学清洗工作压力下的热水水压试验。在碱洗结束、进酸之前，宜再进行一次酸洗工作压力、温度下的热水水压试验。

6）需要特别注意的是，如果要用化学处理的液体清洗锅炉，保护锅炉水循环泵应注意下列各点：

①作为普遍的规定，严格禁止使用含氢氟酸的液体，甚至添加阻滞剂也应禁止。

②在开始清洗工作之前，负责清洗工作的公司要和KSB公司协商，以确保在清洗过程中使用的化学液体能够和泵的材料相容。

③为了在清洗锅炉期间保护锅炉水循环泵的电机部分，必须用清洁的水通过泵下面的启动注水管线来冲洗电机。

④在给装置灌注清洗用液之前就要开始冲洗电机，并且在清洗过程结束后还要继续冲洗至少1h。

15.3 锅炉蒸汽吹管

15.3.1 锅炉蒸汽吹管的必要性

锅炉过热器、再热器管内及其蒸汽管道内部的清洁程度，对机组的安全经济运行及能否顺利投产关系重大。为了清除在制造、运输、保管、安装过程中残留在过热器、再热器及管道中的各种杂物（如焊渣、氧化铁锈皮、泥砂等）必须对锅炉的过热器、再热器及蒸汽管道进行蒸汽冲洗，以防止机组运行中过热器、再热器爆管和汽机通流部分损伤，提高机组的安全性和经济性，并改善运行期间的蒸汽品质。

15.3.2 冲管方式和方法

冲管方式一般分为一阶段冲管和二阶段冲管两种。一阶段冲管：全系统冲管一次完成（简称一步法）。二阶段冲管：第一阶段冲过热器、主汽管路及冷段再热蒸汽管路；第二阶段进行全系统吹洗（简称二步法）。再热器采用一步法冲管时，必须在再热蒸汽冷段管上加装集粒器。

蒸汽吹管有两种基本方法：稳压冲管，降压冲管。

15.3.2.1 稳压冲管

稳压冲管一般适用于一阶段冲管。冲管时，锅炉升压至冲管压力，逐渐开启临冲门。再热器无足够蒸汽冷却时，应控制锅炉炉膛出口烟温不超过厂家规定。在开启临冲门的过程中，尽可能控制燃料量与蒸汽量保持平衡，临冲门全开后保持冲管压力，吹洗一定时间后，逐步减少燃料量，关小临冲门直至全关，一次冲管结束。每次临冲门全开持续时间主要取决于补水量，一般为15~30min。一次冲管结束后应降压冷却，相邻两次吹洗宜停留12h的间隔。

15.3.2.2 降压冲管

降压冲管时，用点火燃料量升压到冲管压力，保持点火燃料量或熄火，并迅速开启临冲门，利用压力下降产生的附加蒸汽冲管。降压冲管一般采用燃油或燃气方式，燃料投入量以再热器干烧不超温为限，每小时冲管不宜超过4次。在冲管时，应避免过早地大量补水。

降压冲管时每次冲管因压力、温度变动剧烈，有利于提高冲管效果。但为防止分离器使用寿命损耗，冲管时分离器压力下降值应严格控制在相应饱和温度下降不大于42℃范围以内。每段冲管过程中，至少应有一次停护冷却（时间12h以上），冷却过热器、再热器及其管道，以提高冲管效果。

冲管过程中应按要求控制水质，在停炉冷却期间可进行全炉换水。为提高冲管效果，可在基本的蒸汽冲管方法中加入一定量的氧气，有利于氧化铁锈垢脱落及保护膜的生成。

从经济上考虑，如采用降压冲管，由于在升压阶段除了暖管用汽外，再热器几乎没有蒸汽通过，处于干烧状态，这就要求烟气温度不能过高，投运制粉系统有一定的难度，一般采用燃油、燃料成本比较高；如用稳压冲管则不存在此问题，可投运3套制粉系统，节约燃油。

15.3.3　蒸汽冲管范围、方法、系统流程

先进行主蒸汽系统和再热器系统串冲。高压旁路管路在主蒸汽系统和再热蒸汽系统冲洗的过程中穿插进行，其余需用主蒸汽冲洗的小系统安排在主蒸汽系统和再热蒸汽系统冲洗干净后再进行冲洗。

冲管参数的选择必须要保证在蒸汽冲管时所产生的动量大于额定负荷时的动量；稳压冲管分离器压力可选为 5.0~7.0MPa，在此过程中要严格控制主蒸汽温度、再热蒸汽温度在规定范围之内，满足主蒸汽管道、再热汽管道和冲管临时管道的要求。

冲管过程中，投入油枪、磨煤机，通过控制临冲门开度来保持稳压方式冲洗。冲管过程中严格控制过热器和再热器出口汽温，注意监视和记录启动分离器压力、水冷壁壁温、屏式过热器壁温、再热器壁温等。

（1）具体冲洗范围及过程安排如下：

1）减温水系统管路冲洗。

2）主蒸汽和再热汽系统先串冲至基本干净。(放靶板检查)

3）对高压旁路进行稳压冲洗。

4）继续冲洗主蒸汽系统和再热汽系统，直至合格。

5）主蒸汽稳压冲洗小汽机高压进汽管。

6）对低压旁路进行稳压冲洗。

7）安排吹灰系统管路吹扫。

8）机组启动过程中投用压力变送器，进行汽水取样前安排冲洗相关仪表管、取样管。

9）冲管结束后恢复系统，视安装及调试工期由化学专业人员对锅炉进行保养。

（2）冲管系统流程如下：

1）冲洗过热器、主蒸汽管道及再热器、再热蒸汽管道，主要流程为：启动分离器→过热器→主蒸汽主管道→主蒸汽阀→临时分支管→临时管→临冲阀→高排逆止阀临时分支管→高排逆止阀分支管→冷再管→再热器→热再管→中联门→中联门后临时分支管→临时管→靶临时管→消音器→大气。

2）冲洗高压旁路。高压旁路冲洗安排在过热蒸汽系统冲洗合格后进行。锅炉停炉后拆除高压旁路阀阀芯，装入冲管工具（导流套），然后锅炉再次点火，在没有控制阀的状态下对高压旁路进行稳压冲洗。

冲洗高压旁路流程：启动分离器→过热器→主蒸汽主管道→高压旁路管→冷再管→再热器→热再管→中联门前分支管→中联门→临时分支管→临时管→消音器→大气，此时临冲阀关闭。

3）冲洗汽泵小汽机高压进汽管，主要流程为：

启动分离器→过热器→主蒸汽主管道→主蒸汽阀→临时分支管→临时管→临冲阀→高排逆止阀临时分支管→高排逆止阀分支管→冷再管→小汽机高压进汽管→分支管→小汽机高压进汽阀→临时管→消音器→大气。

4）冲洗低压旁路，主要流程为：

启动分离器→过热器→主蒸汽主管道→主蒸汽阀→临时分支管→临时管→临冲阀→高排逆止阀分支管→冷再管→再热器→低压旁路→临时管→消音器→大气。

15.3.4 注意事项

注意事项如下：

（1）吹管系统和汽轮机应进行有效隔离，防止蒸汽进入汽轮机，投入汽轮机盘车，投入主机轴封和真空系统。

（2）正式吹管前应进行1~2次试吹管，压力为吹管压力的50%~75%，以检查临时系统的支撑、膨胀、泄漏等情况，同时逐步掌握吹管给水流量的控制方式，为正式吹管做准备。

（3）稳压吹管期间，吹管临时阀全开后的持续时间主要取决于补水量，一般为15~30min，同时还必须注意蒸汽温度保持在临时管道、阀门、集粒器、再热器、消声器等部件材料的允许温度之内，必要时投用喷水减温。

（4）采用一阶段吹洗方式时，在吹管初期应加强集粒器的内部清理。

（5）吹管期间定期对锅炉的膨胀进行检查、记录，发现异常时应查明原因，采取措施后方能继续升压。

（6）吹管期间定期对空气预热器进行吹灰，以保证空气预热器的安全。

（7）吹管结束后，宜进行主给水及减温水特性试验，并应对系统进行疏放水。对冷灰斗及空气预热器受热面进行检查，若有油渣或油垢沉积，应予以清除。

15.3.5 验收标准

以铝为冲管的靶板材质，其长度不小于临时管内径，宽度为临时管内径的8%。

冲管系统各段吹洗系数大于1。吹管时的携带力与额定工况时的携带力之比为吹管系数，吹管系数计算公式为：

$$DF = (W_{purge}{}^2 V_{purge}) / (W_{BRL}{}^2 V_{BRL}) \qquad (15\text{-}2)$$

式中，W为质量流量，kg/s；V为比体积，m^3/kg；purge为吹扫工况；BRL为额定工况；DF为吹管系数。

斑痕粒度：没有大于0.8mm的斑痕，0.5~0.8mm（包括0.8mm）的斑痕不大于8个点，0.2~0.5mm的斑痕均匀分布，0.2mm以下的斑痕数不计。

16 锅炉启动

16.1 锅炉启动前的准备工作

16.1.1 锅炉启动应具备的条件

锅炉启动应具备下列条件：

（1）锅炉启动前设备检修工作应全部结束，热力工作票和电气工作票已终结，锅炉设备验收合格，各转动机械经试转正常。锅炉启动前，下列各项校验和试验工作应完成并符合要求：

1）锅炉水压（超压）试验；

2）风机的动平衡校验；

3）各煤粉管道的阻力调整试验；

4）炉内空气动力场试验；

5）空气预热器的冷态漏风试验；

6）电除尘器的电场空载升压试验；

7）锅炉辅机电气联锁及热机保护校验。

（2）锅炉下列设备应送电：

1）锅炉各辅机及附属设备；

2）所有仪表、仪表盘、电动门、调节门、电磁阀、风机的动叶或静叶调节装置，风门和挡板；

3）各自动装置、程控装置、巡测装置、计算机系统、锅炉保护系统、报警系统及锅炉照明。

（3）锅炉的汽水系统、减温水系统、疏放水系统、汽机旁路系统、直流炉的锅炉启动旁路系统及化学取样，热工仪表各阀门位置应符合启动前的要求。

（4）锅炉燃烧室及风烟道的看火孔、人孔门、检查门均已关闭，各吹灰器均在退出位置。

（5）锅炉辅助系统：

1）辅助蒸汽系统已投用；

2）辅机冷却水系统、压缩空气系统、燃油吹扫空气系统已投入运行；

3）电除尘灰斗、绝缘子加热系统、暖风器系统已处于热备用状态；

4）灰库已经投运。

（6）锅炉燃用的油及煤的储量能满足要求，油已建立循环，燃油管路上的伴热蒸汽系统已投运正常。

（7）除灰、除渣系统及电除尘器、预热器、风机、制粉系统及其附属设备已具备投运条件。

（8）锅炉各联锁及保护装置应符合启动前要求，DCS 系统已投用。对应汽轮机、发电机已具备启动条件，燃料、化学等有关系统和设备已满足锅炉启动要求。

16.1.2 锅炉启动前的验收与辅机试转

新安装的或大、小修后的锅炉，为了保证锅炉的所有设备正常完好，确保锅炉启动一次成功，对检修后的设备应按验收制度规定的项目和标准进行逐项验收，锅炉辅机还应按规程规定进行试转工作，以进一步检验设备的检修质量和测定设备及系统的工作性能。

锅炉大、小修后，凡属设备变动均应有变动报告，以便检修、运行及其他有关人员掌握和备查。运行人员应直接参加验收和试转工作。在验收和试转时，运行人员应对设备进行详细的检查。

16.1.2.1 锅炉新安装或检修后的验收内容

锅炉新安装或检修后的验收包括以下内容：

（1）锅炉内部：

1）炉膛及烟、风道内部应无明显焦渣、积灰和其他杂物，所有脚手架均已拆除。炉墙及烟、风道应完整无裂缝，且无明显的磨损和腐蚀现象。

2）所有的煤、油燃烧器位置正确，设备完好，喷口无焦渣。火焰检测器探头应无积灰及焦渣堵塞。

3）各受热面管壁无裂缝及明显的超温、变形、腐蚀和磨损减薄现象，各紧固件、管夹、挂钩完整。

4）吹灰器设备完好，安装位置正确，各风门、挡板设备完整，开关正常且内部实际位置与外部开度指示相符。

5）渣井、电除尘灰斗及烟道各灰斗内的灰渣应清除干净。

6）电除尘器内部积灰已清除并无杂物，电极、极板及振打装置完整良好，电场内各接地装置符合要求。

（2）锅炉外部：

1）现场整齐、清洁、无杂物堆积，所有栏杆应完整，各平台、通道、楼梯均应完好且畅通无阻。临时设施已拆除，设备、系统已恢复原状，临时孔、洞已封堵。

2）各看火孔、检查孔、人孔门应完整，开关灵活且关闭后的密封性能良好。锅炉各处保温应完整无脱落现象。制粉系统外部无积粉。锅炉烟风道外观完整，支吊良好。

3）锅炉钢架、炉顶大梁及吊攀、刚性梁等外观无明显缺陷，所有膨胀指示器完整良好。锅炉各调节门、风门、挡板伺服机及连杆连接良好。

4）阀门完整，开关灵活，手轮完整。现场设备铭牌齐全、编号正确。

5）现场照明良好，光线充足。

（3）转动机械：

1）空气预热器、风机、磨煤机及其附属设备完整，内部无积灰或其他杂物；

2）各部轴承和油箱的油位正常，油质良好，并有最高、最低及正常油位标志；

3）转动机械的电气设备应正常；

4）轴承润滑油冷却水畅通、水量充足。

（4）集控室及辅助设备就地控制室、就地盘、就地控制柜配置齐全、通信及正常照明良好，并有可靠的事故照明和声光报警信号。

（5）锅炉电动、气动、液动执行机构经校验良好。

（6）锅炉各电动门、调节门、气控装置，风机的动叶和烟风系统各风门及挡板经校验良好。

1）试验的注意事项：

① 已投入运行的系统及承受压力的电动门、调节门都不可进行试验，属停运的设备没有试转单可不进行试验。与运行系统相连接的风门、挡板无切实可行的措施不可进行试验。

② 需试验的设备应检查其外观完整，连接正常，符合试转条件后，方可送上其电源、气源。

③ 试验时集控室及现场设备均应有专人监视其动作情况，确保风门、挡板开关灵活，方向正确，集控室开度指示与实际开度指示一致。所有设备试验时，均应将其开始和结束的所需时间、结果情况，分别做好记录。

④ 试验时按“风门、挡板、阀门试验卡”进行。

2）试验方法及要求：

① 检查各阀门、挡板伺服切换把手所在位置（手动或电动）。联系热工人员送好各电动门、调节门、风门及挡板伺服机电源，并参加试验。

② 对所有电动门、调节门进行开关试验，开度指示与实际开度和方向相符，红绿灯指示正确。自控、手操应开关灵活；遥控试验时，限位开关应动作正常。

③ 气动调节装置应动作灵活，进气压力正常，无泄漏及异常现象。带“三断自锁”的应作“断电”“断气”“断信号”试验，且结果良好。

④ 对双位置设备试验：触发开指令，设备应打开，远方开度指示与实际开度指示均应在100%；触发关指令，设备应关闭，远方开度指示与实际开度指示均应在零。

（7）对多控制状态设备试验：

1）轻按开指令应以较慢的速度打开，指令停止时，集控室开度指示与实际开度指示均应停止在某一相同的数值上；

2）轻按关指令应以较慢的速度关闭，指令停止时，集控室开度指示与实际开度指示均应停止在某一相同的数值上；

3）对就地手动方式，分别在硬手操 M/A 站上进行开关指令试验，设备应打开和关闭；

4）对带有中间停止按钮的设备，应试验其中间停止情况，并校核实际开度与集控室开度指示一致。

16.1.2.2　锅炉辅机试转

锅炉辅机在完成有关附属设备的试转和验收后，确认系统通道、出路能满足试转需要，然后方可对其进行试转工作。

（1）锅炉辅机试转注意事项及要求：

1）同一母线的两台 6kV 或 10kV 辅机不可同时启动；

2）辅机所属 6kV 或 10kV 的电动机，在冷态时一般允许启动两次，每次间隔时间不得小于 5min；热态时则允许启动一次；

3）空气预热器、引风机、送风机、一次风机等检修后的连续试运行时间一般应不少于 4h，其他转动机械的试运行时间应不少于 30min，以验证其工作的可靠性；

4）锅炉各辅机的启动均应在最小负荷下进行，以保证设备安全。但引风机、送风机、一次风机在试运行期间应试验最大负荷的工况，电流不得超过额定值；

5）锅炉辅机试转过程中，如发生异常、故障跳闸，在未查明原因之前严禁再次启动该设备运行。

（2）锅炉主要辅机的试运行：

1）风机的试转。风机启动时，集控室应有专人负责监视风机电流及启动时间，若启动时间超过规定，应立即停用。启动正常后应检查并监视风机电流、电动机及风机各轴承温度、电动机线圈及铁芯温度，风压及风量各参数是否正常，并应检查风机的升速和转动声音、转向、各轴承温度及振动，液压系统的油压、油位、油温是否正常，液压系统有无泄漏等。如发现异常情况应及时分析处理，当危及设备及人身安全时，应立即紧急停用该风机。

2）回转式空气预热器的试转。空气预热器启动前应先确认主电动机、副电动机（副动力源）及气动盘车装置转向正确，防止由于转向相反造成密封件损坏。启动预热器时，应先用盘车装置将转子盘动至少一周，检查无金属摩擦等异常情况后方可启动主电机。预热器启动后应检查各风门、挡板联动动作情况正常，电动机、减速箱及机械部分振动符合要求，液力耦合器工作正常，减速箱及轴承箱油位、油温、油质、油压等参数正常且系统无漏油，电动机电流应无明显晃动，如出现不正常晃动应立即停用该预热器。

预热器试转时，应校验主电动机、副电动机（副动力源）与气动盘车之间的联锁装置动作是否正常。预热器检修后试转时，还应进行预热器的冷态漏风试验。

16.1.3　锅炉联锁保护试验及事故按钮试验

16.1.3.1　拉合闸及事故按钮试验（静态）

拉合闸及事故按钮试验方法如下：

（1）启动引风机、送风机、一次风机和磨煤机的润滑油泵各一台，油压建立正常后，分别启动预热器、引风机、送风机、一次风机、磨煤机、给煤机，作拉合闸试验证实良好、恢复合闸位置。

（2）对上述各辅机分别用事故按钮停止，此时各辅机应跳闸，事故信号发生，红灯灭，绿灯闪光，事故喇叭响；复置各操作开关于跳闸位置，绿灯亮，事故信号解除。

（3）引送风机联锁保护试验：启动引风机、送风机润滑油泵各一台，油压建立正常后，分别启动回转式预热器、引风机、送风机，就地用事故按钮停止引风机运行，对应的送风机应跳闸；复置跳闸设备按钮，启动引风机、送风机，就地用事故按钮停止送风机运行，对应的引风机应跳闸。

16.1.3.2　锅炉 MFT 联锁保护试验

MFT 联锁保护试验包括以下条件：

（1）锅炉 MFT 条件：

1）手动 MFT（硬接线进 FSSS）。

2）送风机全部跳闸。

3）引风机全部跳闸。

4）给水泵全部跳闸。

5）省煤器进口给水流量小于设定值（三取二）。

6）再热器失去保护。

7）炉膛压力高于设定值（三取二）。

8）炉膛压力低于设定值（三取二）。

9）全炉膛燃料丧失。

10）全炉膛火焰丧失。

11）风量小于 25%（三取二）。

12）螺旋水冷壁出口金属壁温高超限。

13）过热器出口蒸汽温度高越限。

14）再热器出口蒸汽温度高越限。

15）分离器储水箱水位高越限（三取二）。

16）分离器出口蒸汽温度高越限（三取二）。

17）锅炉出口主蒸汽压力高。

18）火检冷却风丧失（三取二）。

19）预热器出口烟气温度高越限。

20）任一磨煤机运行且一次风机全部跳闸。

（2）锅炉 MFT 联动结果：

1）锅炉在运行过程中，以上任何一个条件出现，将导致 MFT 保护动作，联动以下设备并联跳汽轮机。

2）燃油进、回油快关阀关闭。

3）所有油枪进、回油快关阀关闭，吹扫阀关闭，油枪退出。

4）所有磨煤机跳闸。

5）所有给煤机跳闸。

6）磨煤机出口快关门关闭。

7）磨煤机入口热风、冷风挡板关闭、入口快关门关闭

8）2 台一次风机跳闸。

9）所有给水泵跳闸。

10）过热器、再热器减温水门、电动门、调节门关闭。

11）所有吹灰器退出。

12）电除尘器跳闸。

13）脱硫系统退出。

16.1.4 锅炉启动的检查准备工作

锅炉启动要有以下检查准备工作：

（1）锅炉启动点火前，有关运行人员应对锅炉及相关设备进行全面的检查并做好启动前的准备工作，主要检查内容如下：

1）检查并消除锅炉各部位任何有碍膨胀的故障，各处膨胀指示器装设位置正确。清除锅炉周围杂物和垃圾，保证平台、扶梯畅通。

2）检查锅炉门孔是否关闭，所有风门及烟道挡板开关是否灵活，挡板就地开关位置应与 DCS 表计指示相符。

3）检查所有的阀门是否处于启动的正确位置，阀门无泄漏，开关是否灵活，电动气动执行机构动作正常，DCS 开度指示与实际位置应相符。

4）分离器储水箱水位指示正确。

5）油枪位置、金属软管，炉前油系统及阀门，燃烧器风箱等的检查满足设计、运行要求。

6）检查空气预热器的传动装置、密封间隙、润滑油及冷却系统，各指示器均应处于正常位置。

7）检查吹灰系统能否正常投运。

8）各汽水管道吊架、烟风道、燃烧器等吊架完整，受力均匀，弹簧吊架已处于正常工作状态。

9）检查锅炉 DCS 控制系统（包括 FSSS）及热工仪表等均处于正常工作状态，火焰摄像系统工作正常。

10）检查锅炉启动系统的仪表均能正常投运。

11）检查灰、渣系统相关设备工作正常。

12）检查仪表用空气等相关设备工作正常。

13）检查制粉系统及相关设备工作正常。

14）检查锅炉消防系统等相关设备工作正常。

15）检查锅炉现场照明系统等相关设备工作正常。

（2）在检查过程中，如果发现锅炉有下列情况之一时应禁止启动：

1）锅炉任一主保护装置试验不合格。

2）控制系统（DCS）通信故障或任一过程元件功能失常。

3）MCS 或 SCS 工作不正常，影响锅炉启动或安全运行。

4）FSSS 监控系统工作不正常，影响锅炉启动或安全运行。

5）锅炉主要监测参数功能失常，影响锅炉启动或正常运行，或锅炉主要监测参数超过限值。如炉膛压力、储水箱水位和锅炉给水流量等。

6）锅炉保护动作后原因未查明。

7）机组旁路系统故障，无法满足锅炉启动要求。

8）锅炉水压试验不合格。

9）仪用空气系统工作不正常。

10）电除尘或脱硫系统不正常，不能短时恢复而影响锅炉正常运行。

16.2　锅炉冷态启动

16.2.1　锅炉启动状态的划分

发电机组停止后，锅炉及汽机的金属部件的温度随着时间延长而逐渐冷却。在没达到完全冷状态时，如要求重新启动机组，此时与冷状态下启动有不同特点，只有充分注意到这一点，掌握好不同状态下的启动特点，才能实现安全、经济地启动。

锅炉启动状态划分：

锅炉停炉后，汽水分离器内压力和金属温度都随时间延长而逐渐下降。

冷态：停炉时间大于 72h（汽水分离器外壁金属温度小于等于 100℃ 且锅炉压力为零）。

温态：10h<停炉时间<72h（汽水分离器外壁金属温度大于 100℃ 且锅炉压力小于 3.0MPa）。

热态：停炉时间小于 10h（锅炉主蒸汽温度大于 300℃ 且主蒸汽压力大于等于 3.0MPa 且小于 12.0MPa）。

了解启动状态划分的原则是为了掌握机组各种状态下的启动特点。机组从启动到带满负荷，无论哪种状态，都由辅机启动、锅炉进水、升温升压、汽机冲转、升速暖机、并列和带负荷等几个过程组成。

启动锅炉的目的就是要向汽机供应蒸汽，机组启动需要各专业相互协调配合，按照锅炉点火前机组的状态，启动可分为冷态启动、温态启动、热态启动、极热态启动等方式。根据机组所处的状态，锅炉选择合适的启动方式和在启动曲线上选择合适的起点。

16.2.2　锅炉冷态启动

冷态启动是指锅炉的分离器外壁金属温度小于 100℃、锅炉压力为 0.0MPa 且锅炉经过检修或较长时间（大于 72h）停用后的启动。锅炉冷态启动从点火到满负荷所需时间为 300min 左右（其中从点火到汽轮机冲转需 125min，汽轮机冲转为 40min，发电机并网带初负荷 15min，由带初负荷到带额定负荷约 110min）。某发电机组锅炉冷态启动程序如下：

16.2.2.1　锅炉启动前的检查

锅炉启动前应检查如下设备运行正常：

（1）凝汽器投运正常，高低压旁路系统准备好。

（2）水处理系统投运正常，给水品质满足锅炉启动要求。

（3）辅助蒸汽正常可用。

（4）燃油设备正常准备好。

（5）从送风机至烟囱通道畅通。

（6）闭式冷却水投运正常。

（7）启动系统循环泵冷却水投运正常。

（8）锅炉循环泵启动系统及其相关的控制设备均准备好。

（9）过热器/再热器放气门关。

（10）过热器/再热器疏水门开。
（11）至汽机的主蒸汽管道疏水门开。
（12）锅炉启动系统暖管门关，备用良好。
（13）省煤器、水冷壁放水门关。
（14）锅炉储水箱隔离电动门准备好。
（15）锅炉分离器储水箱高水位调节门投入自动。
（16）过热器/再热器喷水调节门关、电动截止门关。
（17）给水流量为零。
（18）除氧器给水温度应大于105℃。
（19）锅炉启动系统的疏水系统准备好，包括大气式扩容器、集水箱、疏水泵等。
（20）烟温探针投运并已做好校核。
（21）炉底水封系统、除渣系统具备投运条件。

16.2.2.2　锅炉进水

锅炉给水与锅炉金属温度的温差不许超过111℃（注意上水时的分离器，水压试验时的分离器及过热器出口集箱），如果锅炉金属温度小于38℃，给水温度较高，锅炉上水速率应尽可能小。

（1）锅炉上水前必须先对循环泵电机注水，保证电机冷却水水质合格。

（2）水质合格后才能上水，给水品质应符合表16-1规定；省煤器、水冷壁、启动分离器须充满水，水温应大于105℃。

表16-1　推荐锅炉给水参数

给水参数	单位	正常运行		短期
		AVT	CWT	启动过程
电导率25℃	μS/cm	≤0.2	≤0.5	≤1.0
pH值25℃		≥9.0	8.0~8.5	≥9.0
溶解氧	1×10^{-9}	≤100	30~150	≤100
硅	1×10^{-9}	≤20	≤20	≤100
铁	1×10^{-9}	≤15	≤15	≤50
铜	1×10^{-9}	≤3	≤3	≤10
钠	1×10^{-9}	≤5	≤5	≤20
其他要求		干净无色	干净无色	干净无色

注：启动过程栏参数要求，在锅炉点火后6h内调整到正常值，该栏参数运行时间最长可以达2h。

（3）开省煤器出口放气门。

（4）电动给水泵转速和流量设置最小。

（5）集水箱下部至凝汽器的疏水泵投入自动。

（6）当省煤器、水冷壁及分离器在无水状态时，上水以10%B-MCR给水流量，最好是手动设定值为10%B-MCR的给水自动控制。要求分离器储水箱水位稳定2min且HWL-1调节阀开度在100%及HWL-2调节阀开度大于15%有2min；其过程为充满水后，随着水位上升，HWL-1 调节阀自动开启，当 HWL-1 调节阀开度大于 30%约 1min 时，电动给水泵出力为 30%B-MCR 给水量，自动控制运行约 30s。HWL-1、HWL-2 调节阀须同时开启的目的，是确保空气完全置换。

（7）分离器储水箱水位设定为 3~8m（具体设定值由 HWL-1、HWL-2 调节阀的特性现场试验决定），给水指令投入自动，锅炉母管给水流量自动控制设定值为 5%B-MCR。当分离器储水箱水位高时，HWL-1 调节阀能辅助控制储水箱水位，确认给水品质满足启动要求。

（8）分离器压力大于设定值（0.35~0.98MPa），省煤器出口放气门自动关。

注意：当省煤器、水冷壁及分离器充满水后，给水泵可以停运，其目的是建立并维持除氧器水位、水温（不小于 105℃），然后重启电动给水泵以 10%B-MCR 给水流量至省煤器入口。若维持除氧器水位、水温（不小于 105℃）没有问题，则给水泵可以不停运。

16.2.2.3　锅炉循环清洗

当分离器出口水质不满足表 16-1 点火要求时，必须建立循环清洗。

循环清洗期间保持给水泵最大出力恒流量冲洗，如果补水不能满足，可以采用变流量冲洗，给水的走向为：省煤器→螺旋水冷壁→垂直水冷壁→汽水分离器→储水箱→大气式扩容器→集水箱→疏水泵→凝汽器。

（1）锅炉进行冷态清洗，当分离器储水箱疏水含铁量大于 500μg/L 时，清洗水经集水箱放水门排入机组排水槽或启动疏水泵排入循环水回水，通知化学人员监视锅炉储水箱出口的水质，根据水质情况调整给水流量。

当储水箱出口疏水含铁量小于 500μg/L，关闭集水箱放水门，集水箱水位正常后启动疏水泵，把疏水排入凝汽器，建立锅炉循环清洗。

（2）锅炉进行循环清洗，直到省煤器入口水质含铁量小于 50μg/L 时，分离器储水箱出口水质含铁量小于 100μg/L，锅炉清洗完成，可以点火。

（3）当循环泵启动条件满足后启动循环泵，注意分离器储水箱水位。循环泵出口调节门控制流量，省煤器进口给水流量自动设定在 856t/h，给水泵流量控制在 5%B-MCR。表 16-1 为推荐锅炉给水参数。

目前联合水处理（CWT）方式广泛应用于直流锅炉，但是对水中的含氧量要求较为严格，一旦给水中含氧量失去控制，会对机组产生严重损害。表 16-2 为锅炉给水标准。

表 16-2　锅炉给水标准

序号	名　称	给水参数（CWT 工况设计）	蒸汽品质
1	总硬度	0μmol/L	
2	溶解氧（化学处理后）含量	30~150μg/L	
3	铁	≤10μg/L	≤10μg/kg
4	铜	≤5μg/L	≤5μg/kg
5	二氧化硅	≤15μg/L	<15μg/kg
6	油	0mg/L	
7	pH 值	8.0~9.0	
8	电导率 25℃	≤0.2μS/cm	<0.2μS/cm
9	钠	≤5μg/L	<5μg/kg

16.2.2.4 启动烟风系统

启动烟风系统的方法如下：

（1）启动A、B两台空气预热器主电机，正常后将导向、支承轴承油站和空气预热器热点监测系统投入自动运行，漏风控制系统投入自动。

（2）开启A侧、B侧风烟系统的所有挡板，将辅助风挡板投入自动开启至25%。

（3）确认A侧引风机启动条件满足，启动A侧引风机，调节动叶开度维持炉膛负压在-50～-100Pa，将炉膛压力控制投入自动。

（4）启动一台火检冷却风机，另一台投入联锁作备用。

（5）确认A侧送风机启动条件满足，启动A侧送风机。

（6）确认B侧引风机启动条件满足，启动B侧引风机，调节A、B侧引风机动叶至相同出力，保持炉膛负压在-50～-100Pa，将B侧引风机炉膛压力控制投入自动。

（7）确认B侧送风机启动条件满足，启动B侧送风机，同时调节A、B侧送风机动叶角度，保持总风量在30%～40%B-MCR，使两台风机出力相同。

（8）调节辅助风挡板，使风箱与炉膛差压稳定在0.36～0.3Pa，并将辅助风挡板和燃料风挡板投入自动。

（9）投入A、B炉膛烟温探针。

（10）投入炉膛火焰工业电视，确认工业电视摄像头的冷却风满足要求。

16.2.2.5 燃油泄漏试验

燃油泄漏试验条件：

（1）燃油母管压力正常。

（2）锅炉总风量为30%～40%B-MCR风量。

（3）所有油枪进、回油快关阀关闭。

（4）燃油进油快关阀关闭。

（5）燃油回油及旁路快关阀关闭。

（6）检查燃油泄漏试验条件满足，在LCD启动燃油泄漏试验，300s后“燃油泄漏试验成功”信号发出。当泄漏试验失败时应分析原因消除缺陷，重新进行泄漏试验，直至试验合格。

16.2.2.6 锅炉炉膛吹扫

锅炉炉膛吹扫的许可条件：

（1）任一台引风机运行。

（2）任一台送风机运行。

（3）燃油进油快关阀关闭。

（4）所有油枪油角进油快关阀关闭。

（5）所有的磨煤机停且出口门关闭。

（6）所有的给煤机停。

（7）炉膛火检无火焰。

（8）各二次风挡板在吹扫位（开度为 25%~30%）。

（9）SOFA 风门挡板关闭。

（10）燃烧器摆角在水平位。

（11）炉膛压力正常。

（12）锅炉无 MFT 指令。

（13）锅炉总风量大于 30%B-MCR，小于 40%B-MCR。

（14）两台一次风机停运且动叶关闭。

（15）至少有一台预热器运行。

（16）火检冷却风压正常。

（17）电除尘停运。

（18）燃油泄漏检查完成。

（19）锅炉给水流量大于等于 856t/h。

注意：DCS 画面吹扫条件满足。

确认炉膛吹扫条件全部满足，可进行炉膛吹扫，风量维持在 30%~40%。炉膛吹扫时间为 5min，吹扫计时完成后发出“吹扫完成”信号，自动复归 MFT 继电器。若吹扫过程中，上述任一条件失去，立即“吹扫中断”，条件满足后重新吹扫计时；吹扫完成后应始终维持炉膛通风量在 30%~40%B-MCR 风量范围内，直至锅炉负荷达到相应水平时为止。

16. 2. 2. 7　点火前的检查

点火前应检查以下项目：

（1）锅炉冷态冲洗结束，水质合格。

（2）给水控制为自动，且维持省煤器进口最小给水流量，给水母管最小给水流量 5%B-MCR，分离器储水箱水位由锅炉给水控制。

（3）炉膛压力控制投自动。

（4）MFT 已复位，风量控制投自动，维持 30%~40%总风量。

（5）凝汽器真空度大于 90kPa。

（6）高低压旁路控制投自动，低压旁路喷水减温水备用良好。

（7）过热器及再热器温度控制投自动，温度设定值应低于蒸汽压力下饱和温度 50℃以上。

（8）炉前燃油压力、温度正常，吹扫空气系统正常，燃油调节阀控制投自动。

（9）确认所有油枪在“远方”控制方式，油枪启动许可条件满足。

（10）炉膛烟温探针投入。

（11）空气预热器吹灰具备投用条件。

（12）火检冷却风母管压力正常。

（13）微油点火系统处于备用状态。

（14）检查确认锅炉各项主保护投入。

（15）记录锅炉本体和管道膨胀指示。

（16）汽机侧已做好点火前的准备。

16.2.2.8 锅炉点火

锅炉启动点火可采用两种方式，即油枪点火启动和直接采用A层微油点火装置直接投运A制粉系统，也可采用两者结合的方式。在一般情况下，应优先考虑采用A层微油点火装置直接投运A磨煤机的方式。点火前确认检查辅助风门挡板开度正常，投入空气预热器的吹灰系统，注意监视空气预热器进、出口温度，以防止启动阶段燃油雾化不良在预热器受热面上沉积，烧坏预热器。

（1）锅炉油枪点火启动：

1）确认油枪启动条件满足，启动AB层油枪，先投入第一对1号、7号角油枪。

2）确认油枪火检显示正常，火焰电视画面上确认油枪着火正常。

3）就地看火孔查看油枪雾化、燃烧情况良好，无漏油现象。

4）合理进行油枪配风。

5）油枪投运后，注意炉前燃油母管压力和炉膛压力的稳定。

6）辅助风挡板投入自动。

7）第一对油枪运行90s后，可以启动AB层第二对3号、5号油枪，火检显示正常，就地看火孔查看火焰正常，无漏油现象。

8）根据升温升压曲线，依次投入2号、8号、4号、6号角油枪。

9）AB层油枪投入后，油流量控制投自动，流量设定按5%B-MCR，监视水冷壁、过热器、再热器金属壁温。

10）启动CD层油枪；流量设定按8%B-MCR。在汽机同步或蒸汽流量达到10%B-MCR以前，炉膛烟温探针显示温度必须小于580℃；密切注意过热器金属温度，不应有超温现象。

11）确保水循环稳定，在分离器压力达到0.8MPa前燃烧率不能增加。注意工质膨胀对分离器储水箱水位的影响，如果水位过高时，检查分离器储水箱水位调节阀动作正常。

（2）锅炉微油点火启动：

1）打通任一台磨煤机的一次风通道，开启其密封风门、出口快关门、进口冷热风快关门，开启冷热风调节挡板（可优先考虑选择A磨煤机）。

2）检查确认一次风机的启动条件满足，启动一台一次风机，调整一次风母管压力正常后，一次风压力投自动。

3）检查确认密封风机的启动条件满足，启动一台密封风机，检查密封风母管压力正常，另一台密封风机投联锁备用；密封风与一次风母管差压大于2kPa。

4）检查确认微油点火系统具备投用条件，微油点火火焰工业电视投用。

5）进行磨煤机启动前的检查，A层燃烧器摆角在水平位置。

6）投入A磨煤机一次风暖风器，对A磨煤机进行暖磨。

7）投入A层燃烧器高压冷却风。

8）调整A磨煤机一次风量在113t/h左右和A磨煤机出口温度。

9）选择“层方式”或“角方式”，启动A层微油点火油枪。

10）当A磨煤机出口温度达到65~75℃后，启动A磨煤机。

11）检查确认给煤机的给煤量指令在25%左右，启动给煤机。给煤机转速稳定后提高给煤量至40%左右。

12）观察微油点火系统火焰工业电视，煤粉着火良好；在煤粉着火后，根据燃烧情况逐渐开启点火燃烧器的周界风门。同时，根据燃烧器壁温，控制燃料风量，避免燃烧器壁温超过450℃。

13）当某一只微油点火油枪灭火后，要及时投入对应角大油枪助燃，避免有两只微油点火油枪灭火而对应大油枪未投用。

14）制粉系统启动后应密切注意炉膛压力变化和煤粉进入炉膛后的燃烧情况，确认炉膛与二次风箱差压正常。

15）通知辅控值班员检查确认除渣、除灰系统运行正常，如有异常及时汇报。

16）根据空气预热器冷端温度，投入送风机热风再循环。

16.2.2.9 热态冲洗

热态冲洗的方法如下：

（1）当分离器进口温度达到170℃时，锅炉进行热态清洗。

（2）提高电动给水泵的转速和省煤器入口给水流量，加强对电泵工作点的监视。

（3）监视分离器储水箱的水位正常，水位调节阀动作正常。

（4）通知化学人员化验储水箱出口的疏水水质。

（5）储水箱出口水质含Fe大于5×10^{-7}时，启动锅炉疏水泵，将水排至循环水回水管；储水箱出口水质含Fe小于5×10^{-7}时，将水导入凝汽器进行循环冲洗。

（6）锅炉进行热态清洗时，分离器进口温度保持在170℃左右。

（7）当省煤器入口水质含Fe小于5×10^{-8}、储水箱出口水质含Fe小于1×10^{-7}时，锅炉热态冲洗合格。

（8）热态冲洗完毕后，恢复锅炉最小流量给水，逐步投入油枪或增加制粉系统出力，控制炉膛出口烟气温度不大于580℃；注意监视水冷壁、过热器、再热器各部分的金属温度不可超过报警值。

16.2.2.10 增加燃烧率

增加燃烧率有以下途径：

（1）按照锅炉启动升温升压曲线，增加燃料量。

（2）当过热器流量建立、分离器压力达到0.2MPa时，关闭分离器排空气门；当分离器压力达到0.5MPa时，关闭包覆过热器疏水门；当主蒸汽过热度超过50℃时，关闭过热器分隔屏排空气门，关闭后屏式过热器排空气门。

（3）在汽机同步或蒸汽流量小于10%B-MCR以前，燃烧率维持炉膛烟温探针显示温度必须小于580℃；当主蒸汽过热度超过50℃时，蒸汽流量建立，燃烧率可以增加。

（4）检查确认高低压旁路系统工作方式正确，动作正常。

（5）在整个升温过程中，各受热面介质升温速度应在规定范围内。

（6）当过热器出口压力达到8.4~8.9MPa时，高压旁路在压力控制方式，调整燃烧率，使蒸汽温度与汽机相匹配。

（7）检查锅炉膨胀位移，并做记录。

（8）锅炉升温升压过程中的注意事项：

1）锅炉点火后应加强对各主要膨胀点的监视，若发现膨胀件卡住应停止升压，待故障消除后再继续升压。

2）升温升压过程中，应控制启动分离器储水箱水位在正常范围内。

3）锅炉启动过程中，严格控制炉水温升率满足要求。

4）在锅炉燃油期间和低负荷运行期间，应保持空气预热器连续吹灰。

5）燃料量调整应均匀，以防储水箱水位、中间点温度、主蒸汽与再热汽温度、炉膛负压波动过大。

6）锅炉启动过程中，要注意监视空气预热器各参数的变化，防止发生二次燃烧。当发现出口烟温不正常升高时，进行必要的处理。

7）注意监视炉膛负压、送风量、给煤量、给水等自动控制的工作情况，发现异常及时处理。

16.2.2.11 汽机冲转/同步

确认汽机冲转/同步的要求如下：

（1）确认蒸汽压力、温度、品质满足表16-3要求。

表16-3 冲转蒸汽品质

序号	指 标	单 位	冲转前	标准值
1	氢电导率（25℃）	μS/cm	≤0.50	0.15
2	二氧化硅	μg/kg	≤30	10
3	铁	μg/kg	≤50	5
4	铜	μg/kg	≤15	2
5	钠	μg/kg	≤20	5

（2）开再热器排空气门。

（3）汽机同步后，关所有过热器和再热器疏水、排空气门。

（4）主蒸汽压力由旁路系统控制转换为汽机控制，锅炉汽机控制方式为汽机跟随方式。

（5）通过调整燃烧率、风量和烟气挡板，控制过热蒸汽温度及再热蒸汽温度。

（6）汽机在冲转过程中，锅炉运行应注意以下事项：

1）汽机冲转前，应维持锅炉燃烧率及蒸汽参数稳定。

2）当汽机冲转、升速时应注意监视高压旁路的动作情况，维持主蒸汽压力稳定，防止储水箱水位波动。

3）在汽轮机低速暖机时锅炉燃料量不必增加，在暖机即将结束时应提前增加燃料量。

4）在汽机暖机即将结束时应保证高压旁路有一定的开度，为发电机并网带负荷做好准备。

5）若在汽机冲转和升速过程中，储水箱水位急剧下降，应立即提高电泵转速或开大给水旁路调节门、给水流量，保证循环泵不跳闸。

16.2.2.12　汽机同步最小负荷至17%B-MCR

汽机同步带最小负荷时应增加燃料量，稳定运行一段时间后，采用油枪点火启动方式，投入第一套制粉系统。

（1）汽机带最小负荷运行稳定一段时间后，当空气预热器出口二次风温达160℃以上时，确认一次风机启动条件满足，启动一台一次风机，调整出口风压正常后投入一次风压“自动”。

（2）启动一台密封风机，检查密封风压正常，投入另一台密封风机备用。

（3）当热一次风温达到160℃以上时，确认制粉系统满足投运条件。

（4）投运B磨煤机，若B磨煤机不可用，则投运A磨煤机。

（5）证实该煤层运行，燃煤稳定后减少油的燃烧率，使锅炉负荷保持投运煤层以前的水平。

（6）通知辅控值班员检查确认除渣、除灰系统运行正常，如有异常及时汇报。

（7）调整煤粉与燃油的燃烧比例，负荷增加至17%B-MCR，增加负荷按0.5%B-MCR/min；监视并调整炉内燃烧状况，温度、压力按照冷态启动曲线进行控制，注意螺旋管水冷壁出口壁温。

（8）投运C磨煤机，若C磨煤机不可用，则投运A磨煤机。当该层燃煤燃烧稳定后，减少油的燃烧率至5%B-MCR，CD层油停运，检查C或A层煤粉火焰；使锅炉负荷保持投运该煤层以前的17%B-MCR水平。

（9）当锅炉采用微油点火方式时，启动第二套制粉系统：

1）检查热一次风温达到160℃以上时，B层制粉系统满足投运条件。

2）投运B层制粉系统，证实该煤层运行，燃煤稳定后，减少A层制粉系统给煤量，但保证磨煤机最小给煤量，使锅炉负荷保持投运煤层以前的水平或略有增加。

3）调整A磨煤机和B磨煤机的出力，负荷增加至17%B-MCR，增加负荷按0.5%B-MCR /min；监视并调整炉内燃烧状况，温度、压力按照冷态启动曲线进行控制，注意螺旋管水冷壁出口壁温。

锅炉升负荷的过程中，给水泵若手动控制，要及时增加给水泵出力，保证储水箱水位正常；锅炉出力到17%B-MCR后，投运高加、低加，二台汽动给水泵开始做准备。

（10）发电机并网前后锅炉运行注意事项：

1）发电机并网前及时增加燃料量，维持主蒸汽压力稳定，监视旁路的动作情况。

2）并网时注意控制储水箱水位正常。

3）发电机并网后，高低压旁路逐渐关闭。

4）旁路关闭后，旁路进入溢流运行方式，汽机控制转入初压方式，控制主蒸汽压力。

16.2.2.13　负荷从17%B-MCR到28% B-MCR

增加负荷的方法如下：

（1）增加燃料量，负荷增加至28%B-MCR，增加负荷按0.5% B-MCR/min。

（2）当炉膛出口烟温达580℃，检查烟温探针自动退出，否则手动退出。

（3）随着锅炉负荷的增加，疏水减少，给水泵出力增加，注意监视给水泵工作点工况。

（4）当热一次风温达到200℃以上时，停运微油点火系统暖风器，A磨煤机用风切到正常通路提供。

（5）辅助联箱用汽切至冷再供，关闭邻炉或启动锅炉来汽，停止启动锅炉运行，保持良好备用状态。

（6）主给水由旁路切为主路提供，注意保持储水箱水位稳定；储水箱水位高时，注意储水箱水位控制阀动作正常。

（7）锅炉负荷保持28%B-MCR，检查确认汽动给水泵满足并泵条件，电动给水泵切至汽动给水泵，电动给水泵停运备用。

（8）通知辅控人员，投运电除尘器第一、二电场。

16.2.2.14 负荷从28%B-MCR到35% B-MCR

进一步增加负荷有以下方法：

（1）增加燃煤量，根据磨煤机出力启动制粉系统，锅炉负荷增至35% B-MCR，增加负荷按0.5%B-MCR/min；减少油的燃烧率。

（2）当锅炉负荷至35%B-MCR，则停AB层油（或停运A层微油点火装置），检查确认各层煤粉火焰燃烧稳定、火检强度充足，锅炉负荷稳定在35%B-MCR。

（3）在投用第三套制粉系统以前，启动另一台一次风机；调整两台一次风机出力一致，投入一次风压自动控制。

（4）随着锅炉负荷的增加调节送风量，使氧量与负荷保持相一致，确认辅助风挡板自动调节正常、二次风箱与炉膛差压正常。

（5）锅炉给水品质，必须核实确认合格。当锅炉负荷大于30%B-MCR后，水处理由AVT方式切换为CWT方式。

（6）当锅炉负荷超过35%B-MCR时，检查确认锅炉分离器出口有稳定的过热度，锅炉已处于稳定干态方式运行，投入机组“CCS”控制方式，汽轮机转为限压方式。

（7）锅炉断油后通知辅控人员，投运电除尘第三、四、五电场及脱硫系统。投运脱硫系统时，注意对炉膛负压的影响，监视引风机自动控制良好。

（8）停止空气预热器吹灰，吹灰辅助汽源切除。炉膛和受热面吹灰系统暖管。

（9）根据情况停运锅炉循环泵，注意防止省煤器入口流量突然下降。

（10）投入暖管系统。

（11）检查准备第二台汽动给水泵，使其处于备用状态。

16.2.2.15 负荷从35%B-MCR到100%B-MCR

负荷增至100%的措施有以下几种：

（1）按照冷态启动曲线，继续增加锅炉负荷、升温、升压，锅炉负荷增至额定负荷，增加负荷按0.5%B-MCR/min。

（2）根据负荷的需要启动制粉系统运行，维持分离器出口过热度在20~40℃。

（3）当后屏过热器出口蒸汽温度达到额定或三级减温水调门开度大于80%时，投入一、二级减温水。

（4）负荷在 500MW 以前，并入第二台汽动给水泵，调整两台给水泵出力一致，投入自动控制。

（5）按调度要求设定机组负荷，投入 AGC。

（6）负荷大于 60%B-MCR 后，锅炉燃烧稳定，受热面进行全面吹灰一次。

（7）锅炉由亚临界转入超临界运行时，注意监视主蒸汽温度的变化。

（8）检查确认锅炉受热面金属温度不超温，偏差在允许范围内。

（9）记录锅炉本体和管道膨胀指示。

（10）对系统进行全面检查。

16.2.2.16　燃料启动顺序

燃料启动顺序有以下两种。

（1）油枪点火启动方式：AB 层油→CD 层油→B 层/A 层煤→C 层/A 层煤→D 层煤→E 层煤→F 层煤。

（2）微油点火启动方式：A 层煤→B 层煤→C 层煤→D 层煤→E 层煤→F 层煤。

16.2.2.17　锅炉冷态启动注意事项

锅炉冷态启动有如下注意事项：

（1）投运油枪尽量使同一层油枪全部投运，保证锅炉热负荷分布均匀。

（2）油枪投用且燃烧稳定后，应及时调整风量，油枪连续 3 次点火不成功，再次投用前要吹扫 5min。

（3）启动过程中，严格控制升温、升压速度，防止锅炉受热面金属应力超限。

（4）锅炉冷态启动过程中需要进行热态循环清洗时，在热态清洗过程中水冷壁出口温度不得超过 180℃。

（5）锅炉燃烧时，为了保证喷燃器不会过热变形，所有燃烧器喷嘴及风口必须有冷风进行冷却。检修中的磨煤机和备用中的燃烧器，也必须有冷风冷却。

（6）在锅炉启动过程中，空气预热器的吹灰必须投入连续吹灰，以控制空气预热器受热面上未燃碳的沉积量到最低，要注意监视空气预热器各部件参数的变化，防止发生二次燃烧。当发现出口烟温不正常升高时，进行必要的处理。

（7）投用制粉系统之前，空气预热器出口一次风温度尽量在 160℃以上。在微油点火方式时，必须投用 A 磨煤机暖风器。

（8）当磨煤机启动着火失败时，应查明原因处理。

（9）在磨煤机紧急停用或跳闸后，重新启动磨煤机时，要考虑磨煤机内的存煤量，防止锅炉出现超温。

（10）汽轮机同步后，要防止主蒸汽、再热汽温度波动。当减温水系统投入运行时，应监视减温器后的蒸汽过热度大于 11℃，严防蒸汽带水。

（11）锅炉启动和运行中，燃料量、给水量的调整应均匀，以防储水箱水位、主蒸汽与再热汽温度、炉膛负压波动过大；严密监视分离器进口蒸汽温度及其过热度，检查确认锅炉各受热面壁温正常，严防受热面超温爆管。

（12）要注意监视燃烧情况，及时调整燃烧，使燃烧稳定。要注意监视炉膛负压、送风量、给煤机等自动工作情况，特别是在投停油枪及启停磨煤机时发现异常及时处理。

（13）锅炉低负荷时，总风量也应保持在30% B-MCR以上，随负荷的上升流量也应增加。

（14）避免锅炉负荷在28%~35%ECR之间长时间停留。

（15）升负荷期间每一阶段的辅机启动，应按辅机规程规定执行。每一阶段的停留时间，除应保证该阶段的主蒸汽、再热汽参数满足要求外，还应检查机组各部件正常后方可继续升负荷。

（16）负荷变化率手动设定时，需同时兼顾锅炉燃烧控制、蒸汽参数稳定和汽机的热应力。

（17）磨煤机投运后，排烟温度超过100℃，在条件允许下应及时投入电除尘。

（18）全停油后，燃油系统应处于循环备用状态，就地检查所有油枪均已退出炉膛。

（19）大修后、长期停运后或新机组的首次启动，要严密监视锅炉的受热膨胀情况。从点火直到带满负荷，做好膨胀记录，发现问题及时汇报，若发现膨胀不均应调整燃烧。若膨胀异常大，应停止升压，查明原因，待消除后继续升压。

（20）在锅炉启动过程中化学人员应定期检测给水、蒸汽品质。

（21）制粉系统要求相邻层运行，三层以上投运时，不允许均为隔层运行。若因制粉系统故障无法保证以上条件时，应投入相邻层点火油枪，以稳定燃烧。

（22）启动磨煤机前要保证该煤层点火能量满足条件如下：

1）A层微油点火系统投运正常，A磨煤机点火能量满足。

2）A制粉系统出力大于40t/h，B磨煤机点火能量满足。

3）相邻油层油枪全部投入运行。

4）机组负荷大于500MW，相邻制粉系统投入运行且出力大于40t/h。

5）机组负荷大于500MW，至少有3套制粉系统投入运行。

（23）在正常运行工况下，应使锅炉燃烧到达最适宜的燃烧模式，火焰工业电视观看到在整个炉膛内火焰高度地聚集成两个切圆。

16.3 锅炉热态启动

热态启动是指锅炉停用10h后启动，锅炉主蒸汽温度大于300℃、主蒸汽压力大于等于3.0MPa且小于12.0MPa。对于直流锅炉而言，分离器进水后已冷却至室温，过热器壁温也因通风冷却而接近室温，启动方式与冷态启动无大区别，只是燃料投入率较冷态时大一些。某1000MW发电机组锅炉热态启动程序如下：

16.3.1 热态启动

由于直流锅炉启动时必须重新进冷水，对于厚壁的汽水分离器有较大的影响。因此，锅炉MFT后启动时要特别注意，尽可能在点火前启动电动给水泵；点火后应尽快投入磨煤机。锅炉热态和极热态启动前应具备的条件与冷态启动大致相同。

（1）热态启动除按照热态启动曲线进行升速、暖机、带负荷外，无特殊说明，其他严格执行冷态启动的有关规定及操作步骤。但应注意以下事项：

1）对已运行的设备系统进行全面检查确认无异常。

2）对已投入的系统或已承压的电动门、调节门均不进行开、关试验。

3）锅炉上水时，应建立凝汽器绝对压力在 10kPa 以下，水温应大于 105℃，上水流量应严格控制，一般不大于 200t/h，以保证启动分离器前受热面金属温度及启动分离器内介质温降速度不大于 2℃/min，水冷壁范围内受热面金属温度偏差不超过 50℃。

4）机组旁路控制选择热态启动方式。

5）如启动前锅炉主蒸汽系统仍保持有压力，启动时可不进行锅炉冷态冲洗，但在系统运行后必须加强水质监督，锅炉的热态冲洗要正常进行。

6）如启动分离器入口温度在 170℃以上，不需进行锅炉热态冲洗。锅炉启动升温升压过程以点火后锅炉最低压力为起始点。

7）同冷态启动点火前准备一样进行热态启动点火前准备操作，建立点火条件后尽快点火。

（2）机组热态启动操作：

1）MFT 复置后。启动 CD 层油枪，燃油投流量控制，流量设定值为 5%B-MCR。

2）启动 EF 层油枪，流量设定值为 8%B-MCR。

3）监视水冷壁、过热器、再热器的各部分受热面金属温度不能超过其报警值。

4）确保锅炉启动流量稳定，在分离器压力达到 0.8MPa 前，燃烧率不能增加。

5）按升温升压速率，增加锅炉燃烧率。过热蒸汽流量建立，关闭包覆过热器疏水阀。

6）在再热器无蒸汽通过时，应保证炉膛烟温探针显示的温度必须小于 580℃。

7）当主蒸汽压力为 4.10MPa 时关闭所有过热器疏水门，再热汽压力为 1.0MPa 时关闭再热器疏水门。

8）过热器出口压力为 8.4~8.9MPa 时，检查确认旁路处于压力控制方式，调整燃烧率，使蒸汽温度与汽机相匹配。

9）制粉系统做好启动准备，根据锅炉负荷需要投入运行。

10）使用微油点火装置启动时，按照冷态启动执行。

（3）机组热态启动的燃料投运顺序如下：

1）油枪点火方式启动时：CD 层油→EF 层油→C 层/D 层煤→D 层/E 层煤→E 层煤→B 层煤→A 层煤。

2）微油点火方式启动时：A 层煤→B 层煤→C 层煤→D 层煤→E 层煤→F 层煤。

16.3.2　锅炉热态启动注意事项

锅炉热态启动有以下注意事项：

（1）锅炉热态启动，关键是控制主、再热蒸汽温度与汽机高、中压内缸表面金属温度相匹配，其基本操作过程类似于锅炉冷态启动。

（2）热态启动时若水质合格可以不进行锅炉清洗。

（3）锅炉点火前，在各项准备工作完成以后，再启动引送风机进行炉膛吹扫，尽可能地减少引送风机启动后对炉膛不必要的冷却。

（4）锅炉点火应尽可能采用微油点火启动方式，通过调节 A 给煤机煤量来控制燃烧率。

（5）应适当控制好锅炉燃烧率，严格按照热态启动曲线控制升温、升压、升负荷率，监视各受热面管壁温度应小于报警值。

（6）监视预热器进、出口烟温，防止二次燃烧。当锅炉燃油及煤油混烧或机组负荷小于300MW时，预热器应连续吹灰。

（7）投油时应就地检查油枪燃烧情况并及时进行调整，就地检查油枪、油管路有无泄漏。

（8）用微油点火装置启动时，启动磨煤机后注意监视燃烧情况，如磨煤机启动时煤粉进入炉内后未着火，应立即停止磨煤机运行，待查明原因，方可重新启动磨煤机。

（9）在机组热态启动过程中，可通过调整燃水比、风量、尾部烟气调节挡板等来粗调主、再热汽温，通过喷水减温保持精确控制值。

（10）跳闸磨煤机启动时应缓慢开启冷热风调节挡板。

（11）锅炉极热态启动时：

1）锅炉跳闸后，确认安全联锁保护动作正确，控制温降速度，尽快降压，启动循环泵和电动给水泵。

2）利用电动给水泵维持储水箱水位稳定。对除氧器给水进行加热，尽量提高给水温度。

3）手动控制高、低压旁路阀，缓慢降低锅炉压力。

4）如引送风机在运行状态，控制炉膛压力在正常范围内，保持锅炉总风量大于40% B-MCR，对炉膛吹扫5~10min，再将锅炉总风量减至最小，维持引送风机运行。如两组引送风机跳闸，应全开风烟系统挡板，炉膛进行自然通风，在锅炉点火前各项准备工作完成以后，再进行炉膛吹扫。

5）待缺陷消除后，马上进行炉膛吹扫，吹扫结束立即开始锅炉点火。

6）为防止过、再热器（壁温）超温，应适当控制锅炉燃烧率，在汽机冲转时做好第二台磨煤机启动前的准备工作。

16.4 锅炉启动过程中的控制

16.4.1 锅炉的水冲洗

16.4.1.1 锅炉水冲洗的重要性

锅炉水冲洗就是在启动前用除盐水冲洗系统的管道及锅炉本体，冲洗的水不断排放，以除去杂质和锈蚀；直至经化验锅炉的水质达到规定值，水冲洗结束才允许锅炉点火。

16.4.1.2 炉前水冲洗

通常情况下，都是将整个系统分成几个部分按流程逐一进行冲洗，即先进行凝汽器及凝结水管道冲洗，再进行锅炉本体冲洗，这种方法比整个系统一起冲洗更省时、经济。

（1）凝汽器冲洗。冲洗流程：凝补水泵→凝汽器→凝结水泵→精除盐装置→轴封冷却器→凝结水泵再循环门→凝汽器→地沟。

纯水循环一段时间后，将水从凝汽器放水门排入地沟。如果凝汽器本身比较脏，可以往凝汽器补水后直接放掉，第二次进水后再进行冲洗。如果初次启动凝结水泵后水质较差，可使精除盐装置走旁路。

（2）低压加热器系统冲洗。流程：凝结水泵→精除盐装置→轴封加热器→低压加热器→地沟排放。

低压加热器先冲洗旁路，水质合格后再进入低压加热器内冲洗。冲洗时应注意流量大小，流量太小，冲洗效果不好；流量太大，则凝汽器水位不易控制。

（3）除氧器冲洗：低压加热器冲洗合格后，凝结水可进入除氧器，冲洗后从放水门排入地沟。

（4）给水管道冲洗。流程：除氧器→给水泵→高压加热器→地沟。

冲洗前，电动给水泵必须具备启动条件。冲洗时，开启电动给水泵向高压加热器进水，先冲洗高压加热器旁路，待水质合格后进入高压加热器水侧，然后从高压加热器出口放水，流速不得低于 8m/s。如果考虑铜的情况，则水流速不得低于 10m/s。因为高压加热器出口为开式排放，故冲洗时应特别注意除氧器水位。

16.4.1.3　锅炉本体冲洗

锅炉本体冲洗流程：凝补水箱→凝汽器→凝结水泵→轴封加热器→低压加热器→除氧器→给水泵→高压加热器→省煤器→螺旋管水冷壁→汽水分离器→扩容器→集水箱→地沟。

锅炉本体冲洗的合格与否决定于分离器出口疏水含铁量。当含铁量大于 500μg/L 时，冲洗水则通向地沟排放；当分离器出口水质含铁量小于 500μg/L 时，冲洗水则通过疏水扩容器，由疏水泵排入凝汽器。一般分离器出口的水回收到凝汽器后，则必须投入精除盐装置，以使凝结水质合格。表 16-4 为水冲洗后的水质合格标准。

表 16-4　水冲洗后水质合格标准

pH 值（25C 时）	≥9	导电度/μS · cm^{-1}	<0.5
含氧量/1×10^{-9}	≤10	二氧化硅（SiO_2）/1×10^{-9}	<30
含铁量/1×10^{-9}	<50	含铜量/1×10^{-9}	<20

16.4.2　汽水膨胀问题及其控制

超临界参数直流锅炉在变压运行时的工质热膨胀是启动过程中的一个突出问题。膨胀现象出现在压力较低（0.5～1.0MPa），锅水温度达到饱和温度的状态下。工质膨胀时，分离器储水箱的水位将发生较大的变化。为了控制储水箱的水位，一方面，可将分离器高水位调节门自动调节量的设定值适当调大一些；另一方面，控制燃料量的投入速度，以使汽水系统平稳度过膨胀阶段，减小分离器的水位波动。

直流锅炉汽水膨胀量过大时，不仅会引起储水箱水位波动，而且可能导致过热器进水甚至汽轮机进水，造成汽轮机运行故障，必须引起高度重视。

16.4.3　干湿态和湿干态的切换

16.4.3.1　锅炉从湿态转到干态的切换

锅炉从湿态转到干态的转换切换过程，在维持省煤器流量最小的同时，对于燃烧率的控制也是很重要的。在湿态运行期间，省煤器和水冷壁的流量保持恒定，此时燃烧率要逐渐增长，以满足产汽量的要求。当负荷增长时，为了维持分离器中的压力，燃烧率也要相应的增长。在整个湿态运行过程中，分离器的压力要一直监视，而燃烧率的增长通过分离器出口的蒸汽温度来体现。

最低直流负荷锅炉是进入干态运行的起始点，在此负荷以下，当燃烧率增长的时候，省煤器和水冷壁中的流量却是固定不变的，在逼近最低直流负荷时，分离器出口入口蒸汽干度为1，此时锅炉给水流量等于省煤器入口流量，但仍保持在最小常数值。

切换阶段：燃烧率继续增加，分离器中的蒸汽温度慢慢的过热（此时分离器出口压力不变）。分离器实际温度仍低于设定值，所以此时增加的燃烧率不是用来产生新的蒸汽，而是用来提高直流锅炉运行所需的蒸汽储热。在切分期间，以分离器出口蒸汽温度作为导前控制点，为避免温度控制失效，分离器出口的蒸汽保持一定的过热度是很重要的。

分离器出口的蒸汽温度达到设定值时，进一步增加燃烧率，使温度超过设定值，给水流量也相应增加。锅炉开始由定压运行转入滑压运行，温度控制也投入运行，由燃水比控制分离器出口的蒸汽温度。当分离器出口蒸汽温度大于10℃且稳定时，锅炉正式转入干态运行。

图16-1给出了锅炉给水自动控制分离器储水箱水位、负荷逐渐增加，一直到纯直流负荷方式后切换到干态运行的过程。

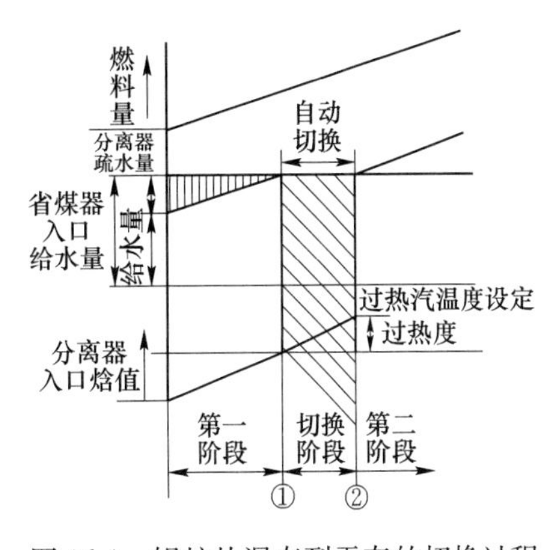

图16-1　锅炉从湿态到干态的切换过程

锅炉在干态自动运行时，循环泵自动停运。循环泵停运后，疏水箱下降管电动门自动关闭。

完成切换后，此时如将循环泵停运，由于循环泵提升压头的消失，会产生压力扰动，不利于锅炉运行。若循环泵保持运行，随着锅炉负荷的上升，省煤器进口给水量增加，循环泵流量也增加，循环泵出口的调节阀前后差压增加。当循环泵通路的阻力超过给水母管止回阀差压时，止回阀通路打开，2路并行工作；随着锅炉负荷的进一步上升，循环泵出口的调节阀前后差压进一步增加，会使泵的提升压头对循环泵通路趋向于零，此时循环泵停运，可避免压力扰动。根据循环泵的具体运行特性，循环泵通路提升压头趋向于零的负荷一般在45%B-MCR。

16.4.3.2　锅炉从干态转到湿态的切换

锅炉负荷指令同时减少燃烧率和给水流量，锅炉处于滑压运行，中间点温度控制系统投入运行，但锅炉流量降至设定值以下，给水流量到最低直流负荷流量，干态信号消失。

切换阶段：给水流量保持不变，燃烧率继续减少，在分离器中的蒸汽温度过热度降低，开始有水分离出。再继续减少燃烧率，蒸汽过热度完全消失，中间点温度控制切除，给水流量不变，分离器入口蒸汽湿度增加，储水箱水位开始上升。当储水箱水位上升到一定高度，循环泵启动条件满足后，手动或顺控启动循环泵，省煤器流量由循环泵控制，储水箱水位由锅炉给水流量控制。

随着负荷的降低，蒸汽量的减少，母管给水量减少。从理论上讲，当产汽量为零时，给水母管给水量为零，但实际上，给水母管仍保持5%B-MCR的流量不变，直到停炉。当循环泵故障解列时，储水箱水位上升，水位上升到一定高度，储水箱高水位调节阀会自动调节储水箱水位在规定值以内。

图16-2给出了负荷降低，从纯直流锅炉方式切换到启动运行方式后，由干态运行方式切换到湿态运行方式的过程。

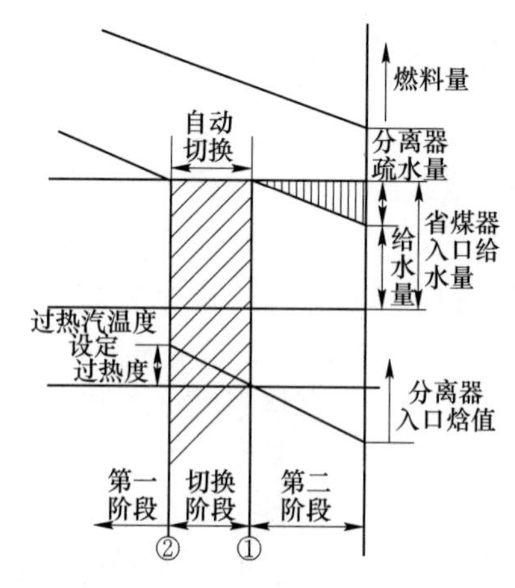

图16-2　锅炉干态到湿态的切换过程

16.4.4　锅炉循环泵的停运

在锅炉完成干湿态切换后，此时如将循环泵停运，由于循环泵提升压头的消失会产生压力扰动，不利于锅炉运行，一般继续保持循环泵运行。

随着锅炉负荷的上升，省煤器进口给水量增加，循环泵流量也增加，循环泵压头降低，循环泵出口的调节阀前后差压增加。当循环泵通路的阻力超过给水母管止回阀差压，止回阀通路打开，2路并行工作；随着锅炉负荷的进一步上升，循环泵出口的调节阀前后差压进一步增加，会使泵的提升压头趋向于零，循环泵停运，避免压力扰动引起给水流量波动。

停运循环泵的过程中，要注意监视循环泵的前后差压。

16.4.5　启动分离器工作的调节特点

直流锅炉无固定的汽水分界面，且热惯性比较小，水冷壁的吸热变化会使热水段、蒸发段和过热段的比例发生变化，对过热器的汽温变化影响比较大且汽温变化速度快。与汽包锅炉相比，汽温调节比较复杂。

直流锅炉过热器的汽温调节应注意以下的原则：

（1）以燃水比调节作为主要的汽温调节手段。影响燃水比的因素比较复杂，在机组负荷不变的条件下，主要取决于燃料的燃烧特性。

油煤混烧的情况下，燃水比的数值比较小，而燃水比随负荷的变化幅度比较大。直流锅炉运行中，根据煤质燃烧特性调节燃水比，对于调节汽温是至关重要的。

（2）以启动分离器出口工质温度作为汽温调节的导前信号。启动分离器出口温度称为中间点温度，根据中间点温度调节燃水比，不仅可减小汽温调节的滞后时间，还可以及时控制水冷壁的工质温度，防止水冷壁发生传热恶化。

（3）以喷水减温作为细调节手段。直流锅炉的汽温调节不宜采用大量喷水的减温方式，因为减温水量增大时，喷水点前的受热面，尤其是水冷壁中的工质流量必然减小，使得水冷壁中工质温度升高，其结果不仅起不到调节汽温的作用，而且还会加剧水冷壁的超温。因此，直流锅炉最好不采用喷水减温的方式。

（4）采用摆动式燃烧器和烟气挡板调节再热汽温时，必然影响过热汽温。过热汽温的调节应根据燃烧器摆动时的汽温特性，相应调节燃水比和采用微量喷水。

16.4.6 启动分离器储水箱水位控制

锅炉在湿态运行时，汽水分离器储水箱水位是通过给水泵流量和储水箱高水位调节阀进行自动控制的。锅炉循环泵只保证省煤器入口流量，给水泵保证储水箱正常水位。当储水箱的水位高于正常值时，储水箱高水位调节阀 HWL-1 和 HWL-2 相继参与调节，以维持分离器的正常水位；当水位下降时，给水泵自动增加出力，维持储水箱水位，保证锅炉循环泵不因为储水箱水位低而跳闸。

从锅炉启动点火到 30%MCR 负荷范围内，分离器为湿态运行，起汽水分离的作用。锅炉点火后，随着燃烧量的增加，水冷壁出口的工质压力和温度以及干度不断提高，形成汽水混合物，进入分离器进行汽水分离。蒸汽进入过热器及再热器，进行汽轮机的暖机、冲转和带负荷运行过程。疏水和给水通过循环泵送入省煤器、水冷壁，实现工质和热量的回收。在 30%~100%MCR 范围内，汽水分离器为干态运行，锅炉处于纯直流运行状态。

17 锅炉正常运行及调整

17.1 锅炉运行调整的任务及控制方式

对直流锅炉来说，热水段、蒸发段和过热段受热面之间是没有固定界限的，这是直流锅炉的运行特性与自然循环锅炉有较大区别的基本原因。随着机组容量的增大，整个机组的结构也更加复杂。从安全和经济的角度出发，对机组运行中调节的要求也越来越高。机组调节的任务就是对其运行工况进行及时的调整，使它们尽快地适应外界负荷的需要，又使机组的所有运行参数都不超出各自的容许变动范围，也即在各种扰动的条件下，总要求保证安全和经济地运行。锅炉的运行特性，或者说满足汽轮机要求的能力，以及锅炉运行的可靠性、安全性和经济性，在相当程度上是决定于锅炉设计制造和运行调节。

17.1.1 锅炉运行调整的任务

锅炉运行调整的任务如下：

（1）锅炉正常运行中，应使锅炉的蒸发量适应机组负荷的要求，保持锅炉运行参数在规定范围内，确保机组运行的安全性和经济性。

（2）合理组织炉内燃烧工况，稳定燃烧，维持正常炉膛压力，防止锅炉灭火、爆燃、受热面结焦及减少热偏差。

（3）通过一、二次风配比在炉膛内形成合理的温度场、动力场，使炉膛热负荷分配均匀，燃烧稳定。

（4）选择合理的煤粉细度、过剩空气系数和排烟温度，充分提高燃烧的经济性。

（5）通过调整燃烧，减少粉尘、硫化物和 NO_x 排放。

（6）保持锅炉水和蒸汽品质合格。

（7）锅炉设备在运行中应充分利用顺序控制装置和自动调节装置，以利于运行工况稳定。当自动或顺控系统运行不正常时，应立即改为手动运行，维持工况正常，并通知有关检修人员尽快处理以恢复自动运行。

17.1.2 锅炉的控制方式

17.1.2.1 协调控制

机组协调控制就是根据机组运行工况形成一个适合锅炉和汽机要求的需求指令，包括锅炉输入指令、汽机主控指令、锅炉输入率指令。这些指令间的关系与所选择的运行方式有关，机炉协调控制运行方式有：机炉协调控制方式（CCS），锅炉跟踪控制方式（BF）。

（1）协调控制（CCS）方式：这是机组正常运行方式。机组负荷指令（即功率指令）

同时送给锅炉和汽机，以便使输入给锅炉的能量能与汽机的输出能量相匹配。汽机调速汽门控制系统将直接响应机组负荷指令，锅炉输入指令由机组负荷指令加上主蒸汽压力偏差的校正量形成。在这种运行方式下汽机调速冷门能快速响应功率指令，并且锅炉负荷也能快速地改变，因而机组能稳定地运行，也可以尽可能地满足电网的需求（来自 AGC 的功率指令、频率稳定需求）。机炉协调控制（CCS）运行方式的投入，需要把锅炉输入控制和汽机主控投入自动、把所有的主要控制回路投入自动控制方式，例如给水控制、燃料量控制、风量控制和炉膛压力控制。

除机炉协调控制方式外的其他运行方式则采用不同的控制策略，这些方式不响应中调来的或运行人员设定的机组负荷指令，只能由锅炉侧或者汽机侧控制主汽压力，而另外一侧处于手动方式，无法同时协调汽机侧和锅炉侧的指令。

（2）锅炉跟随控制（BF）方式：汽机主控在机炉协调控制方式运行期间切换到手动时，运行方式就会从 CCS 方式切换到 BF 方式。在这种运行方式下，机组负荷通过操作人员手动改变汽机主控输出来改变，该方式下机组负荷指令信号跟踪实际功率信号。

17.1.2.2　锅炉主控

锅炉输入指令信号在 CCS 方式下由机组给定功率指令和主蒸汽压力校正信号组合形成，在 BF 方式下由机组实际功率信号和主蒸汽压力校正信号组合形成。

17.1.2.3　主汽压力控制

通过下述两种方法自动给出主蒸汽压力的滑压设定值：在 CCS 方式下根据机组负荷指令信号，在非 CCS 方式下根据锅炉输入指令信号。在主蒸汽压力设定值手动设定方式时，由运行人员改变主蒸汽压力设定值。在主蒸汽压力设定值回路中设计了一个相应于锅炉时间常数的惯性环节，这对应于在锅炉时间常数的影响下，当锅炉输入指令变化时主蒸汽压力的响应有一个滞后。如果没有这个环节，将有可能引起上述的汽机调门超驰控制，进而引起限制机组负荷。

17.1.2.4　快速减负荷（RB）运行

在机组正常运行时如果出现锅炉或汽机重要辅机事故跳闸的工况，锅炉输入指令将会按照预先设定的速率快速下降，下降速率根据跳闸辅机的种类而有所不同，如果不做上述处理，机组将不能继续稳定运行。锅炉输入指令将一直下降到剩余运行辅机所能允许的负荷水平为止。

为了能使锅炉输入指令快速下降，锅炉侧的相应子控制回路均应在自动控制方式，这些子控制回路包括给水、燃料量、送风和炉膛压力。此外，为了达到快速稳定压力控制以防止由于锅炉输入指令变化造成主蒸汽压力波动的目的，还需要使汽机主控处于自动运行方式。

RB 发生后，锅炉输入指令将在锅炉输入方式下以预先设定的目标值和变化率减小，这时机炉协调控制方式将退出。

电厂 RB 设计考虑的辅机有送风机、引风机、一次风机、空预器、给水泵和磨煤机，表 17-1 为发生 RB 运行的项目说明。

表 17-1　发生 RB 运行的项目说明

RB 发生后的运行情况	发生 RB 的原因	目标负荷/MW	变化率/MW · min^{-1}
一台汽动泵运行	汽动泵跳闸或电动泵跳闸	500	2000
电动泵运行	一台汽动泵跳闸	300	1000
一台引风机运行	一台引风机跳闸	500	1000
一台一次风机运行	一台一次风机跳闸	500	2000
一台空气预热器运行	一台空气预热器跳闸	500	1000
一台送风机运行	送风机跳闸	500	1000

17.1.2.5　交叉限制功能

交叉限制功能的目的，就是指在诸如给水、燃料和风量的每个流量指令信号加上一些限制，以确保这些参数之间的不平衡在任何工况下都不会超出允许的限值范围，这些功能只有在相应的回路运行在自动方式下才起作用。

（1）燃料量给出给水流量指令的最大和最小限值。

（2）给水流量不足给出的燃料量指令的最大限值。

（3）总风量不足给出的燃料量指令的最大限值。

（4）燃料量给出总风量指令的最小限值。

17.2　直流锅炉的运行和调整特性

锅炉和汽机共同适应电网负荷指令的要求，共同保证有关运行参数的稳定。锅炉是一个热惯性较大的调节对象，相对于汽机而言，它的调节过程是相当迟缓的。大型机组采用集散控制系统，机炉采用协调控制方式，并且锅炉在适应负荷调节的同时，也要保证主蒸汽温度、压力，给水流量、炉膛负压等满足参数要求，锅炉和汽轮机生产过程的特点及动态特性有很大差异，以执行监视、检查和调节的任务，其自动控制装置也必须适应机组的运行特性和要求。因此，不论人工调节或自动调节，都必须以正确了解机组的运行特性为基础，运行特性包括静态特性和动态特性两个方面。

17.2.1　静态特性

17.2.1.1　汽温静态特性

（1）稳定工况下，以给水为基准的过热蒸汽总焓升可按式（17-1）计算：

$$h''_{gr} - h_{gs} = \frac{\eta B Q_r (1 - r_{zr})}{G} \tag{17-1}$$

式中　B——燃料量，kg；

G——锅炉给水量，kg；

Q_r——锅炉输入热量，kJ/kg；

η——锅炉热效率；

h_{gs}，h''_{gr}——给水焓、过热器出口焓，kJ/kg；

r_{zr}——再热器相对吸热量，$r_{zr}=\dfrac{Q_{zrr}}{\eta Q_r}$；

Q_{zrr}——再热器吸热量，kJ/kg。

根据式（17-1），下面对影响因素进行分析。

1）燃水比（B/G）。保持式（17-1）中 h_{gs}、η、Q_r 和 r_{zr} 不变，则当锅炉给水量从 G_0 变化到 G_1，对应的燃料量 B_0 变化到 B_1 时，过热器出口焓值的变化量可写为：

$$\Delta h''_{gr}=h''_{gr,1}-h''_{gr,0}=(h''_{gr}-h_{gs})\left(1-\frac{m_0}{m_1}\right) \tag{17-2}$$

式中　$h''_{gr,0}$，$h''_{gr,1}$——工况变动前、后的过热器出口焓，kJ/kg；

m_0，m_1——工况变动前、后的燃水比，$m_0=\dfrac{B_0}{G_0}$，$m_1=\dfrac{B_1}{G_1}$。

由式（17-2）可计算燃水比变化对气温的影响。在亚临界状态下，$h''_{gr}-h_{gs}\approx$ 2160kJ/kg。若保持给水流量不变，燃料量增加10%（$m_1=1.1m_0$），则过热蒸汽出口焓将增加216kJ/kg，相应的温升约为100℃；如果热负荷不变，而工质流量减少10%（$m_1=1.1m_0$），则过热蒸汽焓增为247kJ/kg，相应的温升约110℃。由此可见，当直流锅炉的燃料量与给水量不相适应时，出口汽温的变化是很剧烈的。实际运行中，为维持额定汽温稳定必须严格控制燃水比。

2）给水温度。当给水温度降低时，若保持燃水比不变，则由式（17-2）可知，过热器出口焓（汽温）将随之降低。只有调大燃水比，使之与增大了的过热蒸汽总焓升（$h''_{gr}-h_{gs}$）相对应，才能保持汽温稳定。

3）过量空气系数。当过量空气系数增加时再热器总吸热量 Q_{zyr} 及再热器相对吸热量 r_{zy} 增大，在燃水比未变动的情况下，根据式（17-2）过热器出口汽温将降低。运行中也需要改变设定的燃水比。

4）锅炉热效率。由式（17-2）可知，当锅炉热效率降低时，过热汽温将下降。运行中炉膛结焦、过热器结焦、风量偏大，都会使排烟损失增大，效率降低；燃烧不完全也是锅炉热效率下降的一个因素。上述情况出现时均会使燃水比发生变化。

（2）滑压运行：滑压运行时的主蒸汽压力是锅炉负荷的函数。当负荷降低时主蒸汽压力下降，与之相应的工质理论热量（从给水加热至额定出口汽温所必须吸收的热量）增大，如燃水比不变，则汽温将下降。如保持汽温不变，则燃水比按比例增加。在再热汽温稳定工况下，再热器出口焓值 h''_{zr} 按式（17-3）计算：

$$h''_{zr}-h'_{zr}=\frac{\eta BQ_r r_{zr}}{dG} \tag{17-3}$$

式中　h'_{zr}——再热器进口焓值，kJ/kg；

d——再热汽流量份额，$d=G_W/G_0$。

若式（17-3）中 h'_{zr}、η、Q_r 和 r_{zr} 保持不变，则当锅炉给水量从 G_0 变化到 G_1，对应的燃料量由 B_0 变化到 B_1 时，再热器出口焓值的增量为：

$$\Delta h''_{zr}=h''_{zr,1}-h''_{zr,0}=(h''_{zr,0}-h'_{zr,0})\left(\frac{m_1}{m_0}-1\right) \tag{17-4}$$

由式（17-4）可知，在任何负荷下，当燃料量与给水量成比例变化时即可保证再热汽温为额定值，这个结论与主汽温调节的要求是一致的。

煤发热量、过量空气系数、受热面结焦、定压运行、滑压运行方式等对再热汽温影响的分析与过热汽温相似。随着煤热值、过量空气的增加，在燃水比不变时再热汽温升高；滑压运行比定压运行更易于稳定再热汽温。

17.2.1.2　汽压静态特性

汽压静态特性如下：

（1）燃料量扰动。假设燃料量增加 ΔB，汽轮机调速汽门开度不变，以下从3种情况分析工况变动后的汽压：

1）给水流量随燃料量增加，保持燃水比不变（$m_0 = m_1$），由于锅炉产汽量增大汽压上升。

2）给水流量保持不变，燃水比增大（$m_1 > m_0$），为维持汽温必须增加减温水量，同样由于蒸汽流量增大汽压上升。

3）给水流量和减温水量都不变，则汽温升高，蒸汽容积增大，汽压也有所上升。这是在汽轮机调速汽门开度不变的情况下，蒸汽流速增大使流动阻力增大所致。但如果汽温的升高在允许范围内的较小值，则汽压无明显变化。

（2）给水流量扰动。假设给水流量增加 ΔG，汽轮机调速汽门开度不变，也有以下3种情况：

1）燃料量随给水流量增加，保持燃水比不变（$m_0 = m_1$），由于蒸汽流量增大汽压上升。

2）燃料量不变，减小减温水量保持汽温，则汽压不变。

3）燃料量和减温水量都不变，如汽温下降在许可范围内，则蒸汽流量的增大使汽压上升。

（3）汽轮机调速汽门扰动。若汽轮机调速汽门开大 Δk，而燃料量和给水流量均不变，由于工况稳定后，汽轮机排汽量仍等于给水流量，并未变化。根据汽轮机调速汽门的压力-流量特性可知，汽压降低。

17.2.1.3　水冷壁流量-负荷特性

直流锅炉变负荷运行时，质量流速相应变化。若为滑压运行，则汽压也随之升降，对蒸发管的水动力特性将发生变化。下面主要对水冷壁流量偏差的负荷特性以及水动力多值性进行分析。

A　流量偏差特性

流量偏差特性包括负荷降低和水动力稳定性的影响。

（1）负荷降低的影响。在任何负荷下，水冷壁的总压差按式（17-5）计算：

$$\begin{aligned}\Delta p_{z} &= \Delta p_{zw} + \Delta p_{lz} = \rho hg + R\rho w^2/2 \\ \Delta p_{zw} &= \rho hg \\ \Delta p_{lz} &= R\rho w^2/2\end{aligned} \tag{17-5}$$

式中　Δp_{zw}——重位压差，Pa；

Δp_{lz}——流动阻力，Pa。

计算流量偏差时，各管总压差 $\Delta p_i=\Delta p_z$。当存在吸热不均匀时，水冷壁呈现的流量特性取决于比值 $\Delta p_{zw}/\Delta p_{lz}$，如果重位压差 Δp_{zw} 在总压差中占主要部分，水冷壁显示自补偿特性，即吸热量较大的管子水流量也大；反之，如果流动阻力 Δp_{lz} 在总压差中占主要部分，水冷壁则显示强迫流动特性，即吸热量较大的管子水流量低。

对于一次上升垂直管屏，额定负荷下重位压差 Δp_{zw} 与流动阻力 Δp_{lz} 相差不多。在低负荷下，汽量与水量等值降低，但 Δp_{zw} 降低得更慢，故总压差中以重位压差 Δp_{zw} 为主，水冷壁系统在低负荷下是自然循环特性。高负荷时，总压差中以流动阻力 Δp_{lz} 为主，水冷壁系统是强迫流动特性。对于水平管圈，由于管屏高度与管屏长度相比很小，所以重位压差 Δp_{zw} 所占比例不大，它显示强迫流动的流动特性；且随着负荷的降低，强迫流动特性增强，即在低负荷下同样的吸热不均匀，会引起更大的流量偏差。

对于水平管圈和垂直管屏联合组成的水冷壁系统，由于垂直管屏入口已为含汽率较高的汽水混合物，故垂直管屏 Δp_{zw} 相对很小，总压差中以流动阻力 Δp_{lz} 为主，所以垂直管屏呈现较强的强迫流动特性。与水平管圈一样，当负荷降低时强迫流动特性增强。

（2）压力降低的影响。直流锅炉采用滑压运行，低负荷时压力相应降低。压力降低时汽水密度差加大，平均管的密度减小，在同样的质量流量下，Δp_{zw} 减小、Δp_{lz} 增大，即原来显示强迫流动特性的管屏将更加增加其强迫特性，因而降低水冷壁的工作安全性。对一个超临界压力锅炉炉膛辐射区垂直管屏，当热负荷增加时工质流量减小。随着工作压力的降低，流量不均系数 η_G 也越来越小。

B　水动力稳定性

直流锅炉的水动力不稳定性（水动力多值性）是指在一个管屏总压差下，可以有多个流量与之对应的现象。一旦发生水动力不稳定，则各并列管子中工质的流量会出现很大的差别，管子出口工质的参数也就大不相同。有些管子的出口为饱和蒸汽甚至过热蒸汽，另一些管子则为汽水混合物，甚至为水。在同一根管子中也会发生流量时大时小的情况，水冷壁的冷却被大大恶化。

产生水动力多值性的根本原因是水冷壁进口的给水有欠焓。当给水欠焓超过某一定值之后，就会发生水动力的不稳定。对于水平管圈式水冷壁，可按下式判断是否出现水动力多值性。

$$\Delta h \leqslant \frac{7.46r}{a\left(\frac{\rho'}{\rho''}-1\right)} \tag{17-6}$$

式中　Δh——水冷壁进口水的欠焓，kJ/kg；

r——汽化潜热，kJ/kg；

a——裕度系数，在 9.8MPa 以下时取 2，更高压力下 Δh 应小于 420kJ/kg。

压力降低对水动力稳定性的影响可通过式（17-6）分析得到。随着压力的降低，汽化潜热 r 和密度比 ρ'/ρ'' 均增大，但后者增大得更快，使式中的 $r/(\rho'/\rho''-1)$ 项降低；也就是说，随着压力的降低，满足式（17-6）将变得越来越困难或者说裕度更低。因此，水平管圈的直流锅炉低压力运行时，更应注意水动力稳定性的问题。

对于垂直管圈，重位压头不能忽略，水动力特性可认为是水平管圈的特性叠加一个重位压头而形成的。因此，垂直管圈的水冷壁一般没有水动力不稳定的问题。但压力很低时，重位压头迅速减小，仍有可能使水动力的稳定性变差。

一般来讲，水动力的稳定性随着锅炉负荷的降低而变差，这主要是因为负荷低时给水温度降低，水冷壁进水工质的欠焓增加。

17.2.2 动态特性

17.2.2.1 燃料量扰动

燃料量突然增加时，蒸发量在短暂延迟后将发生一次向上的波动，随后就稳定下来与给水量保持平衡。因为在燃烧放热量波动时，烟气侧的反应是很快的，所以蒸发量变化的延迟现象主要是传热与金属容量的影响。波动过程中超过给水量的额外蒸发量是由于热水段和蒸发段的缩短。随着蒸发量的增加，锅炉压力也逐渐升高，故给水量自动减小。

燃水比即使改变很小，汽温也会发生明显的偏差。但是在过渡过程的初始阶段，由于蒸发量与燃烧放热量近乎按比例变化，再加上管壁金属储热所起的延缓作用，所以过热汽温要经过一定时滞后才逐渐变化。如果燃料量增加的速度和幅度都很急剧，有可能使锅炉瞬间排出大量蒸汽。在这种情况下，汽温将首先下降，然后再逐渐上升。

蒸汽压力在短暂延迟后逐渐上升，最后稳定在较高的水平。最初的上升是由于蒸发量的增大，随后保持较高的数值是由于汽温的升高，蒸汽容积流量增大，而汽轮机调速汽门开度不变，流动阻力增大所致。

17.2.2.2 给水量扰动

给水量骤增时，蒸汽流量会增大。但由于燃料量不变，热水段和蒸发段都要延长。在最初阶段，蒸汽流量只是逐渐上升；在最终稳定状态，蒸发量将等于给水量，达到新的平衡。由于锅炉金属储热的延缓作用，汽温变化与燃料量扰动时相似，在过热器起始部分和出口端也都有一定的时滞，然后逐渐变化到稳定值。

过热蒸汽的压力由于蒸汽流量的增加而升高，当汽温下降、容积流量减小时又有所降低，最后稳定在稍高水平。

17.2.2.3 功率扰动

功率扰动是指调速汽门动作取用部分蒸汽，增加汽轮机功率，而燃料量、给水量不变化的情况。若调速汽门突然开大，蒸汽流量立即增加，汽压下降。在给水压力和给水门开度不变的条件下，由于汽压降低，给水流量实际上是自动增加的。这样，平衡后的给水流量和蒸汽流量有所增加。在燃料量不变的情况下，这意味着单位工质吸热量必定减小，或者说出口汽温（焓）必定减小。出口汽温的降低过程，同样由于金属储热的释放而变得迟缓，并且由于金属储热的释放，稳定后的汽温降低值也并不显著。

超临界机组在超临界区运行时，其动态特性与亚临界锅炉相似，但变化过程较为和缓。燃料量增加时，锅炉热水、过热段的边界发生移动，尽管没有蒸发段，但热水、过热段的比体积差异也会使工质储存量在动态过程中有所减小，因此出口蒸汽量稍大于入口给水量直至稳态下建立新的平衡。由于上述特点，对于超临界机组，在燃料量、给水量和功率扰动时的动态特性，受蒸汽量波动的影响较小。如燃料量扰动时，抑制过热汽温变化的因素主要是金属储热，而较少受蒸汽量影响，因而过热汽温变化得就快一些；而汽压的波动则基本上产生于汽温的变化，变得较为和缓。

17.3 锅炉汽压的调整

直流锅炉压力调节的任务，是经常保持锅炉蒸发量和汽轮机所需蒸发量相等。只要时刻保持这个平衡，过热蒸汽压力就能稳定在给定参数上。直流锅炉炉内燃烧率的变化并不引起蒸发量的改变，而只引起出口汽温的变化。由于锅炉送出的汽量等于进入的给水量，因而只有当给水量改变时才会引起锅炉蒸发量的变化。直流锅炉汽压的稳定，从根本上说是依靠调节给水量实现的。而汽包炉要调节蒸发量，首先是依靠调节燃烧来达到，与给水量无直接关系，给水量是根据汽包水位来调节的。

如果只改变给水量而不改变燃料量，则将造成过热汽温的变化。因此，直流锅炉在调节汽压时，必须使给水量和燃料量按一定的比例同时改变，才能保证在调节负荷或汽压的同时，确保汽温的稳定。汽压的调节与汽温的调节是不能相对独立进行的。

从动态过程来看，炉内燃烧率的变化却可以暂时改变蒸发量，且与给水量的扰动相比，燃烧率的扰动要更快于汽压的反映。因此，当外界需要锅炉变负荷时，如先改变燃料量，再改变给水量，就有利于保证在过程开始时蒸汽压力的稳定。

17.3.1 主蒸汽压力调节

17.3.1.1 锅炉点火至300MW阶段的汽压调节控制

锅炉点火至300MW阶段，在这一阶段，主蒸汽压力由0MPa升至8.4MPa，主蒸汽压力由高压旁路控制。锅炉点火后，延时12min或主蒸汽压力大于8.4MPa，高压旁路自动开启至5%，大于2min则开启至17%，最高不超过50%，以保证在锅炉启动初期有足够的蒸汽通过再热器防止干烧；之后延滞1~10min（由点火时主蒸汽压力决定延滞时间），或主蒸汽压力大于12.0MPa时，高压旁路阀阀位低限设置阀位8%，高限由主蒸汽压力确定限值（50%~100%）。随之高压旁路压力设定值跟着主蒸汽压力以一定的升压率变化，直至达到汽机冲转压力，即到8.4MPa。随着汽机冲转、并网带负荷，高压旁路阀逐渐关闭，直至全关，此时锅炉产生的蒸汽全部进入汽机，高压旁路阀的最小阀位取消。高压旁路关闭后，机组进入滑压运行阶段。

17.3.1.2 锅炉负荷300MW至900MW阶段汽压调节控制

锅炉负荷从300MW至900MW阶段，这一阶段又可称为滑压运行阶段。当高压旁路全部关闭后，汽轮机转为初压方式，调节主蒸汽压力。当机组进入协调控制后，汽轮机转为限压方式控制，实际上滑压运行阶段主蒸汽压力是由锅炉主控进行控制的，只有当主蒸汽压力偏离设定值较多时，汽轮机才参与压力调节。滑压运行时，进入汽轮机的通流截面基本是一个定值，在给定的负荷变化率下，锅炉主控控制燃料量和给水量（燃水比控制），使产汽量增加，主蒸汽压力由8.4MPa逐步增加至27.4MPa（额定压力），机组负荷也由300MW升至900MW。

17.3.1.3　锅炉负荷900MW至满负荷阶段的汽压调节控制

当机组负荷达到900MW时，主蒸汽压力升至额定值，进入定压运行，机组为协调控制，汽轮机主控和锅炉主控同时参与主蒸汽压力的调节。

锅炉主控对主蒸汽压力的调节方式有两种，即协调方式和锅炉跟踪方式。锅炉主控的调节方式是以负荷调节为主，用“主蒸汽压力偏差”和“负荷偏差”进行修正。当主蒸汽压力出现偏差时，锅炉主控发出指令增加或减少燃料量，改变主蒸汽实际压力。如果“负荷偏差”和“主蒸汽压力偏差”同时存在，汽轮机主控和锅炉主控的调节方式不同。汽轮机主控控制中“负荷偏差”信号和“主蒸汽压力偏差”信号比较后，修正负荷调节指令。锅炉主控控制中“负荷偏差”信号则与“主蒸汽压力偏差”信号叠加后，修正负荷调节指令。比较两种调节方式，当两种偏差为同向时（即均为正偏差或均为负偏差），调节以锅炉主控为主；当两种偏差为反向时，调节以汽轮机主控为主。锅炉主控的锅炉跟踪方式完全与负荷调节无关，以主蒸汽压力控制为主。

17.3.1.4　高压旁路对主蒸汽压力的跟踪调节

高压旁路关闭后自动转到跟踪方式（机组的高压旁路容量为100%B-MCR），旁路跟踪控制方式由协调控制根据燃料率计算出的设定值再加1.0MPa作为高压旁路阀的压力设定点，使高压旁路阀始终处于关闭状态。当主蒸汽压力大于压力设定值1.0MPa时，高压旁路阀快开至75%（此功能在负荷低于50%时不起作用）。当汽轮机跳闸或主蒸汽压力大于28.9MPa使压力开关动作时，高压旁路阀快开至75%；DCS也有手操按钮使高压旁路阀快开至75%，同时使高压旁路处于自动方式。

17.3.2　再热蒸汽压力调节

再热蒸汽压力在正常运行时是不受任何控制的，仅取决于汽轮机高压缸排汽压力。但在锅炉启动阶段，为保证再热器内有足够大的流速，通过低压旁路控制再热蒸汽压力。

锅炉点火后开始低压旁路阀的启动过程，开始时低压旁路阀为关闭状态，当高压旁路阀开启并大于3%阀位时，低压旁路转入压力控制。压力设定点为切换时再热蒸汽压力值，最小设定值为0.2MPa。当低压旁路阀开启后，设置最小阀位10%、最大阀位70%。当低压旁路阀阀位达到70%时5min后再热汽压力仍未达到冲转压力时，低压旁路阀设定值转到实际的再热汽压力，并以一定的速率往上升，直至冲转压力2.0MPa，此时低压旁路的启动过程结束。

在汽轮机冲转并网后，低压旁路阀的10%最小阀位限制取消。

当高压旁路进入跟踪方式运行后，低压旁路阀的压力设定值取决于锅炉燃烧率与汽轮机第一级反动级后压力所确定的机组负荷取大值，然后根据所选择的负荷值再确定低压旁路阀的压力设定值。

当汽轮机甩负荷或跳闸时，低压旁路将马上开启。当低压旁路的开度小于100%或主蒸汽流量小于30%B-MCR时，低压旁路将控制再热汽的压力。

17.4　锅炉汽温的调整

燃水比的变化是过热汽温变化的基本原因。保持燃水比基本不变，则可维持过热器出口汽温不变。当过热蒸汽温度改变时，首先应该改变燃料量或者给水量，使汽温大致恢复设定值，然后用喷水减温的方法较快速精确地保持汽温。

由于过热汽温用控制燃水比进行调节，也就同时使再热器内的蒸汽流量与燃料量大致成比例地变化，对再热汽温也起到粗调作用，这与汽包锅炉的情况没有差别。因此，直流锅炉的再热汽温调节仍可采用锅炉燃烧器摆动调节，喷水减温只作为微调和事故情况下使用。

对于再热汽温长期偏高或偏低问题，可通过改变中间点温度设定值的方法加以解决。降低中间点温度则再热汽温降低，提高中间点温度再热汽温升高，该方法的实质依然是变动燃水比的控制值。

17.4.1　影响蒸汽温度变化的因素

17.4.1.1　燃水比

直流锅炉运行时，为维持额定汽温、锅炉的燃料量与给水量必须保持一定的比例。若给水量不变而增大燃料量，由于受热面热负荷成比例增加，热水段长度和蒸发段长度必然缩短，而过热段长度相应延长，过热汽温就会升高；若燃料量不变而增大给水量，由于热负荷并未改变，所以热水段长度和蒸发段长度必然延长，而过热段长度随之缩短，过热汽温就会降低。因此直流锅炉主要是依靠调节燃水比来维持额定汽温。若汽温变化是由其他因素引起（如炉内风量），则只需稍稍改变燃水比即可维持设定汽温不变。对于汽包锅炉由于有汽包作用，所以燃水比基本不影响汽温。而燃料量对汽温的影响，也由于蒸汽量的相应增加，因而影响是不大的。因此，直流锅炉都是用调节燃水比作为基本的调温手段，而不像汽包锅炉那样主要依靠减温水；否则，一旦燃水比例失调，喷水量的需求将是非常大的。

17.4.1.2　给水温度

汽轮机高压加热器因故障停退或投入时，锅炉给水温度就会发生变化。若给水温度降低，在同样给水量和燃水比的情况下，直流锅炉的加热段将延长，过热段缩短（表现为过热器进口汽温降低），过热汽温会随之降低；再热器出口汽温则由于汽轮机高压缸排汽温度的下降而降低。因此，当给水温度降低时，必须改变原来设定的燃水比定值，适当调整燃水比即增大燃料量，才能保持住额定汽温。

17.4.1.3　受热面沾污

在燃水比不变的情况下，炉膛结焦会使过热汽温降低。这是因为炉膛结焦使锅炉传热量减少，排烟温度升高，锅炉热效率降低。对工质而言，则1kg工质的总吸热量减少，而工质的加热热和蒸发热之和一定，过热吸热（包括过热器和再热器）减少。但再热器吸热因炉膛出口烟温的升高而增加，故过热汽温降低。对于再热汽温，进口再热汽温的降低和再热器吸热量的增大影响相反，出口汽温变化不大。

对流式过热器和再热器的积灰都不会改变炉膛出口烟温，而只会使相应部件的传热热阻增大，因而传热量减小，使过热汽温和再热汽温降低。在调节燃水比时，若为炉膛结焦，可直接增大燃水比；但过热器结焦，则增大燃水比时应注意监视水冷壁出口温度，在其不超温的前提下调整燃水比。

17.4.1.4　过量空气系数

当增大过量空气系数时，炉膛出口烟温基本不变。但炉内平均温度下降，炉膛水冷壁的吸热量减少，致使过热器进口蒸汽温度降低，虽然对流式过热器的吸热量有一定的增加，但不能抵消过热器进口蒸汽温度降低带来的对过热器温升的影响，导致在燃水比不变的情况下过热器出口温度将降低。过量空气系数减小时，结果与增加时相反。若要保持过热汽温不变，也需要重新调整燃水比。随着过量空气系数的增大，辐射式再热器吸热量减少不多，而对流式再热器的吸热器增加。对于显示对流式汽温特性的再热器，出口再热汽温将升高。

17.4.1.5　火焰中心高度

当火焰中心升高时，炉膛出口烟温显著上升，再热器无论显示何种汽温特性，其出口汽温均将升高。此时，水冷壁受热面的下部利用不充分，致使 1kg 工质在锅炉内的总吸热量减少。由于再热蒸汽的吸热是增加的，所以过热蒸汽吸热减少，过热汽温降低。

由上述分析可见，直流锅炉的给水温度、过量空气系数、火焰中心位置、受热面沾污程度对过热汽温、再热汽温的影响与汽包锅炉有很大的不同，有些影响是完全相反的。对于直流锅炉，上述四种因素的影响相对较小，且变动幅度有限，它们都可以通过调整燃水比来消除。所以，直流锅炉只要调节好燃水比，在相当大的负荷范围内，过热汽温和再热汽温均可以保持在额定值。

17.4.2　主蒸汽温度调节

17.4.2.1　过热汽温粗调（燃水比调节）

对于直流锅炉，控制主蒸汽温度的关键在于控制锅炉的燃水比，而燃水比合适与否则需通过中间点温度来鉴定。所谓中间点就是能更早、更迅速、不受其他因素影响地反映出主蒸汽温度变化趋势的温度测点，并且这一测点的温度主要取决于锅炉燃水比。锅炉的主蒸汽温度调节除控制燃水比外，还可以通过二级喷水减温控制主蒸汽温度为额定值。

对燃水比起修正作用的锅炉中间点温度选在汽水分离器出口，以该点作为中间点有以下几方面的好处：

（1）能快速反映出燃料量的变化。当燃料量增加时，水冷壁最先吸收燃烧释放出的辐射热量，分离器出口温度的变化比依靠吸收对流热量的过热器快得多。

（2）中间点选在减温器之前，基本上不受减温水流量变化的影响，即使发生减温水量大幅度变化，按锅炉给水量=给水泵入口流量-减温水量计算，中间点温度送出的调节信号仍保证正确的调节方向。

（3）锅炉负荷在300~1000MW范围内，启动分离器出口始终处于过热状态，温度准确，反应灵敏。

当锅炉总燃料量发生变化时，分离器出口很快反映出汽温的变化。

启动分离器出口温度的变化量经微分调节器发出一个过调信号，加快增减给水量，使给水量尽快满足燃料量的变化，燃水比重新达到平衡。

水冷壁出口蒸汽管道上装有温度测点，适用于主蒸汽超温保护。由于分离器设置在炉膛外，所以水冷壁出口和分离器出口的温度是基本相等的，同样可视其为中间点温度。当水冷壁出口温度超过规定值时，锅炉MFT动作，快速切断主燃料。鉴于中间点温度在主蒸汽温度控制中起到如此重要的作用，锅炉运行期间运行人员必须严密监视中间点温度的变化趋势，及时参与温度调节。

低负荷时炉膛单位辐射热增加且燃水比稍稍变大，将使中间点的焓值升高。因此，不同负荷下中间点焓值的设定值并不是一个固定值，设计人员应将这个特性绘制成曲线指导运行，或输入计算机进行自动控制。

17.4.2.2　过热汽温细调（喷水调节）

实际运行中，由于给煤量的控制不可能很精确，因而只能将燃水比作为粗调，以喷水减温对过热器进行细调。直流锅炉的喷水减温装置分二级，第一级布置在二级过热器的入口，第二级布置在三级过热器的入口。用喷水减温调节汽温时，要严格控制减温水总量，尽可能少用，以保证有足够的水量冷却水冷壁。为保证汽温调节的灵敏性，正常运行时应保持各级减温水始终有一定的流量。

锅炉给水温度降低时汽温降低，若要维持机组负荷不变，必须增加燃料量。若锅炉超过出力运行，必须注意锅炉各段受热面的温度水平，恰当调节减温水量，防止管壁超温。

正常情况下，过热器减温水调门开度在20%~50%，如果减温水调门开度超过正常范围，可适当修正中间点焓值，减温水有较大的调整范围，防止系统扰动造成主蒸汽温度波动。使用减温水调温时要考虑系统存在较大的热惯性，汽温调节存在一定的惯性和延迟，调整减温水时要注意监视减温器后的温度变化趋势，注意不要猛增、猛减，要根据汽温偏离的大小及减温器后温度变化情况平稳地对蒸汽温度进行调节。

17.4.3　再热蒸汽温度调节

锅炉的再热汽温采用603℃，再热蒸汽温度的提高主要是为了降低汽轮机末几级叶片的湿度，同时也可以提高超临界机组的经济性。锅炉的再热汽温调节以燃烧器摆角调整为主，再热器喷水减温作为精确调整。

改变燃烧器角度，使炉膛火焰中心位置上移或下移，从而改变炉膛出口的烟温。如果再热汽温高，摆角向下；再热汽温低，摆角向上。采用燃烧器摆角控制再热蒸汽温度，虽然可使温度调节变得快速、灵敏，但也伴随下述的不利影响：

（1）燃烧器摆角调节时，将破坏过热汽温调节的平衡。火焰中心的移动，势必造成水冷壁吸收的辐射热量和过热器吸收的对流热量的变化。

（2）燃烧器摆角控制同样会对炉膛燃烧带来影响，低负荷时摆角过度向上，容易引起燃烧不稳等现象。

再热汽温除燃烧器摆角控制外，在低温再热器和高温再热器之间设有喷水减温器。由于再热蒸汽喷水减温调节是不经济的，在调整时尽量少用或不用减温水，只是精确修正再热汽温；同时在事故情况下，再热器温度很高时，可以大量喷入减温水，参与对再热汽温的控制，以保护再热器的安全。

再热蒸汽温度手动调节时要考虑到改变燃烧器喷嘴摆角调节汽温存在较大的迟缓性，同时在调整再热蒸汽温度时注意不要大幅度改变燃烧器摆角，避免对炉内燃烧工况产生大的干扰及再热蒸汽温度过调振荡。当再热蒸汽温度超出正常范围、需用大量用减温水调节汽温时，此时应对系统进行检查分析。检查制粉系统运行方式是否合理，燃烧器执行机构是否损坏，燃烧器配风挡板位置是否正确，燃烧器是否损坏，煤质是否严重偏离设计值，炉膛和燃烧器是否严重结焦，加强受热面吹灰。正常运行中要尽量避免采用事故喷水进行汽温调整，以免降低机组效率。

17.4.4　汽压和汽温的协调调节

在实际运行过程中，引起参数变化的原因主要有内扰和外扰两种。手动调节时，如能正确区分引起参数变化的原因，则可避免重复调节或误操作。以下分别进行讨论。

17.4.4.1　汽压、汽温同时降低

外扰、内扰都可能引起锅炉运行参数变化。外扰时如外界加负荷，在燃料量、喷水量和给水泵转速不变的情况下，汽压、汽温都会降低。这时，虽然给水泵转速未变，但是泵的前、后压差减小，使给水量自行增加。运行经验表明，外扰反应最快的是汽压，其次是汽温的变化，而且汽温变化幅度较小。此时的温度调节应与汽压调节同时进行，在增大给水量的同时，按比例增大燃料量，保持中间点温度（燃水比）不变。

内扰时如燃料量减小，也会引起汽压、汽温降低。但内扰时汽压变化幅度小，且恢复迅速；汽温变化幅度较大，且在调节之前不能自行恢复。内扰时汽压与蒸汽流量同方向变化，可依此判断是否为内扰。在内扰时不应变动给水量，而只需调节燃料量，以稳定参数。应注意，此种情况下，中间点温度（燃水比）相应变化。

17.4.4.2　汽压上升、汽温下降

一般情况下，汽压上升而汽温下降是给水量增加的结果。如果给水调节门开度未变，则有可能是给水压力升高使给水量增加。更应注意的是，当给水压力上升时，不但给水量增加，而且喷水量也自动增大。因此，应同时减小给水量和喷水量，才能恢复汽压和汽温。

17.4.4.3　中间点温度偏差大

当中间点的温度保持超出对应负荷下预定值较多时，有可能是给水量信号或磨煤机煤量信号故障导致自控系统误调节而使燃水比严重失调，此时应全面检查、判断给煤量、给水量的其他相关参数信号，并及时切换至手动。因此，即使采用了协调控制，也不能取代对中间点温度和燃水比进行的必要监视。

由上面分析可以看出，直流锅炉的汽压、汽温调节是不能分开的，它们只是一个调节过程的两个方面，这也是直流锅炉的参数调节与汽包锅炉的一个重大区别。

17.5　锅炉燃烧调整

17.5.1　概述

17.5.1.1　燃烧调节的目的

炉内燃烧过程的好坏，不仅直接关系到锅炉的生产能力和生产过程的可靠性，而且在很大程度上决定了锅炉运行的经济性。进行燃烧调节的目的是：在满足外界电负荷需要的蒸汽数量和合格的蒸汽品质的基础上，保证锅炉运行的安全性和经济性。

（1）保证正常稳定的汽压、汽温和蒸发量。

（2）着火稳定、燃烧完全，火焰均匀充满炉膛，不结渣，不烧损燃烧器和水冷壁，过热器不超温。

（3）使机组运行保持最高的经济性。

（4）减少燃烧污染物排放。

燃烧过程的稳定性直接关系到锅炉运行的可靠性。如燃烧过程不稳定将引起蒸汽参数发生波动，炉内温度过低或一、二次风配合不当将影响燃料的着火和正常燃烧，造成锅炉灭火；炉膛内温度过高或火焰中心偏斜将引起水冷壁、炉膛出口受热面结渣并可能增大过热器的热偏差，造成局部管壁超温等。

燃烧过程的经济性要求保持合理的风煤配合，一、二次风配合和送、引风配合，此外还要求保持适当高的炉膛温度。合理的风煤配合就是要保持最佳的过量空气系数；合理的一、二次风配合就是要保证着火迅速、燃烧完全；合理的送、引风配合就是要保持适当的炉膛负压、减少漏风。当运行工况改变时，这些配合比例如果调节适当，就可以减少燃烧损失，提高锅炉热效率。

对于煤粉炉，为达到燃烧调节的目的，在运行操作时应注意燃烧器的出口一、二次风速、风率，各燃烧器之间的负荷分配和运行方式，炉膛风量、燃料量和煤粉细度等各方面的调节，使其达到较合理参数。

17.5.1.2　影响炉内燃烧的因素

A　煤质

锅炉实际运行中，煤质往往变化较大。但任何燃烧设备对煤种的适应总有一定的限度，因而运行煤种的这种变动对锅炉的燃烧稳定性和经济性均将产生直接的影响。

煤的成分中，对燃烧影响最大的是挥发分。挥发分高的煤，着火温度低，着火距离近，燃烧速度和燃尽程度高。但烧挥发分高的煤，往往是炉膛结焦和燃烧器出口结焦的一个重要原因。与此相反，当燃用煤种的挥发分低时，燃烧的稳定性和经济性均下降，而锅炉的最低稳燃负荷升高。

煤的发热量低于设计值较多时，燃料使用量增加。对直吹式制粉系统的锅炉，磨煤机可能要超过出力运行，一次风量增加，煤粉变粗；发热量低的煤往往灰分都高，也会使着火推迟、炉温降低，燃烧不稳和燃尽程度变差。灰熔点低时还会产生较严重的炉膛结焦、燃烧器结焦等问题，燃烧器结焦往往会破坏炉内的空气动力场。

水分对燃烧过程的影响主要表现在水分多的煤，水汽化要吸收热量，使炉温降低、引燃着火困难、推迟燃烧过程，使飞灰可燃物增大；水分多的煤，排烟量也大，q_2增加。此外，水分过高还会降低制粉系统的出力及其工作的安全性（磨煤机堵煤、煤粉管堵粉等）。

B　锅炉负荷

锅炉负荷降低时，燃烧率降低，炉膛平均温度及燃烧器区域的温度都要降低，着火困难。当锅炉负荷降低到一定数值时，为稳定燃烧必须投油助燃。影响锅炉低负荷稳燃性能的主要因素是煤的着火性能、炉膛的稳燃性能和燃烧器的稳燃性能。同一煤种，在不同的炉子中燃烧，其最低稳燃负荷可能有较大的差别。对同一锅炉，当运行煤质变差时，其最低负荷值要升高；燃用挥发分较高的好煤时，其值则可降低。

C　煤粉细度

煤粉越细，单位质量的煤粉表面积越大，加热升温、挥发分的析出着火及燃烧反应速度越快，因而着火越迅速；煤粉细度越小，燃尽所需时间越短，飞灰可燃物含量越少，燃烧越彻底。

D　煤粉浓度

煤粉炉中，一次风中的煤粉浓度（煤粉与空气的质量之比）对着火稳定性有很大影响。较高的煤粉浓度不仅使单位体积燃烧释热强度增大，而且单位容积内辐射粒子数量增加，导致风粉气流的黑度增大，可迅速吸收炉膛辐射热量，使着火提前。此外，随着煤粉浓度的增大，煤中挥发分逸出后其浓度增加，也促进了可燃混合物的着火。因此，不论何种煤，在一定的煤粉浓度范围内，着火稳定性都是随着煤粉浓度的增加而加强的。

E　切圆直径

对于切圆布置燃烧的锅炉，切圆直径对着火稳定、燃烧安全、受热面汽温偏差等具有综合的影响。适当加大切圆直径，可使上邻角过来的火焰更靠近射流根部，对着火有利，对混合也有好处，炉膛充满度也较好。当燃用挥发分较低的劣质煤时，希望有比较大的切圆直径；但是燃烧切圆直径过大，一次风煤粉气流可能偏转贴墙，以致火焰冲刷水冷壁，引起结焦和燃烧损失增加。当燃用易着火或易结焦的煤以及高挥发分煤时，则应适当减小切圆直径。大的切圆可将炉内余旋保持到炉膛出口甚至更远，使煤粉气流的后期扰动强化，对煤粉的燃尽十分有利，但其消极作用是加大了沿炉膛宽度的烟量偏差和烟温偏差，易引起过热器、再热器的较大热偏差及超温爆管。

燃烧切圆直径主要取决于设计时确定的假想切圆的大小及各气流反切的效果。但运行调整也可对其发生一定影响，其中较常用的手段是改变一、二次风的动量比和喷嘴的投用方式，前者通过改变上游气流总动量（产生偏转的因素）与下游一次风刚性（抵抗偏转的因素）的对比影响一次风粉的偏转；后者则是通过在某种程度上改变补气条件来影响切圆直径。当燃烧器喷口结焦时，出口气流的几何射线偏转，切圆往往变乱，也会使燃烧切圆的直径和形状变化。

F　一、二次风的配合

一、二次风的混合特性也是影响炉内燃烧的重要因素。二次风在煤粉着火以前过早地混入一次风对着火是不利的，尤其对挥发分低的难燃煤种更是如此。因为这种过早的混合等于增加了一次风率，使着火热量增加，着火推迟；如果二次风过迟混入，又会使着火的煤粉得不到燃烧所需氧气的及时补充，故二次风的送入应与火焰根部有一定的距离，使煤粉气流先着火，当燃烧过程发展到迫切需要氧气时再与二次风混合。

17.5.1.3 负荷与煤质变化时的燃烧调整

A 不同负荷下的燃烧调整

高负荷运行时，由于炉膛温度高，着火与混合条件也好，所以燃烧一般是稳定的，但易产生炉膛和燃烧器结焦、过热器与再热器局部超温等问题。燃烧调整时应注意将火球位置调整居中，避免火焰偏斜；燃烧器全部投入并均匀分配燃烧率，防止局部过大的热负荷；应适当增大一次风速，推开着火点离喷口的距离。此外，高负荷时煤粉在炉内的停留时间较短而排烟损失较大，可在条件允许的情况下，适当降低过量空气系数运行，以提高锅炉热效率。

在低负荷运行时，由于燃烧减弱，投入的燃烧器数量少，故炉温较低，火焰充满度较差，使燃烧不稳定，经济性也较差。为稳定着火，可适当增大过量空气系数，降低一次风率和风速。煤粉应磨得更细些。低负荷时应尽可能集中喷嘴运行，并保证最下层燃烧器的投运。为提高炉膛温度，可适当降低炉膛负压，以减少漏风，这样不但能稳定燃烧，也能减少不完全燃烧热损失，但此时必须注意安全，防止炉膛喷火伤人。此外，低负荷时保持更高些的过量空气系数对抑制锅炉热效率的过分降低也是有利的。

B 煤质变化时的燃烧调整

挥发分较低，燃烧时的最大问题是着火。燃烧配风的原则是采取较小的一次风率和风速，以增大煤粉浓度、减小着火热并使着火点提前；二次风速可以高些，这样可增加其穿透能力，使实际燃烧切圆的直径变大些，同时也有利于避免二次风过早混入一次风粉气流。燃烧差煤时也要求将煤粉磨得更细些，以强化着火和燃尽；要求较大的过量空气系数，以减少燃烧损失。

挥发分高的烟煤，一般着火不成问题，需要注意燃烧的安全性，可适当减小二次风率并多投一些燃烧器分散热负荷，以防止结焦。为提高燃烧效率，一、二次风的混合应早些进行。煤质好时，应降低过量空气系数运行。

17.5.1.4 良好燃烧工况的判断与调节

正常稳定的燃烧说明风煤配合恰当，煤粉细度适宜。此时火焰明亮稳定，高负荷时火色可以偏白些，低负荷时火色可以偏黄些，火焰中心应在炉膛中部，火焰均匀地充满炉膛，但不触及四周水冷壁。着火点位于距离燃烧器 300mm 左右。如果火焰白亮刺眼，表明风量偏大或负荷过高，也有可能是炉膛结渣，一、二次风动量配合不当。如果火色暗红闪动则有几种可能：其一是风量偏小；其二是送风量过大或冷灰斗漏风量大，致使炉温太低；此外还可能是煤质方面的原因，例如煤粉太粗或不均匀、煤水分高或挥发分低致使火焰发黄无力，煤的灰分高致使火焰闪动等。

低负荷燃油时，油火焰应白橙光亮而不模糊。若火焰暗红或不稳，说明风量不足，或油压偏低，油的雾化不良；若有黑烟缕，通常表明根部风不足或喷嘴堵塞；火焰紊乱说明油枪位置不当或角度不当，均应及时调整。

17.5.2　燃料量与风量的调节

锅炉运行中经常遇到的工况变动是负荷变动。当负荷变化时，必须及时调节送入炉膛的燃料量和空气量，使燃烧工况相应变动。

17.5.2.1　燃料量的调节

当锅炉负荷变动不大时，可通过调节运行制粉系统的给煤量来解决。当负荷增加时，可先开大一次风机的动叶开度，增加磨煤机的通风量，以利用磨煤机内的存煤量作为增加负荷的缓冲调节，然后降低磨煤机的通风量。以上调节方式可避免出现粉量和燃烧工况的骤然变化，还可减少调节过程中的石子煤量，防止堵磨。不同型式的中速磨煤机，由于磨内存煤量不同，其响应负荷的能力也不同。

当锅炉负荷有较大变动时，需启动或停止某一套制粉系统，以保证其余各磨煤机在最低出力以上运行。在确定启动或停止方案时，必须考虑到制粉系统运行的经济性、燃烧工况的合理性（如燃烧均匀），必要时还应兼顾汽温调节等方面的要求。

各运行磨煤机的最低允许出力，取决于制粉系统经济性和燃烧器着火条件恶化（如煤粉浓度过低）的程度；各运行磨煤机的最大允许出力，则不仅与制粉经济性、安全性有关，而且要考虑锅炉本身的特性。对于稳燃性能低的锅炉或烧较差煤种时，往往需要集中火嘴运行，因而可能推迟增投新磨煤机的时机；炉膛、燃烧器结焦严重的锅炉，高负荷时都需要均匀燃烧出力，因而也常降低各磨煤机的出力上限。燃烧器投运层数的优先顺序则主要考虑汽温调节、低负荷稳燃等特性。

燃烧过程的稳定性，要求燃烧器出口处的风量和粉量尽可能同时改变，以便在调节过程中始终保持稳定的风煤比。因此，应掌握从给煤机开始调节到燃烧器出口煤粉量产生改变的停滞，以及从送风机的风量调节开关动作到燃烧器风量改变的时差，燃烧器出口风煤改变的同时性可根据这一时滞时间差的操作来解决。一般情况下，制粉系统的时滞总是远大于风系统的，所以要求制粉系统对负荷的响应更快些，当然过分提前也是不适宜的。

在调节给煤量和风机风量时，应注意监视辅机的电流变化、挡板开度指示、风压以及有关参数的变化，防止电流超限和堵塞粉管等异常情况的发生。

17.5.2.2　氧量及送风的调节

当外界负荷变化而需调节锅炉出力时，随着燃料量的改变，对锅炉的风量也需做相应的调节，送风量的调节依据主要是过量空气系数即氧量。

A　炉膛氧量的控制

炉内实际送入的风量与理论空气量之比称过量空气系数，记为 a。锅炉燃烧中都用 a 来表示送入炉膛空气量的多少。

锅炉热负荷100%~30%额定负荷运行氧量值的控制范围一般在2%~6%，过量空气系数值为1.1%~1.4%。

锅炉低负荷时，运行人员用增加氧量来抑制锅炉火焰闪动、燃烧不稳。从稳定燃烧出发，燃用低挥发分煤时，氧量需求值更大些。因此，为提高锅炉经济性，低负荷下的风量调节要求在稳定燃烧的前提下，过量的空气系数不宜过大。

从锅炉运行的可靠性来看，若炉内风量过小，煤粉在缺氧状态下燃烧会产生还原性气氛，烟气中的CO气体浓度和H_2S气体浓度升高，这将导致煤灰的熔点降低，易引起水冷壁结焦和管子高温腐蚀。锅炉低负荷投油稳燃阶段，如果风量不足，使油雾难以燃尽，随烟气流动至尾部烟道和受热面上发生沉积，可能会导致二次再燃烧。若风量值过大，由于烟气中的过剩氧量增多，将与烟气中的SO_2进一步反应生成更多的SO_3和H_2SO_4蒸汽，使烟气露点升高，加剧低温腐蚀，尤其当燃用高硫煤种时，更应注意这一点。

此外，随着风量值的增大，烟气流量和烟速增大，对受热面磨损以及送、引风机的电耗也将产生不利影响。

B　尾部烟气氧量的监测

过量空气系数的大小可以根据烟气中的氧含量来衡量。锅炉是根据氧量表的指示值来控制送入炉内空气量的多少。监测氧量的一个重要目的是了解氧量表在锅炉烟道的安装地点、位置。在相同数量的炉内送风情况下，如漏风会使烟道内的氧量值与炉膛出口的氧量产生一个偏差，偏差大小与炉膛出口至氧量表测点的烟道漏风状况有关。所以运行监测氧量值时，注意保证锅炉的漏风工况是否正常；否则，当烟道漏风增加时，控制的氧量值也会增大。

C　送风量的调节

进入炉内的总风量是燃烧风量（辅助风、燃料风、燃尽风）加少量的漏风。当锅炉负荷发生变化时，伴随着燃料量的改变，必须对送风量进行相应的调节。

送风量调节的是炉膛出口过量空气系数，按最佳过量空气系数调节风量，以取得最高的锅炉热效率。锅炉氧量定值是锅炉负荷的函数。运行人员通过氧量偏置对其进行修正，以便在某一负荷下改变氧量。氧量值偏离时，送风机自动增、减风量或人为维持新的氧量值。

锅炉运行中，除了用氧量监视供风情况外，还要注意分析飞灰、灰渣中的可燃物含量，排烟中的CO含量，观察炉内火焰的颜色、位置、形状等，以此来分析判断送风量的调节是否适宜以及炉内工况是否正常。一般情况下，增负荷时应先增加风量，再增加燃料量；减负荷时应先减少燃料量再减少风量，这样动态中始终保持总风量大于总燃料量，确保锅炉燃烧安全并避免燃烧损失过大。

D　过量空气系数和负荷关系曲线

过量空气系数和负荷关系曲线如图17-1所示。

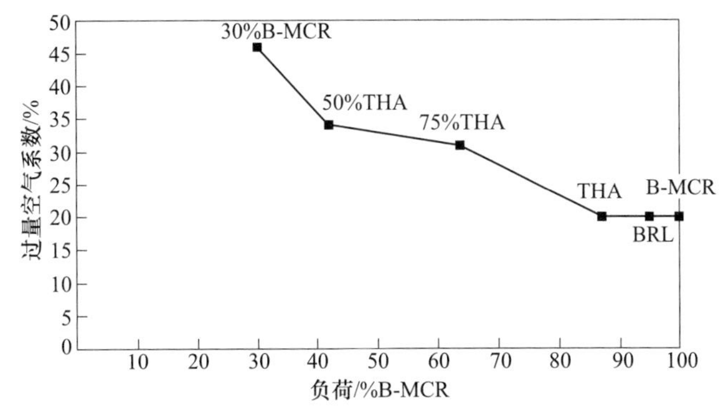

图17-1　过量空气系数和负荷关系曲线

17. 5. 2. 3　炉膛负压监测与引风量的调节

A　炉膛负压监测的意义

炉膛负压是反映炉内燃烧工况是否正常的重要运行参数之一。正常运行时炉膛负压一般维持在-50～-100Pa。如果炉膛负压过大，将会增大炉膛和烟道的漏风。若冷风从炉膛底部漏入，会影响着火稳定性并抬高火焰中心，尤其是低负荷运行时极易造成锅炉灭火；若冷风从炉膛上部或氧量测点之前的烟道漏入，会使炉膛的主燃烧区相对缺风，使燃烧损失增大，同时汽温降低。反之，炉膛负压偏正，炉内的高温烟火就要外冒，这不但会影响环境、烧毁设备，还会威胁人身安全。

炉膛负压除影响漏风之外，还可直接指示炉内燃烧的状况。当锅炉燃烧工况变化或不正常时，最先反映的是炉膛负压的变化。如果锅炉发生灭火，首先反映出的是炉膛负压剧烈波动并向负方向增大，然后才是汽压、汽温、汽与水流量等的变化，因此运行中加强对炉膛负压的监视是十分重要的。

B　炉膛负压和烟道负压的变化

炉膛负压的大小，取决于进、出炉膛介质流量的平衡，还与燃料是否着火有关。烟气流经烟道及受热面时，将会产生各种阻力，这些阻力是由引风机的压头来克服的。同时，由于受热面和烟道是处于引风机的进口侧，因此沿着烟气流程，烟道内的负压是逐渐增大的。锅炉负荷改变时则相应的燃料量、风量也发生改变，通过各受热面的烟气流速改变，以至于烟道各处的负压也相应的改变。运行人员应了解不同负荷下各受热面进、出口烟道负压的正常范围，在运行中通过烟道某处负压或受热面进出口的烟气压差变化，则可判断运行异常情况。最常见的是受热面发生了严重积灰、结渣、局部堵塞或泄漏等情况，此时应综合分析各参数的变化情况，找出原因及时进行处理。

C　引风量的调节

当锅炉增、减负荷时，随着进入炉内的燃料量和风量的改变，燃烧后产生的烟气量也随之改变。此时，若不相应调节引风量，则炉内负压将发生不能允许的变化。

引风量的调节方法与送风量的调节方法基本相同。通过改变引风机进口导向挡板的开度或改变动叶位置来进行调节；与送风机一样，调节引风量时需根据负荷大小和风机的工作特性来考虑引风机运行方式的合理性。

当锅炉负荷变化需要进行风量调节时，为避免炉膛出现正压，在增加负荷时应先增加引风量，然后再增加送风量和燃料量；减少负荷时应先减少燃料量和送风量，然后再减少引风量。对多数锅炉的燃烧系统，炉膛负压的调节也是通过炉膛和风箱间的差压而影响二次风量的（辅助风挡板用炉膛与风箱间的差压控制），影响燃烧器出口的风煤比以及着火的稳定性，因此有一定调节速度的限制，不可操之过急。

17. 5. 3　制粉系统运行方式及调节

17. 5. 3. 1　制粉系统的运行方式

锅炉高负荷运行时，由于炉温高，燃烧比较稳定，主要问题是防止结焦和汽温偏高，因此应力求将制粉系统全部投入，以降低燃烧器区域的热负荷，并设法降低火焰中心或缩短火焰长度（如利用燃烧器负荷分配）；锅炉低负荷运行时，应合理选择减负荷方式。当负荷降低不太多时，可采取各制粉系统均匀减少给煤量的方式，这样做有利于保持好的切圆形状及有效的邻角点燃。但由于担心一次风堵管，通常一次风量减少不多或者不减，而只将二次风减下来。因此使得一次风煤粉浓度降低，一次风率增大，二次风的风速和风率减小，这些都是对燃烧不利的。当负荷进一步降低时，就应关掉部分喷嘴，以维持各风速、风率和煤粉浓度不至偏离设计值过大。

降低锅炉负荷应从上至下依次退出制粉系统。低负荷运行，保留下层制粉系统可以稳定燃烧。这是因为低负荷时，停用的燃烧器较多，冷却喷口仍有10%漏风，若这部分较低的风在运行喷嘴的上部，就不会冲淡煤粉和降低局部炉温。停运部分喷嘴时，最好使其在运行的燃烧器集中投运（例如关掉上、下层，保留中间三、四层），这样做的好处是，不仅可使燃烧集中，使主燃烧区炉温升高，而且可以相对增大切圆直径，加强邻角点燃的效果。

制粉系统的运行方式与煤质有关。当锅炉燃用挥发分较高的优质煤时，着火良好，可采用制粉系统减少燃料的运行方式，这样有利于火焰充满炉膛，使燃烧比较完全，也不易结渣。在燃用挥发分偏低的较差煤质时，则可采用集中制粉系统的运行方式，使炉膛热负荷集中，以利于稳定着火。对可以实现动力配煤的锅炉，上层燃烧器宜使用挥发分较高、灰分较少的煤，下层制粉系统宜使用挥发分较低、灰分较多的煤，不能简单地按照煤热值的大小安排给各层制粉系统。

直吹式系统中速磨煤机，随着每台磨煤机制粉出力的降低，制粉电耗增大。为避免磨煤工况恶化，规定不允许在低于某一最低磨煤出力下运行。所以，若锅炉负荷降低使磨煤机的这一临界出力出现，即使各燃烧器的均匀减负荷是允许的，也应停掉一台磨煤机（一层燃烧器）。

各层燃烧器的着火性能会由下而上逐渐改善，这主要是下面已着火的气流对上面的气流有点燃的作用，但最上一层由于顶二次风的影响，着火不一定最好。在实际运行中，由于燃烧器在结构、安装、管道布置等方面的差异，各燃烧器的特性可能并不相同。因此当煤种变化以及火焰分布、结焦等条件变化时，对制粉系统投运方式及时调整，使燃烧稳定良好。

17.5.3.2　制粉系统运行调整

制粉系统的风粉均匀性监测与调整：直吹式系统磨煤机各风管的风速偏差，通过调整一次风管节流孔圈孔径，一般均可达到允许的数值（小于5%），但各管的煤粉浓度偏差则较难控制。这是因为磨煤机各风速偏差主要是由管路阻力特性决定的，而煤粉浓度偏差除了与管路特性有关外，还与煤粉分配器的结构、磨煤机出力、通风量等因素有关。目前电厂现有的运行调整手段（调整一次风管节流孔圈孔径）只能调整风量平衡，对煤粉浓度偏差起不到应有的调节作用。因而实际上只能通过煤粉浓度的测定，了解各角偏差的程度，在锅炉燃烧调整时给以补偿。

各一、二次风量、风速和旋转强度调节良好时，火焰明亮且不冒黑烟，不冲刷水冷壁，煤粉沿燃烧器一周分布均匀，着火点在燃烧器的喉部，在燃烧器出口两倍直径范围内形成一个稳定的低氧燃烧区（火焰不发白），省煤器出口处的CO含量尽可能低，且O_2含量和 CO 含量沿炉子宽度分布均匀。燃烧差煤时火焰应细而长，燃烧好煤时火焰应粗而短。

对于直吹式制粉系统，一次风量由制粉系统的热、冷风门正向联动调节。负荷降低时均对应较大的一次风率，这主要是考虑低负荷时煤粉管道堵粉的可能性，而不是燃烧的要求。故运行中在能够维持最低风速的条件下，尽可能使一次风量小一些。

燃烧器各风量挡板的调节，一般是在设备的调试期间进行一次性优化，通过观察着火点位置、火焰形状、燃烧稳定性、测量烟气中 CO 含量、飞灰中的可燃物含量等，使火焰内部的流动场调到最佳状态。运行中对于燃烧器的控制一般只是通过调节风机动叶安装角来改变进入燃烧器的空气总量，但当煤质特性发生较大变化时就需要重新进行调节。

各并列煤粉管中的一次风量与其平均值之比称一次风量不均系数。在锅炉运行过程中，各磨煤机煤粉管道的节流孔圈会逐渐产生不均匀的磨损。通常，在各磨煤机的一次风量不均系数超过 25%（由各管一次风压监视），并且明显影响炉内燃烧工况和锅炉热效率时，应对节流孔板进行更换。严重的磨损不均匀不仅会影响锅炉的燃烧，还会因磨损的管子的阻力相对增大很多，流速降低，而产生煤粉的沉积，引起粉管着火事故。

17.6　锅炉的滑压运行

单元机组的运行目前有两种基本形式，即定压运行和滑压运行。定压运行是指汽轮机在不同工况运行时，依靠调节汽轮机调节汽门的开度来改变机组的功率，而汽轮机前的新汽压力维持不变。采用此方法跟踪负荷调峰时，在汽轮机内将产生较大的温度变化，且低负荷时主蒸汽的节流损失很大，机组的热效率下降。因此国内、外新装大机组一般不采用此方法调峰，而是采用滑压运行方式。所谓滑压运行，是指汽轮机在不同工况运行时，不仅主汽门是全开的，而且调节汽门也是全开的（或部分全开），机组功率的变动是依靠汽轮机前主蒸汽压力的改变来实现的，但主蒸汽温度维持额定值不变。处在滑压运行中的单元机组，当外界负荷变动时，在汽轮机跟随的控制方式中，负荷变动指令直接下达给锅炉的燃烧调节系统和给水调节系统，锅炉就按指令要求改变燃烧工况和给水量，使出口主蒸汽的压力和流量适应外界负荷变动后的需要。而在定压运行时，该负荷指令是送给汽轮机调节系统改变调节汽门的开度。

17.6.1　运行方式分类

17.6.1.1　纯滑压运行

纯滑压运行是在整个负荷变化范围内，汽轮机调节汽门全开的运行方式。它单纯依靠锅炉汽压变化来调节机组负荷，这种方式由于无节流损失，高压缸可获得最佳效率和最小热应力，给水泵电耗也最小。其缺点是对负荷的适应能力差，因为锅炉调节时滞大，因而不能满足电网一次调频的要求，一般较少采用。

17.6.1.2　节流滑压运行

为弥补纯滑压运行负荷适应性差的缺点，采用正常情况下汽轮机调节汽门不全开，节流 5%~15%，以备负荷突然增加时开启，利用锅炉的储热量来暂时满足负荷增加的需要。

待锅炉出力增加、汽压升高后，调速汽门开度的变化予以吸收，这种方式有节流损失，不如纯滑压运行经济，但能吸收负荷变动，调峰能力强。

17.6.1.3 复合滑压运行

在高负荷区（即负荷900~1000MW）保持定压运行，用增减喷嘴的开度来调节负荷；在中低负荷区（300~900MW），全开部分调速汽门进行滑压运行；在极低负荷区，在低压力下恢复到定压运行方式。这种运行方式使汽轮机在全负荷范围内均保持较高的效率，同时还有较好的负荷响应性能，所以得到普遍的采用。

17.6.2 滑压运行的特点

A 滑压运行的优点

与定压运行相比，滑压运行具有以下一些优点。

（1）可以延伸锅炉的汽温控制点。如前所述，定压运行时汽温有随负荷降低而降低的特性。滑压运行时，负荷降低时压力也同时降低，汽压降低使工质过热热与蒸发热的比例发生变化，过热热减少。每千克蒸汽从饱和温度加热到同样的主蒸汽温度需要吸收的热量减少。汽压降低使蒸汽的比定压热容减少。与定压运行相比，等量蒸汽吸收相同烟气热量时，其温升大。表17-2的数据表明，蒸汽比热容变化对汽温的影响是相当大的。汽压降低，蒸汽比体积增大，流过过热器的蒸汽容积流量几乎与额定负荷时的相同，即蒸汽流速几乎不变；过热器外壁的烟温虽然随负荷减少而降低，但由于压力降低后饱和蒸汽温度也相应下降，所以过热器的传热温差变化不大。综合上述各因素，在滑压运行时主蒸汽温度可以在很宽的负荷范围内基本维持额定值。

表17-2 过热蒸汽比定压热容与工作压力的关系（t=450℃）

工作压力/MPa	10.0	12.0	14.0	17.0	19.0
比热容/kJ·kg^{-1}·℃$^{-1}$	2.701	2.805	3.077	3.454	3.726

滑压运行对再热汽温变化的影响与过热汽温相似，但汽温特性的改善更好些。这是因为定压运行时，高压缸排汽温度和再热汽温随负荷的降低而减小。而滑压运行时，由于高压缸的容积流量基本不变，使高压缸的排汽温度（再热器进口温度）变化不大，甚至略有上升。此外，滑压运行下的主蒸汽焓在汽温相同时要高于定压运行，也使高压缸的排汽焓升高，因此再热汽温也能在很宽的负荷范围内维持额定值。滑压运行的这种汽温特性无疑将改善机组低负荷工况下的循环热效率。

（2）低负荷时汽轮机内效率高于定压运行。滑压运行时，汽轮机调速汽门处于全开（或部分阀全开），节流损失小，调节级前后的压力比及其后各级的压力比都基本不变；另一方面，主蒸汽压力随负荷而升降，低负荷时压力也低，蒸汽容积流量基本不变。汽轮机的级效率同级的前后压力以及通过级的蒸汽容积流量有关，这两项基本不变，则各级的效率也基本不变。而定压运行时的情况则不然，低负荷时调速汽门处于较小的开度，有较大的节流损失，调节级前后压力比发生明显的变化，引起级效率降低。

（3）负荷变化时汽轮机热应力小、使用寿命延长。负荷变化时，汽轮机高压缸各级温度几乎基本不变（中、低压缸也同样可以维持各级温度不变），从而改善汽轮机的热力状态，降低热应力和热变形，提高使用寿命。

机组全滑压运行时，调节级的温度变化实际上很小；复合滑压运行时，调节级的温度变化也不超过 78℃。所以滑压运行中，高压缸不再受温度变化率过大而产生应力的限制，机组负荷变动率可大为增加（取决于锅炉应力），即在滑压运行中负荷变动率如维持不变，则机组的使用寿命将得到延长。

（4）给水泵耗电少。滑压运行机组均采用变速给水泵。在低负荷运行时，给水泵不仅流量减小，而且给水压力也降低，因此给水泵的功率消耗可减少。

（5）延长锅炉承压部件和汽轮机调速汽门的使用寿命。低负荷时压力降低，减轻了从给水泵至汽轮机高压缸之间的所有部件（包括锅炉、主蒸汽管道、阀门等）的负载，延长系统各部件的使用寿命。汽轮机调速汽门由于经常处于全开状态，而大大减轻了磨蚀并可减少维修工作量。

B　滑压运行的缺点

滑压运行也存在一些固有的缺点：

（1）负荷变动时，分离器等厚壁部件会产生附加温度应力，限制机组负荷变化速率。

（2）锅炉的负荷响应较慢。

（3）机组的循环热效率随负荷下降而降低。

17.6.3　滑压运行的适应范围

滑压运行具有在低负荷下提高高压缸内效率、提高主蒸汽温度和再热蒸汽温度、降低给水泵电耗、使汽轮机偏于安全等优点，但也有由于压力的降低使循环热效率降低的缺点。因此，是否采用滑压运行，要进行综合经济技术比较，并非所有负荷下都是滑压运行经济。例如，当机组在高负荷区（900~1000MW）时，阀门开度较大，定压运行的节流损失不大，尤其是喷嘴调节的汽轮机节流损失更小。若采用滑压运行，由于新蒸汽压力的降低，使机组循环热效率下降，有可能使机组经济性降低。只有在出力低（850~900MW）的情况下进行滑压运行才经济。当然，是否采用滑压运行不仅考虑经济性，还应考虑如汽轮机热应力等其他一些因素。

锅炉运行中发现，机组滑压运行至 300MW 负荷时，会出现一些不正常现象：

（1）正值干态与湿态转换状态，且水冷壁系统压力低，此时锅炉水动力条件较差，有可能影响各侧墙水冷壁的流量分配，且易受到燃烧火焰中心偏斜的影响，经常发生局部水冷壁管温度超限。

（2）在锅炉设计中虽考虑了后墙水冷壁的阻力（流量约比两侧墙大 8%），但在低负荷运行时还不足以冷却后墙水冷壁，仍常常发生后墙水冷壁管及悬吊管严重过热的情况，对锅炉的安全运行造成威胁。

（3）为了适应低谷调峰的要求，燃烧器运行方式要作适当的调整，采用高位磨煤机运行才能减轻上述管壁过热情况。

（4）在 300MW 附近，分离器经常干湿态转换，对其使用寿命也会带来不利的影响；

（5）对低负荷燃烧稳定性来说，由于在燃烧器逻辑设计方面有一个“点火能量”问题，再加上火焰检测器的准确性、可靠性尚存在问题，所以低负荷时燃烧稳定性不好，容易造成因失火而磨煤机跳闸，造成锅炉熄火，为此要投用燃油助燃。

由于以上原因，虽然机组滑压运行的范围为 300～900MW，但目前机组正常运行时，一般滑压运行至 500MW（即调峰至 500MW），只是在机组启、停时才在这个范围内滑压运行。

17.6.4 滑压运行调整

处在滑压运行中的单元机组，当外界负荷变动时，在汽轮机跟随的控制方式中，负荷变动指令直接下达给锅炉的燃烧调节系统和给水调节系统，锅炉就按指令要求改变燃烧工况和给水量，使出口主蒸汽的压力和流量适应外界负荷变动后的需要。而在定压运行时，该负荷指令是送给汽轮机调节系统改变调节汽门的开度。

锅炉是按滑压运行要求设计的。锅炉不仅能带基本负荷，而且能满足快速变动负荷及低负荷的要求，并在低负荷时保持较高的效率。

锅炉为适应滑压运行的要求，设计中考虑在炉膛下部水冷壁采用螺旋管圈结构。锅炉具有较低的不投油稳燃负荷、低负荷时的水动力稳定性、较好的再热蒸汽温度的调节特性、较快的负荷变化率和在负荷变化时具有较好的蒸汽温度特性。

该机组有较大的滑压运行范围，按原设计滑压运行的范围为 300～900MW，小于 300MW 时，机组在 8.4MPa 压力下定压运行；大于 900MW 负荷时，在 27.4MPa 压力下定压运行；负荷在 300～900MW 之间为滑压运行。

滑压运行对再热汽温变化的影响与过热汽温相似，但汽温特性的改善更好些。这是因为定压运行时，高压缸排汽温度和再热汽温随负荷的降低而减小。而滑压运行时，由于高压缸的容积流量基本不变，使高压缸的排汽温度（再热器进口温度）变化不大，甚至略有上升。此外，滑压下的主蒸汽焓在汽温相同时要高于定压运行，也使高压缸的排汽焓升高，因此再热汽温也能在很宽的负荷范围内维持额定值。

17.6.5 锅炉滑压运行应注意的问题

超临界直流锅炉在滑压运行时，水冷壁内的工质随负荷的变化会经历高压、超高压、亚临界和超临界压力区域，运行时必须重视可能产生的问题。

（1）锅炉负荷降低时，水冷壁中的工质质量流速也按比例下降。在直流运行方式下，工质流动的稳定性会受到影响。为了防止出现流动的多值性不稳定现象，要限制最低直流负荷时水冷壁入口工质欠焓；同时压力不能降得太低，一般最低压力在 8.4MPa 左右（即所谓定一滑一定运行方式）。

（2）低负荷时，水冷壁的吸热不均匀将加大，可能导致温度偏差增大。

（3）在临界压力以下运行时，会产生水冷壁管内两相流的传热和流动，要防止膜态沸腾而导致的水冷壁管超温。

（4）在整个滑压运行过程中，蒸发点的变化使水冷壁表面金属温度发生变化，要防止因温度频繁变化引起的疲劳破坏。

18 锅炉的停运及保养

18.1 正常停炉

锅炉停炉方式的选择和停炉过程的控制对设备安全至关重要，停炉的方式可分为正常停炉和事故停炉，停炉步续及所需的时间也会因停炉方式不同而有所不同。单元机组锅炉正常停炉一般分为：从锅炉方面来说，停炉至冷态或停炉至热备用；从汽轮机方面来说，滑压停炉或根据汽轮机检修要求采用滑参数停炉。事故紧急停炉是指在运行中发生了危及人身或设备安全的情况，必须立即停炉，其目的是防止事故的发生或事故的扩大。

在停炉过程中，要加强对锅炉与汽轮机的温度变化率和温差的控制，此时的热应力控制比机组启动或正常运行时控制更为严格。这是因为在减负荷停机的过程中，金属部件所受的是拉伸应力，而金属材料在受压时的许用应力比受拉时要大得多。所以，在停机过程中因自动装置故障而迫使手动停机时，运行人员必须对此加以重视，应严格监视炉、机的温度变化率，使热应力限制在允许的范围内。

停炉过程可分为降负荷和停止燃烧后的降压、冷却。在降负荷过程中，不仅要考虑蒸汽参数对汽轮机的影响，而且要注意锅炉各部件的降温和降压速率；熄火后，仍然要保证锅炉各部件的降温和降压速率在合适的范围内；这样，才可以保证锅炉各部件在停炉过程中尽可能地均匀冷却，避免因热应力超限等而引起锅炉设备的损坏。

锅炉停运前要做好准备：根据机组停运时间的长短，决定是否将煤仓的剩煤烧空；确认锅炉的燃油系统运行正常，燃油母管压力、雾化蒸汽压力正常，所有油枪试点火一次，并确认燃烧正常；对锅炉进行一次全面吹灰，防止在减负荷、停炉期间落灰、掉渣。

18.1.1 锅炉停运的步骤

把能够正常工作的锅炉停下来作为热备用或冷备用，或进行计划检修，称为正常（滑参数）停炉。停炉过程一般包括停炉前的准备、减负荷和停止燃烧、锅炉冷却等几个步骤。

18.1.1.1 停炉前的准备

停炉前应做好如下准备工作：

（1）通知各岗位人员关于锅炉停运安排及要求，做好停运前的准备工作。

（2）锅炉计划停运，应安排烧空各煤仓。停炉5天之内，根据检修措施安排煤仓是否烧空，停炉7天以上，全部煤仓烧空，合理控制各煤仓煤位。

（3）停炉前，应对锅炉设备进行全面检查，记录所有缺陷，停炉前再次对炉管泄漏装置的记录进行分析，检查受热面是否存在微漏情况。

（4）根据停炉方式、停炉参数和需要采取的特殊措施，准备好操作票并做好相应的准备工作。

（5）检查微油点火系统良好备用，对炉前燃油系统全面检查一次，各油枪试投一次确认正常，燃油储油量能满足停炉的要求。

（6）在锅炉负荷大于60%B-MCR时，对各受热面进行一次全面吹灰，其中包括空气预热器吹灰，禁止在停运过程中对锅炉本体进行吹灰。

（7）做好辅汽切换的准备工作，若无邻机运行，做好启动锅炉的启动前检查与准备工作。辅汽联箱切为启动锅炉供汽。

（8）全面抄录一次锅炉蒸汽、金属温度等参数，记录一次锅炉膨胀值。在减负荷过程中，记录好相关负荷点监视参数。

（9）检查高低压旁路系统，备用良好。

（10）通知化学人员做好锅炉停运保养的准备工作。

18.1.1.2　锅炉减负荷

锅炉减负荷方法如下：

（1）接到锅炉减负荷命令，手动降低锅炉负荷，减负荷速度控制在0.5%B-MCR/min。

（2）先将各台给煤机出力减至80%，然后再以由上到下的原则逐台减少磨煤机给煤量逐台停用磨煤机，但此时应注意磨煤机点火条件应具备，必要时应及早将油抢投用。

（3）投高低压旁路为熄火方式控制。

（4）当锅炉负荷减至80%B-MCR时，停用第一台磨煤机。

（5）当锅炉负荷减至50%B-MCR时，停用第二台磨煤机。

（6）停运一台汽动给水泵。

（7）当锅炉负荷减至35%B-MCR时，停用第三台磨煤机。

（8）进行启动系统投运前的检查，做好投用准备。

（9）将给水切换为AVT方式运行。

（10）进一步减少燃料量，当给水流量减至最低流量856t/h时，保持给水流量不变，将电动给水泵并入运行，停用第二台汽动给水泵，加强对给水流量的监视和调整。

（11）检查储水箱高水位调门前电动门开启。

（12）根据制粉系统运行方式及炉膛燃烧情况，燃烧不稳时及时投入油枪或微油点火系统助燃。

（13）投入油枪助燃后，退出脱硫系统运行，退出电除尘第三、四、五电场。

（14）在减负荷过程中，应加强对风量、分离器出口工质温度、主蒸汽温度的监视。若自动控制不灵活，应及时手动进行调整，同时应注意储水箱水位的监视和控制。

（15）锅炉转入湿态运行后，退出暖管系统。

（16）监视储水箱水位，锅炉循环泵启动条件满足后，启动锅炉循环泵。

（17）给水主路切换至旁路运行。

（18）锅炉继续减负荷，当锅炉负荷为10%B-MCR时，停用第四台磨煤机。

（19）锅炉继续减负荷，主蒸汽压力接近8.4MPa时，将机组负荷减至零，汽机打闸，检查发电机解列和灭磁开关跳闸；停用最后一台磨煤机，控制主蒸汽温度降温率不大于5℃/min，然后停用两台一次风机及密封风机。

（20）若采用微油点火系统助燃则保持一台磨煤机运行时，燃烧不稳要投入油枪助燃。

18.1.1.3 停炉

停炉方法如下：

（1）为了防止水冷壁局部超温，在锅炉熄火前应始终保持锅炉最低给水流量856t/h。

（2）停用最后一台磨煤机及油枪，锅炉熄火。

（3）锅炉MFT动作，燃油供、回油快关门及油枪进、回油快关门自动关闭，锅炉循环泵、电动给水泵跳闸，确认过热器和再热器减温水电动门、调门关闭。所有磨煤机、给煤机跳闸，且一次风管道所有冷热风门关闭。

（4）锅炉熄火后，保持引、送风机运行，调整总风量至30%B-MCR通风量，维持炉膛负压-50～-100Pa对锅炉进行吹扫。

（5）吹扫结束后停止送风机、引风机，检查确认锅炉各人孔、看火孔及各烟、风挡板关闭，炉膛密闭。

（6）锅炉熄火后，关闭取样手动门。

（7）风机停运后，应监视预热器进、出口烟温，一旦发现预热器出口温度不正常升高，应立即查明原因并处理。

18.1.1.4 锅炉冷却

锅炉冷却方法有以下几种：

（1）锅炉熄火6h后，打开风烟系统有关挡板，使锅炉自然通风冷却。

（2）锅炉熄火18h后，启动引、送风机维持30%B-MCR风量对锅炉强制通风冷却。

（3）过热器出口汽压降至0.8MPa，打开水冷壁和省煤器各放水门，锅炉热炉放水。

（4）当预热器的入口烟温降至150℃时，停止预热器运行。

（5）当炉膛温度降至100℃时，停止火检冷却风机运行。

（6）过热器出口压力未降到0MPa以前，应有专人监视和记录各段壁温。

18.1.2 停炉注意事项

停炉时有以下注意事项：

（1）停炉过程中，要分几个阶段把负荷、压力、温度滑下来，在每个阶段要有足够的停留时间，保证各参数在允许范围内变化。

（2）停炉过程中旁路处于熄火控制方式，跟踪高低压旁路后压力、温度变化，参与滑压调节。

（3）停炉过程中，主蒸汽、再热蒸汽温差不大于28℃，降温过程中再热汽温应跟上主蒸汽温度，控制主蒸汽、再热蒸汽始终要有50℃以上的过热度。过热度接近50℃时，应开启主蒸汽、再热蒸汽管道疏水门，并稳定汽温。

（4）停炉过程中要严密监视锅炉的膨胀情况，做好膨胀记录，发现问题及时汇报；分别在50%、30%、20%负荷和停炉熄火后记录膨胀指示，若发现膨胀不均，应调整燃烧。

（5）停炉过程中锅炉、汽轮机要协调好，降温、降压避免有回升现象。停用磨煤机时，应密切注意主蒸汽压力、温度、炉膛压力的变化。注意汽温、汽缸壁温下降速度，汽温下降速度严格符合汽轮机滑停曲线要求。

（6）发现燃烧不稳时，及时投入微油点火系统或油枪进行助燃，现场检查确认燃烧器燃烧稳定，保证油枪及微油点火系统运行正常，无漏油现象，空气预热器应投入连续吹灰。

（7）锅炉燃油期间应就地检查油枪燃烧稳定，磨煤机、油枪停运后应进行吹扫。

（8）在减负荷过程中，应加强对风量、分离器出口温度、储水箱水位的监视和调整。

（9）若锅炉热备用，吹扫完成后解列炉前燃油系统，停止送、引风机，关闭所有风烟挡板闷炉。

（10）锅炉停炉后，应保持高低压旁路一定开度，对锅炉主蒸汽及再热蒸汽系统进行降压，降压速度不大于 0.3MPa/min，根据具体停炉要求决定降压值。

（11）锅炉熄火后，应严密监视空气预热器进、出口烟温，发现烟温不正常升高和炉膛压力不正常波动等再燃烧现象时，应立即采取灭火措施。

（12）锅炉停炉及冷却过程中应严密监视启动分离器和对流过热器出口联箱的内外壁温差在允许范围内，如发现这两处的内外壁温差超过允许范围时应减缓冷却速度。

18.2 事故停炉

锅炉事故停炉分为紧急停炉和故障停炉，都属于非正常停炉，区别于一般的正常停炉。紧急停炉时，要求立即手动 MFT；故障停炉是指锅炉发生故障或运行参数接近控制限额，不会立即造成严重后果，应采取措施予以处理。采取措施后无法恢复正常时应立即汇报上级，得到锅炉故障停运命令后，先快速减负荷，然后将负荷减至“0”，机组解列，其后操作同一般正常停炉。

18.2.1 锅炉紧急停运条件

锅炉紧急停运条件如下：

（1）MFT 应动作拒动时。

（2）主蒸汽、再热蒸汽，给水和锅炉汽水管道发生爆破或严重泄漏等故障，严重危及人身设备安全。

（3）锅炉范围发生火灾，直接威胁锅炉的安全运行。

（4）锅炉主要、重要参数同时失去监视超过 30s，并将危及机组安全运行。

（5）尾部烟道发生二次燃烧且排烟温度急剧升高超过 250℃。

（6）锅炉给水流量显示全部失去。

（7）锅炉蒸汽压力升高至所有安全阀动作压力而安全阀拒动（包括旁路）。

（8）炉墙发生裂缝或钢架、钢梁烧红。

（9）炉膛内或烟道内发生爆炸，使设备遭到严重损坏。

（10）两台空气预热器的二次风挡板或烟道挡板都关闭。

（11）所有操作员站故障，出现黑屏等现象，在 30s 内无法恢复。

（12）锅炉正常运行时闭式冷却水泵故障，抢投不成功造成闭式冷却水中断，已经使设备参数恶化，危机设备安全。

（13）厂用电全部或部分失去。

（14）发生危急人身安全事故，需停炉处理。

18.2.2　锅炉事故停运条件

锅炉事故停运条件如下：

（1）锅炉承压部件泄漏时，运行中无法消除。

（2）受热面管子壁温超过材料允许值，经调整无效。

（3）给水、炉水、蒸汽品质恶化，经调整无效。

（4）严重结焦、堵灰，不能维持正常运行。

（5）锅炉安全门起座后无法使其回座，锅炉主蒸汽动力释放阀动作后不能关闭。

（6）电除尘器故障，除尘效率很低。

（7）控制气源失去，短时间无法恢复。

（8）当一台空气预热器主、辅电机故障跳闸，而气动盘车不能投运时，若转子手动也不能盘动或空气预热器进口烟气挡板不能隔绝。

（9）监控画面上部分数据显示异常，或部分设备状态失去，或部分设备手动控制功能无法实现，并将危及锅炉设备的安全运行。

（10）发生其他无法维持锅炉运行的情况。

18.2.3　紧急停炉的处理

锅炉紧急停炉的处理方法如下：

（1）MFT 动作，将自动进行紧急停炉，否则应手动 MFT。

（2）检查下列联动动作应正常，否则立即手动操作：

1）所有磨煤机、给煤机、一次风机均跳闸。

2）燃油跳闸阀和回油关断阀关闭，所有油枪进油阀关闭，油枪吹扫闭锁。

3）磨煤机分离器隔离阀、磨煤机冷热风关断挡板、密封风挡板关闭。

4）过热器各级喷水、再热器事故喷水电动门均关闭。

5）闭锁吹灰，若发生 MFT 时锅炉正吹灰，则吹灰中止，要就地确认吹灰器退出。

6）汽轮机跳闸。

7）两台电除尘器跳闸。

（3）如果条件满足，锅炉进行吹扫 5min。若吸、送风机全部跳闸，应强制自然通风 15min 后，才能启动风机进行锅炉点火前吹扫。

（4）如因炉膛爆管而停炉，可保留一台引风机运行，待炉内蒸汽基本消失后停止引风机。

（5）如因锅炉尾部烟道再燃烧而停炉，则锅炉灭火后严禁通风。

（6）控制过热器压力在允许范围内。

（7）其他操作按正常停炉及相关事故处理规定进行。

18.3　停炉后的保养

当锅炉停止运行后，若在短时间内不再参加运行时，应将锅炉转入冷态作为备用，锅炉机组由运行状态转入冷备用状态时的操作过程完全按照正常停炉的方法进行，冷备用状态锅炉的所有设备都应保持在完好的状态下，以便锅炉机组可以随时启动投入运行。

锅炉中许多腐蚀问题是在锅炉停用时开始出现的。当炉管表面形成红色的 Fe_2O_3 铁锈时，它不仅使管子的表面变得粗糙，而且使母材进一步遭受腐蚀。不论三氧化铁的形成是由于大气腐蚀的结果还是由锅炉附属设备中带到锅炉里来的，只要出现 Fe_2O_3 铁锈，锅炉的金属材料就会受损。如果在锅炉停用时不注意保护受热面，就有可能使良好的水处理失去其意义。

运行中的锅炉实际上也存在着腐蚀问题。但实践证明，在相同的时期内，运行中的锅炉比冷备用（即使采用了保养措施）时锅炉的金属腐蚀程度低得多。

锅炉在冷备用期间受到的腐蚀主要是氧化腐蚀（此外还有二氧化碳腐蚀等），氧的来源，一是溶解在水中的氧，二是从外界漏入锅炉的空气中所含的氧。所以，减少水中和外界漏入的氧，或者减少受热面金属与氧接触的机会，就能减轻腐蚀。而各种防腐方法也是为了达到这一目的。当受热面凝结时，腐蚀是均匀的；当受热面某些部分有沉积物时，则在这些部分将发生局部腐蚀。局部腐蚀虽然发生在不大的区段，但发展的深度较大，严重时甚至可能形成裂缝，它比均匀腐蚀的危害性大，所以在锅炉停用后将受热面上的沉积要清除干净，可以大大减少局部腐蚀的机会。

18.3.1 防腐方法分类

对于冷备用锅炉进行保养时采用的防腐方法，应当简便、有效和经济，并能适应运行的需要，使锅炉在较短时间内就可投入运行。国内常采用的保养方法有湿式防腐、干式防腐和气体防腐等。但干式防腐法对大容量锅炉来说，由于实施困难多，所以很少采用。一般对大容量锅炉推荐采用湿式保养法和氮气置换法。湿式保护法比较简单、监视方便，但在冬季必须要有防冻措施。而氮气置换法使用较为方便，但需要有操作经验和技术。

18.3.2 湿式保养法

18.3.2.1 保养原理

联胺（N_2H_4）是较强的还原剂，联胺与水中的氧或氧化物作用后，生成不腐蚀的化合物，从而达到防腐的目的。氨的作用是调节水的 pH 值，保持水有一定的碱性。在未充水的部位充进氮气，并维持一定的压力，防止氧气进入。

18.3.2.2 保养期与加药

由于保养时间的长短不同，锅炉在保养方法及药品使用上有所差别，具体见表 18-1。

表 18-1 保养方法一览表

<table>
<tr><th colspan="4">耐压部件</th><th colspan="2">省煤器水冷壁</th><th>过热器</th><th>再热器</th><th>主配管</th></tr>
<tr><td rowspan="4">保养期</td><td rowspan="4">短期</td><td rowspan="2">3 天以内</td><td rowspan="2">停炉后，原样保养；停用后，放水后再充水</td><td rowspan="2">满水+N_2 加压</td><td>使用给水</td><td rowspan="4">不处理或充氮气</td><td rowspan="4">不处理</td><td rowspan="4">不处理或充氮气</td></tr>
<tr><td>N_2H_4 浓度为 2×10^{-4}</td></tr>
<tr><td rowspan="2">3 天至 1 周以内</td><td rowspan="2">停炉后，原样保养；停用后，放完水再充水</td><td rowspan="2">满水+N_2 加压</td><td>N_2H_4 浓度为 5×10^{-5}</td></tr>
<tr><td>N_2H_4 浓度为 2×10^{-4}
NH_3 浓度为 1×10^{-5}</td></tr>
</table>

续表 18-1

耐压部件			省煤器水冷壁		过热器	再热器	主配管
保养期	长期	1周~1个月	满水+N_2加压	N_2H_4浓度为3×10^{-4}	充氮气	充氮气	不处理或充氮气
				NH_3浓度为1×10^{-5}			
		1~6个月	满水+N_2加压	N_2H_4浓度为7×10^{-4}	充氮气	充氮气	不处理或充氮气
				NH_3浓度为1×10^{-5}			
		6个月以上	满水+N_2加压	N_2H_4浓度为1×10^{-3}	充氮气	充氮气	不处理或充氮气
				NH_3浓度为1×10^{-5}			

18.3.2.3　短期保养方法

锅炉短期保养方法有以下几种：

（1）停炉前将除氧器水位尽可能提高，多储存除氧水。机组停用后，除氧器无蒸汽加热时，立即充入氮气。

（2）为了干燥再热器，汽轮机停止后，锅炉继续运行1h，同时必须注意防止其他系统来的疏水进入再热器，用烟气热量烘干再热器系统。

（3）锅炉熄火后，一边冷却一边将厚壁部件水位上升到水位计上端（高水位）。

（4）锅水温度降到180℃，加入N_2H_4，保持水中N_2H_4的浓度为5×10^{-5}。如果停用在3天以内，锅炉不进行放水，则在停用前，将给水、锅水的pH值保持在运行控制值的上限。N_2H_4不能过早加入，防止温度过高时N_2H_4会分解。如果放水后再充水，则N_2H_4浓度应提高到2×10^{-4}。

（5）再继续冷却，当锅炉压力降至0.196MPa时，开始充入氮气。

（6）保持锅炉内氮气压力0.0294~0.0588MPa加压保养。

（7）过热器和再热器不另采取保养措施。

18.3.2.4　长期保养方法

锅炉长期保养方法有以下几种：

（1）停止前将除氧器水位尽可能提高，多储除氧水。机组停用后，除氧器无蒸汽加热时，立即充入氮气。

（2）为了干燥再热器，汽轮机停止后，锅炉继续运行1h，同时必须注意防止其他系统来的疏水进入再热器。

（3）锅炉熄火后，一边冷却一边将厚壁部件水位上升到水位计的上端。

（4）炉水温度降到180℃，加入适应于各种保养期的N_2H_4及NH_3。

（5）再继续冷却，当压力降至0.196MPa时，开始充入氮气。

（6）保持锅炉内氮气压力0.0294~0.0588MPa加压保养。

（7）锅水循环泵在加完药液后继续运行，将药液均匀加到锅炉各部分，使N_2H_4浓度均匀为止。

（8）保养期在一个月以下时，在主蒸汽管温度降到100℃以下，用氮气充入过热器及主蒸汽管。再热蒸汽管的温度降到100℃以下，用氮气充入再热器及再热蒸汽管。充氮气前最好抽真空，防止有氧气残留。

（9）保养期在一个月以上时，则当主蒸汽管温度降到100℃以下，通过减温器向过热器及主蒸汽管充水，充水的温度与主蒸汽管温度相差应不大于50℃，所充的水尽可能是除氧水，并添加适应各种保养期的 N_2H_4 及 NH_3，直到厚壁部件、过热器及主蒸汽管充满水为止。水充满后充入氮气，保持系统内压力为0.0294~0.0588MPa。

再热蒸汽管则要进行支吊架固定，在低温再热汽管上安装堵板。保养的方法同过热器，但充氮气前应抽真空。

18.3.2.5　保养中的注意事项

锅炉保养的注意事项如下：

（1）氮气压力应经常保持在规定的0.0294~0.0588MPa范围内，每班应检查一次。

（2）有关阀门的开或关位置是否有异常，每班应检查一次。

（3）短期保养法，在保养开始时，取样化验水质有无异常。

（4）长期保养法，每月从各系统取样一次，进行水质化验，检查有无异常。

18.3.3　氮气置换法

18.3.3.1　保养原理

氮气为惰性气体，当锅炉内部充满氮气并保持适当压力时，空气便不能进入，因而能防止氧气与金属的接触，从而避免腐蚀。在冬季，此法也比较适用。

18.3.3.2　保养方法

锅炉充氮气保养方法如下：

（1）为了干燥再热器，汽轮机停止后，锅炉继续运行1h，同时注意防止其他系统的疏水进入再热器，用烟气热量烘干再热器。

（2）当锅炉压力降到0.196MPa时，开启厚壁部件充氮门向厚壁部件充氮气。同时进行锅炉放水，放水时注意锅炉压力不得低于0.196MPa。应对放水门加以控制，直到锅水全部放出为止。氮气压力保持。

（3）当主蒸汽管温度降到100℃时，开主蒸汽管充氮门，向其中充氮气。

（4）当再热汽管温度降至100℃时，应开再热汽管充氮门，向再热器充氮气。为了防止保养前空气进入再热器，在再热器干燥后，立即关闭再热器的疏水门及空气门。为防止再热器内残留空气，可以进行抽真空，而后再充氮气。

（5）各系统均维持氮气压力为0.196MPa，并定期检测氮气纯度。当氮气纯度下降时，应进行排气，并开大充氮门，直至氮气化验合格为止。

（6）锅水循环泵电动机仍要充满水，如果有冻结的危险，则要充进适当浓度的防锈液（安息香酸的水溶液）。

18.3.4　充氨及其他防腐

当锅炉停炉放尽锅水并充入一定压力的氨气，氨气溶解于金属表面的水珠内，在金属表面形成一层氨水（NH_4OH）保护层，此保护层具有强烈的碱性反应，可以防止腐蚀。充氨时，从锅炉最高点充入氨气，这时氨气从上部流入锅炉，由于空气的密度较氨气大（氨气的密度为 0.59g/cm^3），就使空气从锅炉下部排出，当氨气到达锅炉最低点时（可以从气味来判断），即可关闭下部的阀门。充氨防腐时，锅炉内保持的过剩氨气的压力约为 1000Pa。

18.3.5　保养原则及防冻

18.3.5.1　保养原则

锅炉保养遵守以下几项原则：

（1）锅炉停用时间少于 2 天，不采取任何保护方法。

（2）锅炉停用时间 3~5 天，对省煤器、水冷壁及汽水分离器采用加药湿态保护，对过热器部分采用干燥或干燥后充氮保护。

（3）停炉时间超过 5 天的，省煤器、水冷壁、启动分离器和过热器系统均采用热炉放水干燥后充氮保护，或采用其他加药方法保护。

（4）热炉放水时，启动分离器压力在 0.98MPa 以下、启动离器入口温度 200℃以下时方可开启放水。

（5）开启水冷壁、省煤器进口集箱放水门，带压将水排空。

（6）4h 时开启水冷壁、省煤器、过热器、再热器的排空气门排除系统内的水蒸气，待系统压力降至 0MPa 后开启高压旁路、低压旁路抽真空，将剩余湿汽排尽。

18.3.5.2　冬季停炉后的防冻

冬季锅炉停炉后要防止冻结，具体方法如下：

（1）检查并投入有关设备的电加热或汽加热装置，由热工投入热工仪表加热装置。

（2）备用锅炉的人孔门、检查孔、挡板等应关闭严密，防止冷风侵入。

（3）锅炉各辅助设备和系统的所有管道，均应保持管内介质流通，对无法流通的部分应将介质彻底放尽，以防冻结。

（4）停炉期间，应将锅炉所属管道内不流动的存水彻底放尽。对不能放尽或处于运行状态的各支管末端的放水微开，必须保持一定的流量，以防冻结。

19 锅炉事故处理

19.1 锅炉事故的种类和处理原则

锅炉发生事故的原因很多，除了系统事故或整个机组中的部分设备丧失运行能力原因外，还有较多的情况是由于运行人员技术不熟练或对设备特性不熟悉而错误操作所造成的。因此要求运行人员掌握设备特性和具有熟练的操作技能，对设备做到精心维护，正确操作。

大型机组的锅炉一般均配备有较完善的联锁和热工保护装置，有些机组还应用计算机参与控制和保护，对一般常见的典型事故能够自动进行处理，既增加了设备运行的安全性又增加了保护误动的可能性，这是大型锅炉在事故发生和处理中的一大显著特点。大型锅炉的运行人员，应该具备事故情况下如发生联锁、保护装置动作，能迅速人工参与进行处理的应变能力。此外，计算机或保护装置处理事故的过程极快，有时运行人员很难在极短的时间内找出故障的根源，这就需要运行人员借助事故前后运行工况的追忆记录，进行全面分析查明原因。

19.1.1 锅炉事故的种类

锅炉事故有以下几种分类方法：

(1) 按造成事故的原因来分，锅炉事故一般可分为设备事故和误操作事故两大类。设备事故又包括锅炉设备本身故障丧失运行能力和由于电网系统、厂用电供电系统、控制压缩空气系统、发电机、汽轮机等设备故障或保护误动，造成锅炉设备局部或全部丧失运行条件两种。

误操作事故按事故性质又可分为责任性事故和技术性事故两种。责任性事故是由于运行人员监视疏忽、错误操作或未经全面分析便草率作出错误判断和处理所造成的事故。技术性事故是由于运行人员对设备特性不掌握、操作规程不熟悉或操作技能不熟练而造成的误操作事故。因此，对于责任性事故，应着重加强对运行人员的主人翁责任感教育；而对于技术性事故，则应从加强技术培训着手方能奏效。

(2) 按事故造成损失的严重程度，还可分为特大事故、重大事故和一般事故三种。

(3) 根据事故发生的特点及规律，又可分为突发性事故、频发性事故及季节性事故等。对于频发性事故和季节性事故，各级技术部门应及时制订出切实可行的反事故措施。

19.1.2 锅炉事故的处理原则

发生事故时，运行人员应沉着冷静，以保人身、保电网、保设备为原则，对机组工况进行全面分析后迅速找出故障点和事故根源，判断故障的性质和影响范围，并进行正确和迅速的处理。运行人员应按下列步骤进行处理：

（1）根据故障现象及时查清故障原因、范围，及时处理并向上一级汇报。当故障危及人身或设备安全时，根据规程规定应迅速果断解除人身或设备危险，事后立即向上级汇报。

（2）事故发生时，所有值班人员应在值长的统一指挥下，按照规程中的有关规定及时正确地处理。

（3）值长应及时将故障情况通知相关人员，使全厂各岗位做好事故预想，以防事故扩大，并判明故障性质和设备情况以决定是否可以再启动恢复运行。

（4）各级领导、专业技术人员应根据现场实际情况提出必要的技术建议，但不得干涉值长的指挥。

（5）非当值人员到达故障现场时，未经当值值长同意，不得私自进行操作或处理。当确认危及人身或设备安全时，处理后应及时报告设备管辖值班员、当值值长。

（6）当发生本规程范围外的特殊故障时，值长及值班员应依据运行知识和经验在保证人身和设备安全的原则下及时进行处理。

（7）在故障处理过程中，接到命令后应进行复诵，如果不清应及时问清楚，操作应正确、迅速。操作完成后，应迅速向发令者汇报。值班员接到危及人身或设备安全的操作指令时，应坚决抵制，并报告上级领导。

（8）当事故危及厂用电系统的正常运行时，应在保证人身和设备安全的基础上隔离故障点，尽力确保厂用电系统运行。

（9）发生故障和处理事故时，运行人员不得擅自离开工作岗位。在交接班期间发生事故时，应停止交接班，由交班者进行处理，接班者可在交班者同意下并由交班值长统一指挥协助处理，事故处理告一段落再进行交接班。

（10）事故处理过程中，可以不使用操作票，但必须遵守有关规定。

（11）事故消除后，运行人员应将事故发生的时间、地点、现象、原因、经过及处理方法详细地记录在值班记录本上，并及时向各级调度和厂部公司领导汇报。

19.2　锅炉运行典型事故处理

19.2.1　锅炉本体和燃烧设备事故处理

19.2.1.1　给水温度的突降

给水温度突降的原因和处理方法如下：

（1）给水温度突降对锅炉参数的影响。对于直流锅炉，其循环倍率等于1，工质在锅炉内一次完成加热、蒸发、过热三个阶段，这三个阶段是没有固定的分界的，它们将随着锅炉工况的变化而变化。当给水温度发生突降时，由于加热段延长，蒸发段后移，造成过热段缩短，最终必将造成主蒸汽温度的突降。为了维持机组负荷的稳定和中间点温度的恒定，必定需要增加锅炉的燃料量；随着燃料量的增加，汽温会迅速上升，甚至可能出现超温现象。对于直流锅炉来说，分离器出口和分隔屏、屏式过热器蒸汽温度上升更为明显，应密切监视。

（2）给水温度突降的原因。高加退出运行是造成锅炉给水温度突降的主要原因。当高加严重泄漏或爆破时紧急停用、高加保护装置误动或有严重缺陷时的手动紧急停用等均是高加退出运行的常见原因。

（3）给水温度突降的处理。正常运行中发生给水温度突降时应迅速查明故障原因，并根据不同的情况作相应的处理。

机组满负荷运行时，如发生高加保护动作或紧急退出运行，为防止汽轮机中、低压缸过负荷，应立即降低锅炉的燃料量和给水量。在负荷不超过规定值的情况下，为了避免处理中对机组功率及锅炉燃烧工况造成不必要的扰动，燃料量可保持不变。在此基础上根据给水温度下降的幅度，适当减少给水流量，维持中间点温度正常，及时调整减温水量，保持主蒸汽温度正常。当给水自动动作不正常时，应及时切至手操进行处理。

机组高负荷运行时，如发生高加突然退出运行，可能造成机组负荷瞬时升高和再热器进、出口压力升高、再热器安全阀起座或低压旁路阀自行打开，此时应必须迅速降低锅炉负荷尽快恢复主蒸汽和再热蒸汽压力正常，关闭已打开的低压旁路阀，将起座的安全阀回座。由于本锅炉采用汽动给水泵，在发生安全门起座或低压旁路阀打开时，还应特别注意由于抽汽压力降低而可能造成的给水压力下降。

19.2.1.2 锅炉受热面的损坏

锅炉受热面发生泄漏、爆破等损坏事故时，会引起锅炉的事故停炉，因此在锅炉运行过程中要密切关注受热面的状况，发现问题及时处理。

A 锅炉受热面损坏的影响

在锅炉设备的各类事故中，受热面（省煤器、水冷壁、过热器、再热器）泄漏、爆破等损坏事故最为普遍。当受热面发生爆破时，由于大量汽水外喷将对锅炉运行工况产生较大的扰动，爆破侧烟温将明显降低，使锅炉两侧烟温偏差增大，给参数的控制调整带来了困难。水冷壁发生爆管时，还将影响锅炉燃烧的稳定性，严重时甚至会造成锅炉熄火。当受热面发生爆破后，如不及时停炉，还极易造成相邻受热面管壁的吹损，并对空气预热器、电除尘器、引风机及脱硫系统等设备带来不良的影响。因此，发生受热面损坏事故后应认真查找原因，制订防止对策，尽量减少泄漏或爆管事故的发生。

B 锅炉受热面损坏的原因及预防

a 管壁超温

管壁温度超温是锅炉受热面发生泄漏的主要原因之一，在600MW以上的高参数锅炉特别是1000MW超超临界锅炉中，其受热面的管壁金属温度已非常接近安全极限。如果金属温度超过容许温度时，其显微组织将发生变化，大大降低了金属的许用应力，最终导致受热面管子胀粗、鼓包、起氧化皮等，甚至产生爆破。管壁超温可分为短时间内急剧过热和长时间过热两种。

短时间内过热往往发生于水冷壁的水动力特性发生变化、水冷壁个别管子堵塞等过热、过热器管出现水塞现象的时候，管子因得不到足够的介质冷却而过热，使管壁温度超过材料的下临界温度，金属材料强度大幅度下降，在内应力作用下发生的胀粗和爆管现象，在短时间内即能引起损坏。

长时间过热是指管壁温度长期处于设计温度以上而低于材料的下临界温度，超温幅度不大但时间较长，锅炉管子发生碳化物球化，管壁氧化层减薄，持久强度下降，蠕变速度加快，使管径均匀胀粗，最后在最薄弱部位导致脆裂的爆管现象。

（1）管壁超温的原因主要有：

1）锅炉设计过程中，由于基本数据选择经验不足，如质量流速偏低，使受热面得不到足够的冷却；几何尺寸选择不当，受热面结构布置不合理，造成流量偏差。

2）安装、检修过程中，管内的铁屑、杂物等清理不干净、焊口有瘤刺、管子内壁结垢或氧化物等，造成管内堵塞或半堵塞状况，使工质流量减少。

3）运行中燃烧调整不当或燃烧器出力不平均等使炉内热负荷偏差大或炉膛严重结焦，使管子受热不均导致部分水冷壁管和对流受热面管壁或汽温超温。

4）水冷壁和过热器管内表面的氧化垢或其他化学沉积物，使传热效果下降，造成管壁金属过热。

5）由于上游管子损坏而使冷却工质中断，造成下游管子得不到足够的冷却。

6）由于投用的燃烧器层不合理而造成燃烧器区域热负荷过高而引起水冷壁局部过热。

7）在高温和高压的条件下，锅炉的受热面与水和蒸气、烟气等接触，极易引起有关的化学和电化学反应，导致金属结构的破坏而爆管。

（2）运行中锅炉受热面管壁温度超限的处理方法：

1）增大水煤比，降低过热器温度。

2）加强水冷壁受热面吹灰，防止严重结焦。

3）合理安排制粉系统的运行方式，尽量投用下层磨煤机或增大下层磨煤机出力。

4）合理控制炉膛过量空气系数，若风量偏大时应适当减少风量。

5）适当开大燃烧器燃尽风、辅助风和上层备用燃烧器的风门。

6）若由煤种变化引起，建议改烧合适的煤种。

7）经上述处理无效，降低主蒸汽、再热汽温度或锅炉负荷，直到过热器、再热器管壁温度在允许范围内。若是水冷壁严重结焦，经处理无效，应申请故障停炉。

b　材质与安装焊接质量

受热面材质本身有时也会存在一定的缺陷，如在钢材的冶炼、轧制及锅炉的制造、运输、安装、检修过程中，造成裂纹、壁厚不均和表面机械损伤等，因人为因素造成选材不当、错用管材、焊接质量不好（焊口未熔合未焊透、气孔、砂眼、夹渣、裂纹、严重咬边，焊接残余应力过大和异种钢材对接工艺不良）等，这些缺陷导致受热面局部地方的应力集中、耐低温的钢材承受不了高温高压而发生爆管。

c　受热不均匀造成拉裂和热疲劳

拉裂主要是因膨胀受阻、应力集中等引起的，由于锅炉各部件的受热不均而存在的温差等使受热面膨胀受阻，导致屏间、管间的鳍片拉裂管子。引起拉裂的原因有：

（1）在锅炉启、停过程中升、降负荷速率过快，受热面间的膨胀不畅，引起拉裂或留下隐患。

（2）联箱短管角焊缝因受热面管屏膨胀不畅，且短管与联箱的连接形式较薄弱，容易造成角焊缝开裂。

（3）热疲劳损坏常发生于金属温度梯度大的部位，如联箱等部件。发生热疲劳损坏的原因为金属温度周期性的变化而产生过高的交变应力。

d 材质变化方面的原因

给水品质长期不合格或局部热负荷过高，造成管内结垢严重，产生垢下腐蚀或高温腐蚀，使管材强度降低。由于热力偏差或工质流量分配不均造成局部管壁长期超温，强度下降。由于飞灰磨损造成受热面管壁减薄或设备运行年久、管材老化造成的泄漏和爆管事故是较为常见的故障。此外，对于直流锅炉而言，如发生管内工质流量或给水温度的大幅度变化还将造成锅内相变区发生位移，从而使相变区壁温产生大幅度的变化导致管壁疲劳损坏。

吹损主要原因是吹灰器运行不良、邻近管子泄漏等造成的。吹灰器运行不良主要是指吹灰系统投运前疏水不良造成吹灰蒸汽中带水，如进汽压力调节阀失控或压力设定值过高、吹灰器喷口或吹灰管安装不当、吹灰太频繁。管子泄漏而未及时停炉，泄漏的蒸汽对邻近管子的吹刷。

e 运行及其他方面的原因

造成炉管泄漏或爆破的原因是多种多样的，其中有设备问题也有运行操作上的问题，如由于燃烧不良造成的火焰冲刷管屏以及炉膛爆炸或大块焦渣坠落造成的水冷壁管损坏等。此外，受热面管内或水冷壁管屏进口节流圈处结垢或被异物堵塞，使部分管子流量明显减少、管壁过热而造成的设备损坏事故，运行中也较为常见。

C 锅炉受热面损坏的常见现象和处理原则

锅炉受热面损坏时炉膛或烟道内可听到泄漏声或爆破声。锅炉各参数由于自动调节虽基本保持不变，然而锅炉两侧烟温差、汽温差将明显增大，受热面损坏侧的烟温将大幅度降低。水冷壁泄漏还可能使炉内燃烧不稳，严重时甚至造成锅炉熄火。在炉膛负压投入自动的情况下引风机动叶开度将自行增大，电流增加。

当受热面泄漏不严重尚可继续运行时，应及时调整燃料、给水和风量，维持锅炉各参数在正常范围内运行。给水自动如动作不正常时应及时切至手操控制，必要时还可适当降低主蒸汽压力和锅炉负荷运行，严密监视泄漏部位的发展趋势。

如受热面泄漏严重或爆破，使工质温度急剧升高，导致管壁严重超温，不能维持锅炉正常运行或危及人身、设备安全时，应立即按手动紧急停炉进行处理。停炉后为防止汽水外喷，应保留引风机运行，维持正常炉膛负压。

若受热面爆破引起锅炉熄火时，则应按锅炉 MFT 处理。由于受热面损坏引起主蒸汽温度、再热蒸汽温度过高、过低或两侧偏差过大时，还应结合汽温异常的有关要求进行处理。

19.2.1.3 锅炉过热汽温过高

锅炉运行过程中，过热汽温和再热汽温过高，将引起过热器、再热器以及汽轮机汽缸、转子、隔板等金属温度超限、强度降低，最终导致设备的损坏。因此锅炉运行中应防止高汽温事故的发生，一旦发生，应立即处理，尽快使其恢复正常。

（1）锅炉过热汽温过高的主要原因：

1）燃料与给水的比例失调，给水量偏小或燃料量偏大，其中包括燃料量数值虽未变化，但由于燃料品质变化造成的实际发热量增加等。

2）由于炉内燃烧工况变化、火焰中心升高、风量增加、水冷壁结焦严重等造成的过热器受热面对流传热增强或过热器处可燃物再燃烧。

3）减温水系统故障或汽温自动失灵造成的减温水量不正常地减少。

4）过热器受热面泄漏爆管，造成过热器内蒸汽通过流量减少。

（2）锅炉过热汽温过高的常见现象：

1）主蒸汽温度指示值达到或超过高限并报警。

2）如因燃料与给水的比例失调引起时，锅炉各段汽温均将升高。严重时，水冷壁管屏温度将越限报警，减温水调节阀开度增大。

3）发生火焰中心上移、水冷壁结焦严重或风量增加时，炉膛内水冷壁辐射传热减少，烟道内对流受热面传热将增加。给水自动投入时，为维持水冷壁出口温度不变，燃水比有所提高，过热器各段烟温、汽温均上升，减温水量明显增加。

4）当由于减温水量减少引起时，减温器后蒸汽温度明显上升而减温水流量下降。

5）如因受热面泄漏、爆管引起时，两侧烟温差、汽温差增大，故障点后各段蒸汽温度上升、烟温降低。

6）当发生过热器处可燃物再燃烧时，故障点后烟温及工质温度将不正常地升高，烟道及炉膛负压剧烈变化，烟囱冒黑烟。

（3）锅炉过热汽温过高的处理。如因自动装置失灵造成过热汽温过高时，应立即将该自动切至手操进行控制。迅速调整燃料与给水的比例，减少燃料量或增加给水量，开大减温水调节阀，必要时可通过降低过热汽压或提高给水压力来增加减温水量；增加减温水的同时应注意给水流量的变化，防止减温水量增加的同时，进入水冷壁的给水流量减少而造成中间点温度的进一步上升。

迅速找出汽温过高的根本原因，根据不同的情况分别作相应的处理：

1）燃烧工况变化或炉膛火焰中心上移引起过热汽温过高时，应立即进行燃烧调整，设法降低炉膛火焰中心。如合理调整燃烧器的配风、降低上层燃烧器的负荷和增加下层燃烧器的负荷等。如因风量增加引起时，根据氧量情况，适当减少风量，适当开大过燃风和辅助风的开度。

2）因水冷壁严重结焦引起时，应对水冷壁进行吹灰。

3）因主蒸汽压力升高、受热面损坏、给水温度升高、可燃物在烟道内再燃烧等原因造成过热气温过高时，除按汽温过高处理外，还应按各自不同的要求进行处理。

19.2.1.4　锅炉汽温过低

锅炉出口主蒸汽温过低除了影响机组热效率外，严重时还有可能产生水击，以致造成汽轮机叶片断裂损坏事故。汽温突降时，除对锅炉各受热面的焊口及连接部分产生较大的热应力外，还有可能发生叶轮与隔板的动静摩擦而造成汽轮机的剧烈振动或设备损坏。

（1）过热汽温过低的主要原因

1）燃料与给水的比例失调，给水量偏大或燃料量偏小，其中包括燃料量数值虽未变化，但由于燃料品质变化造成的实际发热量减少等。

2）燃烧工况恶化、部分燃烧器熄火、炉膛火焰中心下移、风量减少、过热器受热面严重积灰或结焦等造成的过热器受热面对流传热减弱。

3）给水温度降低、主蒸汽压力大幅度下降、减温水压力升高或减温自动失灵造成的减温水量不正常地增大。

（2）过热汽温过低的常见现象

1）主蒸汽温度指示值达到或低于低限并报警，严重时蒸汽管道发生水冲击现象。

2）因燃料与给水的比例失调引起过热汽温过低时，锅炉各段汽温均将下降。汽温自动运行时，减温水调节门开度将自行关小。

3）因燃料品质变化，如发热量降低引起时，在锅炉总风量不变的情况下，炉膛出口氧量将自行增大。

4）发生火焰中心下移或风量减少时，炉膛辐射传热增加，烟道内对流受热面传热将减少。给水自动投入时，水冷壁出口温度将不变，给水流量有所上升，过热器各段烟温及汽温均下降，减温水量将明显减少。给水手操运行时，如给水流量不变，则将引起水冷壁出口汽温上升，过热器各段烟温下降，过热汽温将出现瞬时下降而后逐渐回升至原值左右的现象。风量减少时，还可从炉膛出口氧量降低及总风量指示值下降等方面进行判断。过热器受热面积灰或结焦引起时，工质在过热器内的温升（或焓增）将减少，过热器后各段烟温上升，过热器区段内烟气阻力增加。

5）局部制粉或燃油设备故障停用时，停用设备对应的燃烧器熄火并报警，锅炉总燃料量下降。锅炉燃烧恶化或燃烧不稳时，炉膛负压将出现大幅度的摆动，氧量上升，部分火焰检测器的火焰指示时有时无，烟囱可能冒黑烟。如因减温水流量增大引起时，减温后温度将明显下降。

（3）过热器汽温过低的处理

因自动装置失灵造成过热汽温过低时，应立即将该自动切至手操运行。及时调整燃料与给水的比例，增加燃料量或减少给水量。适当提高过热汽压或降低减温水压力，关小减温水调节门或关闭减温水隔绝门。

找出汽温过低的根本原因，除按上述要求处理外，还应按不同的情况作相应的处理：

1）因燃烧工况变化引起汽温过低时，应立即进行燃烧调整，设法提高炉膛火焰中心，如合理调整燃烧器配风、增加上层燃烧器的负荷和降低下层燃烧器的负荷、将燃烧器摆角适当上调等，如因风量偏小造成时，应立即增加风量，维持炉膛出口氧量及锅炉燃烧装置工况正常。发生锅炉燃烧不稳时，应立即投入助燃装置。

2）因给水温度突降造成过热汽温过低时，还应按给水温度突降的有关要求进行处理。

3）因过热器受热面严重积灰或结焦引起时，应对过热器进行吹灰，吹灰过程中应及时做好汽温上升的调整工作。

4）当过热汽温低至汽轮机规定减负荷时，应按汽轮机规定的要求进行减负荷，如因汽温过低或两侧偏差达到限值造成汽轮机事故停机时，锅炉应按紧急停炉进行处理。

19.2.1.5 锅炉再热汽温过高

（1）锅炉再热汽温过高的主要原因：

1）炉内燃烧工况变化、锅炉热负荷升高、炉膛火焰中心上移、风量增加、水冷壁严重结渣、尾部烟气挡板不当、燃烧器摆角过高及再热器处发生可燃物再燃烧等，均将造成再热受热面的传热增强而使再热汽温升高。

2）高压缸排汽通风阀开启、中压缸主汽门或调门故障关闭、再热器受热面泄漏或爆破等，均将造成再热器受热面内蒸汽流量的减少，此时若其他工况不变则将造成再热汽温升高。

（2）再热汽温过高的现象及处理：

发生再热汽温过高时再热蒸汽温度高报警，再热系统各点温度上升。若遇受热面泄漏或爆破，则爆破点前各点温度下降，爆破点后上升。此时应按不同的情况作相应的处理：

1）因自动装置失灵造成时应立即将该自动切至手操运行，调整烟气挡板，但要保证过热器侧和再热器侧烟气挡板开度之和大于100。

2）开大再热器减温水，但要保证喷水减温后有足够的过热度。如因风量偏大造成时应减少风量，必要时还可采用适当降低负荷等方法使再热汽温尽快恢复至正常范围。

3）因燃烧工况变化或炉膛火焰中心上移引起时，应立即组织燃烧调整、设法降低炉膛火焰中心。如因水冷壁严重结焦引起时，应对水冷壁进行吹灰，吹灰时应做好汽温的调整工作。

4）因高压缸排汽通风阀误开引起再热汽温过高时要立即关闭。

19.2.1.6　锅炉再热汽温过低

再热器温度过低，将使汽轮机末级蒸汽湿度过大，损伤汽轮机末级叶片。

（1）锅炉再热汽温过低的主要原因：

当炉内燃烧工况变差、锅炉热负荷下降、炉膛火焰中心下移、风量减小、再热器受热面严重积灰或结焦、尾部烟气挡板不当时，均将造成再热器受热面的对流传热减弱而使再热汽温下降。

（2）再热汽温过低的处理：

1）因自动装置失灵造成时应立即将该自动切至手操运行。

2）风量偏小造成时，应立即增加风量，维持炉膛出口氧量及锅炉燃烧工况正常。

3）因燃烧工况变化或炉膛火焰中心下移引起时，应立即组织燃烧调整，设法提高炉膛火焰中心、稳定燃烧工况。

4）因再热器受热面严重积灰或结焦引起时，应对再热器受热面进行吹灰。

19.2.1.7　燃烧不稳

（1）燃烧不稳的原因：

1）煤质变化（或煤粉过粗）时未及时调整燃烧。

2）给煤量波动较大，如煤粉管堵塞或出现粉团滑动、油喷嘴堵塞、磨煤机来粉不均等，都会造成燃烧不稳。

3）锅炉负荷过低，引起炉膛温度下降、煤粉浓度降低，或负荷变化幅度过大。

4）运行操作不当，如一次风速过低或过高（一次风速过低可引起粉团滑动，一次风速过高易导致燃烧器根部脱火）；氧量控制不当，炉内风量过大，引起炉温降低。

5）炉内或燃烧器结焦严重，破坏正常的空气动力场。

（2）燃烧不稳的现象及处理：燃烧不稳时火焰锋面的位置明显后延且极不稳定，火焰忽明忽暗、炉膛负压波动较大。燃烧不稳的实质是可燃混合物小能量的爆燃。着火过程时断时续，燃烧中断时，火色暗、炉膛压力低；重新着火时，火色亮、炉膛压力高。

燃烧不稳可从以下方面判断，炉膛负压的摆动幅度，DCS 上火检信号的强弱，过热器后的烟温及氧量监视，各主要参数是否稳定。此时应迅速查明原因，应按不同的情况作相应的处理：

1）发现燃烧不稳时，一般应先投油枪助燃，以防止灭火，待燃烧调整见效、燃烧趋于稳定后再停油枪。

2）煤质变差时，应设法改善着火燃烧条件，如提高磨煤机出口温度、煤粉细度等；适当降低风煤比，提高煤粉浓度，低负荷时做好磨煤机的运行组合等。

19.2.1.8 锅炉熄火及防爆

锅炉运行中发生全熄火或部分熄火，一旦处理不当将引起炉膛爆炸。因此为了防止锅炉发生爆炸，必须首先防止锅炉熄火。

（1）造成锅炉熄火的主要原因。造成锅炉熄火的主要原因有：运行中锅炉主要辅机故障或电源中断；锅炉配风不合理，燃料风门、辅助风门均未调好，一次风量太大、风速太高，风粉比例不当，造成锅炉燃烧工况不稳；制粉或燃油系统故障、燃料品质突变、挥发分或发热量过低等；锅炉实际燃料量大幅度减少甚至中断，导致炉膛热负荷和炉膛温度突降；低负荷时锅炉吹灰操作不当使炉膛进入大量蒸汽，造成炉膛温度突降、燃烧不良；锅炉负荷过低时操作或调整不当，锅炉减负荷速度过快或发生负荷突降以及受热面（特别是水冷壁）严重爆管、炉膛内大量塌灰塌焦；炉膛漏风严重，炉底水封被破坏等。

（2）锅炉发生熄火时的常见现象。锅炉燃烧不稳时炉膛负压将出现大幅度摆动，部分或全部火焰检测器无火焰信号，炉膛出口氧量骤增、锅炉 MFT、蒸汽温度和蒸汽压力迅速降低、各段烟气温度均将下降。

由于受热面严重爆破或炉膛大量灰焦塌落引起熄火时，炉膛负压将出现先正后负。

（3）防止灭火的措施。炉膛 FSSS 保护不得随意强制，若确需强制必须制定完善的安全技术措施；严格控制入炉煤的质量，控制燃煤热值和挥发分，当燃煤品质发生较大变化时，应及时调整配风，必要时应进行煤种适应性试验，并做好调整燃烧的应变措施；根据燃用煤种及时调整磨煤机出口风温和风量。燃煤挥发分小于 25%时磨煤机出口温度应大于 75℃，燃煤挥发分大于 35%时磨煤机出口温度低于 75℃；当制粉系统故障或跳闸等原因引起燃烧不稳，或进行对锅炉燃烧工况扰动较大的操作时，应投入对应层的油枪进行助燃；低负荷燃烧不稳定，必须投油助稳燃。

在锅炉负荷小于 50%B-MCR 时，不得进行炉膛吹灰；锅炉主蒸汽流量在 1500t/h 以下，当磨煤机启动或停止时，注意磨煤机吹扫过程中风量增大对一次风母管和炉膛压力的影响。低负荷时启停磨煤机应缓慢；做好防止锅炉严重结焦的工作；锅炉总风量必须按规定的风量和氧量曲线控制；执行油枪定期试点火制度，确保油枪和微油点火系统正常备用。

（4）锅炉熄火时的处理。发生锅炉熄火时，绝对禁止采用关小风门、继续向炉膛供给燃料以爆燃来恢复着火的操作。当锅炉灭火时如保护装置未动作，应立即手动 MFT，按紧急停炉的操作方法和要求进行处理，查明熄火的原因并设法消除。对锅炉设备进行全面检查，确认烟道内无再燃烧现象、设备无损坏时做好重新启动的准备，启动前应对炉膛进行充分的吹扫。

(5) 防止锅炉熄火后放炮的措施。锅炉熄火后，MFT 复归前，按照程序对炉膛和烟气通道进行充分吹扫，在点火前不允许旁路炉膛吹扫，确保不再有燃料进入炉膛。

1) 确保一次风机立即跳闸停运，磨煤机出口挡板及进口快关挡板关闭。

2) 确保炉前燃油进、回油快关门，各油枪油进回油快关门立即关闭，不漏油。

3) 当炉膛已经灭火或已局部灭火并濒临全部灭火时，严禁投助燃油枪。

4) 当锅炉灭火后要立即切断燃料供给。

锅炉在运行中，禁止火焰检测器信号强制，定期对火焰检测器进行检查；启停磨煤机时一定要满足磨煤机点火能源要求，严禁采用强制点火能源条件启动磨煤机；启动和停止磨煤机时，应具有足够的风量和时间以保证充分的暖磨和吹扫，防止煤粉积存在磨煤机内或管道内而引起锅炉爆燃。当发现锅炉熄火，而锅炉熄火保护拒动时，应立即手动 MFT。

19.2.1.9 炉膛结渣

炉膛结渣的原因、影响因素和防止措施如下：

(1) 炉膛结渣的现象。受热面的结渣可能产生于水冷壁上和炉膛出口受热面上，水冷壁受热面的结渣使水冷壁的吸热能力降低，蒸发量减小，炉膛出口烟温增大，并导致过热汽温、再热汽温超过额定值。炉膛出口受热面的结渣也在降低这些受热面吸热量的同时，阻碍烟气的流动，导致烟道通流阻力与各并列管屏间的偏流程度增大和受热面热偏差增大，排烟温度异常升高。

就地从锅炉观火孔观察炉膛，如果有结焦现象，火焰颜色呈白色并刺眼，则结焦处炉膛温度升高；有时发生明显的塌焦迹象。

(2) 炉膛结渣的基本原因及影响因素。受热面的结渣发生于呈熔融状态的灰粒与壁面的碰撞，从而被黏附在壁面上。因此产生结渣的条件首先是两者间的碰撞，其后灰粒呈熔融状态具有黏附在壁面上的能力。炉内具有一定的温度分布，一般在煤粉炉火焰中心区域的烟温很高，有相当一部分灰粒呈熔融或半熔融状态，在靠近炉壁区域则烟温较低。炉内的煤粉或灰颗粒会随气流而运动，或从气流中分离出来，在分离的过程中，颗粒的温度会随其从高温区域到达壁面的运动速度、环境温度条件而改变。如果存在足够的冷却条件，那些原属熔融状态的颗粒将重新固化，失去黏附能力，失去产生结渣的条件；反之，产生结渣的可能性大，这就是受热面产生结渣的基本成因。它与煤灰特性、锅炉负荷、炉内的空气动力场、温度场、气氛、煤粉（或灰粒）的粒度以及受热面的清洁程度等密切相关，煤粉炉内的结渣是不可避免，问题只是程度或是否迅速剧增。

(3) 结渣的防止。预防结渣主要从炉内燃烧工况、燃料等着手。

1) 防止受热面壁面温度过高。保持燃烧器各角风粉量的均衡，使射流的动量尽量均衡，尽量减少射流的偏斜程度。火焰中心尽量接近炉膛中心，切圆直径要合适，以防止气流冲刷炉壁而产生结渣现象。

2) 防止炉内生成过多的还原性气体。首先要保持合适的炉内空气动力工况，八角的风粉比要均衡，否则有的一次风口由于煤粉浓度过高而缺风，出现还原性气氛。在这种气氛中，还原性气体使灰中 Fe_2O_3 还原成 FeO，使灰熔点降低。而 FeO 与 SiO_2 等形成共晶体，其熔点远比 Fe_2O_3 低得多，有时会使灰熔点降低 150~200℃，将会引起严重结渣。

3）做好燃料管理，保持合适的煤粉细度。尽可能固定燃料品种，选用高熔点煤，可减少结渣的可能性。保持合适的煤粉细度，不使煤粉过粗，以免火焰中心位置过高而导致炉膛出口受热面结渣，或者防止因煤粉落入冷灰斗而形成结渣等。

4）做好运行监视。要求运行人员精力集中，密切注意炉内燃烧工况，特别是炉内结渣严重时，更应到现场监察结渣状况。利用吹灰程控装置进行定期吹灰，以防止结渣状况加剧。

5）采用不同煤种掺烧。采用不同灰渣特性的煤掺烧的办法对防止或减轻结渣有一定好处。对结渣性较强的煤种，在锅炉产生严重结渣时，经掺烧高熔点结晶渣型的煤，结渣会得到有效控制。不过，在采用不同煤种掺烧时，应明确掺配前后灰渣的特性及选择合适的掺配煤种。

（4）结渣的处理。锅炉运行中应加强对减温水量、烟道挡板开度及各段受热面壁温的监视，发现参数异常应及时分析，进行燃烧调整；对结渣的部位加强吹灰；如部分磨煤机检修而非正常方式运行，可调整配风和各磨煤机的负荷分配，维持过量的空气系数；经调整，过热器、再热器管壁温或减温水未见明显下降，应申请降负荷处理；若锅炉负荷已降至50%B-MCR，管壁温仍超限或减温水量超过相应负荷的设计流量，持续时间超过1h，应继续减负荷，直至管壁温和减温水量正常。

当炉内结焦严重，过热器、再热器减温水量明显增大，甚至减温水调门全开都无法维持锅炉正常安全运行时，应申请停炉处理。

19.2.1.10 锅炉燃料品质的突变

锅炉燃料品质突变会改变锅炉出力，甚至造成熄火。在准确分析燃料品质突变特性的基础上，采取有针对性措施，稳定锅炉的燃烧状况。

（1）燃料品质变化对锅炉运行的影响。锅炉燃用高灰分的煤时，由于煤的发热量低，将使锅炉出力下降，如不及时进行调整，还将造成其他参数的不正常变化，并加剧受热面的磨损，造成受热面的严重积灰和积焦。此外，高灰分的煤由于着火速度慢，还将对着火稳定带来不利。当原煤中的挥发分降低时，由于煤的着火温度提高，将造成着火困难、燃烧不稳，严重时甚至熄火。原煤中水分过高将造成磨煤机出力下降或制粉系统的堵煤现象，直接造成锅炉热负荷下降、出力下降和其他参数的大幅度变化，严重时炉火不稳甚至发生锅炉熄火事故。当燃用灰熔点过低的煤时，将造成炉膛严重结焦。

燃料品质变差时，还将使燃料在炉膛内的燃烧过程延长或产生不完全燃烧，以致大量未燃尽可燃物被带至锅炉尾部，埋下尾部烟道再燃烧的隐患。燃煤品质的突变，对于燃烧单一煤种和无分仓加煤设施的直吹式制粉系统的锅炉，其危害更大。

燃油中的水分突然升高时，将造成油枪燃烧不稳，甚至熄火。这是因为燃油中的水分越高，则燃油的低位发热量越小，在油量不变的情况下，锅炉实际热负荷将下降。此外，燃油中的水分过高时，燃烧过程中水分将吸收大量的热量以汽化，这样就大大地降低了油雾周围的烟气温度，使油雾着火困难。燃油中的水分突然升高时，由于油量表读数并不改变，容易造成运行人员的疏忽或误判断，如不能及时发现并进行调整，必将危及锅炉的正常运行。燃用含硫量高的油种时，将造成尾部受热面的低温腐蚀。

（2）锅炉燃料品质突变的主要原因。未严格执行燃料管理的燃煤调度的有关规定和制度，对来煤不进行分析、分场堆放，加仓前未经配煤便直接加仓，尤其是对一些新来的煤种，在特性尚未了解之前便草率加仓。雨季或下雪天在运输过程中将大大增加原煤中的表面水分，如到厂后又采用露天场地堆放，则必将造成原煤的水分过高。原煤在场地上堆放时间过长，由于自然和挥发物析出将造成碳分和挥发分降低，使煤质变差，如用此煤连续加仓必将造成锅炉燃料品质的突变。

在燃油管理方面，如油库（油罐）的定期放水工作不正常、油库的蒸汽加热装置泄漏或燃油母管切换时操作不当使备用系统中的积水进入运行系统等，均将造成锅炉燃油中的含水量突然增高。

（3）锅炉燃料品质突变的常见现象。燃料品质特别是燃料的低位发热量突然降低时，由于发生了燃料品质的变化而数量并未改变，因而燃料计量指示一般不变，锅炉各参数中首先反映出来的是炉膛出口烟气含氧量变大和炉膛负压摆动或增大，如风量自动运行时自动系统将调节送、吸风机出力，维持氧量和炉膛负压正常；其次是各段烟温下降，在给水和燃料手动时，还将造成锅炉汽温下降。燃料自动时，在有计算机参与控制的锅炉中，由于燃料发热量的修正和锅炉蒸发量的下降，将使燃料量自动增加。如因原煤水分过高引起时，磨煤机出口温度将下降，当磨煤机出口温度自动运行时，热风门将自动开大而冷风门将自行关小，同时，原煤仓或落煤管可能出现堵煤现象。如因燃料的挥发分大幅度降低引起时，还将造成炉火不稳，严重时将造成部分燃烧器熄火或锅炉熄火事故。

（4）锅炉燃料品质突变的防止及处理：

1）防止锅炉燃料品质突变的措施，防止发生锅炉燃料品质突变的主要措施是加强燃料管理工作。对于燃煤管理，应做到来煤及时取样分析，有条件时应对各种煤种进行分场堆放。在加仓前应先进行配煤，将各煤种按比例混合后再加仓，尽量避免来煤直接加仓，使锅炉燃煤品质不受来煤品种变化的影响，能始终保持相对稳定。

在雨季或者原煤水分高的情况下，应尽量先使用干煤棚存煤，避免湿煤直接加仓。另外，容易自燃的煤不易长期堆存。

对于燃油管理，应严格执行油库（油罐）定期放水制度，有条件时还应对来油先进行脱水，以减少锅炉燃油中的水分。燃油母管或系统的切换和油加热器的投入操作，应事先将系统或设备内的积水放尽，并做好防止油中大量带水的事故预防和安全措施。

2）锅炉燃料品质突变的处理。发生锅炉燃料品质突变时，应及时进行燃烧调整，当煤的挥发分降低时，应适当降低一次风量和增加煤粉细度，在出现炉火不稳定现象时应及时投用助燃油枪，以稳定燃烧。当燃料的发热量降低（包括燃油中的含水量增加）时，应及时增加燃料量，维持炉膛出口氧量不变；如燃料量已无法再增加时，应按维持原氧量不变为原则迅速减少锅炉风量，并相应减少给水流量和对其他参数进行合理的调整，必要时投入助燃油枪以稳定燃烧。之后，迅速查明燃料品质突变的原因并设法消除。

在燃料品质突变的处理过程中如发生汽温、汽压、水位、制粉系统等异常情况时，还应按各事故的处理要求，分别进行处理。如锅炉已发生临界火焰、角熄火或全熄火时，严禁再投助燃油枪，应立即切断进入锅炉的所有燃料，按锅炉熄火紧急停炉进行处理。

19.2.1.11 锅炉尾部烟道二次燃烧

防止锅炉尾部烟道二次燃烧，确保空气预热器进出口烟温正常、减小烟气负压波动等，预防措施如下：

（1）锅炉尾部烟道二次燃烧的现象。锅炉尾部烟道二次燃烧区域的烟气温度和工质温度上升，空气预热器进出口烟温不正常地升高，空气预热器出口风温升高；燃烧处附近的烟气负压急剧波动；省煤器出口烟气含氧量降低；在烟道门孔等不严密处冒烟或冒火星；烟囱冒黑烟；空气预热器处二次燃烧时，空气预热器热点探测系统报警，其外壳发热或烧红，电机电流晃动，严重时空气预热器发生卡涩。

（2）锅炉尾部烟道二次燃烧的原因。锅炉低负荷运行时间过长，燃油雾化或着火不良，使未燃尽的煤粉和油滴沉积在烟道内；燃烧调整不当或煤粉过粗，使着火不完全，未燃尽的煤粉进入烟道；点火前和停炉后锅炉吹扫不充分；空气预热器吹灰不当。

（3）锅炉尾部烟道二次燃烧的预防。投运油枪时应严格监视油枪的雾化情况，调整好油压，一旦发现油枪雾化不良应立即停运，并进行清理检修；调整锅炉制粉系统和燃烧系统运行工况，防止未完全燃烧的油和煤粉存积在尾部受热面或烟道内；锅炉正常运行时应保证空气预热器前烟气含氧量在规程规定的范围内。

若发现空气预热器停转，立即将其隔离，并组织人员进行手动盘动，必要时投入消防水或投运空气预热器吹灰。当挡板隔绝不严或转子盘不动时，应申请故障停炉。

锅炉负荷小于30%B-MCR时，应对空气预热器进行连续吹灰；锅炉负荷大于30% B-MCR时，空气预热器至少8h吹灰一次，当空气预热器烟、风侧的差压增加或低负荷煤、油混烧时应增加吹灰次数。

定期检测磨煤机出口的煤粉细度，做好燃烧调整工作，防止未完全燃烧的煤粉带入尾部烟道并沉积。

（4）锅炉尾部烟道二次燃烧的处理。运行人员如发现尾部烟道烟温不正常升高、空气预热器进出口烟温不正常地升高或空气预热器热点探测系统报警时，应立即检查原因，加强燃烧调整，对该区域受热面进行吹灰，并确认是否发生了二次燃烧。

当检查确认锅炉尾部烟道内发生了二次燃烧时，应采取如下措施：

1）立即手动MFT并停止所有一次风机、送引风机运行，严密关闭各风门挡板，投入二次燃烧区域附近的吹灰器，用蒸汽进行灭火。

2）锅炉熄火后应尽量维持连续进水，适当开启高、低压旁路对省煤器、过热器、再热器进行冷却。

3）当确认火已被熄灭后，可停止吹灰器运行，开启挡板风门，启动送、引风机进行吹扫。

4）加强二次燃烧区域的壁温、烟温的监视。

5）锅炉冷却后进行内部检查，确认设备正常后方可重新启动。

当确认空气预热器着火时，应采取如下措施：

1）发现空气预热器有着火迹象时，应立即进行全面检查，保持省煤器连续进水，并根据其严重程度作相应处理。

2）当空气预热器火灾探测装置报警时，应立即到现场确认。若报警正确，但现场未发现有明显着火迹象时，应立即投入空气预热器吹灰器运行，并加强对空气预热器运行的监视。

3）若发现空气预热器着火或排烟温度有明显升高，应维持空气预热器运行，停止该侧的送引风机、一次风机运行，并关闭该空气预热器的所有烟风挡板，开启对应侧烟风的疏水门，确认该空气预热器疏水系统疏通无阻，将其漏风控制系统扇形板退出后投入空气预热器吹灰器以及消防水系统、水冲洗系统进行灭火。

4）确认空气预热器内部着火熄灭后，停运消防水系统、水冲洗系统以及空气预热器吹灰器运行，关闭冲洗门，待内部余水放尽后，关闭空气预热器及烟风道疏排水门。对空气预热器本体进行检查，如有损坏不得再投入该空气预热器运行，联系检修处理。

5）检查空气预热器无异常后，方可将其投入运行。经确认空气预热器内部着火熄灭、不再会引起燃烧后，可以启动送引风机对空气预热器进行冷却。如发生再燃烧立即停运风机，重新进行隔离。

6）经处理无效，空气预热器出口烟温上升至250℃时，按紧急停炉处理。

19.2.2　锅炉辅机事故处理

锅炉主要辅机故障处理的总原则：

两台并联运行的锅炉主要辅机，运行中发生一台故障停运而另一台正常时，RUNBACK功能将自动保留最下三层燃烧器运行，并将其余制粉设备停运和紧急减负荷至50%B-MCR。自动调节系统将增大正常运行辅机的负载，并维持各参数正常。当保护或自动动作不正常时，则应按以上原则手动将锅炉负荷骤减至50%B-MCR，迅速调整各参数，维持锅炉运行正常。根据炉火情况，投入一定数量的助燃油枪以维持锅炉燃烧稳定。

两台并列运行的锅炉主要辅机，当运行中发生两台同时故障停用时，应按紧急停炉进行处理。

19.2.2.1　轴流风机的失速

轴流风机失速的原因、失速现象和处理方法分析如下：

（1）轴流风机失速的原因。风机在不稳定工况区域内运行是造成轴流风机失速的根本原因。由于受热面严重积灰结焦或风烟系统的风门、挡板操作不当造成风、烟系统的阻力增加或风量调节过程中造成的风机特性改变，均有可能使风机工作点落入不稳定工况区域而导致失速现象的发生。并联运行的两台轴流风机当负载偏差过大时，极易造成一台风机进入不稳定工况区域运行，也就是常称为“抢风”的异常情况。

（2）轴流风机失速的现象。风机发生失速时风机失速将报警，故障风机的电流、风量及进口或出口压力将出现大幅度的摆动，风机噪声明显增加，机壳及风道振动。当该振动频率与风道或烟道的固有频率合拍时将使风机和风道或烟道发生剧烈的振动，这种现象称为喘振。当并联运行的两台风机发生“抢风”现象时，风机的电流、电压、流量将出现明显的一侧上升另一侧下降的现象，且电流、压力、流量低的那台风机噪声及振动明显增加。发生风机失速时，炉膛出口氧量将降低。当吸风机发生失速时，炉膛压力变正；送风机发生失速时，炉膛负压增大，烟色指示仪大幅度摆动，锅炉燃烧不稳，严重时甚至导致锅炉熄火。

（3）轴流风机失速的处理。风机发生失速时立即降低该风机的负荷，迅速关小未失速风机的动叶，相应关小失速风机的动叶，使两台并联运行风机的电流、动叶开度相接近（但应使失速风机的动叶开度略大于未失速风机的动叶开度）直至失速现象消失。与此同时还应迅速采取降低系统阻力的措施，如开大燃料风、辅助风或烟气调温挡板的开度（必要时还可开启停用燃烧器的有关风门），检查风、烟系统的风门或挡板位置使之符合要求，风、烟系统如有旁路通道者，还应根据情况打开旁路通道等。

处理失速风机的过程中，还应参照炉膛出口氧量，及时调整锅炉负荷，维持各参数正常。吸风机发生失速时应当减少风量，送风机发生失速时也应及时关小吸风量以维持炉膛负压正常。

失速现象消失后，应立即找出并消除造成失速的原因，方可逐步恢复锅炉负荷，以免失速现象再次发生。在处理风机失速过程中若发生其他异常情况时，还应按有关故障的处理要求作相应的处理。

风机失速属故障状态，如不及时处理则将造成风机叶片断裂或设备严重损坏事故。因此一旦发生应迅速处理，当采取上述措施无效时，应立即停用该风机。

19.2.2.2　辅机振动

辅机发生振动的主要原因、现象和故障处理方法分析如下：

（1）辅机振动的主要原因：

1）基础或机座的刚度不够或不牢固，辅机、电动机或轴承座底脚螺丝断裂或松动。

2）转子不平衡，造成的原因可能是：原始动平衡未校好；运行中发生辅机转子或风机叶片不均匀的积灰、腐蚀、磨损或局部损伤、断裂；转子上的平衡块移位或脱落；轴流风机发生失速时，由于叶片间气体流道内的气流不平衡所造成的转子受力不平衡等。

3）辅机和电动机轴不同心。

4）轴承间隙过大，轴承或减速箱损坏，转子或联轴器与轴松动，联轴器螺栓松动等造成转子的紧固部件松弛。

5）转子变形或碰壳。

（2）辅机振动的现象及故障处理。当辅机的振动是由于基础或机座的刚度不够、不牢固或底脚螺丝断裂造成时，将发生基础或机座与电动机和辅机整体振动的现象。由于转子不平衡造成时，辅机与电动机将发生同步振动，且振动的频率与转速有关。如因风机失速引起时，还将出现风机失速的象征。由于转子的紧固部件松弛造成时，机体的振动一般不显著，而是出现局部振动（如轴承箱等处），且振动频率与转速无关，并可能有尖锐的杂音或敲击声。当轴承损坏时，轴承温度还将升高。发生动、静摩擦或转子碰壳时，辅机周围将有明显的异声。

发现辅机振动增大时应对振动部位实测振动值，并通过实地检查和参数分析找出引起振动增大的原因，根据不同的原因再作相应的处理。

由于风机失速造成时应按风机失速进行处理，尽快使风机回到稳定工况区域运行。由于设备存在缺陷或发生故障引起时，如振动尚未超过限值，则应尽量维持运行，必要时还应适当降低该辅机的负载并加强监视、做好预防，联系检修人员前来处理。如运行中无法处理时，应申请减荷，将辅机调停后再由检修人员处理。如因轴承损坏造成时，还应按轴承温度过高的有关处理要求进行处理。

如发生风机叶片断裂、辅机内部强烈撞击或振动超过规定的极限时，应立即停用该辅机。

第 4 篇

锅炉燃烧优化与性能试验

20　锅炉性能试验准备

20.1　概述

新建的1000MW发电机组锅炉在调试阶段进行设备性能的初步调整，安全稳定地通过168h满负荷试运行并移交生产。为充分挖掘锅炉节能环保潜力，提高机组运行经济性和环保性，一般依次开展制粉系统优化调整试验和燃烧调整试验，最后完成锅炉效率试验，全面优化和评价锅炉性能。

锅炉大修小修以及对主要设备进行改造后也应进行相应的调整试验和性能试验，用来优化设备性能和评价设备大修和改造效果。

政府相关监督管理部门依据锅炉性能试验结果进行节能环保监管和执法，发电集团通过试验结果对所属发电厂进行对标比较和生产经营效益评价。

20.1.1　制粉系统调整

制粉系统性能指标如煤粉细度、煤粉浓度、一次风管煤粉均匀性、磨煤机出力和单耗等直接关系到整台机组的运行经济性、安全性、稳定性和动态调节性能，而燃煤煤质、可磨性指数、制粉系统通风量、动态分离器转速或静态分离器折向挡板开度、磨煤机出口风粉温度等运行参数变化是造成制粉系统指标变化的重要运行因素。另外，磨煤机设备老化、磨辊磨损、钢球磨煤机的钢球装载量及配比也对制粉系统指标造成影响。

通过改变磨煤机煤种、煤量以及其他运行参数，测量磨煤机出口一次风管煤粉细度分布、流速分布、煤粉浓度分布和均匀性指数，研究锅炉变煤种、变负荷工况下制粉系统各参数之间相互关系特性，获得不同出力、不同煤种下磨煤机最佳运行参数。

20.1.2　锅炉燃烧调整

对于已经运行的锅炉，其结构参数无法调整，因此锅炉燃烧调整的参数主要为一、二次风率（二次风包括OFA和SOFA），氧量，一次风温，一、二次风速均匀性，燃烧器分级配风状况。

20.1.2.1　运行参数

锅炉的运行参数包括一、二次风率，氧量，一次风温等，下面进行详细分析。

（1）一、二次风率（二次风包括OFA和SOFA）。一次风量主要满足煤粉的前期燃烧，与煤质挥发分关系密切；二次风的分级送入用来保证煤粉的后期燃烧和燃尽，与煤质中固定碳关系密切。一次风率过大、二次风旋流强度减弱和刚性变差，不能形成很好的风包火的燃烧状况，对炉膛水冷壁保护变差，容易引起火炬刷墙；另外，底部二次风和顶部二次风托、压火能力减弱，灰渣含碳量增加；最后，这种燃烧状况也产生富氧区煤粉浓度高，容易生成 NO_x。当然，一次风率过低，一次风速也降低，容易造成煤粉管堵粉和煤粉着火点提前，威胁喷口安全；一次风刚性变差，在二次风强大旋流的引射下提前混合，容易造成燃烧不稳和混乱，燃烧温度降低，且不能完全实现分级燃烧，灰渣燃尽度差。一、二次风率的合理选择，可以组织合适的气流刚性和切圆，防止高温腐蚀和炉膛结焦，确保燃尽和低 NO_x 生成量，形成良好的炉内燃烧动力结构。

（2）氧量。氧量是锅炉运行的一个重要监测参数，它的改变导致炉内燃烧风量和烟气量的变化，而燃烧风量是一个重要参数，烟气量是一个重要传热参数，因此合理调整燃烧氧量，可以确保煤粉燃尽、NO_x 生成量低、炉膛不发生高温腐蚀、各段受热面汽温、壁温符合经济安全运行的要求，减温水量和排烟温度都在合理范围之内。现在大容量锅炉由于炉膛热负荷高，燃尽状况一般都很好，在确保炉膛水冷壁不发生低温腐蚀的情况下采用低氧燃烧，其好处主要有：1）低氧燃烧意味着燃烧风量的减少，NO_x 也有一定程度的降低，具有环保意义；2）低氧燃烧，其烟气量减少，排烟损失减小，提高运行经济性。

（3）一次风温。锅炉制粉系统采用直吹式中速磨煤机系统，一次风温的选择主要取决于制粉系统的防爆要求和磨煤机掺冷风量的大小。为确保制粉系统安全，一次风温（磨煤机出口风温）尽量选择相对较低温度，对于燃烧烟煤，通常不超过90℃；为了减少制粉系统掺冷风量，提高锅炉热效率，同时提高炉内燃烧温度和一次风燃烧稳定性，要求选取相对较高一次风温。

（4）一、二次风速均匀性。一、二次风速均匀与否对锅炉燃烧工况有着重要影响，首先影响炉内切圆的形状和位置；其次导致炉膛四周氧量场和一氧化碳浓度场分布不均匀。如果一、二次风速偏差过大，势必造成在常规参数运行下产生冲刷炉墙和高温腐蚀、水冷壁结焦威胁锅炉安全运行的情况。

（5）燃烧器分级配风。分级送风是根据煤粉的燃烧过程适时补充氧量，一方面防止局部氧量过大而使燃烧温度降低和 NO_x 生成量增大；另一方面避免后期氧量不足导致燃尽度变差。分级配风方式与炉型、煤种密切相关，需通过燃烧调整试验获得优化的分级配风方式。

另外，锅炉 NO_x 排放浓度与锅炉燃烧参数控制密切相关，要达到锅炉低 NO_x 燃烧并同时提高锅炉热效率目的，应进行燃烧控制参数的优化，合理进行氧量控制、二次风配风方式、周界风大小选择、OFA/SOFA 风量分配以及磨煤机组合方式控制等优化调整工作。

20.1.2.2 煤质成分

除了锅炉的运行参数对煤质燃烧有重要影响外，煤质本身的成分对燃烧影响也很重要，其主要成分包括挥发分、灰分、水分，煤的发热量也是重要影响因素。

（1）挥发分。挥发分是固体燃料的重要成分特性，对燃料的着火和燃烧有很大影响。挥发分是气体可燃物，其着火温度低，使煤易于着火。另外，挥发分从煤粉颗粒内部析出后使煤粉颗粒具有孔隙性，与助燃空气接触面积变大，因而易于燃尽。挥发分含量降低时情况则相反，锅炉飞灰可燃物相对偏高；同时，火焰中心上移，对流受热面的吸热量增加，尾部排烟温度也随之上升，排烟热损失增大。

（2）灰分。煤的灰分对锅炉运行的经济性影响主要体现在以下两个方面：1）影响着火和燃烧过程。煤质中灰分在锅炉燃烧中起到阻碍氧气与碳产生化学反应的作用，灰分升高容易导致着火延迟，同时炉膛燃烧温度下降，煤的燃尽度变差，从而造成较大的不完全燃烧损失。2）煤炭中的灰分是不可燃部分，在煤炭燃烧过程中，不但不产生热量，反而因炉膛排出的高温炉渣，损失大量的物理显热。

（3）水分。水分对煤的燃烧过程影响主要体现在降低炉内温度。水分还影响制粉系统型式、干燥介质的选择以及输煤系统的运行，从而影响锅炉燃烧工况。水分增加会增加排烟热损失。

（4）发热量。若煤的发热量降低，则同样的锅炉负荷所用的实际煤量增大。对于直吹式制粉系统，输送煤粉所需的一次风量也相应增加，导致理论燃烧温度和炉内的温度水平下降，使煤粉气流的着火延迟，燃烧稳定性变差，影响煤粉的燃尽。煤的发热量降低同时会使锅炉排烟温度升高，增加排烟热损失，还可能导致锅炉熄火等严重事故的发生。

20.1.3　锅炉性能试验

锅炉性能试验是根据相关标准对锅炉设备性能进行测试和评价，并以此为依据进行新机组投产后的性能考核、机组大修后的性能验收、机组性能分析及改进、同类机组性能对比等，其最终目的是评价和改进锅炉性能。锅炉性能试验最重要的内容是锅炉热效率试验，还有最大出力试验、额定出力试验、最低不助燃稳定燃烧出力试验、NO_x/SO_x排放浓度试验等。

在实际生产活动中，根据对锅炉性能试验的不同要求，往往要对性能试验的内容与要求进行取舍，形成不同的锅炉性能试验类型，主要包括新机组验收考核试验、修前性能评估试验、修后性能评估试验、能耗评估试验、优化运行试验等。

20.2　性能试验标准和测量方法

20.2.1　技术标准

锅炉性能试验标准规范了锅炉及辅机系统性能试验开展的要求和方法，包括现场条件要求、试验测点布置方法炉及要求、试验工况条件的要求、测量仪器的精度要求、计算方法、试验方案和报告的编制要求等，锅炉性能试验结果与标准相关，因此对评价性和验收性试验一般应采用锅炉设计时所遵循的试验标准，对于对比性性能试验应采用同一试验标准。国内较常用的试验标准有国家标准和美国机械工程师协会（ASME）标准，主要标准如下：

（1）《电站锅炉性能试验规程》（GB/T 10184—2015）。

（2）《火电厂大气污染物排放标准》（GB/T 13223—2011）。

（3）美国机械工程师协会性能试验法规 ASME PTC4.1（或 ASME PTC—2008，须保持与设备设计时采用的标准一致）。

（4）Air Heaters Performance Test Codes，ASME PTC4.3。

（5）《设备及管道绝热效果的测试与评价》（GB/T 8174—2008）。

（6）《设备及管道绝热设计导则》（GB/T 8175—2008）。

（7）《电站磨煤机及制粉系统性能试验》（DL/T 467—2004）。

（8）《火力发电厂制粉系统设计计算技术规定》（DL/T 5145—2012）。

（9）《火力发电厂燃料试验方法　第 5 部分：煤粉细度的测定》（DL/T 567.5—2015）。

20.2.2　测试项目

在锅炉试验安排时，一般先开展制粉系统调整试验，获得煤粉细度、煤粉浓度、一次风粉速度与制粉系统运行参数如风煤比、静态分离器折向挡板开度（或动态分离器转速）、磨煤机出口风温等之间的特性关系，并初步调整至经济煤粉细度。在此基础上进一步开展锅炉燃烧调整试验，主要优化调整目标是炉内不出现结焦和高温腐蚀、锅炉热效率和 NO_x 排放浓度，调整参数有锅炉氧量、煤粉细度、一次风率（或二次风率）、燃尽风（OFA）或分离燃尽风（SOFA）比例、二次风配风方式、二次风箱压力等。优化调整试验结束后，在优化工况下进行锅炉性能试验，获得锅炉及重要辅机的相关性能指标，包括：

（1）锅炉热效率。

（2）空气预热器漏风率。

（3）锅炉额定出力。

（4）锅炉最大出力。

（5）锅炉无助燃最低出力。

（6）锅炉省煤器出口 NO_x 排放浓度。

（7）磨煤机单耗。

（8）磨煤机出力。

（9）机组散热。

（10）锅炉汽水品质测定。

（11）汽水及烟风系统阻力测定。

20.2.3　测点布置

依据国家标准或美国机械工程师协会性能试验标准要求，一般需要在制粉系统和锅炉风烟系统上增加取样和测量用测点。制粉系统测点布置图和锅炉性能试验测点布置图分别如图 20-1 和图 20-2 所示。

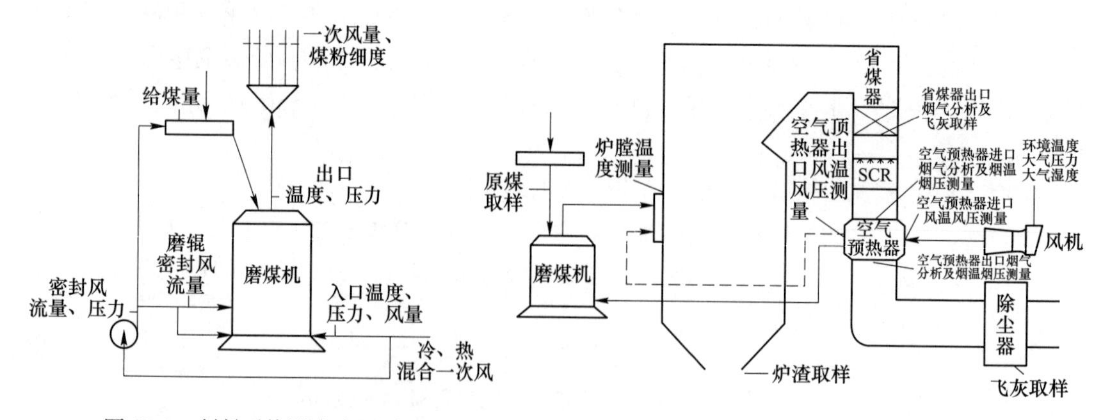

图 20-1　制粉系统测点布置图　　　图 20-2　锅炉性能试验测点布置图

图 20-2 中炉膛温度测点一般借用燃烧器四周看火孔，不需专门制作测点。其他煤、风、烟、粉的取样或测量测点一般在管壁开设 2~3 英寸（即 5~7.6cm）大小的通孔，并焊接相应尺寸的缩节，并盖上端盖。测量时将端盖旋开，深入测量仪器或取样元件进行取样和测量。

20.2.4 试验条件

锅炉试验条件包括以下几个方面：

（1）锅炉及辅机设备无重大缺陷，能维持预定出力工况稳定运行。

（2）临时测点及设施安装完毕，如测点位置高出固定平台 1.5m 以上且不好操作测量设备，则需搭设测量用脚手架。

（3）汽水系统及其阀门无泄漏（包括内漏和外漏）。

（4）烟风系统无明显漏风处。

（5）锅炉过热蒸汽和再热蒸汽安全门正常，若有突发事件可及时动作。

（6）汽轮机调节级压力和各级抽汽压力不出现超压现象。

（7）试验前锅炉持续运行时间应大于 72h，每个工况试验持续时间应大于 4h。

（8）与试验有关的表计经校验合格。例如，锅炉给水流量、压力、温度，主蒸汽流量，过热蒸汽出口压力、温度，再热蒸汽进/出口压力、温度，过热/再热蒸汽减温水流量，一次/送风机出口压力、温度，空气预热器出口一次/二次风压力、温度，省煤器出口运行氧量，空气预热器进/出口烟温、烟压，送风机、引风机、一次风机、磨煤机、给煤机、空气预热器电流等表计。

20.2.5 取样和测量方法、元件制作和仪器

20.2.5.1 原煤取样及分析

原煤取样及分析方法如下：

（1）取样测点：原煤取样在运行的给煤机上方落煤管测点（取样孔）处每 30min 取样一次，取样时打开端盖（或法兰），每台给煤机每次取样约 1kg，装入桶内密封好（注意煤流可能喷出，应做好安全防护）。装原煤样的桶除非在加入或取出样品时才允许打开，否则应保证密封良好。

（2）原煤分析：取样结束后，全部样品混合均匀，缩分为若干份（根据试验合同要求确定，如无明确要求，至少保留两份，一份化验，另一份备份封存），每份不小于 5kg。原煤全水分应在取样结束后立即送交电厂化验室分析，并以此分析结果作为正式的锅炉热效率计算的煤质全水分的依据。样品的其他成分分析需送交有资质煤质化验中心化验室进行分析，考虑到原煤水分有可能散失，最终用于正式的锅炉热效率计算的煤质数据应经过电厂化验室提供的全水分修正后进行。

20.2.5.2 煤粉取样及分析

煤粉取样及分析方法如下：

（1）取样测点：煤粉取样在试验磨煤机出口的每根一次风管测点（一般为 2 英

寸（约 5cm）密封考克，见图 20-3）进行煤粉等速取样。

图 20-3　煤粉取样密封考克图

（2）取样仪器及方法：

1）方法 1：L 型弯头等速取样枪，利用自动缩分器缩分煤粉样。试验中将煤粉管断面分为 4 个等截面圆环，上面分布着 64 个取样点。每个点的取样时间定为 10s，取样一次用时 640s。取样系统图如图 20-4 所示，将 L 型取样枪通过密封考克深入圆形煤粉管中，定位托盘和锤针确定取样头的位置，取样枪尾部通过橡胶管与控制台相连，控制静压平衡、取样时间和反吹扫程序等。

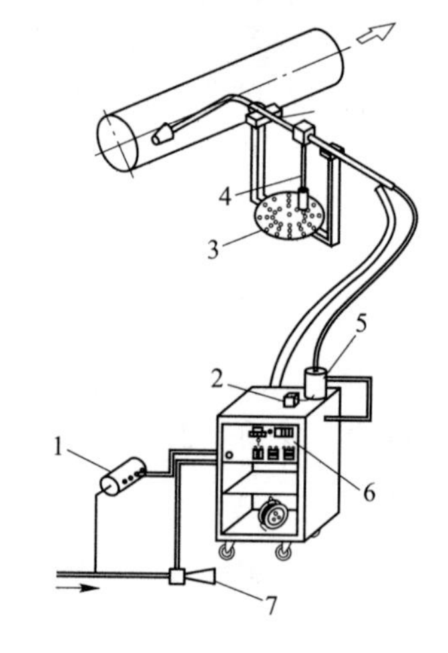

图 20-4　AKOMA 煤粉等速取样系统图

1—压缩空气分配器；2—电源控制器；3—定位托盘；4—锤针；5—煤粉收集器；6—控制台；7—排气口

2）方法 2：平头式取样器、两级旋风子分离器及压缩空气抽气器，取样方法按等环面积原则静压平衡法，每根一次风管每次取样时间为 240s。

3）方法 3：多头枪等速取样系统，试验中将煤粉管断面分为 4 个等截面圆环，取样一次用时 360s。

（3）煤粉分析：煤粉取样结束后立即送交电厂化验室进行细度和煤粉水分分析，或者由试验单位在现场应用气流筛进行细度分析，电厂化验室进行煤粉水分分析。

制粉系统试验典型试验仪器见表 20-1。

表 20-1　制粉系统试验典型仪器

序号	名　称	量程	准确度/最大允差	测量对象	备　注
1	AKOMA 煤粉等速取样仪		符合国际标准	煤粉取样	全截面自动取样
2	气流筛	R_{90}、R_{200}	<0. 1%	煤粉细度	天平精度 0. 01g
3	残水分析仪	0～100%	<0. 1%	煤粉水分	
4	微压计	2kPa	±0. 1Pa	风速测量	
5	皮托管			风速测量	
6	干湿球温度计	0～100℃	±0. 1℃	温度、湿度	

20.2.5.3　飞灰取样

飞灰取样与化验方法如下：

（1）采样：飞灰采用等速取样枪在省煤器出口烟道上进行连续等速取样，用于分析飞灰中的含碳量。简化试验时可以收集除尘器第一、二电场灰斗落灰样。

（2）化验：甲、乙侧飞灰分别混合缩分若干份（依据性能试验合同要求，如无特殊要求则至少缩分两份，一份化验含碳量，另一份备份留存）。如果从电除尘取灰样，第一、二电场飞灰分别缩分化验含碳量，然后按第一电场灰量与第二电场灰量比例（一般为9：1）加权平均值作为该侧飞灰含碳量平均值。

20.2.5.4　炉渣取样

炉渣取样与化验方法如下：

（1）采样：炉渣的取样在炉底捞渣机排渣口（或干式排渣机）处用干净的铁铲等工具接取，每30min取样一次，每次约1kg。

（2）化验：甲、乙侧炉渣分别混合缩分若干份（依据性能试验合同要求，如无特殊要求则至少缩分两份，一份化验含碳量，另一份备份留存）。

20.2.5.5　烟气取样、烟气成分分析、烟温和烟速测量

烟气、烟温、烟速取样或测量方法如下：

（1）测点布置方法：为分析锅炉烟气成分以确定锅炉热效率和空气预热器漏风率，需在空气预热器进/出口烟道安装取样测点，一般为2英寸（5cm）、2.5英寸（6.35cm）或3英寸（7.6cm）缩节和端盖。由于烟道尺寸大、形状变异、直管段短，导致烟道内烟气流速场和烟气成分浓度场不均匀，测点数量少不具有代表性，按试验标准要求，采用网格法测点布置测量断面的速度场、氧量、温度场及其他烟气成分，确定出氧量及温度场的代表点。网格法的划分有如下规则。

1）矩形截面管道：应把矩形管道分成面积相等的网格，每个网格的中心为测点。对于截面面积大于9平方英寸（58cm^2）的管道，在横截面上宜有4~36个测点，每个网格的面积不宜大于9平方英寸（58cm^2）。当测点数多于35点，允许单个网格的面积可大于9平方英寸（58cm^2），一般不要求多于36个测点。管道横截面的高度与宽度方向上至少有两个测点。对分层严重的管道，推荐在最大梯度方向上增加测点。

相等面积的形状宜是：矩形高宽比等于管道高宽比，因此网格与管道截面几何相似，如图20-5所示。如果实际测点多于推荐值，增加额外测点时可不考虑高宽比。

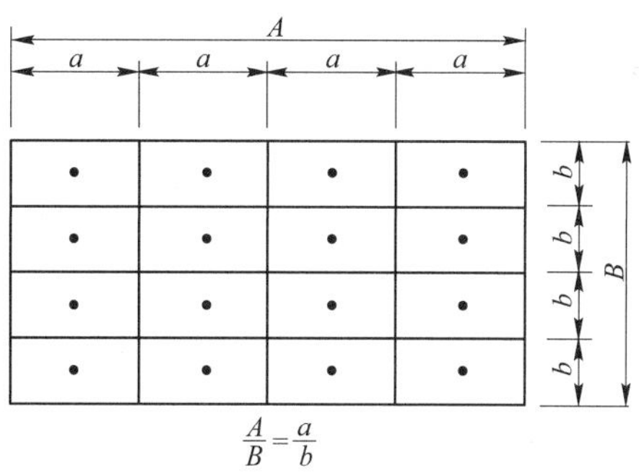

图20-5　矩形截面管道

2）圆形截面管道：圆形管道宜均分成面积

等于或小于 9 平方英寸（$58cm^2$）的网格，管道截面上宜有 4~36 个测点。试验各方可协商确定将横截面分成 4、6 或 8 个扇形区域，每一个测点必须位于每块面积的中点。测点位置的确定方法如图 20-6 所示，该管道分为 4 个区域，共 20 个点，每一区域至少必须有一个测点。

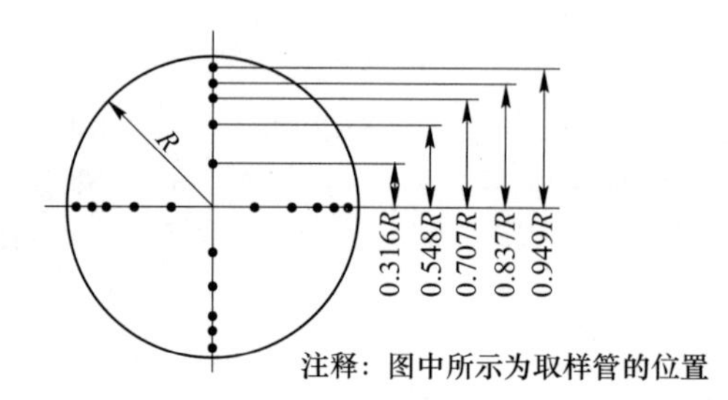

图释：确定圆形管道中取样点的公式：

$$r_p = \sqrt{\frac{2R^2(2p-1)}{n}}$$

式中，r_p——点 p 距管中心的距离

R——管道半径；

p——取样点序号，从管中心向外，在相同圆周上的四个点具有同样的序号；

n——总点数。

注：r_p 与 R 的单位相同，示例：管道直径=R；共 20 点；距点 3 的距离=r_3

$$r_3 = \sqrt{\frac{2R^2(2\times 3-1)}{n}} = \sqrt{\frac{2R^2(5)}{20}} = \sqrt{0.5R^2} = 0.707R$$

图 20-6　圆形截面管道

（2）烟气温度测量仪表和方法：烟气温度测量仪表一般为一级精度要求的铠装热电偶，测量仪表可直接得到读数，或者输出一个信号，通过手持显示仪器或数据记录仪读取。烟温测量时必须保证测量装置在测量环境中达到热平衡。为避免电磁干扰，热电偶导线不得与电源线平行放置。根据烟气中实际要求温度的大小进行热电偶型号的选择，空气预热器进口烟温测量时一般采用 K 型、E 型等热电偶，空气预热器出口烟温测量时一般采用 T 型、E 型等热电偶。

（3）烟气流速测量仪表和使用方法：烟气流速测量仪表一般采用毕托管管法、靠背管法、热线（球）风速仪法等。采用毕托管法测量时直接将毕托管伸入测孔，注意毕托管全压孔应正对气流，通过与毕托管全压和静压取样管相连的微压计（或 U 形管）读取动压数据，计算烟气流速，标准毕托管的流速系数为 1。

（4）烟气取样：烟气取样与温度测量必须在相同测点（依据前述“测点布置方法”要求确定测点）上进行。为减少取样不同步造成的试验不确定度，宜将若干单个取样点汇合成为一组烟气样品，并在试验期间连续采样分析。来自每一取样头的烟气流量基本相等。当测点数量不是很大时，可以减少试验中横截面逐点测量的次数，采用独立测点取样分析（测试测量不确定度偏差应取较大值）。

（5）烟气氧量（O_2浓度）分析：烟气氧量分析的方法（仪表）有顺磁氧量计测量法、电化学氧电池测量法、奥氏仪测量法（化学当量分析）、燃料电池法和氧化锆氧量计测量法等，试验工程师必须保证所选方法能够满足现场应用要求和测量精度要求。试验中多采用顺磁氧量计测量法、电化学电池测量法、氧化锆氧量计测量法，当采用电化学电池时，需谨慎确保其他气体如 CO_2对 O_2测量不造成干扰。由于氧量测量仪表的零点和量程会随时间漂移，在测量前需采用标准气体进行零点和量程标定和校准，标准气体配置宜配入与实际烟气中浓度大致相等的干扰气体以减小误差。

（6）一氧化碳（CO）含量分析：烟气中一氧化碳含量分析方法（仪表）有红外线吸收仪 CO 分析法、电化学 CO 电池法。红外线吸收仪法的主要缺点是 CO、CO_2与 H_2O 具有相似的红外线波长吸收范围。为了 CO 读数精确，烟气样品必须干燥，分析仪必须补偿 CO_2的干扰，采用较精确的仪器测定 CO_2，然用再对 CO 进行补偿；电化学 CO 电池法可采用一个 CO_2干扰预测值。由于一氧化碳含量测量仪表的零点和量程会随时间漂移，在测量前需采用标准气体进行零点和量程标定和校准，标准气体配置宜配入与实际烟气中浓度大致相等的干扰气体以减小误差。

（7）氮氧化物（NO_x）含量分析：化学发光分析仪法是首选的氮氧化物分析方法，其次还有红外线吸收仪 NO 分析仪法、紫外线吸收仪 NO_2分析仪法等。化学发光分析仪法的检测原理为：首先在热交换器中将 NO_2转化为 NO，然后在反应容器将 NO 与臭氧（O_3）掺混并生成 NO_2，该反应过程会发光，检测发光程度来确定 NO_2的浓度。即使 NO_2仅占 NO_x排放的很少一部分（通常低于5%），但还是将 NO_x记录为 NO_2，提高了测量精度。红外线 NO 分析法的主要缺点是 NO 与 H_2O 具有相似的红外线波长吸收范围，为了 NO 读数精确，烟气样品必须干燥，防止干扰。

（8）二氧化硫（SO_2）含量分析：二氧化硫含量分析方法主要有紫外线脉冲荧光分析仪法和红外线吸收仪 SO_2分析仪法。由于 SO_2易溶于水，取样时不能使用注水混样器和洗气瓶，并且取样管线需全程伴热至 120℃以上。

（9）烟气成分分析与烟温测量系统：当烟道尺寸较小、取样测点较少时，一般采用多测点轮巡单独取样测量，如果一个断面测量时间超过 30min 时则考虑构建测量系统进行连续采样及测量。该测量系统包括三部分：取样探头、烟气预处理及分析系统、温度采集系统。图 20-7 是典型的取样探头，每根取样探头装在烟道网格法测量面的一个测控中，探头上长、中、短三根取样枪对应测量面深、中、浅三个测量点，每根取样管上并列一根等长的热电偶并扎牢以测量该三个测量点的温度。烟气预处理及分析系统如图 20-8 所示，由烟气传送管线（一般为橡胶管）、烟气混合设备（混样器）、过滤器、凝结器或气体干燥器、抽气泵和分析仪表等组成，每台烟气分析仪可以分析 1~4 种烟气成分。由于在烟气样品分析之前，要从抽取的样品中除去水分，因此这类分析基于干燥基。对于无除湿或称为“就地”分析是基于湿基。烟气成分分析采用容积含量或摩尔含量，后者为被测成分的摩尔数除以总摩尔数。干燥基与湿基间的差别在于湿基在分母中包含干燥物质的摩尔数与水蒸气的摩尔数。取样探头网格的烟气通过橡皮管传送至烟气处理分析系统前端的混样器，通过烟气预处理装置后进入分析仪表进行烟气成分浓度的分析、显示和存储。温度采集系统如图 20-9 所示，包括 IMP 数据采集板、采集直流电源、计算机和打印机等。热电偶的温度信号通过补偿导线与数据采集板相应通道相连，然后由通信电缆与电源和计算机相连，实现多通道温度实时采集和存储。

20.2.5.6 炉膛温度测量

炉膛温度一般在锅炉观火孔处应用红外高温仪进行测量，该测试应注意控制好锅炉负

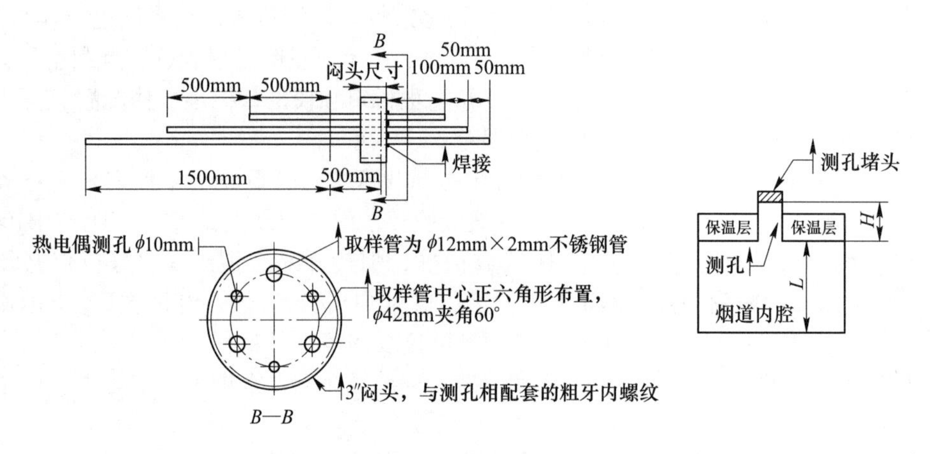

图 20-7　烟气取样探头加工图

L—空气预热器进/出口烟道有效深度；*H*—空气预热器进/出口烟道顶部至测孔顶部的高度

（空气预热器出口处取样枪开热电偶测孔）

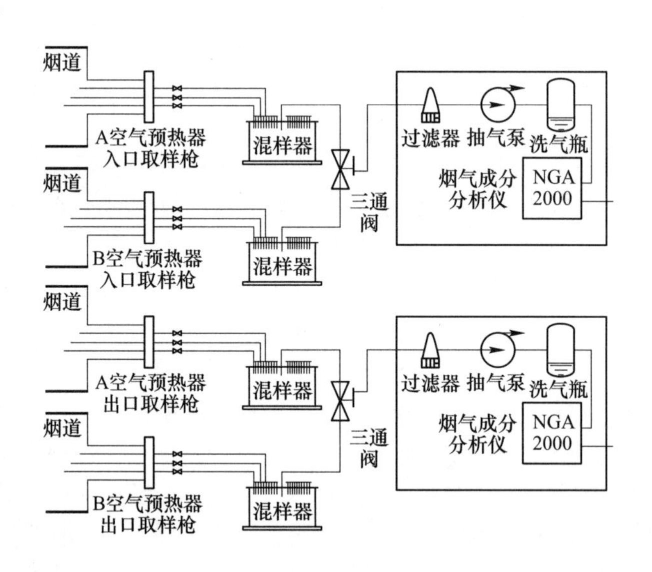

图 20-8　烟气预处理及分析系统图

压，防止炉膛火焰喷出造成人身和设备安全事故。

20.2.5.7　蒸汽、水品质分析

蒸汽、水取样，每 40min 取样一次，做蒸汽、水品质分析。蒸汽、水取样适用于锅炉热效率试验、锅炉额定出力工况试验、锅炉最大出力工况试验、锅炉断油最低出力工况试验等。

20.2.5.8　过热蒸汽、再热蒸汽流量

过热蒸汽、再热蒸汽流量在计算中采用汽轮机侧试验数据。

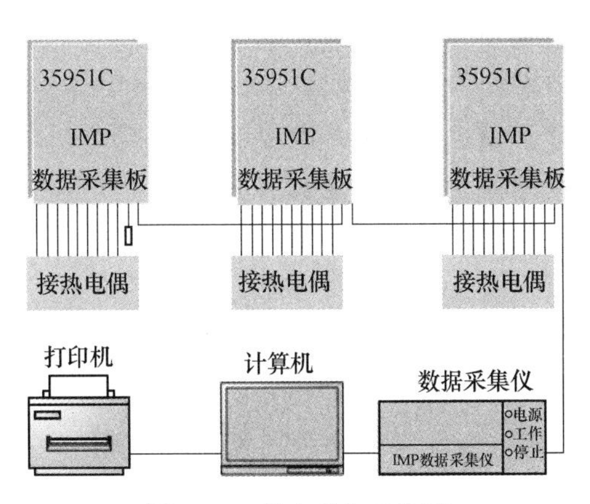

图 20-9　温度采集系统图

20.2.5.9　其他介质温度测量

其他介质的温度测量方法如下：

（1）蒸汽和水的温度。流经管内的蒸汽和水的温度分布通常接近均匀。一个可能的例外是减温器管道，其喷水会引起不均匀。测量方法与测温仪表的选择依赖于具体工况，通常把热电偶或热电阻插入安装在管道上的套管来测量蒸汽和水的温度。

（2）固体物料流温度。进入和离开系统的固体物料流的温度通常难以测量，试验各方应决定是否采用指定值或测量值。如有必要测量温度，温度探针需插入物料流中，多股固体物料流的平均温度宜为质量加权值。

应采用下列测点位置和测量方法：

1）燃料。把可靠耐用的温度测量元件插至固体燃料流中，并宜尽可能地靠近一次风与煤粉混合点的上游处。

2）灰渣。烟气携带的灰渣（飞灰）温度可认为等于取样点的烟气温度，空气预热器的排灰例外，应采用排除漏风影响的空气预热器出口烟温。

20.2.5.10　环境参数测量

环境参数包含大气压和空气湿度测量，首选方法为采用气压计和湿度计测出测量点的大气压和空气湿度。大气压测量的另一种替代方法是采用最近的气象站报道结果，而不采用海平面值进行修正的方法。应记录气象站与试验现场的海拔高度，如果存在高度的差别则进行修正。

20.2.5.11　介质压力与差压测量

介质压力与差压测量方法如下：

（1）空气与烟气静压和差压。压力由气压计、流体压力计或传感器测定，这些仪表的输出可采用目视或输出信号，再由手持仪表或数据记录仪读取。在确定差压时要求同时测量管道内介质静压，差压应由差压测量装置测定，而不是由两个独立的压力测量仪表测定。静压测点的安装必须使气流冲击引起的误差最小，可通过沿管道圆周合理布置取压测点或采用专门设计的探头来实现。压力测点应采用在截面四周布置多点测量，设置导压管且严格检漏；测点布置应考虑吹扫和疏水措施。仪表位置应高于取压点位置，以使凝结水能回流至管道，在现场条件不满足时必须采取凝结水排放措施。吹扫可保持压力传感管线清洁，如果采用吹扫，宜维持较小的稳定流量。

（2）蒸汽和水静压与差压。管道内蒸汽和水的静压可用于确定流体特性或压降。为使不确定度最小，差压应由差压测量装置测定，而不是由两个独立的压力仪表测定。

选择压力测量装置的安装位置时，应使温度与振动的影响最小。压力测量装置安装时应按以下原则：

1）压力测量装置的连接管宜短且直。

2）压力测量的所有连接处不得泄漏，并便于吹扫和疏水。

3）压力测点的安装位置和方式宜注意消除流速的影响。

4）仪表与取压头的连接管线要能清洗，凝结水应充满管线，计算中应计算凝结水水柱。

21 制粉系统调整试验

21.1 试验方案及过程

在制粉系统调整试验前应由试验单位编制试验方案或大纲，经试验项目相关单位讨论确定并签字批准后执行，并作为整个试验项目的操作指导文件。方案编制依据包括相关试验标准、试验各方签署的合同或协议等文件、试验设备制造厂提供的技术资料、电厂相关的管理规定、安全规程以及运行规程等。

21.1.1 试验方案

制粉系统调整试验包括以下主要内容：

（1）试验目的。

（2）试验标准。

（3）试验设备。

（4）试验内容或项目。

（5）试验测点布置。

（6）测量方法和试验仪器。

（7）试验条件及工况要求。

（8）试验步骤。

（9）技术安全措施。

（10）试验组织分工。

（11）试验记录表格。

在上述内容中，试验标准、试验测点布置、测量方法和试验仪器、试验现场条件在第20章已经介绍，下面阐述其他主要技术内容的相关要求。

21.1.2 试验目的

通过制粉系统调整试验了解制粉系统出力、煤粉细度、电耗等性能指标与动态分离器转速（或粗粉分离器上/下级挡板开度）、制粉系统通风量、煤质成分、风温等参数的关系，通过参数调整得到优化的运行工况。

21.1.3 试验工况及步骤

本节介绍制粉系统调整试验的工况设计，不同的制粉系统型式设计的工况也有区别。对于中间仓储式钢球磨制粉系统，调整试验主要项目如下：

（1）一次风冷态标定和调匀：在冷态下调节一次风管上的缩孔（或风门），以使各一次风管最大风量相对偏差（相对平均值的偏差）值不大于±5%。

（2）给煤机电子皮带秤标定：通过标准链码对给煤机皮带秤进行标定和校准，通常可依据磨煤机最大出力的100%和50%皮带转速进行两个工况的标定。

（3）钢球磨煤机最佳钢球装载试验：通过试验获得钢球最佳装载量和钢球配比（不同大小的钢球量比例）。在加煤前分4~5批装载钢球，每装好一批钢球应短时启动磨煤机，记录磨煤机电流。加煤后，维持粗粉分离器挡板角度不变，保持计算最佳通风量，测量磨煤机最大出力。

（4）排粉机风量标定试验：测试和标定排粉机通风量。

（5）粗粉分离器挡板调节特性试验：保持磨煤机出力和通风量基本不变，调整3~4个粗粉分离器挡板开度，测量煤粉细度、排粉机电流，获得粗粉分离器挡板开度与煤粉细度之间的关系特性，并根据煤粉经济细度（煤粉经济细度可根据煤质挥发分等进行估算，通过燃烧调整试验获得较精确的经济细度）的要求调整到合适的挡板开度。

（6）制粉系统通风特性试验：通过改变通风量试验获得制粉系统最佳通风量，即在最佳钢球装载量下，维持最佳钢球装载量试验时再循环门的开度，尽量控制磨煤机出口温度不变，选择合适的分离器挡板开度；在计算最佳通风量附近选择4~5种风量进行试验，磨煤机出力为相应通风量下最大出力，测量煤粉细度和磨煤机、风机电耗，在磨煤机电耗、风机电耗之和为最低时的通风量为最佳通风量。

（7）磨煤机出力和单位电耗特性试验：在最佳钢球装载量下选择合适的分离器挡板开度，保持磨煤机出口温度和磨煤机通风量不变（为最佳通风量），在不同出力下（直至磨煤机的最大出力）测定磨煤机出力、通风量、煤粉细度、磨煤机和风机电耗。

对于中速磨煤机直吹式制粉系统，一般进行的制粉系统调整试验项目有：

（1）一次风冷态标定和调匀：在冷态下调节一次风管上的缩孔（或风门），以使各一次风管最大风量相对偏差（相对平均值的偏差）值不大于±5%。同时，应用实测风量对磨煤机入口一次风量测量装置进行标定。

（2）给煤机电子皮带秤标定：通过标准链码对给煤机皮带秤进行标定和校准，通常可依据磨煤机最大出力的100%和50%皮带转速进行两个工况的标定。

（3）分离器性能试验：保持磨煤机出力和通风量不变（约为额定出力的80%及相应的通风量），在分离器折向门挡板不同开度（或动态分离器转速）下测量煤粉细度、磨煤机出力、通风量、磨煤机和一次风机功率，以及磨煤机出入口压力、温度和石子煤量。一般进行4~5个工况试验，绘制挡板开度（或转速）与煤粉细度关系特性曲线（或拟合关联式）。

（4）加载力试验：保持磨煤机出力和通风量不变（约为额定出力的80%及相应的通风量），在不同的加载压力下测量煤粉细度、磨煤机出力、通风量、磨煤机和一次风机功率，以及磨煤机出入口压力、温度和石子煤量，以求得满足磨煤机出力所需的较适合的加载压力。不同加载压力下磨煤机电耗的比较条件是煤粉细度相同，煤粉细度不同时需换算至同一煤粉细度下进行比较。

（5）磨煤机出力特性试验：风煤比按给定值变化，在不同磨煤机出力（从最小出力到最大出力）下测量煤粉细度、磨煤机出力、通风量、磨煤机和一次风机功率，以及磨煤机出入口压力、温度和石子煤量。

（6）煤粉分配试验：在不同的分离器挡板开度和不同的风量下测定各一次风管道的风速、粉量，并由此计算各一次风管道煤粉的浓度和风速、粉量、煤粉浓度的分配性能。

21.2 制粉系统计算方法

21.2.1 磨煤机进口通风量

磨煤机进口通风量（Q_{sc}）采用经过标定的磨煤机进口通风量表测量，在 DCS 系统内直接记录，并以磨煤机出口管实测的风速折算出口风量进行综合比较。

21.2.2 磨煤机出力

试验时采用给煤机表盘显示的出力值，在 DCS 系统内直接记录。

一般情况下试验煤种往往会与设计煤种有一定偏差，可以将试验煤种时的磨煤机出力修正到设计煤种条件下：

$$B_M = B_{M0} f_H f_R f_M f_A f_g f_e \tag{21-1}$$

式中 B_{M0}——磨煤机基本出力，t/h；

B_M——设计煤种（或试验煤种）磨煤机出力，t/h；

f_H，f_R，f_M，f_A，f_g——哈氏可磨性指数、煤粉细度、原煤水分、原煤灰分、原煤粒度对磨煤机的出力修正系数，对于轮式磨煤机（MPS）、碗式磨煤机（RP/HP），$f_g = 1.0$；

f_e——碾磨件碾磨至中后期时出力降低系数，在性能试验中可暂不考虑。

$$B_{MD} = B_{MT} f_{HD} f_{RD} f_{MD} f_{AD} / (f_{HT} f_{RT} f_{MT} f_{AT}) \tag{21-2}$$

式中 B_{MD}——修正到设计煤种时的磨煤机出力，t/h；

B_{MT}——试验煤种时的磨煤机出力，t/h；

f_{HD}，f_{HT}——设计煤种和试验煤种哈氏可磨性指数对磨煤机的出力修正系数；

f_{RD}，f_{RT}——设计煤种和试验煤种煤粉细度对磨煤机的出力修正系数；

f_{MD}，f_{MT}——设计煤种和试验煤种原煤水分对磨煤机的出力修正系数；

f_{AD}，f_{AT}——设计煤种和试验煤种原煤灰分对磨煤机的出力修正系数。

对于轮式（MPS）磨煤机，相关修正系数计算公式如下：

$$f_H = (HGI/50)^{0.57} \tag{21-3}$$

$$f_R = (R_{90}/20)^{0.29} \tag{21-4}$$

$$f_M = 1.0 + (10 - M_t) \times 0.0114 \tag{21-5}$$

$$f_A = 1.0 + (20 - A_{ar}) \times 0.0114 \tag{21-6}$$

$$A_{ar} \leqslant 20\% \text{时}，f_A = 1.0$$

$$B_{MD} = B_{MT}(HGI_D/HGI_T)^{0.57}(R_{90D}/R_{90T})^{0.29} f_{MD} f_{AD} / (f_{MT} f_{AT}) \tag{21-7}$$

对于碗式（RP、HP）磨煤机，相关修正系数如下：

$$f_H = (HGI/55)^{0.85} \tag{21-8}$$

$$f_R = (R_{90}/23)^{0.35} \tag{21-9}$$

$$f_M = 1.0 + (12 - M_t) \times 0.0125 \tag{21-10}$$

对低热值煤：
$$M_t \leqslant 12\% \text{时}，f_M = 1.0 \tag{21-11}$$

对高热值煤：

$$f_M = 1.0 + (23 - M_t) \times 0.0125 \tag{21-12}$$

$$f_A = 1.0 + (20 - A_{ar}) \times 0.005 \tag{21-13}$$

$$A_{ar} \leqslant 20\% \text{ 时}, f_A = 1.0 \tag{21-14}$$

$$B_{MD} = B_{MT}(HGI_D/HGI_T)^{0.85}(R_{90D}/R_{90T})^{0.35}f_{MD}f_{AD}/(f_{MT}f_{AT}) \tag{21-15}$$

煤种热值高低可通过表 21-1 确定。

表 21-1　煤种分类

煤种	含水无矿物基热值/MJ · kg^{-1}	干燥无矿物基固定碳/%
高热值煤	32.6～37.2	40～86
低热值煤	25.6～32.6	40～69

含水无矿物基热值按式（21-16）计算。

$$Q = (Q_{gr,ar} - 0.116S_{ar})/[100\% - (1.08A_{ar} + 0.55S_{ar})] \times 100\% \tag{21-16}$$

干燥无矿物基固定碳按式（21-17）计算。

$$F_{cdmmf} = (FC_{ar} - 0.15S_{ar})/[100\% - (M_{ar} + 1.08A_{ar} + 0.55S_{ar})] \times 100\% \tag{21-17}$$

式中　$Q_{gr,ar}$——收到基高位发热量，MJ/kg；

S_{ar}——收到基硫分，%；

A_{ar}——收到基灰分，%；

M_{ar}——收到基水分，%；

FC_{ar}——收到基固定碳，%。

21.2.3　煤粉细度

煤粉细度采用磨煤机出口管上用等速取样方式进行等面积网格法取样，所取样品进行气流筛筛分分析而得，R_{90}指孔径为 90μm 的筛网上的筛余量所占的比例，其值越大表明煤粉越粗，是制粉系统的重要指标之一。

21.2.4　磨煤机差压

磨煤机差压是控制磨煤机运行工况的重要参数，直接由 DCS 系统记录，等于其进口风室与出口管静压之差：

$$\Delta p_m = p'_m - p''_m \tag{21-18}$$

式中，p'_m，p''_m 分别为磨煤机进、出口静压，kPa。

21.2.5　煤粉均匀性指数（n）

煤粉均匀性指数是反映煤粉粒度分布的重要指标，计算式如下：

$$n = \left(\lg\ln\frac{100}{R_{200}} - \lg\ln\frac{100}{R_{90}}\right) \Big/ \lg\frac{200}{90} \tag{21-19}$$

煤粉均匀性指数越大，煤粉颗粒度分布越均匀。在相同的煤粉细度 R_{90}下，R_{200}越小，粗颗粒越少，其燃烧和燃尽性能越好。

21.2.6　煤粉管风速

在磨煤机出口煤粉管上采用皮托管用网格法测量，与现场一次风速监测仪表指示风速进行综合比较。风速由下式计算：

$$v_i = \sqrt{\frac{2p_{di}}{\rho}}\text{m/s} \tag{21-20}$$

式中，ρ 为气流密度，kg/m^3，按下式计算：

$$\rho = \rho_0 \times \frac{273}{273 + t} \times \frac{p_a + p_s}{101325} \tag{21-21}$$

式中　p_a——当地大气压，Pa；

p_s——煤粉管道静压，Pa；

t——磨煤机出口温度，℃。

21.2.7　煤粉管风速分布

煤粉管风速分布采用磨煤机出口管风速与其平均风速进行比较的方法计算。

21.2.8　煤粉管粉量分布

采用磨煤机出口管取样煤粉质量与其平均煤粉量进行比较的方法计算。粉量由下式计算：

$$m_{line} = \frac{m_{sample}}{64 \times 10} \times \frac{0.25\pi \cdot D_{line}^2}{0.25\pi \cdot D_{sample}^2} \times \frac{3600}{1000000} \tag{21-22}$$

式中　m_{line}——管道内煤粉质量流量，t/h；

m_{sample}——煤粉样质量，g；

D_{line}——煤粉管道的内径，m；

D_{sample}——零压取样头的内径，m。

21.2.9　煤粉管细度分布

煤粉管细度分布采用磨煤机出口管取样煤粉细度与其煤粉管平均煤粉细度进行比较的方法计算。

21.3　制粉系统调整试验报告

制粉系统调整试验报告宜包括试验目的、试验标准、试验项目及工况、设备规范、测量项目及方法、试验数据、计算结果及分析建议，为运行和检修人员提供参考。由于大部分内容在试验准备和试验方案中已经介绍，本节主要按照试验项目介绍试验数据计算及分析。

21.3.1　试验煤种分析

由于制粉系统性能与煤质成分和特性相关，因此每个工况前应取煤样进行工业分析成分、可磨性指数等参数的分析，如煤质特性变化过大应在制粉系统设备特性计算时予以修正，如无法修正，该试验工况应作废。

表 21-2 为某试验的煤质化验结果，该试验两个煤种神混 5000 和伊泰 4 干燥无灰基挥发分均较高，伊泰 4 水分较低、灰分较高、热值略低于神混 5000。总体来看两种煤燃烧性

能接近，均属于易燃煤种。从哈氏可磨指数看，两种煤可磨性接近，均较易磨制。

表 21-2　煤质特性

检测项目/煤样	神混 5000	伊泰 4
全水分 M_t/%	17	11.6
水分 M_{ad}/%	7.18	4.22
灰分 A_{ar}/%	10.07	17.53
挥发分 V_{ar}/%	25.48	27.37
挥发分 V_{daf}/%	34.94	38.61
固定碳 FC_{ar}/%	47.45	43.51
全硫 $S_{t,ar}$/%	0.41	0.55
碳 C_{ar}/%	58.5	55.86
氢 H_{ar}/%	3.3	3.65
氮 N_{ar}/%	0.64	0.89
氧 O_{ar}/%	10.08	9.92
哈氏可磨指数 *HGI*	63	62
低位发热量 $Q_{net,ar}$/kJ · kg^{-1}	22160	21460

21.3.2　分离器特性试验

磨煤机分离器有折向挡板可调静态分离器和转速可调动态分离器，主要目标是获得合理的煤粉细度并提高煤粉均匀性。例如，是某磨煤动态分离器特性试验，磨煤机给煤量在 50t/h，磨煤机进口一次风量控制在 100t/h，进口风温在 210℃，磨煤机出口温度维持在 72℃，液压加载力维持在 10MPa，将动态分离器变频器频率分别置于 17Hz，20Hz 和 25Hz 进行试验，对应分离器转速分别为 48r/min、58r/min 和 70r/min，煤粉细度、均匀性指数、磨煤机阻力和磨煤机电流变化如图 21-1 和图 21-2 所示。

从图 21-1 可以看出，在 50t/h 出力下，*D* 磨煤机出口平均煤粉细度随动态分离器转速的增加而减小。转速从 48r/min 增加到 70r/min 时，煤粉细度 R_{90} 从 28.07% 下降到 12.62%。煤粉均匀性指数均在 1.0 以上，随动态分离器转速增加而增大。

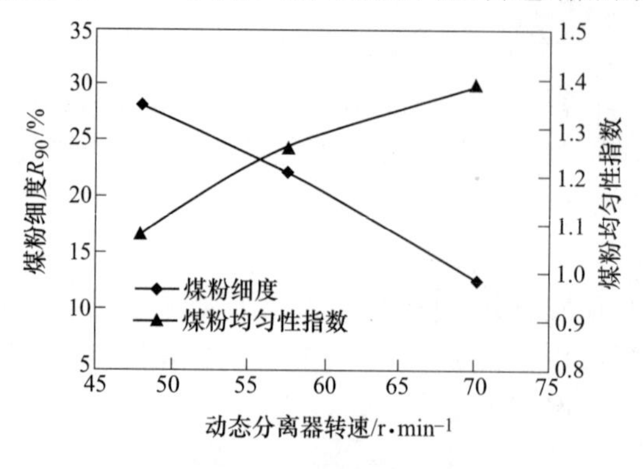

图 21-1　煤粉细度与动态分离器转速关系

从图 21-2 可以看出，动态分离器转速的变化对磨煤机阻力的影响也较明显，磨煤机电流随着动态分离器转速的增大而增大，转速由 48r/min 提高到 70r/min 时，电流由 47. 57A 提高到 53. 13A，磨煤机电耗则从 48r/min 时的 8. 14kW · h/t 上升到 70r/min 时的 9. 34kW · h/t。磨煤机进出口差压随动态分离器转速的增加而增大，转速为 70r/min 时差压较转速为 48r/min 时增加 0. 82kPa。

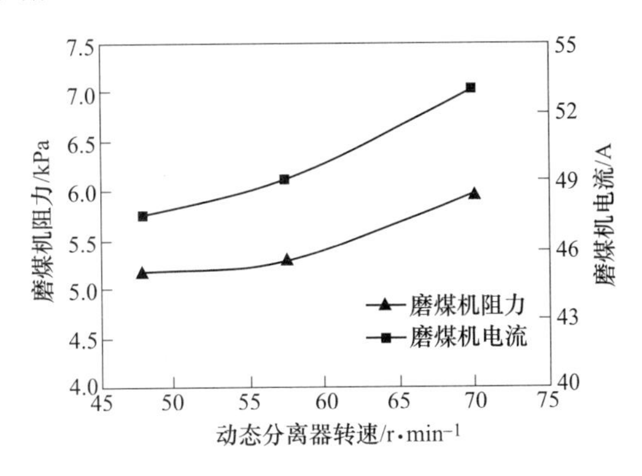

图 21-2　磨煤机阻力与动态分离器转速关系

磨煤机变分离器转速试验时实测风速、煤粉细度、粉量分布数据见表 21-3。从实测出口管风速分布数据看，在不同动态分离器转速条件下 C 磨煤机出口 4 根一次风管风速分布偏差均较大，最大偏差为-16. 57%。不同分离器转速下各支管取粉量及煤粉细度分布偏差除个别管外其他均在合理范围内。

表 21-3　动态分离器转速试验取粉量、细度与风速分布数据

项目	管号	取粉量/g			实测风速/m · s^{-1}			煤粉细度 R_{90}/%		
分离器变频器频率/Hz		17. 04	20. 52	25. 02	17. 04	20. 52	25. 02	17. 04	20. 52	25. 02
实测值	1 号	358. 4	437. 8	470. 3	21. 14	21. 29	20. 04	23. 26	18. 80	8. 56
	2 号	515. 7	467. 3	468. 8	23. 17	22. 46	22. 47	27. 36	18. 32	13. 36
	3 号	542. 4	479. 7	518. 6	27. 16	28. 10	26. 06	29. 27	26. 32	13. 68
	4 号	329. 3	497. 7	314. 7	27. 49	25. 47	27. 50	31. 72	23. 76	17. 32
平均值		436. 4	470. 6	443. 1	24. 74	24. 33	24. 02	28. 07	21. 91	12. 62
分布偏差/%	1 号	-17. 89	-6. 97	6. 14	-14. 53	-12. 50	-16. 57	-17. 15	-14. 19	-32. 16
	2 号	18. 17	-0. 71	5. 81	-6. 36	-7. 70	-6. 44	-2. 54	-16. 38	5. 88
	3 号	24. 27	1. 93	17. 04	9. 78	15. 51	8. 51	5. 86	20. 14	8. 42
	4 号	-24. 55	5. 76	-28. 98	11. 12	4. 69	14. 50	12. 99	8. 45	37. 27

不同煤质燃烧需要的目标细度可以通过 Seidel 曲线（见图 21-3）来确定。神混 5000 和伊泰 4 干燥无灰基挥发分在 35%～38%，按照 Seidel 曲线推荐值，煤粉细度 R_{90}控制在 25%左右较为合适，但考虑到锅炉低氮燃烧及神混煤易结渣特性，煤粉宜适当更细一些。根据试验结果，对于神混煤，磨煤机分离器变频器频率建议控制在 23～25Hz；磨制伊泰煤时，分离器变频器频率建议控制在 20～22Hz，若发现飞灰含碳量升高，可适当提高分离器

转速。经济煤粉细度最终可以通过燃烧调整试验确定。

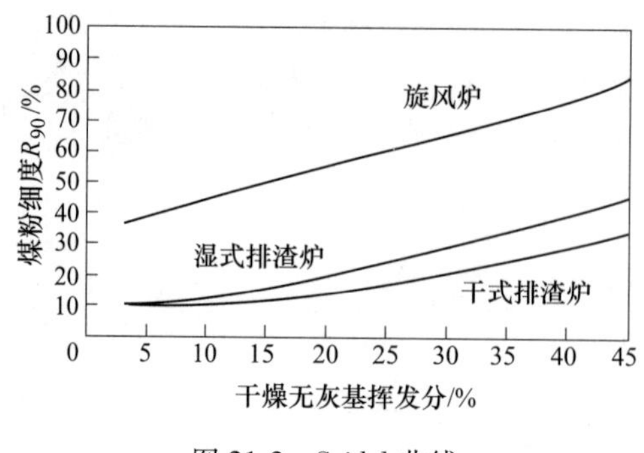

图 21-3　Seidel 曲线

21. 3. 3　通风特性试验

磨煤机通风量的变化通过改变对煤粉的携带能力而影响其运行特性。以 C 磨煤机为代表进行了变风量试验。手动控制磨煤机出力在 48t/h 时，动态分离器变频器频率置于 25Hz，对应分离器转速在 71r/min，液压加载力在 9. 85MPa，进口风温在 280℃，磨煤机出口温度维持在 72℃，磨煤机进口一次风量分别控制在 95t/h、103t/h 和 110t/h 进行试验。

图 21-4 显示，在动态分离器转速一定的情况下，煤粉细度 R_{90}随磨煤机进口一次风量增加而上升。由于一次风量增加后，风环喷口处射流对煤粉的携带能力提高，煤粉变粗。

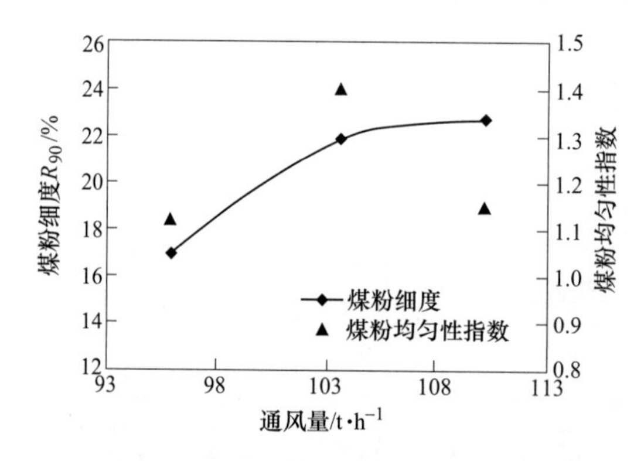

图 21-4　煤粉细度与通风量的关系

图 21-5 给出了 C 磨煤机电流及阻力与其进口风量的关系，从磨煤机电流看，磨煤机电流随其进口一次风量增加而降低，说明通风量的增加使射流的携带煤粉能力增强，磨碗上的存煤厚度减小，减小了磨辊的碾压能量，从而降低驱动电机的功率。磨煤机进口风量的变化对其本身的流动阻力也存在明显的影响。从磨煤机进出口差压看，磨煤机进出口阻力随一次风量的增加而增加。通风量变化一般从两个方面影响磨煤机流动阻力，一方面通风量增加，提高了磨煤机通风速度，增加了风粉混合物的流动阻力；另一方面由于风速的提高，增加了风环喷口射流对煤粉的携带能力，使磨碗上的煤层减薄，从而减少了磨煤机的流动阻力。从试验结果可以看出，在试验磨煤机通风量的变化范围内，前者的作用大于后者。

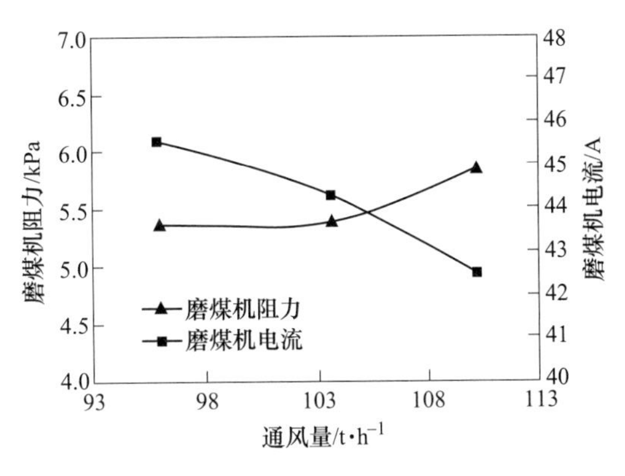

图 21-5 电流与通风量的关系

图 21-6 中实际风量由实测出口风速折算得到，并扣除煤中蒸发的水分量和密封风量。从图 21-6 中可以看出，除第一个工况外，进口风量与实测出口风量对应性较好，磨煤机进口显示风量略低于实测出口风量。

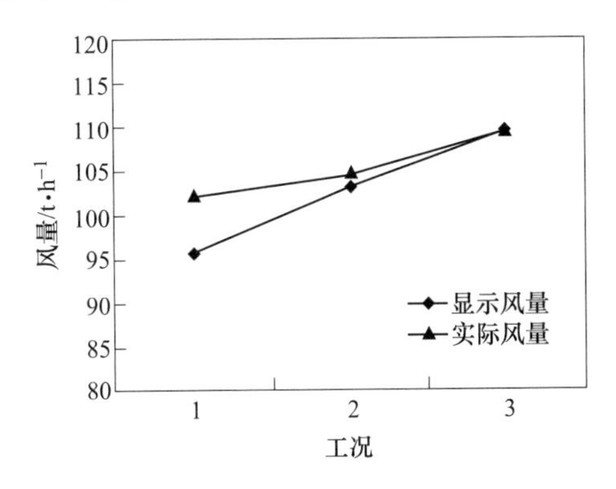

图 21-6 实际风量与显示风量比较

从风量、煤粉量、磨煤机电流来看，适当提高风量有利于磨煤机的运行。而过大的风量使得输粉管的风速较高，煤粉着火推迟，飞灰可燃物增加，同时会使炉膛的出口烟温升高，影响锅炉燃烧的经济性和过热器、再热器的安全性。从煤粉细度、一次风机电耗和排烟温度来说，适当降低磨煤机通风量有利于降低一次风机电耗和煤粉细度；同时，降低一次风量，掺入其中的冷一次风量也相应减少，这也有利于降低排烟温度。综合各因素考虑，对于当前试验煤种，建议磨煤机出力在 50t/h 左右时，入口风量不高于 105t/h。

21.3.4 磨煤机加载力试验

试验期间对 C 磨煤机液压加载力进行了调整。控制磨煤机出力为 48t/h，磨制神混 5000，磨煤机进口一次风量控制在 100 t/h，动态分离器变频器频率在 25Hz，对应转速为 71r/min，磨煤机进口风温维持在 290℃，出口风粉温度在 74℃。调整磨煤机液压加载力分别为 9MPa、9.8MPa 和 10.4MPa 进行试验，试验结果如图 21-7 和图 21-8 所示。

从试验结果看出，在 48t/h 出力下，煤粉细度 R_{90} 随着液压加载力的增加而减小。加

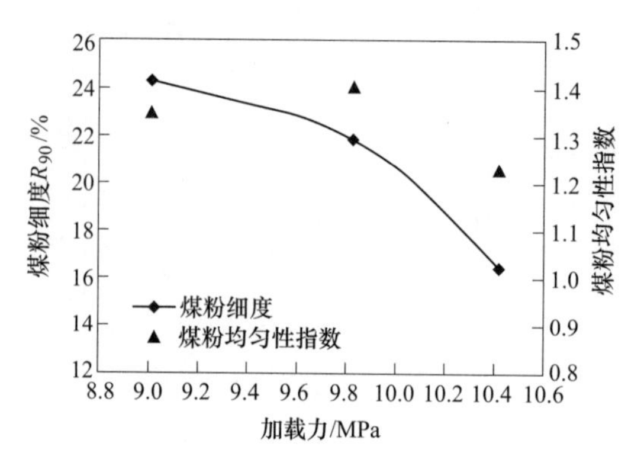

图 21-7　煤粉细度与液压加载力的关系

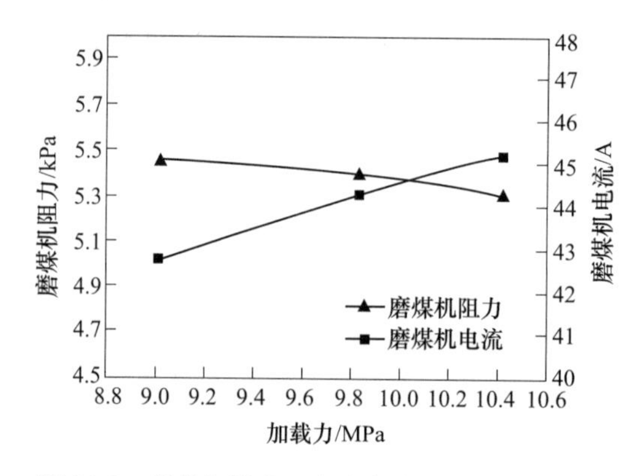

图 21-8　磨煤机阻力、电流与液压加载力的关系

载力从 9MPa 增加到 10. 4MPa 时，煤粉细度 R_{90}从 24. 27%降为 16. 46%（见图 21-7）。

从磨煤机进出口差压分析，磨煤机差压随着液压加载力的增加而减小，这主要是因为加载力增加后，增加了磨辊的研磨能力，使磨环上的煤层减薄，从而减少了磨煤机的流动阻力。从磨煤机电流分析，磨煤机电流随液压加载力的增加而增加（见图 21-8）。

增大加载力可以降低煤粉细度，但磨煤电耗和磨煤机的磨损也会增大。因此，液压加载力不宜过大，在满足出力和细度的要求下，应尽可能降低液压加载力。

21. 3. 5　变出力试验

磨煤机上进行了变出力试验，试验过程中分别控制磨煤机给煤量为 40t/h、50t/h 和 72t/h，进口一次风量分别为 98t/h、100t/h 和 108t/h，加载力分别为 9. 2MPa，10MPa 和 14. 7MPa，试验结果如图 21-9 和图 21-10 所示。

从磨煤机不同出力对煤粉细度的影响分析，煤粉细度 R_{90}随出力降低而减小，这与锅炉负荷越低经济燃烧要求的煤粉细度越细是一致的。磨煤机出力由 40t/h 增加到 72t/h，煤粉细度由 19. 03%增加到 27. 27%。试验中不同磨煤机出力下的煤粉细度均满足锅炉燃烧对煤粉细度的要求。从不同出力时煤粉均匀性指数 n 看，煤粉均匀性指数 n 没有明显的变化规律（见图 21-9）。

从图 21-10 可以看出，磨煤机差压与出力基本呈线性关系，出力变化从磨碗上煤层厚

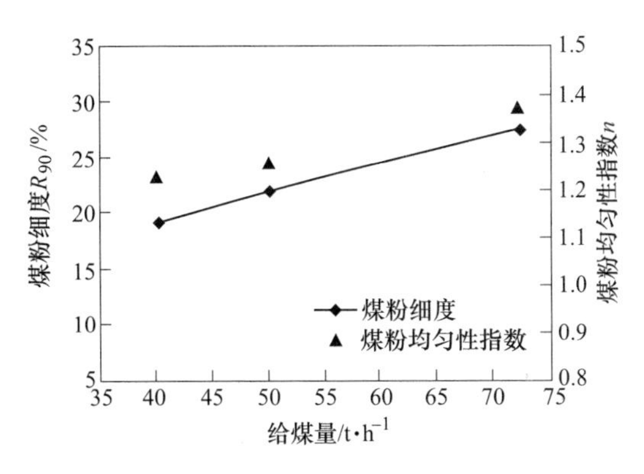

图 21-9 煤粉细度与磨煤机出力的关系

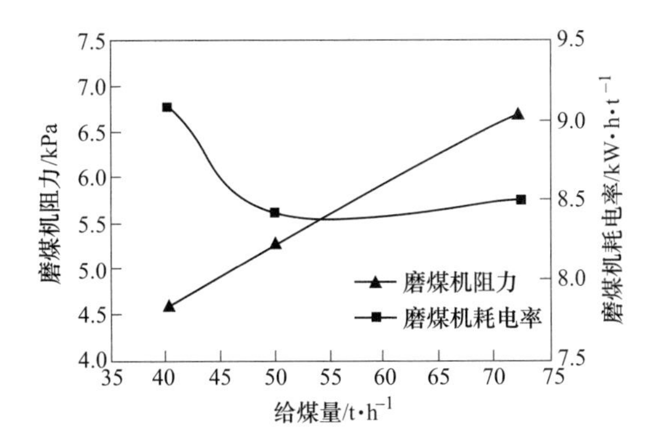

图 21-10 磨煤机出力与磨煤机阻力和磨煤机耗电率的关系

度、通风量与煤粉浓度 3 个方面影响磨煤机流动阻力。从磨煤机耗电率分析，磨煤机耗电率随出力增加而降低，给煤量在 72t/h 时，由于液压加载力过大，达到 14.68MPa，磨煤耗电率略有升高。

22 锅炉热效率和空气预热器漏风试验

22.1 试验方案及过程

由于空气预热器漏风试验一般与锅炉热效率试验同时进行，因此试验方案和报告也合成一份，在本章中合并介绍。在进行试验前应由试验单位编制锅炉效率及空气预热器漏风试验方案或大纲，经试验项目相关单位讨论确定并签字批准后执行，是整个试验项目的操作指导文件。方案编制依据包括相关试验标准；试验各方签署的合同或协议等文件；试验设备制造厂提供的技术资料；电厂相关的管理规定、安全规程和运行规程等。

试验方案包括的主要内容：

（1）试验目的。

（2）试验标准。

（3）设备概况（试验对象）。

（4）试验工况（项目）。

（5）试验测点布置。

（6）测量方法和试验仪器。

（7）试验条件及工况要求。

（8）试验步骤。

（9）技术安全措施（环境、职业健康安全风险因素控制措施）。

（10）试验组织分工。

（11）试验记录表格。

22.1.1 试验目的

锅炉热效率和空气预热器漏风试验有以下几个目的。

（1）锅炉性能鉴定试验和验收试验：对新建机组锅炉移交前的验收和性能考核，试验结果作为合同验收的依据。

（2）锅炉性能评价和工况调整试验：通过试验对锅炉运行经济性指标进行评价并查找影响性能的主要因素或设备，为运行工况调整或设备改进提供参考依据。

（3）评价改造效果：通过锅炉相关设备大修或改造前后的锅炉热效率和空气预热器漏风试验，评价大修或改造效果。

22.1.2 试验标准

锅炉性能试验规程的选择一般依据设备制造时选用的标准，或在设备采购合同中规定选用的标准。目前常用的是中国国家标准和美国机械工程师协会标准。

（1）中华人民共和国国家标准《电站锅炉性能试验规程》（GB/T 10184—2015）。

（2）美国机械工程师协会 ASME《蒸汽锅炉性能试验标准》PTC4.1 版本、PTC4.3 版本；PTC4—2008 版本。

对于 ASME 试验标准，由于早期版本 PTC4.1 与最新版本 PTC4—2008 的计算方法差异较大，一般根据设备设计计算中采用的标准进行试验。

22.1.3　试验工况

根据合同或协议约定要求设置工况，一般包括满负荷（锅炉最大连续出力、锅炉额定出力）、中等负荷（70%~80%负荷）、低负荷工况（40%~50%负荷）下效率或空气预热器试验。

每个试验负荷应进行两个平行工况试验，如主要试验结果偏差（锅炉效率偏差）超出约定值（如 0.5%），则须进行第三个平行工况试验，选取偏差小于约定值的两个平行试验工况平均值作为测量结果。

22.1.4　测量方法和试验仪器

测量方法和试验仪器选用的要求与标准相关，但差异不大，下面是一个试验的方法示例。

（1）检测方法：表 22-1 为测试项目和方法。

表 22-1　测试项目和方法

项目名称	取样和测试地点、方法	分析和测试内容	频率/min
原煤取样	给煤机上方落煤管手工取样孔	工业、元素分析	20
炉渣取样	炉底排渣口手工取样	可燃物含量	20
飞灰取样	电除尘灰斗	可燃物含量	20
排烟温度	空气预热器烟气出口网格法	排烟温度	连续
烟气取样	空气预热器烟气进出口网格法	CO、O_2含量	连续
环境温度、湿度	送风机进口手工测试	环境大气温度、湿度	20
大气压力	环境大气手工测试	环境大气压力	20

（2）测试仪器及技术要求：表 22-2 为主要仪器型号、精度。

表 22-2　主要仪器型号、精度

序号	名称	型号	量程	精度	测量对象
1	烟气分析仪	M9000	0~21%	±0.2%	烟气分析
2	ROSEMOUNT 烟气分析仪	MLT 4.3	CO：0~1~10% NO：$0\sim5\times10^{-4}\sim5\times10^{-3}$ NO_2：$0\sim5\times10^{-4}\sim1\times10^{-3}$ CO_2：0~20%	<1%	烟气分析
4	热电偶	WRCK-191T	-40~350℃	±0.15℃	烟气温度
5	IMP 数采系统	35951C	-200~1370℃		数据采集
6	干湿球温度计	国产	-25~45℃ 0~100%	±0.1℃	大气温湿度
7	大气压力表	国产	800~1064hPa	±1hPa	大气压力

（3）运行数据采用计算机打印输出：表 22-3 中的参数通过 DCS 系统每 15min 记录 1 次。

表 22-3　运行参数记录示例

序号	参数名称	单位	数值
1	机组负荷	MW	1000
2	主蒸汽压力（A/B）	MPa	27.46
3	主蒸汽温度（A/B）	℃	605
4	主蒸汽流量（A/B）	t/h	3099
5	再热汽进口压力（A/B）	MPa	6.08
6	再热汽出口压力（A/B）	MPa	5.87
7	再热汽进口温度（A/B）	℃	372
8	再热汽出口温度（A/B）	℃	603
9	给水温度	℃	299
10	给水流量	t/h	3105
11	一级主蒸汽减温水流量（A/B）	t/h	33/26
12	二级主蒸汽减温水流量（A/B）	t/h	52/57
13	再热蒸汽事故喷水减温水流量（A/B）	t/h	0/0
14	再热蒸汽微量喷水减温水流量（A/B）	t/h	0/0
15	高级再热器出口烟温（A/B）	℃	890/886
16	低级再热器出口烟温	℃	439
17	低级过热器出口烟温	℃	441
18	省煤器出口烟温（A/B）	℃	351
19	排烟温度（A/B）	℃	350
20	烟气氧量（A/B）	%	3.2
21	空气预热器入口一次风温（A/B）	℃	42.1
22	空气预热器入口二次风温（A/B）	℃	31.9
23	空气预热器出口一次风温（A/B）	℃	316.8
24	空气预热器出口二次风温（A/B）	℃	326.9
25	磨煤机电流	A	69/98.5/0/65.7/91.5/63.7
26	一次风机电流（A/B）	A	204.7/210.2
27	送风机电流（A/B）	A	133.0/131.5
28	引风机电流（A/B）	A	407.7/406.4
29	引风机静叶开度（A/B）	%	45.5/47.4
30	送风机入口导叶开度（A/B）	%	51.7/48.7
31	一次风机入口挡板开度（A/B）	%	44.4/52.8
32	送风机出口风压（A/B）	kPa	2.26/2.25
33	一次风机出口风压	kPa	10.88/10.75
34	一次风风量（A/B/C/D/E/F）	m^3/h	132.2/129.5/35.3/127.1/127.3/128.5
35	空气预热器出口一次风总风压	kPa	9.95/9.90
36	空气预热器出口二次风压（A/B）	kPa	1.46/1.62
37	空气预热器进/出口烟气压差（A/B）	kPa	1.09/1.03
38	引风机入口烟气压力（A/B）	kPa	−2.52/−2.52

（4）数据处理。在试验过程中或试验结束后，发现观察到的数据有严重的异常情况，则应考虑将此工况试验数据舍弃。如果受影响的部分是在试验的开头或结尾处，则可部分舍弃，对超出误差范围的异常值需经分析后进行取舍，如有必要应重做该工况试验，以求达到试验目的。

对已校准的仪器，应将实验室测定的误差修正应用于测量数据，然后以每一工况的算术平均值为测量值进行计算。

22.1.5　试验条件及工况要求

试验条件及工况要求如下：

（1）制粉系统通过优化调整在最佳工况运行，煤粉细度为符合锅炉燃烧的较佳细度。

（2）对于验收或性能鉴定试验，应在完成燃烧调整试验后进行，且将配方方式调整在较佳燃烧工况。

（3）吹灰器能正常投用，根据试验需要，试验前1h完成受热面吹灰工作，试验期间不吹灰、不打焦、不改变制粉系统运行方式。

（4）煤质稳定达到设计煤种或校核煤种，煤质成分变化范围（可由试验各方协商确定）如下：

干燥无灰基挥发分：设计值±2%。

全水分：设计值±4%。

收到基灰分：设计值±5%。

收到基低位热值：设计值±1670kJ/kg。

（5）锅炉主要参数变化范围：

给水流量：(1±3)%设计值。

蒸汽温度：设计值±5℃。

蒸汽压力：(1±2)%设计值。

给水温度：(1±3)%设计值。

氧量：设定值±0.5%。

22.1.6　试验步骤

试验各方根据标准要求制订，下面为某试验示例：

（1）现场安装和调试烟气取样和分析仪器、烟气温度采集系统。

（2）对烟气分析仪表进行校验。

（3）准备煤、灰、渣取样和封存工具。

（4）调整试验工况，满足工况稳定条件，然后开始试验。

（5）开始烟气取样与分析记录、大气温度和湿度测量、大气压测量、煤灰渣取样与封存等工作。

（6）记录所需运行数据。

（7）达到工况持续时间，取得所需数据后重新校验烟气分析仪表。如校验合格则数据有效，结束试验；否则数据无效，分析原因并确定工况取舍。

（8）若在预备性试验中，试验工况及试验过程均符合正式试验要求，经试验各方认可，对试验结果无异议的情况下，试验结束。

（9）试验数据和工况的舍弃。在试验过程中或整理试验结果时，发现观测到的数据有严重的异常情况，则应考虑将此工况舍弃。如果受影响的部分是在试验开头或结尾处，则可部分舍弃；如有必要，应重做该工况试验；凡出现下列情况之一时，该工况试验应作废：试验燃料特性超出事先规定的燃料特性变化范围；蒸发量或蒸汽参数波动超出试验规定的范围；主要测量项目的试验数据中有 1/3 以上出现异常或矛盾。

22.1.7　技术安全措施

技术安全措施（环境、职业健康安全风险因素控制措施）应根据国家和电力行业（发电集团）安全管理规程、电厂和试验单位安全管理规定、质量管理体系、运行规程等文件制订，确保人员和设备安全，确保试验质量可控。

（1）相关注意事项（示例）：

1）出现危及设备安全的异常情况时应及时向试验负责人汇报、不得擅自停运设备。

2）影响工况稳定的操作需与试验负责人联系。

3）转动辅机运行时要有电厂专人负责监护。

4）试验过程应保证送、引风机运行稳定，风量波动较少。

5）试验中必须严格遵守《安规》，确保人身与设备安全。

（2）环境、职业健康安全风险因素控制措施（示例）：

1）根据企业管理体系进行辨识，确保试验无对环境产生不良影响的因素，并辨识危险源及可能造成的危害后果。

2）试验服务场所应对危险源采取的措施：

① 在试验现场要正确戴好安全帽，防止被落物击中身体或撞头。

② 在试验现场行走要注意力集中，防止因现场沟、孔、洞，楼梯无防护栏及照明不足等原因引起人员跌伤。

③ 在试验现场应正确着装，防止人员被风机等转动设备绞、碾、扎伤等。

④ 在进行原煤/煤粉和飞灰取样时，必须戴口罩以防止煤屑/煤粉和飞灰对取样人员的呼吸系统造成伤害。

⑤ 在锅炉本体等内部有高温介质的设备和管道上工作时，要正确着装及戴石棉手套，防止烫伤。

⑥ 在接临时电源前要详细检查，不使用不合格的电气，电气绝缘线路老化、破损者不用，不超负荷用电，不使用明火电热设备，禁用湿手接触带电体，临时电源由电厂电气专业人员连接确认。

⑦ 在运行中的风机和磨煤机附近工作时，要戴好耳塞，以防止耳朵受到伤害。

22.1.8　组织分工

组织分工由试验各方根据试验要求协商制订，示例如图 22-1 所示。

电厂现场负责人负责试验组织与协调工作，电厂运行负责操作，电试院试验人员负责测试、记录、取样。表 22-4 为试验人员安排。

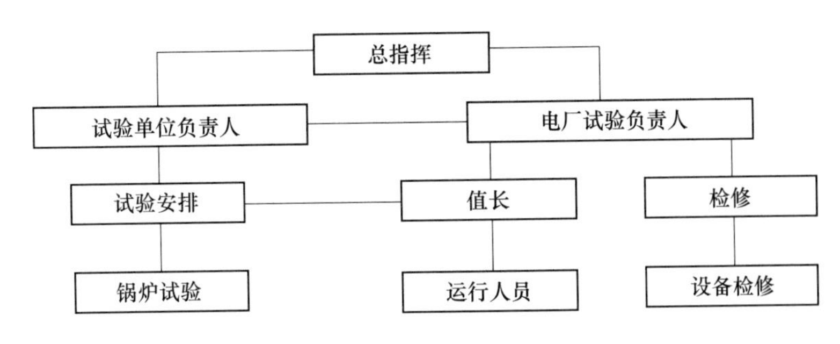

图 22-1 组织机构图

表 22-4 试验人员安排

试验总指挥	1 人（电厂）	
试验负责人	2 人（试验院、电厂）	
单 位	试验院	电厂
工况安排	1 人	1 人
温度测量	1 人	
原煤取样	1 人	
飞灰取样	1 人	
大渣取样	1 人	
烟气成分分析及环境条件	2 人	
主要运行参数打印操作	1 人	

22.2 锅炉热效率及空气预热器漏风率计算方法

22.2.1 能量平衡法（反平衡）热效率计算

能量平衡法通过测量和计算各项热损失以及输入热量来获得锅炉热效率，为计算热效率的首选方法，它比输入-输出法更精确，这主要是因为能量平衡法的测量误差对热损失的准确性造成影响，而大型煤粉锅炉的热损失一般小于 8%，因此测量误差对锅炉热效率的准确性影响较小。另外，对于运行煤质、环境条件变化造成试验结果的偏差，应用能量平衡法可以方便地将锅炉热效率修正到基准工况或保证工况，并且通过与设计工况或设备异动前锅炉各项热损失对比，可查找影响锅炉热效率的主要原因。

能量平衡法锅炉热效率定义式为：

$$锅炉热效率 = \left(1 - \frac{各项损失热量之和}{输入热量}\right) \times 100\% \tag{22-1}$$

进行锅炉热效率试验和计算前应确定试验的基准温度和热平衡系统边界，这与试验标准相关。下面就常用的国家标准和美国 ASME 标准进行阐述。

国家标准《电站锅炉性能试验规程》（GB 10184—2015）方法要求如下：

（1）锅炉热效率以燃料低位发热量为基础计算。

（2）基准温度：送风机入口风温。

（3）灰、渣比例：飞灰 90%、炉渣 10%（或根据协商确定）。

（4）系统边界划分，如图 22-2 和图 22-3 所示。

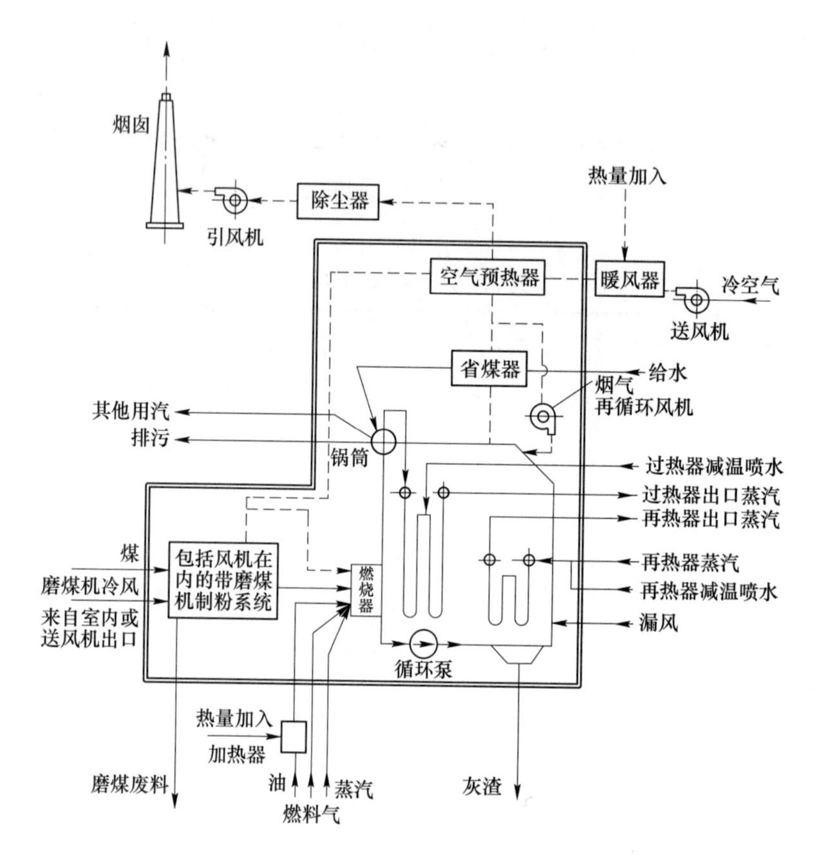

图 22-2　热平衡边界

（5）热效率计算，按照 GB 10184—2015 热损失法计算。

1）锅炉热效率计算：

$$\eta = 100\% - \frac{Q_2 + Q_3 + Q_4 + Q_5 + Q_6}{Q_r} \times 100\% = 100\% - (q_2 + q_3 + q_4 + q_5 + q_6) \tag{22-2}$$

式中　η——锅炉热效率,%；

Q_2——每千克（或标准立方米）燃料的排烟损失热量，kJ/kg（kJ/m^3）；

Q_3——每千克（或标准立方米）燃料的可燃气体未完全燃烧损失热量，kJ/kg（kJ/m^3）；

Q_4——每千克（或标准立方米）燃料的固体不完全燃烧损失热量，kJ/kg（kJ/m^3）；

Q_5——每千克（或标准立方米）燃料的锅炉散热损失热量，kJ/kg（kJ/m^3）；

Q_6——每千克（或标准立方米）燃料的灰渣物理显热损失热量，kJ/kg（kJ/m^3）；

q_2——排烟热损失百分率,%；

q_3——可燃气体未完全燃烧热损失百分率,%；

q_4——固体未完全燃烧热损失百分率，%；

q_5——锅炉散热损失百分率，%；

q_6——灰渣物理热损失百分率，%。

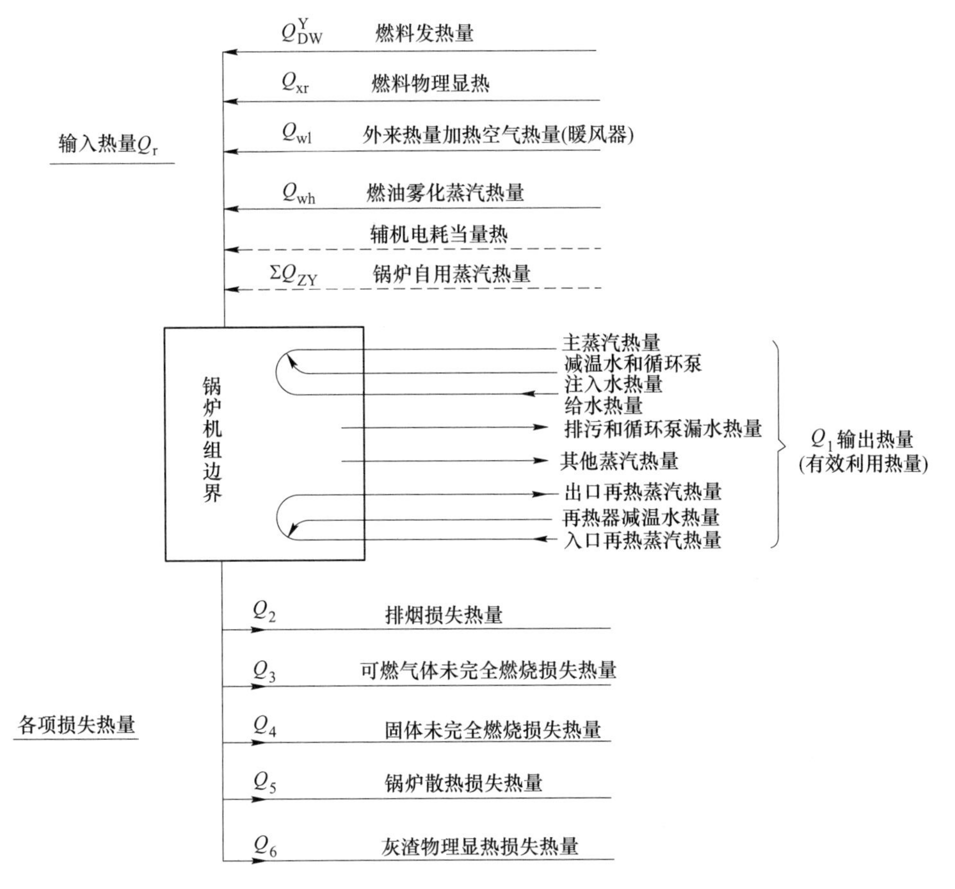

图 22-3　热平衡热量流

2）排烟热损失计算：锅炉排烟热损失为末级热交换器后排出烟气带走的物理显热占输入热量的百分率。

$$q_2 = \frac{Q_2}{Q_R} \times 100\% \tag{22-3}$$

$$Q_2 = Q_2^{gy} + Q_2^{H_2O} \tag{22-4}$$

$$Q_2^{gy} = V_{gy} c_{p,gy} (\theta_{py} - t_o) \tag{22-5}$$

$$Q_2^{H_2O} = V_{H_2O} c_{p,H_2O} (\theta_{py} - t_o) \tag{22-6}$$

干烟气损失计算：测量煤的元素分析、分析烟气成分（O_2、CO_2、CO）和灰渣含碳量，计算理论干空气量、理论干烟气量、过剩空气系数、干烟气量、干烟气比热。对固体燃料，CH_4和H_2浓度可忽略。

$$c_{p,gy} = c_{p,CO_2} \frac{RO_2}{100} + c_{p,O_2} \frac{O_2}{100} + c_{p,N_2} + c_{p,CO} \frac{CO}{100} \tag{22-7}$$

$$V_{gy} = (V_{gy}^{o})^{c} + (a_{py} - 1)(V_{gk}^{o})^{c} \tag{22-8}$$

$$(V_{gy}^{o})^{c} = 1.866 - \frac{C_{r}^{y} + 0.375S^{y}}{100} + 0.79(V_{gk}^{o})^{c} + 0.8\frac{N^{y}}{100} \tag{22-9}$$

$$(V_{gk}^{o})^{c} = 0.089(C_{r}^{y} + 0.375S^{y}) + 0.265H^{y} - 0.0333O^{y} \tag{22-10}$$

$$C_{r}^{y} = C^{y} - \frac{A^{y}\overline{C}}{100} \tag{22-11}$$

$$\overline{C} = \frac{a_{lz}C_{lz}}{100 - C_{lz}^{c}} + \frac{a_{fh}C_{fh}^{c}}{100 - C_{fh}^{c}} + \frac{a_{cjh}C_{cjh}^{c}}{100 - C_{cjh}^{c}} + \frac{a_{im}C_{im}^{c}}{100 - C_{im}^{c}} \tag{22-12}$$

$$a_{py} = \frac{21}{21 - (O_2 - 2CH_4 - 0.5CO - 0.5H_2)} \tag{22-13}$$

水蒸气热损失计算：大气相对湿度，大气压，外来水分流量（如油枪雾化蒸汽等）与燃料量，计算基准温度下水蒸气饱和压力、空气绝对湿度、烟气中水蒸气容积。

$$V_{H_2O} = 1.24\left[\frac{9H^{4} + W^{4}}{100} + 1.293a_{py}(V_{gk}^{o})^{c}d_{k} + \frac{D_{wh}}{B}\right] \tag{22-14}$$

$$d_{k} = 0.622\frac{\frac{\phi}{100}p_{b}}{p_{act} - \frac{\phi}{100}p_{b}} \tag{22-15}$$

$$p_{b} = 611.7927 + 42.7809t_{o} + 1.6883t_{o}^{2} + 1.2079 \times 10^{-2}t_{o}^{3} + 6.1637 \times 10^{-4}t_{o}^{4} \tag{22-16}$$

3）可燃气体未完全燃烧损失计算（GB 10184 热损失法）。测量烟气中未完全燃烧产物（CO、H_2、CH_4和 C_mH_n）浓度，对燃煤机组一般测量 CO 即可。

$$q_3 = \frac{1}{Q_r}V_{gy}[126.36\varphi(CO) + 358.18\varphi(CH_4) + 107.98\varphi(H_2) + 590.79\varphi(C_mH_n)] \times 100\% \tag{22-17}$$

4）固体未完全燃烧损失计算。燃煤锅炉的固体未完全燃烧热损失，即灰渣可燃物造成的热量损失和中速磨煤机排出石子煤的热量损失占输入热量的百分率。测量灰渣含碳量、石子煤流量和石子煤发热量。

$$q_4 = \frac{337.27A^{y}\overline{C}}{Q_r} + q_4^{sz} \tag{22-18}$$

$$q_4^{sz} = \frac{B_{SZ}Q_{DW}^{sz}}{BQ_r} \times 100\% \tag{22-19}$$

5）锅炉散热损失计算。锅炉散热损失 q_5，是指锅炉炉墙、金属结构及锅炉范围内管道（烟风道及汽、水管道联箱等）向四周环境中散失的热量占总输入热量的百分率。

$$q_5 = q_5^{e}\frac{D^{e}}{D} \tag{22-20}$$

6）灰渣物理热损失计算。灰渣物理热损失，即炉渣、飞灰与沉降灰排出锅炉设备时带走的显热占输入热量的百分率。

$$q_5 = \frac{A^{y}}{100Q_r}\left[\frac{a_{lz}(t_{lg} - t_o)c_{lg}}{100 - c_{lz}^{c}} + \frac{a_{fh}(\theta_{py} - t)c_{fh}}{100 - c_{fh}^{c}} + \frac{a_{cjh}(t_{cjh} - t_o)c_{cjh}}{100 - c_{cjh}^{c}}\right] \tag{22-21}$$

式中　t_{lg}——由炉膛排出的炉渣温度当不能直接测量时，固态排渣煤粉炉可取 800℃,℃；

t_{cjh}——由烟道排出的沉降灰温度，可取沉降灰斗上部空间的烟气温度,℃；

c_{lz}，c_{fh}，c_{cjh}——炉渣、飞灰及沉降灰的比热，kJ/(kg · K)。

7）简化热效率计算：

① 将燃料的低位发热量作为输入热量；

② 忽略输入物理热及雾化蒸汽带入的热量；

③ 排烟热损失计算中忽略雾化蒸汽及燃料中氮引起的热损失，并取干烟气比热 $c_{p,gy}$ = 1.38kJ/(m^3 · K)，水蒸气比热 c_{p,H_2O} = 1.51kJ/(m^3 · K)，空气绝对湿度 d_k = 0.01kg/kg（干空气）；

④ 过剩空气系数计算公式采用；

⑤ 煤粉炉忽略气体未完全燃烧热损失；

⑥ 忽略磨煤机排出石子煤的热损失；

⑦ 除液态排渣炉外，可忽略灰渣物理显热损失。

8）换算到保证条件下的热效率：

① 输入热量的修正：进风温度与保证温度的偏差，主要影响排烟热损失和灰渣物理显热损失，除了将修正后的输入热量代替试验时的输入热量之外，还应进行如下各项换算。

对电站锅炉中最常见的不带暖风器的送风系统，在排烟热损失及灰渣物理热损失的计算中，除了以保证的进风温度替代试验基准温度外，还应对排烟温度进行换算。

将保证的进口空气温度 t_o^b 及换算后的排烟温度 θ_{py}^b 和输入热量，分别替代热损失计算公式中的 t_o 及 θ_{py}，即可求得修正后的热损失值。

$$\theta_{py}^b = \frac{t_o^b(\theta'_{ky} - \theta_{py}) + \theta'_{py}(\theta_{py} - t_o)}{(\theta'_{ky} - t_o)} \tag{22-22}$$

式中　θ_{py}^b——换算到保证进口空气温度时的排烟温度,℃；

t_o^b——保证的进口空气温度,℃；

t_o——实测基准温度,℃；

θ'_{ky}——空气预热器进口实测烟气温度,℃；

θ_{py}——实测排烟温度,℃。

给水温度偏离设计值：

$$\theta_{py}^b = \theta_{py} + \frac{\theta'_{sm} - \theta''_{sm}}{\theta'_{sm} - t_{gs}} \frac{\theta_{py} - t'_k}{\theta'_{ky} - t'_k}(t_{gs}^b - t_{gs}) \tag{22-23}$$

式中　θ_{py}^b——换算到设计给水温度时的排烟温度,℃；

θ_{py}——实测排烟温度,℃；

θ'_{sm}，θ''_{sm}——省煤器进、出口烟气实测温度，℃；

θ'_{ky}，t'_k——空气预热器进口实测烟气和空气温度,℃；

t_{gs}——实测给水温度,℃；

t_{gs}^b——设计给水温度,℃。

②锅炉热效率的修正：当进风温度和给水温度都偏离设计值时，可以先进行进风温度偏差的修正，再进行给水温度偏差的修正。

将燃料中各组分及低位发热量的设计值替代排烟热损失计算有关公式中的试验值，即可求得修正后的该项热损失值。

用经修正后的输入热量及热损失计算所得的锅炉热效率，就是换算到保证条件下的热效率，可以和热效率的保证值（或设计值）相比较。

（6）ASME PTC4. 1 方法：

1）锅炉热效率计算以燃料低位发热量为基础计算（该标准以高位发热量为基础，下面介绍基于换算成燃料低位发热量基础后进行各项热损失和锅炉热效率计算），基准温度为空气预热器入口风温。

2）灰、渣比例：飞灰 90%、炉渣 10%（或根据协商确定）。

3）干烟气携热引起的热损失 L_G（单位为 kJ/kg）为：

$$L_G = W_{G'} \times C_{PG'}(t_{G15} - t_{RA}) \tag{22-24}$$

式中　$W_{G'}$——入炉燃料生成的干烟气质量，kg/kg；

$C_{PG'}$——干烟气的平均比热，kJ/(kg · K)；

t_{G15}——锅炉出口烟气温度，℃；

t_{RA}——基准空气温度，℃。

4）生成一氧化碳的热损失 L_{CO}（单位为 kJ/kg）为：

$$L_{CO} = CO/(CO_2 + CO) \times 23632.16 \times C_b \tag{22-25}$$

式中　CO——排烟中 CO 体积，%；

CO_2——排烟中 CO_2体积，%；

C_b——入炉燃料中燃尽碳的质量，kg/kg。

5）总干灰渣中未燃尽碳的热损失 L_{UC}（单位为 kJ/kg）为：

$$L_{UC} = 14500 \times 2.326 \times U_{bc} \tag{22-26}$$

式中　U_{bc}——燃料未燃尽碳质量，kg/kg。

6）入炉燃料中水分引起的热损失 L_{mf}（单位为 kJ/kg）为：

$$L_{mf} = m_f \times (h_{12,14,15} - h_{RV}) \tag{22-27}$$

式中　m_f——入炉燃料中生成水分的质量，kg/kg；

$h_{12,14,15}$——在锅炉出口烟气压力和温度状态时，水蒸气焓，kJ/kg；

h_{RV}——基准温度 t_{RA}下空气中饱和蒸汽焓，kJ/kg。

7）氢燃烧时水分引起的热损失 L_H（单位为 kJ/kg）为：

$$L_H = 9 \times H \times (h_{12,14,15} - h_{RV}) \tag{22-28}$$

式中　H——燃料中 H 含量，kg/kg。

8）空气中水分引起的热损失 L_{mA}（单位为 kJ/kg）为：

$$L_{mA} = W_{mA'} \times W_{A'}(h_{12,14,15} - h_{RV}) \tag{22-29}$$

式中　$W_{mA'}$——干空气的水蒸气质量，kg/kg；

$W_{A'}$——入炉燃料的干空气质量，kg/kg。

9）锅炉表面辐射和对流热引起的热损失 L_P（单位为 kJ/kg）为：

$$L_P = x \times H_f/100 \tag{22-30}$$

式中 x——修正系数，通过查 ASME PTC4.1 中图表获取；

H_f——入炉燃料的低位发热量，kJ/kg。

10）未计算在内的热损失 L_{um}（单位为 kJ/kg）为：

$$L_{um} = y \times H_f / 100 \tag{22-31}$$

式中 y——未计算损失系数，取设计值。

11）锅炉热效率为：

$$\eta_g = 100 - \frac{L_{UG} + L_G + L_{mf} + L_H + L_{mA} + L_{CO} + L_P + L_{um}}{H_f} \times 100\% \tag{22-32}$$

12）锅炉热效率结果修正：

① 环境温度偏差修正。保证排烟温度 $t_{G15\delta}$ 按下式计算，并将保证的进风温度 t_{A8D} 及换算后的排烟温度 $t_{G15\delta}$ 分别替代热损失中的 t_{RA} 与 t_{G15} 进行计算。其中：

$$t_{G15\delta} = \frac{t_{A8D}(t_{G14} - t_{G15}) + t_{G14}(t_{G14} - t_{A8})}{t_{G14} - t_{A8}} \tag{22-33}$$

式中 t_{A8D}——空气预热器进口空气保证温度,℃；

t_{G14}——空气预热器进口烟气试验温度,℃；

t_{G15}——空气预热器出口烟气试验温度,℃；

t_{A8}——空气预热器进口空气试验温度,℃。

② 给水温度偏差修正。由于 ASME PTC4.1 中排烟温度通过空气预热器入口烟温修正而不是通过给水温度修正，而给水温度又是锅炉系统边界外的参数。因此，需按照国家标准《电站锅炉性能试验规程》（GB/T 10184—2015）进行给水温度修正。

先进行环境温度修正，然后按下式进行给水温度偏差修正：

$$\theta_{pyb} = \theta_{py} + [(\theta'_{sm} - \theta''_{sm})/(\theta'_{sm} - t_{gs})] \times [(\theta_{py} - t'_k)/(\theta'_{ky} - t'_k)] \times (t_{gsb} - t_{gs}) \tag{22-34}$$

式中 θ_{pyb}——换算到设计给水温度时排烟温度,℃；

θ'_{sm}——省煤器进口实测烟气温度,℃；

θ''_{sm}——省煤器出口实测烟气温度,℃；

t_{gs}——实测给水温度,℃；

θ'_{ky}——空预器进口实测烟气温度,℃；

t'_k——空预器进口实测空气温度,℃；

t_{gsb}——设计给水温度,℃；

θ_{py}——经环境温度偏差修正后的排烟温度,℃。

③ 排烟温度、环境温度修正热损失。将修正后排烟温度和保证环境温度代入干烟气热损失、水蒸气热损失公式中的试验值计算修正后的该项热损失。

④ 煤种修正热损失。煤种修正将燃料各组分及低位发热量设计值替代干烟气损失、水蒸气热损失计算公式中的试验值计算修正后的该项热损失。

（7）ASME PTC4—2008 方法：

1）锅炉热效率计算的燃料热值基准及灰、渣比例确定同 ASME PTC4.1，温度基准为 25℃。

2）干烟气携热引起的热损失（%）为：

$$Q_{pLDFg} = 100M_{qDFg} \times H_{DFgLvCr} \tag{22-35}$$

式中 M_{qDFg}——单位发热量的干烟气产物质量，kg/J；

$H_{DFgLvCr}$——离开锅炉系统边界温度的干烟气焓，J/kg。

3）入炉燃料中水分引起的热损失（%）为：

$$Q_{pLWF} = 100M_{qWF} \times (H_{stLvCr} - H_{WRe}) \tag{22-36}$$

式中 M_{qWF}——单位发热量的燃料中水分的质量，kg/J；

H_{stLvCr}——在修正为空预器无漏风状态下排烟温度（T_{FglvGr}）和标准大气压下的水蒸气焓，J/kg；

H_{WRe}——基准温度 T_{Re} 下的水焓，J/kg。

4）氢燃烧时水分引起的热损失（%）为：

$$Q_{pLH_2F} = 100M_{qWH_2F} \times (H_{stLvCr} - H_{WRe}) \tag{22-37}$$

式中 M_{qWH_2F}——单位发热量的燃料中 H_2 燃烧生成水的质量，kg/J。

5）空气中水分引起的热损失（%）为：

$$Q_{pLWA} = 100M_{FrWDA} \times M_{qDA} \times H_{wLvCr} \tag{22-38}$$

式中 M_{FrWDA}——干空气水分的质量份额，kg/kg；

M_{qDA}——单位发热量相应的干空气质量，kg/J；

H_{wLvCr}——在修正为空预器无漏风状态下排烟温度（T_{FglvGr}）和标准大气压下的水焓，J/kg。

6）总干灰渣中未燃尽碳的热损失（%）为：

$$Q_{pLUbC} = M_{pUbC} \times H_{HVCRs}/H_{HVF} \tag{22-39}$$

式中 M_{pUbC}——未燃尽碳百分数，%；

H_{HVCRs}——未燃尽碳发热量，J/kg；

H_{HVF}——燃料高位发热量，J/kg。

7）生成一氧化碳的热损失（%）为：

$$Q_{pLCO} = V_{PCO} \times M_{oFg} \times M_{wCO} \times H_{HVCO}/H_{HVF} \tag{22-40}$$

式中 V_{PCO}——未燃尽 CO 百分数（湿基），%；

M_{oFg}——单位质量燃料的湿烟气摩尔数，mol/kg；

M_{wCO}——CO 相对分子质量，kg/mol；

H_{HVCO}——CO 高位发热量，J/kg；

H_{HVF}——燃料高位发热量，J/kg。

8）锅炉表面辐射和对流热引起的热损失（%）为：

$$Q_{pLSrc} = 0.293 \times \sum (H_{caz} + H_{raz}) \times A_{fz} \times (T_{MnAfz} - T_{MnAz})/H_{HVF}/M_{rF} \tag{22-41}$$

式中 H_{caz}——某区域 z 对流换热系数，J/(m^2·s·℃)；

H_{raz}——某区域 z 辐射换热系数，J/(m^2·s·℃)；

A_{fz}——位置 z 处外护板平面投影面积，m^2；

T_{MnAfz}——区域 z 表面平均温度，℃；

T_{MnAz}——区域 z 表面处的平均环境空气温度，℃；

M_{rF}——燃料量，kg/s；

H_{HVF}——燃料高位发热量，J/kg。

9）其他未计算在内的热损失（%）为：

$$Q_{pLHU} = y \times H_{HVF}/H_{HVF} \tag{22-42}$$

式中 y——未计算损失系数，依据锅炉厂设计数据。

10）锅炉热效率（%）为：

$$E_{Gr} = 100 - Q_{pLDFg} - Q_{pLWF} - Q_{pLH_2F} - Q_{pLWA} - Q_{pLUbC} - Q_{pLCO} - Q_{pLSrc} - Q_{pLHU} \tag{22-43}$$

11）锅炉热热效率修正同 ASME PTC 4.1。

22.2.2 空气预热器漏风率计算

空气预热器漏风率计算、结果修正方法，与国家标准和美国 ASME PTC4.3 一致。

空气预热器漏风率为漏入空气预热器烟气侧的空气质量与进入该烟道的烟气质量的比率，即

$$A_L = \Delta W_G/W_{G14} \times 100 = (W_{G15} - W_{G14})/W_{G14} \times 100\% \tag{22-44}$$

式中 A_L——空气预热器漏风率，%；

W_{G14}——烟道进口处烟气质量，kg/kg；

W_{G15}——烟道出口处烟气质量，kg/kg；

ΔW_G——漏入空气预热器烟气侧的空气质量，kg/kg。

22.2.3 氮氧化物计算

氮氧化物质量浓度以 NO_2 计，按 1μmol/mol 氮氧化物相当于 2.05mg/m^3，将体积浓度换算成质量浓度。

实测的氮氧化物排放浓度，必须执行《火电厂大气污染物排放标准》（GB 13223—2011）规定按式（22-45）进行折算，燃煤锅炉按 O_2 含量为 6%对应的过量空气系数折算值 α= 1.4 进行折算。

$$C = C' \times (\alpha'/\alpha) \tag{22-45}$$

式中 C——折算后的氮氧化物排放浓度，mg/m^3；

C'——实测的氮氧化物排放浓度，mg/m^3；

α——规定的过量空气折算系数；

α'——实测的过量空气系数。

22.3 试验报告

锅炉热效率及空气预热器漏风率试验报告一般包括以下内容：

（1）试验目的。

（2）试验标准。

（3）试验内容。

（4）设备规范。

（5）性能设计值。

（6）测量项目及方法。

（7）试验工况要求。

（8）试验步骤。

（9）试验数据处理方法。

（10）试验结果及分析。

（11）试验结论。

（12）附录（含运行数据、煤/灰/渣化验报告、仪器检定证书、工况会签确认单等）。

上述第（1）~（8）内容与试验方案章节中内容相同，第（9）内容与计算方法章节内容相同，下面阐述其他条款内容（示例）。

22.3.1　试验原始数据

（1）运行数据处理。在试验工况期间，对集控室仪表上记录的每一个参数取算术平均值。

（2）试验测试数据。表 22-5 为环境状况实测平均值，表 22-6 为空气预热器入口烟气成分实测平均值，表 22-7 为空气预热器出口烟气成分实测平均值，表 22-8 为排烟温度实测平均值，表 22-9 为试验煤质成分、发热量及灰、渣可燃物分析。

表 22-5　环境状况实测平均值

项目	环境温度/℃	相对湿度/%	大气压力/kPa
1000MW	24.0	95	101.5

表 22-6　空气预热器入口烟气成分实测平均值

工况	数　值	
	A 空气预热器中 O_2/%	B 空气预热器中 O_2/%
1000MW	3.06	3.24

表 22-7　空气预热器出口烟气成分实测平均值

工况	数　值			
	A 空气预热器		B 空气预热器	
	O_2/%	$CO/\times10^{-6}$	O_2/%	$CO/\times10^{-6}$
1000MW	4.18	0	4.65	0

表 22-8　排烟温度实测平均值

项目	数　值	
	A 空气预热器	B 空气预热器
1000MW，θ_{py}/℃	149.23	148.01

表 22-9　试验煤质成分、发热量及灰、渣可燃物分析

项目	符号	单位	工况 1000MW
碳	C_{ar}	%	59.99
氢	H_{ar}	%	3.59
氧	O_{ar}	%	6.23
氮	N_{ar}	%	0.78
全硫	$S_{t,ar}$	%	1.02
灰分	A_{ar}	%	17.19

续表 22-9

项目	符号	单位	工况 1000MW
全水	M_{ar}	%	11.2
挥发分	V_{daf}	%	36.85
水分	M_{ad}	%	2.66
发热量	$Q_{net,ar}$	MJ/kg	22.43
飞灰	C_{fh}	%	1.1/1.2
炉渣	C_{lz}	%	0.6

(3) 锅炉运行参数。试验期间汽水系统、风烟系统、制粉燃烧系统主要参数平均值（略）。

(4) 试验计算结果汇总见表 22-10。

表 22-10　试验结果计算汇总

项　目	符号	单位	数值
一、压力和温度			
给水温度	t_{w24}	℃	295.42
锅炉周围空气温度（环境）	$t_{A7,A8}$	℃	24.00
空气相对湿度	ϕ	%	95
就地大气压	p_{act}	kPa	101.50
基准温度	t_{RA}	℃	29.77
空气预热器入口一次风温	t_{A8P}	℃	38.42
空气预热器入口二次风温	t_{A8S}	℃	27.33
空气预热器入口平均风温	t_{A8}	℃	29.77
空气预热器出口烟温	$t_{G,15}$	℃	148.92
空气预热器进口烟温	$t_{G,14}$	℃	361.65
二、灰渣含碳量			
飞灰含碳量	C_f	%	1.15
炉渣含碳量	C_s	%	0.60
飞灰系数	α_f	%	90
炉渣系数	α_s	%	10
灰渣中的平均含碳量（相对于灰渣）	U_c	%	1.10
灰渣生成率	$W_{d'P'}$ (kg/kg)		0.17
灰渣中的平均含碳量（相对于燃料）	C_{av}	%	0.19
每千克入炉燃料燃尽的碳	C_b	%	59.80
三、风烟质量			
入炉燃料产生的干烟气量	W'_G	kg/kg	10.28
入炉燃料的干空气量	W'_A	kg/kg	9.87
在基准温度下的水蒸气饱和压力	$(P_b)_0$	Pa	2982.47

续表 22-10

项　目	符号	单位	数值
干空气中所含水蒸气量	W'_{mA}	kg/kg	0.018
四、烟气分析			
燃料特性系数	β_r	—	0.11
二氧化碳	CO_2	%	14.92
氧气	O_2	%	4.42
一氧化碳	CO	%	0.00
氮气	N_2	%	80.66
过量空气系数	α	—	1.267
过剩空气		—	0.257
五、入炉煤元素分析			
收到基碳	C_{ar}	%	59.99
收到基氢	H_{ar}	%	3.59
收到基氧	O_{ar}	%	6.23
收到基氮	N_{ar}	%	0.78
收到基硫	S_{ar}	%	1.02
收到基水	W_{ar}	%	11.20
空干基水	W_{ad}	%	2.66
收到基灰分	A_{ar}	%	17.19
收到基低位发热量	$Q_{dw,ar}$	kJ/kg	22430
六、烟气及其中水蒸气焓及比热			
烟气中水蒸气分压力	p_{mG}	kPa	7.94
烟气中水蒸气焓	$h_{12,14,15}$	kJ/kg	2781.16
燃料中饱和水焓	h_{RW}	kJ/kg	124.85
空气中饱和水蒸气焓	h_{RV}	kJ/kg	2555.94
空气预热器出口氮气比热	C''_{p,N_2}	kJ/(kg·K)	1.04
空气预热器出口氧气比热	C''_{p,O_2}	kJ/(kg·K)	0.93
空气预热器出口一氧化碳比热	$C''_{p,CO}$	kJ/(kg·K)	1.04
空气预热器出口二氧化碳比热	C''_{p,CO_2}	kJ/(kg·K)	0.89
空气预热器出口干烟气摩尔质量	M''_{gy}	g/mol	30.56
干烟气比热	c'_{pG}	kJ/(kg·K)	1.00
水蒸气比热	c'_{pW}	kJ/(kg·K)	1.88
七、各项热损失			
干烟气热损失	L'_G	kJ/kg	1225.01
燃料中水的热损失	L_{mf}	kJ/kg	25.22
氢燃烧生成水引起的热损失	L_H	kJ/kg	72.77

续表 22-10

项　目	符号	单位	数值
灰渣中可燃物的热损失	L_{uC}	kJ/kg	64. 19
空气中水蒸气热损失	L_{mA}	kJ/kg	39. 70
生成一氧化碳引起的热损失	L_{CO}	kJ/kg	0. 09
辐射热损失	L_{β}	kJ/kg	35. 89
未测量的热损失	L_{u}	kJ/kg	53. 83
干烟气热损失百分率	$L'_{G,LH,p}$	%	5. 46
燃料中水的热损失百分率	$L_{mf,LH,p}$	%	0. 11
氢燃烧生成水引起的热损失百分率	$L_{H,LH,p}$	%	0. 32
灰渣中可燃物的热损失百分率	$L_{uC,LH,p}$	%	0. 29
空气中水蒸气热损失百分率	$L_{mA,LH,p}$	%	0. 18
生成一氧化碳引起的热损失百分率	$L_{CO,LH,p}$	%	0. 00
辐射热损失百分率	$L_{\beta,LH,p}$	%	0. 16
未测量的热损失百分率	$L_{u,LH,p}$	%	0. 24
总计	$\sum L_{i,LH,p}$	%	6. 76
低位发热量基准锅炉毛效率	$\eta_{id,LH}$	%	93. 24
八、排烟温度修正			
设计给水温度	$t_{w24,b}$	℃	300
设计空气预热器进口烟气温度	$t_{w24,corr,tG}$	℃	375
设计空气预热器入口风温	t_{A8D}	℃	20. 32
设计环境温度	t_{RA}	℃	15. 30
设计环境湿度	ϕ	%	79. 00
设计大气压力	p_{act}	kPa	101. 25
在设计温度下的水蒸气饱和压力	$(P_b)_0$	Pa	1738. 59
修正后排烟温度	$t_{G15\delta}$	℃	142. 86
九、设计煤元素分析			
收到基碳	C_{ar}	%	61. 70
收到基氢	H_{ar}	%	3. 67
收到基氧	O_{ar}	%	8. 56
收到基氮	N_{ar}	%	1. 12
收到基硫	S_{ar}	%	0. 60
收到基水	W_{ar}	%	15. 55
空干基水	W_{ad}	%	8. 43
收到基灰分	A_{ar}	%	8. 80
收到基低位发热量	$Q_{dw,ar}$	kJ/kg	23442
灰渣中的平均含碳量（相对于灰渣）	U_c	%	2. 22

续表 22-10

项　目	符号	单位	数值
灰渣中的平均含碳量（相对于燃料）	C_{av}	%	0.20
每千克入炉燃料燃尽的碳	C_b	%	61.50
十、风烟质量			
入炉燃料产生的干烟气量	W'_G	kg/kg	10.54
入炉燃料的干空气量	W'_A	kg/kg	10.12
干空气中所含水蒸气量	W'_{mA}	kg/kg	0.009
十一、烟气分析			
燃料特性系数	β_r	—	0.11
二氧化碳	CO_2	%	14.91
氧气	O_2	%	4.42
一氧化碳	CO	%	0.00
氮气	N_2	%	80.67
过剩空气	α	—	0.26
十二、烟气及其中水蒸气焓及比热			
烟气中水蒸气分压力	p_{mG}	kPa	8.55
烟气中水蒸气焓	$h_{12,14,15}$	kJ/kg	2769.49
燃料中饱和水焓	h_{RW}	kJ/kg	85.33
空气中饱和水蒸气焓	h_{RV}	kJ/kg	2538.77
干烟气比热	c'_{pG}	kJ/(kg·K)	1.00
水蒸气比热	c'_{pW}	kJ/(kg·K)	1.88
十三、修正后热损失			
干烟气热损失	L'_G	kJ/kg	1291.65
燃料中水的热损失	L_{mf}	kJ/kg	35.88
氢燃烧生成水引起的热损失	L_H	kJ/kg	76.21
灰渣中可燃物的热损失	L_{uC}	kJ/kg	67.30
空气中水蒸气热损失	L_{mA}	kJ/kg	19.98
生成一氧化碳引起的热损失	L_{CO}	kJ/kg	0.09
辐射热损失	L_β	kJ/kg	37.51
未测量的热损失	L_u	kJ/kg	56.26
干烟气热损失百分率	$L'_{G,LH,p}$	%	5.51
燃料中水的热损失百分率	$L_{mf,LH,p}$	%	0.15
氢燃烧生成水引起的热损失百分率	$L_{H,LH,p}$	%	0.33
灰渣中可燃物的热损失百分率	$L_{uC,LH,p}$	%	0.29
空气中水蒸气热损失百分率	$L_{mA,LH,p}$	%	0.09
生成一氧化碳引起的热损失百分率	$L_{CO,LH,p}$	%	0.00

续表 22-10

项　目	符号	单位	数值
辐射热损失百分率	$L_{\beta,LH,p}$	%	0.16
未测量的热损失百分率	$L_{u,LH,p}$	%	0.24
总计	$\sum L_{i,LH,p}$	%	6.76
低位发热量基准锅炉毛效率	$\eta_{id,LH}$	%	93.24

22.3.2 结果分析

(1) 锅炉热效率试验。在 1000MW 电负荷工况的试验中，锅炉热效率实测值为 93.24%，修正到设计条件下的锅炉热效率为 93.24%，低于锅炉的设计热效率，也低于达标投产时的锅炉热效率。主要原因是，这次试验时的煤质与达标投产时相比略有变差，锅炉排烟温度升高和空气预热器出口氧量变大所致。

(2) 排烟温度标定。表 22-11 中的标定结果显示，A 侧实测排烟温度比表盘显示三点排烟温度平均值高约 3℃，B 侧实测排烟温度比表盘显示三点排烟温度平均值高约 2℃。

表 22-11　排烟温度标定试验数据

工况	A 侧/℃					B 侧/℃				
	实测值	表 1	表 2	表 3	平均值	实测值	表 1	表 2	表 3	平均值
1000MW	149.2	148.9	145.4	144.9	146.4	148.0	146.5	145.6	146.6	146.2

(3) 氧量比对。表 22-12 中的标定结果显示，A 侧实测氧量比表盘显示三点氧量平均值高 0.27%，B 侧实测氧量比表盘显示三点氧量平均值低 0.17%。

表 22-12　氧量比对试验数据

工况	A 侧/%					B 侧/%				
	实测值	表 1	表 2	表 3	平均值	实测值	表 1	表 2	表 3	平均值
1000MW	3.06	3.64	2.46	2.26	2.79	3.24	3.69	3.34	3.20	3.41

(4) 飞灰含碳量标定。表 22-13 中的标定结果显示，A、B 侧实测飞灰含碳量与在线显示飞灰含碳量偏差不大。但是，在试验过程中，在线飞灰含碳量显示值波动较大。因此，若想得到准确的实测飞灰含碳量与在线显示飞灰含碳量的偏差结果，仍需进行多工况比对才能摸索出两者之间的规律。

表 22-13　飞灰含碳量标定

工况	A 侧/℃		B 侧/℃	
	实测值	表盘	实测值	表盘
1000MW	1.1	1.29	1.2	1.28

23 锅炉燃烧调整试验

23.1 试验方案及过程

在燃烧调整试验前应由试验单位编制试验方案或大纲，经试验项目相关单位讨论确定并签字批准后执行，是整个试验项目的操作指导文件。方案编制依据包括相关试验标准；试验各方签署的合同或协议等文件；锅炉及辅机制造厂提供的技术资料；电厂相关的管理规定、安全规程和运行规程等。

23.1.1 试验方案的主要内容

试验方案包括以下主要内容：

（1）试验目的。

（2）试验标准。

（3）试验设备。

（4）试验内容或项目。

（5）试验测点布置。

（6）测量方法和试验仪器。

（7）试验条件及工况要求。

（8）试验步骤。

（9）技术安全措施。

（10）试验组织分工。

（11）试验记录表格。

23.1.2 试验目的

通过锅炉燃烧优化调整试验，寻求锅炉在目前燃煤状况下的最佳运行方式，包括最佳氧量、最佳一次风煤比、最佳二次风、附加风配风方式、最佳磨煤机运行组合方式、燃烧器摆动最佳范围、最佳送风风压调整等，从而提高锅炉运行的安全性、经济性和环保性，为锅炉运行人员提供可以参考的优化运行方式。

23.1.3 设备简介

燃烧调整试验的工况设计和调整方法与锅炉燃烧系统相关性强，在当前超超临界机组锅炉中，燃烧方式多以前后墙对冲旋流燃烧和切圆直流燃烧为主，后者又分为双炉膛双切圆燃烧方式和单炉膛四角切圆燃烧方式。各锅炉厂典型燃烧系统设计可分为三类：（1）哈尔滨锅炉厂引进三菱重工技术设计制造双炉膛反向双切圆燃烧系统、Π 型布置锅炉；

（2）东方锅炉厂引进巴布科克-日立公司技术设计制造的前后墙对冲旋流燃烧系统、Π型布置锅炉；（3）上海锅炉厂引进ALSTOM公司技术设计制造的四角切圆燃烧系统、塔式布置锅炉。虽然燃烧调整技术有许多共性的地方，但由于以上三种类型锅炉燃烧系统布置差别较大，因此相应的燃烧调整技术也各不相同。

23.1.4 试验方法与工况设计

23.1.4.1 燃烧调整试验方法

燃烧调整试验一般有两种方法：正交试验法和单因素轮换法。燃烧调整试验时间较长，煤质、负荷、气象、设备状况等试验条件很难较长时间保持不变，这对正交法容易造成较大误差而影响优选工况的准确性。因此现场试验多采用工况设计简单，试验边界调节只要在一天试验期间基本稳定（修正的环境温度等条件可以变化）就不会影响优选精度的单因素轮换法。

正交试验法是研究和处理多因素试验的一种科学方法，它是利用正交表来安排试验，其主要优点是能在很多试验工况中挑选出代表性强的少数试验工况，并且通过对少数试验工况的分析得出最佳的运行参数组合，而且可以得到各参数之间关系的相互信息。理论上，正交试验法是一种比较科学的试验方法，运用该方法进行试验研究不仅全面而且能节省大量的时间和费用，因此该方法在科学试验中得到了广泛的应用。但是，电站锅炉是一个复杂而庞大的设备且燃煤品质变动很大，有时候由于在正交试验法中选取的因素和水平不够合理和完善，这样就会导致寻优结果不尽理想，反而不能取得预期效果。

单因素轮换法，即一组试验只改变一个参数，比如运行氧量，其他参数固定在某一个值并保持不变，即负荷、煤粉细度、配风等可调参数在这组工况中均保持不变，分析运行氧量对锅炉性能的影响。运行氧量优化调整后，将氧量固定在一合适的范围，选择另一个参数（如OFA、SOFA等）进行调整，再进行另一组试验。对于单因素轮换法，虽然在理论层面不够严谨，对各可调参数之间的相互作用无法判断，且各可调参数对锅炉所起的作用大小也无法科学比较。但是，这种试验方法工作量少，在具体操作中凭借试验人员的经验，仍能找到相对比较好的运行方式。尽管这种优化方式可能不是锅炉的最佳运行方式，但对于锅炉这样一个庞大而又“粗糙”的系统来说，这已经足够了。因此，在电站锅炉的优化调整试验中，单因素轮换法得到了广泛的应用。

23.1.4.2 试验工况的要求

锅炉燃烧调整试验是为了寻求锅炉安全、经济、环保的运行方式，其参量项目较多，如锅炉热效率、污染物排放、辅机电耗、炉膛烟气气氛测量、汽温和壁温等，这些测量项目可以根据调整试验的要求和目的的不同进行取舍。对锅炉燃烧调整试验的要求除满足《锅炉性能试验规程》等试验标准中相关规定的要求外，还应满足以下要求：

（1）试验工况的调整应满足工况之间的完全可比性，即当进行某一个参数调整的一组工况时，其他所有可调参数均应保持不变。在实际调整试验中，这一点不一定完全能够满足，比如试验前是否吹灰以及吹灰的范围，对锅炉的炉膛温度和排烟温度有很大的影响，要保证试验前炉膛和受热面保持同样的沾污程度比较困难。还有运行人员为保证汽温所进行的操作，使得某些参数在一组工况中无法保证一致。出现这种情况时，可通过增加试验工况的方法使一组工况具有比较好的比较性，以便于试验分析。

（2）一组试验工况之间应满足测量的可比性，即对一组调整试验工况，测量的内容和位置、测量仪器等应保持不变。比如，在进行锅炉燃烧调整试验时，热效率的测量并不一定完全按照标准的要求进行，飞灰有可能只在一个孔中取样，则这一组工况的飞灰取样应该在同一个测孔中进行。

23.1.4.3　旋流燃烧方式试验工况设计

旋流燃烧方式试验工况有以下几种：

（1）标定试验和习惯工况试验。该试验工况分为前后两个阶段，第一阶段主要是检查测量仪表和系统、重要监测表计的标定，具体内容包括：烟气取样及分析测试系统（负压系统）密封性检查、烟气分析仪表零点及量程标定；烟温测量系统测量结果准确性检查；现场运行表计如排烟温度、氧量、飞灰含碳量（如有）测量表计网格法标定；第二阶段为习惯工况（或基准工况）试验，该工况测量结果作为基准来评价其他燃烧调整试验及优化工况的优劣，该工况一般要对锅炉主要运行安全、经济和环保指标进行测试，包括锅炉热效率、空气预热器出口 NO_x 排放浓度、炉膛温度及贴壁烟气成分（CO、O_2、H_2S、SO_2等气体）、主蒸汽流量（运行表计）、主要受热面壁温（运行表计）、主蒸汽和再热汽温度（运行表计）、过热蒸汽和再热蒸汽减温水量（运行表计）以及其他重要参数指标。

（2）风煤比优化（变氧量试验）。根据煤质和锅炉燃烧器特点，设计 3～4 个氧量工况，如氧量分别为2.0%，2.5%，3.0%，3.5%，完成每个工况试验的测试项目（与习惯工况第二阶段测量项目一致，下同），进行综合对比获取优化氧量。优化氧量确定原则一般遵循：该工况无安全运行风险，如受热面不超温、炉膛贴壁还原性气氛弱（CO 浓度、H_2S 浓度低）；NO_x 排放浓度符合环保要求；经济运行参数在设计范围内，包括减温水量、主蒸汽温、再热蒸汽温；满足前面条件下锅炉热效率最高工况的氧量值可定为优化氧量。

（3）旋流强度调整（变旋流叶片角度）。根据燃烧器旋流特性，在调整范围内选择 3～4 个旋流叶片角度工况，可以包含可调范围高、低边界值；完成每个工况试验的测试项目，并观察燃烧器着火距离、燃烧器喷口结焦情况，在确保安全和 NO_x 浓度达标前提下选择锅炉热效率最高工况的旋流叶片角度为优化角度。

（4）变二次风量配比。改变同层二次风量配比方式，如马鞍形（风量中间燃烧器高、两侧低）、倒马鞍形、均等配风，完成每个工况试验的测试项目，并观察两侧墙和角部结焦状况，根据高锅炉热效率评价原则确定合适配风方式。

（5）变内外二次风量比和燃尽风比例（变调峰套筒）。根据燃烧器内外二次风调整特性，在调整范围内选择 3～4 个调峰套筒开度工况和 2～3 个燃尽风挡板开度，可以包含可调范围高、低边界值；完成每个工况试验的测试项目，并观察燃烧器着火距离、燃烧器喷口结焦情况，在确保安全和 NO_x 浓度达标前提下选择锅炉热效率最高工况的旋流叶片角度为优化角度。

（6）变磨煤机组合方式。根据磨煤机对应燃烧器层确定 3～4 个磨煤机运行工况，完成每个工况试验的测试项目。在确保安全和 NO_x浓度达标前提下选择锅炉效率最高工况的旋流叶片角度为优化角度。

（7）优化工况试验。根据调整试验工况结果获得优化工况运行参数和方式，完成各项试验测试项目；与基准工况比较，评价调整试验的效果。

（8）变负荷试验。改变机组负荷（可以3~4个负荷点，如35%额定负荷、50%额定负荷、75%额定负荷、90%额定负荷等），完成2~3个氧量工况试验；完成各工况下试验项目测试，按照锅炉安全和NO_x排放达标前提下锅炉热效率最高原则获得优化氧量，同时获得该负荷优化运行参数和方式。

23.1.4.4 直流燃烧方式试验工况设计

直流燃烧方式试验工况有以下几种：

（1）标定试验和习惯工况试验。与旋流燃烧器一致。

（2）风煤比优化（变氧量试验）。与旋流燃烧器一致。

（3）变二次风配风特性试验。根据燃烧器和煤质特性，改变二次风的配风方式，如均等配风（风门开度基本一致）、束腰配风（中间风门开度小，上、下风门开度大），正塔配风（上风门开度小，下面风门开度大），倒塔配风（上面风门开度大，下面风门开度小）；完成每个工况试验的测试项目，并观察燃烧器着火距离和测量炉膛温度，在确保安全和NO_x浓度达标前提下选择锅炉热效率最高工况的旋流叶片角度为优化角度。

（4）变二次风量配比。改变同层二次风量配比方式，如马鞍形（风量中间燃烧器高、两侧低）、倒马鞍形、均等配风，完成每个工况试验的测试项目，并观察两侧墙和角部结焦状况，根据高锅热炉热效率评价原则确定合适配风方式。

（5）变紧凑燃尽风比例和分离燃尽风比例（相应风门开度）。分别改变紧凑燃尽风门开度和分离燃尽风（SOFA）开度，在调整范围内选择3~4个风门开度工况，可以包含可调范围高、低边界值；完成每个工况试验的测试项目，在确保安全和NO_x浓度达标前提下选择锅炉热效率最高工况的风门开度为优化风门开度。

（6）变磨煤机组合方式。根据磨煤机对应燃烧器层确定3~4个磨煤机运行工况，如上层一次风对应磨煤机停用、中间某层一次风对应磨煤机停用、下层一次风对应磨煤机停用等；完成每个工况试验的测试项目，在确保安全和NO_x浓度达标前提下选择锅炉效率最高工况的旋流叶片角度为优化角度。

（7）优化工况试验。与旋流燃烧器一致。

（8）变负荷试验。改变机组负荷（可以3~4个负荷点，如35%额定负荷、50%额定负荷、75%额定负荷、90%额定负荷等），完成2~3个氧量工况试验，完成各工况下试验项目测试。按照锅炉安全和NO_x排放达标前提下锅炉热效率最高原则获得优化氧量，同时获得该负荷优化运行参数和方式。

23.2 燃烧调整试验报告

燃烧调整试验一般基于对大修设备异动情况、运行中发现存在的问题以及基于试验工况获得的锅炉性能情况进行分析后开展，所以工况设计也是有针对性的，不一定所有运行方式都调整一遍。试验报告需将试验目的、设备概况、试验项目（或调整工况）、调整原理和过程、试验原始数据、试验计算结果、分析和建议、附录（含DCS数据、煤质分析数据、仪器校验报告等），下面以某1000MW机组塔式锅炉燃烧调整试验为例介绍试验报告的主要内容，在前面章节介绍过的内容，本节从略。

23. 2. 1　试验目的

为了提高某厂 1000MW 超超临界燃煤机组锅炉运行的经济性和安全性，并降低锅炉 NO_x 排放浓度，通过测试和分析锅炉习惯运行工况，了解机组当前运行中存在的不足，进行有针对性的试验，寻找锅炉燃烧优化的运行方式，为机组安全、稳定、经济运行提供相关参考依据。

23. 2. 2　设备规范

某厂超超临界燃煤机组锅炉为 3040t/h 超超临界参数变压运行螺旋管圈直流炉，型号为 SG-3040/27. 56-M538，单炉膛塔式布置，四角切向燃烧，摆动喷嘴调温，平衡通风、全钢架悬吊结构、露天布置采用干式排渣。表 23-1 为该锅炉的主要技术参数。

表 23-1　锅炉主要技术参数

项目	单位	设计煤种							校核煤种 1		校核煤种 2	
		B-MCR	BRL	THA	75% B-MCR	50% B-MCR	30% B-MCR	高加全切	B-MCR	BRL	B-MCR	BRL
过热蒸汽流量	t/h	3044	2955	2699	2280	1520	912	2356	—	—	—	—
过热蒸汽出口压力	MPa（g）	27. 46	27. 38	27. 18	23. 21	15. 74	10. 24	24. 19	—	—	—	—
过热蒸汽出口温度	℃	605	605	605	605	605	605	605	—	—	—	—
再热蒸汽流量	t/h	2540	2471	2270	1943	1382	815	2343	—	—	—	—
再热器进口蒸汽压力	MPa	5. 97	5. 81	5. 33	4. 56	3. 11	1. 88	5. 58	—	—	—	—
再热器出口蒸汽压力	MPa	5. 77	5. 62	5. 15	4. 43	3. 01	1. 82	5. 4	—	—	—	—
再热器进口蒸汽温度	℃	373	369	352	355	362	366	3. 75	—	—	—	—
再热器出口蒸汽温度	℃	603	603	603	603	603	566	603	—	—	—	—
省煤器进口给水温度	℃	297	295	289	278	255	227	192	—	—	—	—
省煤器进口压力	MPa	31. 46	31. 16	30. 37	25. 94	17. 60	11. 30	26. 97	—	—	—	—
干烟气损失	%	4. 62	4. 57	4. 50	4. 67	4. 19	3. 45	3. 56	4. 58	4. 50	4. 71	4. 68
燃料含水分热损失	%	0. 04	0. 04	0. 04	0. 04	0. 04	0. 04	0. 04	0. 04	0. 04	0. 05	0. 05
氢的燃烧损失	%	0. 15	0. 15	0. 15	0. 15	0. 15	0. 15	0. 15	1. 18	0. 19	0. 18	0. 18
空气含水分热损失	%	0. 11	0. 09	0. 10	0. 09	0. 09	0. 07	0. 07	0. 09	0. 09	0. 10	0. 10

续表 23-1

项目	单位	设计煤种							校核煤种 1		校核煤种 2	
		B-MCR	BRL	THA	75% B-MCR	50% B-MCR	30% B-MCR	高加全切	B-MCR	BRL	B-MCR	BRL
未完全燃烧热损失	%	0. 55	0. 55	0. 55	0. 55	0. 55	0. 55	0. 55	0. 85	0. 54	0. 86	0. 54
辐射热损失	%	0. 18	0. 21	0. 21	0. 26	0. 38	0. 50	0. 21	0. 18	0. 21	0. 18	0. 18
其他热损失	%	0. 30	0. 30	0. 30	0. 30	0. 30	0. 30	0. 30	0. 30	0. 30	0. 30	0. 30
高位热损失	%	89. 82	89. 85	89. 85	89. 65	90. 00	90. 61	90. 78	89. 15	89. 51	89. 64	89. 97
低位热损失	%	94. 03	94. 07	94. 13	93. 92	94. 29	94. 92	95. 10	93. 77	94. 13	93. 62	92. 97
制造厂裕度	%	0. 35	0. 35	0. 35	0. 35	0. 35	0. 35	0. 35	0. 35	0. 35	0. 35	0. 35
低位热效率（保证）	%	—	93. 72	—	—	—	—	—	—	—	—	—
燃料消耗量	t/h	363. 7	355. 5	333. 2	289. 2	202. 8	124. 2	340. 7	393. 7	383. 5	367. 7	367. 0
炉膛容积热负荷	kW/m^3	72. 82	—	—	—	—	—	—	—	—	—	—
炉膛断面热负荷	kW/m^2	5. 11	—	—	—	—	—	—	—	—	—	—
燃烧区热负荷	kW/m^2	1. 14	—	—	—	—	—	—	—	—	—	—
过量空气系数		1. 20	1. 20	1. 25	1. 35	1. 50	1. 50	1. 20	1. 20	1. 20	1. 20	1. 20
排烟温度（修正前）	℃	131	131	128	122	109	98	111	132	131	135	134
排烟温度（修正后）	℃	127	126	123	117	104	92	107	127	126	129	129

锅炉设计煤种是神府东胜煤，校核煤种是淮南煤和兖州煤，表 23-2 为燃料特性。

表 23-2　燃料特性

项目名称		符号	单位	设计煤种（神府东胜煤）	校核煤种 1（淮南煤）	校核煤种 2（兖州煤）
元素分析	收到基碳分	C_{ar}	%	61. 88	54. 69	57. 92
	收到基氢分	H_{ar}	%	3. 40	3. 70	3. 68
	收到基氧分	O_{ar}	%	10. 78	6. 82	8. 09
	收到基氮分	N_{ar}	%	0. 80	1. 08	1. 17
	收到基硫分	$S_{t,ar}$	%	0. 44	0. 46	0. 55
	收到基灰分	A_{ar}	%	9. 10	22. 0	21. 39
	收到基水分	M_t	%	13. 60	11. 25	7. 20
空气干燥基水分		M_{ad}（M_f）	%	3. 68	0. 94	1. 27
收到基挥发分		V_{ar}	%	26. 34	27. 01	27. 33
可燃基挥发份		V_{daf}	%	34. 08	40. 46	38. 27

续表 23-2

项目名称		符号	单位	设计煤种（神府东胜煤）	校核煤种 1（淮南煤）	校核煤种 2（兖州煤）
收到基低位发热量		$Q_{net,ar}$	MJ/kg	23.47	21.76	22.76
可磨度		*HGI*	—	54	73	65
冲刷磨损指数		*Ke*	—	1.25	1.12	2.53
灰熔点	变形温度	*DT*	℃	1100	1370	1190
	软化温度	*ST*	℃	1140	>1500	>1500
	流动温度	*FT*	℃	1220	>1500	>1500
灰渣成分分析	二氧化硅（SiO_2）		%	32.04	55.84	55.93
	三氧化二铝（Al_2O_3）		%	17.07	31.89	27.45
	三氧化二铁（Fe_2O_3）		%	19.29	3.83	3.99
	氧化钙（CaO）		%	16.30	1.90	4.17
	氧化镁（MgO）		%	0.78	0.78	1.44
	三氧化硫（SO_3）		%	7.82	1.08	2.08
	二氧化钛（TiO_2）		%	0.65	1.30	1.19
	氧化钾（K_2O）		%	0.55	0.88	1.54
	氧化钠（Na_2O）		%	0.85	0.40	0.32

23.2.3　试验项目

试验项目如下：

(1) 锅炉基准工况试验。

(2) 变总风量（氧量）特性试验。

(3) 变二次风配风方式特性试验。

(4) 变油层辅助风试验。

(5) 变底层辅助风试验。

(6) 变紧凑燃尽风试验。

(7) 变 SOFA 风量试验。

(8) 变磨煤机组合试验。

(9) 优化工况试验。

(10) 部分负荷优化调整试验。

23.2.4　试验计算方法

燃烧调整试验主要计算锅炉热效率，其计算方法本节不再赘述。

23.2.5　锅炉燃烧调整试验结果分析

23.2.5.1　工况说明

某锅炉现场共完成约 30 个试验工况。试验负荷包括 1000MW、900MW、800MW、

700MW 和 600MW 等 5 个负荷工况点，试验以 1000MW 负荷工况为主，同时对 900MW、800MW 负荷工况进行了变氧量试验，对 700MW 和 600MW 负荷工况进行了锅炉热效率试验。其中，工况 T-01 为 1000MW 负荷的基准试验，工况 T-01、T-05、T-06、T-07 为变氧量试验，工况 T-06、T-08、T-09 为变 CCOFA 风门试验，工况 T-17～T-21 为变二次风试验，工况 T-19、T-22 为变油层辅助风试验，工况 T-19、T-23 和 T-24 为变 SOFA 风门试验，工况 T-24、T-25 为变底层辅助风试验，工况 T-27、T-28 为变磨煤机组合试验，工况 T-29 为优化工况试验；工况 T-10～T-12 为 800MW 负荷变氧量试验，工况 T-13～T-15 为 900MW 负荷变氧量试验，工况 T-03 和工况 T-04 分别为 700MW 和 600MW 负荷下的锅炉热效率试验，具体试验工况安排见表 23-3。

表 23-3　各试验工况说明

试验内容	工况序号	负荷/MW	二次风配风方式
摸底	T-01	1000	习惯
变氧量	T-01	1000	习惯
	T-05	1000	习惯
	T-06	1000	习惯
	T-07	1000	习惯
变 CCOFA 风门	T-06	1000	习惯
	T-08	1000	习惯
	T-09	1000	习惯
变二次风配风	T-17	1000	正塔 1
	T-18	1000	束腰
	T-19	1000	均布
	T-20	1000	腰鼓
	T-21	1000	正塔 2
变油层辅助风	T-19	1000	均布
	T-22	1000	均布
变 SOFA 风门	T-19	1000	均布
	T-23	1000	均布
	T-24	1000	均布
变底层二次辅助风	T-24	1000	均布
	T-25	1000	均布
变磨煤机组合	T-27	1000	正塔
	T-28	1000	正塔
优化工况	T-29	1000	正塔
变氧量	T-13	900	习惯
	T-14	900	习惯
	T-15	900	习惯

续表 23-3

试验内容	工况序号	负荷/MW	二次风配风方式
变氧量	T-10	800	习惯
	T-11	800	习惯
	T-12	800	习惯
热效率试验	T-04	700	习惯
	T-03	600	习惯

23.2.5.2　原始数据

在后述分析中会提到相应工况原始数据和计算数据，本小节从略。

23.2.5.3　摸底试验（基准试验）

在 1000MW 负荷下的摸底工况试验（T-01）。在摸底试验工况中，运行磨煤机组为 ABCDEF6 台，维持负荷、蒸汽参数及磨煤机运行工况稳定，习惯配风，运行燃烧器摆角为 55%，锅炉实测热效率 93.85%，修正后热效率为 93.60%，锅炉 A/B 两侧平均 NO_x 排放浓度为 278mg/m^3 和 287mg/m^3，锅炉热效率稍偏低，NO_x 排放状况稍偏高。

在摸底工况中，也发现了以下问题：

（1）当前机组存在再热蒸汽温度偏低的问题，这不利于机组循环热效率的提高。

（2）机组当前的运行氧量稍偏高，进而导致锅炉的排烟热损失偏高，降低了锅炉热效率；同时在此工况下，CO 排放浓度稍偏高，这可能与习惯配风方式有关。

（3）当前机组 A 侧和 B 侧的运行氧量存在偏差，这与炉膛出口存在的“旋转余旋”有关。

（4）磨煤机入口风量测量装置存在量程偏小的问题，这不利于运行人员合理调整磨煤机入口风量，导致运行一次风量偏高，不利于机组运行的经济性。

（5）当前机组的一、二级减温水不能投自动，这将影响运行人员对机组的运行调整。

针对上述摸底试验的情况，进行了燃烧优化调整试验，表 23-4 为摸底工况试验结果。

表 23-4　摸底工况试验结果

参　数	单位	T-01
电负荷	MW	1000
运行磨组		ABCDEF
表盘氧量	%	2.98
省煤器出口实测氧量（A/B）	%	3.70/2.80
给煤量（A/B/C/D/E/F）	t/h	74/66/67/80/79/74
过热蒸汽温度（A/B）	℃	596.2/598.6
再热蒸汽温度（A/B）	℃	585.6/586.9
一次风机电流（A/B）	A	223.4/229.6
送风机电流（A/B）	A	142.2/140.6

续表 23-4

参　数	单位	T-01
空气预热器出口实测 CO（A/B）	1×10^{-6}	72/119
折算到 O_2 含量为 6%空气预热器出口实测 NO_x（A/B）（标态）	mg/m^3	278/287
实测排烟温度（A/B）	℃	145.4/145.9
飞灰可燃物含量	%	1.68/0.40
炉渣可燃物含量	%	0.79
排烟热损失	%	5.42
化学不完全燃烧热损失	%	0.04
机械未完全燃烧热损失	%	0.19
锅炉热效率	%	93.85
修正后锅炉热效率	%	93.60

注：表中的“排烟热损失”为干烟气热损失、燃料中水的热损失、氢燃烧生成水引起的热损失、空气中水蒸气的热损失之和，“化学不完全燃烧热损失”为生成一氧化碳引起的热损失，“机械不完全燃烧热损失”为灰渣中可燃物热损失，下同。

23.2.5.4　变氧量试验

表 23-5 为变氧量试验结果。

表 23-5　变氧量试验结果

参数	单位	T-01	T-05	T-06	T-07
电负荷	MW	1000	1000	1000	1000
运行磨组		ABCDEF	ABCDEF	ABCDEF	ABCDEF
表盘氧量	%	2.98	2.47	2.90	3.11
省煤器出口实测氧量（A/B）	%	3.70/2.80	2.26/1.91	3.35/2.84	4.05/3.05
给煤量（A/B/C/D/E/F）	t/h	74/66/67/80/79/74	74/65/66/80/77/75	75/66/67/80/80/72	76/73/78/81/81/75
过热蒸汽温度（A/B）	℃	596.2/598.6	598.0/601.0	595.2/597.6	591.9/596.6
再热蒸汽温度（A/B）	℃	585.6/586.9	586.9/587.6	584.6/585.9	575.5/576.6
一次风机电流（A/B）	A	223.4/229.6	213.1/220.8	214.2/220.8	222.6/228.5
送风机电流（A/B）	A	142.2/140.6	139.4/137.9	141.2/139.7	153.2/150.4
空气预热器出口实测 CO(A/B)	$\times10^{-6}$	72/119	418.5/433.3	60/73	40.5/30.5
折算到 O_2 含量为 6%空气预热器出口实测 NO_x（A/B）	mg/m^3	278/287	239.1/241.4	264.4/273.9	290.7/299.7
实测排烟温度（A/B）	℃	145.4/145.9	136.5/137.1	136.8/135.8	140.0/141.4
飞灰可燃物含量	%	1.68/0.40	1.45/0.86	1.42/1.36	1.58/2.37
炉渣可燃物含量	%	0.79	0.58	0.63	5.93
排烟热损失	%	5.42	4.97	5.15	5.41
化学不完全燃烧热损失	%	0.04	0.25	0.03	0.01
机械未完全燃烧热损失	%	0.19	0.21	0.25	0.44
锅炉热效率	%	93.85	94.06	94.07	93.63
修正后锅炉热效率	%	93.60	93.90	93.88	93.39

锅炉运行氧量的大小对锅炉运行性能影响很大，运行氧量大小不仅影响排烟热损失 q_2，而且也影响到化学未完全燃烧热损失 q_3和机械未完全燃烧热损失 q_4。一般来说，在一定限度内降低氧量将使 q_2降低，同时 q_3和 q_4会增大，因而需要寻找使（$q_2+q_3+q_4$）最小的运行氧量，如图 23-1 所示。但在考虑效率的同时，还应考虑炉膛内壁面还原性气氛，以防止或减弱高温腐蚀的发生。另外，辅机电耗也是机组运行氧量的考虑因素。

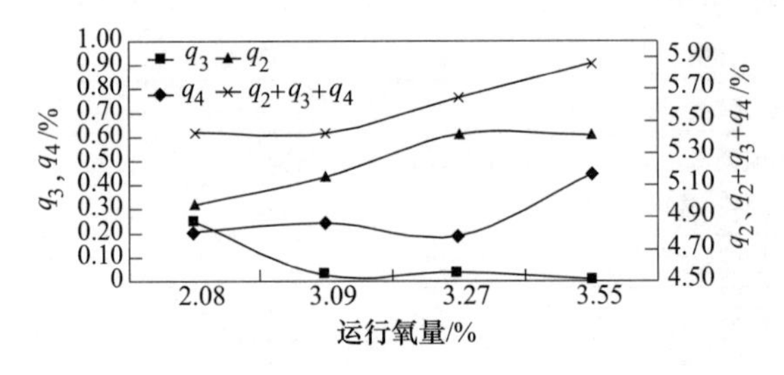

图 23-1　运行氧量与热损失关系图

工况 T-01、T-05、T-06、T-07 为 1000MW 负荷下的变氧量试验，运行磨煤机为 ABCDEF 组合，维持负荷、蒸汽参数、二次风配风方式及磨煤机运行工况稳定。在工况 T-01、T-05、T-06、T-07 中，表盘氧量两侧平均值分别为 2.98%、2.47%、2.90%、3.11%，实测省煤器出口氧量两侧平均值分别为 3.25%、2.08%、3.10%、3.55%。试验结果表明，随着运行氧量的增大，q_2、（$q_2+q_3+q_4$）呈增大趋势，q_3呈降低趋势，但 q_4呈增大趋势，这可能与煤质变化有关系。同时，锅炉热效率随着氧量的增大呈先上升后下降的趋势，4 个工况的实测锅炉热效率分别为 93.85%、94.06%、94.07%、93.63%，修正后锅炉热效率分别为 93.60%、93.90%、93.88%、93.39%，即在实测运行氧量为 3.0%时，锅炉热效率较高，CO 排放浓度适中，NO_x排放浓度则随氧量的上升而呈上升趋势，其值分别为 283mg/m³、240mg/m³、269mg/m³、295mg/m³，如图 23-2 所示。

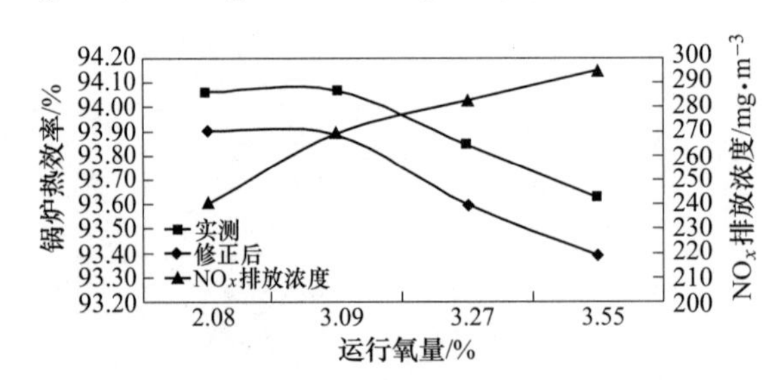

图 23-2　运行氧量对锅炉热效率与 NO_x 排放浓度的影响

根据上述工况分析，结合锅炉热效率、NO_x排放浓度进行综合考虑，建议机组在当前煤质条件及运行条件下，在 1000MW 负荷工况运行时，将表盘显示氧量的平均值控制在 2.90%。

23.2.5.5　变 CCOFA 风门试验

根据变氧量的试验结果，对 13 号机组进行了变 CCOFA 风门试验，结果见表 23-6。机组的试验负荷为 1000MW，磨煤机运行组合为 ABCDEF，试验期间煤质稳定，在试验过程中维持负荷、蒸汽参数及磨煤机运行工况稳定。

表 23-6 变 CCOFA 风门工况试验结果

参 数	单位	T-06	T-08	T-09
电负荷	MW	1000	1000	1000
运行磨组		ABCDEF	ABCDEF	ABCDEF
表盘氧量	%	2.90	2.89	3.02
省煤器出口实测氧量（A/B）	%	3.35/2.84	3.39/2.76	3.38/1.96
给煤量（A/B/C/D/E/F）	t/h	75/66/67/80/80/72	75/81/81/80/82/75	76/83/79/80/84/75
过热蒸汽温度（A/B）	℃	595.2/597.6	594.8/597.0	606.1/609.9
再热蒸汽温度（A/B）	℃	584.6/585.9	582.0/580.6	590.1/594.4
一次风机电流（A/B）	A	214.2/220.8	216.8/222.6	210.9/217.9
送风机电流（A/B）	A	141.2/139.7	141.9/140.8	141.8/141.7
空气预热器出口实测 CO（A/B）	$\times 10^{-6}$	60/73	151/95	41/30
折算到 O_2 含量为 6%空气预热器出口实测 NO_x（A/B）	mg/m^3	264.4/273.9	294.1/315.4	254.3/221.8
实测排烟温度（A/B）	℃	136.8/135.8	140.6/141.3	143.8/143.7
飞灰可燃物含量	%	1.42/1.36	1.86/1.85	1.24/1.16
炉渣可燃物含量	%	0.63	1.72	0.16
排烟热损失	%	5.15	5.12	5.18
化学不完全燃烧热损失	%	0.03	0.04	0.01
机械未完全燃烧热损失	%	0.25	0.34	0.20
锅炉热效率	%	94.07	94.00	94.09
修正后锅炉热效率	%	93.88	93.78	93.87

在变 CCOFA 试验中，共进行了 3 个试验工况，工况序号为 T-06、T-08、T-09，负荷为 1000MW，在保持运行氧量和其他风门开度基本一致的情况下，将两层 CCOFA 风门开度从 30%（T-08），调整至 70%（T-06） 和 100%（T-09）。试验结果表明，锅炉热效率变化不大，但 NO_x 变化比较明显，即将 CCOFA 风门开度从 30%调整至 100%，NO_x 排放浓度平均值从 305 mg/m^3（T-08） 下降到 238 mg/m^3（T-09），并且再热蒸汽温度也有所增大，有利于提高机组的循环热效率；同时风门全开也有利于减少节流损失，降低风机电耗，如图 23-3 所示。

综合考虑锅炉热效率、NO_x排放浓度、再热蒸汽温度等各方面，建议在满负荷条件下将 CCOFA 风风门保持全开工况。

23.2.5.6 变二次风配风试验

在上述变氧量和变 CCOFA 风门的试验工况基础上，安排进行了变二次风配风调整试验。二次风配风试验共进行了 4 个试验工况，工况序号分别为工况 T-17、T-18、T-19、T-20，运行磨煤机为 ABCDEF 组合，负荷均为 1000MW，维持蒸汽参数及磨煤机运行工况稳

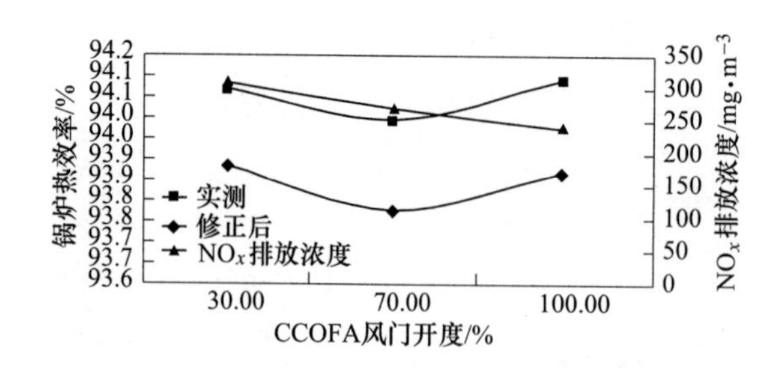

图 23-3　CCOFA 风门对锅炉热效率与 NO_x 排放浓度的影响

定，相关试验结果见表 23-7。

表 23-7　变二次风配风试验结果

参　数	单位	T-17	T-18	T-19	T-20
电负荷	MW	1000	1000	1000	1000
配风方式		正塔	束腰	均布	腰鼓
运行磨组		ABCDEF	ABCDEF	ABCDEF	ABCDEF
表盘氧量	%	2. 98	2. 94	3. 02	2. 90
省煤器出口实测氧量（A/B）	%	3. 28/2. 88	3. 15/2. 75	3. 61/2. 87	3. 63/2. 35
给煤量（A/B/C/D/E/F）	t/h	74/78/80/70/79/74	74/81/83/70/82/74	77/76/60/76/77/74	76/75/72/77/64/74
过热蒸汽温度（A/B）	℃	602. 0/599. 0	607. 1/599. 8	606. 5/604. 9	596. 4/598. 2
再热蒸汽温度（A/B）	℃	593. 5/596. 3	601. 4/596. 3	586. 1/589. 8	583. 7/586. 7
二级再热器出口蒸汽温度 1 号	℃	603. 90	603. 70	597. 10	596. 20
二级再热器出口蒸汽温度 2 号	℃	592. 30	606. 00	588. 00	583. 70
二级再热器出口蒸汽温度 3 号	℃	582. 40	597. 10	576. 20	571. 20
二级再热器出口蒸汽温度 4 号	℃	597. 10	598. 30	588. 80	588. 20
空气预热器出口实测 CO（A/B）	$\times10^{-6}$	9/26	10/11	16/8	27/19
折算到 O_2 含量为 6% 空气预热器出口实测 NO_x（A/B）	mg/m³	271/251	226/276	229/236	226/229
实测排烟温度（A/B）	℃	141. 8/145. 2	144. 3/147. 6	140. 2/143. 6	141. 0/147. 7
飞灰可燃物含量	%	0. 55/0. 26	0. 47/0. 55	0. 60/1. 09	1. 02/0. 72
炉渣可燃物含量	%	0. 64	0. 20	0. 30	0. 68
排烟热损失	%	5. 96	6. 04	5. 72	5. 67
化学不完全燃烧热损失	%	0. 01	0. 00	0. 01	0. 01
机械未完全燃烧热损失	%	0. 12	0. 13	0. 23	0. 25
锅炉热效率	%	93. 40	93. 31	93. 54	93. 56
修正后锅炉热效率	%	93. 61	93. 54	93. 77	93. 75

在这 4 个试验工况中，表盘氧量分别为 2. 98%、2. 94%、3. 02%、2. 90%，实测氧量

均约为 3.18%、3.05%、3.24%、3.05%。对于各工况配风方式，T-17 为正塔配风方式，T-18 为束腰配风方式，T-19 为均布配风方式，T-20 为腰鼓配风方式，其具体配风方式见表 23-8。保持其他运行参数基本一致，实测锅炉热效率分别为 93.40%、93.31%、93.54%、93.56%，修正后锅炉热效率分别为 93.61%、93.54%、93.77%、93.75%（见图 23-4），锅炉两侧空气预热器出口平均 NO_x 排放浓度分别为 261mg/m³、251mg/m³、232mg/m³、227mg/m³（见图 23-5）。对于再热蒸汽温度，以束腰（T-18）配风方式时的最高，正塔（T-17）居其次，均布（T-19）再次之，腰鼓（T-20）最低。

表 23-8　变二次风风门各试验工况配风方式　（%）

工况序号	燃烧器摆角/(°)	A 底层	A 偏置层	B 底层	B 偏置层	C 底层	C 偏置层	D 底层	D 偏置层	E 底层	E 偏置层	F 底层	F 偏置层
T-17	50	100	100	85	85	75	75	65	65	55	55	40	40
T-18	50	100	100	80	80	20	20	20	20	80	80	100	100
T-19	50	100	100	65	65	65	65	65	65	65	65	65	65
T-20	50	50	50	75	75	85	85	85	85	75	75	50	50

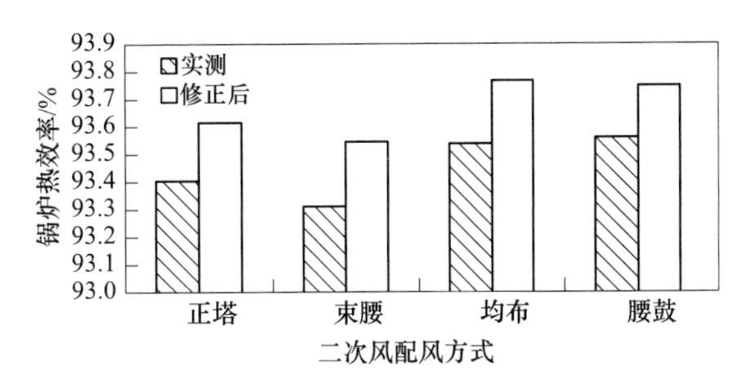

图 23-4　二次风配风方式对锅炉热效率的影响

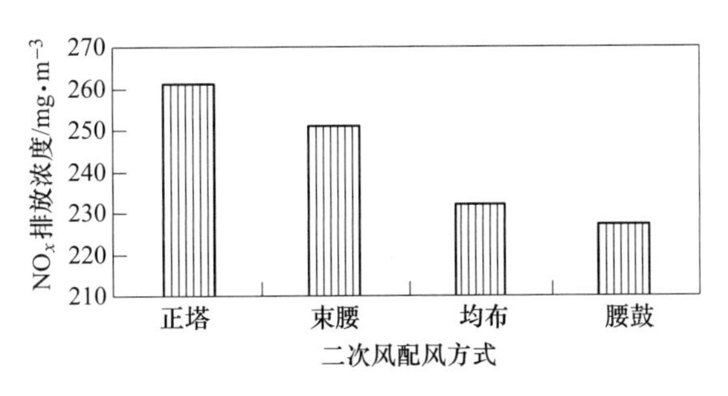

图 23-5　二次风配风方式对 NO_x 排放浓度的影响

从再热蒸汽温度来看，束腰配风方式时再热蒸汽温度最高，正塔配风方式次之，均布再次之，腰鼓配风方式最低。进一步从二级再热器出口的 4 根管道的蒸汽温度来看（这 4 根二级再热器蒸汽管道，其中 1 号管与 3 号管的蒸汽混合，2 号管与 4 号管的蒸汽混合），对于这 4 种配风方式，4 根再热蒸汽管道的蒸汽温度均存在偏差，其中 2 号管和 4 号管的蒸汽温度较为接近，但 1 号管和 3 号管的蒸汽温度均存在较大偏差（见图 23-6），并且最大偏差达到 25℃（1 号管-3 号管，腰鼓配风方式，T-20），最小偏差为 6.60℃（1 号管-3 号管，束腰配风方式，T-18），并且根据“高温管屏安全性在线监测系统（PSSS 系统）

2.0 版”的数据来看，以束腰配风方式时二级再热器沿宽度方向的吸热量相对较为均匀（表现为 Kr 值相对较小，见图 23-7～图 23-10）。综合对比这四种配风方式来看，只有在束腰配风方式时上部的二次风门开度较大，也就是说这种配风方式下，炉膛烟气在上升到进入 SOFA 风区域前的旋转强度较强，在 SOFA 风的反消旋作用下，炉膛的烟气流场只被减弱，而没有发生流场紊乱的情况，同时也反映出 SOFA 风在当前的设置角度下，具有较强的反消旋作用；对比分析正塔配风方式、均布配风方式以及腰鼓配风方式，与腰鼓配风方式相比较，正塔配风和均布配风的相同点都是底部的二次风开度均较大，也就是启转二次风的开度较大，位置较低，这有利于炉膛内形成稳定的烟气流场；对于腰鼓配风方式，由于启转二次风的位置相对较高，炉膛内形成的烟气流场稳定性相对较差一些，在烟气进入反消旋能力较强的 SOFA 风区域时，烟气流场发生紊乱的程度和可能性都较大一些，这使得腰鼓配风方式时的温度偏差也相对较大一些。因此建议在冷态情况下，适当调整 SOFA 风门的角度，以减小其反消旋作用，减小 1 号管和 3 号管的温度偏差，提高再热蒸汽温度，提高机组热循环经济性。但是在束腰配风方式运行下，在运行时间较长的情况下，由于偏置二次风门较大，有可能导致下游一次风冲刷水冷壁，并导致烟气流场半径的扩大，增大了炉膛结渣的风险，并且当前锅炉在燃用灰熔点较低的神混煤，更是要注意。

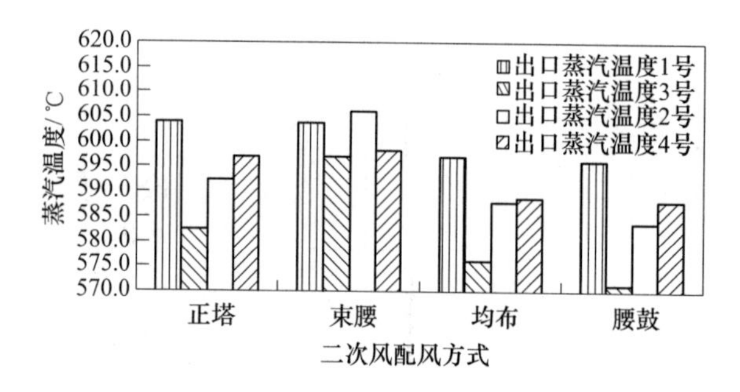

图 23-6　二次风配风方式对二级再热器出口蒸汽温度的影响

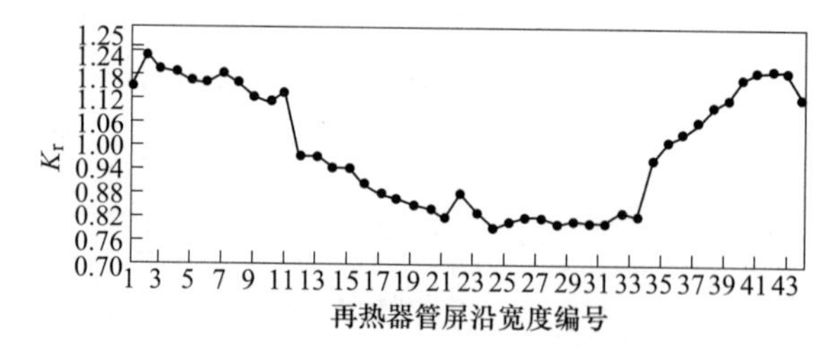

图 23-7　正塔配风方式对再热蒸汽温度的影响（T-17）

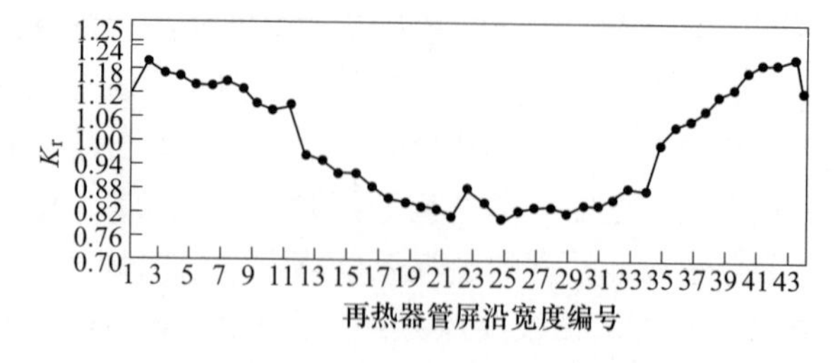

图 23-8　束腰配风方式对再热蒸汽温度的影响（T-18）

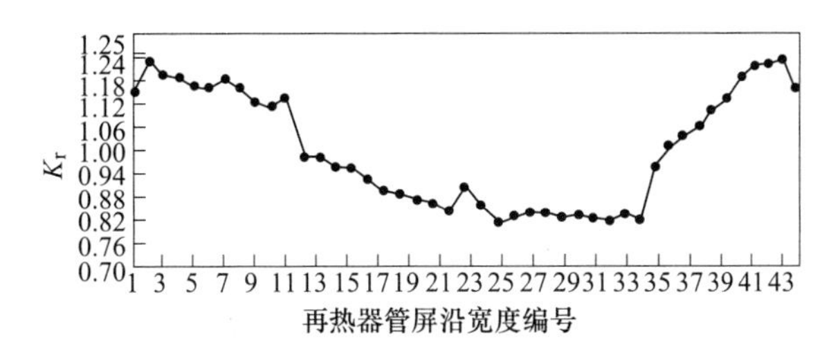

图 23-9　均布配风方式对再热蒸汽温度的影响（T-19）

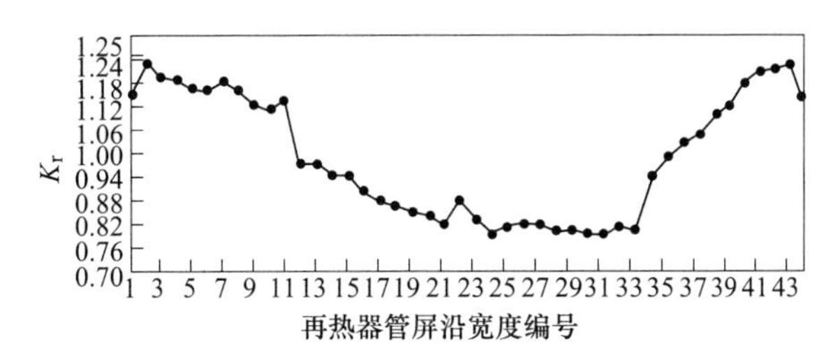

图 23-10　腰鼓配风方式对再热蒸汽温度的影响（T-20）

因此，从锅炉热效率、NO_x排放浓度等方面考虑，均布配风方式较优；从再热蒸汽温度方面来考虑，以正塔配风方式较优。

23.2.5.7　变油层二次风试验

变油层二次风试验包括工况 T-19 和 T-22，试验负荷均为 1000MW，运行磨煤机为 ABCDEF 组合，维持蒸汽参数及磨煤机运行工况稳定（见表 23-9）。表盘运行氧量分别为 3.02%、3.06%，实测运行氧量平均值分别为 3.24%、3.09%。工况 T-22 与工况 T-19 相比较，主要是将油层二次风的开度整体上开大，即将油层二次风门开度从 20%增大到 50%，同时保持其他运行参数一致，实测锅炉热效率分别为 93.54%、93.48%，修正后锅炉热效率分别为 93.77%、93.66%（见图 23-11）；锅炉两侧空气预热器出口平均 NO_x排放浓度分别为 232mg/m^3、297mg/m^3（见图 23-12），锅炉 A 侧和 B 侧空气预热器出口 CO 平均排放浓度平均值分别为 12×10^{-6}、9×10^{-6}，在再热器减温水流量均为 0t/h 的条件下，再热蒸汽温度增大约 8℃，但 1 号管与 3 号管的温差有所增大，2 号管和 4 号管的温差基本不变。

表 23-9　变油层二次风试验结果

参　数	单位	T-19	T-22
电负荷	MW	1000	1000
二次风配风方式		均布	均布
运行磨组		ABCDEF	ABCDEF
表盘氧量	%	3.02	3.06
省煤器出口实测氧量（A/B）	%	3.61/2.87	3.67/2.57
给煤量（A/B/C/D/E/F）	t/h	77/76/60/76/77/74	69/73/70/75/68/74
过热蒸汽温度（A/B）	℃	606.5/604.9	602.4/606.4

续表 23-9

参　数	单位	T-19	T-22
再热蒸汽温度（A/B）	℃	586.1/589.8	593.9/596.4
二级再热器出口蒸汽温度 1	℃	597.10	605.50
二级再热器出口蒸汽温度 2	℃	588.00	592.60
二级再热器出口蒸汽温度 3	℃	576.20	581.20
二级再热器出口蒸汽温度 4	℃	588.80	595.80
空气预热器出口实测 CO（A/B）	$\times10^{-6}$	16/8	17/9
折算到 O_2 含量为 6% 空气预热器出口实测 NO_x（A/B）	mg/m^3	229/236	293/301
实测排烟温度（A/B）	℃	140.2/143.6	142.0/148.5
飞灰可燃物含量	%	0.60/1.09	0.88/1.17
炉渣可燃物含量	%	0.30	0.59
排烟热损失	%	5.72	5.72
化学不完全燃烧热损失	%	0.01	0.00
机械未完全燃烧热损失	%	0.23	0.28
锅炉热效率	%	93.54	93.48
修正后锅炉热效率	%	93.77	93.66

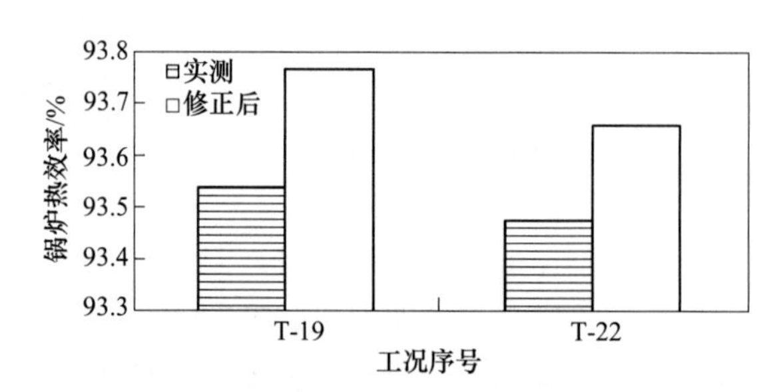

图 23-11　变油层二次风对锅炉热效率的影响

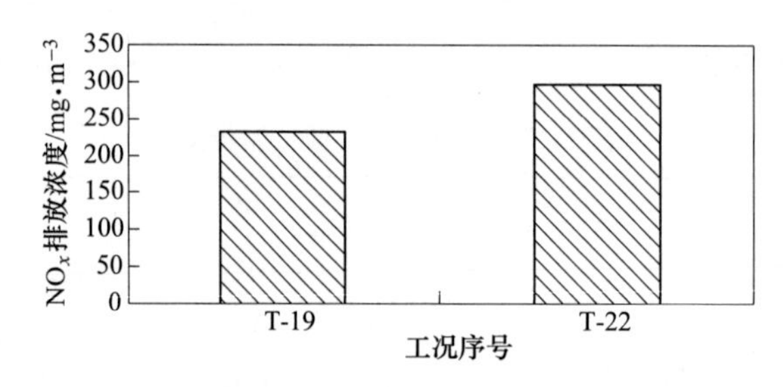

图 23-12　变油层二次风对 NO_x 排放浓度的影响

从试验结果来看，通过开大油层二次风门挡板，锅炉热效率有所降低，NO_x 排放浓度也有所增大，但总体上排放浓度较低，同时再热蒸汽温度有所增大，再热蒸汽的温度偏差增大。综合考虑，建议在采用均布配风方式运行时，应适当开大油层二次风的开度。

23.2.5.8 变底层二次辅助风试验

工况 T-24、T-25 为变底层二次辅助风开度调整试验（见表 23-10）。在这两个试验工况中，运行磨煤机为 ABCDEF 组合，负荷为 1000MW，维持蒸汽参数及磨煤机运行工况稳定。其中，工况 T-24、T-25 表盘氧量平均值分别为 2.83%和 2.59%，实测氧量平均值分别为 3.23%和 3.18%，保持其他运行参数基本一致，其中工况 T-24 底层二次风门开度分别为 60%，工况 T-25 底层二次风门开度分别为 80%，实测锅炉热效率分别为 93.33%和 93.33%，修正后锅炉热效率分别为 93.37%和 93.38%，NO_x 排放浓度平均值分别为 276mg/m^{3}和 266mg/m^3。

表 23-10 变底层二次辅助风门开度试验结果

参 数	单位	T-24	T-25
电负荷	MW	1000	1000
二次风配风方式		均布	均布
运行磨组		ABCDEF	ABCDEF
表盘氧量	%	3.19	3.01
省煤器出口实测氧量（A/B）	%	3.50/2.96	3.39/2.98
给煤量（A/B/C/D/E/F）	t/h	68/76/76/66/75/70	68/73/74/77/73/70
过热蒸汽温度（A/B）	℃	597.2/599.8	601.8/603.1
再热蒸汽温度（A/B）	℃	583.9/587.3	589.6/593.0
二级再热器出口蒸汽温度 1	℃	592.30	597.30
二级再热器出口蒸汽温度 2	℃	583.80	588.90
二级再热器出口蒸汽温度 3	℃	575.90	580.10
二级再热器出口蒸汽温度 4	℃	588.20	592.00
空气预热器出口实测 CO（A/B）	$\times 10^{-6}$	8/7	6/4
折算到 O_2 含量 6% 空气预热器出口实测 NO_x（A/B）	mg/m^3	268/285	257/274
实测排烟温度（A/B）	℃	148.7/155.1	149.8/155.9
飞灰可燃物含量	%	0.79/1.00	0.62/0.94
炉渣可燃物含量	%	0.33	0.65
排烟热损失	%	5.93	5.95
化学不完全燃烧热损失	%	0.00	0.00
机械未完全燃烧热损失	%	0.23	0.21
锅炉热效率	%	93.33	93.33
修正后锅炉热效率	%	93.37	93.38

从以上数据可以看出，在机组负荷为 1000MW 时，在保持其他运行条件不变的情况下，增大底层二次风，对锅炉热效率影响很小，但使 NO_x 排放浓度有所降低，这与分级燃烧有关，CO 排放浓度总体上均较小。在再热蒸汽温度为 0t/h 的条件下，再热器出口蒸汽

温度提高了约6℃，二级再热器1号管的出口温度与二级再热器3号管的出口温度的偏差基本不变，同时增大风门开度有利于降低节流损失。

综合考虑，建议在当前试验煤质下，负荷为1000MW时，适当增大底层二次风风门开度，有利于提高再热蒸汽温度，运行人员可根据实际运行情况进行相应调整。

23.2.5.9　变SOFA风门试验

工况T-19、T-23、T-24为变SOFA风门开度调整试验（见表23-11）。在这三个试验工况中，运行磨煤机为ABCDEF组合，负荷为1000MW，维持蒸汽参数及磨煤机运行工况稳定。其中，工况T-19、T-23、T-24表盘氧量平均值分别为3.02%、2.55%、2.83%，实测氧量平均值分别为3.24%、3.24%和3.23%。保持其他运行参数基本一致，其中工况T-19的SOFA风门保持全开，工况T-23保持最上层SOFA-Ⅵ全关，SOFA-Ⅴ层开度为50%，其他SOFA风门全开，工况T-24保持最上层SOFA-Ⅵ全关，其他SOFA风风门全开（见表23-12），实测锅炉热效率分别为93.54%、93.41%和93.33%，修正后锅炉热效率分别为93.77%、93.46%和93.37%，NO_x排放浓度平均值分别为232mg/m^3、310 mg/m^{3}和276mg/m^3，适当关小SOFA风门开度，锅炉热效率有降低趋势，NO_x排放浓度也呈降低趋势；从再热蒸汽温度来看，增大SOFA风门开度，再热蒸汽温度稍有增大，但是二级再热器1号管和3号管的蒸汽温度偏差有所增大，这可能是由于SOFA风门开度增大，增强了该区域的反消旋能力，同时也就加大了该区域烟气流场的扰动，在燃烧区域形成的烟气流场不够稳定的情况下，扰动的增强将影响烟气流场，导致再热蒸汽的热偏差增大，这与上述中二次风配风试验的试验结论基本相符。

表23-11　变SOFA风门开度试验结果

参　数	单位	T-19	T-23	T-24
电负荷	MW	1000	1000	1000
二次风配风方式		均布	均布	均布
运行磨煤机组		ABCDEF	ABCDEF	ABCDEF
表盘氧量	%	3.02	2.55	3.19
省煤器出口实测氧量（A/B）	%	3.61/2.87	3.54/2.95	3.50/2.96
给煤量（A/B/C/D/E/F）	t/h	77/76/60/76/77/74	70/74/75/66/74/70	68/76/76/66/75/70
过热蒸汽温度（A/B）	℃	606.5/604.9	596.0/595.8	597.2/599.8
再热蒸汽温度（A/B）	℃	586.1/589.8	584.1/587.1	583.9/587.3
二级再热器出口蒸汽温度1	℃	597.10	592.60	592.30
二级再热器出口蒸汽温度2	℃	588.00	584.50	583.80
二级再热器出口蒸汽温度3	℃	576.20	576.30	575.90
二级再热器出口蒸汽温度4	℃	588.80	585.40	588.20
空气预热器出口实测CO（A/B）	$\times10^{-6}$	16/8	9/6	8/7
折算到O_2含量为6% 空气预热器出口实测NO_x（A/B）	mg/m^3	229/236	299/322	308/325
实测排烟温度（A/B）	℃	140.2/143.6	146.7/152.4	148.7/155.1

续表 23-11

参　数	单位	T-19	T-23	T-24
飞灰可燃物含量	%	0.60/1.09	1.16/0.74	0.79/1.00
炉渣可燃物含量	%	0.30	0.75	0.33
排烟热损失	%	5.72	5.82	5.93
化学不完全燃烧热损失	%	0.01	0.00	0.00
机械未完全燃烧热损失	%	0.23	0.25	0.23
锅炉热效率	%	93.54	93.41	93.33
修正后锅炉热效率	%	93.77	93.46	93.37

表 23-12　变 SOFA 风门开度　(%)

参数	SOFA-Ⅰ	SOFA-Ⅱ	SOFA-Ⅲ	SOFA-Ⅳ	SOFA-Ⅴ	SOFA-Ⅵ
T-19	100	100	100	100	100	100
T-23	100	100	100	100	50	0
T-24	100	100	100	100	100	0

综合考虑，建议在当前试验煤质下，负荷为 1000MW 时，从减小再热蒸汽温度来看，可适当减小 SOFA 风门开度，如保持 5 层 SOFA 风门全开，或者可根据实际运行状况，从整体上关小 SOFA 风门开度；从提高锅炉热效率和降低 NO_x 排放浓度来看，保持 SOFA 风门全开。

23.2.5.10　变磨煤机组合

工况 T-27、T-28 为变磨煤机组合调整试验（见表 23-13）。在这两个试验工况中，运行磨煤机分别为 ABCDE 和 BCDEF 组合，负荷为 1000MW，维持蒸汽参数及磨煤机运行工况稳定（见表 23-14）。其中，工况 T-27、T-25 表盘氧量分别为 2.67%和 2.80%，实测氧量平均值分别为 2.83%和 3.07%。保持其他运行参数基本一致，实测锅炉热效率分别为 93.69%和 93.91%，修正后锅炉热效率分别为 94.06%和 93.95%，NO_x 排放浓度平均值分别为 240mg/m^{3}和 306mg/m^3；从再热蒸汽温度来看，投运上层磨煤机组合能将再热蒸汽温度提高约 5℃，有利于提高机组循环热经济性。但投运上层磨煤机组合时再热蒸汽温度的偏差，不论是 1 号管与 3 号管，还是 2 号管与 4 号管均增大，这是由于启转二次风位置提高造成的。从二次风配风方式来看，变磨煤机组相当于改变了启转二次风的位置，启转二次风位置的提高，不利于炉膛烟气流场的稳定，尤其是在 SOFA 风反消旋能力较强的情况下，炉膛烟气流场的更易受到扰动。

表 23-13　变磨煤机组合试验结果

参　数	单位	T-27	T-28
电负荷	MW	1000	1000
二次风配风方式		正塔	正塔
运行磨煤机组合		ABCDE	BCDEF

续表 23-13

参　数	单位	T-27	T-28
表盘氧量	%	2. 67	2. 80
省煤器出口实测氧量（A/B）	%	3. 03/2. 23	3. 61/2. 52
给煤量（A/B/C/D/E/F）	t/h	77/83/84/81/80/0	0/78/81/82/79/76
过热蒸汽温度（A/B）	℃	598. 4/603. 8	604. 6/607. 7
再热蒸汽温度（A/B）	℃	593. 8/594. 0	598. 2/598. 9
二级再热器出口蒸汽温度 1	℃	603. 0	606. 00
二级再热器出口蒸汽温度 2	℃	590. 6	584. 60
二级再热器出口蒸汽温度 3	℃	584. 6	580. 60
二级再热器出口蒸汽温度 4	℃	597. 4	599. 90
空气预热器出口实测 CO（A/B）	$\times10^{-6}$	24/24	4/15
折算到 O_2 含量为 6% 空气预热器出口实测 NO_x（A/B）	mg/m^3	242/237	297/314
实测排烟温度（A/B）	℃	137. 1/141. 8	140. 1/146. 8
飞灰可燃物含量	%	0. 74/0. 58	1. 24/0. 60
炉渣可燃物含量	%	1. 06	0. 48
排烟热损失	%	5. 64	5. 38
化学不完全燃烧热损失	%	0. 01	0. 00
机械未完全燃烧热损失	%	0. 14	0. 19
锅炉热效率	%	93. 69	93. 91
修正后锅炉热效率	%	94. 06	93. 95

表 23-14　变磨煤机组合试验配风方式　（%）

工况序号	燃烧器摆角/(°)	A 底层	A 偏置层	B 底层	B 偏置层	C 底层	C 偏置层	D 底层	D 偏置层	E 底层	E 偏置层	F 底层	F 偏置层
T-27	70	100	100	80	80	70	70	60	60	50	50	20	20
T-28	70	20	20	100	100	80	80	70	70	50	50	50	50

综合考虑，建议在当前试验煤质下，负荷为 1000MW 时，采用上层磨煤机组合方式。为增强炉膛烟气流场的稳定性，建议适当关小 SOFA 风门开度，以提高再热蒸汽温度，运行人员可根据实际运行情况进行相应调整。

23. 2. 5. 11　优化试验工况

在上述试验结果的情况下，进行了优化试验工况，负荷为 1000MW，磨煤机运行组合为 BCDEF，维持蒸汽参数及磨煤机运行工况稳定（见表 23-15）。从试验结果来看，实测锅炉热效率为 93. 95%，修正后锅炉热效率为 93. 98%，达到了锅炉热效率不低于 93. 72% 的要求，NO_x 排放浓度为 301mg/m^3（转化到 6% 含 O_2 状况下），达到了 NO_x 排放浓度不超过 330 mg/m^3 的要求，同时主蒸汽、再热蒸汽温度均达到设计值要求。

表 23-15　优化工况试验结果

电负荷	MW	T-29
二次风配风方式		1000
运行磨组		BCDEF
表盘氧量	%	2.85
省煤器出口实测氧量（A/B）	%	3.35/2.26
给煤量（A/B/C/D/E/F）	t/h	0/87/86/70/82/69
过热蒸汽温度（A/B）	℃	603.8/606.1
再热蒸汽温度（A/B）	℃	598.4/598.1
二级再热器出口蒸汽温度 1	℃	610.4
二级再热器出口蒸汽温度 2	℃	591.1
二级再热器出口蒸汽温度 3	℃	583.1
二级再热器出口蒸汽温度 4	℃	601.8
空气预热器出口实测 CO（A/B）	$\times10^{-6}$	60/63
折算到 O_2 含量为 6%空气预热器出口实测 NO_x（A/B）	mg/m^3	301/301
实测排烟温度（A/B）	℃	140.1/144.4
飞灰可燃物含量	%	0.39/1.15
炉渣可燃物含量	%	0.95
排烟热损失	%	5.35
化学不完全燃烧热损失	%	0.02
机械未完全燃烧热损失	%	0.17
锅炉热效率	%	93.95
修正后锅炉热效率	%	93.98

参 考 文 献

[1] 岑可法．锅炉燃烧试验研究方法及测量技术［M］．北京：中国电力出版社，1999.

[2] 江苏方天电力技术有限公司．1000MW 超超临界机组调试技术丛书（锅炉）［M］．北京：中国电力出版社，2016.

[3] 赵伶玲，周强泰．旋流燃烧器的稳燃及其结构优化分析［J］．动力工程，2006，1（26）：74-80.

[4] 何佩敖．无烟煤粉的 U 型、W 型火焰燃烧技术［J］．电站系统工程，1989，5（2）：44-60.

[5] Ruth L A. Advanced Coal-Fired Power Plants［J］. Journal of Energy ResourcesTechnology，2001，123（1）：4-9.

[6] 裴西平．中国无烟煤生产、消费及进出口分析［J］．中国煤炭，2009，35（6）：14-19.

[7] 车刚，郝卫东，郭玉泉．W 型火焰锅炉及其应用现状［J］．电站系统工程，2004，20（1）：38-40.

[8] 毕玉森．W 型火焰锅炉及其 NO_x 排放［J］．热力发电，1994，23（4）：5-11.

[9] 张文元，刘春明，赵运亮，等．中储式热风送粉 W 型火焰锅炉燃烧调整分析［J］．电力学报，2002，7（2）：112-115.

[10] 黄伟，李文军，张建玲，等．600MW 超临界 W 型火焰无烟煤锅炉调试技术与实践［J］．锅炉技术，2011，42（2）：53-57.

[11] 李振宁．国投北部湾发电有限公司 W 型火焰锅炉的煤种适应性［J］．热力发电，2007，36（4）：58-60.

[12] 李文军，黄伟，曾伟胜，等．EI-XCL 双调风旋流燃烧器在 W 型锅炉上的试验研究［J］．华中电力，2006，19（2）：25-28.

[13] 张绮，潘挺．W 型火焰锅炉燃烧系统的设计与优化［J］．发电设备，2010，24（3）：180-184.

[14] 李端开，李争起，顾宇，等．旋流燃烧器 W 型火焰锅炉特点及研究进展［J］．节能技术，2009，27（3）：195-200.

[15] 梁绍华，李秋白，黄磊，等．锅炉在线燃烧优化技术的开发及应用［J］．动力工程，2008，28（1）：33-35，53.

[16] 邹磊，梁绍华，岳峻峰，等．1000MW 超超临界塔式锅炉 NO_x 排放特性试验研究［J］．动力工程学报，2014，34（3）：169-175.